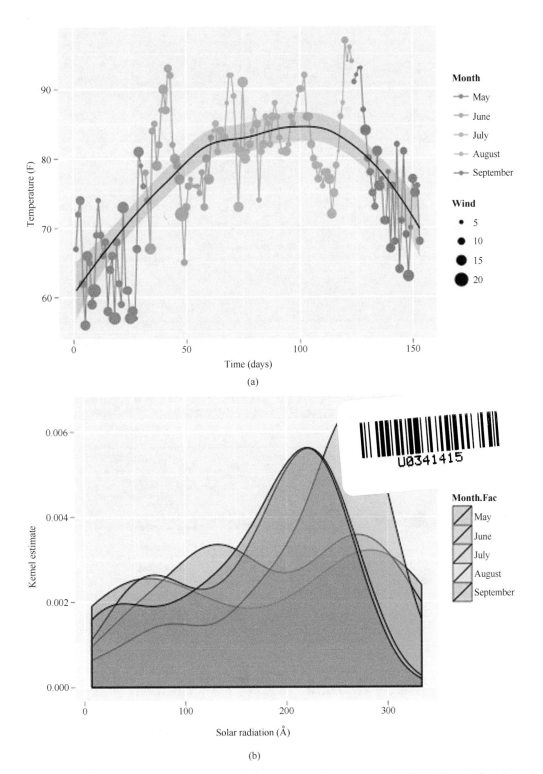

图24-4　数据airquality的3个ggplot2图通过gridExtra包的grid.arrange函数显示在一个窗口中
（a）标记有LOESS趋势和95%置信区间的一天中温度的时间序列，同时区分出月份和风速
（b）每月太阳辐射分布的核密度估计

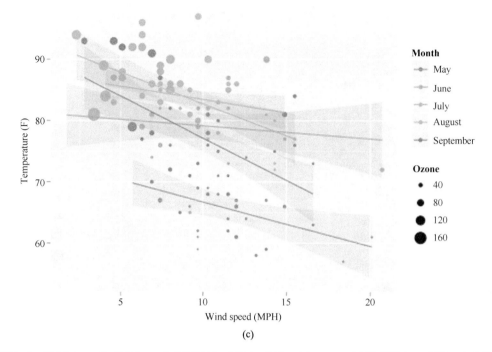

图24-4 数据airquality的3个ggplot2图通过gridExtra包的grid.arrange函数显示在一个窗口中（续）
（c）温度—风速散点图，使用不同的颜色区分月份，点的大小表示臭氧含量。拟合温度对
风速的简单线性模型，同时以月份进行分组，且90%置信区间的图形叠加在一起

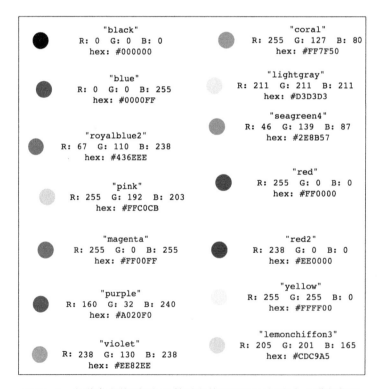

图25-1 各种命名的R颜色及其对应的RGB三元组和十六进制代码

图25-2　显示内置调色板的颜色范围，使用gray.colors中的默认限制

图25-3　使用colorRampPalette函数创建自定义调色板的一些示例

**Iris Flower Measurements**

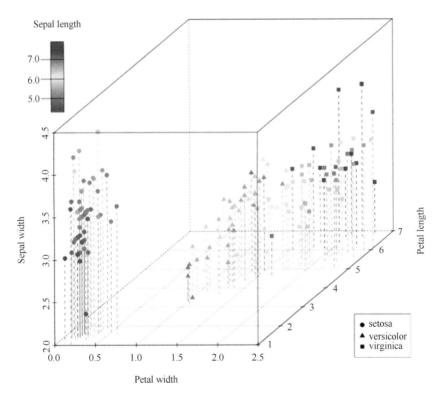

图25-8　著名iris数据的3D散点图，显示5个现有的变量，另外使用
颜色（萼片长度）和点字符（种类）

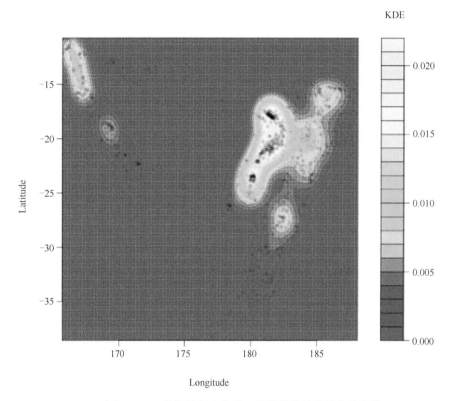

图25-14　空间quakes数据的概率密度函数的核估计的填充等值线图，
其中叠加了原始观测值

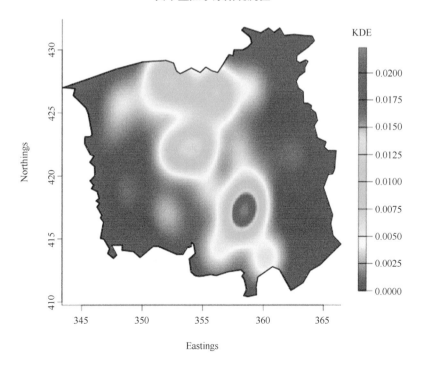

图25-18　Chorley-Ribble KDE表面的最终像素图像，限于原始收集数据的地理研究区域

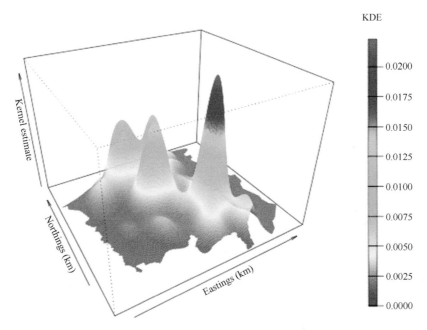

图25-21　Chorley-Ribble密度估计的透视图，显示根据曲面的z值变化对小平面进行着色

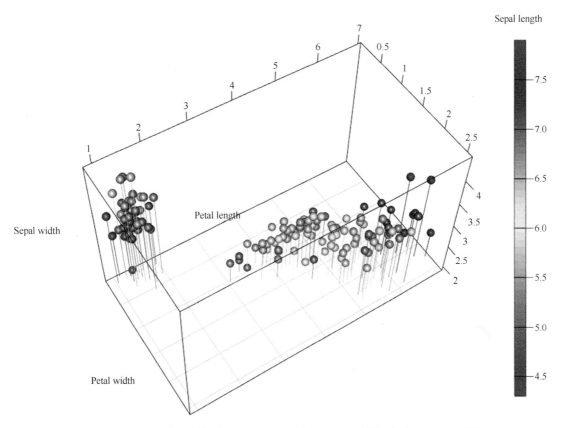

图26-3　模仿之前iris数据的scatterplot3d例子，在相同数据集的plot3d 3D散点图中添加直线和平面网格

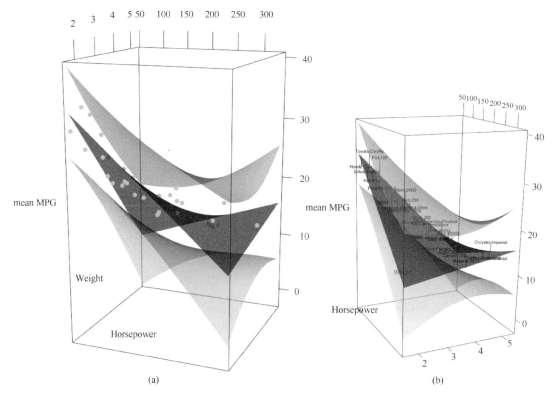

图26-5　在现有mtcars拟合模型的persp3d图形上添加99%预测区间的曲面
（a）绿色点代表观测值　　（b）为原始观测值添加标签，用线段标记相应的残差

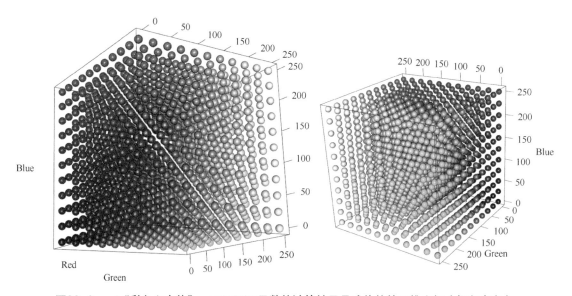

图26-8　rgl"彩色立方体"，三元RGB函数的计算结果是球体的第四维坐标（颜色本身）

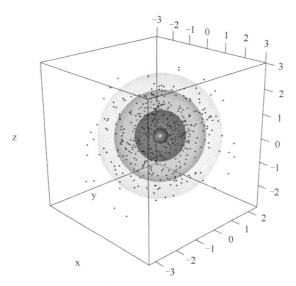

图26-12　三元正态密度函数的4个水平的等值面和随机数。颜色和透明度用以区分不同水平的等值面

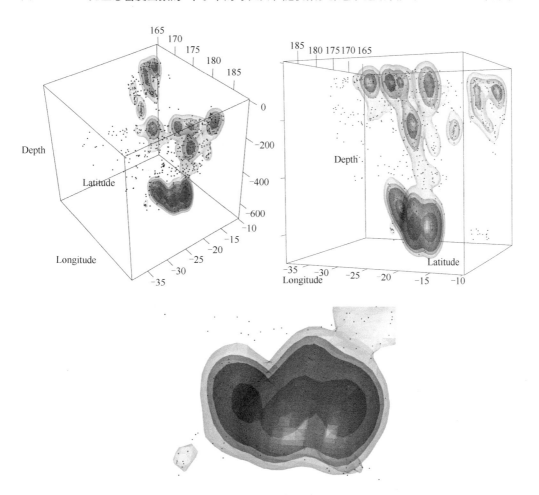

图26-15　以3个不同角度、不同水平对地震观测值的三元核密度估计的截图。颜色从黄色到
红色和透明度逐渐降低表示等值面的密度水平的增加

图26-19 用适当的颜色向量创建的调色板式麦比乌斯带

图26-21 一个美味的数学甜甜圈。通过识别颜色向量中对应的坐标和随后元素替换来为圆环表面着色

# R语言之书

## THE BOOK OF R

## 编程与统计

[新西兰] 蒂尔曼 · M. 戴维斯（Tilman M. Davies） 著　　李毅　译

人民邮电出版社

北京

**图书在版编目（ＣＩＰ）数据**

R语言之书：编程与统计 / （新西兰）蒂尔曼·M.戴维斯（Tilman M. Davies）著；李毅译. -- 北京：人民邮电出版社，2019.5（2022.10重印）
ISBN 978-7-115-50189-9

Ⅰ. ①R… Ⅱ. ①蒂… ②李… Ⅲ. ①程序语言—程序设计 Ⅳ. ①TP312

中国版本图书馆CIP数据核字(2019)第054348号

**版 权 声 明**

◆ 著　　　[新西兰]蒂尔曼·M. 戴维斯（Tilman M. Davies）
　 译　　　李　毅
　 责任编辑　罗子超
　 责任印制　焦志炜
◆ 人民邮电出版社出版发行　　北京市丰台区成寿寺路 11 号
　 邮编　100164　电子邮件　315@ptpress.com.cn
　 网址　http://www.ptpress.com.cn
　 固安县铭成印刷有限公司印刷
◆ 开本：787×1092　1/16　　　彩插：4
　 印张：38.5　　　　　　　　 2019 年 5 月第 1 版
　 字数：973 千字　　　　　　 2022 年 10 月河北第 10 次印刷
　 著作权合同登记号　图字：01-2016-1436 号

定价：138.00 元
读者服务热线：**(010)81055410** 印装质量热线：**(010)81055316**
反盗版热线：**(010)81055315**
广告经营许可证：京东市监广登字20170147号

# 内 容 提 要

本书由浅入深、全面系统地介绍了 R 语言的编程和统计知识，为读者了解现代数据科学的计算方法奠定了比较坚实的基础。

本书包括语言、编程、统计学和概率、统计检验和建模、高级绘图共 5 个部分，基本涵盖了国外大学一、二年级的统计学课程。在讲授知识的同时，本书注重学以致用，每章穿插了许多练习，方便读者动手操作；每章结尾提供了本章讲述的代码汇总，方便读者快速查阅。通过对本书循序渐进的学习，读者可以逐步构建自己的知识体系，同时培养程序员的思维方式。本书适合 R 语言初学者从头开始学习，有编程经验的读者也可以挑选自己感兴趣的内容阅读。

本书既可以用作 R 语言编程的社会培训教材、自学教材，也可以用作高校师生，特别是统计学专业师生的辅导教材。

# 关 于 作 者

　　蒂尔曼·M.戴维斯是新西兰奥塔哥大学的讲师，教授统计数据课程。他使用 R 语言编程已经有 10 年之久，并在他的所有课程上教授 R 语言编程。蒂尔曼·M.戴维斯因对空间点模式建模的研究，被授予新西兰统计协会的 Worsley 奖。新西兰皇家学会授予他著名的 Marsden Fast-Start 奖，表彰他解决了相关的问题。他组织了一个为期 3 天的 R 语言讲习班，这鼓励他写出这本面向 R 语言初学者的使用指南。

# 关 于 译 者

李毅，男，2012 年毕业于 Yeungnam University 获理学博士，中国人民大学统计学院博士后，现任山西财经大学统计学院副教授、硕士生导师，山西省学术技术带头人，山西省高等学校优秀青年学术带头人。研究方向为大数据推断与统计推断，主持国家自然基金、国家统计局重点课题等。发表学术论文 30 余篇，其中被 SCI 收录 20 余篇。电子邮箱：liyi@sxufe.edu.cn。

# 关于技术审稿人

Debbie Leader 多年来一直是 R 语言的用户。她热爱教大学生学习统计学基础这门课，尤其是喜欢指导学生拓展 R 语言的专业知识，所以他们很感谢 R 语言成为了他们统计工具箱中的宝贵组成部分。Debbie 于 2010 年作为统计学高级导师加入梅西大学，获得了奥克兰大学统计学博士学位。

# 序　言

本书是"统计编程"课程的第一课，提供了统计软件 R 语言环境的相关基础知识以及一些常见的统计分析方法，为读者凭自身实力成为 R 语言专家打下了坚实的基础。学习和使用计算机编程语言与学习一门外语一样，刚开始往往觉得很困难，甚至令人望而生畏——然而，专心投入并积极主动使用新语言正是熟练掌握语言有效的方式。

大多数 R 语言初学者的编程风格分为两种类型：一类是计算机风格（将 R 作为语法和通用编程工具）；另一类是统计建模和分析风格，通常是自成体系的一种类型。根据作者的经验，那些能够熟练编程且使代码中包含很多实用信息的人，在初学的时候，学习目标就已经相当明确了。本书旨在综合两者之长，首先侧重于对语法的理解，然后用这些语法全面介绍、解释常见统计方法的使用和执行。简单地说，本书的目标读者是任何希望以 R 语言作为第一门计算机编程语言学习，并以完成统计分析为最终目标的人。本书适合但不局限于本科生、研究生、科研人员以及在编程或者统计方面几乎没有经验的应用科学从事者。但是使用本书的最低要求是了解基础的数学知识（例如，计算顺序）和相关符号（例如，求和符号$\Sigma$）。

鉴于此，本书可以用作编程语言教材、统计方法介绍并附带 R 语言的教材来学习。虽然本书与工具书并不相似，但是包含详尽的函数说明，可以帮助 R 语言零基础的读者消除学习过程中的障碍。事实上，对于大多数高级计算机语言来说，某一个特定的任务通常有许多种不同的解决方式。本书的内容反映了作者学习和编程 R 语言的思维方式，这不是计算机科学家的风格，而是更倾向于数据分析师的风格。

在某种程度上，本书的目标是作为另一本 R 语言书——《R 语言编程艺术》的前奏和补充。《R 语言编程艺术》是由 Norman Matloff 教授编写且由 No Starch 出版社（2011 年）出版的一本书。该书内容详尽并广受好评。在这本书中，Matloff 教授从计算机科学角度出发，将 R 语言看作一种编程语言。《R 语言编程艺术》是我所遇到的介绍 R 语言编程函数最好的书（例如，从 R 程序调用 C 语言等其他程序运行外部代码、分配 R 的内存以及调试代码）。当然，值得注意的是，之前的编程经验和知识会有助于理解这些更高级的编程功能。我希望本书不仅能够提供这种初级编程经验，而且能够提供扎实的 R 编程经验和附带的统计分析。

我们犹如背包客，在 R 语言的国度旅行，本书正是"R 语言旅行者指南"。这本书源于为期 3 天的入门级 R 语言研讨会。那时我刚开始在新西兰奥塔哥大学教学。本书重点强调积极主动使用软件，每一章都包含代码示例和练习，鼓励读者相互交流。对于那些没有参加研讨会的读者，打开计算机，找一张舒适的椅子，喝一杯，从第 1 章开始学习吧。

蒂尔曼·M. 戴维斯
于新西兰达尼丁

# 致　　谢

　　首先，我必须感谢 R 语言的创造者以及所有的维护人员。无论这些突出贡献者是否翻看过这本书（也许把它作为查询手册来使用），他们应该知道许多人，包括我自己在内对他们的感激，因为 R 语言是世界上最著名的数据分析工具之一，是实现数据分析的免费软件的典范。R 语言改变了学术和行业统计学家以及许多其他人对研究和数据分析做出贡献的方式。这不仅涉及他们各自的追求，而且涉及使计算功能触手可得的能力，方便其他人进行相同的分析。我只是众多其他人中的一员，而且本书从本质上代表我自己对 R 语言专业知识的热爱。表达这种感情的最好方式是鼓励并传授学生及专业人士学习 R 语言的免费分析功能，并因此保持对 R 语言的极大热情。

　　与 No Starch 出版社团队一起工作是非常愉快的。如果"非正式专业主义"确实存在，那恰恰是我喜欢的工作方式，也由此使得他们引导大型而又耗时的项目取得进展。感谢 Bill Pollock 和 Tyler Ortman 承担这个项目。特别感谢对我的草稿做出修改的那些人，尤其是 Liz Chadwick 和 Seph Kramer，使许多 TEX 文件的语言更精炼；感谢由 Riley Hoffman 牵头的工作者们将这些文件整理成一本漂亮的书，浑然一体。另外，我要感谢梅西大学（新西兰北帕默斯顿）统计学高级导师 Debbie Leader 博士，是她审查了本书中的 R 代码和统计内容，提高了本书核心重点的清晰度和解释度。其他评论者和早期读者的建议对本书出版也有极大的帮助。

　　特别值得一提的是梅西大学的 Martin Hazelton 教授。他是我在西澳大学本科一年级时的讲师，是我在新西兰时的硕士生和博士生导师，现在是我的合作者、导师和朋友。Martin 激发了我对统计学的兴趣，并对我的事业有很大帮助。为了教学方便，书中可能没有使用他的那些高级专业词语。有了本书，我希望就像他鼓励我一样，能激励我的学生和其他任何希望了解更多统计编程的人。

　　最后，我要感谢珀斯的亲属和我在德国的大家庭，感谢他们多年来对我的支持。我还要感谢我的家庭，特别是 Andrea，她经常独自一人在沙发上面对着手机，而我则是在下班之后继续写稿子，只有在喝啤酒的时候才会休息片刻。还要感谢我的猫，Sigma，它一直陪着我，所以它的名字会出现在书中。

　　我希望这一切可以总结为一个词，谢谢！

# 前　言

在各种各样的研究以及数据分析中，R 语言扮演着重要的角色，因为它使得无论是简单还是高级的现代统计方法都变得轻而易举，而且方便、实用。然而，R 语言初学者通常也是编程新手，因此，R 初学者不仅要学习 R 语言分析数据的方法，而且要学习程序员的思维方式。这就是为什么 R 语言给很多人的印象是"很难"的一门语言，但事实并不是这样的。

## R 语言简史

R 语言源自 20 世纪六七十年代由美国新泽西州贝尔实验室的研究人员开发的 S 语言（参见 Becker 等人综述，1988）。着眼于开发开源软件，新西兰奥克兰大学的 Ross Ihaka 和 Robert Gentleman 在 20 世纪 90 年代初根据 GNU 公共许可证发布了 R 语言（该软件根据开发者 Ross 和 Robert 名字的第一个字母命名）。从此，由于无比灵活的数据分析功能、强大的绘图功能并且能供大家免费试用，R 语言迅速流行。或许 R 语言最吸引人的地方是任何研究者都可以通过软件包（或库）的形式提供代码，因此在世界上的任何地方都可以学习最新的统计和数据科学知识（参见附录 A.2 节）。

目前，R 语言的主要源代码由专门的 R 核心团队组织和维护，R 语言是团队协作努力的成果。我们可以在 R 语言的官方网站上找到主要贡献者的名字；我们应当感谢他们的不断努力，使 R 语言活跃在统计计算的前沿！

R 语言团队不断更新版本。尽管相邻的版本通常类似，但随着时间的推移，R 语言已经发生了实质性的变化。在本书中，我们使用 3.0.1～3.2.2 版本。读者可以通过 R 语言下载页面中的链接来查看最新版本的功能（可参阅附录 A）。

## 关于本书

本书旨在帮助读者了解 R 语言的编程和统计知识，为读者了解现代数据科学的计算方法奠定全面的基础。

本书结构在内容上循序渐进，首先侧重于介绍 R 是一个计算和编程工具，然后转而讨论如何将 R 用于概率计算、统计和数据建模，读者将逐步构建自己的知识体系。在每一章的结尾，都有本章的代码汇总，以方便读者快速查阅。

## 第一部分：语言

第一部分涵盖了 R 语言编程所有方面的基本语法和对象类型，这是初学者必不可少的学习部分。第 2～5 章介绍了简单算术、赋值和重要对象类型（如向量、矩阵、列表和数据框）的基础知识。在第 6 章中，我们讨论了 R 语言对缺失数值的表示方式并区分不同对象类型。在第 7 章中，我们使用内置函数和外置函数绘制基础的图形（通过 ggplot2 包——参见 Wickham，2009），这一章是本书在后面讨论图形设计的基础。在第 8 章中，我们介绍了如何从外部文件中读取数据，这对于分析自己收集的数据非常重要。

## 第二部分：编程

第二部分的重点是熟悉常见的 R 语言编程方法。首先，我们在第 9 章讨论了函数及其在 R 语言中的工作方式。然后，在第 10 章中，我们介绍了用于控制代码流程、重复和执行的循环和条件语句。接着，在第 11 章中，我们将学习如何自己编写可执行的 R 函数。这两章中的例子主要是为了帮助读者理解编程行为而不是数据分析。我们还在第 12 章中介绍了一些其他的主题，如代码调试和函数运行时间的计算。

## 第三部分：统计学与概率

接下来，我们将注意力转移到第三部分的统计思想上。在第 13 章中，我们介绍了描述变量的重要术语，概括了基本统计量，比如平均值、方差、分位数和相关性。在第 14 章中，介绍了如何使用和自定义常见的统计图（如直方图和箱形图）来可视化地探索数据（使用内置函数和 ggplot2函数）。第 15 章介绍了概率和随机变量的概念。最后，在第 16 章中介绍了通过 R 语言来实现的一些常见的概率分布及其相关统计性质。

## 第四部分：统计检验与建模

在第四部分，我们将主要介绍统计假设检验和线性回归模型。第 17 章介绍抽样分布和置信区间。第 18 章详细说明假设检验和 $p$ 值，以及如何使用 R 语言来实现。在第 19 章中，讨论了方差分析的常见步骤。在第 20、21 章中，我们详细讨论了线性回归模型，包括模型拟合，不同类型的预测变量的处理、推断和预测，以及变量转换和交互效应。最后，第 22 章讨论了如何选择适当的线性模型并使用各种诊断工具来评估模型的有效性。

线性回归仅仅代表一类参数模型，是学习统计回归的起点。此外，R 语言的语法和输出在其他模型上的应用类似于线性回归模型的拟合、汇总、预测、诊断——所以，当我们学会了这部分内容后，就可以相对轻松地利用 R 语言实现更复杂的统计模型。

第三部分和第四部分的内容为大学一、二年级的统计学课程。本书的主要目标是实现和解释统计方法，所以将数学内容部分尽可能压缩到最少。如果读者有兴趣了解更深层次的统计理论，我们也提供了一些参考资料。

### 第五部分：高级绘图

最后一部分介绍了更多的高级绘图技能。第 23 章介绍了如何在 R 语言中自定义传统图形，从处理图形设备到设计更精细的图形外观。第 24 章中，我们进一步介绍了流行的 ggplot2 包，查看更高级的功能，比如添加平滑趋势的散点图和在平面上生成多个图形。最后两章主要讲解 R 语言中的多维绘图。第 25 章涵盖了颜色处理和 3D 曲面设置，然后运用多个示例讨论等值线图、透视图和像素图像。最后，第 26 章重点介绍了交互图，并包含一些多变量参数方程的简单绘制命令。

虽然线性回归不是必须学习的内容，但是我们在学习第五部分内容之前，在第四部分学习这些是有帮助的，因为第五部分最后的一些例子使用了拟合线性模型。

## 对学生而言

与许多人一样，当我开始研究生学习生涯（新西兰帕默斯顿北部的梅西大学）时，才开始精通 R 语言编程以及各种统计方法的 R 语言实现。由于在澳大利亚本科期间遇到奇怪的一两行代码，我开始逐渐沉迷于 R 语言，但是这既有好处又有坏处。虽然这种着迷加速了我的进步，但是当代码不能正常运行却不知道该怎么办时，真的令人非常沮丧。

因此，这本书涵盖了 R 语言的简介以及通过 R 语言实现大学一年级统计学课程的基本原理。有了这本书，我们可以全方面掌握 R 语言，既包括编程语言又包括统计学知识。

这本书可以像读故事书一样（尽管不曲折）从头读到尾。R 思维是在书中的每个部分逐步建立起来的，所以你可以选择从头开始学习，也可以依据知识水平从某个地方开始学习。考虑到这一点，我向学生提出以下建议。

- 不要畏惧 R 语言。R 语言只是执行你所告诉它的东西——不多也不少。当某些代码不能按预期执行或发生错误时，R 语言自带提示会帮助你。因此请仔细逐行查看命令并逐步减少错误代码。
- 尝试本书中的练习题并检查结果——答案以 R 脚本的形式给出，在异步社区网站上可找到。本书每一部分都有一个 .zip 文件，下载并解压为 .R 文件。可以用 R 语言打开这些文件，并运行其中的代码来查看结果。操作练习仅仅是练习——而不是无法克服的挑战。完成练习所需的全部知识在该章的前面章节中已经介绍过了。
- 当你还没有这本书时，特别是在你学习 R 语言的早期阶段，尽可能多地使用 R 语言，即使是非常简单的任务或者计算，也会迫使你更频繁地切换到"R 模式"，让你很快适应 R 语言的工作环境。

## 对老师而言

这本书源自我目前的工作单位——新西兰奥塔哥大学数学与统计系——曾举办为期 3 天的 R

语言研讨班，即 R 语言简介，这是研究生和教职员统计研讨班（SWoPS）的一部分。我的两位同事在 SWoPS 成功举办了统计建模 1 的课程，R 语言简介的目的正如其题目所示，是为了解决编程方面的问题。总之，授课内容取决于目标受众。

针对类似于 SWoPS 系列的研讨会，我提出关于使用本书的几点建议。根据研讨班时长和学生背景知识来添加或删除某些章节。

- **编程介绍**：第一部分和第二部分以及第五部分的某些章节，特别是第 23 章（自定义高级绘图）或许也在讲授范围之内。
- **统计介绍**：第三部分和第四部分。如果事先已经简要介绍过 R 语言，可以考虑省略这部分的内容，比如第三部分的第 13 章、第四部分的第 17～19 章以及第一部分的基础内容。
- **中级编程和统计**：第二部分和第四部分。如果听众有兴趣学习绘图技巧，可以省略第四部分的第 17～19 章的内容，以及第五部分的内容。
- **R 绘图**：第一部分和第五部分。根据听众的知识水平，可以省略第一部分的内容，讲述第二部分的第 14 章（数据可视化基础）。

如果你打算更进一步围绕这本书来开授更长课时的课程，练习题便是很好的课程作业，可以帮助学生掌握并运用 R 语言和统计学的技能。另外，每一章节的要点制作成教学幻灯片是很容易的，可依据本书的目录来构建。

# 资源与支持

本书由异步社区出品，社区（https://www.epubit.com/）为您提供相关资源和后续服务。

## 配套资源

本书提供如下资源：

- 源代码；
- 彩插图片。

要获得以上配套资源，请在异步社区本书页面中点击 配套资源 ，跳转到下载界面，按提示进行操作即可。注意：为保证购书读者的权益，该操作会给出相关提示，要求输入提取码进行验证。

## 提交勘误

作者和编辑尽最大努力来确保书中内容的准确性，但难免会存在疏漏。欢迎您将发现的问题反馈给我们，帮助我们提升图书的质量。

当您发现错误时，请登录异步社区，按书名搜索，进入本书页面，点击"提交勘误"，输入勘误信息，点击"提交"按钮即可。本书的作者和编辑会对您提交的勘误进行审核，确认并接受后，您将获赠异步社区的 100 积分。积分可用于在异步社区兑换优惠券、样书或奖品。

## 扫码关注本书

扫描下方二维码，您将会在异步社区微信服务号中看到本书信息及相关的服务提示。

## 与我们联系

我们的联系邮箱是 contact@epubit.com.cn。

如果您对本书有任何疑问或建议，请您发邮件给我们，并请在邮件标题中注明本书书名，以便我们更高效地做出反馈。

如果您有兴趣出版图书、录制教学视频，或者参与图书翻译、技术审校等工作，可以发邮件给我们；有意出版图书的作者也可以到异步社区在线提交投稿（直接访问 www.epubit.com/selfpublish/submission 即可）。

如果您是学校、培训机构或企业，想批量购买本书或异步社区出版的其他图书，也可以发邮件给我们。

如果您在网上发现有针对异步社区出品图书的各种形式的盗版行为，包括对图书全部或部分内容的非授权传播，请您将怀疑有侵权行为的链接发邮件给我们。您的这一举动是对作者权益的保护，也是我们持续为您提供有价值的内容的动力之源。

## 关于异步社区和异步图书

**"异步社区"** 是人民邮电出版社旗下 IT 专业图书社区，致力于出版精品 IT 技术图书和相关学习产品，为作译者提供优质出版服务。异步社区创办于 2015 年 8 月，提供大量精品 IT 技术图书和电子书，以及高品质技术文章和视频课程。更多详情请访问异步社区官网 https://www.epubit.com。

**"异步图书"** 是由异步社区编辑团队策划出版的精品 IT 专业图书的品牌，依托于人民邮电出版社近 30 年的计算机图书出版积累和专业编辑团队，相关图书在封面上印有异步图书的 LOGO。异步图书的出版领域包括软件开发、大数据、AI、测试、前端、网络技术等。

异步社区

微信服务号

# 目　　录

## 第一部分　语言

# 第二部分　编程

# 第三部分　统计学与概率

# 第四部分　统计检验与建模

# 第五部分　高级绘图

# 第一部分

## 语言

# 1

# 新 手 入 门

R 具有灵活的编程环境，受到了广大数据分析师的青睐。本章将为学习和使用 R 打下基础，在开始之前我们先学习安装 R 并了解一些有用的知识。

## 1.1 从 CRAN 获取并安装 R

R 可在 Windows、OS X 和 Linux/UNIX 平台上运行。我们主要在 Comprehensive R Archive Network（CRAN）上在线查找 R 资源。如果要访问 R 语言项目网站，可以导航到本地 CRAN 镜像并下载适合当前操作系统的安装程序。附录 A.1 节提供了安装基础版 R 的步骤及相关说明。

## 1.2 打开 R 之初体验

R 语言是一种严谨且对字符敏感的解释性语言，这意味着我们在控制台和命令行界面输入的指令要符合特定的语法规则。只有这样，软件才能够解释并执行代码，最后返回结果。

**注意** R 是一种高级编程语言。这种级别指的是脱离计算机执行的基础细节的抽象级别，换句话说，就是低级语言要求我们手动管理机器分配内存等事情，但是像 R 这样的高级语言，就不需要做这些。

打开 R 基本应用程序时，我们会看到 R 控制台。图 1-1 是 Windows 版本的 R 界面，图 1-2 左图是 OS X 版本的 R 界面。R 自带图形用户界面（GUI），用户一般通过该界面使用 R。

虽然不加解释的外观使许多大学生无所适从，但是它保持了软件的本质——一个可用于许多任务的白色统计画布。Windows 版本的 R 默认将控制台窗格和编辑窗格合并在一个窗口中，而 OS X 版本的两个窗格是独立的窗口（我们也可以在 GUI 的 preferences 选项里更改，参见 1.2.1 节）。

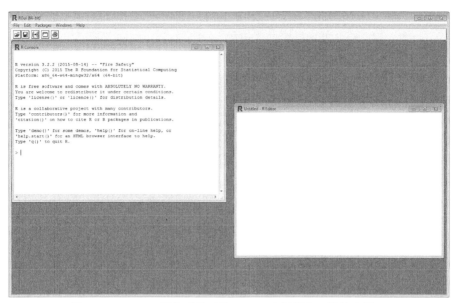

图 1-1 Windows 操作系统下的 R GUI 应用程序（默认配置）

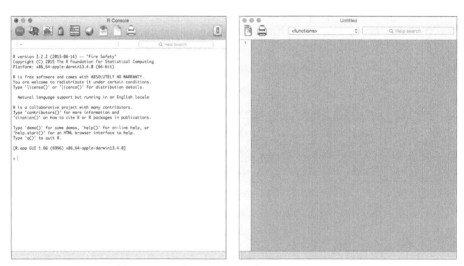

图 1-2 OS X 系统下 R GUI 的基本控制台窗格（左）和内置编辑窗格（右）

**注意** 本书将在一些章节中具体指出 Windows 和 OS X 版的 R GUI 的功能，因为这是初学者常用的两个平台。Linux/UNIX 可以在终端、系统外壳或批处理模式下运行 R。本书中绝大多数的代码在所有版本中是通用的。

## 1.2.1 控制台和编辑窗格

R 系统主要有编写 R 代码和查看结果两种窗口类型。我们刚才看到的控制台和命令行解释器是用于执行所有代码和输出所有文本、数值结果的。我们也可以在 R 控制台中直接计算或输出结果。不过，我们通常在编写较短的单行命令时使用控制台。

默认情况下 R 的提示符是>，其后有文本显示光标，表示 R 已经准备就绪正在等待命令。为避免与数学符号大于号 ">" 混淆，一些教材（包括本书）对其进行了修改。一般将>改为 R>，方法如下：

```
> options(prompt="R> ")
R>
```

将光标定位在提示符后面，我们可以使用键盘的向上箭头（↑）和向下箭头（↓）来滚动浏览之前执行过的命令，以方便对前面的命令进行小幅度调整。

编写更长的代码和函数时，先在编辑器中写好命令，然后在控制台中执行，这样相对比较方便。因此，R 有一个内置代码编辑器。在代码编辑器中编写的 R 脚本实质上只是带有.R 扩展名的纯文本文件。

我们也可用 R GUI 菜单打开一个新的编辑器实例（例如 File→New script(Windows)或者 File→New Document(OS X)）。

内置编辑器的特点之一是作为实用的快捷键（例如 Windows 中的 Ctrl-R 或 OSX 中的 ⌘-RETURN），会自动向控制台发送代码。我们可以执行光标所在的行、突出显示的行、一行中突出显示的部分以及许多行中突出显示的部分。当使用多个 R 脚本文件时，通常会同时打开多个编辑器窗格；而快捷键仅提交当前选择的编辑器的代码。

我们可以根据操作系统在一定程度上对控制台或编辑器的外观（例如颜色、字符间距）进行修改。图 1-3 是 Window R GUI 的 preferences 选项卡（Edit→GUI preferences...）和 OS X R GUI 的 preferences 选项卡（R→Preferences...）。OS X 版 R 的一个很好的特性是编辑器的代码配色和括号匹配功能，这提高了大段代码的编写和可读性。

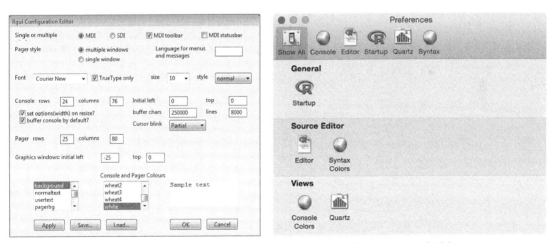

图 1-3　Windows（左）和 OS X（右）的 R GUI 的 preferences 选项卡

## 1.2.2　注释

在 R 中，我们可以为代码添加注释。只要一行以一个井字号（#）开始，其后编写的任何东西都会被解释器忽略。例如，在控制台执行下列代码将不会返回结果：

```
R> # This is a comment in R...
```

注释也可添加在命令后面：

```
R> 1+1 # This works out the result of one plus one!
[1] 2
```

如果我们在编辑器中编写了很长很复杂的代码，这时添加的注释就有助于我们自己以及别人理解代码的内容。

### 1.2.3　工作路径

R 会话有一个与之相关的工作路径。除非在保存或导入数据文件时明确指定了文件路径，否则 R 会使用默认工作路径。使用 getwd 函数可查看工作路径的位置：

```
R> getwd()
[1] "/Users/tdavies"
```

在指定文件夹位置时，R 使用的是正斜杠"/"而不是反斜杠"\"，并且文件路径要用双引号引起来。

使用 setwd 函数可以改变默认工作路径：

```
R> setwd("/folder1/folder2/folder3/")
```

我们可提供与当前工作路径相关或完全不相关的文件路径（从系统根目录）。无论哪种方式，切记：R 区分大小写；文件夹名称的命名与符号要准确匹配，否则会发生错误。

也就是说，如果每次读取或写入文件夹时都指定一个完整且正确的文件路径（更多内容参见第 8 章），那么文件可保存在任何位置。

### 1.2.4　安装和加载 R 包

R 的基本安装包含了大量用于数值计算、常用统计分析、绘图和可视化的内置命令。这些命令可直接使用且不需要以任何方式加载或导入。

包（也称为库）内含有略微专业的技术和数据集。我们经常会使用其他程序人员贡献的包，本书也是如此，因而我们需要知道如何安装和加载所需的包。

附录 A.2 节涵盖了下载包和从 CRAN 安装包的相关详细信息，下面是一些简要介绍。

**加载包**

R 基本安装中含少量但值得推荐的包（在附录 A.2.2 节列出）。这些包不需要分别安装，但是在使用时需要通过命令 library 加载。本书将使用 MASS 包（Venables and Ripley，2002）。要加载该包（或者其他已安装的包）并获得其中的函数和数据集，只需在控制台执行 library：

```
R> library("MASS")
```

注意，library 命令仅在 R 会话运行时提供包的功能。当关闭 R 然后重新打开时，需要重新加载要使用的包。

**安装包**

有成千上万个包没有包括在 R 典型安装中，为了将它们加载进 R 中，首先需要从存储库（通常是 CRAN）下载并安装。最简单的方法是直接在 R 提示符后使用 install.packages 函数（需要连接互联网）。

例如，我们将在第 26 章使用 ks 包（Duong，2007）。执行下列代码将尝试连接到本地 CRAN 镜像并下载安装 ks，同时它依赖的几个包（称为依赖项）也会相应下载安装：

```
R> install.packages("ks")
```

控制台将在过程完成时显示执行结果。

我们只需安装一次包便可在 R 中一直使用。我们可以在任何新打开的 R 实例中调用 library 来加载已安装的包（如 ks），与加载 MASS 包一样。

附录 A.2.3 节提供了更多有关安装包的详细信息。

**更新包**

包的维护者会定期更新版本、修复漏洞以及添加新功能。我们经常需要检查已安装的包是否有更新。

在提示符下，执行下列代码将尝试连接到我们设置的包存储库（默认为 CRAN），查找已安装包的最新版本：

```
R> update.packages()
```

附录 A.3 节提供了更多关于更新包的信息，附录 A.4 节讨论了备用的 CRAN 镜像和存储库。

## 1.2.5 帮助文件和函数文档

R 提供了一系列的帮助文件，我们可以用来查找特定的功能，如查找如何准确使用函数以及为函数指定参数（也就是我们在执行函数时提供给函数的值或对象）、弄清楚参数在操作中的作用、了解返回的对象形式、学习使用函数示例以及获取有关如何调用软件或数据集的详细信息。

在控制台使用 help 函数或使用快捷键"？"，可以获得给定命令或对象的帮助文件。下面以内置算术平均函数 mean 为例：

```
R> ?mean
```

这就打开了如图 1-4 所示的文件。

如果不确定所需函数的准确名字，把字符串（用双引号引起来）传递给 help.search 或使用快捷键"？？"，便可在所有已安装的包中搜索文档：

```
R> ??"mean"
```

结果提供了一个函数列表，包括它们所在的包以及相关描述，这些帮助文件都包含字符串"mean"，如图 1-4a 所示（突出显示的条目就是"mean"）。

（a）

（b）

图 1-4　帮助文件和函数文档

（a）OS X 版中 mean 函数的 R 帮助文件　（b）在帮助文件中搜索字符串"mean"的结果

所有的帮助文件都是如图 1-4a 所示的形式。文件长度和详细程度通常反映了函数执行操作的复杂程度。大多数帮助文件包含了以下内容的前 3 条，其他内容虽常见但不是必需的。

- 说明部分（Description）是有关操作的简要说明。
- 用法部分（Usage）说明在控制台应用函数的形式，包括参数的默认顺序和默认值（这些是用"="来设置参数）。
- 参数部分（Arguments）给出关于每个参数的作用以及它们定义域（如果有的话）的详细信息。
- 数值部分（Value）是关于函数返回对象的性质（如果有的话）。
- 参考文献部分（References）提供有关函数命令或用法的相关引用。
- 参阅部分（See Also）提供相关功能的帮助文件。
- 示例部分（Examples）提供可执行代码，我们可以将其复制并粘贴到控制台，来演示这些功能。

帮助文件中可能还有其他内容——若函数有更详尽的解释，通常包含详细信息部分（Details），位于参数部分（Arguments）的后面。

第一次看这些内容时，我们或许会觉得很专业，但最好还是继续查看帮助文件——即使已经知道一个函数的工作原理，但是了解函数文档的布局和解释函数文档是用户熟练使用 R 的必备技能。

## 1.2.6　第三方编辑器

R 的普及带动了第三方代码编辑器以及现有代码编辑软件的兼容性插件的发展，这些都方便了在 R 中编写代码。

一个突出的贡献是 RStudio（RStudio Team，2015）。这是一个集成开发环境（IDE），可在 Windows、OS X 和 Linux/UNIX 平台上免费使用。

RStudio 包含一个可直接提交代码的编辑器，为文件、对象和项目管理等单独提供了点击式窗格，以及包含 R 代码的标记文档。附录 B 详细地讨论了 RStudio 及其功能。

总的来说，使用包括 RStudio 在内的哪一款第三方编辑器，都是个人选择。本书中使用的是经典的基本应用程序 R GUI。

# 1.3　保存工作和退出 R

当我们已经在 R 中写了几小时代码后就可直接退出了吗？在 R 中保存工作时需要注意两件事情：第一是在活动会话中创建的（或存储的）所有 R 对象，第二是在编辑器中写入的所有 R 脚本文件。

## 1.3.1　工作空间

我们可以使用 GUI 的菜单项（例如，Windows 中在 File 下，OS X 中在 Workspace 下）来保存和加载工作空间映像文件。一个 R 工作空间映像包括退出时 R 会话中保留的所有信息，并保存为.RData 文件。这个文件包含我们在会话中创建和存储（也就是分配）的所有对象（具体操作参见第 2 章），对象中还包括之前工作空间文件中加载的对象。

加载已存储的.RData 文件也很重要。在 R 会话中，任何时候我们都可在提示符处执行 ls()，列出当前工作空间中存储的所有对象、变量和用户定义的函数。

我们也可以在控制台使用 R 命令 save.image 和 load 来处理工作空间的.RData 文件——这两个函数都包含 file 参数，用来指定文件夹位置和目标.RData 文件的名称（关于这两个函数更详细的信息可参见相应的帮助文件?save.image 和?load）。

注意，以这种方式保存的工作空间映像不会保留在之前 R 会话中的加载包中。如 1.2.4 节所述，每一次打开新的 R 实例时，我们都需要使用 library 来加载任何所需的包。

退出软件最快速的方法是在提示符后输入 q()：

```
R> q()
```

退出控制台时会弹出一个对话框，询问是否要保存工作空间映像。在这种情况下，选择保存不会打开文件浏览器来命名文件，但是会在工作路径中创建（或覆盖）一个未命名或扩展名为.RData 的文件（参见 1.2.3 节）。

打开一个新的 R 实例时，如果默认工作目录中有未命名的.RData 文件，程序会自动加载该默认工作空间——如果这种情况发生，控制台的欢迎文本中会告知我们。

**注意**　除了.RData 文件外，R 会在相同的工作目录中自动保存一个文件，该文件是控制台对相关工作空间执行的所有代码的逐条历史记录。正是这个历史文件，我们才能像前面所说的那样，用键盘方向箭头键上下移动查看之前执行的命令。

### 1.3.2　脚本

对于只需要少量代码的任务，我们通常使用内置代码编辑器。因此，保存 R 脚本虽然不那么重要，但至少与保存工作空间一样重要。

我们把编辑器脚本保存为扩展名为.R 的纯文本文件（已在 1.2.1 节指出）。这样，操作系统就可以默认通过 R 软件关联这些文件。为了保存内置编辑器的脚本，选择编辑器并点击 File→Save（或者在 Windows 环境下点击 Ctrl-S，在 OS X 环境下点击⌘-S）。在 Windows 环境下选择 File Open→script...（Ctrl-O）或在 OS X 环境下选择 File→ Open Document（⌘-O）打开已保存的脚本。

通常情况下，如果已经保存了脚本文件，就不需要保存工作空间.RData 文件。一旦在新的 R 控制台中执行已保存的脚本中的任何命令，之前创建的对象（也就是已保存的.RData 文件中的对象）将被再次创建。在一次处理多个问题时，这是很有用的，因为当依赖于单机默认工作空间时，很容易错误地覆盖对象。因此，把 R 脚本集合分开保存是将一些项目区分开的一种简单方法，不必担心将之前保存的重要信息被覆盖掉。

R 还提供了许多方法将特定对象如数据集、图形图像文件写入磁盘，我们将在第 8 章学习这些方法。

## 1.4　约定

本书演示的代码和数学形式都遵循一些专属约定。

## 1.4.1 编码

如上所述，用 R 编码时，首先要在编辑器中编写代码，然后在控制台执行代码。需要记住以下几点：

- 在控制台直接输入要执行的 R 代码会显示在提示符 R>后面，随后会在控制台列出输出结果。例如，2.1.1 节中 14 除以 6 的例子显示如下：

```
R> 14/6
[1] 2.333333
```

如果希望从书本中将执行代码直接复制并粘贴到控制台，那么在复制时要删除提示符 R>。

- 执行之前在编辑器中编写的代码，本书在表示时不再加提示符。以下示例来自 10.2.1 节：

```
for(myitem in 5:7){
    cat("--BRACED AREA BEGINS--\n")
    cat("the current item is",myitem,"\n")
    cat("--BRACED AREA ENDS--\n\n")
}
```

学习到第二部分时，我们会更清楚这种排列和缩进的编码风格。

- 偶尔会有比较长的代码（直接在控制台执行或在编辑器中编写），为了方便打印，通常会在适当的地方把代码进行分割或缩进以适应页面布局。例如，下面是 6.2.2 节的例子：

```
R> ordfac.vec <- factor(x=c("Small","Large","Large","Regular","Small"),
                        levels=c("Small","Regular","Large"),
                        ordered=TRUE)
```

虽然在使用 R 时这些代码可以写成一行，但是我们也可以用逗号把代码隔开（本例中，逗号将 factor 函数的参数分割开）。分割开的代码会缩进到相关代码的左括号位置。代码的两种书写形式——一行或分割成多行——都一样被执行。

- 在本书中，较长的输出结果和对理解本书内容不重要的输出结果，出于出版原因被删除了。不过本书的文本部分会尽可能介绍这部分内容，也会在相关代码中标注 "--snip--"。

## 1.4.2 引用数学函数和等式

本书已尽可能较少地使用数学运算和等式（主要在第三部分和第四部分），但是在某些章节里有必要进行详细的讲述。

重要的等式会在一行单独呈现：

$$y = 4x \tag{1.1}$$

等式会在括号中编号，而且本书在引用等式时会使用这些有括号的数字，但不一定会写出等式。例如，我们将以下面两种方式引用等式：

- 按照式（1.1），当 $x=2$ 时，$y=8$。

- 式（1.1）的反函数是 $x=y/4$。

当数值结果四舍五入到一定水平时，将根据小数位数来记录，简写为 d.p.。例如：

- pi 的几何数值为 $\pi=3.141\,6$（四舍五入到 4d.p.）。
- 设式（1.1）中 $x=1.467$，那么 $y=5.87(2\text{d.p.})$。

### 1.4.3 练习

章节中的练习题将显示在方框中：

| 练习 1.1 |
| :--- |
| a. 大声说出单词 cat。<br>b. 口算出 1+1 的结果。 |

这些练习是可选的。如果要做这些习题，请即时完成，因为它们可以帮助我们练习和理解本章节中的特定内容和代码。

本书中用于编码和绘图示例的所有数据集在 R 内置对象中或者在我们将安装的包里。这些包将在相关文本中注明（附录 A.2.3 节含有包的列表）。

为了方便起见，本书中所有的代码示例以及所有练习的完整答案可当作 .R 脚本运行，并可以从本书的网站上免费获取。

我们应该把这些答案（以及任何附随的评论）作为参考，因为在 R 中通常有多个可用于执行任务的方法，这些方法不一定比提供的方法差。

**本章重要代码**

| 函数/操作 | 简要描述 | 首次出现 |
| :--- | :--- | :--- |
| options | 设置各种 R 选项 | 1.2.1 节 |
| # | 注释（可被解释器忽略不执行） | 1.2.2 节 |
| getwd | 输出当前工作路径 | 1.2.3 节 |
| setwd | 设置当前工作路径 | 1.2.3 节 |
| library | 加载已安装的包 | 1.2.4 节 |
| install.packages | 下载并安装包 | 1.2.4 节 |
| update.packages | 更新已安装的包 | 1.2.4 节 |
| help 或 ? | 函数/对象帮助文件 | 1.2.5 节 |
| help.search 或?? | 搜索帮助文件 | 1.2.5 节 |
| q | 退出 R | 1.3.1 节 |

# 2

# 数值、运算、赋值和向量

 R 最简单的功能是计算，在本章中我们将学习如何利用 R 进行运算以及保存运算结果，这样我们就可以在随后的计算中使用该结果。之后，我们将学习向量，从而能够一次性地处理多个数值。向量是 R 中必不可少的工具，而且许多 R 函数是在向量运算的基础上设计的。我们将学习一些处理向量的通用方法，并体会到向量计算的优势。

## 2.1 R 在基础数学上的应用

所有的普通算术运算和数学方程都可以在 R 控制台上直接使用。我们用"+""-""*"和"/"分别表示加、减、乘、除，用"^"表示幂运算，用圆括号"()"来确定一个命令中的运算顺序。

### 2.1.1 运算

标准的数学法则在 R 中同样适用，而且遵循圆括号（parentheses）、指数（exponents）、乘法（multiplication）、除法（division）、加法（addition）和减法（subtraction）（简称为 PEMDAS）的运算顺序。以下是几个例子：

```
R> 2+3
[1] 5
R> 14/6
[1] 2.333333
R> 14/6+5
[1] 7.333333
R> 14/(6+5)
[1] 1.272727
```

```
R> 3^2
[1] 9
R> 2^3
[1] 8
```

我们用 sqrt 函数计算任何非负数值的平方根，只需要给 x 赋值即可，如下所示：

```
R> sqrt(x=9)
[1] 3
R> sqrt(x=5.311)
[1] 2.304561
```

使用 R 的时候，需要将复杂的算术公式转换成代码来求值（比如将课本或研究论文中的计算复制过来的时候）。下面的例子提供了一些计算的数学表达式以及在 R 中的表达式：

| | |
|---|---|
| $10^2 + \dfrac{3 \times 60}{8} - 3$ | ```R> 10^2+3*60/8-3```<br>```[1] 119.5``` |
| $\dfrac{5^3 \times (6-2)}{61-3+4}$ | ```R> 5^3*(6-2)/(61-3+4)```<br>```[1] 8.064516``` |
| $2^{2+1} - 4 + 64^{-2^{2.25-\frac{1}{4}}}$ | ```R> 2^(2+1)-4+64^((-2)^(2.25-1/4))```<br>```[1] 16777220``` |
| $\left(\dfrac{0.44 \times (1-0.44)}{34}\right)^{\frac{1}{2}}$ | ```R> (0.44*(1-0.44)/34)^(1/2)```<br>```[1] 0.08512966``` |

注意，R 的表达式中需要数学表达式中不包含的括号。在 R 中括号的缺失或位置放错经常会引起运算错误，特别是涉及指数的时候。如果指数本身也是一个计算，那么必须放在括号里。比如，在第三个表达式中，2.25-1/4 需要放在括号里，当指数的幂数有加法运算时也需要括号，就像第三个表达式中的 $2^{2+1}$。注意，R 将负数视为一个运算，比如 R 将-2 解释成-1*2。这也是我们需要在-2 两边加括号的原因。在正式学习之前明确这些问题是非常有必要的，因为我们经常会在代码很多时忽略这些细节。

## 2.1.2 对数和指数

一些研究者经常对某些数据进行对数变换，这是通过取对数来重新调整数据的大小。当给定一个数 $x$ 和一个底数时，对数就是计算底数为 $x$ 的指数。比如以 3 为底的 $x=243$ 的对数（数学表达式是 $\log_3 243$）是 5，因为 $3^5 = 243$。在 R 中，对数转换通过 log 函数实现，使用时将要转换的数值赋值给 $x$，将底数赋值给 base，如下所示：

```
R> log(x=243,base=3)
[1] 5
```

注意事项：

- $x$ 和底数必须是正数；
- 给定任意的 $x$，当底数也是 $x$ 时，对数值为 1；
- 无论底数是多少，$x$ 值为 1 时对数值为 0。

对数转换中有一种常用的形式，在数学中称为自然对数，它以一个特殊的数字——欧拉数作为底数，通常写作 e，近似等于 2.718。

与欧拉数相关的函数还有指数函数，其定义为 e 的 $x$ 次幂，其中 $x$ 为任意常数。指数函数 $f(x)=e^x$，通常写作 $\exp(x)$，是自然对数函数，即 $\exp(\log_e^x)=\log_e^{\exp(x)}=x$。指数函数的 R 命令是 exp：

```
R> exp(x=3)
[1] 20.08554
```

在 R 中 log 默认为自然对数：

```
R> log(x=20.08554)
[1] 3
```

如果我们不使用自然对数，就需要对底数 base 进行赋值。在这里提到对数和指数函数，是因为它们对本书后面的内容非常重要，由于它们具有各种各样的数学性质，许多统计方法中会用到。

## 2.1.3 科学计数法

当 R 输出数值超过有效数字的阈值——R 默认 7 位有效数字——结果将以传统科学计数法的形式显示出来。科学计数法经常应用于很多编程语言，甚至应用于许多桌面计算器中，可以更方便地表示极值。在科学计数法中，任何数字 $x$ 都可以表示成 $xey$，其实际意义为 $x\times10^y$。比如数字 2342151012900 可以表示成以下形式：

- 2.3421510129e12，等价于写成 $2.3421510129\times10^{12}$
- 234.21510129e10，等价于写成 $234.21510129\times10^{10}$

我们可以把指数 $y$ 设置为任意值，但是标准科学计数法是在第一位有效数字后面放置小数点，指数表示剩余位数。简而言之，对于一个正指数 $+y$，科学计数法可解释为"从右边数向左移动小数点 $y$ 个位置"；对于一个负指数 $-y$，科学计数法可解释为"从左边数向右移动小数点 $y$ 个位置"。下面是在 R 中表示科学计数法的结果：

```
R> 2342151012900
[1] 2.342151e+12
R> 0.0000002533
[1] 2.533e-07
```

在第一个例子中，R 仅仅显示了 7 位有效数字，隐藏了其他数字。要注意，尽管 R 隐藏了其他数字，但是在计算中并没有损失任何信息；科学计数法仅仅是为了方便用户阅读，而且多余的数字即便没有显示也都保留在 R 中。

最后，要注意，R 必须对数字的极限加以约束才能将其视为无穷大（对于大数）或零（对于小数）。这些限制条件取决于你的计算机系统，我们将在 6.1.1 节讨论更多的技术细节。当然，任何现代计算机都足以支持大多数 R 中的计算和统计。

---

### 练习 2.1

a. 使用 R 证明，当 $a$=2.3 时，下式正确：

$$\frac{6a+42}{3^{4.2-3.62}} = 29.50556$$

b. 下面哪一个表达式为 $(-4)^2+2$ 的结果：

   i. (−4)^2+2

   ii. −4^2+2

   iii. (−4)^(2+2)

   iv. −4^(2+2)

c. 如何使用 R 计算 25.2、15、16.44、15.3 和 18.6 这 5 个数的平均值的一半的平方根？

d. 求 $\log_e^{0.3}$ 的值。

e. 根据你对 d 题的求解，求其反函数。

f. 确认−0.00000000423546322 在控制台的输出形式。

---

## 2.2 分配对象

到目前为止，R 仅仅是将计算结果输出到控制台来显示结果。如果我们希望存储结果并进一步操作，就需要将已有的计算结果赋值给当前工作空间中的对象。简而言之，这相当于保存某个对象或结果并命名，随后可以直接使用而不需要再将计算过程执行一遍。本书将交替使用"赋值"和"存储"这两个术语。注意，一些编程书中把存储对象称为"变量"，因为它很容易覆盖对象并将其更改为其他值，意思是在一个会话中它的含义是会变化的。但是整本书中将使用"对象"这个术语，因为我们将在第三部分以一个截然不同的统计概念来讨论变量。

R 中有两种方式指定任务，分别用箭头（<-）或等号（=）表示。这两种方式显示如下：

```
R> x <- -5
R> x
[1] -5
R> x = x + 1 # this overwrites the previous value of x
R> x
[1] -4

R> mynumber = 45.2

R> y <- mynumber*x
R> y
[1] -180.8
```

```
R> ls()
[1] "mynumber" "x"              "y"
```

可以从这些例子中看出，当我们在控制台输入对象名称的时候，R 将会输出对象的值。在随后的操作中使用这个对象时，R 会覆盖原先的值。最后，如果我们使用 ls()命令（见 1.3.1 节）检查当前工作空间中所包含的内容，R 会按字母顺序显示对象的名称（以及其他先前创建的项目）。

即使"="和"<-"有相同的含义，也最好保持符号一致（最起码可以使代码看起来很整洁）。不过许多用户选择使用"<-"进行赋值，因为使用"＝"存在一些潜在的困扰（例如，在数学上 $x$ 显然不等于 $x+1$）。本书从 2.3.2 节开始使用"＝"来设置函数参数。目前我们仅仅使用数值，但是值得注意的是，对于所有类型和类别的对象，赋值程序是通用的，在接下来的章节中可略见一斑。

我们可以随意命名对象，只要名字以字母开头（换句话说，名字不能以数字开头），而且要避免使用符号（不过可以使用下划线和句号）和"保留词"，例如用于定义特殊值的词（见 6.1 节）或者控制代码流的词（见第 10 章）。在 9.1.3 节，我们可以看到关于命名规则的总结。

---

### 练习 2.2

a. 创建对象并将其值保存为 $3^2 \times 4^{1/8}$ 的值。

b. 将你在 a 题中创建的对象除以 2.33，并覆盖原先的值。将结果输出到控制台。

c. 创建一个新对象，其值为$-8.2 \times 10^{-13}$。

d. 将 b 题乘以 c 题的结果直接输出到控制台。

---

## 2.3 向量

我们经常会对多个任务执行相同的运算或者进行多次比较，例如，调整一个数据集的测量方法时，我们可以一次性地对一个任务进行这种操作，但这显然是不理想的，特别是在大量项目中。R 针对这种问题提出了更有效的解决方法，那就是向量。

为了简单起见，即使这里讨论的许多实用函数也可应用于非数值型的结构中，我们也暂且继续只对数值进行操作。第 4 章中将会看到其他类型的数据。

### 2.3.1 创建向量

在 R 中，向量是处理多维问题的基本模块。在数值上，我们可以将向量视作关于单变量的测量值或观测值的集合，例如，50 个人的身高或者每天喝的咖啡杯数。很多复杂数据结构可能是由一些向量组成的。建立向量的函数是 c()，在括号内用逗号将元素分隔开。

```
R> myvec <- c(1,3,1,42)
R> myvec
[1]  1  3  1  42
```

向量分量可以是算式也可以是预先储存好的内容（包括向量本身）。

```
R> foo <- 32.1
R> myvec2 <- c(3,-3,2,3.45,1e+03,64^0.5,2+(3-1.1)/9.44,foo)
R> myvec2
[1]    3.000000   -3.000000    2.000000    3.450000 1000.000000    8.000000
[7]    2.201271   32.100000
```

上述命令将一个新向量赋值给对象 myvec2。一些分量定义为算数表达式，这也是储存在向量中的表达式结果。最后一个元素 foo 是定义为 32.1 的数值变量。

我们看另外一个例子。

```
R> myvec3 <- c(myvec,myvec2)
R> myvec3
 [1]    1.000000    3.000000    1.000000   42.000000    3.000000   -3.000000
 [7]    2.000000    3.450000 1000.000000    8.000000    2.201271   32.100000
```

这条命令是创建并储存为另一个向量 myvec3，它包含被命令一起添加进来的向量 myvec 和向量 myvec2。

## 2.3.2　序列、重复、排序和长度

这里，我们将介绍 seq、rep、sort 和 length 等在 R 中常用的与向量相关的函数。

创建一个等差递增或递减的向量。这是 R 中经常要做的事情，例如编写循环语句（见第 10 章）或者绘制数据图形（见第 7 章）。创建间隔为 1 的序列，最简单的方法是使用冒号。

```
R> 3:27
 [1]  3  4  5  6  7  8  9 10 11 12 13 14 15 16 17 18 19 20 21 22 23 24 25 26 27
```

例子 3:27 应该读作"从 3 开始，逐项加 1，直到 27 为止"。这个数值型向量就如同将每个数据输入到 c 函数的括号中。与之前一样，我们也可以用冒号给向量提供已保存的值或者算式（算式要放在括号内）。

```
R> foo <- 5.3
R> bar <- foo:(-47+1.5)
R> bar
 [1]   5.3   4.3   3.3   2.3   1.3   0.3  -0.7  -1.7  -2.7  -3.7  -4.7
[12]  -5.7  -6.7  -7.7  -8.7  -9.7 -10.7 -11.7 -12.7 -13.7 -14.7 -15.7
[23] -16.7 -17.7 -18.7 -19.7 -20.7 -21.7 -22.7 -23.7 -24.7 -25.7 -26.7
[34] -27.7 -28.7 -29.7 -30.7 -31.7 -32.7 -33.7 -34.7 -35.7 -36.7 -37.7
[45] -38.7 -39.7 -40.7 -41.7 -42.7 -43.7 -44.7
```

**序列函数 seq**

我们也可以用 seq 函数更灵活地生成序列。这一即用型函数包含一个 from 值、一个 to 值以及一个 by 值，返回相应的数值型向量序列。

```
R> seq(from=3,to=27,by=3)
[1]  3  6  9 12 15 18 21 24 27
```

这是一个间隔为 3 而不是 1 的序列。需要注意的是，所有序列的第一个数都是 from，但是最后一个数不一定是 to，这取决于我们要求序列递增（递减）的间隔 by。例如，如果要产生偶数个递增（递减）的数值，而序列以奇数结束，那么序列中就将不会包含 to。然而，我们可以给出 length.out 值（向量长度）来产生一个向量，这样的向量从 from 开始到 to 结束，间隔均匀且包含多个数值。

```
R> seq(from=3,to=27,length.out=40)
 [1]  3.000000  3.615385  4.230769  4.846154  5.461538  6.076923  6.692308
 [8]  7.307692  7.923077  8.538462  9.153846  9.769231 10.384615 11.000000
[15] 11.615385 12.230769 12.846154 13.461538 14.076923 14.692308 15.307692
[22] 15.923077 16.538462 17.153846 17.769231 18.384615 19.000000 19.615385
[29] 20.230769 20.846154 21.461538 22.076923 22.692308 23.307692 23.923077
[36] 24.538462 25.153846 25.769231 26.384615 27.000000
```

通过把 length.out 设置为 40，就可以输出 40 个 3～27 等间隔的数。

如果要产生递减序列，by 值必须是负数。例子如下：

```
R> foo <- 5.3
R> myseq <- seq(from=foo,to=(-47+1.5),by=-2.4)
R> myseq
 [1]   5.3   2.9   0.5  -1.9  -4.3  -6.7  -9.1 -11.5 -13.9 -16.3 -18.7 -21.1
[13] -23.5 -25.9 -28.3 -30.7 -33.1 -35.5 -37.9 -40.3 -42.7 -45.1
```

这个代码把之前存储的对象 foo 作为初始值 from，把运算（−47+1.5）的值作为结束值 to。在该示例中序列的步长只能是负数（因为 foo 的值大于（−47+1.5）），基于此，我们把 by 设置为 −2.4。用 length.out 来创建递减序列也是如此（把向量长度设置为负数是没有意义的）。使用相同的 from 和 to 值，我们也可以产生长度为 5 的递减序列，结果如下：

```
R> myseq2 <- seq(from=foo,to=(-47+1.5),length.out=5)
R> myseq2
[1]   5.3  -7.4 -20.1 -32.8 -45.5
```

有许多简便方法可以调用这些函数，我们将在第 9 章中进行学习。但是在前面章节里，我们先用简单易懂的方法。

### 重复函数 rep
序列是非常有用的，但是有时候我们希望重复某个值。此时，我们可以使用 rep 函数。

```
R> rep(x=1,times=4)
[1] 1 1 1 1
R> rep(x=c(3,62,8.3),times=3)
[1]  3.0 62.0  8.3  3.0 62.0  8.3  3.0 62.0  8.3
R> rep(x=c(3,62,8.3),each=2)
[1]  3.0  3.0 62.0 62.0  8.3  8.3
R> rep(x=c(3,62,8.3),times=3,each=2)
```

```
 [1]  3.0 3.0 62.0 62.0  8.3  8.3  3.0  3.0 62.0 62.0  8.3  8.3  3.0  3.0 62.0
[16] 62.0 8.3  8.3
```

将一个值或者向量作为重复函数 rep 的参数 x、times 以及 each。times 的值是重复 x 的次数，each 的值为每次重复时重复 x 中每个元素的次数。在第一行代码中将一个数值重复了 4 次。其他代码中首先对一个向量使用 rep 和 times，重复整个向量，然后使用 each 重复向量的每个元素，最后使用 times 和 each 一次完成以上两个过程。

如果 times 和 each 都是未知的，R 将其默认为 1，即调用 rep(x=c(3,62,8.3)) 会返回 x 的初始值。

与 seq 用法一样，我们可以把 rep 的结果包含在相同数据类型的向量中，如下面的例子所示：

```
R> foo <- 4
R> c(3,8.3,rep(x=32,times=foo),seq(from=-2,to=1,length.out=foo+1))
 [1]   3.00  8.30 32.00 32.00 32.00 32.00 -2.00 -1.25 -0.50  0.25  1.00
```

在这里，我们创建了一个向量，其中第三个到第六个元素（包括第六个）是由 rep 命令控制的——将数值 32 重复 foo 次（foo 值为 4）。最后 5 个元素是 seq 的结果，即从-2～1 且长度为 foo+1（5）的序列。

### 排序函数 sort

在一些任务中，常常对一个向量的元素按升序或者降序进行排列。sort 函数可以很方便地完成这项工作。

```
R> sort(x=c(2.5,-1,-10,3.44),decreasing=FALSE)
[1] -10.00  -1.00   2.50   3.44

R> sort(x=c(2.5,-1,-10,3.44),decreasing=TRUE)
[1]   3.44   2.50  -1.00 -10.00

R> foo <- seq(from=4.3,to=5.5,length.out=8)
R> foo
[1] 4.300000 4.471429 4.642857 4.814286 4.985714 5.157143 5.328571 5.500000
R> bar <- sort(x=foo,decreasing=TRUE)
R> bar
[1] 5.500000 5.328571 5.157143 4.985714 4.814286 4.642857 4.471429 4.300000

R> sort(x=c(foo,bar),decreasing=FALSE)
 [1] 4.300000 4.300000 4.471429 4.471429 4.642857 4.642857 4.814286 4.814286
 [9] 4.985714 4.985714 5.157143 5.157143 5.328571 5.328571 5.500000 5.500000
```

sort 函数很简单。我们给参数 x 提供一个向量，第二个参数 decreasing 表示排列顺序。这个叫逻辑值的参数类型我们还没遇到过，它可以取 TRUE 或者 FALSE。一般来说，逻辑用于表示对某种情况的肯定或者否定，并且是所有编程语言中的一个组成部分。我们将在 4.1 节学习 R 中的逻辑值。这里，关于 sort 函数，设置 decreasing=FALSE 意味着从小到大排列向量，设置 decreasing=TRUE 表示从大到小排列向量。

### 长度函数 length

length 函数会给出给定向量即参数 x 中有多少个元素。

```
R> length(x=c(3,2,8,1))
[1] 4

R> length(x=5:13)
[1] 9

R> foo <- 4
R> bar <- c(3,8.3,rep(x=32,times=foo),seq(from=-2,to=1,length.out=foo+1))
R> length(x=bar)
[1] 11
```

需要注意的是，如果所包含的元素要通过其他函数计算得到（本例中调用了 rep 函数和 seq 函数），length 函数将返回这些内部函数执行之后的元素个数。

---

### 练习 2.3

a. 创建并保存从 -11～5 且以 0.3 为公差的序列。

b. 覆盖 a 题中创建的对象，序列元素相同，但顺序相反。

c. 重复向量 c(-1, 3, -5, 7, -9)两次，而且每个元素重复 10 次，并保存结果。同时，按从小到大的顺序显示结果。

d. 创建并保存包含以下内容的向量：

　i. 从 6～12（包括）的整数序列。

　ii. 重复 3 次 5.3。

　iii. 数字 -3。

　iv. 从 102 开始，最后一个数值是 c 题中向量长度，元素个数为 9 的序列。

e. 确认 d 题中向量长度是 20。

---

## 2.3.3　子集和元素的提取

我们注意到目前在控制台中输出的所有结果有一个奇怪现象，即在输出结果的左边有一个 [1]。当输出结果是一个很长的向量，其长度超过控制台的宽度时，则结果会延伸到下一行，且另一个带中括号的数字出现在新一行的最左边。这些数字表示直接访问右边元素的索引。也就是说，索引对应于向量中某个值的位置，这就是为什么第一个值前面总是有 [1]（即它是位置，而不是一个很长向量的一部分）的原因。

我们可以利用这些索引从向量中提取特定元素，即子集。假设在工作空间中有一个向量 myvec。myvec 里恰有 length(x=myvec)个元素，每个元素都有一个特定位置 1 或 2 或 3，直到 length(x=myvec)。我们在 R 中输入向量的名称，并在其后附上带中括号的数值，便可访问向量 myvec 中的单个元素。

```
R> myvec <- c(5,-2.3,4,4,4,6,8,10,40221,-8)
R> length(x=myvec)
[1] 10
```

```
R> myvec[1]
[1] 5

R> foo <- myvec[2]
R> foo
[1] -2.3

R> myvec[length(x=myvec)]
[1] -8
```

因为 length（x=myvec）是向量的最后一个索引（在本例中是 10），所以输入[length(x=myvec)]会提取出最后一个元素-8。同样，我们可以输入向量长度减 1 来提取倒数第二个元素。尝试一下，并将该结果赋值到新对象中：

```
R> myvec.len <- length(x=myvec)
R> bar <- myvec[myvec.len-1]
R> bar
[1] 40221
```

如上所示，这个索引可能是其他数字的算术函数，或者之前储存的值。我们可以在工作空间中将这个结果用符号"<-"赋值给一个新对象。根据有关数列知识，我们可以在特定长度的向量中使用冒号（:）来获取所有可能的索引以提取向量中的某个特定元素。

```
R> 1:myvec.len
[1]  1  2  3  4  5  6  7  8  9 10
```

我们同样可以用负索引来删除元素。对前面定义的向量 myvec、foo、bar 和 myvec.len 进行以下操作：

```
R> myvec[-1]
[1]   -2.3    4.0    4.0    4.0    6.0    8.0   10.0 40221.0   -8.0
```

上述结果表示在 myvec 中删除第一个元素之后的结果。同样，下面的代码将删除 myvec 的第二个元素，并将所得结果赋值给对象 baz：

```
R> baz <- myvec[-2]
R> baz
[1]    5    4    4    4    6    8   10 40221   -8
```

接下来，中括号中的指标也可以是算术运算的结果，如下所示：

```
R> qux <- myvec[-(myvec.len-1)]
R> qux
[1] 5.0 -2.3  4.0  4.0  4.0  6.0 8.0 10.0 -8.0
```

我们使用中括号来提取或者删除向量中的值并不改变子集的原始向量，除非用子集来覆盖原始向量。例如，在前面代码中，qux 是一个新向量，定义的是 myvec 删除倒数第二个元素后的结果，但是在工作空间中 myvec 并没有发生变化。换句话说，这种方法构造的子集向量仅仅是返回我们所要求的值，同时可以将这些值赋值给新对象，但是并不会改变工作空间中的原始向量。

现在，假设我们希望通过 qux 和 bar 重新构造向量 myvec，可以进行如下操作：

```
R> c(qux[-length(x=qux)],bar,qux[length(x=qux)])
 [1]     5.0    -2.3     4.0     4.0     4.0     6.0     8.0    10.0 40221.0
[10]    -8.0
```

如上所示，这行代码使用 c 函数重新构建了一个由 qux[-length(x=qux)], bar 和 qux[length(x=qux)] 三部分组成的向量。为了更明确一点，检查一下每一部分的返回值。

- qux[-length(x=qux)]

这条代码删除了 qux 的最后一个元素。

```
R> length(x=qux)
[1] 9
R> qux[-length(x=qux)]
[1]  5.0 -2.3  4.0  4.0  4.0  6.0  8.0 10.0
```

现在我们有了与 myvec 的前 8 个元素相同的向量。

- bar

之前，我们通过以下方法储存 bar 向量：

```
R> bar <- myvec[myvec.len-1]
R> bar
[1] 40221
```

这正是 myvec 的倒数第二个元素，也是 qux 向量所缺少的元素。所以需要将这个值放在 qux[-length(x=qux)] 之后。

- qux[length(x=qux)]

最后，我们只需 qux 的最后一个元素和 myvec 的最后一个元素对应。我们可以使用 length 从 qux 向量中提取（而不是像之前那样从 qux 中删除）。

```
R> qux[length(x=qux)]
 [1]  -8
```

现在，我们知道了如何把这三部分代码组合在一起，这是重新构造 myvec 的一种方法。

R 中的大多数操作，不需要严格地一步一步执行。我们可以使用多个向量索引，而不是单个向量索引来提取子集。继续使用前面的向量 myvec，可以得到如下结果：

```
R> myvec[c(1,3,5)]
[1] 5 4 4
```

这条命令一次性返回 myvec 向量中的第一个、第三个和第五个元素。另一种提取子集常用的方法是使用冒号(:)进行操作（已经在 2.3.2 节讨论过），会产生索引的序列。举例说明：

```
R> 1:4
[1]  1  2  3  4
R> foo <- myvec[1:4]
R> foo
[1]   5.0  -2.3  4.0  4.0
```

该命令提取了 myvec 向量中的前 4 个元素（调用冒号(:)返回了一个数值向量，所以不再需要使用 c 命令来封装）。

返回元素的顺序完全取决于中括号中提供的索引向量。例如，使用前面的 foo 向量，比较索引顺序和提取结果，如下所示：

```
R> length(x=foo):2
[1] 4 3 2
R> foo[length(foo):2]
[1]   4.0   4.0 -2.3
```

这是从向量的最后一个元素开始按倒序提取元素。同样，可以使用 rep 函数来重复一个索引，如下所示：

```
R> indexes <- c(4,rep(x=2,times=3),1,1,2,3:1)
R> indexes
 [1] 4 2 2 2 1 1 2 3 2 1
R> foo[indexes]
 [1]   4.0 -2.3 -2.3 -2.3  5.0  5.0 -2.3  4.0 -2.3  5.0
```

这些代码比起严格意义上提取子集来说更常用——使用向量索引，我们可以创建一个完全新的向量。这个新向量可以是任意长度，可以由原始向量的部分或者全部元素组成。如前所示，这个索引向量可以包含任何顺序元素位置，并且可以重复这些索引。

我们也可以返回在删除多个元素后的向量中的元素。举个例子，在删除 foo 中第一个和第三个元素后创建一个新的向量，可以执行下列操作：

```
R> foo[-c(1,3)]
[1]  -2.3   4.0
```

需要注意的是，在一个索引向量中不能混合使用正负指标。

有些时候我们可能需要更改已知向量中的某个元素。这种情况下，首先使用中括号指定希望改写的元素，然后赋新值给它。例子如下：

```
R> bar <- c(3,2,4,4,1,2,4,1,0,0,5)
R> bar
 [1] 3 2 4 4 1 2 4 1 0 0 5
R> bar[1] <- 6
R> bar
 [1] 6 2 4 4 1 2 4 1 0 0 5
```

这个命令改写了 bar 向量中的第一个元素，将初始值 3 改为 6。当对选中的多个元素进行更改时，可以将它们全部改写为同一个值，或者输入一个长度等于所选元素数量的向量来一一替换。继续以之前的 bar 向量进行演示。

```
R> bar[c(2,4,6)] <- c(-2,-0.5,-1)
R> bar
 [1]  6.0 -2.0  4.0 -0.5  1.0 - 1.0  4.0  1.0  0.0  0.0  5.0
```

用-2、-0.5 和-1 分别替换 bar 向量第二、第四和第六个元素，其他值保持不变。相反，下面的代码则是改写了第七个到第十个元素（包括），并都用 100 代替：

```
R> bar[7:10] <- 100
R> bar
 [1]   6.0  -2.0   4.0  -0.5   1.0  -1.0 100.0 100.0 100.0 100.0   5.0
```

最后，需要重申的是，这部分内容集中于提取向量元素的两种主要方法中的一种。我们将在4.1.5 节中学习另一种方法，即使用逻辑标志。

---

### 练习 2.4

a. 创建并保存包含以下内容的向量，并且元素顺序如下：
　　— 从 3～6（包括）长度为 5 的序列；
　　— 向量 c(2, -5.1, -33)重复两次；
　　— 数值 $\frac{7}{42}+2$。

b. 提取 a 题中向量的第一个和最后一个元素，并将它们保存在新对象中。

c. 删除 a 题中向量的第一个和最后一个元素，并保存为第三个对象。

d. 仅使用 b 题和 c 题的向量来重建 a 题的向量。

e. 按从小到大的顺序重写 a 题的向量。

f. 使用冒号作为向量索引来颠倒 e 题向量的元素，并验证该结果与使用设置 decreasing= TRUE 的 sort 函数所得结果相同。

g. 步骤 c 中产生向量中第四个元素重复 3 次，第六个元素重复 4 次，最后一个元素 1 次。

h. 创建 e 题向量的副本并重新命名为一个新对象。分别将该对象的第一个、第五个到第七个以及最后一个元素替换为 99～95。

---

## 2.3.4 面向向量的操作

在 R 软件中，向量非常有用是因为一次性处理多个元素时的速度快且效率高。这种面向向量、向量化或者针对元素的操作是 R 语言的一个关键特征，在此可以通过一些例子来验证。例如：

```
R> foo <- 5.5:0.5
R> foo
[1]  5.5  4.5  3.5  2.5  1.5  0.5
R> foo-c(2,4,6,8,10,12)
[1]   3.5   0.5  -2.5  -5.5  -8.5 -11.5
```

这条代码创建了一个有 6 个元素的序列，这些元素位于 5.5～0.5，步长为 1。另一个向量是由该向量对应的元素减去 2、4、6、8、10、12 得到的。这个是如何做到的呢？很简单，R 根据其各自的位置将元素匹配起来，并对每个相应的元素进行操作。向量的结果通过向量 foo 中的第一个元素减去向量 c(2,4,6,8,10,12) 中的第一个元素（5.5-2=3.5）、foo 中的第二个元素减去 c(2,4,6,8,10,12) 中的第二个元素（4.5 - 4 = 0.5）以此类推得到的。因此，R 面向向量进行快速有效的操作，而不是通过循环依次处理每个元素（你可以手算或者使用循环）。图 2-1 解释了我们应该如何理解这种类型的计算，并且强调就最后结果而言元素位置的重要性；元素在不同的位置上不会产生相互影响。

图 2-1 在 R 中长度相同的两个向量进行元素操作和比较的概念图
注意：通过匹配相应位置的元素来进行操作

在使用不同长度的向量时，情况就变得复杂了。R 有两种不同的处理方式：第一种是较长向量的长度可以均匀划分成较短长度的向量。第二种是较长向量不可以被划分成较短的向量——使用者经常遇到的。遇到这种情况时，在特定运算之前，R 通常将较短的向量进行多次复制和循环以匹配较长的向量。举一个例子，假设我们希望以一正一负的形式替代之前 foo 向量中的元素，可以将 foo 向量乘以 c(1, −1, 1, −1, 1, −1)，但是又不需要写出向量后边的全部。我们可以进行如下操作：

```
R> bar <- c(1,-1)
R> foo*bar
[1]  5.5 -4.5  3.5 -2.5  1.5 -0.5
```

这里对 bar 向量进行多次重复操作，直到长度达到 foo 的向量长度。图 2-2 的左半部分解释了这个例子。现在再看当长度不能被整除时，向量会发生什么？

```
R> baz <- c(1,-1,0.5,-0.5)
R> foo*baz
[1]  5.50 -4.50  1.75 -1.25  1.50 -0.50
Warning message:
In foo * baz :
  longer object length is not a multiple of shorter object length
```

可以看到，R 用向量 baz 的全部元素来匹配向量 foo 中的前 4 个元素，但是不再全部地重复这个向量。尝试重复 baz 向量的前两个元素以匹配 foo 向量的最后两个元素。这样做时，R 虽然没有报错，但是警告用户使用了不可平均划分的长度（在 12.1 节中可看到警告的更多详情）。图 2-2 中的右半部分解释了这个过程。

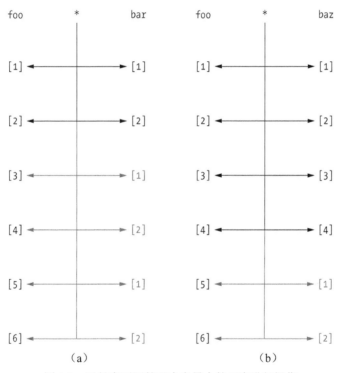

图 2-2 对长度不同的两个向量中的元素进行操作

（a）foo 可以整除 bar （b）foo 不可整除 bar，并产生警告

正如在 2.3.3 节中提到的，我们可以考虑长度为 1 的单值向量，所以可以使用单值来对任意长度向量中的所有值进行重复操作。这里有一个例子，也是使用 foo 向量：

```
R> qux <- 3
R> foo+qux
[1] 8.5 7.5 6.5 5.5 4.5 3.5
```

这个语句比执行 foo+c(3,3,3,3,3,3)语句或者更常用的 foo+rep(x=3,times=length(x=foo))语句要简单得多。以这种方式使用单值向量对向量进行操作是很普遍的，比如我们希望用常数来调整或者转换一系列测量指标。

面向向量操作的另一个优点是使用向量函数来完成工作量大的任务。例如，如果我们希望对数值向量中的所有元素求和或者做乘法，可以使用 R 自带的函数。

重新使用前面的 foo 向量：

```
R> foo
[1] 5.5 4.5 3.5 2.5 1.5 0.5
```

可以使用下面的函数对这 6 个元素求和：

```
R> sum(foo)
[1] 18
```

这 6 个元素的连乘积如下：

```
R> prod(foo)
[1] 162.4219
```

向量函数的便利程度远不止这些，它们比迭代运行（如循环）更快并且效率更高。从这些例子中可以看到，大多数 R 函数用于特定的数据结构，以确保代码的整洁以及性能优化。

最后，正如之前提到的，这种面向向量操作适用于以相同方式改写多个元素。继续以向量 foo 为例，操作如下：

```
R> foo
[1] 5.5 4.5 3.5 2.5 1.5 0.5
R> foo[c(1,3,5,6)] <- c(-99,99)
R> foo
[1] -99.0   4.5  99.0   2.5 -99.0  99.0
```

可以看到，长度为 2 的向量改写了 4 个特定元素，这是我们所熟悉的循环方法。另外，替换向量的长度必须可以均匀划分被改写元素的数量，否则当 R 无法完成全部长度循环时，就会给出与之前类似的警告。

---

## 练习 2.5

a. 使用长度为 3 的向量将向量 c(2,0.5,1,2,0.5,1,2,0.5,1) 转化为仅有一个元素的向量。

b. 将华氏度 $F$ 转化为摄氏度 $C$ 的公式如下：

$$C = \frac{5}{9}(F - 32)$$

使用 R 中面向向量的操作将以华氏度为单位的 45、77、20、19、101、120 和 212 转化为摄氏度。

c. 对向量 c(2,4,6) 和 c(1,2) 进行组合，使用 rep 和 * 来创建向量 c(2,4,6,4,8,12)。

d. 将 c 题向量的中间 4 个元素交替更改为 -0.1 和 -100。

**本章重要代码**

| 函数/操作 | 简要描述 | 首次出现 |
|---|---|---|
| +, *, -, /, ^ | 运算符号 | 2.1 节 |
| sqrt | 平方根 | 2.1.1 节 |
| log | 对数 | 2.1.2 节 |
| exp | 指数 | 2.1.2 节 |
| <-, = | 赋值 | 2.2 节 |
| c | 创建向量 | 2.3.1 节 |
| :, seq | 创建数列 | 2.3.2 节 |
| rep | 重复数值/向量 | 2.3.2 节 |
| sort | 向量排序 | 2.3.2 节 |
| length | 确定向量长度 | 2.3.2 节 |
| [ ] | 提取向量子集 | 2.3.3 节 |
| sum | 所有向量元素求和 | 2.3.4 节 |
| prod | 所有向量元素相乘 | 2.3.4 节 |

# 3

# 矩阵和数组

 到现在为止，我们已经掌握了如何在 R 中处理向量。矩阵由几个向量组成，向量的大小用长度来描述，矩阵的大小通过行数和列数来描述。我们还可以创建更高维度的数据结构——数组。在这一章中，我们首先学习如何处理矩阵，然后学习如何增加维数创建数组。

## 3.1　定义一个矩阵

矩阵是一个很重要的数学结构，在许多统计学方法中也是非常重要的。若矩阵 $A$ 有 $m$ 行 $n$ 列，则称矩阵 $A$ 是 $m \times n$ 阶矩阵。这就意味着 $A$ 矩阵中总共有 $mn$ 个元素，且每个元素 $a_{ij}$ 都具有由特定行（$i=1,2,\cdots,m$）和列（$j=1,2,\cdots,n$）确定的唯一位置。

因此，矩阵表示为

$$A = \begin{bmatrix} a_{1,1} & \cdots & a_{1,n} \\ \vdots & \ddots & \vdots \\ a_{m,1} & \cdots & a_{m,n} \end{bmatrix}$$

在 R 中使用 matrix 命令来构建矩阵，将矩阵中的元素以向量形式赋值给参数 data：

```
R> A <- matrix(data=c(-3,2,893,0.17),nrow=2,ncol=2)
R> A
     [,1]   [,2]
[1,]  -3  893.00
[2,]   2    0.17
```

一定要确保向量的长度与矩阵的行数（nrow）和列数（ncol）完全匹配。调用 matrix 函数时可以不提供 nrow 和 ncol 参数，因为 R 会默认按列填充矩阵中的元素。例如，代码 matrix(data=c(−3,2,893,0.17))与 matrix(data=c(−3,2,893,0.17),nrow=4,ncol=1)是等价的。

### 3.1.1　填充方式

清楚 R 如何用 data 中的元素来填充矩阵，是很重要的。通过之前的例子可以看出，2×2 阶矩阵 *A* 是从左到右读取 data 中元素，并逐列填充矩阵的。我们可以通过参数 byrow 来控制 R 填充数据的方式，如下例所示：

```
R> matrix(data=c(1,2,3,4,5,6),nrow=2,ncol=3,byrow=FALSE)
     [,1] [,2] [,3]
[1,]   1    3    5
[2,]   2    4    6
```

上述例子中，通过 R 构建 2×3 阶矩阵，并用 1～6 填充整个矩阵。将参数 byrow 设置为 FALSE 时，R 将以列优先方式来填充 2×3 阶矩阵，并从左到右读取参数 data 向量。这是 matrix 函数的默认形式，所以如果没有提供参数 byrow，则 R 会自动执行 byrow＝FALSE。图 3-1 解释了这个过程。

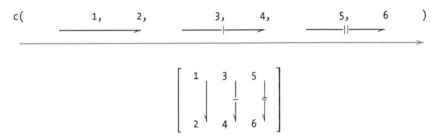

图 3-1　设置 byrow=FALSE（默认形式）将按列优先填充 2×3 阶矩阵

现在我们重复前面的代码，但是参数设置为 byrow＝TRUE。

```
R> matrix(data=c(1,2,3,4,5,6),nrow=2,ncol=3,byrow=TRUE)
     [,1] [,2] [,3]
[1,]   1    2    3
[2,]   4    5    6
```

结果中 2×3 阶矩阵是按行填充的，过程如图 3-2 所示。

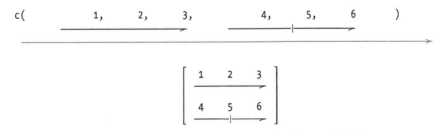

图 3-2　设置 byrow=TRUE 将按行优先填充 2×3 阶矩阵

### 3.1.2　合并行和列

如果有多个长度相同的向量，可以通过 R 中的内置函数 cbind 和 rbind 将这些向量合并成一个矩阵。每一个向量可看作是一行（rbind 命令）或者一列（cbind 命令）。假如这里有两个向量

1:3 和 4:6，通过 rbind 命令将这两个向量构成 2×3 阶矩阵：

```
R> rbind(1:3,4:6)
     [,1] [,2] [,3]
[1,]   1    2    3
[2,]   4    5    6
```

这里的 rbind 函数分别将向量作为矩阵的两行，并按照函数中向量的顺序自上而下填充。下面通过 cbind 命令构造相同的矩阵：

```
R> cbind(c(1,4),c(2,5),c(3,6))
     [,1] [,2] [,3]
[1,]   1    2    3
[2,]   4    5    6
```

首先创建长度为 2 的 3 个向量。然后 cbind 函数将这 3 个向量按照它们出现的顺序组合在一起，每个向量作为新矩阵的一列。

### 3.1.3 矩阵的维度

dim 函数也是一个很有用的函数，可以返回储存在工作空间的向量维度。

```
R> mymat <- rbind(c(1,3,4),5:3,c(100,20,90),11:13)
R> mymat
      [,1] [,2] [,3]
[1,]    1    3    4
[2,]    5    4    3
[3,]  100   20   90
[4,]   11   12   13

R> dim(mymat)
[1] 4 3
R> nrow(mymat)
[1] 4
R> ncol(mymat)
[1] 3
R> dim(mymat)[2]
[1] 3
```

通过 rbind 函数构建向量 mymat，可以用 dim 函数来确定它的维度，R 返回一个长度为 2 的向量；dim 通常先返回行数再返回列数。我们也可用 nrow（行数）和 ncol（列数）两个相关的函数。最后一行代码将 dim 函数和提取子向量的方法结合起来，返回结果与使用 ncol 函数的结果相同。

## 3.2 构造子集

在 R 中，从矩阵里提取元素并构造子集的方法与向量中的方法相似，唯一不同的是增加了维度。元素的提取仍然使用中括号，但是要严格按照顺序［row，colum］来说明元素的行和列的位置。现在创建 3×3 阶矩阵。

```
R> A <- matrix(c(0.3,4.5,55.3,91,0.1,105.5,-4.2,8.2,27.9),nrow=3,ncol=3)
R> A
     [,1]  [,2] [,3]
[1,]  0.3  91.0 -4.2
[2,]  4.5   0.1  8.2
[3,] 55.3 105.5 27.9
```

通过执行下列命令，告诉 R "提取 *A* 矩阵中第三行第二列的元素"：

```
R> A[3,2]
[1] 105.5
```

显然，返回的结果是位置［3，2］的元素。

## 3.2.1 按行、列和对角线提取元素

从一个矩阵中提取整行或整列，只需指定所要提取的是第几行或者第几列，并将另一个维度设为空值。需要注意的是，行和列之间必须用逗号隔开——这是 R 用来区分行命令和列命令的依据。下面的命令将提取矩阵 *A* 的第二列：

```
R> A[,2]
[1]  91.0    0.1 105.5
```

下面的命令将提取矩阵 *A* 的第一行：

```
R> A[1,]
[1]  0.3 91.0 -4.2
```

注意，不论提取（或者删除或者重新赋值）的是一个值、一行还是一列，R 都会返回一个独立的向量。我们可以进行各种复杂的提取操作，例如提取整行或者整列、多行或者多列，返回结果一定是有适当维度的新矩阵。看下面的子集：

```
R> A[2:3,]
     [,1]   [,2] [,3]
[1,]  4.5    0.1  8.2
[2,] 55.3  105.5 27.9

R> A[,c(3,1)]
     [,1] [,2]
[1,] -4.2  0.3
[2,]  8.2  4.5
[3,] 27.9 55.3

R> A[c(3,1),2:3]
```

```
      [,1] [,2]
[1,] 105.5 27.9
[2,]  91.0 -4.2
```

上述例子中，第一条命令返回 *A* 矩阵中的第二行和第三行；第二条命令返回 *A* 矩阵中的第三列和第一列；最后一条命令依次返回矩阵 *A* 的第三行和第一行，并从这两行中提取第二列和第三列的元素。

我们也可以使用 diag 命令来提取方阵（也就是行数和列数相同的矩阵）中对角线的元素。

```
R> diag(x=A)
[1]  0.3  0.1 27.9
```

这里将矩阵 *A* 中对角线的元素返回到一个向量中，从 *A* [1，1] 开始。

## 3.2.2　省略和改写

我们可以通过在中括号中使用负索引来删除矩阵中的元素。下面的例子中删除了矩阵 *A* 的第二列元素：

```
R> A[,-2]
      [,1] [,2]
[1,]  0.3 -4.2
[2,]  4.5  8.2
[3,] 55.3 27.9
```

下面的命令从 *A* 矩阵中删去了第一行，并依次保留了 *A* 中的第三列和第二列的元素：

```
R> A[-1,3:2]
      [,1]  [,2]
[1,]  8.2   0.1
[2,] 27.9 105.5
```

下面的代码将删除矩阵 *A* 中的第一行和第二列：

```
R> A[-1,-2]
      [,1] [,2]
[1,]  4.5  8.2
[2,] 55.3 27.9
```

下面的代码将删除矩阵 *A* 中的第一行、第二列和第三列：

```
R> A[-1,-c(2,3)]
[1]  4.5 55.3
```

需要注意的是，最后一个操作仅保留了矩阵 *A* 中第一列的最后两个元素，所以返回的结果是一个独立的向量，而不是一个矩阵。

要改写特定元素或者某行某列的全部元素，可以用 2.3.3 节中的方法，即指定希望改写的元素并赋予新值。这个新值可以是单独的值，也可以是与要替换元素的数量相同长度的向量，或者可以是长度被要替换元素的数量平分的向量。为了解释清楚，先将 **A** 矩阵复制给 **B**。

```
R> B <- A
R> B
     [,1]  [,2] [,3]
[1,]  0.3  91.0 -4.2
[2,]  4.5   0.1 8.2
[3,] 55.3 105.5 27.9
```

下列代码用序列 1、2、3 替换矩阵 **B** 中第二行的元素：

```
R> B[2,] <- 1:3
R> B
     [,1]  [,2] [,3]
[1,]  0.3  91.0 -4.2
[2,]  1.0   2.0  3.0
[3,] 55.3 105.5 27.9
```

下面的命令将矩阵 **B** 第二列元素中的第一行和第三行元素都替换为 900：

```
R> B[c(1,3),2] <- 900
R> B
     [,1] [,2] [,3]
[1,]  0.3  900 -4.2
[2,]  1.0    2  3.0
[3,] 55.3  900 27.9
```

接下来，用矩阵 **B** 第三行的元素替代矩阵 **B** 第三列的元素：

```
R> B[,3] <- B[3,]
R> B
     [,1] [,2]  [,3]
[1,]  0.3  900  55.3
[2,]  1.0    2 900.0
[3,] 55.3  900  27.9
```

利用 R 中的向量形式。现在分别用−7 和 7 代替矩阵 **B** 第一行第一列、第三列和第三行第一列、第三列的元素。

```
R> B[c(1,3),c(1,3)] <- c(-7,7)
R> B
     [,1] [,2] [,3]
[1,]   -7  900   -7
[2,]    1    2  900
[3,]    7  900    7
```

按列优先方式用长度为 2 的向量替代 4 个元素。向量 c(−7,7)依次替代了(1,1), (3,1)以及(1,3)，

(3,3)位置的元素。

下面举例说明当替换矩阵中的元素时索引顺序的作用：

```
R> B[c(1,3),2:1] <- c(65,-65,88,-88)
R> B
     [,1] [,2] [,3]
[1,]   88   65   -7
[2,]    1    2  900
[3,]  -88  -65    7
```

替代向量中的 4 个值再次以列优先排列的方式覆盖了 4 个特定的元素。在这个例子中，由于我们以相反的顺序指定第一列和第二列，因此改写过程也应为先改写第二列然后改写第一列。(1,2)位置上的元素用 65 代替，(3,2)位置上的元素用–65 代替，继而(1,1)和(3,1)的元素也变成 88 和–88。

如果要替换矩阵中对角线上的元素，可以直接用 diag 命令而不需要指定索引。

```
R> diag(x=B) <- rep(x=0,times=3)
R> B
     [,1] [,2] [,3]
[1,]    0   65   -7
[2,]    1    0  900
[3,]  -88  -65    0
```

---

### 练习 3.1

a. 构建并保存 4×2 阶矩阵，并按列依次填充数值 4.3、3.1、8.2、8.2、3.2、0.9、1.6 和 6.5。

b. 删除 a 题中构建的矩阵中的任意一行，构成 3×2 阶矩阵。

c. 将 a 题矩阵中的第二列元素按从小到大的顺序重新排列。

d. 如果删去 c 题矩阵中的第四行和第一列的元素，R 将返回什么结果？使用 matrix 命令以确保结果是列矩阵而不是向量。

e. 利用 c 题矩阵中的最后 4 个元素，构造 2×2 阶矩阵。

f. 用 e 题中对角线上元素的–1/2 来依次替代 c 题矩阵中(4,2)，(1,2)，(4,1)，(1,1)位置上的元素。

---

## 3.3 矩阵运算和线性代数

我们可以从两方面来考虑 R 中的矩阵。一方面，可以单纯地将它看作是 R 中用于存储结果并进行操作的计算工具；另一方面，可看作是使用矩阵的数学性质来进行相关计算，例如用矩阵乘法来表示回归模型。这两个方面非常重要，因为矩阵的数学运算和一般数学运算并不完全一样。本节将介绍一些特殊矩阵、矩阵的一般运算操作以及对应的 R 函数。如果你对矩阵的数学运算并不感兴趣，可以跳过这一节直接学习后面的内容，在需要的时候再来学习。

### 3.3.1 矩阵的转置

对任意一个 $m×n$ 阶矩阵 $A$，它的转置为 $n×m$ 阶矩阵 $A^T$，它是将 $A$ 中的列转置为行，行转置为列。例如：

$$如果\ A = \begin{bmatrix} 2 & 5 & 2 \\ 6 & 1 & 4 \end{bmatrix}，那么\ A^T = \begin{bmatrix} 2 & 6 \\ 5 & 1 \\ 2 & 4 \end{bmatrix}$$

在 R 中，用函数 $t$ 可得矩阵的转置。创建一个新矩阵，然后求其转置矩阵。

```
R> A <- rbind(c(2,5,2),c(6,1,4))
R> A
     [,1] [,2] [,3]
[1,]    2    5    2
[2,]    6    1    4
R> t(A)
     [,1] [,2]
[1,]    2    6
[2,]    5    1
[3,]    2    4
```

矩阵 $A$ 的转置的转置，仍是原来的矩阵 $A$。

```
R> t(t(A))
     [,1] [,2] [,3]
[1,]    2    5    2
[2,]    6    1    4
```

### 3.3.2 单位矩阵

单位矩阵用 $I_m$ 表示，是数学运算中的一种特殊矩阵。它是对角线上的元素都是 1、其余元素都是 0 的 $m×m$ 阶方阵。

例如：

$$I_3 = \begin{bmatrix} 1 & 0 & 0 \\ 0 & 1 & 0 \\ 0 & 0 & 1 \end{bmatrix}$$

虽然可以用标准的 matrix 函数构造任意维度的单位矩阵，但是使用 diag 函数会更简便。之前用 diag 函数来提取和改写矩阵中对角线上的元素，现在也可以如下使用该函数：

```
R> A <- diag(x=3)
R> A
     [,1] [,2] [,3]
[1,]    1    0    0
[2,]    0    1    0
[3,]    0    0    1
```

这里，用 diag 函数来构造单位矩阵。具体来说，diag 函数通过所提供的参数 $x$ 来进行运算。与之前一样，如果 $x$ 是一个矩阵，diag 函数将提取该矩阵中对角线上的元素。如果 $x$ 是一个正整数，如本例所示，那么 diag 函数将产生相应维度的单位矩阵。可以在帮助文件中查阅更多关于 diag 函数的用法。

### 3.3.3   矩阵的数乘

标量是一个单一变量值。任何矩阵 $A$ 乘以数值 $a$，得到的结果是矩阵中每一个元素都乘以 $a$。例如：

$$2 \times \begin{bmatrix} 2 & 5 & 2 \\ 6 & 1 & 4 \end{bmatrix} = \begin{bmatrix} 4 & 10 & 4 \\ 12 & 2 & 8 \end{bmatrix}$$

R 会对矩阵中的每个元素进行乘法运算。使用标准的运算符号*可实现矩阵的数乘。

```
R> A <- rbind(c(2,5,2),c(6,1,4))
R> a <- 2
R> a*A
     [,1] [,2] [,3]
[1,]    4   10    4
[2,]   12    2    8
```

### 3.3.4   矩阵的加减法

两个同阶矩阵的加法和减法就是对两个矩阵中相应的元素做加法和减法运算。
例如：

$$\begin{bmatrix} 2 & 6 \\ 5 & 1 \\ 2 & 4 \end{bmatrix} - \begin{bmatrix} -2 & 8.1 \\ 3 & 8.2 \\ 6 & -9.8 \end{bmatrix} = \begin{bmatrix} 4 & -2.1 \\ 2 & -7.2 \\ -4 & 13.8 \end{bmatrix}$$

我们可以用＋和－运算符号来对两个同阶矩阵进行加减法运算。

```
R> A <- cbind(c(2,5,2),c(6,1,4))
R> A
     [,1] [,2]
[1,]    2    6
[2,]    5    1
[3,]    2    4
R> B <- cbind(c(-2,3,6),c(8.1,8.2,-9.8))
R> B
     [,1] [,2]
[1,]   -2  8.1
[2,]    3  8.2
[3,]    6 -9.8
R> A-B
     [,1] [,2]
[1,]    4 -2.1
```

```
[2,]   2 -7.2
[3,]  -4 13.8
```

### 3.3.5　矩阵的乘法

对于 $m \times n$ 阶矩阵 $A$ 和 $p \times q$ 阶矩阵 $B$，当且仅当 $n = p$ 时，可以计算矩阵 $A$ 和矩阵 $B$ 的乘积。计算结果为 $m \times q$ 阶矩阵 $A \cdot B$。矩阵的乘法由行列相乘的形式得到，即 $(AB)_{ij}$ 的值是由矩阵 $A$ 第 $i$ 行的每个元素与矩阵 $B$ 第 $j$ 列的每个元素对应相乘再相加得到的。

例如：

$$\begin{bmatrix} 2 & 5 & 2 \\ 6 & 1 & 4 \end{bmatrix} \cdot \begin{bmatrix} 3 & -3 \\ -1 & 1 \\ 1 & 5 \end{bmatrix}$$

$$= \begin{bmatrix} 2 \times 3 + 5 \times (-1) + 2 \times 1 & 2 \times (-3) + 5 \times 1 + 2 \times 5 \\ 6 \times 3 + 1 \times (-1) + 4 \times 1 & 6 \times (-3) + 1 \times 1 + 4 \times 5 \end{bmatrix}$$

$$= \begin{bmatrix} 3 & 9 \\ 21 & 3 \end{bmatrix}$$

注意，通常情况下，矩阵乘法不符合交换律。例如，对于矩阵 $C$ 和 $D$ 来说，$CD \ne DC$。

不像加法、减法和数乘，矩阵乘法不是简单的元素级的操作，标准运算符*不再适用。因此，在 R 中，矩阵乘法的操作符号写作%*%。在运算之前，先创建两个矩阵并用 dim 函数检查矩阵的维度，确保第一个矩阵的列数与第二个矩阵的行数相匹配。

```
R> A <- rbind(c(2,5,2),c(6,1,4))
R> dim(A)
[1] 2 3
R> B <- cbind(c(3,-1,1),c(-3,1,5))
R> dim(B)
[1] 3 2
```

确保两个矩阵可以相乘后，可以进行下面的操作。

```
R> A%*%B
     [,1] [,2]
[1,]    3    9
[2,]   21    3
```

可以证明，矩阵相乘时两个矩阵的位置不可交换。调换前后两个矩阵的顺序将会得到完全不同的结果。

```
R> B%*%A
     [,1] [,2] [,3]
[1,]  -12   12   -6
[2,]    4   -4    2
[3,]   32   10   22
```

### 3.3.6 逆矩阵

矩阵具有可逆性。例如矩阵 $A$ 的逆记为 $A^{-1}$。可逆矩阵必须满足下面的等式：

$$AA^{-1} = I_m$$

例如：

$$\begin{bmatrix} 3 & 1 \\ 4 & 2 \end{bmatrix}^{-1} = \begin{bmatrix} 1 & -0.5 \\ -2 & 1.5 \end{bmatrix}$$

不可逆矩阵称为奇异矩阵。在求解矩阵方程的时候，矩阵求逆对结果有重要的影响。求逆矩阵的方法有很多种，并且计算量会随着矩阵维度的增加而增加。在这里我们不详细讨论，但是如果读者感兴趣，可以参考 Golub & Van Loan（1989）。

R 中提供了求逆矩阵的 solve 函数。

```
R> A <- matrix(data=c(3,4,1,2),nrow=2,ncol=2)
R> A
     [,1] [,2]
[1,]    3    1
[2,]    4    2
R> solve(A)
     [,1] [,2]
[1,]    1 -0.5
[2,]   -2  1.5
```

我们也可以验证这两个矩阵的乘积（运用矩阵乘法）是 $2 \times 2$ 阶单位矩阵。

```
R> A%*%solve(A)
     [,1] [,2]
[1,]    1    0
[2,]    0    1
```

## 练习 3.2

a. 计算：

$$\frac{2}{7} \left( \begin{bmatrix} 1 & 2 \\ 2 & 4 \\ 7 & 6 \end{bmatrix} - \begin{bmatrix} 10 & 20 \\ 30 & 40 \\ 50 & 60 \end{bmatrix} \right)$$

b. 保存下面两个矩阵：

$$A = \begin{bmatrix} 1 \\ 2 \\ 7 \end{bmatrix} \qquad\qquad B = \begin{bmatrix} 3 \\ 4 \\ 8 \end{bmatrix}$$

下面乘法的计算，哪些是可以实现的？如果可以实现，请计算出结果。

i. $A \cdot B$；

ii. $A^{\mathrm{T}} \cdot B$；

iii. $B^{\mathrm{T}} \cdot (A \cdot A^{\mathrm{T}})$；

iv. $(A \cdot A^{\mathrm{T}}) \cdot B^{\mathrm{T}}$；

v. $[(B \cdot B^{\mathrm{T}}) + (A \cdot A^{\mathrm{T}}) - 100 I_3]^{-1}$。

c. 给出矩阵

$$A = \begin{bmatrix} 2 & 0 & 0 & 0 \\ 0 & 3 & 0 & 0 \\ 0 & 0 & 5 & 0 \\ 0 & 0 & 0 & -1 \end{bmatrix},$$

验证 $A^{-1} \cdot A - I_4$ 是 $4 \times 4$ 阶的零矩阵。

# 3.4 多维数组

正如矩阵（一"长方形"元素）是向量（一"行"元素）增加维数的结果，矩阵的维数增加之后可以得到更复杂的数据结构。在 R 中，向量和矩阵可以认为是更一般数组的特殊情况。这里的数组指维数超过 2 的数据结构类型。

正如矩阵可以看作是许多相同长度的向量构成的集合，一个三维数组可以看作是由维度相同的矩阵构成的集合，所有元素组成了一个长方体。数组中仍有固定行数和固定列数，还有第三个维度叫作层。图 3-3 是一个三行、四列、两层（$3 \times 4 \times 2$）的数组。

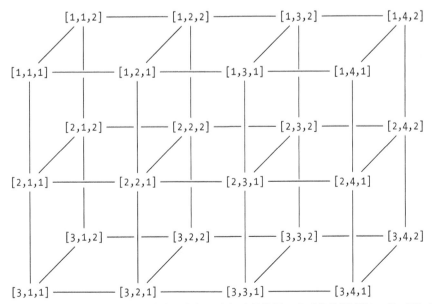

图 3-3　$3 \times 4 \times 2$ 阶数组的概念图。元素的索引指代元素相应的位置。索引值按照［行，列，层］的顺序提供

## 3.4.1 定义

在 R 中，使用 array 函数创建这样的数据结构，即元素以向量的形式传递给参数 data。dim 作为另一个向量的参数来确定数组的维度，其长度和维数相对应。注意，数组从第一层开始严格地按列方式逐层填充 data 中的元素。看下面的例子：

```
R> AR <- array(data=1:24,dim=c(3,4,2))
R> AR
, , 1

     [,1] [,2] [,3] [,4]
[1,]    1    4    7   10
[2,]    2    5    8   11
[3,]    3    6    9   12


, , 2

     [,1] [,2] [,3] [,4]
[1,]   13   16   19   22
[2,]   14   17   20   23
[3,]   15   18   21   24
```

该数组与图 3-3 所示的数组维度相同——每一层都由 $3 \times 4$ 阶矩阵构成。在本例中，注意 dim 参数的维度顺序：c（行，列，层）。与矩阵相类似，数组中各个维数相乘就得到该数组所包含的元素个数。随着维数的增加，dim 向量也会相应增加。例如，下一步要建立一个四维数组，可以看作是由多个三维数组构成的团块。假设由 3 个 *AR* 构成四维数组，这个新数组以如下方式储存在 R 中（再次强调，数组是按列优先的方式进行填充）：

```
R> BR <- array(data=rep(1:24,times=3),dim=c(3,4,2,3))
R> BR
, , 1, 1

     [,1] [,2] [,3] [,4]
[1,]    1    4    7   10
[2,]    2    5    8   11
[3,]    3    6    9   12

, , 2, 1

     [,1] [,2] [,3] [,4]
[1,]   13   16   19   22
[2,]   14   17   20   23
[3,]   15   18   21   24

, , 1, 2

     [,1] [,2] [,3] [,4]
```

```
[1,]   1    4    7   10
[2,]   2    5    8   11
[3,]   3    6    9   12


, , 2, 2

     [,1] [,2] [,3] [,4]
[1,]  13   16   19   22
[2,]  14   17   20   23
[3,]  15   18   21   24


, , 1, 3

     [,1] [,2] [,3] [,4]
[1,]   1    4    7   10
[2,]   2    5    8   11
[3,]   3    6    9   12


, , 2, 3

     [,1] [,2] [,3] [,4]
[1,]  13   16   19   22
[2,]  14   17   20   23
[3,]  15   18   21   24
```

*BR* 包含 3 个 *AR*。每个 *AR* 都分成了两层，故 R 可以将这个结果输出在屏幕上。如前所述，行数是第一个参数，列数是第二个参数，层数是第三个参数，块数是第四个参数。

## 3.4.2　子集、提取和替换

虽然将高维度对象进行概念化很难，但是在 R 中仍可对它们进行指代。在我们学习了如何从矩阵中提取子集之后，从这些结构中提取元素就变得非常容易——仍在中括号中使用逗号，以区分维度。下面的例子中会说明这一点。

假设我们希望从前面构建的 *AR* 数组中提取出第二层第二行的元素，只要在中括号中输入相应维度位置即可。

```
R> AR[2,,2]
[1] 14 17 20 23
```

所需的元素以长度为 4 的向量形式提取出。如果希望指定这个向量中的元素，如第三个和第一个，可以输入如下命令：

```
R> AR[2,c(3,1),2]
[1] 20 14
```

在 R 中，这种提取子集的方法也适用于高维对象。

如果提取的结果是多个向量，那么这些向量就会以矩阵的列形式呈现。例如，提取 *AR* 数组中每一层的第一行，可以使用下列命令：

```
R> AR[1,,]
     [,1] [,2]
[1,]    1   13
[2,]    4   16
[3,]    7   19
[4,]   10   22
```

返回的结果由两个矩阵层的第一行构成。不过，这些向量以矩阵中一列的形式返回。这个例子说明，当从一个数组中提取多个向量时，将默认按列返回结果。这就意味着提取的行不一定以行的形式给出。

对于数组 *BR*，下面的代码将提取第三块第一层的向量中的第二行第一列的元素。

```
R> BR[2,1,1,3]
[1] 2
```

我们只要查看中括号中索引表示的位置，就可以知道 R 从数组中提取了哪些值。下面的例子说明了这一点：

```
R> BR[1,,,1]
     [,1] [,2]
[1,]    1   13
[2,]    4   16
[3,]    7   19
[4,]   10   22
```

该代码将返回第一块数组中第一行的所有元素。因为在中括号[1,,,1]中未指定列和层的参数值，命令将返回 *BR* 中第一块且每一层中第一行的所有值。

接下来，下面的代码将返回数组 *BR* 中第二层的所有值，由 3 个矩阵构成：

```
R> BR[,,2,]
, , 1

     [,1] [,2] [,3] [,4]
[1,]   13   16   19   22
[2,]   14   17   20   23
[3,]   15   18   21   24

, , 2

     [,1] [,2] [,3] [,4]
[1,]   13   16   19   22
[2,]   14   17   20   23
[3,]   15   18   21   24

, , 3
```

```
       [,1] [,2] [,3] [,4]
[1,]    13   16   19   22
[2,]    14   17   20   23
[3,]    15   18   21   24
```

最后一个例子强调之前需要注意的问题，*AR* 中多个向量将以矩阵的形式返回。一般来说，如果要从多个 *d* 维数组中提取元素，结果将是一个更高维的数组，即 *d*+1 维数组。在本例中，我们提取了多个（二维）矩阵，结果将返回一个三维数组。下面的例子将再次验证这一点：

```
R> BR[3:2,4,,]
, , 1

       [,1] [,2]
[1,]    12   24
[2,]    11   23


, , 2

       [,1] [,2]
[1,]    12   24
[2,]    11   23


, , 3

       [,1] [,2]
[1,]    12   24
[2,]    11   23
```

这个例子提取了每一块数组中的每一层的第三行和第二行的第四列元素。再看最后一个例子。

```
R> BR[2,,1,]
       [,1] [,2] [,3]
[1,]     2    2    2
[2,]     5    5    5
[3,]     8    8    8
[4,]    11   11   11
```

这行代码命令 R 返回 *BR* 数组中所有块的第一层中第二行的全部元素。

删除或者改写高维数组中元素的方法与向量和矩阵一样。我们可以用相同的方式指定特定维数的位置，用负索引来删除或者用赋值操作来改写。

我们可以用 array 函数来创建一维数组（向量）和二维数组（矩阵）（可以将 dim 参数的长度设置为 1 和 2），但是需要注意的是，一些函数对用 array 函数而不是 c 函数创建的向量的处理方式会有所不同。因此，为了使大段代码具有可读性，更常规的编程方法是使用特定的向量和矩阵创建 c 函数和 matrix 函数。

### 练习3.3

a. 创建并储存三维数组。该数组有6层，每层是 4×2 阶矩阵，并以适当的步长按降序将 4.8～0.1 填充到数组中。

b. 按照顺序提取 a 题中所有层的第二列第四行和第一行的所有元素，并储存为一个新对象。

c. 将 b 题中产生的矩阵的第二行重复 4 次，存储为新的 2×2×3 阶数组。

d. 删除 a 题数组的第六层，将结果保存为新数组。

e. 将 d 题中数组的第一层、第三层、第五层的第二列第二行和第四行的元素全部改写成-99。

**本章重要代码**

| 函数/操作 | 简要描述 | 首次出现 |
| --- | --- | --- |
| matrix | 创建一个矩阵 | 3.1 节 |
| rbind | 创建一个矩阵（合并行） | 3.1.2 节 |
| cbind | 创建一个矩阵（合并列） | 3.1.2 节 |
| dim | 返回矩阵的维数 | 3.1.3 节 |
| nrow | 返回矩阵的行数 | 3.1.3 节 |
| ncol | 返回矩阵的列数 | 3.1.3 节 |
| [ , ] | 矩阵/数组子集 | 3.2 节 |
| diag | 对角线元素/单位阵 | 3.2.1 节 |
| t | 矩阵的转置 | 3.3.1 节 |
| * | 矩阵的数乘 | 3.3.3 节 |
| +/- | 矩阵的加/减 | 3.3.4 节 |
| %*% | 矩阵的乘法 | 3.3.5 节 |
| solve | 矩阵的逆 | 3.3.6 节 |
| array | 创建一个数组 | 3.4.1 节 |

# 4

# 非数值型数据

 到目前为止，我们只是针对数值型数据进行了操作，但统计的编程还需要处理其他非数值型数据。在本章中，我们将介绍逻辑值、字符和因子 3 种重要的非数值型数据。特别是在第 2 章中学习更复杂的 R 编程时，熟悉掌握这些数据类型对有效地使用 R 非常重要。

## 4.1 逻辑值

基于一个简单前提：逻辑值的对象只能是 TRUE 或 FALSE，这可以理解为是或者否、一或者零、满意或者不满意等。逻辑值在所有编程语言中都会出现，并且有许多重要的用途。通常情况下，逻辑值表示条件是否满足或者是否设置了参数。

在 2.3.2 节使用 sort 函数和 3.1 节使用 matrix 函数时，我们就遇到过逻辑值。在使用 sort 函数时，设置 decreasing=TRUE 使向量元素按从大到小的顺序排序，设置 decreasing=FALSE 使元素按从小到大的顺序排序。同样，在构建矩阵时，byrow= TRUE 表示按行填充矩阵，否则按列填充矩阵。接下来，我们将详细学习逻辑值的使用方法。

### 4.1.1 TRUE 还是 FALSE

R 中的逻辑值都写作 TRUE 或 FALSE，其缩写为 T 或 F。缩写并不影响代码的执行，例如，在 sort 函数中 decreasing= T 等同于 decreasing=TRUE（但是，不能为了方便而将对象命名为 T 或者 F，见 9.1.3 节）。

与赋予数值一样，给对象赋予逻辑值。

```
R> foo <- TRUE
R> foo
[1] TRUE
```

```
R> bar <- F
R> bar
[1] FALSE
```

这就创建了两个对象，一个值为 TRUE，一个值为 FALSE。同样地，向量元素也可以用逻辑值表示。

```
R> baz <- c(T,F,F,F,T,F,T,T,T,F,T,F)
R> baz
 [1]  TRUE FALSE FALSE FALSE  TRUE FALSE  TRUE  TRUE  TRUE FALSE  TRUE FALSE
R> length(x=baz)
[1] 12
```

矩阵（和其他更高维数组）也可由逻辑值组成。用前面的向量 foo 和向量 baz 来创建如下矩阵：

```
R> qux <- matrix(data=baz,nrow=3,ncol=4,byrow=foo)
R> qux
      [,1]  [,2]  [,3]  [,4]
[1,]  TRUE FALSE FALSE FALSE
[2,]  TRUE FALSE  TRUE  TRUE
[3,]  TRUE FALSE  TRUE FALSE
```

## 4.1.2  逻辑值的输出：关系运算符

逻辑值常用来检查数值之间的关系是否正确。例如，我们可能希望知道某个数值 $a$ 是否比预定义的阈值 $b$ 大。为此，使用表 4-1 所示的标准关系运算符。

表 4-1                                关系运算符

| 运算符 | 解释 |
| --- | --- |
| == | 相等 |
| != | 不相等 |
| > | 大于 |
| < | 小于 |
| >= | 大于或等于 |
| <= | 小于或等于 |

这些关系符号常用于数值的比较（在 4.2.1 节有其他方面的使用情况）。例如：

```
R> 1==2
[1] FALSE
R> 1>2
[1] FALSE
R> (2-1)<=2
[1] TRUE
R> 1!=(2+3)
[1] TRUE
```

显然，结果为：1 等于 2 为 FALSE，1 大于 2 也是 FALSE，而 2-1 的结果小于或等于 2 是 TURE，而且 1 不等于 5（2+3）也是 TRUE。在后面，我们将看到这些运算符用于数值型变量时更有用。

在处理向量时，我们已经熟悉了 R 对元素的处理方式，与其同样的规则也适用于关系运算符。为了说明这一点，我们先创建两个向量，并检查其长度是否相同。

```
R> foo <- c(3,2,1,4,1,2,1,-1,0,3)
R> bar <- c(4,1,2,1,1,0,0,3,0,4)
R> length(x=foo)==length(x=bar)
[1] TRUE
```

现在思考以下 4 个等式：

```
R> foo==bar
 [1] FALSE FALSE FALSE FALSE  TRUE FALSE FALSE FALSE TRUE FALSE
R> foo<bar
 [1]  TRUE FALSE  TRUE FALSE FALSE FALSE FALSE TRUE FALSE  TRUE
R> foo<=bar
 [1]  TRUE FALSE  TRUE FALSE  TRUE FALSE FALSE TRUE  TRUE  TRUE
R> foo<=(bar+10)
 [1] TRUE TRUE TRUE TRUE TRUE TRUE TRUE TRUE TRUE TRUE
```

第一行代码检查 foo 中元素是否等于 bar 中元素，只有第五个元素和第九个元素对应相等，返回的向量包含每对元素的逻辑值，所以该向量的长度与被比较向量的长度相同。以相同的方式，第二行代码用来比较 foo 和 bar，但是这一次是检查 foo 中元素是否小于 bar 中元素。第三行代码用于比较 foo 中元素是否小于或等于 bar 中元素。最后，第四行代码用以检查 bar 中元素均增加 10 时，foo 中元素是否小于或等于 bar 中元素。当然，所有结果都是 TRUE。

逻辑值也可用于向量的循环。使用前面的向量 foo 和一个长度更短的向量 baz。

```
R> baz <- foo[c(10,3)]
R> baz
[1] 3 1
```

建立一个长度为 2 的 baz 向量，包括 foo 向量中的第十个和第三个元素。现执行以下代码：

```
R> foo>baz
 [1] FALSE  TRUE FALSE  TRUE FALSE  TRUE FALSE FALSE FALSE  TRUE
```

baz 向量中的两个元素与 foo 向量中的元素进行循环比较。foo 向量中的元素 1 和元素 2 与 baz 中的元素 1 和元素 2 进行比较，foo 中的元素 3 和元素 4 再次与 baz 中的元素 1 和 2 进行比较，等等。也可以对向量中的所有值与一个单值向量进行比较，例如：

```
R> foo<3
 [1] FALSE  TRUE  TRUE FALSE  TRUE  TRUE  TRUE  TRUE  TRUE FALSE
```

这是在 R 中处理数据集的一个典型操作。

现在，按列方式填充将 foo 和 bar 重写为 5×2 阶矩阵。

```
R> foo.mat <- matrix(foo,nrow=5,ncol=2)
R> foo.mat
      [,1] [,2]
[1,]   3    2
[2,]   2    1
[3,]   1   -1
[4,]   4    0
[5,]   1    3
R> bar.mat <- matrix(bar,nrow=5,ncol=2)
R> bar.mat
      [,1] [,2]
[1,]   4    0
[2,]   1    0
[3,]   2    3
[4,]   1    0
[5,]   1    4
```

这里用到了相同的元素处理方式；将两个矩阵进行比较，会得到相同大小的逻辑值矩阵。

```
R> foo.mat<=bar.mat
       [,1]   [,2]
[1,]  TRUE  FALSE
[2,] FALSE  FALSE
[3,]  TRUE   TRUE
[4,] FALSE   TRUE
[5,]  TRUE   TRUE
R> foo.mat<3
       [,1]   [,2]
[1,] FALSE   TRUE
[2,]  TRUE   TRUE
[3,]  TRUE   TRUE
[4,] FALSE   TRUE
[5,]  TRUE  FALSE
```

注意，关系运算符也可用于二维以上的数组。

我们也可以用 any 和 all 两个函数来快速查看逻辑值。在查看向量时，如果向量中有至少一个逻辑值是 TRUE，any 函数返回 TRUE，否则返回 FALSE。如果向量中所有逻辑值是 TRUE，all 函数返回 TRUE，否则返回 FALSE。下面以本节中的向量 foo 和向量 bar 比较时形成的两个逻辑值向量为例。

```
R> qux <- foo==bar
R> qux
 [1] FALSE FALSE FALSE FALSE  TRUE FALSE FALSE FALSE  TRUE FALSE
R> any(qux)
[1] TRUE
R> all(qux)
[1] FALSE
```

在这里，qux 包含两个 TRUE，其余元素为 FALSE——所以 any 函数的结果是 TRUE，而 all 函数的结果为 FALSE。同样，如下例子：

```
R> quux <- foo<=(bar+10)
R> quux
 [1] TRUE TRUE TRUE TRUE TRUE TRUE TRUE TRUE TRUE TRUE
R> any(quux)
[1] TRUE
R> all(quux)
[1] TRUE
```

any 和 all 函数对矩阵和数组的作用方式相同。

---

## 练习 4.1

a. 在你的工作空间创建包含 c(6,9,7,3,6,7,9,6,3,6,6,7,1,9,1)共 15 个数值的向量。识别符合下列条件的元素：

　　i. 等于 6；

　　ii. 大于等于 6；

　　iii. 小于 6+2；

　　iv. 不等于 6。

b. 将 a 题向量中的前 3 个元素删除之后，保存为一个新向量。将新向量填充为 2×2×3 阶数组。检查数组中的元素是否满足下列条件：

　　i. 小于或等于 6/2+4；

　　ii. 数组中的每个元素增加 2 之后是否小于或等于 6/2+4。

c. 确定 10×10 阶单位矩阵 $I_{10}$（见 3.3 节）中元素为 0 的位置。

d. 检查 b 题中创建的逻辑值向量是否为 TRUE。如果是，检查它们是否都为 TRUE。

e. 提取 c 题中创建的逻辑矩阵的对角线元素，使用 any 函数确认是否有 TRUE 元素。

---

### 4.1.3 多重比较：逻辑运算符

逻辑值还可用于检验是否满足多个条件。当满足多种不同情况时，我们会使用某个逻辑运算符。

在 4.1.2 节中，我们学习了关系运算符，并应用于比较储存 R 对象中的字面值（数值或其他类型）。接下来，我们将学习基于 AND 和 OR 语句的逻辑运算符，来比较 TRUE 或 FALSE 对象。表 4-2 总结了 R 逻辑运算符的句法和工作方式。AND 和 OR 操作符都有"单值比较"和"元素比较"两个版本——一会儿我们将看到它们的不同点。

表 4-2　　　　　　　　　　两个逻辑值比较的逻辑运算符

| 操作 | 解释 | 结果 |
|---|---|---|
| & | AND（与）<br>（元素比较） | TRUE & TRUE 是 TRUE |
| | | TRUE & FALSE 是 FALSE |
| | | FALSE & TRUE 是 FALSE |
| | | FALSE & FALSE 是 FALSE |

续表

| 操作 | 解释 | 结果 |
|------|------|------|
| && | AND（与）<br>单值比较 | 同上 |
| \| | OR（或）<br>（元素比较） | TRUE\|TRUE 是 TRUE<br>TRUE\|FALSE 是 TRUE<br>FALSE\|TRUE 是 TRUE<br>FALSE\|FALSE 是 FALSE |
| \|\| | OR（或）<br>（单值比较） | 同上 |
| ! | NOT（非） | !TRUE 是 FALSE<br>!FALSE 是 TRUE |

逻辑运算符的运算结果仍是逻辑值。当两个逻辑值都是 TRUE 时，AND 的比较结果为真。当两个逻辑值中至少有一个逻辑值为 TRUE 时，OR 的比较结果为真。而 NOT（!）仅返回逻辑值的相反值。我们可以利用这些运算符的组合同时检验多个条件。

```
R> FALSE||((T&&TRUE)||FALSE)
[1] TRUE
R> !TRUE&&TRUE
[1] FALSE
R> (T&&(TRUE||F))&&FALSE
[1] FALSE
R> (6<4)||(3!=1)
[1] TRUE
```

与算术运算一样，在 R 中，这些逻辑运算符的使用也有优先顺序，AND 语句要优先于 OR 语句。这可以保证在括号中放置每个比较对的同时保持计算的正确顺序和代码的可读性。我们可以在第一行代码中看到，首先执行的是最里层括号内的比较对 T&&TRUE，其结果是 TRUE；接着执行最外层括号内的比较对 TRUE||FALSE，其结果是 TRUE；最后执行括号外的比较对 FALSE||TRUE，其结果是 TRUE。第二行代码读作 NOT TRUE AND TRUE，返回的结果是 FALSE。而第三行代码，首先计算的是最里层：TRUE||F 是 TRUE，然后计算 T&&TRUE 是 TRUE，最后计算 TRUE&&FALSE 是 FALSE。最后一个例子先比较括号中的两个不同条件，然后对其使用逻辑运算符进行比较。因为 6<4 是 FALSE，3!=1 是 TRUE，所以 FALSE|| TRUE 的最终结果是 TRUE。

在表 4-2 中，AND 和 OR 操作符有 "&,|" 和 "&&,||" 两种形式。较短的运算符版本（&,|）用于元素间的比较，例如，在我们有两个逻辑向量希望得到多个逻辑值时。而较长的运算符版本（&&,||）用于比较两个独立值，并返回单个逻辑值。这在 if 条件语句中很重要，我们将在第 10 章进行学习。也可使用&和 | 比较单对逻辑值——尽管当结果是 TRUE/FALSE 时最好使用&&,||。

下面看一下元素比较的例子。假设有两个长度相等的向量 foo 和 bar：

```
R> foo <- c(T,F,F,F,T,F,T,T,T,F,T,F)
R> foo
 [1]  TRUE FALSE FALSE FALSE  TRUE FALSE  TRUE  TRUE  TRUE FALSE  TRUE FALSE
```

和

```
R> bar <- c(F,T,F,T,F,F,F,F,T,T,T,T)
R> bar
 [1] FALSE  TRUE FALSE  TRUE FALSE FALSE FALSE FALSE  TRUE  TRUE  TRUE  TRUE
```

短运算符版本首先按照位置对元素进行配对，然后返回比较结果。

```
R> foo&bar
 [1] FALSE FALSE FALSE FALSE FALSE FALSE FALSE FALSE  TRUE FALSE  TRUE FALSE
R> foo|bar
 [1]  TRUE  TRUE FALSE  TRUE  TRUE FALSE  TRUE  TRUE  TRUE  TRUE  TRUE  TRUE
```

长运算符版本意味着 R 只比较两个向量中的第一对元素。

```
R> foo&&bar
[1] FALSE
R> foo||bar
[1] TRUE
```

注意，最后两个结果与使用短运算符版本时所得结果的第一个元素相同。

---

### 练习 4.2

a. 将向量 c(7,1,7,10,5,9,10,3,10,8) 保存为 foo，识别大于 5 或等于 2 的元素。

b. 将向量 c(8,8,4,4,5,1,5,6,6,8) 保存为 bar，识别小于或等于 6 并且不等于 4 的元素。

c. 识别 foo 中满足 a 题且 bar 中满足 b 题的元素。

d. 创建并保存第三个向量 baz，它等于 foo 与 bar 的和。确定以下元素：

   i. baz 中大于或等于 14 但是不等于 15 的元素；

   ii. baz 除以 foo 所得向量中大于 4 或者小于等于 2 的元素。

e. 检查长运算符版本在前面所有练习中是否仅比较第一对元素（也就是所得向量的第一个元素是否相同）。

---

## 4.1.4 逻辑值也是数值

基于逻辑值的二进制性质，我们通常将 TRUE 表示为 1，将 FALSE 表示为 0。事实上，在 R 中，基本数值运算将 TRUE 视作 1，FALSE 视作 0。

```
R> TRUE+TRUE
[1] 2
```

```
R> FALSE-TRUE
[1] -1
R> T+T+F+T+F+F+T
[1] 4
```

如果把 TURE 和 FLASE 改成数值 1 和 0，运算结果也是一样的。同样，在使用逻辑值的情况下，可以将数值替换为逻辑值。

```
R> 1&&1
[1] TRUE
R> 1||0
[1] TRUE
R> 0&&1
[1] FALSE
```

将逻辑值表示为 0 和 1，意味着我们可以对其使用各种函数，在第三部分我们将进一步学习。

## 4.1.5 利用逻辑值提取子集

逻辑值可用于提取向量的子集和其他对象，具体方法与我们之前用向量索引提取子集是一样的。不过，此时不是在中括号中输入特定的索引，而是输入逻辑标志向量。如果标志向量的元素是 TRUE，那么与其对应的元素将被提取出。这样，逻辑标志向量与被访问向量的长度相同。（虽然较短的标志向量会发生循环，后面的例子也将会涉及标志向量）。

在 2.3.3 节的开头，我们定义了如下长度为 10 的向量：

```
R> myvec <- c(5,-2.3,4,4,4,6,8,10,40221,-8)
```

如果要提取该向量中小于 0 的两个元素，可以输入 myvec[c(2,10)]，或者像下面一样使用逻辑标志向量：

```
R> myvec[c(F,T,F,F,F,F,F,F,F,T)]
[1] -2.3 -8.0
```

这个例子可能过于烦琐。不过，在提取满足某个条件（或几个条件）的元素时，使用逻辑标志向量就非常方便。例如，我们可以使用条件<0 来找到 myvec 中小于 0 的元素。

```
R> myvec<0
 [1] FALSE TRUE FALSE FALSE FALSE FALSE FALSE FALSE FALSE TRUE
```

这是一个标志向量，可以用来提取 myvec 的子集，结果与之前相同。

```
R> myvec[myvec<0]
[1] -2.3 -8.0
```

如前所述，R 可以对较短的标志向量进行循环。输入下列代码，可以从 myvec 向量的第一个元素开始，每隔一个元素来提取元素：

```
R> myvec[c(T,F)]
[1]     5     4     4     8 40221
```

也可以使用关系和逻辑运算符来执行更复杂的提取操作。

```
R> myvec[(myvec>0)&(myvec<1000)]
[1] 5 4 4 4 6 8 10
```

结果将返回小于 1000 且大于 0 的元素。与使用向量索引一样，也可以通过使用逻辑标志向量重写特定元素。

```
R> myvec[myvec<0] <- -200
R> myvec
 [1]     5  -200     4     4     4     6     8    10 40221  -200
```

将所有的负值替换为-200。但是要注意，我们不能直接使用负逻辑标志向量来删除特定的元素，只有使用数值索引向量时才可以将其删除。

因此，在元素提取时，逻辑值是非常有用的。不需要事先知道元素的位置，因为可以利用条件检查来找到这些元素。这在我们处理大型数据集时希望查看或者重新编辑满足特定条件的记录时非常有帮助。

当我们将以 TRUE 为标记的元素作为索引时，需要将逻辑标志向量转化为数值索引向量。R 语言中的 which 函数将逻辑值向量作为参数 x，并返回所有 TRUE 元素对应的位置索引值。

```
R> which(x=c(T,F,F,T,T))
[1] 1 4 5
```

可以使用 which 函数来识别 myvec 向量中满足特定条件的元素的位置索引。例如，返回负元素对应的位置：

```
R> which(x=myvec<0)
[1]   2 10
```

也可以将这种方法用于其他形式的提取。需要注意的是，像 myvec[which(x=myvec<0)]这样的代码是多余的，因为可以通过向量自身满足的条件来提取元素，即执行代码 myvec[myvec<0]，而不用 which 函数。另外，which 函数可以在逻辑标志向量的基础上删除元素。我们可以用它来获取删除或者改写为负数元素的索引值。执行下列命令可以删除 myvec 中的负值：

```
R> myvec[-which(x=myvec<0)]
[1]     5     4     4     4     6     8    10 40221
```

这种方法也适用于矩阵以及其他数组。在 3.2 节，我们储存了一个 3 × 3 阶矩阵：

```
R> A <- matrix(c(0.3,4.5,55.3,91,0.1,105.5,-4.2,8.2,27.9),nrow=3,ncol=3)
R> A
     [,1]  [,2] [,3]
```

```
[1,]  0.3  91.0 -4.2
[2,]  4.5   0.1  8.2
[3,] 55.3 105.5 27.9
```

为了使用数字索引来提取 *A* 中的第一行第二列和第三列的元素,可以执行命令 A[1,2:3]。利用逻辑标志也可以达到相同的目的:

```
R> A[c(T,F,F),c(F,T,T)]
[1] 91.0 -4.2
```

与前面一样,我们通常不会明确指定逻辑向量。假设我们希望用-7 去替换 *A* 中所有小于 1 的元素,则使用数字索引去执行是相当烦琐的,而采用逻辑标志矩阵却很简单,如下:

```
R> A<1
      [,1]  [,2]  [,3]
[1,] TRUE FALSE  TRUE
[2,] FALSE  TRUE FALSE
[3,] FALSE FALSE FALSE
```

可以将此逻辑矩阵放在中括号内,这时的替换会变得更简单。

```
R> A[A<1] <- -7
R> A
      [,1]  [,2] [,3]
[1,] -7.0  91.0 -7.0
[2,]  4.5  -7.0  8.2
[3,] 55.3 105.5 27.9
```

这是我们第一次不使用中括号内用逗号隔开的索引来提取矩阵的子集(参见第 3.2 节)。由于标志矩阵和目标矩阵的行数与列数相同,因此标志矩阵提供了所有相关的结构信息。

使用 which 函数在逻辑标志向量的基础上识别数值索引,在处理二维或多维数据时就要更加小心。假设希望获得大于 25 的元素的位置,则正确的逻辑矩阵如下:

```
R> A>25
      [,1]  [,2]  [,3]
[1,] FALSE  TRUE FALSE
[2,] FALSE FALSE FALSE
[3,]  TRUE  TRUE  TRUE
```

现在,在 R 中输入下列命令:

```
R> which(x=A>25)
[1] 3 4 6 9
```

结果确实返回了满足条件的元素位置,但这些位置是作为标量值来提供的。那么,这些位置与矩阵的行/列是如何对应的呢?

由于本质上可以将多维对象视为一个单一的向量(一列排完再一列),所以对应关系取决于

which 函数的默认设置，然后返回对应的索引向量。假设矩阵 *A* 是按照将第一列堆叠至第三列的方式生成向量的，则可以利用 c(A[,1],A[,2],A[,3]) 来实现。这样返回的索引更有意义。

```
R> which(x=c(A[,1],A[,2],A[,3])>25)
[1] 3 4 6 9
```

因为数据是一列一列进行排布的，所以列表中满足条件的第三、第四、第六和第九个元素返回 TRUE。这可能比较难以解释，特别是在处理高维数组时。在这种情况下，可以使用可选参数 arr.ind（数组索引）来使得 which 函数返回特定维数的指标。默认情况下，这个参数设置为 FALSE，使得向量转化为索引。另外，如果将 arr.ind 设置为 TRUE，就要将对象看作矩阵或者数组而不是向量，并且可以提供目标元素的特定位置。

```
R> which(x=A>25,arr.ind=T)
     row col
[1,]   3   1
[2,]   1   2
[3,]   3   2
[4,]   3   3
```

现在返回的对象是一个矩阵，其中的每一行表示满足逻辑判断条件的元素，每一列提供元素的位置。与 *A* 的输出相对比，可以看到这些位置确实对应 *A*>25 的元素。

输出的版本（arr.ind=T 或者 arr.ind=F）是非常有用的——怎么选择正确取决于如何应用。

---

### 练习 4.3

a. 输入向量：foo <- c(7,5,6,1,2,10,8,3,8,2)。
   然后，执行下列操作：
   i. 提取大于或者等于 5 的元素，将其结果储存在 bar 向量中。
   ii. 删除大于或者等于 5 的元素，并显示剩余元素。
b. 将 a 题 i 中 bar 矩阵的元素按行填充方式构建一个 2 × 3 阶矩阵，命名为 baz。然后完成以下操作：
   i. 用 baz 矩阵中第一行第二列的元素平方值去替换那些等于 8 的元素。
   ii. 找出 baz 矩阵中所有小于或等于 25 并且大于 4 的值。
c. 构建一个 3 × 2 × 3 的数组，命名为 qux，利用包含 18 个元素的向量 c(10,5,1,4,7,4,3,3,1,3,4,3,1,7,8,3,7,3) 完成下面的操作：
   i. 识别值为 3 或者 4 的元素的索引位置。
   ii. 用 100 去替换 qux 中小于 3 或者大于等于 7 的元素。
d. 返回 a 题中的 foo 向量，用向量 c(F,T) 在 foo 中每隔一个元素提取一个元素。在 4.1.4 节中我们已经看到，有时候可以用 0 和 1 去替代 FALSE 和 TRUE，那么可以用 c(0,1) 从 foo 中提取相同的元素吗？在本例中，R 语言返回的结果是什么？

# 4.2 字符

字符串是另外一种常见的数据类型，用于表示文本。在 R 语言中，字符串经常用于指定文件夹位置或软件选项（如 1.2 节所示）；将一个参数传递给函数；注释存储对象，提供文本输出，或帮助解释图形。它们可以简单地通过构造分类变量来定义不同的组，正如我们将在 4.3 节看到的，因子更适合分类。

注意    在 R 环境中，有 3 种不同的字符串格式。默认字符串格式称为扩展正则表达式，其他的格式称为 Perl 和文本正则表达式。Perl 和文本正则表达式的复杂性超出了本书的范围，所以这里所提及的字符串均是指扩展正则表达式。在 R 控制台输入? regex 会有关于其他字符串格式的更多详细信息。

## 4.2.1 创建一个字符串

字符串用双引号" "表示。要创建一个字符串，只需在一对引号内输入文本内容。

```
R> foo <- "This is a character string!"
R> foo
[1] "This is a character string!"
R> length(x=foo)
[1] 1
```

R 将字符串作为单一的实体。换句话说，foo 是一个长度为 1 的向量，因为 R 计算的是不同字符串的总数，而不是单独字符或单词。如果要计算单个字符的数量，则可以使用 nchar 函数。这里通过使用 foo 来简要说明：

```
R> nchar(x=foo)
[1] 27
```

包括数字在内的几乎任何字符串组合都可以是一个有效字符串。

```
R> bar <- "23.3"
R> bar
[1] "23.3"
```

注意，在这种格式下，字符串没有数字上的含义，并且它不会被当作数字 23.3 来处理。例如，如果将其乘以 2，则会出现错误提示。

```
R> bar * 2
Error in bar * 2 : non-numeric argument to binary operator
```

这类错误发生的原因是因为*是对两个数值进行运算（不能用于一个数字和一个字符串之间，这是没有意义的）。

字符串有多种比较方式，其中常见的是检验其是否相等。

```
R> "alpha"=="alpha"
[1] TRUE
R> "alpha"!="beta"
[1] TRUE
R> c("alpha","beta","gamma")=="beta"
[1] FALSE TRUE FALSE
```

其他关系运算符的使用也与以前一样。例如，按照字母表的顺序，R 认为后面的字母比前面的字母大，由此可判断一个字符串是否比其他字符串大。

```
R> "alpha"<="beta"
[1] TRUE
R> "gamma">"Alpha"
[1] TRUE
```

此外，大写字母被认为是大于小写字母。

```
R> "Alpha">"alpha"
[1] TRUE
R> "beta">="bEtA"
[1] FALSE
```

大多数符号可以在一个字符串中同时使用。下面的字符串是有效的：

```
R> baz <- "&4 _ 3** %.? $ymbolic non$en$e ,; "
R> baz
[1] "&4 _ 3** %.? $ymbolic non$en$e ,; "
```

反斜杠\是一个重要的特例，也称为转义符号。当在一个字符串的引号内使用反斜杠时，会开始执行一些简单的操作，比如打印或者显示字符串本身。我们将在 4.2.3 节中看到它是如何使用的。下面来看用于连接字符串的两个有用的函数。

## 4.2.2 连接

这里有 cat 和 paste 两个主要用来连接（或黏合在一起）一个或者多个字符串的函数。两者之间的根本区别是返回内容的形式。第一个函数 cat 将其内容直接输出到控制台，并不会返回任何内容。paste 函数会将其内容连接，然后返回最终的字符串作为可用的 R 语言对象。当字符串连接结果需要传递到另一个函数或者以其他方式使用，而不仅仅是显示字符串内容时，这种方法是非常有用的。思考以下字符串向量。

```
R> qux <- c("awesome","R","is")
R> length(x=qux)
[1] 3
R> qux
[1] "awesome" "R"       "is"
```

与数值和逻辑值一样，我们可以在矩阵或者数组中存储任何数量的字符串。

在调用 cat 或 paste 时，我们可以按照自己希望的顺序对字符串进行组合。以下代码显示出两个函数使用的是相同的方法，但输出的结果不同：

```
R> cat(qux[2],qux[3],"totally",qux[1],"!")
R is totally awesome !
R> paste(qux[2],qux[3],"totally",qux[1],"!")
[1] "R is totally awesome !"
```

在这里，我们使用 qux 的 3 个元素以及"totally"和"！"两个附加字符串，以产生最终的连接字符串。在输出时，注意 cat 函数可以简单地将字符串连接并且输出到屏幕上，这意味着不能将结果直接分配到一个新变量并把它作为一个字符串。然而，对于 paste 函数，输出结果的左边有[1]，这表明结果返回包含一个字符串的向量，同时可以赋值给一个对象并可在其他函数中使用。

**注意** 在使用 R GUI 时，MacOS X 和 Windows 默认处理字符串的方式存在细微的差别。在 Windows 中调用 cat 函数后，R 会在所输出字符串的同一行继续等待新命令，此时可以按 Enter 键移动到下一行或者使用退出语句，这个将在 4.2.3 节讲到。在 OS X 系统中，新提示将出现在下一行。

这两个函数有一个可选参数 sep，用来指定连接字符的分隔符。我们可以通过 sep 来连接字符串，并且将字符串放在提供给 paste 或者 cat 的其他字符串之间。

```
R> paste(qux[2],qux[3],"totally",qux[1],"!",sep="---")
[1] "R---is---totally---awesome---!"
R> paste(qux[2],qux[3],"totally",qux[1],"!",sep="")
[1] "Ristotallyawesome!"
```

使用 cat 函数会得到相同的结果。注意，如果不希望字符之间有空格，则可以设置 sep=""，如第二个例子中的空字符串。空字符串分离可用于实现序列的分隔；在第一次使用 paste 和 cat 时，注意在之前的代码中，awesome 与感叹号之间的区别。

例如，在必要时可以手动插入空格，代码如下：

```
R> cat("Do you think ",qux[2]," ",qux[3]," ",qux[1],"?",sep="")
Do you think R is awesome?
```

如果希望从一个特定函数或一系列计算中熟练地总结结果，连接通常是有用的。很多 R 语言对象可以直接传递到 paste 或 cat；R 语言尝试自动将这些对象强制转化为字符串。这意味着 R 将输入转换成字符串，这样数值可以包含在最终连接的结果中。这种方法对于数值型变量是非常有用的，如下实例表明：

```
R> a <- 3
R> b <- 4.4
R> cat("The value stored as 'a' is ",a,".",sep="")
The value stored as 'a' is 3.
R> paste("The value stored as 'b' is ",b,".",sep="")
[1] "The value stored as 'b' is 4.4."
R> cat("The result of a+b is ",a,"+",b,"=",a+b,".",sep="")
The result of a+b is 3+4.4=7.4.
```

```
R> paste("Is ",a+b," less than 10? That's totally ",a+b<10,".",sep="")
[1] "Is 7.4 less than 10? That's totally TRUE."
```

我们将非字符串对象放置在输出结果中的任意位置。计算的结果也可以作为字段出现，正如算术 a+b 和逻辑比较 a+b<10。在 6.2.4 节中，我们将看到从一种类型值被强制转换为另一种类型值的更多详细信息。

### 4.2.3 转义序列

在 4.2.1 节中，我们注意到一个单反斜杠不是正常的字符串。该\用于调用转义序列。输入时，转义序列用来控制格式和字符串的间距，而不是普通文本。表 4-3 介绍了一些常用的转义序列，在提示符下输入？Quotes，我们可得到一个完整列表。

表 4-3　　　　　　　　　　　字符串中常用的转义序列

| 转义序列 | 结果 |
| --- | --- |
| \n | 换行 |
| \t | 水平制表 |
| \b | 调用退格 |
| \\ | 反斜杠 |
| \" | 双引号 |

转义序列使得字符串的显示更加灵活，有助于结果的总结和情节的注释。我们可以在需要的位置输入转义序列来发挥作用。下面是一个例子：

```
R> cat("here is a string\nsplit\tto new\b\n\n\tlines")
here is a string
split    to new

        lines
```

由于转义符号是\，字符串开始和结束的符号是"，如果希望字符串包括这两个字符中的一个，则必须使用转义符号使它们转义为正常字符。

```
R> cat("I really want a backslash: \\\nand a double quote: \"")
I really want a backslash: \
and a double quote: "
```

这些转义序列表示在 R 文本路径的字符中不能使用单反斜杠。如在 1.2.3 节中所提到的（使用 getwd 打印当前的工作目录并通过 setwd 去修改它），分隔文件夹必须使用一个斜杠（/），而不是一个反斜杠。

```
R> setwd("/folder1/folder2/folder3/")
```

我们将在第 8 章讨论读取和写入文件时文件路径的规定。

## 4.2.4 子集与匹配

模式匹配可以从给定的字符串中识别出较短的字符串。

substr 函数通过参数 start 和 stop 从字符串 x 中提取两个字符位置之间（包括）的字符串。通过使用 4.2.1 节中的对象 foo 向量来对 substr 函数功能进行阐述。

```
R> foo <- "This is a character string!"
R> substr(x=foo,start=21,stop=27)
[1] "string!"
```

我们已经提取了位置 21 和 27 之间的字符，最后得到"string!"。substr 函数也可以与赋值运算符相结合，来替换原有字符进而形成新字符串。在这种情况下，替换字符串的字符数量应该与被替换的字符数量相等。

```
R> substr(x=foo,start=1,stop=4) <- "Here"
R> foo
[1] "Here is a character string!"
```

如果替换字符串的字符数大于从 start 到 stop 的字符个数，仍可替换，也是从 start 开始并在 stop 结束，但是，这样会切掉替换字符串中多余的字符。如果替换的字符串较短，那么字符串完全插入后，替换就会终止，剩下的字符保持不变。

在替换字符时使用 sub 函数和 gsub 函数会更方便。sub 函数可以在字符串 x 中搜索出较短的字符串模式（pattern），然后用参数 replacement 中的新字符串来替换这个字符串。gsub 功能与 sub 相同，但是它会替换含有 pattern 的每一个字符串，例子如下：

```
R> bar <- "How much wood could a woodchuck chuck"
R> sub(pattern="chuck",replacement="hurl",x=bar)
[1] "How much wood could a woodhurl chuck"
R> gsub(pattern="chuck",replacement="hurl",x=bar)
[1] "How much wood could a woodhurl hurl"
```

使用 sub 和 gsub 时，replacement 中的字符数量不一定要与 pattern 中的字符数量相等。这些函数也都有搜索选项，如区分大小写。查看帮助文件？substr 和？Sub，可以看到更多的详细信息以及其他有关模式匹配的函数和方法。如果希望了解 grep 命令和它的变体，可以查看相关的帮助文件?grep。

**练习 4.4**

a. 再次创建以下结果：

```
"The quick brown fox
    jumped over
        the lazy dogs"
```

b. 假设已经存储了数值 num1 <- 4 和 num2 <- 0.75，写一行代码使得 R 返回以下字符串：

```
[1] "The result of multiplying 4 by 0.75 is 3"
```

确保生成的代码是含有 num1 和 num2 中的任意两个数字相乘的正确结果的字符串。

c. 在本地机器上，本书 R 的工作目录指定为 "/Users/tdavies/Documents/RBook/"。现在在你的计算机上，写一行代码，用你的姓名来替换 tdavies。

d. 在 4.2.4 节，已经存储了以下字符串：

```
R> bar <- "How much wood could a woodchuck chuck"
```

i. 将 bar 和 "if a woodchuck could chuck wood" 粘贴在一起得到新字符串。

ii. 在 i 的结果中，用 metal 替换所有的 wood。

e. 储存字符串 "Two 6-packs for \$16.99"，然后执行下列操作：

i. 使用等号来检查第五个字符到第十个字符之间是否为 "6-pack"。

ii. 通过将价格改为\$10.99，使其成为一个更好的交易。

# 4.3 因子

在本节，将学习与创建、处理和检查因子相关的一些简单函数。在 R 中，因子用于表示不同类别的有限数据，而不是用于表示连续数据。像这样的分类数据形式在数据科学中发挥着重要的作用，在第 13 章，我们会从统计学的角度了解到更多关于因子的详细信息。

## 4.3.1 识别类别

要了解因子是如何工作的，先以一个简单的数据集开始。假设我们找到 8 个人并记录他们的名字、性别和出生月份，如表 4-4 所示。

表 4-4　　　　　　　　　　　　8 个人的示例数据

| 姓名 | 性别 | 出生月份 |
| --- | --- | --- |
| Liz | 女 | 4 月 |
| Jolene | 女 | 1 月 |
| Susan | 女 | 12 月 |
| Boris | 男 | 9 月 |
| Rochelle | 女 | 11 月 |
| Tim | 男 | 7 月 |
| Simon | 男 | 7 月 |
| Amy | 女 | 6 月 |

在 R 中表示每个人名字的唯一方式是使用字符串向量。

```
R> firstname <- c("Liz","Jolene","Susan","Boris","Rochelle","Tim","Simon",
                   "Amy")
```

在涉及记录性别时，就有更多的灵活性。编码女性为 0，男性为 1，方法如下：

```
R> sex.num <- c(0,0,0,1,0,1,1,0)
```

当然，字符串也是可以的，并且很多人喜欢这种方法，因为我们没有必要记住不同组别中的数字代码的含义。

```
R> sex.char <- c("female","female","female","male","female","male","male",
                 "female")
```

在存储数据时，个人名字和性别存在着根本的区别。其中，一个人的名字是唯一的标识符，可以用任何数字来表示，而记录一个人的性别时只有两种选择。这里所有可能的值成了有限数量类别的数据，因此，在 R 中最好使用因子来表示。

因子通常由数字或字符向量来创建（注意，不可以用因子填充矩阵或多维数组，因子只能是向量形式）。使用函数 factor 可以创建一个因子向量，而在这个例子中，使用的是 sex.num 和 sex.char：

```
R> sex.num.fac <- factor(x=sex.num)
R> sex.num.fac
[1] 0 0 0 1 0 1 1 0
Levels: 0 1
R> sex.char.fac <- factor(x=sex.char)
R> sex.char.fac
[1] female female female male   female male   male   female
Levels: female male
```

我们获得了两个存储性别的因子向量。

我们可能会认为，这些对象与用于创建它们的字符串和数值向量没有什么不同。事实上，因子与向量的工作方式类似，但是附加了一个额外信息（因子对象在 R 的内部表示上有一些不同）。例如，length 和 which 对因子的处理方式与对向量的处理方式相同。

最重要的额外信息（或属性；见 6.2.1 节）是因子对象包含水平。水平包含了存储在向量中的所有可能值，并在每个因子向量的底部输出。使用 levels 函数可以提取水平值构成的字符串向量。

```
R> levels(x=sex.num.fac)
[1] "0" "1"
R> levels(x=sex.char.fac)
[1] "female" "male"
```

我们也可以使用 levels 重新标记一个因子。如下面的例子：

```
R> levels(x=sex.num.fac) <- c("1","2")
R> sex.num.fac
```

```
[1] 1 1 1 2 1 2 2 1
Levels: 1 2
```

这里重新标记女性为 1，男性为 2。

与在向量中一样，因子向量同样可以提取子集。

```
R> sex.char.fac[2:5]
[1] female female male female
Levels: female male
R> sex.char.fac[c(1:3,5,8)]
[1] female female female female female
Levels: female male
```

注意，从因子对象中提取子集后，该对象会继续存储在所有原先定义的水平中，即使水平中的一些值可能在提取后不再表示因子对象的子集。

如果希望使用逻辑标志向量来提取因子子集，就需要用字符串来表示或检验特定的水平。注意，此时因子的水平存储为字符串（即使原始数据是数字）。例如，使用重新标记的 sex.num.fac 找出所有的男性：

```
R> sex.num.fac=="2"
[1] FALSE FALSE FALSE TRUE FALSE TRUE TRUE FALSE
```

由于在因子向量中，名字与性别的元素相对应，因此可以使用这个逻辑向量来获得所有男性的名字（使用"male"/"female"因子向量）。

```
R> firstname[sex.char.fac=="male"]
[1] "Boris" "Tim" "Simon"
```

当然，这种提取子集的方法与从原始数值 sex.num 和字符串向量 sex.char 中提取子集的方法相同。在 4.3.2 节中，我们将探讨因子在一些分类数据中的优势。

## 4.3.2 水平的定义与排序

在 4.3.1 节，性别因子表示最简单的因子变量——只含有两个没有顺序的因子值，没有定义一个水平高于另一个，或者一个水平优先于另一个。这里，我们将看到水平会按照逻辑排序的因子。对于出生月份（MOB），有自然排序的 12 个水平。从之前的字符向量开始存储并观察 MOB 数据。

```
R> mob <- c("Apr","Jan","Dec","Sep","Nov","Jul","Jul","Jun")
```

在这个向量中需要注意两个问题。首先，并不是所有可能的类别都能表示，因为 mob 只包含 6 个不同的月。其次，这种向量并不反映月份的自然顺序。比较 1 月和 12 月的大小，就会发现 1 月大于 12 月：

```
R> mob[2]
[1] "Jan"
```

```
R> mob[3]
[1] "Dec"
R> mob[2]<mob[3]
[1] FALSE
```

按照字母顺序，这个结果当然是正确的——字母 J 位于字母 D 之后。但是在日历中（这是我们感兴趣的），结果为 FALSE 是不正确的。

如果从这些值中创建因子对象，可以通过向 factors 函数提供额外的参数来同时处理这些问题。同时通过向 levels 参数提供所有的字符向量来定义附加水平，然后设置 orderd=TRUE 以指示 R 按照 levels 中的顺序来排序。

```
R> ms <- c("Jan","Feb","Mar","Apr","May","Jun","Jul","Aug","Sep","Oct","Nov",
           "Dec")
R> mob.fac <- factor(x=mob,levels=ms,ordered=TRUE)
R> mob.fac
[1] Apr Jan Dec Sep Nov Jul Jul Jun
Levels: Jan < Feb < Mar < Apr < May < Jun < Jul < Aug < Sep < Oct < Nov < Dec
```

这里，mob.fac 向量与 mob 向量在相同的索引位置上有相同的个体元素。但是请注意，这个变量实际上有 12 个水平，即使水平"Feb""Mar""May""Aug"和"Oct"没有观测值。（注意，如果 R 控制台窗口太窄而不能使所有的水平值输出在屏幕上，我们会看到省略号，说明这里有更多的输出，只是被隐藏起来了。只需扩展窗口，再次输出对象便可查看全部的水平）。另外，这些水平的严格顺序由<符号表示。使用这种新因子对象，我们能够完成相关的比较并得到预期的结果。

```
R> mob.fac[2]
[1] Jan
Levels: Jan < Feb < Mar < Apr < May < Jun < Jul < Aug < Sep < Oct < Nov < Dec
R> mob.fac[3]
[1] Dec
Levels: Jan < Feb < Mar < Apr < May < Jun < Jul < Aug < Sep < Oct < Nov < Dec
R> mob.fac[2]<mob.fac[3]
[1] TRUE
```

这些改进还远远只是在表面上而已。例如，在一些分类中，没有观测值的数据集与定义较少分类的数据集之间有很大的区别。在各种统计方法中选择是否要构建因子向量的排序有着重要的意义，如回归和其他类型的建模方法。

## 4.3.3   组合与分割

正如我们所看到的，使用 c 函数通常是组合多个相同向量（无论是数字、逻辑值还是字符）的一个简单方法。这里有一个例子：

```
R> foo <- c(5.1,3.3,3.1,4)
R> bar <- c(4.5,1.2)
R> c(foo,bar)
[1] 5.1 3.3 3.1 4.0 4.5 1.2
```

结果是将两个数值向量合并成一个。

但是请注意，c 函数对因子值向量的作用方式不同。对表 4-4 中的数据和 4.3.2 节中的 MOB 因子向量 mob.fac，使用 c 函数时会有什么结果呢？假设我们现在有 3 个 MOB 值 "Oct" "Feb" 和 "Feb"，并存储为一个因子对象，如下：

```
R> new.values <- factor(x=c("Oct","Feb","Feb"),levels=levels(mob.fac),
                        ordered=TRUE)
R> new.values
[1] Oct Feb Feb
Levels: Jan < Feb < Mar < Apr < May < Jun < Jul < Aug < Sep < Oct < Nov < Dec
```

现在我们得到了含有原来 8 个观测值的 mob.fac 和含有额外 3 个观测值的 new.values。两者都是因子对象，具有相同的定义和水平排序。或许我们可以用 c 函数将两者结合起来，如下：

```
R> c(mob.fac,new.values)
 [1]  4  1 12  9 11  7  7  6 10  2  2
```

很显然，结果并不是我们所希望的。结合两个因子对象产生了一个数值向量，这是因为 c 函数将因子解释为整数。如果将以前的整数输出与所定义的水平直接进行比较，则可以看到，该数字指的是有序水平中每月的索引。

```
R> levels(mob.fac)
 [1] "Jan" "Feb" "Mar" "Apr" "May" "Jun" "Jul" "Aug" "Sep" "Oct" "Nov" "Dec"
```

这表示我们可以使用整数 levels（mob.fac）来获得完整观测数据的字符串向量——原始的 8 个观测值加上另外 3 个观测值。

```
R> levels(mob.fac)[c(mob.fac,new.values)]
 [1] "Apr" "Jan" "Dec" "Sep" "Nov" "Jul" "Jul" "Jun" "Oct" "Feb" "Feb"
```

现在，将所有观测值储存成向量形式，但它们现在是字符串，而不是因子。所以最后一步是把这个向量转换成因子对象。

```
R> mob.new <- levels(mob.fac)[c(mob.fac,new.values)]
R> mob.new.fac <- factor(x=mob.new,levels=levels(mob.fac),ordered=TRUE)
R> mob.new.fac
 [1] Apr Jan Dec Sep Nov Jul Jul Jun Oct Feb Feb
Levels: Jan < Feb < Mar < Apr < May < Jun < Jul < Aug < Sep < Oct < Nov < Dec
```

这个例子说明，组合因子需要从根本上解构两个对象，获取关于因子水平中每个条目的位置索引，然后重建它们。这有助于确保水平是一致的，并且在最后的结果中可看到观测值。

也经常从最初测量的数据中构建因子，例如一组成人体重或者是给予患者的药物量。有时需要将这些观测值进行分类，例如小/中/大或低/高。在 R 中，可以使用 cut 函数将这种数据分为离散的因子类别。考虑下面长度为 10 的数值向量：

```
R> Y <- c(0.53,5.4,1.5,3.33,0.45,0.01,2,4.2,1.99,1.01)
```

假设我们将数据按如下方式分组：小观测值处在区间[0,2)中，中等观测值处在[2,4)中，大观测值处在[4,6]中。中括号表示包括该数值，小括号表示不包括该数值，也就是说，如果 $0 \leqslant y < 2$，那么 $y$ 落入较小的分组；如果 $2 \leqslant y < 4$，那么 $y$ 会落入中间的组；如果 $4 \leqslant y \leqslant 6$，那么 $y$ 会落入最大的组。cut 函数可以实现分组，需要将分组赋值给参数 breaks。

```
R> br <- c(0,2,4,6)
R> cut(x=Y,breaks=br)
 [1] (0,2] (4,6] (0,2] (2,4] (0,2] (0,2] (0,2] (4,6] (0,2] (0,2]
Levels: (0,2] (2,4] (4,6]
```

现在对因子中的观测值进行分组。但是要注意，边界区间前后颠倒了，我们希望左侧的边界水平是[0,2)这样的，而不是默认形式（0,2]。可以通过设置逻辑参数 right=F 来解决这个问题。

```
R> cut(x=Y,breaks=br,right=F)
 [1] [0,2) [4,6) [0,2) [2,4) [0,2) [0,2) [2,4) [4,6) [0,2) [0,2)
Levels: [0,2) [2,4) [4,6)
```

现在已经设置好了开区间和闭区间。这一步非常重要，因为它会影响哪个值落入那个区间。注意，第七个观测值改变了分组，但是还有一个问题：目前，最后一个区间不包括 6，但我们希望将最大值划入最高的水平。可以用另一个逻辑参数 include.lowest 来解决这个问题。虽然称为"include.lowest"，但是帮助文件? cut 表明，如果 right=F，则该参数表示包括最大值。

```
R> cut(x=Y,breaks=br,right=F,include.lowest=T)
 [1] [0,2) [4,6] [0,2) [2,4) [0,2) [0,2) [2,4) [4,6] [0,2) [0,2)
Levels: [0,2) [2,4) [4,6]
```

现在的间隔就是我们希望的形式。最后，我们希望给分类添加更好的标签，而不是使用 R 默认的间隔水平。我们可以将字符串向量赋值给 labels 参数。标签的顺序必须与因子中水平的顺序保持一致。

```
R> lab <- c("Small","Medium","Large")
R> cut(x=Y,breaks=br,right=F,include.lowest=T,labels=lab)
 [1] Small Large Small Medium Small Small Medium Large Small Small
Levels: Small Medium Large
```

---

## 练习 4.5

新西兰有国家党、工党、绿党、毛利党以及其他政党。假设询问 20 个新西兰人最认同哪个政党，并获得如下数据：

1）这里有 12 名男性和 8 名女性，其中标记为 1,5～7，12 以及 14～16 的是女性。

2）标记为 1,4,12,15,16 和 19 的个体认同工党，没有人认同毛利党，标记为 6,9,11 的认同绿党，标记为 10 和 20 的认同其他政党，剩下的认同国家党。

a. 用所学的向量知识（例如子集和重写）创建两个字符向量：性别中用"M"表示男性，用"F"表示女性，党派表示为"National""Labour""Greens""Maori"和"Other"。如前所述，务必确保数值放置在正确的位置上。

b. 基于性别和党派建立两个不同的因子向量。在这两种情况下，使用 ordered=TRUE 有意义吗？如何使用 R 来定义水平呢？

c. 利用因子子集完成如下操作：

  i. 返回只有男性参与者的党派因子向量。

  ii. 返回那些选择国家党的性别因子向量。

d. 另有 6 个人参与调查，结果是：党派有 c("National","Maori","Maori","Labour", "Greens","Labour")，性别结果是 c("M","M","F","F","F","M")。用 b 题中的原始因子与这些结果进行组合。

假设还要求所有人陈述他们对于工党将赢得议会中更多席位并在下届大选中超过国家党的信心以及主观百分比的置信度。26 个结果分别是 93, 55, 29, 100, 52, 84, 56, 0, 33, 52, 35, 53, 55, 46, 40, 40, 56, 45, 64, 31, 10, 29, 40, 95, 18, 61。

e. 创建如下置信水平的因子：低等百分比[0,30]；中等百分比(30,70]；高等百分比(70,100]。

f. 在 e 题中，提取对应的那些刚开始说他们是工党的个体水平。对国家党也进行此操作，你会发现什么？

**本章重要代码**

| 函数/操作 | 简要描述 | 首次出现 |
|---|---|---|
| TRUE, FALSE | 保留逻辑值 | 4.1.1 节 |
| T, F | 逻辑值缩写 | 4.1.1 节 |
| ==, !=, >, <, >=, <= | 关系运算符 | 4.1.2 节 |
| any | 检查是否有元素是 TRUE | 4.1.2 节 |
| all | 检查是否所有元素是 TRUE | 4.1.2 节 |
| &&, &, \|\|, \|, ! | 逻辑运算符 | 4.1.3 节 |
| which | 确定 TRUE 的位置索引 | 4.1.5 节 |
| " " | 创建一个字符串 | 4.2.1 节 |
| nchar | 获得字符串中字符数量 | 4.2.1 节 |
| cat | 连接字符串（不返回） | 4.2.2 节 |
| paste | 连接字符串（返回字符串） | 4.2.2 节 |
| \ | 转义符 | 4.2.3 节 |
| substr | 提取字符串子集 | 4.2.4 节 |
| sub, gsub | 匹配和替换字符串 | 4.2.4 节 |
| factor | 创建因子向量 | 4.3.1 节 |
| levels | 获得因子的水平 | 4.3.1 节 |
| cut | 从连续数据创建因子 | 4.3.3 节 |

# 5

# 列表和数据框

 向量、矩阵和数组是 R 语言中高效且方便的数据存储结构，但是有一个明显的缺陷：只可以存储一种类型的数据。在本章中，我们将学习另外两个数据结构——列表和数据框。这两种结构可以一次性储存多种类型的数据。

## 5.1 列表对象

在 R 中，列表是非常有用的数据结构，它可以同时存储多种类型的 R 结构和对象。列表可以包含数值型矩阵、逻辑型数组、字符串和因子变量，甚至可以包含其他列表。在本章，我们将学习如何创建、修改列表以及如何访问列表中的组件。

### 5.1.1 创建列表和访问组件

创建列表类似于创建向量。我们向列表函数中输入元素并用逗号隔开。

```
R> foo <- list(matrix(data=1:4,nrow=2,ncol=2),c(T,F,T,T),"hello")
R> foo
[[1]]
     [,1] [,2]
[1,]    1    3
[2,]    2    4

[[2]]
[1] TRUE FALSE  TRUE  TRUE

[[3]]
[1] "hello"
```

在 foo 列表中，我们储存了一个 2 × 2 阶矩阵、一个逻辑向量和一个字符串。这些元素按照 list 函数输入的顺序输出。与向量一样，可以使用 length 函数检查列表中组件的个数。

```
R> length(x=foo)
[1] 3
```

使用索引和双中括号可从列表中提取组件。

```
R> foo[[1]]
     [,1] [,2]
[1,]   1    3
[2,]   2    4
R> foo[[3]]
[1] "hello"
```

这条命令是引用组件。如果以这种方式提取组件，就可以把它视为工作空间中独立的对象，而不需要其他特别的命令。

```
R> foo[[1]] + 5.5
     [,1] [,2]
[1,]  6.5  8.5
[2,]  7.5  9.5
R> foo[[1]][1,2]
[1] 3
R> foo[[1]][2,]
[1] 2 4
R> cat(foo[[3]],"you!")
hello you!
```

使用赋值操作符来改写 foo 中的元素。

```
R> foo[[3]]
[1] "hello"
R> foo[[3]] <- paste(foo[[3]],"you!")
R> foo
[[1]]
     [,1] [,2]
[1,]   1    3
[2,]   2    4

[[2]]
[1] TRUE FALSE TRUE TRUE

[[3]]
[1] "hello you!"
```

假如现在希望访问 foo 中的第二个和第三个组件，并将其储存为一个对象，我们的第一直觉可能是给出如下命令：

```
R> foo[[c(2,3)]]
[1] TRUE
```

但是，R 并没有返回我们希望的结果。相反，它返回第二个组件中的第三个元素。这是因为列表中使用双中括号时，R 将括号中的内容理解为一个对象。不过，使用双中括号并不是访问列表组件的唯一途径。我们也可以使用单个中括号，这种操作称为列表切片，可以一次性地选择多个列表项目。

```
R> bar <- foo[c(2,3)]
R> bar
[[1]]
[1] TRUE FALSE  TRUE  TRUE

[[2]]
[1] "hello you!"
```

需要注意的是，输出结果 bar 本身就是由两个组件构成的列表，组件将按照命令中的顺序排列。

## 5.1.2  命名

我们可以用 names 函数给列表中的元素命名，这样可以使这些元素更容易被识别，也便于进一步操作。就像因子水平信息的储存一样（见 4.3.1 节），名字也是 R 的一个属性。

现在给 foo 列表命名。

```
R> names(foo) <- c("mymatrix","mylogicals","mystring")
R> foo
$mymatrix
     [,1] [,2]
[1,]    1    3
[2,]    2    4

$mylogicals
[1]  TRUE FALSE  TRUE  TRUE

$mystring
[1] "hello you!"
```

这就改变了将对象输出到工作台的输出方式。之前，每个组件前面输出的名字是[[1]]、[[2]]和[[3]]，而现在输出的名字分别为$mymatrix、$mylogical 和$mystring。现在，我们可以用这些名字和美元符号来查找元素，而不再使用双中括号。

```
R> foo$mymatrix
     [,1] [,2]
[1,]    1    3
[2,]    2    4
```

这与使用 foo[[1]]命令是等价的。事实上，即使一个对象已经被命名了，我们仍然可以使用数字索引来获取所需的组件。

```
R> foo[[1]]
     [,1] [,2]
[1,]    1    3
[2,]    2    4
```

也可用相同的方法来提取已命名组件的子集。

```
R> all(foo$mymatrix[,2]==foo[[1]][,2])
[1] TRUE
```

上述命令证实了（4.1.2 节的 all 函数）这两种提取 foo 列表中矩阵的第二列元素的方法是等价的。

如果创建列表时要为其命名，就要在 list 命令中给每个组件分配一个标签。现在，使用 foo 列表中的一些组件创建一个已命名的新列表。

```
R> baz <- list(tom=c(foo[[2]],T,T,T,F),dick="g'day mate",harry=foo$mymatrix*2)
R> baz
$tom
[1]  TRUE FALSE  TRUE  TRUE  TRUE  TRUE  TRUE FALSE

$dick
[1] "g'day mate"

$harry
     [,1] [,2]
[1,]    2    6
[2,]    4    8
```

现在，baz 对象包含了 tom、dick 和 harry 这 3 个被命名的元素。

```
R> names(baz)
[1] "tom"   "dick"  "harry"
```

如果要对这些组件进行重命名，与前面 foo 的命名方式相同，只需输入命令 names（baz）提供一个长度为 3 的字符串向量。

**注意**　在使用 names 函数时，这些组件的名字将以字符串和双引号的形式提供和返回。然而，如果创建列表时指定名字（在 list 函数内）或者使用名字和美元符号来提取组件，名字就不用放置在双引号内（换句话说，它们不是字符串类型）。

## 5.1.3　嵌套

如前所述，列表中的组件也可以是一个列表。在嵌套列表时，清楚要提取组件的深度是很重要的。

注意，我们可以使用美元符号和新名字来给现有的列表中添加组件。用之前列表中的 foo 和
baz 来举例说明：

```
R> baz$bobby <- foo
R> baz
$tom
[1]  TRUE FALSE  TRUE  TRUE  TRUE  TRUE  TRUE FALSE

$dick
[1] "g'day mate"

$harry
     [,1] [,2]
[1,]    2    6
[2,]    4    8

$bobby
$bobby$mymatrix
     [,1] [,2]
[1,]    1    3
[2,]    2    4

$bobby$mylogicals
[1]  TRUE FALSE  TRUE  TRUE

$bobby$mystring
[1] "hello you!"
```

在这里，给 baz 列表中定义了第四个名为 bobby 的组件。将整个 foo 列表赋值给 bobby。正
如我们所看到的，在控制台输出新 baz 时，bobby 中有 3 个组件。名字和索引都分层显示，我们
可以分别使用它们或将它们组合起来提取 bobby 组件里的元素。

```
R> baz$bobby$mylogicals[1:3]
[1]   TRUE FALSE TRUE
R> baz[[4]][[2]][1:3]
[1]   TRUE FALSE TRUE
R> baz[[4]]$mylogicals[1:3]
[1]   TRUE FALSE TRUE
```

上面所有命令都是指示 R 返回储存在 baz 列表中的第四个组件，即 bobby 列表中的第二个
组件逻辑向量（[[2]]被命名为 mylogicals）中的前 3 个元素。只要知道子集的每层会返回什么，
就可以继续使用名字和数字索引来提取子集。看一下本例中的第三行代码，子集的第一层是
baz[[4]]，这是一个有 3 个组件的列表。第二层是调用 baz[[4]]$mylogicals 命令来提取该列表中
的组件 mylogicals。这个组件是长度为 4 的向量，所以子集的第三层提取的是这个向量的前 3
个元素。

通常，列表用来返回各种 R 函数的输出。但是，它们可以在存储系统资源时变成更大的对象。
当只有一种类型的数据时，一般建议使用基础向量、矩阵或者数组来记录和储存观测值。

a. 创建一个列表，依次包括以下内容：−4～4 等步长并且有 20 个数字的序列；逻辑型向量 c（F,T,T,T,F,T,T,F,F）按列填充构成一个 3 × 3 阶矩阵；由字符串"don"和"qulxote"构成一个字符型向量；含有观测值 c（"LOW"，"MED"，"MED"，"HIGH"）的因子向量。然后执行下面的操作。

i. 按顺序提取逻辑型矩阵中第二列和第三列的第二行和第一行的元素。

ii. 使用 sub 函数，将列表中的"quixote"替换为"Quixote"，"don"替换为"Don"。然后，将新列表和控制台的如下内容相连接：

---

```
"Windmills! ATTACK!"
    -\Don Quixote/-
```

---

iii. 提取−4～4 中所有大于 1 的值。

iv. 使用 which 函数来提取因子向量中"MED"的水平索引。

b. 创建一个新列表，包含下列组件：a 题中的因子向量，命名为"facs"；组件的数值型向量 c(3,2.1,3.3,4,1.5,4.9)，命名为"nums"；由 a 题中列表的前 3 个组件构成嵌套列表，命名为"oldlist"。然后执行下面的操作：

i. 提取 facs 中与 nums 中大于或等于 3 相对应的元素。

ii. 给列表添加一个名为"flags"的组件。这个组件是一个长度为 6 的逻辑型向量，由 oldlist 组件的逻辑型矩阵的第三列重复两次得到。

iii. 使用"flags"组件和逻辑运算符"!"来提取"nums"中所有与 FALSE 相对应的元素。

iv. 将"oldlist"中的字符串向量改写为单个字符串向量"Don Quixote"。

# 5.2 数据框

在 R 中，数据框是由一个或多个变量构成的数据集，是很常见的。与列表一样，数据框对变量的数据类型没有约束；我们可以存储数值型数据、因子数据等。R 中的数据框可以看作是附有额外要求的列表。数据框与列表显著的区别是，所有的组件必须是长度相同的向量。

在 R 中，数据框是统计分析时重要和常用的工具之一。接下来，我们将学习如何创建数据框并了解数据框的一般属性。

## 5.2.1 创建数据框

使用 data.frame 函数创建一个数据框，以长度相等的向量形式提供数据，并且按变量进行分类——与构建已命名列表的方法相同。如下面例子中的数据集所示：

```
R> mydata <- data.frame(person=c("Peter","Lois","Meg","Chris","Stewie"),
                        age=c(42,40,17,14,1),
```

```
                        sex=factor(c("M","F","F","M","M")))
R> mydata
  person age sex
1  Peter  42   M
2   Lois  40   F
3    Meg  17   F
4  Chris  14   M
5 Stewie   1   M
```

这里，我们构建了一个包含 5 个人的姓名、年龄和性别的数据框。返回对象说明了为什么传递给 data.frame 的向量必须长度是相等的：不同长度的向量在这里是无意义的。如果传递给 data.frame 长度不同的向量，那么 R 将尝试将相对较短的向量进行多次循环以匹配较长的向量，导致数据缺失或者将观测值分配给错误变量。需要注意的是，数据框在控制台上以行列的形式输出，与已命名的列表相比，更像是一个矩阵，这种电子表格使得读取和操作数据集更容易。数据框中的行叫作记录，列叫作变量。

我们可以通过使用行列位置的索引值来提取部分数据（像矩阵那样）。例如：

```
R> mydata[2,2]
[1] 40
```

这条命令给出了第二行第二列的元素——Lois 的年龄。现在提取第三列的第三个、第四个和第五个元素：

```
R> mydata[3:5,3]
[1] F M M
Levels: F M
```

这条命令返回了一个由 Meg、Chiris 和 Stewie 的性别构成的因子向量。按下面的代码依次提取整个第三列和第一列元素：

```
R> mydata[,c(3,1)]
  sex person
1   M  Peter
2   F   Lois
3   F    Meg
4   M  Chris
5   M Stewie
```

这个结果也是一个数据框，先给出每个人的性别，然后给出每个人的姓名。

即使不知道这些列索引的位置，我们同样可以通过传递给 data.frame 向量名字来访问变量。对于大型数据集，这种方法非常实用。我们可结合美元符号来使用：

```
R> mydata$age
[1] 42 40 17 14 1
```

也可提取结果向量的子集：

```
R> mydata$age[2]
[1] 40
```

这个结果与之前的代码 mydata[2,2]的结果相同。

我们可以得到数据框的维度——记录和变量的数量——与返回矩阵的维度一样（见 3.1 节）。

```
R> nrow(mydata)
[1] 5
R> ncol(mydata)
[1] 3
R> dim(mydata)
[1] 5 3
```

nrow 函数用于提取行（记录）的数量，ncol 用于提取列（变量）的数量，dim 同时提取行和列的数量。

R 将传递给 data.frame 的字符串向量默认为是因子对象，如下面的例子：

```
R> mydata$person
[1] Peter  Lois   Meg    Chris  Stewie
Levels: Chris Lois Meg Peter Stewie
```

注意，这些变量的水平表明其被看作是一个因素。但是，这并不是之前定义 mydata 时的最初目的——我们最初希望把 sex 定义为一个因素，而把 person 定义为字符串向量。为了避免在使用 data.frame 时字符串自动转换成因素，将 stringsAsFactors 参数设置为 FALSE（否则其默认值是 TRUE），使用这个参数来重新构建 mydata。

```
R> mydata <- data.frame(person=c("Peter","Lois","Meg","Chris","Stewie"),
                        age=c(42,40,17,14,1),
                        sex=factor(c("M","F","F","M","M")),
                        stringsAsFactors=FALSE)
R> mydata
  person age sex
1  Peter  42   M
2   Lois  40   F
3    Meg  17   F
4  Chris  14   M
5 Stewie   1   M
R> mydata$person
[1] "Peter"  "Lois"   "Meg"    "Chris"  "Stewie"
```

现在我们可以看到，person 是非因素的形式。

## 5.2.2 添加数据列并合并数据框

假设我们希望给现有的数据框添加数据，那么会有一个新变量及一组观测值（添加列数），或者更多条记录（添加行数）。同样，我们可以使用在矩阵中已经使用过的一些函数来执行这些操作。

回顾 3.1 节使用过的 rbind 函数和 cbind 函数，分别用于添加行和列。同样，这些函数可以用于数据框中添加数据。例如，假设有其他包括在 mydata 里的数据：Brain 的年龄和性别。第一步是创建一个包含 Brain 信息的数据框。

```
R> newrecord <- data.frame(person="Brian",age=7,
                           sex=factor("M",levels=levels(mydata$sex)))
R> newrecord
  Person age sex
1  Brian   7   M
```

为了避免混淆，我们要确保添加的变量名字和数据类型与原来的数据框相匹配。注意，对于一个因子，我们可以使用 levels 函数来提取现有因子变量的水平。

现在只需要进行如下操作即可：

```
R> mydata <- rbind(mydata,newrecord)
R> mydata
  person age sex
1  Peter  42   M
2   Lois  40   F
3    Meg  17   F
4  Chris  14   M
5 Stewie   1   M
6  Brian   7   M
```

使用 rbind 函数可以将新记录添加到 mydata 中，并由此改变 mydata 的原有内容。

给数据框添加一个新变量也很简单。假设现在有关于 6 个人幽默程度的数据，叫作幽默程度（degree of funniness）。该变量有低（Low）、中（Med）、高（High）3 个可能的值。Peter、Lois 和 Stewie 幽默程度是高，Chris 和 Brain 幽默程度是中，而 Meg 幽默程度是低。在 R 中因子向量如下：

```
R> funny <- c("High","High","Low","Med","High","Med")
R> funny <- factor(x=funny,levels=c("Low","Med","High"))
R> funny
[1] High High Low Med High Med
Levels: Low Med High
```

第一行代码创建了字符型向量 funny，第二行代码将 funny 改写为一个因子。这些元素与数据框中的记录相对应。现在，我们可以使用 cbind 函数来将这个因子向量添加到现有的 mydata 数据集。

```
R> mydata <- cbind(mydata,funny)
R> mydata
  person age sex funny
1  Peter  42   M  High
2   Lois  40   F  High
3    Meg  17   F   Low
4  Chris  14   M   Med
5 Stewie   1   M  High
6  Brian   7   M   Med
```

rbind 函数和 cbind 函数并不是扩充数据框的唯一方法。另一个增加变量的方法是使用美元符号（与给已命名的列表添加新组件相类似，参见 5.1.3 节）。假设希望给 mydata 添加另一个变量 age.mon，其包含一列按月计算的每个人的年龄数据。

```
R> mydata$age.mon <- mydata$age*12
R> mydata
  person age sex funny age.mon
1  Peter  42   M  High     504
2   Lois  40   F  High     480
3    Meg  17   F   Low     204
4  Chris  14   M   Med     168
5 Stewie   1   M  High      12
6  Brian   7   M   Med      84
```

通过美元符号新增一列数据 age.mon，同时将 ages 乘以 12 得到的数值赋值给新变量。

## 5.2.3　利用逻辑值提取记录的子集

在 4.1.5 节中，我们了解了如何使用逻辑标志向量来构建数据结构的子集。该方法对于数据框也很实用，因为我们经常需要提取符合某项标准的元素。例如，在使用临床药物试验数据时，研究人员往往需要对比男性实验组和女性实验组的结果，或者对药物反应最明显的患者特征。

继续使用 mydata 数据集来演示操作。例如，检查所有男性的记录，从 4.3.1 节我们知道，下列代码能够识别出 sex 因子向量的位置：

```
R> mydata$sex=="M"
[1]  TRUE FALSE FALSE  TRUE  TRUE  TRUE
```

这行代码标记的是男性的记录。与在矩阵中一样（见 5.2.1 节），使用该语法提取只有男性信息的数据。

```
R> mydata[mydata$sex=="M",]
  person age sex funny age.mon
1  Peter  42   M  High     504
4  Chris  14   M   Med     168
5 Stewie   1   M  High      12
6  Brian   7   M   Med      84
```

代码结果返回男性所有变量的信息。我们可以使用相同的操作来选取子集中的某些变量。例如，由于我们只选择了男性的信息，因而可以在列维度中使用负索引值来删除性别变量。

```
R> mydata[mydata$sex=="M",-3]
  person age funny age.mon
1  Peter  42  High     504
4  Chris  14   Med     168
5 Stewie   1  High      12
6  Brian   7   Med      84
```

如果没有列编号，或者希望控制返回列，则可以使用变量名的字符串向量来代替数值索引。

```
R> mydata[mydata$sex=="M",c("person","age","funny","age.mon")]
  person age funny age.mon
1  Peter  42  High     504
4  Chris  14   Med     168
5 Stewie   1  High      12
6  Brian   7   Med      84
```

根据或简单或复杂的逻辑条件来提取数据框的子集。在中括号中标注的逻辑标志向量要与数据框中的记录相匹配。现在提取 mydata 数据集中年龄大于 10 岁或者幽默度高的个体的完整记录。

```
R> mydata[mydata$age>10|mydata$funny=="High",]
  person age sex funny age.mon
1  Peter  42   M  High     504
2   Lois  40   F  High     480
3    Meg  17   F   Low     204
4  Chrls  14   M   Med     168
5 Stewie   1   M  High      12
```

有时候，访问子集不会产生记录。在本例中，R 将返回一个 0 行的数据框，像下面这样：

```
R> mydata[mydata$age>45,]
[1] person  age     sex     funny   age.mon
<0 rows> (or 0-length row.names)
```

mydata 数据集返回的结果中没有记录，是因为没有人的年龄超过 45 岁。为了检查是否包含一些信息，我们可以对结果使用 nrow 函数——如果结果等于 0，就说明没有满足特定条件的记录。

---

### 练习 5.2

a. 在 R 工作空间中，依据下表创建并储存数据框，并命名为 dframe:

| person | sex | funny |
|---|---|---|
| Stan | M | High |
| Francine | F | Med |
| Steve | M | Low |
| Roger | M | High |
| Haylay | F | Med |
| Klaus | M | Med |

变量 person、sex 和 funny 应该与 5.2 节中 mydata 数据框中变量的属性相同，即 person 是字符串向量；sex 是水平为 F 和 M 的因子向量；funny 也是一个因子向量，其水平为 Low、Med 和 High。

b. Stan 和 Francine 都是 41 岁，Steve 是 15 岁，Hayley 是 21 岁，Klaus 是 60 岁。Roger 的年龄特别大——1 600 岁。根据这些信息给 dframe 增加一个新变量 age。

c. 利用所学的基于列位置索引给列变量重新排序的方法来改写 dframe，使其与 mydata 一致。即第一列应该是 person，第二列是 age，第三列是 sex，第四列是 funny。

d. 回到数据集 mydata，我们在 5.2.2 节的数据集中添加了变量 age.mon。现在删除 mydata 中 age.mon 这一列，得到新建的数据框 mydata2。

e. 现在将 mydata2 和 dframe 结合，将结果命名为 mydataframe。

f. 用一行代码来提取 mydataframe 中幽默程度为 Med 或者 High 的所有女性的名字和年龄。

g. 利用在 R 中处理字符串的方法，提取 mydataframe 数据集中名字以 S 开头的所有个体记录。提示：调用 4.2.4 节中的 substr 函数。（注意：substr 适用于含多个字符串的向量。）

**本章重要代码**

| 函数/操作 | 简要描述 | 首次出现 |
| --- | --- | --- |
| list | 创建一个列表 | 5.1.1 节 |
| [[ ]] | 未命名元素索引 | 5.1.1 节 |
| [ ] | 切片（多个元素） | 5.1.1 节 |
| $ | 获得已命名元素/变量 | 5.1.2 节 |
| data.frame | 创建一个数据框 | 5.2.1 节 |
| [ , ] | 提取数据框的行/列 | 5.2.1 节 |

# 6

# 特殊值、类型和转换

目前，我们已经学习了数值型数据、逻辑型数据、字符串、因子以及它们特有的性质和用法。在这一章中，我们将了解一些在 R 中没有明确定义的特殊值并学习这些值是如何产生的，以及应该怎么处理并检验它们。随后，我们将学习不同的数据类型和一般对象类别的概念。

## 6.1　特殊值

在 R 中，有许多情况需要特殊值。例如，在数据集中存在缺失值或者需要计算无穷数时。针对这些特殊情况，R 语言提供了一些特殊值。这些特殊值可以用来标记向量、数组或其他结构中的异常值或缺失值。

### 6.1.1　无穷数

在 2.1 节中提到，R 对无法准确表示的极端值进行了限制。对于 R 来说，当一个值太大而不能准确表示时，这个值将被看作无穷数。当然，特别大的值不完全符合数学中的无穷（或 ∞）概念——R 仅仅定义了一个极限分界点。每个系统中的分界点都不同，并且在某种程度上受 R 内存的限制。无穷数用 Inf 表示（区分大小写）。因为无穷数是数值型数据，所以 Inf 只能与数值型向量相关联。接下来，创建一个对象并检验它。

```
R> foo <- Inf
R> foo
[1] Inf
R> bar <- c(3401,Inf,3.1,-555,Inf,43)
R> bar
```

```
[1] 3401.0   Inf     3.1 -555.0    Inf 43.0
R> baz <- 90000^100
R> baz
[1] Inf
```

第一条命令定义了单个无穷数对象 foo。第二条命令定义了含有两个无穷数元素的数值型向量。最后一条命令是将 baz 定义为 90000 的 100 次方，R 将它看作是无穷数。

在 R 中，同样可以用–Inf 表示负无穷：

```
R> qux <- c(-42,565,-Inf,-Inf,Inf,-45632.3)
R> qux
[1]    -42.0    565.0     -Inf     -Inf     Inf -45632.3
```

这里创建了一个含有两个负无穷数和一个正无穷数的向量。

虽然无穷数不能代表任何特定值，但是在 R 中，可以对无穷数进行某种程度的数学运算。例如，给 Inf 乘以一个负数得到的结果是–Inf。

```
R> Inf*-9
[1] -Inf
```

如果给一个无穷数加或者乘一个常数，结果仍然会是一个无穷数。

```
R> Inf+1
[1] Inf
R> 4*-Inf
[1] -Inf
R> -45.2-Inf
[1] -Inf
R> Inf-45.2
[1] Inf
R> Inf+Inf
[1] Inf
R> Inf/23
[1] Inf
```

在进行除法运算的时候，0 和无穷数常常一起出现。任何（有穷）数值除以一个无穷数，不论是正无穷还是负无穷，得到的结果都是 0。

```
R> -59/Inf
[1] 0
R> -59/-Inf
[1] 0
```

任何非零数值除以 0 在数学上是没有意义的，但在 R 中是有意义的，而且得到的结果是无穷（正无穷或者负无穷取决于分子的符号）。

```
R> -59/0
[1] -Inf
```

```
R> 59/0
[1] Inf
R> Inf/0
[1] Inf
```

有时候，我们希望检测数据结构中的无穷值。函数 is.infinite 和 is.finite 用来获取值的集合，结果通常为向量，并对每个元素返回一个逻辑值作为结果。用前面的 qux 来举例说明：

```
R> qux
[1]     -42.0    565.0    -Inf    -Inf        Inf -45632.3
R> is.infinite(x=qux)
[1] FALSE FALSE  TRUE  TRUE  TRUE FALSE
R> is.finite(x=qux)
[1]  TRUE  TRUE FALSE FALSE FALSE  TRUE
```

注意，这两个函数不区分是正无穷还是负无穷，而 is.finite 和 is.infinite 得到的结果是相反的。最后，介绍关系运算函数。

```
R> -Inf<Inf
[1] TRUE
R> Inf>Inf
[1] FALSE
R> qux==Inf
[1] FALSE FALSE FALSE FALSE TRUE FALSE
R> qux==-Inf
[1] FALSE FALSE TRUE TRUE FALSE FALSE
```

这里的第一条代码表示-Inf 确实小于 Inf；第二条代码表示 Inf 不比 Inf 大；第三条和第四条代码继续使用 qux，并用等号来检测（在区分正负无穷时，这是一个实用的方法）。

## 6.1.2 NaN

有时候，不能用数字、Inf 或-Inf 表示计算结果。这些难以被量化的数字用 NaN 来表示，表示非数值。

与无穷数一样，NaN 值也只与数值型观测值相关联。我们可以直接定义或者包括 NaN 值，但是这种方法很少见。

```
R> foo <- NaN
R> foo
[1] NaN
R> bar <- c(NaN,54.3,-2,NaN,90094.123,-Inf,55)
R> bar
[1]     NaN   54.30   -2.00     NaN 90094.12    -Inf   55.00
```

通常，NaN 是指一些计算的非预期结果，而且这些计算结果无法用特定值表示。

在 6.1.1 节中看到在对 Inf 或-Inf 进行加或减运算时，结果仍是 Inf 或-Inf。然而，当试图用某种方式抵消掉无穷值时，结果将是 NaN。

```
R> -Inf+Inf
[1] NaN
R> Inf/Inf
[1] NaN
```

第一条代码产生的结果不是 0，因为在数学上正负无穷没有意义，所以得到的结果是 NaN。同样，Inf 除以 Inf 也会产生相同的结果 NaN。另外，虽然之前非零数值除以 0 得到正负无穷，但是 0 除以 0 得到的结果却是 NaN。

```
R> 0/0
[1] NaN
```

注意，不管对 NaN 进行什么数学运算，得到的结果都是 NaN。

```
R> NaN+1
[1] NaN
R> 2+6*(4-4)/0
[1] NaN
R> 3.5^(-Inf/Inf)
[1] NaN
```

在第一条代码中，NaN+1 仍然是 NaN。在第二条代码中，(4-4)/0 也就是 0/0 的结果是 NaN，所以，最终的计算结果仍是 NaN。在第三条代码中，-Inf/Inf 的结果是 NaN，所以最终的运算结果仍是 NaN。我们已经基本了解了 NaN 和无穷值可能会在什么时候出现。如果给定一个函数，其中的所有值都被赋给参数，并且不对计算进行限制，例如计算 0/0，那么代码将返回结果 NaN。

与 Inf 一样，一个特殊函数 is.nan 用于检测是否存在 NaN 值。然而，不同于无穷值的是，NaN 无法使用关系运算。这里用前面定义的数据集 bar 来举例说明：

```
R> bar
[1]      NaN   54.30   -2.00      NaN 90094.12     -Inf    55.00
R> is.nan(x=bar)
[1]  TRUE FALSE FALSE  TRUE FALSE FALSE FALSE
R> !is.nan(x=bar)
[1] FALSE  TRUE  TRUE FALSE  TRUE  TRUE  TRUE
R> is.nan(x=bar)|is.infinite(x=bar)
[1]  TRUE FALSE FALSE  TRUE FALSE  TRUE FALSE
R> bar[-(which(is.nan(x=bar)|is.infinite(x=bar)))]
[1]    54.30    -2.00 90094.12    55.00
```

对 bar 数据集使用 is.nan 函数，其返回结果中的两个 TRUE 对应于 bar 中两个 NaN 的位置。第二个例子中使用非运算符 "！" 来标记不是元素 NaN 的位置。使用元素逻辑运算符或，"|"（见 4.1.3 节），将识别数据集中是否有 NaN 或无穷数。最后一条代码中，使用 which 来将这些逻辑值转化为位置的数值索引，便于在中括号中使用负索引值来删除它们（参考 4.1.5 节中 which 函数的使用方法）。

我们可以在 R 中输入 ?Inf 获取关于 Inf 的帮助文档，来学习 R 中更多关于 NaN 和 Inf 的函数和操作。

---

**练习 6.1**

a. 储存下面的向量：

```
foo <- c(13563,-14156,-14319,16981,12921,11979,9568,8833,-12968,
        8133)
```

然后进行下列操作：

i. 将 foo 的元素扩大至其的 75 次方，输出其中的非无穷值。

ii. 将 foo 的元素扩大至其的 75 次方，返回不包括负无穷值在内的结果。

b. 将下列 3 × 4 阶矩阵储存为一个对象 bar：

$$\begin{bmatrix} 77875.40 & 27551.45 & 23764.30 & -36478.88 \\ -35466.25 & -73333.85 & 36599.69 & -70585.69 \\ -39803.81 & 55976.34 & 76694.82 & 47032.00 \end{bmatrix}$$

然后进行下列操作：

i. 当 bar 的 65 次幂并除以无穷值时，请确定 bar 相应位置上结果是元素 NaN 输出。

ii. 当 bar 的 65 次幂并加无穷值时，返回计算结果为非 NaN 值。当 bar 的 65 次幂，请确定与前者的结果相同，这些值不等于负无穷大。

iii. 当 bar 的 65 次幂后，识别要么是负无穷大，要么是有限的数值。

---

## 6.1.3 NA

在统计分析中，数据集通常会包含缺失值。例如，有人填写问卷的时候不回答某个问题，或者一名研究员记录实验的观测数据时出现错误。识别和处理缺失值是很重要的，这样我们仍可利用剩余的数据。R 用一个特殊标准术语来表示缺失值 NA，叫作 Not Available（无效）。

NA 与 NaN 不同。NaN 值只能用于数值型数据，但 NA 可以用于任何类型的数据。例如，NA 可以存在于数值型和非数值型的数据集中。如下例子：

```
R> foo <- c("character","a",NA,"with","string",NA)
R> foo
[1] "character" "a"         NA          "with"      "string"    NA
R> bar <- factor(c("blue",NA,NA,"blue","green","blue",NA,"red","red",NA,
                "green"))
R> bar
 [1] blue  <NA>  <NA>  blue  green blue  <NA>  red   red   <NA>  green
Levels: blue green red
R> baz <- matrix(c(1:3,NA,5,6,NA,8,NA),nrow=3,ncol=3)
R> baz
     [,1] [,2] [,3]
[1,]    1   NA   NA
[2,]    2    5    8
[3,]    3    6   NA
```

在上面的代码中，对象 foo 是一个字符向量，第三个和第六个元素是缺失值；bar 是一个长度为 11 的因子向量，第二、三、七和十个元素是缺失值；baz 矩阵中（1,2）、（1,3）和（3,3）位置的元素是缺失值。在 bar 因子向量中，缺失值输出为<NA>，这是用于区分因子的真实水平和缺失值，防止将 NA 错误解释为一个水平。

与之前其他的特殊值一样，可以使用 is.na 函数来识别缺失值。这里常用来删除或者替换缺失值。看下面数值型向量的例子：

```
R> qux <- c(NA,5.89,Inf,NA,9.43,-2.35,NaN,2.10,-8.53,-7.58,NA,-4.58,2.01,NaN)
R> qux
 [1]   NA 5.89   Inf   NA 9.43 -2.35  NaN  2.10 -8.53 -7.58   NA -4.58
[13] 2.01  NaN
```

这个向量中总共有 14 个元素，包括 NA、NaN 和 Inf。

```
R> is.na(x=qux)
 [1]  TRUE FALSE FALSE  TRUE FALSE FALSE  TRUE FALSE FALSE FALSE  TRUE FALSE
[13] FALSE  TRUE
```

正如我们所看到的，is.na 标识向量 qux 中 NA 的位置为 TURE。但需要注意的是，这里同样标注第 7 个和第 14 个元素为 TURE，而这两个元素值是 NaN，不是 NA。严格地讲，NA 和 NaN 是不同的元素，但是在数值上它们的含义是相同的，因为它们都不能用于进行任何的操作和运算。使用 is.na 并且希望得到的结果是 TRUE，可以同时移除和替换缺失值。

如果要分别识别 NA 和 NaN 元素，可以将 is.nan 和逻辑运算符结合使用。例如：

```
R> which(x=is.nan(x=qux))
[1]  7 14
```

这里确定了元素是 NaN 的位置索引。如果我们只希望识别 NA 元素，执行下列代码：

```
R> which(x=(is.na(x=qux)&!is.nan(x=qux)))
[1]  1  4 11
```

这条命令仅仅返回 NA 元素的下标（检查返回结果 is.na 是 TRUE 且！is.nan 是 TRUE 的元素）。

获得缺失值的位置之后，我们可以在中括号中使用负索引来删除这些缺失值。不过，R 提供了一个更直接的方法：na.omit 函数用于删除所有 NA 值；与 is.na 一样，如果元素是数值型的，na.omit 也适用于 NaN。

```
R> quux <- na.omit(object=qux)
R> quux
[1]  5.89  Inf  9.43 -2.35  2.10 -8.53 -7.58 -4.58  2.01
attr(,"na.action")
[1]  1  4  7 11 14
attr(,"class")
[1] "omit"
```

注意，传递给 na.omit 的结构是以参数 object 的形式给出的，并且返回对象时也会输出一些额外的结果。这些额外的结果提示用户原始向量中的这些元素被删除了（本例中，这些元素的位置由属性 na.action 提供）。6.2.1 节将对属性进行更多的讨论。

与 NaN 相似，含有 NA 的数学运算得到的结果也是 NA。对 NaN 或者 NA 使用关系运算符得到的结果仍是 NA。

```
R> 3+2.1*NA-4
[1] NA
R> 3*c(1,2,NA,NA,NaN,6)
[1]    3    6   NA   NA  NaN   18
R> NA>76
[1] NA
R> 76>NaN
[1] NA
```

通过输入 ? NA 可以学习更多关于 NA 的细节和使用方法。

## 6.1.4 NULL

在 R 中，我们学习的最后一个特殊值是空值，写作 NULL。这个值通常用于定义空的元素，它与缺失值 NA 完全不同。举个例子，对于 NA，必要时可以访问或者删除，而对于 NULL 来说并非如此。看下面的例子，比较对 NA 赋值和对 NULL 赋值输出结果的不同。

```
R> foo <- NULL
R> foo
NULL
R> bar <- NA
R> bar
[1] NA
```

注意，这里的 NA 数据集 bar 输出的结果前面有一个位置索引 [1]。这说明我们得到了一个单值向量。与此相反，我们用 NULL 来指明 foo 是空数据集，所以输出 foo 的结果时没有伴随位置索引，因为这里没有位置可以被访问。

这种对 NULL 的解释也可以用于已经定义好其他元素的向量中。参考下面的两行代码：

```
R> c(2,4,NA,8)
[1]    2  4 NA  8
R> c(2,4,NULL,8)
[1] 2 4 8
```

上述第一行代码创建了一个长度为 4 的向量，第三个位置上的元素为 NA。第二条代码创建了一个相似的向量，只是第三个位置上的值是 NULL，由此得到的结果是长度为 3 的向量。这是因为 NULL 在向量中不占据位置。在一个向量（或其他结构）中指派多个位置的值为 NULL，是没有意义的。看下面的例子：

```
R> c(NA,NA,NA)
[1] NA NA NA
```

```
R> c(NULL,NULL,NULL)
NULL
```

第一条代码可以看作是"可能没有记录观测值的 3 个位置"。第二条代码仅提供了"3 个空值"，这可以看作是单一不可替代的空对象。

既然如此，你可能希望知道为什么还需要有 NULL。如果一些元素为空并且不存在，为什么还要定义呢？答案需要通过检查是否存在一个被定义的对象来得知。在调用 R 函数的时候经常会发生这种情况，例如，一个函数中包含可选参数时，这个函数必须检查内部哪些参数是给出的，哪些参数是缺失的，还有哪些参数是空值。在这些操作中，NULL 是一个很有用的工具，可以用来帮助检查。之后，我们将在第 11 章学习相关的例子。

is.null 函数用于检查一些元素是否为空值。假设一个函数中有一个可选参数是 opt.arg 并且长度为 3 的字符向量，下面来调用这个函数。

```
R> opt.arg <- c("string1","string2","string3")
```

现在，我们检查提供的参数是否为 NA，执行下面的操作：

```
R> is.na(x=opt.arg)
[1] FALSE FALSE FALSE
```

NA 特定位置的属性意味着这个检测是一个元素水平的检测，返回结果对应于 opt.arg 中的每一个值。这就产生了疑问，因为用户只希望得到一个结果——opt.arg 是不是空的？以下是检验参数是否为 NULL 时的结果：

```
R> is.null(x=opt.arg)
[1] FALSE
```

很显然，opt.arg 不是空的，该函数可以继续执行。如果参数是空的，那么使用 NA 检验后再使用 NULL 检验，可以帮助我们得到希望的结果。

```
R> opt.arg <- c(NA,NA,NA)
R> is.na(x=opt.arg)
[1] TRUE TRUE TRUE

R> opt.arg <- c(NULL,NULL,NULL)
R> is.null(x=opt.arg)
[1] TRUE
```

如前面所述，用空值填补一个向量的做法不常见，在这里这样做只是为了说明问题。但是 NULL 的具体使用远远不止这些，在 R 的内置函数和程序包的函数中我们就常常需要使用它。

如果对空值进行数学运算或者关系运算，这个空值 NULL 会产生一个很有趣的结果。

```
R> NULL+53
numeric(0)
R> 53<=NULL
logical(0)
```

与我们预期的不同，结果是一个空向量，且向量的类型由操作的属性确定。即使包括其他特殊值，NULL 也通常可以进行任何运算。

```
R> NaN-NULL+NA/Inf
numeric(0)
```

在检查列表和数据框的时候，空值也会出现。看下面这个列表 foo：

```
R> foo <- list(member1=c(33,1,5.2,7),member2="NA or NULL?")
R> foo
$member1
[1] 33.0  1.0  5.2  7.0

$member2
[1] "NA or NULL?"
```

很显然，这里不包含 member3 组件。试着去访问 foo 中的组件且得到的结果是 NULL。

```
R> foo$member3
NULL
```

这条代码表示在 foo 中不存在一个叫作 member3 的组件。因此，可以用任何值来填充它。

```
R> foo$member3 <- NA
R> foo
$member1
[1] 33.0  1.0  5.2  7.0

$member2
[1] "NA or NULL?"

$member3
[1] NA
```

访问一个数据框中不存在的列或变量，都是用美元符号进行操作的。

希望知道 R 中更多关于 NULL 的细节和 is.null 的使用方法吗？请通过输入？NULL 来获取帮助文档。

---

### 练习 6.2

a. 观察下面的代码：

```
foo <- c(4.3,2.2,NULL,2.4,NaN,3.3,3.1,NULL,3.4,NA)
```

思考下面的几种情况中，哪些返回值是 TRUE，哪些返回值是 FALSE，然后用 R 进行确认：

i. foo 的长度是 8。

ii. 调用 which(x=is.na(x=foo)) 函数，在第四个和第八个位置上没有结果。

iii. is.null(x=foo) 将提供两个空值的位置。

iv. 执行 is.na(x=foo[8])+4/NULL，在 NA 位置上将没有结果。

b. 创建并储存包含一个组件的列表，这个组件是向量 c(7,7,NA,1,1,5,NA)。接下来进行下面操作：

i. 组件命名为"alpha"。

ii. 使用合适的逻辑值函数来确定列表中没有名叫"beta"的组件。

iii. 给列表新增一个名叫"beta"的组件，这个组件是由 alpha 中 NA 的位置下标构成的一个向量。

# 6.2 类型、类别和转换

到目前为止，我们已经学习了 R 语言中关于表示、储存和处理数据的基础特征。在这一节中，我们将进一步学习如何区分不同类型的数据值和结构，并且学习如何从一种类型转换为另一种类型。

## 6.2.1 属性

我们创建的每个 R 对象都包含有关于其特征的附加信息。这些附加信息称为对象属性。我们已经了解了一些属性；在 3.1 节中，使用 dim 函数来识别矩阵维度信息；在 4.3.1 节中，使用 levels 得到因子水平；在 5.1.2 节中，使用 names 得到列表中各组件的名字；在 6.1.3 节中，attributes 诠释了应用 na.omit 函数的结果。

对象属性可以是显性的也可以是隐性的。显性属性是用户可见的，隐性属性是由 R 内部决定的。我们可以通过 attributes 函数输出显性属性，它可以作用于任何对象并返回已命名的列表。例如，参考下面的 3 × 3 阶矩阵：

```
R> foo <- matrix(data=1:9,nrow=3,ncol=3)
R> foo
     [,1] [,2] [,3]
[1,]    1    4    7
[2,]    2    5    8
[3,]    3    6    9

R> attributes(foo)
$dim
[1] 3 3
```

这里，调用 attributes 函数，返回只包含一个组件 dim 的列表。当然，我们可以使用 attributes(foo)$dim 得到 dim 的内容，但是如果已知属性的名字，则同样可以使用 attr：

```
R> attr(x=foo,which="dim")
[1] 3 3
```

attr 函数将对象赋值给参数 x 并且将属性名字赋值给 which。注意，在 R 中，指定的名字是以字符串的形式表示的。为了方便起见，常见的属性由自己的函数（通常在 attribute 后使用名字）去访问相应的值。对于矩阵的维度属性，我们知道要使用的是 dim 函数。

```
R> dim(foo)
[1] 3 3
```

这些特定属性的函数是很有用的，因为它们可以访问隐性属性，同时也可被用户控制，必要时软件会设置默认值。之前提到的 names 函数和 levels 函数就属于这一类。

显性属性通常是可选的。如果没有指定，就是 NULL。例如，matrix 函数的可选参数 dimnames 可以命名创建的行和列。这个列表通常由两个成员组成，即两个长度相对应的字符向量——第一个指定行名称，第二个指定列名称。下面定义 bar 矩阵：

```
R> bar <- matrix(data=1:9,nrow=3,ncol=3,dimnames=list(c("A","B","C"),
                 c("D","E","F")))
R> bar
  D E F
A 1 4 7
B 2 5 8
C 3 6 9
```

维度的名字是属性，所以调用 attributes（bar）时会出现 dimnames。

```
R> attributes(bar)
$dim
[1] 3 3

$dimnames
$dimnames[[1]]
[1] "A" "B" "C"

$dimnames[[2]]
[1] "D" "E" "F"
```

需要注意的是，dimnames 本身就是一个列表，嵌套在一个更大的属性列表中。其次，提取该属性的值，我们可以使用列表成员索引，或者可以使用之前的 attr 函数，再或者可以使用属性的特定函数。

```
R> dimnames(bar)
[[1]]
[1] "A" "B" "C"

[[2]]
[1] "D" "E" "F"
```

可以修改已经创建好的对象属性（正如在 5.1.2 节中看到的，重新命名一个列表）。为了使 foo 精确匹配 bar 数据集，可以对 foo 使用 dimnames 函数，并赋值给属性的特定函数：

```
R> dimnames(foo) <- list(c("A","B","C"),c("D","E","F"))
R> foo
  D E F
A 1 4 7
B 2 5 8
C 3 6 9
```

虽然在上面的讨论中使用了矩阵，但 R 中其他对象的可选属性的处理方法是相同的。此外，属性不局限于 R 的内置对象。用户可以定义一个新的类型对象，这个对象可以有自己特定的属性和具体的属性函数。然而，在任何情况下，它们的作用都是相同的：提供关于该对象的描述性数据。

## 6.2.2　对象类别

在 R 中，最常见的用于描述元素属性的是对象类别。我们创建的每个对象都是独一无二的，都至少有一个隐性或者显性类别。R 是面向对象的编程语言，这意味着每个元素都被储存为一个对象，并且有作用于它们的方法。在 R 语言中，类别识别称为继承。

**注意**　　本节重点介绍在 R 中常见的类别结构，称作 S3。还有另外一个结构，叫作 S4。这是识别和处理不同对象的一套正式规则。对于大多数使用者和初学者来说，理解和使用 S3 已经足够了。通过 R 的线上文档获取更多的详细信息。

在用户自定义的对象结构和诸如因子向量或数据框的对象中，对象类别是显性的。而对于因子向量或数据框，其他属性在对象本身的处理中起着重要作用。例如，因子向量的水平标签或者数据框中变量的名字都是可修改的属性，它们在访问对象的每个观测值时都扮演着重要角色。另外，基本的 R 对象，例如向量、矩阵和数组，是一种隐性的分类，这意味着不能使用 attributes 函数来识别它们。通常，给定对象的类别可以通过函数 class 来提取特定属性。

### 独立向量

下面使用一些简单的向量来举例说明：

```
R> num.vec1 <- 1:4
R> num.vec1
[1] 1 2 3 4
R> num.vec2 <- seq(from=1,to=4,length=6)
R> num.vec2
[1] 1.0 1.6 2.2 2.8 3.4 4.0
R> char.vec <- c("a","few","strings","here")
R> char.vec
[1] "a"       "few"       "strings" "here"
R> logic.vec <- c(T,F,F,F,T,F,T,T)
R> logic.vec
[1] TRUE FALSE FALSE FALSE TRUE FALSE TRUE TRUE
R> fac.vec <- factor(c("Blue","Blue","Green","Red","Green","Yellow"))
R> fac.vec
[1] Blue   Blue   Green  Red    Green  Yellow
Levels: Blue Green Red Yellow
```

我们可以通过 class 函数来访问任何对象，并以字符向量的形式输出结果。以刚创建的向量来举例说明：

```
R> class(num.vec1)
[1] "integer"
R> class(num.vec2)
[1] "numeric"
R> class(char.vec)
[1] "character"
R> class(logic.vec)
[1] "logical"
R> class(fac.vec)
[1] "factor"
```

对特征向量、逻辑向量和因子向量使用 class 函数的输出结果与已存储的数据类型相同，但是数值向量的输出稍微有些复杂。到目前为止，我们所提到的所有在数学上有意义的对象都被视为“数值型”。如果所有数值都储存在一个向量中作为整体，那么 R 就会将这个向量看作是“整型”。另外，有小数点的数字（被称作浮点型）也会被识别为“数值型”。这种区别是必要的，因为一些特定的任务会严格要求整数而不是浮点数。通俗地讲，本书继续指定这两种类型都为“数值型”，并且事实上，is.numeric 函数将对整型和浮点型的数据都返回 TRUE 值，这一点我们将在6.2.3 节中见到。

**其他数据结构**

正如前面所提到的，本质上，类别划分是为了便于面向对象的编程。因此，class 通常用于描述被储存对象的属性而不是类型。下面通过一些矩阵来举例说明。

```
R> num.mat1 <- matrix(data=num.vec1,nrow=2,ncol=2)
R> num.mat1
     [,1] [,2]
[1,]   1    3
[2,]   2    4
R> num.mat2 <- matrix(data=num.vec2,nrow=2,ncol=3)
R> num.mat2
     [,1] [,2] [,3]
[1,]  1.0  2.2  3.4
[2,]  1.6  2.8  4.0
R> char.mat <- matrix(data=char.vec,nrow=2,ncol=2)
R> char.mat
     [,1]  [,2]
[1,] "a"   "strings"
[2,] "few" "here"
R> logic.mat <- matrix(data=logic.vec,nrow=4,ncol=2)
R> logic.mat
      [,1]  [,2]
[1,]  TRUE  TRUE
[2,] FALSE FALSE
[3,] FALSE  TRUE
[4,] FALSE  TRUE
```

注意，在 4.3.1 节中，因子仅仅用于向量形式，所以这里不包括 fac.vec。现在用 class 来检查这些矩阵。

```
R> class(num.mat1)
[1] "matrix"
R> class(num.mat2)
[1] "matrix"
R> class(char.mat)
[1] "matrix"
R> class(logic.mat)
[1] "matrix
```

可以看到，无论是什么类型的数据，class 都返回对象本身的结构——矩阵。对于其他结构对象也是如此，例如数组、列表和数据框。

**多个类型**

一些对象会有多个类别属性。对象的标准形式，例如有序因子向量，继承一般因子类型并且包含额外的有序类别。如果使用 class 函数，就会得到这两个结果。

```
R> ordfac.vec <- factor(x=c("Small","Large","Large","Regular","Small"),
                        levels=c("Small","Regular","Large"),
                        ordered=TRUE)
R> ordfac.vec
[1] Small   Large   Large   Regular Small
Levels: Small < Regular < Large
R> class(ordfac.vec)
[1] "ordered" "factor"
```

之前，我们只将 fac.vec 视为因子，但是 ordfac.vec 的类别有两个组成部分。ordfac.vec 仍然被识别为"因子"，但也包括"有序"类别，标识同样存在于对象中的"因子"类的变体。这里我们可以将"有序"看作是"因子"的一个子类，换句话说，这是一个继承"因子"并且表现与"因子"类似的特殊情况。关于 R 子类的详细内容，推荐参考 Matloff 著的 *The Art of R Programming* 书中的第 9 章（2011）。

**注意** 　在这里，我们着重讲解类别函数，因为这直接关系到本书中面向对象编程的风格，特别是在第二部分。也有一些其他函数可以显示 R 复杂的类别规则。例如，typeof 函数返回对象的数据类型，不仅面向向量，也面向矩阵和数组。然而，需要注意的是，typeof 输出结果的术语并不与 class 输出结果相匹配。使用？typeof 查看帮助文件，可获得关于返回值的详细内容。

概括地说，一个对象类别是最重要的数据结构属性，虽然是一个简单的向量，但 class 函数展示的是所存储的数据类型。如果向量的元素只是整数，那么 R 就会将这个向量划分为"整型"，而"数值型"则用于标注浮点型数值。

## 6.2.3　检查对象函数 is.

对已储存对象进行操作的函数的关键是对象类别的识别，特别是那些由于对象类别不同而操

作不同的函数。可以使用 is.函数，检查对象是特定的类别还是数据类型，以及返回结果是逻辑值
TRUE 还是 FALSE。

检查对象函数几乎可以用于检查任何对象。例如，继续使用 6.2.2 节中的 num.ver1 向量来进
行下面的 6 个检测：

```
R> num.vec1 <- 1:4
R> num.vec1
[1] 1 2 3 4
R> is.integer(num.vec1)
[1] TRUE
R> is.numeric(num.vec1)
[1] TRUE
R> is.matrix(num.vec1)
[1] FALSE
R> is.data.frame(num.vec1)
[1] FALSE
R> is.vector(num.vec1)
[1] TRUE
R> is.logical(num.vec1)
[1] FALSE
```

第一个、第二个和第六个 is.函数是检查对象储存的数值类型，而其他的是检查对象本身的结
构。结果如我们所料：num.vec1 是整型（同样也是"数值型"），也是一个向量。它不是一个矩阵、
数据框或者逻辑型。

简单地说，这些函数检查的对象类型比 class 函数检查的类型更泛化。6.2.2 节中仅仅识别出
了 num.vec1 是"整型"，但是使用 is.numeric 也会返回 TRUE。在这个例子中，广义上讲，整型数
据构成的向量 num.vec1 也是"数值型"的。同样地，对于数据框使用 is.data.frame 和 is.list 函数，
将返回真值，因为从广义上来讲，数据框是一个列表。

这里讨论的检查函数的具体内容与 6.1 节的有些不同，例如 is.na。该函数用于检查是否有或
等于特殊值 NA；这些函数存在是因为 foo==NA 这样的语法是不合法的。因此在 R 中，6.1 节中
的函数是以元素水平的方式进行操作的，然而这一节中检查对象本身返回的是单一的逻辑值。

### 6.2.4 转换函数 as.

我们已经学习了用不同的方法来修改创建好的对象——例如，访问和改写元素。但是如何修
改对象本身的结构和所包含数据的类型呢？

将一个对象或者数据类型变为另一种类型，称为转换。像之前了解过的 R 的其他特征一样，
转换也有隐性和显性两种。当需要依次将元素转化为其他类型以完成操作时，R 会自动使用隐性
转换。事实上，4.1.4 节中我们已经接触过这种操作，例如，用数值来构建逻辑值，可以认为逻辑
值是整型——1 是 TRUE，0 是 FALSE。逻辑值与所对应的数值之间隐性地转换代码，如下：

```
R> 1:4+c(T,F,F,T)
[1] 2 2 3 5
```

在这个操作中，R 依据 "+" 识别出要进行的加法运算，所以需要数值型元素。因为逻辑向量不是数值型，所以在进行运算之前，R 会强制将其转换为 0 和 1。

另一个常用的隐性转换的例子是用 paste 函数和 cat 函数将字符串连接在一起，像 4.2.2 节中的一样。非字符串的元素在操作之前将会自动转换成字符串。参考下面的例子：

```
R> foo <- 34
R> bar <- T
R> paste("Definitely foo: ",foo,"; definitely bar: ",bar,".",sep="")
[1] "Definitely foo: 34; definitely bar: TRUE."
```

这里，R 将整型数字 34 和逻辑型值 T 隐性转换为字符串，因为 R 知道 paste 函数输出的结果必须是一个字符串。

在其他情况下，转换不会自动发生，必须通过用户的命令来执行。这种显性转换通过 as. 函数来完成。与 is. 函数一样，as. 函数可以作用于 R 中大多数数据类型和对象类别。之前的两个例子可以进行显性转换，如下所示：

```
R> as.numeric(c(T,F,F,T))
[1] 1 0 0 1
R> 1:4+as.numeric(c(T,F,F,T))
[1] 2 2 3 5
R> foo <- 34
R> foo.ch <- as.character(foo)
R> foo.ch
[1] "34"
R> bar <- T
R> bar.ch <- as.character(bar)
R> bar.ch
[1] "TRUE"
R> paste("Definitely foo: ",foo.ch,"; definitely bar: ",bar.ch,".",sep="")
[1] "Definitely foo: 34; definitely bar: TRUE."
```

在大多数情况下，转换是有意义的。例如，很容易看出 R 是如何像这样读取数据的：

```
R> as.numeric("32.4")
[1] 32.4
```

然而下面的转换是没有意义的：

```
R> as.numeric("g'day mate")
[1] NA
Warning message:
NAs introduced by coercion
```

因为没有办法将 "g'day mate" 转化为数值，所以返回结果为 NA（在这个例子中，R 会发出警告信息）。这就意味着，有时要经过多次转换才能达到最后的结果。假设有一个字符向量 c("1","0","1","0","0")，我们希望将其转换为逻辑型向量。直接将字符转换成逻辑型是不可能的（因为即使所有的字符串都由数字构成，通常也不能保证其都是 0 和 1）。

```
R> as.logical(c("1","0","1","0","0"))
[1] NA NA NA NA NA
```

然而，正如我们所看到的字符串可以转换成数值型数据，而 0 和 1 可以很容易地转换成逻辑型数据。我们将在下面的两个步骤中完成转换。

```
R> as.logical(as.numeric(c("1","0","1","0","0")))
[1] TRUE FALSE TRUE FALSE FALSE
```

不是所有数据类型的转换都是这么简单的。例如，因子就比较复杂，因为 R 将水平按照整型来处理。换句话说，除非所给因子水平被标注，否则 R 自动将其视为 level1、level2 等。如果我们试图将一个因子转换为数值型数据，如下：

```
R> baz <- factor(x=c("male","male","female","male"))
R> baz
[1] male    male    female male
Levels: female male
R> as.numeric(baz)
[1] 2 2 1 2
```

我们看到 R 按照存储顺序将数字赋值给因子向量。level1 指女性，level2 指男性。这个例子很简单，但是需要弄明白这个操作，因为将因子水平转换为数字很容易造成混乱。

```
R> qux <- factor(x=c(2,2,3,5))
R> qux
[1] 2 2 3 5
Levels: 2 3 5
R> as.numeric(qux)
[1] 1 1 2 3
```

代表因子向量 qux 的数值是 c（1,1,2,3）。再次强调 qux 的水平被处理为 level1（有两个标签）、level2（有 3 个标签）和 level3（有 5 个标签）。

在对象类别和结构之间转换是很有用的。例如，我们可能需要将矩阵元素储存为一个向量。

```
R> foo <- matrix(data=1:4,nrow=2,ncol=2)
R> foo
     [,1] [,2]
[1,]    1    3
[2,]    2    4
R> as.vector(foo)
[1] 1 2 3 4
```

需要注意的是，as.vector 将按列堆叠，把一个矩阵转换为一个向量。这种基于元素水平的拆解同样适用于高维数组，按照层或者块的顺序。

```
R> bar <- array(data=c(8,1,9,5,5,1,3,4,3,9,8,8),dim=c(2,3,2))
R> bar
, , 1
```

```
        [,1] [,2] [,3]
[1,]     8    9    5
[2,]     1    5    1

, , 2

        [,1] [,2] [,3]
[1,]     3    3    8
[2,]     4    9    8

R> as.matrix(bar)
      [,1]
[1,]     8
[2,]     1
[3,]     9
[4,]     5
[5,]     5
[6,]     1
[7,]     3
[8,]     4
[9,]     3
[10,]    9
[11,]    8
[12,]    8

R> as.vector(bar)
 [1] 8 1 9 5 5 1 3 4 3 9 8 8
```

可以看到，as.matrix 将数组存储为 12×1 阶矩阵，as.vector 将其存储为单个向量。类似数据类型的常规规则也适用于转换对象结构。例如，将下面的列表 baz 转化为数据框会产生错误：

```
R> baz <- list(var1=foo,var2=c(T,F,T),var3=factor(x=c(2,3,4,4,2)))
R> baz
$var1
     [,1] [,2]
[1,]   1    3
[2,]   2    4


$var2
[1]  TRUE FALSE  TRUE

$var3
[1] 2 3 4 4 2
Levels: 2 3 4

R> as.data.frame(baz)
Error in data.frame(var1 = 1:4, var2 = c(TRUE, FALSE, TRUE), var3 = c(1L, :
  arguments imply differing number of rows: 2, 3, 5
```

这个错误是因为变量的长度不匹配。但是下面的例子中，将列表 qux 转化为相同长度的对象就不会报错。

```
R> qux <- list(var1=c(3,4,5,1),var2=c(T,F,T,T),var3=factor(x=c(4,4,2,1)))
R> qux
$var1
[1] 3 4 5 1

$var2
[1]  TRUE FALSE  TRUE  TRUE

$var3
[1] 4 4 2 1
Levels: 1 2 4

R> as.data.frame(qux)
  var1  var2 var3
1    3  TRUE    4
2    4 FALSE    4
3    5  TRUE    2
4    1  TRUE    1
```

以列优先的方式，按照列表中的顺序将变量存储为数据集。

本章中关于对象类别、数据类型和转换的介绍不是很详细，但这个介绍很有用——R 是如何对已创建的对象进行识别、描述和处理的，这是高级语言的话题。要更加熟悉 R 语言，帮助文件（例如在控制台输入? 来获取）会提供更多关于处理对象的细节。

---

### 练习 6.3

a. 识别下面对象的类别。对于每个对象，所定义的类别是隐性的还是显性的。

   i. foo <- array(data=1:36,dim=c(3,3,4))

   ii. bar <- as.vector(foo)

   iii. baz <- as.character(bar)

   iv. qux <- as.factor(baz)

   v. quux <- bar+c(-0.1,0.1)

b. 对于 a 题中每一个对象，分别找出对它们调用 is.numeric 函数和 is.integer 函数的结果之和。例如，is.numeric(foo)+is.integer(foo) 计算的是 a 题 i 的和。将这 5 个结果分别转化为水平为 0，1，2 的因子。同时将结果转化为数值型向量，比较两个结果。

c. 将下列矩阵：

```
     [,1] [,2] [,3] [,4]
[1,]    2    5    8   11
[2,]    3    6    9   12
[3,]    4    7   10   13
```

转换为：

```
[1] "2" "5" "8" "11" "3" "6" "9" "12" "4" "7" "10" "13"
```

d. 储存下列矩阵：

$$\begin{bmatrix} 34 & 0 & 1 \\ 23 & 1 & 2 \\ 33 & 1 & 1 \\ 42 & 0 & 1 \\ 41 & 0 & 2 \end{bmatrix}$$

然后进行下列操作：

i. 将矩阵转换为数据框。

ii. 将数据框的第二列转换为逻辑型数值。

iii. 将数据框中第三列转换为因子型。

**本章重要代码**

| 函数/操作 | 简要描述 | 首次出现 |
| --- | --- | --- |
| Inf,-Inf | 正负无穷 | 6.1.1 节 |
| is.infinite | 元素水平的正无穷检查 | 6.1.1 节 |
| is.finite | 元素水平的有穷值检查 | 6.1.1 节 |
| NaN | 无意义的数 | 6.1.2 节 |
| is.nan | 元素水平检查 NaN 值 | 6.1.2 节 |
| NA | 缺失值 | 6.1.3 节 |
| is.na | 元素水平检查 NA 或者 NaN | 6.1.3 节 |
| na.omit | 删去所有 Nas 和 NaNs | 6.1.3 节 |
| NULL | 空值 | 6.1.4 节 |
| is.null | 检查 NULL | 6.1.4 节 |
| attributes | 列表显性属性 | 6.2.1 节 |
| attr | 特定属性 | 6.2.1 节 |
| dimnames | 数组维度名字 | 6.2.1 节 |
| class | 对象类别 S3 | 6.2.2 节 |
| is._ | 对象检查函数 | 6.2.3 节 |
| as._ | 对象转换函数 | 6.2.4 节 |

# 7

# 基 本 绘 图

 R 特别受欢迎的一大原因是，数据可视化技术非常灵活，这吸引了很多 R 初学者。虽然基本的概念很简单，但要掌握 R 的绘图功能还是需要多加练习。本章中，我们将学习 plot 函数和控制图像最终效果的有用选项，然后学习将数据可视化的强大程序包 ggplot2 的基础知识。我们将在第 14 章继续介绍这些绘图工具，包括更详尽的绘图命令，比如画直方图或者箱线图。另外，在第五部分将介绍高级绘图技术。

## 7.1 使用 plot 调整坐标向量

在 R 中，绘图最简单的思想就是将屏幕当作空白的二维界面，利用横（$x$）纵（$y$）坐标画点和线。坐标轴通常选取经典的笛卡儿坐标系，以（$x, y$）表示点。另外，plot 函数输入 $x$ 方向和 $y$ 方向上的两个向量并且打开显示结果的图形配置。开启图形配置后，R 将默认刷新配置，用新图覆盖当前内容。

举例来说，假设画点（1.1,2），（2,2.2），（3.5,–1.3），（3.9,0）和（4.2,0.2）。在 plot 函数中，必须先给出 $x$ 方向上的向量，然后再给出 $y$ 方向上的向量。分别将这两个向量定义为 foo 和 bar：

```
R> foo <- c(1.1,2,3.5,3.9,4.2)
R> bar <- c(2,2.2,-1.3,0,0.2)
R> plot(foo,bar)
```

图 7-1 显示图像的图形配置（我们将使用这个简单的数据集作为本章的案例）。

$x$ 和 $y$ 的位置不一定要指定为单独向量，也可以替换为矩阵形式（$x$ 值在第一列，$y$ 值在第二列）或者列表形式。例如，将这 5 个点设置为矩阵，下面的代码相当于重新画了一遍图 7-1（注意，根据操作系统的不同，窗口显示也稍有不同）：

```
R> baz <- cbind(foo,bar)
R> baz
     foo  bar
[1,] 1.1  2.0
[2,] 2.0  2.2
[3,] 3.5 -1.3
[4,] 3.9  0.0
[5,] 4.2  0.2
R> plot(baz)
```

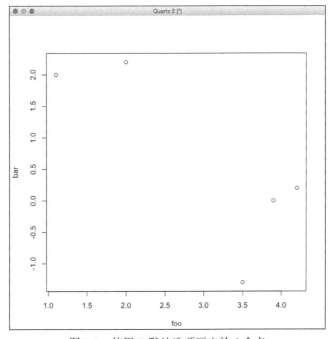

图 7-1　使用 R 默认选项画出的 5 个点

　　plot 函数是 R 中的一个通用函数，它对不同的对象有不同的作用，而且允许用户对操作对象自定义方法（包括自定义分类对象）。从技术上来说，刚刚使用的 plot 命令的版本是系统默认的 plot.default。关于数据可视化的散点图介绍，帮助文件?plot.default 提供了更多详细信息。

# 7.2　图形化参数

　　不同的图形化参数可作为 plot 函数参数（或者 7.3 节中的其他作图函数），这些参数提供了从简单视觉增强效果（比如点和轴标签的颜色）延伸到图形配置特有的属性（比如同时包含很多独立的图形）。下面是一些常用的图形化参数，我们将在后文依次简要介绍这些参数。

- type：告诉 R 如何画出给定的坐标（比如，作为独立的点或者用线连接或者点线都有）。
- main，xlab，ylab：分别表示图形标题、水平轴标签和垂直轴标签。
- col：设置点和线所使用的颜色。
- pch：代表点的特征，选择画单独的点所使用的特征。
- cex：代表特征扩展，可以控制所画点的大小。

- lty：代表线的类型，可以指定线的类型（比如实线、点线或者虚线）。
- lwd：代表线宽，可以控制所画线的粗细。
- xlim，ylim：分别限制绘图区域的水平和垂直范围。

### 7.2.1 自动绘图类型

如图 7-1 所示，plot 函数默认绘制单点，但在很多情况下，显示出各个坐标之间的连线更有意义（比如画时间序列数据时）。为了更改这个设置，可以对参数类型指定单独的特征选项。选用 7.1 节中的 foo 和 bar 数据，下面的代码用于作图 7-2a。

```
R> plot(foo,bar,type="l")
```

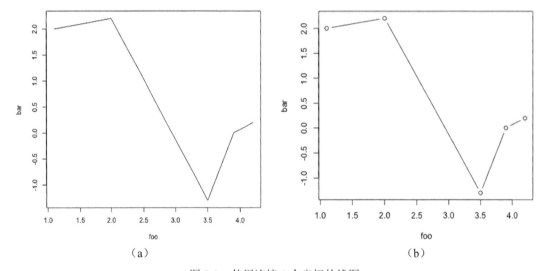

(a)           (b)

图 7-2 使用连接 5 个坐标的线图

（a）设置 type 为"l"   （b）设置 type 为"b"

当不指定其他条件时，作出的图会呈现如图 7-1 所示的默认形式，type 为"p"，解释为"只有点"。在最后一个例子中，当设置 type 为"l"时，表示"只有线"。其他选项包括"b"，即点和线都有（如图 7-2b 所示），"o"表示用线覆盖点（消除 type"b"中的点和线之间的空隙）。选择 type"n"的结果是没有点和线的图，建立一个空的图形（这对需要逐步建立复杂的图形会有用）。

### 7.2.2 标题和坐标轴标签

主标题和轴线的命名往往用来简单地解释作图数据，我们可以将文本作为字符串，设置 main 为标题，设置 xlab 为 $x$ 轴，设置 ylab 为 $y$ 轴。注意，这些字符串可能包括转义符（在 4.2.3 节讨论过）。执行下面的代码，结果如图 7-3 所示。

```
R> plot(foo,bar,type="b",main="My lovely plot",xlab="x axis label",
        ylab="location y")
R> plot(foo,bar,type="b",main="My lovely plot\ntitle on two lines",xlab="",
        ylab="")
```

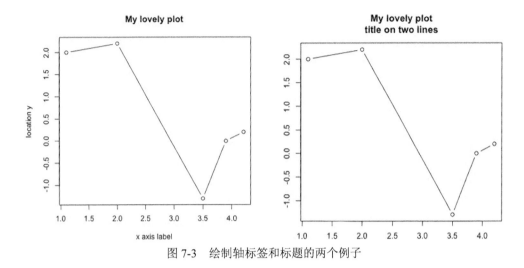

图 7-3 绘制轴标签和标题的两个例子

在第二个图中，要注意换行符将标题分割成两行，xlab 和 ylab 也设置成空字符串""，以防 R 默认将 $x$ 向量和 $y$ 向量作为轴的标签。

## 7.2.3 颜色

在图形中添加颜色，远不只是出于审美的考虑，颜色还能够使数据更加清晰，比如区分因子水平或者强调重要的数值限制。我们可以通过 col 参数用很多方式来设置颜色，最简单的设置就是使用整数或字符串（在 R 中键入 colors()依据字符串值来识别颜色）。默认的颜色为整数 1 或者字符串 "black"。图 7-4a 和图 7-4b 显示了两个彩色图形的例子，通过如下代码绘制：

```
R> plot(foo,bar,type="b",main="My lovely plot",xlab="",ylab="",col=2)
R> plot(foo,bar,type="b",main="My lovely plot",xlab="",ylab="",col="seagreen4")
```

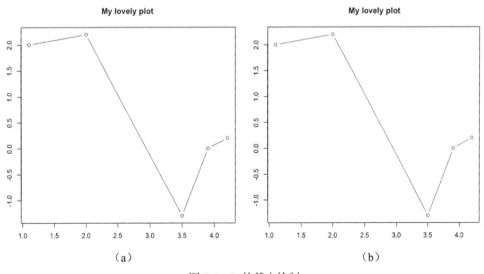

图 7-4 R 的基本绘制

（a）参数为 col=2 （b）参数 col="seagreen4"

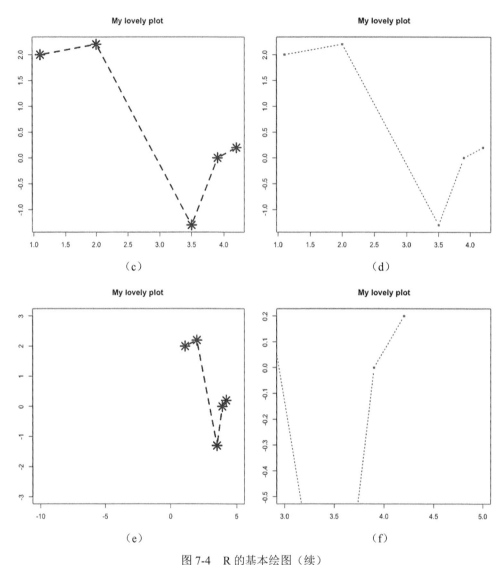

图 7-4　R 的基本绘图（续）

（c）（d）pch、lty、cex 和 lwd 进一步使用的例子　　（e）设置作图范围限制，

xlim=c(−10,5)、ylim=c(−3,3)　　（f）xlim=c(3,5)、ylim=c(−0.5,0.2)

　　由 8 种可能的整数值（如图 7-5a 所示）和大约 650 种字符串来指定颜色。但是，我们并非局限于这些设置，还可以用 RGB 水平来指定颜色或建立自己的调色板。我们将在第 25 章进一步讨论后两种的设置。

## 7.2.4　点和线的外观

　　利用 pch 参数和 lty 参数分别改变所画数据的点和线的外观。pch 参数控制所画单独数据点的特征，我们可以对每个点指定单独的特征，或者用[1,25]中的任意值指定，每一个整数所对应的符号显示在图 7-5b 中。lty 参数决定线的类型，可以选 1～6 的值，这些选项显示在图 7-5c 中。

　　我们也可以使用参数 cex 和 lwd 分别控制所画点的大小和线的粗细。点的大小或粗细都默认为 1。例如，如果要一半大小的点，可以指定 cex=0.5；如果要 2 倍粗的线，就指定 lwd=2。

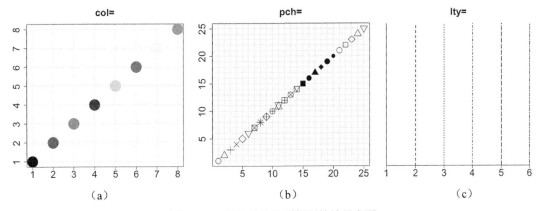

图 7-5　可能的整数选项得到的结果参照

（a）参数 col　　（b）pch　　（c）lty

执行下面的代码，作出图 7-4c 和图 7-4d，显示出 pch、lty、cex 和 lwd 的用法。

```
R> plot(foo,bar,type="b",main="My lovely plot",xlab="",ylab="",
        col=4,pch=8,lty=2,cex=2.3,lwd=3.3)
R> plot(foo,bar,type="b",main="My lovely plot",xlab="",ylab="",
        col=6,pch=15,lty=3,cex=0.7,lwd=2)
```

### 7.2.5　绘图区域限制

可以从 foo 和 bar 的图中看出，R 通过给定 $x$ 值和 $y$ 值的范围来设置每个轴的默认范围（添加一些小的常数来填补最远点周围的小区域）。但是我们有可能需要比这些区域大的区域，比如给注释留出单独的区域，包括图例或者画超出本身范围的额外点（就像在 7.3 节看到的那样）。我们可以使用 xlim 和 ylim 自定义绘图区域限制的两个参数，这需要长度为 2 的数值向量，就像 c（lower limit，upper limit）这样的形式。

考虑图 7-4e 和图 7-4f，由下面的代码生成：

```
R> plot(foo,bar,type="b",main="My lovely plot",xlab="",ylab="",
        col=4,pch=8,lty=2,cex=2.3,lwd=3.3,xlim=c(-10,5),ylim=c(-3,3))
R> plot(foo,bar,type="b",main="My lovely plot",xlab="",ylab="",
        col=6,pch=15,lty=3,cex=0.7,lwd=2,xlim=c(3,5),ylim=c(-0.5,0.2))
```

除了有一点不同，这些图形与中间行的两个图形完全相同。在图 7-4e 中，$x$ 轴和 $y$ 轴的设置要更宽些，图 7-4f 限制了窗口大小，所以只显示部分数据。

## 7.3　在已有图中添加点、线和文本

一般而言，plot 函数中的每个命令都将刷新图形显示配置的绘图区域，但并不总是需要打开一个空的绘图区域，要创建更复杂的图形，简单的方法就是在空白区域中逐步添加所需的点、线、

文本和图例。R 中有一些有用的内置函数，能在不刷新或不清除窗口的情况下添加内容。

- points：添加点。
- lines，abline，segments：添加线。
- text：添加文本。
- arrows：添加箭头。
- legend：添加图例。

对于这些函数，参数命令和设置的语法与 plot 是相同的。最好通过一个扩展示例来查看它们是如何运行的，即由 20 个（*x*,*y*）位置组成的虚拟数据：

```
R> x <- 1:20
R> y <- c(-1.49,3.37,2.59,-2.78,-3.94,-0.92,6.43,8.51,3.41,-8.23,
          -12.01,-6.58,2.87,14.12,9.63,-4.58,-14.78,-11.67,1.17,15.62)
```

使用这些数据，我们可以建立如图 7-6 所示的图形（注意，我们需要手动放大图形配置并调整图形，以保证图例不会覆盖图形的其他特征）。作图的通用法则是："保持简单明了。"不可否认，从大体上看，图 7-6 不符合这一点，但在这里继续使用它，纯粹是为了演示如何使用 R 命令。

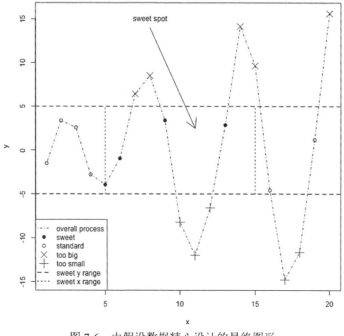

图 7-6 由假设数据精心设计的最终图形

在图 7-6 中，*x* 和 *y* 的位置不同，画出来的数据点也不同，这取决于它们与图中指出的"sweet spot"的关系。*y* 值大于 5 的点用紫色×标注，*y* 值小于−5 的点用绿色×标注，点在两个 *y* 之间但在 sweet spot 之外的点用○标注，在 sweet spot 的点（*x* 值为 5～15，*y* 值为−5～5）用蓝色●标注。水平线和垂直线描绘出 sweet spot 的轮廓，sweet spot 用箭头标明，而且图中还有图例。

总体上，需要用 10 行代码来建立这个图（多增加一行来添加图例）。图 7-7 给出了图形中每一步骤的结果，接下来将详细说明图中对应的代码。

第一行：

```
R> plot(x,y,type="n",main="")
```

第一步是建立一个能够添加点和线的空白作图区域。第一行代码告诉 R 要依据 *x* 和 *y* 的数据作图，不过 type 设置为"n"。就像 7.2 节提到的，这一步打开或刷新图形配置，并设置轴的合适长度（与标签和轴一起），但是没有画出任何点或线。

第二行：

```
R> abline(h=c(-5,5),col="red",lty=2,lwd=2)
```

abline 函数是添加横跨图形中直线的简单方式。对线条可以指定截距和斜率的值（参见第 20 章中的回归讨论），我们也可以只添加水平线或垂直线。这一行代码添加了两条分离的水平线，一条 *y*=5，另一条 *y*=-5，用 *h*=c（-5,5）命令。代码中的 3 个参数（7.2 节已给出）使得这两条线为红色且为两倍的粗虚线。对于垂直线，我们可以写作 *v*=c（-5,5），可以画出 *x*=-5 和 *x*=5 的线。

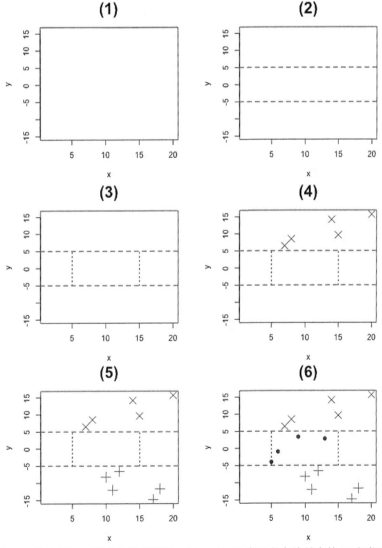

图 7-7　给出图 7-6 画出的最终图形。（1～10）对应于文中编号中的 10 行代码

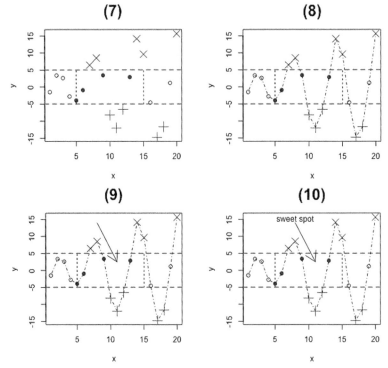

图 7-7 给出图 7-6 画出的最终图形。（1～10）对应于文中编号中的 10 行代码（续）

第三行：

```
R> segments(x0=c(5,15),y0=c(-5,-5),x1=c(5,15),y1=c(5,5),col="red",lty=3,
           lwd=2)
```

第三条代码是在前面做出来的两条水平线之间添加了短一点的垂直线，用的是 segment，而不是 abline，因为我们并不希望让这些垂直线跨越整个画图区域。segment 命令运用起点坐标（给定 $x0$ 和 $y0$）和终点坐标（给定 $x1$ 和 $y1$）画出对应的线。R 的向量级行为能够匹配两组起点和终点坐标。两条线都是红色、有点的和两倍粗的（我们应该对这些参数提供两个单位的向量，使得第一部分用的是第一个参数值，第二部分用的是第二个参数值）。

第四行：

```
R> points(x[y>=5],y[y>=5],pch=4,col="darkmagenta",cex=2)
```

第四步，使用 points 在图中添加 $x$ 和 $y$ 的具体坐标。与 plot 一样，points 使用含 $x$ 和 $y$ 值的两个长度相同的向量。在这种情况下，我们希望根据点的不同位置而绘图，所以使用逻辑向量来构建子集（参见 4.1.5 节），从而确定并提取 $x$、$y$ 元素，最终使得 $y$ 值大于等于 5。这些点（只有这些点）用紫色×标记，而且利用 cex 放大两倍。

第五行：

```
R> points(x[y<=-5],y[y<=-5],pch=3,col="darkgreen",cex=2)
```

　　第五行代码与第四行很像，但是这次是提取了 $y$ 值小于等于 $x$ 值的坐标，点的属性相同，颜色设置为黑绿色。

　　第六行：

```
R> points(x[(x>=5&x<=15)&(y>-5&y<5)],y[(x>=5&x<=15)&(y>-5&y<5)],pch=19,
        col="blue")
```

　　第六步添加了蓝色"sweet spot"点，用(x>=5&x<=15)&(y>-5&y<5)来确定，这个稍微复杂的集合提取点的条件为：$x$ 处于 5～15（包含边界点），$y$ 处于−5～5（不包含边界点）。注意，这行代码使用逻辑运算的简写形式&来比较元素（参见 4.1.3 节）。

　　第七行：

```
R> points(x[(x<5|x>15)&(y>-5&y<5)],y[(x<5|x>15)&(y>-5&y<5)])
```

　　这条命令确定了数据集中的其他点（$x$ 值小于 5 或大于 15，$y$ 值为−5～5）。没有绘图参数的限制，所以这些点是用系统默认的○。

　　第八行：

```
R> lines(x,y,lty=4)
```

　　使用 lines 画出连接 $x$ 坐标和 $y$ 坐标的线，这里也把 lty 设置为 4，以画出虚线加点的线。

　　第九行：

```
R> arrows(x0=8,y0=14,x1=11,y1=2.5)
```

　　第九行代码添加了一个指向"sweet spot"的箭头，arrows 函数的使用就像 segments，用来提供一个起点坐标（$x0$ 和 $y0$）和一个终点坐标（$x1$ 和 $y1$）。箭头默认指向终点坐标，不过也可以使用帮助文件?arrows 来查阅参数选项。

　　第十行：

```
R> text(x=8,y=15,labels="sweet spot")
```

　　第十行在箭头顶端添加了一个标签，text 的默认行为是作为标签字符串，位于所给 $x$、$y$ 参数坐标的中心。

　　同样，可以用 legend 函数添加图例，正如在图 7-6 中给出的最终结果。

```
legend("bottomleft",
      legend=c("overall process","sweet","standard",
            "too big","too small","sweet y range","sweet x range"),
      pch=c(NA,19,1,4,3,NA,NA),lty=c(4,NA,NA,NA,NA,2,3),
      col=c("black","blue","black","darkmagenta","darkgreen","red","red"),
      lwd=c(1,NA,NA,NA,NA,2,2),pt.cex=c(NA,1,1,2,2,NA,NA))
```

　　第一个参数设置在哪里放置图例。虽然有许多不同的实现方法（包括设置具体的 $x$、$y$ 坐标），但是通常选择"topleft" "topright" "bottomleft"和"bottomright" 4 个字符串中的一个就够了。然后使用标签或文本作为字符串向量，将其添加到 legend 参数中。再给剩余的参数值提供相同长度的向量，使得右边元素能够匹配每一个标签。

举例来说，第一个标签（"overall process"）都需要一条 type 为 4、默认粗细颜色的线。因此，在剩余参数向量的第一个位置，设置 pch=NA、lty=4、col="black"、lwd=1 和 pt.cex=NA（除了 lty 值外都是系统默认值）。在这里，pt.cex 只是简单参考了 points 时的 cex 参数（legend 中的 cex 参数除了对点使用，还可扩展到文本中）。

注意，当不希望使用相应的图形参数时，必须在这些向量中用 NA 填补，这样做只是为了让所给向量保持相同的长度，使得 R 能够追踪到相对应的参数值。在本书中，我们将看到更多使用 legend 的例子。

---

## 练习 7.1

a. 尽可能把下图重新画出来：

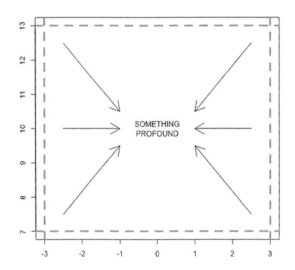

b. 使用下面的数据画一个图：$x$ 轴为 weight，$y$ 轴为 height。使用点的不同特征或颜色区分性别，并给出匹配图例、轴标签和标题。

| weight (kg) | height (cm) | sex |
|---|---|---|
| 55 | 161 | female |
| 85 | 185 | male |
| 75 | 174 | male |
| 42 | 154 | female |
| 93 | 188 | male |
| 63 | 178 | male |
| 58 | 170 | female |
| 75 | 167 | male |
| 89 | 181 | male |
| 67 | 178 | female |

# 7.4　ggplot2 包

到目前为止，本章已经展示了 R 的内置图形工具（通常指基本的 R 绘图或传统的 R 绘图）。现在，看另一个重要的图形工具组件 ggplot2，这是由 Hadley Wickham（Wickham 2009）贡献的程序包。与其他任何程序包一样，在 CRAN 下载。ggplot2 在 R 的标准绘图程序上具有更强大的可选性。gg 解释为 grammar of graphics，ggplot2 遵循类似于 Wilkinson（2005）描绘的作图过程的特点。在这种情况下，ggplot2 对不同类型的图形进行标准化处理，简化了在已有图形中添加更高精度东西的过程（比如包含一个图例），而且使我们能够通过定义和操作 layers 来建立图形。现在，我们使用 7.1 节～7.3 节中的一些简单例子来看 ggplot2 的基本行为。我们将熟悉基本作图函数 qplot，并比较其与之前使用的 plot 函数有什么不同。在第 14 章涉及统计绘图时会再次提到 ggplot2，而且我们会在第 24 章中学习更多高级的功能。

## 7.4.1　使用 qplot 进行快速绘图

首先，我们手动下载并安装 ggplot2 包或者在提示符后仅输入 install.packages("ggplot2")（参见附录 A.2.3 节）。然后通过下面的代码导入 ggplot2 包：

```
R> library("ggplot2")
```

现在，返回之前在 7.1 节为 foo 和 bar 保存的 5 个数据点。

```
R> foo <- c(1.1,2,3.5,3.9,4.2)
R> bar <- c(2,2.2,-1.3,0,0.2)
```

我们可以使用快速作图函数 qplot 来制作图 7-1 的 ggplot2 版本。

```
R> qplot(foo,bar)
```

结果如图 7-8a 所示。

用 qplot 画图和用 plot 画图有一些明显的不同，但是基本的语法是相同的。qplot 函数的前两个参数是长度相同的向量，$x$ 坐标为先给出的 foo，$y$ 坐标为后给出的 bar。

添加标签和标题也是使用与 7.2 节中 plot 相同的参数。

```
R> qplot(foo,bar,main="My lovely qplot",xlab="x axis label",ylab="location y")
```

这样会作出图 7-8b 的结果。

虽然语法上基本相似，但在作图方面，ggplot2 与 R 基本绘图还是有本质的不同。使用内置图形工具作图本质上是活动的、按部就班的过程。这一点在 7.3 节是特别明显的，对图形一个一个地添加点、线和其他特征界面的时候，界面是活动的。相比之下，ggplot2 存储为对象，意味着在改变对象前有一个根本的、静态的表现形式，在任意给定时间，qplot 本质上会表现出已打印好对象。为了强调这一点，参考下面的代码：

```
R> baz <- plot(foo,bar)
```

```
R> baz
NULL
R> qux <- qplot(foo,bar)
R> qux
```

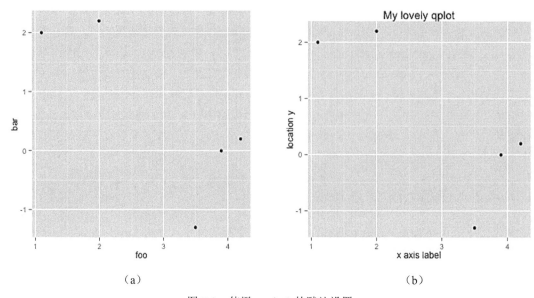

（a）　　　　　　　　　　　　　（b）

图 7-8　使用 ggplot2 的默认设置
（a）qplot 函数对 5 个数据点作图　　（b）添加标签和标题

第一个任务使用内置 plot 函数，在运行这行代码时会突然弹出图 7-1。因为实际上没有内容存储在工作区间，所以对象 baz 输出的是空值 NULL。另外，存储 qplot 的内容是有意义的（这里存储为对象 qux），这次执行任务不会显示图形，只有在命令区输入 qux 时才会显示所匹配的图 7-8，激活该对象的 print 功能。虽然这一点看起来不重要，但事实上我们可以用这种方式将图形保存下来，在显示图形前可以对图形进行修改或润色（就像我们之后会看到的样子），而且这对基本 R 绘图来说是明显的优势。

## 7.4.2　用 geoms 设置外观常量

为了添加和自定义 ggplot2 图形中的点和线，可以改变对象本身，而不是使用长串参数或者辅助功能来分别实现（比如 points 或者 lines）。我们可以使用 ggplot2 中的实用组件 geometric modifiers（geoms）来改变对象。比如说，我们希望用线连接 foo 和 bar 中的 5 个点，就像在 7.1 节做的那样，可以先建立一个空图形对象，然后像下面一样使用 geoms：

```
R> qplot(foo,bar,geom="blank") + geom_point() + geom_line()
```

结果显示在图 7-9a 中，在 qplot 的第一个命令中，通过设置初始的 geoms 为 geom="blank"，建立一个空的图形对象（如果显示这个图，将看到灰色背景和坐标轴）。然后放置 geom_point()和 geom_line()两个其他的 geoms。小括号表示这些 geoms 是作用于本身具体对象的函数。我们可以用+将 geoms 添加到 qplot 对象中。在这里，不需要给出任何 geom 的参数，意味着用提供给 qplot 的同样的原始数据（foo 和 bar）操作，而且对其他任何特征一直都是默认设置，比如颜色或者点、线的类型。我们也可以控制这些特征，如下所示：

```
R> qplot(foo,bar,geom="blank") + geom_point(size=3,shape=6,color="blue") +
       geom_line(color="red",linetype=2)
```

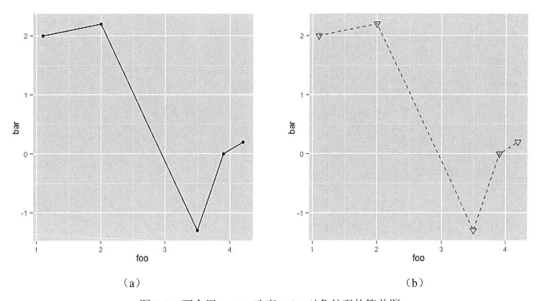

（a）　　　　　　　　　　　　　　　（b）

图 7-9　两个用 geoms 改变 qplot 对象外观的简单图

（a）使用默认设置添加点和线　　（b）使用 geoms 设置点的特征、大小和颜色以及线的类型和颜色

注意一些 ggplot2 的参数名的使用，比如点的特征和大小（shape 和 size）与基本 R 绘图参数不同（pch 和 cex）。但 ggplot2 实际上与 R 标准 plot 函数的一般化图形参数是兼容的，所以可以在这里使用那些参数。比如之前例子中把 geom_point 设置为 cex=3 和 pch=6 将得到相同的图像。

ggplot2 图形针对对象的性质，意味着调整图形或通过不同可视化特征进行试验，不再要求每次修改图形时都返回每个的作图命令，这得益于 geoms 的帮助。比如我们喜欢图 7-9b 的线条类型，但是我们希望得到点的不同特征。为了尝试，可以先将之前建好的 qplot 对象储存好，然后使用 geom_point 对那个对象尝试不同点的类型。

```
R> myqplot <- qplot(foo,bar,geom="blank") + geom_line(color="red",linetype=2)
R> myqplot + geom_point(size=3,shape=3,color="blue")
R> myqplot + geom_point(size=3,shape=7,color="blue")
```

第二、三行代码用于改变 geom_point 的形状参数，产生的图形分别如图 7-10a 和图 7-10b 所示。

在写文本的时候，已经有超过 35 个 geoms 能够以这种方式在 ggplot2 中使用（也就是说，有着以 geom_ 开头的函数名）。为了获得这个列表，只需确定包是否已加载并在提示符后输入??"geom_"来查看帮助文档。

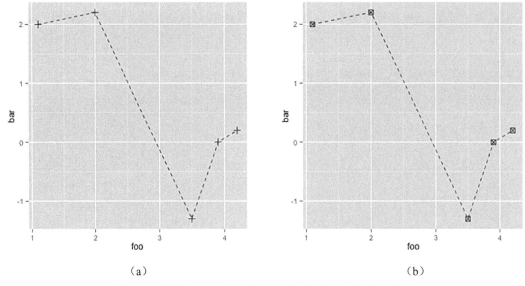

（a）　　　　　　　　　　　　　　　　　（b）

图 7-10　使用 ggplot2 图形的对象性质来尝试不同的点特征

## 7.4.3　geoms 的美学映射

geoms 和 ggplot2 也提供了有效的自动化方式将不同的风格应用到一个图的不同子集。如果使用因子对象把数据集进行分类，ggplot2 就能够自动设计每个单独的分类。在 ggplot2 的文档中，掌控这些类别的因素称为变量，使得 ggplot2 能够映射出不同的美学值。这样省去了隔离数据集和用基本 R 绘图分别画图（就像在 7.3 节做的）的大量工作。

用一个例子来说明，回到手动画的 20 个观测点，一步一步地生成图 7-6 中的详图。

```
R> x <- 1:20
R> y <- c(-1.49,3.37,2.59,-2.78,-3.94,-0.92,6.43,8.51,3.41,-8.23,
          -12.01,-6.58,2.87,14.12,9.63,-4.58,-14.78,-11.67,1.17,15.62)
```

在 7.3 节，定义了一些假设类别，即根据 $x$、$y$ 值把每一个观测点分为"standard""sweet""too big"或"too small"。使用相同的分类规则，明确地定义对应于 $x$ 和 $y$ 的一个因子。

```
R> ptype <- rep(NA,length(x=x))
R> ptype[y>=5] <- "too_big"
R> ptype[y<=-5] <- "too_small"
R> ptype[(x>=5&x<=15)&(y>-5&y<5)] <- "sweet"
R> ptype[(x<5|x>15)&(y>-5&y<5)] <- "standard"
R> ptype <- factor(x=ptype)
R> ptype
 [1] standard  standard  standard  standard  sweet     sweet     too_big
 [8] too_big   sweet     too_small too_small too_small sweet     too_big
[15] too_big   standard  too_small too_small standard  too_big
Levels: standard sweet too_big too_small
```

现在，这 20 个值有了分为 4 个水平的因子，我们将使用这个因子来告诉 qplot 如何映射我们的美学，如下所示：

```
R> qplot(x,y,color=ptype,shape=ptype)
```

这就生成了图 7-11a。注意，这一行代码已经用颜色和点的特征将点分为 4 类并添加了一个图例，在调用 qplot 函数时已经通过美学映射都做好了，我们可以在 ptype 变量中设置 color 和 shape。现在，重新利用一系列几何修饰符在同样的 qplot 对象中对数据重新作图，使得图形更像图 7-6。执行下面的代码生成图 7-11b。

```
R> qplot(x,y,color=ptype,shape=ptype) + geom_point(size=4) +
     geom_line(mapping=aes(group=1),color="black",lty=2) +
     geom_hline(mapping=aes(yintercept=c(-5,5)),color="red") +
     geom_segment(mapping=aes(x=5,y=-5,xend=5,yend=5),color="red",lty=3) +
     geom_segment(mapping=aes(x=15,y=-5,xend=15,yend=5),color="red",lty=3)
```

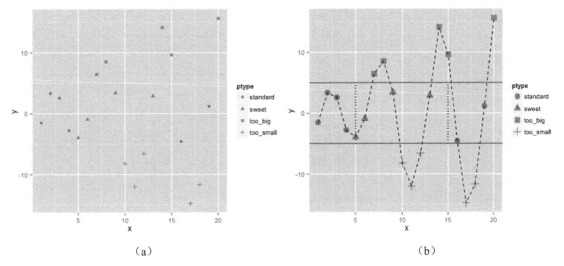

（a）                              （b）

图 7-11　使用 ggplot2 中 qplot 和 geoms 对美学映射的演示

（a）初始调用 qplot，使用 ptype 设置点的特征和颜色　（b）使用不同的 geoms 覆盖默认绘图来丰富左图的内容

在第一行，添加 geom_point(size=4) 使图中所有的点变大，接下来添加一条连接所有点的线，增加水平线和垂直线划分出 sweet spot。注意，对于最后 4 行代码，通过 aes 设置交替的美学映射。我们来看接下来会发生什么。

当初始调用 qplot 使用 ptype 进行美学映射后，默认其他所有的 geoms 对每一类别都以同样的方式映射，除非重写默认映射。比如，调用 geom_line 将所有点连接成线时，如果坚持 ptype 的默认映射（也就是说，省略了 mapping=aes(group=1)），geom 将把每一个类别的点连接成线，我们将看到 4 条单独的短折线：一条连接所有"standard"点，一条连接"sweet"点，以此类推。但是，这并不是我们希望得到的，我们需要的是将所有的点从左到右连成线，所以，通过输入 aes(group=1) 来命令 geom_line 把所有的观测点当作一个组处理。

之后，使用 geom_hline 函数以及其里面的 yintercept 参数画出 $y=-5$ 和 $y=5$ 的垂直线。由此而言，我们需要重新定义对向量 c（−5,5）操作的映射，而不是使用 $x$ 和 $y$ 的观测数据。同样地，结尾处使用 geom_segment 画两条水平点线段。geom_segment 很像 segments——基于"from"坐标（参数 $x$ 和 $y$）和"to"坐标（这里是 xend 和 yend）重新定义映射。geom_point(size=4)对每一个所画的点设置固定的扩大值，不是第一个 geom 的关注点。因为要对每个点进行统一的改变，所以不管 geom 怎么映射都是没有意义的。

用 R 作图，从基本作图到程序包，比如 ggplot2 包，都会保持 R 语言的性质。正如我们所见，按元素匹配使得我们具有通过少量简明直观的函数建立相对复杂的图的能力。一旦显示出一张图，就可以通过图形显示配置选择 File > Save 来保存到硬盘。但是，我们也可以直接把图写入文件，这个将在 8.3 节看到。

本节对于作图能力的探索仅仅是冰山一角，但可以从这一点出发，对数据可视化做进一步的探索。

---

### 练习 7.2

在练习 7.1 的 b 题中，使用 R 基本绘图画出一些 weight 和 height 数据，使用不同的点和颜色区分男性和女性。使用 ggplot2 重新绘制这个图形。

---

**本章重要代码**

| 函数/操作 | 简要描述 | 首次出现 |
| --- | --- | --- |
| plot | 建立或显示 R 基本图形 | 7.1 节 |
| type | 设置图形类型 | 7.2.1 节 |
| main, xlab, ylab | 设置轴标签 | 7.2.2 节 |
| col | 设置点或线的颜色 | 7.2.3 节 |
| pch, cex | 设置点的类型或大小 | 7.2.4 节 |
| lty, lwd | 设置线的类型或粗细 | 7.2.4 节 |
| xlim, ylim | 设置画图区域限制 | 7.2.5 节 |
| abline | 添加水平或垂直线 | 7.3 节 |
| segments | 添加具体的线段 | 7.3 节 |
| points | 添加点 | 7.3 节 |
| lines | 依据坐标添加线 | 7.3 节 |
| arrows | 添加箭头 | 7.3 节 |
| text | 添加文本 | 7.3 节 |
| legend | 添加或控制图例 | 7.3 节 |
| qplot | 快速建立 ggplot2 | 7.4.1 节 |
| geom_point | 添加点的 geom | 7.4.2 节 |
| geom_line | 添加线的 geom | 7.4.2 节 |
| size, shape, color | 设置 geom 常量 | 7.4.2 节 |
| linetype | 设置 geom 线型 | 7.4.2 节 |
| mapping, aes | geom 美学映射 | 7.4.3 节 |
| geom_hline | 添加 geom 水平线 | 7.4.3 节 |
| geom_segment | 添加 geom 线段 | 7.4.3 节 |

# 8

# 读 写 文 件

现在我们学习 R 的一个基本功能：在开启的工作空间中写入和读取数据。在处理庞大的数据集时，无论是纯文本、电子表格文件还是网站，都需要从外部文件来读入数据。R 能提供用来导入数据集的函数，通常是以数据框为对象导入的。我们可以在计算机上写一个新文件来从 R 中导出数据框，也可以把生成的图片保存为图像文件。在本章，我们将学习一些读写操作的基本命令来导入和导出数据。

## 8.1  R 内置数据集

下面简要地看一下 R 中的内置数据集或者部分用户程序包中的数据集。在函数练习和实验时，这些数据集是非常有用的样本。

在控制台输入 data()，会显示 R 的内置数据集清单。这些数据集按名字字母顺序排列，按程序包分组（具体的列表取决于从 CRAN 上安装的程序包；参见附录 A.2 节）。

### 8.1.1  内置数据集

自动加载的程序包有许多内置数据集，我们可以使用 library 函数，以窗口列表的形式提供安装包的目录标题：

```
R> library(help="datasets")
```

R 的内置数据集有相应的帮助文件，这有助于我们查看关于数据集的详细内容并进行有序排列。比如内置数据集 ChickWeight，如果在控制台输入？ChickWeight，就可以看到如图 8-1 所示的窗口。

图 8-1 ChickWeight 数据集的帮助文件

如图 8-1 所示，这个文件说明了数据集所包含的变量和取值，而且提示数据存入 578 行、4 列的数据框中。因为 datasets 中的对象是内置的，所以只需要在控制台输入 ChickWeight 的名字来访问。下面来看前 15 条记录。

```
R> ChickWeight[1:15,]
   weight Time Chick Diet
1      42    0     1    1
2      51    2     1    1
3      59    4     1    1
4      64    6     1    1
5      76    8     1    1
6      93   10     1    1
7     106   12     1    1
8     125   14     1    1
9     149   16     1    1
10    171   18     1    1
11    199   20     1    1
12    205   21     1    1
13     40    0     2    1
14     49    2     2    1
15     58    4     2    1
```

我们可以与处理在 R 中建立的数据框一样来处理这个数据集。

## 8.1.2 贡献数据集

程序包中还有许多 R 的内置数据集。为了访问它们，首先要安装并加载相关的安装包。比如程序包 tseries 中 ice.river 数据集，首先在控制台输入 install.packages("tseries")来安装程序包，然后使用 library 加载它以便访问其组件：

```
R> library("tseries")

    'tseries' version: 0.10-32

    'tseries' is a package for time series analysis and computational finance.

    See 'library(help="tseries")' for details.
```

我们可以输入 library(help="tseries")来查看这个包中含有的数据集，还可以输入?ice.river 来查找更多的详细信息。帮助文件描述 ice.river 是由 Tong（1990）首次使用河道水流量、降水量和温度组成的"时间序列对象"。为了访问对象本身，必须使用 data 函数来加载它，然后就可以在工作区间运行 ice.river。下面是前 5 条记录：

```
R> data(ice.river)
R> ice.river[1:5,]
      flow.vat flow.jok prec temp
[1,]     16.10     30.2  8.1  0.9
[2,]     19.20     29.0  4.4  1.6
[3,]     14.50     28.4  7.0  0.1
[4,]     11.00     27.8  0.0  0.6
[5,]     13.60     27.8  0.0  2.0
```

这些 R 内置数据集使得测试代码变得更容易，不但有用而且方便。我们将在本书的随后章节中使用它们进行案例展示。如果要分析自己的数据，通常需要从外部文件导入，接下来看一下如何实现。

# 8.2 读入外部数据文件

R 有各种函数用来读取存储文件。我们先来看如何读取表格格式的文件，这是 R 读取和导入最简单的文件之一。

## 8.2.1 表格格式

表格格式文件是最好理解的纯文本文件，用 3 个主要特征来定义 R 要如何读取数据。

- 表头（Header）：表头通常出现在文件的第一行，用来提供每一列数据的名称，可选。在导入文件到 R 中时，我们需要告诉 R 是否让表头出现，这样 R 就知道是要将第一行作为变量名还是作为数据观测值。
- 分隔符（Delimiter）：分隔符是一种非常重要且不能在文件中随意使用的特殊字符，用来分隔每一行的条目。它告诉 R 条目是从哪里开始和结束的（也就是条目在表格中的具体位置）。
- 缺失值（Missing value）：这是另外一个只用来表示缺失值的特殊字符串。在读取文件时，R 将把这些条目转变为可识别的形式 NA。

值得注意的是，这些文件是.txt（高亮纯文本）或者.csv（逗号分隔值，comma-separated values）的扩展形式。

我们以 5.2.2 节结束部分定义的 mydata 数据框的变形为例来试验一下。图 8-2 显示了叫作 mydatafile.txt 的表格格式文件，其中包括数据框的数据，同时可看出该数据框存在缺失值。这个数据文件可以使用文本编辑器在图 8-2 中自行创建。

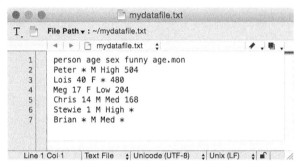

图 8-2　一个纯文本表格格式文件

要注意，第一行是表头，数值之间用空格分隔，缺失值用星号（*）表示。还有，每一个新记录都需要从新的一行开始。假设要在 R 中对该文件进行处理，用于数据分析。使用命令 read.table 导入表格格式的文件，形成数据框对象，如下所示：

```
R> mydatafile <- read.table(file="/Users/tdavies/mydatafile.txt",
                            header=TRUE,sep=" ",na.strings="*",
                            stringsAsFactors=FALSE)
R> mydatafile
  person age sex funny age.mon
1  Peter  NA   M  High     504
2   Lois  40   F  <NA>     480
3    Meg  17   F   Low     204
4  Chris  14   M   Med     168
5 Stewie   1   M  High      NA
6  Brian  NA   M   Med      NA
```

在 read.table 命令中，file 为文件名和文件位置的字符串（使用斜杠/），header 是告诉 R 是否有表头的逻辑值（本例为 TRUE），sep 表示分隔符的字符串（本例为单个空格 " "），na.strings 表示缺失值的字符串（本例为 "*"）。

如果要读取多个文件且不希望每次都输入完整的文件路径，可以通过 setwd 先建立好工作目录，然后仅使用文件名（和它的扩展名）作为字符串放在参数 file 里。但是这两种方法都要求我们清楚地知道文件的具体位置。幸好 R 提供了一些有用的附加工具，以防我们忘记文件的准确位置。可以使用 list.files 浏览文件夹目录作为输出结果。下面的例子显示了本地用户的目录信息。

```
R> list.files("/Users/tdavies")
 [1] "bands-SCHIST1L200.txt"  "Brass"            "Desktop"
 [4] "Documents"              "DOS Games"        "Downloads"
```

```
 [7] "Dropbox"               "Exercise2-20Data.txt"  "Google Drive"
[10] "iCloud"                "Library"               "log.txt"
[13] "Movies"                "Music"                 "mydatafile.txt"
[16] "OneDrive"              "peritonitis.sav"       "peritonitis.txt"
[19] "Personal9414"          "Pictures"              "Public"
[22] "Research"              "Rintro.tex"            "Rprofile.txt"
[25] "Rstartup.R"            "spreadsheetfile.csv"   "spreadsheetfile.xlsx"
[28] "TakeHome_template.tex" "WISE-P2L"              "WISE-P2S.txt"
[31] "WISE-SCHIST1L200.txt"
```

需要特别注意的是，文件和文件夹很难区分，虽然文件的典型特征是有扩展名，而文件夹没有，但是像 ISE-P2L 这样的文件也没有扩展名，看起来与其他列出的文件夹没有区别。

我们也可以从 R 的交互式窗口中查找文件，file.choose 命令直接从 R 控制台打开文件系统浏览器，就像打开所有我们希望打开的程序一样。然后我们可以前往感兴趣的文件夹，在选择文件后（见图 8-3）会返回一条字符串。

```
R> file.choose()
[1] "/Users/tdavies/mydatafile.txt"
```

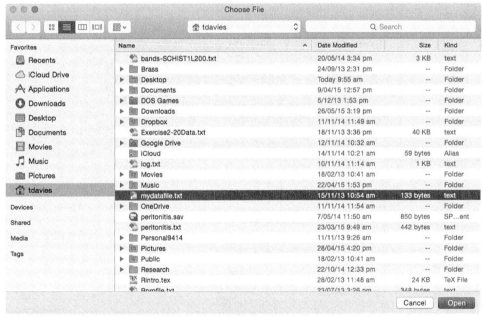

图 8-3　通过命令 file.choose 得到本地文件的结果。在打开感兴趣的文件时，
R 命令以字符串形式返回文件的完整路径

这条命令非常有用，因为返回路径的字符串恰好是函数 read.table 要求的格式。如图 8-3 所示，输入下面的代码并选择 mydatafile.txt，将生成与 file 中输入的文件路径完全相同的结果，如先前所示：

```
R> mydatafile <- read.table(file=file.choose(),header=TRUE,sep=" ",
                            na.strings="*",stringsAsFactors=FALSE)
```

如果文件成功导入，R 提示符后不会返回错误信息。我们可以用命令 mydatafile 检查文件是否成功导入，返回结果应该为数据框。在将数据导入数据框时，要牢记字符串观测值和因子观测值间的区别。因子特征信息不会存储在纯文本文件中，但是 read.table 默认将非数值型数据转换成因子。因为我们希望将数据继续存储为字符，所以设置 stringsAsFactors=FALSE，以防 R 将所有非数值元素当作因子处理。这样 person、sex 和 funny 就都被存储为字符串。

如果要将 sex 和 funny 改写为因子形式，可以用如下代码：

```
R> mydatafile$sex <- as.factor(mydatafile$sex)
R> mydatafile$funny <- factor(x=mydatafile$funny,levels=c("Low","Med","High"))
```

## 8.2.2　电子表格工作簿

接下来，我们学习常见的电子制表软件文件格式。Microsoft Office Excel 的标准文件格式为.xls 或者.xlsx，一般来说，这些文件格式与 R 不是直接兼容的。有一些程序函数试图弥补这一缺陷（比如 gdata 或者 XLConnect），但是更一般的方法是将电子表格文件导出为表格格式，比如 CSV 格式。练习 7.1 的 b 题的假设数据，存储在名字为 spreadsheetfile.xlsx 的 Excel 文件中，如图 8-4 所示。

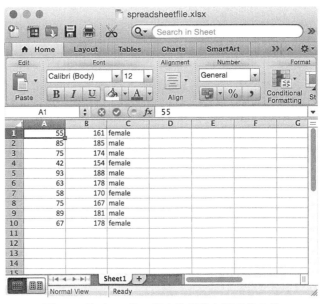

图 8-4　练习 7.1 的 b 题中数据的电子表格文件

为了在 R 中读取该电子表格，首先转换表格格式。在 Excel 中，File>Save As…提供了很多选项。假设将电子表格存储为逗号分隔文件 spreadsheet.csv。关于这些文件，R 有相应的快捷命令 read.table、read.csv。

```
R> spread <- read.csv(file="/Users/tdavies/spreadsheetfile.csv",
                      header=FALSE,stringsAsFactors=TRUE)
R> spread
  V1  V2     V3
1 55 161 female
```

```
 2 85 185   male
 3 75 174   male
 4 42 154 female
 5 93 188   male
 6 63 178   male
 7 58 170 female
 8 75 167   male
 9 89 181   male
10 67 178 female
```

在这里，file 的参数再一次指定希望的文件，没有表头，所以 header=FALSE。设置 stringsAsFactors=TRUE，是因为希望将 sex 变量（唯一的非数值变量）处理为因子。这里没有缺失值，所以不需要指定 na.strings，而且根据.csv 文件的定义是逗号分隔的，所以 read.csv 默认是正确的方法。数据框的结果 spread 将在 R 控制台中显示出来。

正如我们所看到的，把表格格式中的数据读入 R 中是相当简单的，只需要知道数据文件是否有表头、分隔符以及缺失条目是如何标识的。数据集存储的一般方式是简单的表格格式，但是如果需要读入结构更复杂的文件，R 和它的程序包有更多复杂的函数可以使用。比如 scan 和 readlines 函数提供了解析文件的高级控制选项。我们也可以通过在提示符后访问?read.table 来获取 read.table 和 read.csv 的帮助文件。

## 8.2.3 基于网页的文件

给定一个网络连接，同样，R 能够通过 read.table 命令从网站上读取文件。关于表头、分隔符和缺失值的规则仍然相同，我们只需用指定文件的 URL 地址取代本地文件位置。

例如，我们可以通过访问 amstat.org 网站使用美国统计协会的在线数据集 Journal of Statistics Education（JSE）。

本页面的第一个文件连接的是表格格式的数据集 4cdata.txt，其中 Chu（2001）在新加坡报纸中广告的基础上分析了 308 个钻石的特征数据，如图 8-5 所示。

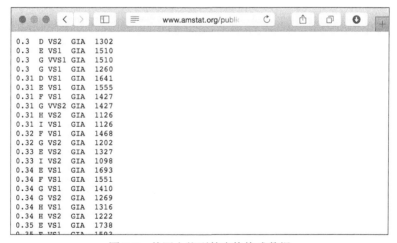

图 8-5  从网上找到的表格格式数据

可以看到文件夹（4c.txt）以及文章链接，在表中记录 JSE 站点的细节。注意，有 5 列信息，第一列和第五列是数值形式，其他列用因子表示。分隔符是空格，没有表头，也没有缺失值（所以不需要设定数值去表示它们）。

因而，我们可以只通过下面的代码在 R 控制台直接建立数据框：

```
R> dia.url <- "http://www.amstat.org/publications/jse/v9n2/4cdata.txt"
R> diamonds <- read.table(dia.url)
```

可以注意到，read.table 命令中不需要提供任何值，因为默认形式已经足够。由于表中没有表头，可以保留默认 header 值 FALSE。sep 的默认值是 " " 表示为空格，也是表格中实际用到的。stringsAsFactors 的默认值是 TRUE，正是我们希望的字符串列选项。导入数据之后可以命名每一列，如下所示（基于文档的信息）：

```
R> names(diamonds) <- c("Carat","Color","Clarity","Cert","Price")
R> diamonds[1:5,]
  Carat Color Clarity Cert Price
1  0.30     D     VS2  GIA  1302
2  0.30     E     VS1  GIA  1510
3  0.30     G    VVS1  GIA  1510
4  0.30     G     VS1  GIA  1260
5  0.31     D     VS1  GIA  1641
```

查看前 5 条记录，表明数据框是我们希望的。

### 8.2.4 其他文件格式

除了.txt 和.csv 格式，R 也能读取其他文件，例如.dat 数据文件格式。这些文件也能使用 read.table 导入，尽管可能在顶部会包含一些额外的信息，必须用可选的 skip 语句跳过（在 R 中 skip 要求开始导入之前忽略文件顶部的行）。

正如 8.2.2 节提到的，R 中也有一些程序包可以处理其他统计软件文件；而处理一个文件中的多个工作簿比较复杂。CRAN 中的 R 包 foreign（R Core Team，2014）可以读取统计软件比如 Stata、SAS、Minitab 和 SPSS 的数据文件。

CRAN 上的其他程序包帮助 R 处理各种各样的数据库管理系统（DBMSs）的文件。例如，RODBC 包（Ripley & Lapsley，2013）可以查询 Microsoft Access databases 并以数据框对象返回。其他接口还包括 RMySQL 包（James & DebRoy，2012）和 RJDBC 包（Urbanek，2013）。

## 8.3 写出数据文件和图形

在 R 中，从数据框对象中写入文件与读取文件一样简单。以向量为导向的行为可以重新编码数据集，快速且方便，所以 R 是读取数据、重建数据和输出数据的完美工具。

### 8.3.1 数据集

将表格格式文件写入计算机的函数是 write.table。它将数据框对象作为 x，并且这个函数将数

据内容写到一个新文件中，包含具体的命名、分隔符和缺失值字符串。例如，下面的代码使用 8.2
节中的 mydatafile 对象，并且写到一个文件中：

```
R> write.table(x=mydatafile,file="/Users/tdavies/somenewfile.txt",
          sep="@",na="??",quote=FALSE,row.names=FALSE)
```

这条命令在指定文件夹路径上建立了一个叫作 somenewfile.txt 的新表格格式文件，用@分隔，
并用??表示缺失值。因为 mydatafile 中有变量名，所以其自动以表头的形式写到文件中。可供选
择的逻辑参数 quote 确定是否为非数值项添加双引号（如果在文件中需要，按其他软件的格式要
求），设置参数为 FALSE 即不需要双引号。另外一个可供选择的逻辑参数 row.names 指是否包含
mydatafile 的行数（本例中是 1~6），我们也可以设置 FALSE 来省略行数。结果文件显示在图 8-6
中，能够在文件编辑器中打开。

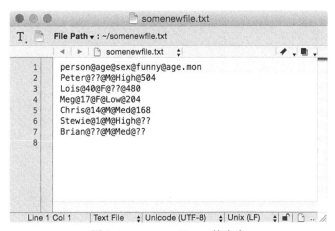

图 8-6　somenewfile.txt 的内容

函数 read.csv、write.csv 是为 .csv 文件设计的 write.table 函数的快捷方式。

## 8.3.2　图像和图形文件

与数据文件一样，图形也能直接写到文件中。第 7 章中，我们在活动的图形配置中建立并显
示了图形，图形设备不一定是屏幕窗口，也可以是具体文件。可以用 R 执行步骤并以其他方式显
示图形：打开"文件"图形显示配置，运行所有作图命令后建立最终的图形，最后关闭配置。R
可直接写入 .jepg、.bmp、.png 和 .tiff 文件。例如，下面的代码使用这 3 步建立一个 .jpeg 文件：

```
R> jpeg(filename="/Users/tdavies/myjpegplot.jpeg",width=600,height=600)
R> plot(1:5,6:10,ylab="a nice ylab",xlab="here's an xlab",
        main="a saved .jpeg plot")
R> points(1:5,10:6,cex=2,pch=4,col=2)
R> dev.off()
null device
        1
```

通过调用 jpeg 来打开图形文件，其中 filename 是文件的路径。默认图案尺寸设置为 480 像

素×480 像素，但是在这里改为 600 像素×600 像素。我们也可以将其他单位（英尺、厘米或毫米）加到 width 和 height 来设置尺寸，通过可选参数 units 来指定单位。一旦打开文件，我们可以执行任何所需的 R 绘图命令以创建图形——本例中画了一些点，然后用第二条命令添加了额外的点。最终将图形结果直接写到文件中，就与在屏幕中显示出来的一样。绘图完成后，必须用命令 dev.off() 关闭文件配置，打印信息留在剩下的活动配置里（这里，"null device"可以简单地理解为"没有遗留的打开信息"）。如果没有调用 dev.off 命令，R 将继续输出/重写随后的作图命令到上述文件中。图 8-7a 显示了结果文件。

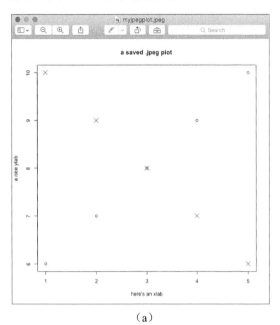

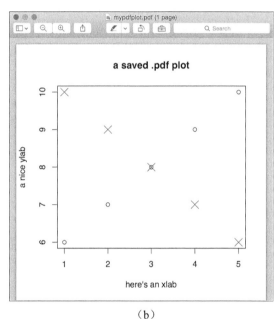

（a） （b）

图 8-7 直接写入硬盘的 R 图形，作图命令相同

（a）.jepg 版本 （b）.pdf 版本

我们也可以将 R 图形存储为其他文件格式，比如 PDFs（使用 pdf 函数）和 EPS 文件（使用 postscript 函数）。虽然这些函数的一些参数名和默认值不同，但它们遵循相同的基本前提：指定文件夹路径、文件名以及宽和高的尺寸，输入作图命令，然后用 dev.off()关闭配置。图 8-7b 显示了用如下代码建立的.pdf 文件：

```
R> pdf(file="/Users/tdavies/mypdfplot.pdf",width=5,height=5)
R> plot(1:5,6:10,ylab="a nice ylab",xlab="here's an xlab",
        main="a saved .pdf plot")
R> points(1:5,10:6,cex=2,pch=4,col=2)
R> dev.off()
null device
        1
```

这里使用了与前面相同的作图命令，代码中只有一些细微的差别。文件的参数是 file（与 filename 不同），pdf 中 width 和 height 的单位默认为英尺。在图 8-7 结果中两幅图主要是宽度和高度不同。

同样的过程也可用于 ggplot2 图像，但是从风格的角度，ggplot2 提供了方便的选择。ggsave

函数能够用于将最近画的 ggplot2 图像写到文件中，并且在线执行配置的打开/关闭行为。

例如，下面的代码建立并显示了来自简单数据集的 ggplot2 对象。

```
R> foo <- c(1.1,2,3.5,3.9,4.2)
R> bar <- c(2,2.2,-1.3,0,0.2)
R> qplot(foo,bar,geom="blank")
        + geom_point(size=3,shape=8,color="darkgreen")
        + geom_line(color="orange",linetype=4)
```

现在，将这幅图保存在文件中，输入如下代码：

```
R> ggsave(filename="/Users/tdavies/mypngqplot.png")
Saving 7 x 7 in image
```

从而将图形写到指定 filename 目录的一个 .png 文件中（注意，如果没有设置 width 和 height，软件会返回图形尺寸；这些依赖于图形设备的尺寸）。结果显示在图 8-8 中。

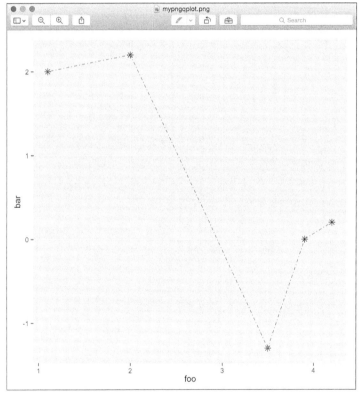

图 8-8　使用 ggplot2 的 ggsave 命令建立的 .png 文件

除了简洁，ggsave 在其他一些方面也很方便，其中一点就是可以使用同样的命令建立各种文件类型——类型可以在 filename 参数中提供扩展名来确定。另外，ggsave 有一系列的可选参数可以控制图形大小、质量和比例。

关于保存基本 R 图形的更多细节，参见 ?jepg、?pdf 和 ?postscript 帮助文件；关于保存 ggplot2 图形的更多信息，参见 ?ggsave 帮助文件。

## 8.4 特殊对象的读/写操作

对于典型的 R 用户，大多数通用的输入/输出操作主要围绕数据集和图形展开。但是如果我们希望读写其他类的 R 对象，会需要 dput 命令和 dget 命令来处理更多特殊的对象。

例如，假设在当前会话建立下面的列表：

```
R> somelist <- list(foo=c(5,2,45),
                    bar=matrix(data=c(T,T,F,F,F,F,T,F,T),nrow=3,ncol=3),
                    baz=factor(c(1,2,2,3,1,1,3),levels=1:3,ordered=T))
R> somelist
$foo
[1] 5 2 45

$bar
     [,1]  [,2]  [,3]
[1,] TRUE FALSE  TRUE
[2,] TRUE FALSE FALSE
[3,] FALSE FALSE  TRUE

$baz
[1] 1 2 2 3 1 1 3
Levels: 1 < 2 < 3
```

这个对象自身可以写到文件中，这对我们把它传给一名同事或者在任何 R 新绘画中打开来说都是非常有用的。使用 dput 表示 R 可解释的文本存储对象，代码如下：

```
R> dput(x=somelist,file="/Users/tdavies/myRobject.txt")
```

按照技术术语，这个命令建立了一个对象的 ASCII（American Standard Code for Information Interchange）表达形式。就像 dput 命令一样，对象指定为 x，通过 file 设置文件路径和新文本文件名。图 8-9 显示结果文件内容。

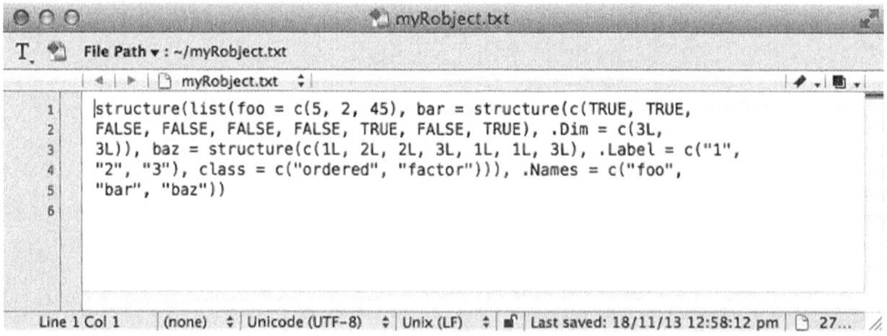

图 8-9 通过在 somelist 使用 dput 建立的 myRobject.txt

需要注意的是，dput 存储所有对象成员和其他相关的信息，比如属性特征。例如，somelist 的第三个元素是有序因子，所以在文本文件中仅用单个向量是不足以表达的。还要注意，在 R 工作空间的对象名没有存储在 myRobject.txt 中。

现在，假设我们要将列表导入 R 工作空间，如果已经用 dput 建立了文件，就使用 dget 将其读入到其他工作空间。

```
R> newobject <- dget(file="/Users/tdavies/myRobject.txt")
R> newobject
$foo
[1]  5  2 45

$bar
      [,1]  [,2]  [,3]
[1,]  TRUE FALSE  TRUE
[2,]  TRUE FALSE FALSE
[3,] FALSE FALSE  TRUE

$baz
[1] 1 2 2 3 1 1 3
Levels: 1 < 2 < 3
```

使用 dget 从 myRobject.txt 文件中读到的对象（现在指定为 newobject）与原来 R 对象 somelist 的结构及属性特征相同。

这些命令有一些缺点。首先，dput 不是 write.table 的可靠命令，因为有时 R 很难为对象建立必需的文本表达形式（基本的对象类别没有问题，但是用户自定义的复杂类型会有问题）。其次，因为需要保存结构信息，使用 dput 建立文件相当低效，比如在所需空间和运行读写操作的时间方面，对包含大量数据的对象来说，这一点更加显而易见。不过，在不用保存整个工作空间的情况下存储或转移特殊对象时，dput 和 dget 还是有用的方法。

---

## 练习 8.1

a. R 中的内置数据集 quakes。确保你可以获取这个对象并且查看相关的帮助文件得到这个数据包括的内容。然后执行下列操作：

   i. 在你的计算机已有的文件夹中，写入叫作 q5.txt 的表格格式文件，数据集仅包括震级（mag）大于或等于 5 的记录。使用分隔符!，并且不包含任何行名称。

   ii. 读取文件到 R 工作空间，把对象命名为 q5.dframe。

b. 在程序包 car 中，有一个数据框叫作 Duncan，提供了 1950 年感知工作威望的历史数据。安装 car 包并获取 Duncan 数据集及其帮助文件。然后执行下列操作。

   i. 绘制图形：education 为 $x$ 轴，income 为 $y$ 轴，$x$、$y$ 轴都限制于[0,100]内。提供合适的轴标签。对于 prestige 值小于或等于 80 的工作，使用黑色的。标记；对于 prestige 值大于 80 的工作，使用蓝色的 • 标记。

   ii. 添加解释两种类型的点图例，然后保存为 500 像素×500 像素的.png 图形文件。

c. 建立一个列表 exer，包含 quakes、q5.dframe 和 Duncan 这 3 个数据集，然后执行下列操作：

   i. 直接在硬盘里写列表对象，命名为 exercise8-1.txt。在文件编辑器中简要地查看文件内容。

ii．将 exercise8-1.txt 读回到你的工作空间，命名结果对象为 list.of.dataframes。检查 list.of.dataframes 中是否包含 3 个数据框对象。

d．在 7.4.3 节，使用 20 个观测值建立了 ggplot2 图形，显示在图 7-11 最下面。使用 ggsave 将这个图复制为.tiff 文件。

**本章重要代码**

| 函数/操作 | 简要描述 | 首次出现 |
| --- | --- | --- |
| data | 加载程序包数据集 | 8.1.2 节 |
| read.table | 导入表格格式数据文件 | 8.2.1 节 |
| list.files | 打印具体文件夹目录 | 8.2.1 节 |
| file.choose | 文件选择交互 | 8.2.1 节 |
| read.csv | 导入逗号分隔文件 | 8.2.2 节 |
| write.table | 把表格格式文件写到硬盘 | 8.3.1 节 |
| jepg,bmp,png,tiff | 把图像文件写到硬盘 | 8.3.2 节 |
| dev.off | 关闭文件图形装置 | 8.3.2 节 |
| pdf,postscript | 把图像文件写到硬盘 | 8.3.2 节 |
| ggsave | 把 ggplot2 图像文件写到硬盘 | 8.3.2 节 |
| dput | 把 R 对象写到文件（ASCII） | 8.4 节 |
| dget | 导入 ASCII 对象文件 | 8.4 节 |

# 第二部分

## 编程

# 9

# 调 用 函 数

在开始写 R 函数之前，理解 R 会话中函数的调用和解释是非常重要的。首先，我们将学习 R 如何区分变量名。然后，学习 R 参数的命名和对象的规则，以及在调用函数时 R 是如何查找参数和其他变量的。最后，我们学习调用函数时指定参数的方法。

## 9.1 作用域

首先，了解 R 的范围规则很重要，它决定了语言如何划分对象并在给定的会话中检索它们，该框架还定义了重复对象的名称仅可以存在一次的情况。例如，我们在用 matrix 时使用参数 data（见 3.1 节），但是 data 是程序包加载数据集中的内置函数名（见 8.1.2 节）。在本节中，我们将了解 R 在这些情况下的内部行为，这有助于我们以后编程和执行自定义函数以及其他软件包。

### 9.1.1 环境

R 在虚拟环境下执行作用域规则。我们可以认为这个环境是用于储存数据结构和函数的两个单独区域，使得 R 可以区分作用于储存在不同的环境的相同名字。环境是动态的——可以创建新的环境，也可以操纵或删除已有的环境。

**注意**  从技术上讲，环境中不包含项目。相反，环境可以通过指针来指向计算机内存中的项目位置。在首次了解环境是如何工作的时候，使用"区域"来比喻并思考这些"区域"的对象是很有用的。

R 有 3 种重要的环境：全局环境、包环境和命名空间、本地和词汇环境。

**全局环境**

全局环境是用户自定义工作对象的区域。目前，我们创建或重写的每个对象都储存在当前 R 会话的全局环境中。在 1.3.1 节中，我们介绍 ls 函数可以列出工作空间中所有的对象、变量和用户定义的函数。更准确地说，ls 函数会输出当前全局环境中所有内容的名字。

现在创建一个新的 R 工作空间，执行下面的代码来创建两个对象，并确保它们存在于全局环境中：

```
R> foo <- 4+5
R> bar <- "stringtastic"
R> ls()
[1] "bar" "foo"
```

但是，R 工作空间中的全部内置对象和函数是什么呢？这些内容为什么没有在全局环境中与 foo 和 bar 一起输出呢？事实上，那些对象和函数属于指定的包环境，将在下面具体讨论。

### 包环境和命名空间

为了简单起见，我们将使用术语包环境，而不是 R 中每个包所创建的项目。事实上，就作用域来说，R 包结构有些复杂。每个包环境实际上代表控制搜索对象不同方面的环境。例如，namespace 包基本上定义了其函数的可见性（包内有多个可见函数，用户可以使用不可见函数为可见函数提供内部支持）。包环境支持输入名称、处理对象和来自特定功能包所需库的任何函数。

为了清楚地说明，我们考虑本书中使用的特定包环境中的内置函数和对象。程序包中的内置函数和对象是一样的，我们都用 library 来加载程序包。可以使用 ls 函数列出包环境中所有的项目（使用自动加载的 graphics 包来举例）：

```
R> ls("package:graphics")
 [1] "abline"          "arrows"          "assocplot"       "axis"
 [5] "Axis"            "axis.Date"       "axis.POSIXct"    "axTicks"
 [9] "barplot"         "barplot.default" "box"             "boxplot"
[13] "boxplot.default" "boxplot.matrix"  "bxp"             "cdplot"
[17] "clip"            "close.screen"    "co.intervals"    "contour"
[21] "contour.default" "coplot"          "curve"           "dotchart"
[25] "erase.screen"    "filled.contour"  "fourfoldplot"    "frame"
[29] "grconvertX"      "grconvertY"      "grid"            "hist"
[33] "hist.default"    "identify"        "image"           "image.default"
[37] "layout"          "layout.show"     "lcm"             "legend"
[41] "lines"           "lines.default"   "locator"         "matlines"
[45] "matplot"         "matpoints"       "mosaicplot"      "mtext"
[49] "pairs"           "pairs.default"   "panel.smooth"    "par"
[53] "persp"           "pie"             "plot"            "plot.default"
[57] "plot.design"     "plot.function"   "plot.new"        "plot.window"
[61] "plot.xy"         "points"          "points.default"  "polygon"
[65] "polypath"        "rasterImage"     "rect"            "rug"
[69] "screen"          "segments"        "smoothScatter"   "spineplot"
[73] "split.screen"    "stars"           "stem"            "strheight"
[77] "stripchart"      "strwidth"        "sunflowerplot"   "symbols"
[81] "text"            "text.default"    "title"           "xinch"
[85] "xspline"         "xyinch"          "yinch"
```

注意，该列表中包含一些第 7 章中使用过的函数，例如 arrows、plot 和 segments。

### 本地环境

每次调用 R 中的函数时，需要创建本地环境的新环境，有时也叫作词汇环境。这个环境包括所有被创建的对象、变量以及可见函数，包括在其执行过程中所提供的任何参数。它的特点是允许显现与给定空间中其他对象名称相同的参数名称。

例如，调用 matrix 来传递参数 data，如下所示：

```
R> youthspeak <- matrix(data=c("OMG","LOL","WTF","YOLO"),nrow=2,ncol=2)
R> youthspeak
     [,1]  [,2]
[1,] "OMG" "WTF"
[2,] "LOL" "YOLO"
```

调用函数来创建一个含 data 向量的本地环境包，函数从查找该本地环境中的 data 开始执行。这意味着 R 没有被其他环境中命名为 data 的对象和函数所混淆（例如，data 函数自动从 utils 包环境加载）。如果在本地环境中没有出现需要的项目，这时，R 会扩大搜索范围来查找该项目（将在9.1.2 节中讨论这个特征）。一旦函数执行完，本地环境就被自动删除。这同样可以被用到 nrow 和ncol 参数中。

## 9.1.2　搜索路径

为了从环境而不是从全局环境中访问数据结构和函数，R 遵循当前会话中所有环境的搜索路径。

基本上，搜索路径是 R 在对象请求下搜索的环境列表。如果在环境中找不到对象，则 R 继续进行下一个。我们可以随时使用 search() 来查看 R 的搜索路径。

```
R> search()
 [1] ".GlobalEnv"        "tools:RGUI"        "package:stats"
 [4] "package:graphics"  "package:grDevices" "package:utils"
 [7] "package:datasets"  "package:methods"   "Autoloads"
[10] "package:base"
```

在给出命令时，路径总是从使用者的全局环境（.GlobalEnv）开始到包环境（package：base）结束。可以认为这些属于一个层次结构，从左向右的箭头是从一个环境指向另一个环境；或者我们可以简单地想象一个箭头从左到右地指向每一个环境。在当前会话中，如果 R 提示符中要求给出一个特定对象，程序将依次按顺序检查：GlobalEnv→tool:RUI→package:stats→…→package:base，当所需对象被发现和提取时，就会停止搜索。注意，是否使用内置 GUI 依赖于操作系统，搜索路径中可能不包含 tools:RGUI。

如果在搜索路径时，R 没有在列出的环境中找到目标，就会导致空环境。空环境不会在search() 结果中明确地列出，但它是 package:base 之后的最终结果。空环境很特别，因为它标记搜索路径的终点。

例如，如果调用以下代码：

```
R> baz <- seq(from=0,to=3,length.out=5)
```

```
R> baz
[1] 0.00 0.75 1.50 2.25 3.00
```

R 首先搜索函数 seq 的全局环境，当没有找到该环境时，将在封闭环境中继续搜索，这就是搜索路径的下一级（依据上述提到的从左到右的顺序）。R 没有找到 seq，所以 seq 继续通过下一个环境路径搜索已加载的包（自动或其他）直到找到目标。在本例中，R 在内置基础包环境中定位 seq。然后执行 seq 函数（创建临时本地环境），并将结果分配给全局环境的新对象 baz。在随后输出 baz 时，R 首先搜索全局环境，并立即找到所请求的对象。

可以使用 environment 来查找任何函数的封闭环境，如下所示：

```
R> environment(seq)
<environment: namespace:base>
R> environment(arrows)
<environment: namespace:graphics>
```

在这里，已经将 base 包的命名空间确定为 seq 函数的所有者，而 graphics 包作为 arrows 函数的所有者。

每个环境都有一个父级，来确定搜索路径的顺序。检查调用 search() 之前的输出，例如，可以看到 package：stats 的父级是 package：graphics。从某种意义上来说，特定的父—子结构是动态的，在加载附加的库或获得数据框时，搜索路径会发生变化。在调用 library 加载程序包时，基本上只是在搜索路径中插入所需的包。例如，练习 8.1 中的程序包 car，加载此包后搜索路径将包含以下内容：

```
R> library("car")
R> search()
 [1] ".GlobalEnv"       "package:car"       "tools:RGUI"
 [4] "package:stats"    "package:graphics"  "package:grDevices"
 [7] "package:utils"    "package:datasets"  "package:methods"
[10] "Autoloads"        "package:base"
```

注意，路径中 car 包环境的位置——直接在全局环境后插入。这是放置随后加载程序包的位置（后面依赖于其功能的程序包）。

如前所述，一旦 R 搜索完并遇到空环境后就会停止搜索。如果我们要求一个函数或对象，但是并未定义、不存在或者虽然在程序包里但忘记加载包（这是一个常见的小错误），那么 R 会显示一个错误。对于函数和其他对象来说，这些"找不到"的错误是可识别的。

```
R> neither.here()
Error: could not find function "neither.here"
R> nor.there
Error: object 'nor.there' not found
```

环境有助于区分 R 中的许多功能。在搜索路径时，不同的包具有相同名称的函数时，环境就变得尤为重要。在 12.3 节讨论的隐蔽就起到了作用。

若要更加熟悉 R 并希望对其运行方式进行更精确的控制，我们应该全面研究 R 是如何处理环境的。Gupta（2012）的在线文章精彩地提供了这方面更多的技术细节。

### 9.1.3 名称的保留和保护

在 R 中当作对象名称的几个重要术语是严格禁止的。在 R 语言中，为了保护经常使用的基本操作和数据类型，保留名称是有必要的。

下面几项是保留字：

- if and else
- for, while, and in
- function
- repeat, break, and next
- TRUE and FALSE
- Inf and -Inf
- NA, NaN, and NULL

之前还没有完全涉及上述列表中的项目，这些项目是 R 语言编程的核心，我们将在后面的章节中学习到。最后 3 项是常见的逻辑值（见 4.1 节），特别是无穷和缺失元素（见 6.1 节）。

如果我们试图将一个保留字赋给一个新值，R 就会报错。

```
R> NaN <- 5
Error in NaN <- 5 : invalid (do_set) left-hand side to assignment
```

因为 R 是区分大小写的，所以我们可以变换大小写后给上述保留字进行赋值，但是这样会产生混淆，通常不建议这样操作。

```
R> False <- "confusing"
R> nan <- "this is"
R> cat(nan,False)
this is confusing
```

同样也需要注意给 T 和 F 的赋值，它们是 TRUE 和 FALSE 的缩写。全称 TRUE 和 FALSE 是保留字，但是缩写不是保留字。

```
R> T <- 42
R> F <- TRUE
R> F&&TRUE
[1] TRUE
```

赋值给 T 和 F 将影响后面的代码，这些代码拟用 T 和 F 作为相应的逻辑值来使用。在 R 中，第二行的赋值（F <- TRUE）是合法的，但令 F 作为 TRUE 的缩写，这是非常混乱的：F&&TRUE 代码表示为 TRUE&&TRUE。最好尽量避免这种类型的赋值。

在 R 控制台中，如果我们一直照做这些示例，谨慎的做法就是清除全局环境（从工作区中删除对象 False、nan、T 和 F）。为此可以使用 rm 函数，如下所示。使用 ls 函数来提供全局环境中所有对象的字符向量作为参数的列表。

```
R> ls()
[1] "bar"        "baz"        "F"        "False"        "foo"        "nan"
[7] "T"          "youthspeak"
R> rm(list=ls())
R> ls()
character(0)
```

现在，全局环境是空的，调用 ls 函数将返回空字符串向量（character（0））。

---

### 练习 9.1

a. 识别自动创建和加载的 methods 包中的前 20 项。这个包中共包含多少项？

b. 确定下列函数的闭路环境：

   i. read.table

   ii. data

   iii. matrix

   iv. jpeg

c. 使用 ls 函数，检查函数 smoothScatter 是否为 graphics 包中的一部分。

---

## 9.2 参数匹配

在 R 规则中，参数匹配用来解释调用函数。在函数提供参数时，参数匹配使用缩写或者不写参数名称。

### 9.2.1 准确性

到目前为止，对于准确的参数匹配来说，每个参数都以特定值为标记，这是彻底调用函数的方法。第一次使用 R 或者新函数时，完整地写出参数名称是很有帮助的。

精确匹配的其他好处如下：

- 精确匹配相比其他匹配方式来说不容易误设参数。
- 提供参数的顺序不重要。
- 当函数有很多参数，但是我们只希望使用几个时，精确匹配是很有用的。

精确匹配的不足之处如下：

- 对于一些相对简单的操作来说，精确匹配比较复杂。
- 精确匹配要求用户记住或查找完整区分大小写的标签。

在 6.2.1 节中执行精确匹配的例子，如下所示：

```
R> bar <- matrix(data=1:9,nrow=3,ncol=3,dimnames=list(c("A","B","C"),
                                                       c("D","E","F")))
R> bar
  D E F
```

```
A 1 4 7
B 2 5 8
C 3 6 9
```

这里创建行和列两个维度，构成 3×3 阶矩阵对象 bar。因为参数标签很明确，所以参数顺序不重要。我们可以调换参数顺序，使得函数继续拥有它所需的信息。

```
R> bar <- matrix(nrow=3,dimnames=list(c("A","B","C"),c("D","E","F")),ncol=3,
                data=1:9)
R> bar
  D E F
A 1 4 7
B 2 5 8
C 3 6 9
```

这与先前调用函数的方式相同。为了保持一致性，我们通常不会在每次调用函数时都切换参数，但这个例子显示了精确匹配的好处：不必担心可选参数的顺序或者跳过它们。

## 9.2.2　局部匹配

局部匹配以缩写标签来识别参数。这样可以缩减代码，但是仍允许以任何顺序来提供参数。这里用局部匹配的方式调用 matrix 函数。

```
R> bar <- matrix(nr=3,di=list(c("A","B","C"),c("D","E","F")),nc=3,dat=1:9)
R> bar
  D E F
A 1 4 7
B 2 5 8
C 3 6 9
```

注意，这里缩写了 nrow、dimnames 和 ncol 的参数标签，用两个字母来代替，data 参数以 dat 这 3 个字母来代替。对于局部匹配，只要所用函数中的每一个参数是唯一的就可以被 R 识别，这里对我们所提供的参数字母的数量没有限制。局部匹配有下列优势：

- 比精确匹配使用的代码少。
- 参数标签可见（这样可以减少出错概率）。
- 所提供的参数顺序仍然不重要。

但是，局部匹配存在一些限制。如果多个参数的标签用相同的字母，那么它将会变得很棘手。举例说明：

```
R> bar <- matrix(nr=3,di=list(c("A","B","C"),c("D","E","F")),nc=3,d=1:9)
Error in matrix(nr = 3, di = list(c("A", "B", "C"), c("D", "E", "F")), :
  argument 4 matches multiple formal arguments
```

这里报错了。因为第四个代表数据的参数标签设置为 d 太简单了。这是不合法的，因为另一个参数 dimnames 同样是以 d 字母开头的。即使 dimnames 用 di 来进行明确的区分，调用也仍然是无效的。

局部匹配的缺点如下：

- 用户必须注意其他可以缩写标签的潜在匹配参数（即使它们没有被明确调用或者赋予默认值）。
- 每一个标签必须是唯一特定的。

### 9.2.3 位置

调用函数最简单的模式是位置匹配。在提供的参数没有标签时，R 会基于唯一的顺序来解释这些参数。

位置匹配通常用于相对简单的函数或者用户非常熟悉的函数。对于这种类型的匹配，我们必须注意函数中每一个参数的精确位置。我们可以通过帮助文件中的"Usage"来查阅参数的具体信息，或者使用 args 函数来将这些信息输出到控制台上。看如下的一个例子：

```
R> args(matrix)
function (data = NA, nrow = 1, ncol = 1, byrow = FALSE, dimnames = NULL)
NULL
```

这里显示了 matrix 函数中参数定义的顺序和每个参数的默认值。再一次以位置匹配来重新构建矩阵 bar，执行过程如下：

```
R> bar <- matrix(1:9,3,3,F,list(c("A","B","C"),c("D","E","F")))
R> bar
  D E F
A 1 4 7
B 2 5 8
C 3 6 9
```

位置匹配的优势如下：
- 代码简短、清晰，尤其是相对于常规的任务。
- 不需要记住特定的参数标签。

注意，之前的两种匹配风格，我们不需要提供任何 byrow 参数，都可设置为默认值 FALSE。因为 R 是依靠位置来解释调用的函数，所以在现在这个例子中，要提供一个值（这里给出值 F）给参数 byrow 作为第四个参数。如果我们不设置这个参数将会报错，如下所示：

```
R> bar <- matrix(1:9,3,3,list(c("A","B","C"),c("D","E","F")))
Error in matrix(1:9, 3, 3, list(c("A", "B", "C"), c("D", "E", "F"))) :
  invalid 'byrow' argument
```

这里，R 试着将第四个参数作为 byorw 的逻辑参数（我们打算用作维度名称的列表）。这将会带来一些位置匹配参数的不足：
- 必须查询且准确匹配定义的参数顺序。
- 读其他人写的代码将有一些困难，特别是一些不熟悉的函数。

### 9.2.4 混合

每一种匹配形式都有利和弊，这是很常见的事情，将 3 种匹配形式混合在一个调用函数中使用也是合法的。

例如，我们可以避免之前例子中出现的错误。

```
R> bar <- matrix(1:9,3,3,dim=list(c("A","B","C"),c("D","E","F")))
R> bar
  D E F
A 1 4 7
B 2 5 8
C 3 6 9
```

这里对前 3 个参数的使用位置进行匹配，到目前为止，这 3 个参数都是我们所熟悉的。同时，局部匹配明确地告知 R 列表是 dimnames 的值，而不是 byrow 的值。

### 9.2.5　省略号的用法

许多函数使用起来比较复杂。也就是说，函数可以接受任何数量的参数，且由用户来决定提供多少个参数。函数 c()、data()、list() 都是这样的。当我们调用 list 函数时，可以指定任意数量的成员作为参数。

在 R 中，灵活性通过专门的省略号（...）实现，也称为省略。我们可以在相应的帮助文件或者使用 args 函数来查看有没有省略号。看下面 data.frame 的例子。注意，第一个参数的位置是以省略号的形式出现的。

```
R> args(data.frame)
function (..., row.names = NULL, check.rows = FALSE, check.names = TRUE,
    stringsAsFactors = default.stringsAsFactors())
NULL
```

这个结构允许用户提供任意数量的数据向量（在最后的数据框中会成为列）。

在调用函数时，一个不能与函数定义的参数标记相匹配的参数，通常会产生错误。但是用省略来定义参数时，任何不与其他标签匹配的参数将与省略号匹配。

通常有两种情况的函数会使用省略号。第一种函数包括 c()、data.frame() 和 list，这些函数的省略代表函数引用"主要的成分"。也就是说，函数的目的是在结果中使用省略处包含的内容。第二种函数中，省略作为一个补充的或潜在的可选参数库。在一个函数调用其他函数时，根据最初的项目来提供所需的额外参数，而不是将所需子函数的所有参数复制到主函数的参数列表中，后者的定义可以包括省略，随后再向前者传递。

看下面关于省略的一个例子，用于补充一般绘图功能的函数。

```
R> args(plot)
function (x, y, ...)
NULL
```

从检查这些参数来看，很明显，可选参数与省略相匹配，例如点的尺寸（参数标签为 cex）或者线的类型（参数标签为 lty）。随后，这些可选参数传递给被用于调整图形的各种函数。

省略是一个很方便的工具，用于写可变参数函数或参数数目不详的函数。当我们开始在第 11

章中编写自己的函数时，就会更清楚这一点。然而，重要的是要正确记录所使用省略号的目的，这样潜在的用户就可以确切地知道哪些参数可以传递，哪些参数随后会在执行中被使用。

---

### 练习 9.2

a. 使用位置匹配，用 seq 创建一个从-4～4、步长为 0.2 的序列。

b. 确定下面每一条代码使用的是精确、部分、位置、混合中哪种匹配形式的参数。如果是混合匹配，则需指出每个参数的特定匹配形式。

   i. array(8:1,dim=c(2,2,2))

   ii. rep(1:2,3)

   iii. seq(from=10,to=8,length=5)

   iv. sort(decreasing=T,x=c(2,1,1,2,0.3,3,1.3))

   v. which(matrix(c(T,F,T,T),2,2))

   vi. which(matrix(c(T,F,T,T),2,2),a=T)

c. 假设我们确定了绘图函数中的 plot.default 参数，并且给参数标签提供了 type、ph、xlab、ylab、lwd、lty 和 col 值。使用函数文档来确定这些参数中哪些参数对应的是省略。

---

**本章重要代码**

| 函数 / 操作 | 简要描述 | 首次出现 |
|---|---|---|
| ls | 检测环境的对象 | 9.1.1 节 |
| search | 现在的搜索路径 | 9.1.2 节 |
| environment | 函数环境属性 | 9.1.2 节 |
| rm | 删除工作空间的对象 | 9.1.3 节 |
| args | 显示函数的参数 | 9.2.3 节 |

# 10

# 条件和循环

如果要用 R 写更复杂的程序，就需要学习控制代码执行流程及顺序，其基本方式是在某个条件（或一系列条件）下执行组块代码。另一个基本控制机制为循环，也就是让组块代码重复一定的次数。在本章中，我们将学习 if-else 语句、for 语句和 while 循环语句以

及其他流程控制来探讨核心编程技术。

## 10.1　if 语句

if 语句是在给定组块代码中执行操作的关键，只有满足一定条件，if 语句才会运行组块代码。这种结构使得代码会根据条件是 TRUE 还是 FALSE 进行不同的响应。

### 10.1.1　独立语句

从独立 if 语句开始，如下所示：

```
if(condition){
    do any code here
}
```

condition 放在 if 语句后面的括号里。条件一定是一个表达式，返回逻辑值（TRUE 或 FALSE）。如果是 TRUE，就执行大括号 {} 中的代码；如果不满足条件，就跳过大括号中的代码，R 不执行任何操作（或者继续执行大括号后面的代码）。

这里有一个简单例子，在控制台输入下列内容：

```
R> a <- 3
R> mynumber <- 4
```

在 R 编辑器中输入下面的代码：

```
if(a<=mynumber){
    a <- a^2
}
```

当这个代码块被执行时，a 的值将是什么取决于 if 语句定义的条件，实际上就是大括号中的详细说明。在本例中，条件是 a<=mynumber，计算的结果是 TRUE，因为 3 确实小于 4。这意味着括号中代码 a 的值等于 a^2 或 9 已经被执行。

现在着重学习编辑器中的整块代码，并把它传递到控制台来求值。记住，执行方法有以下几种：

- 直接将编辑器中选择的文本复制和粘贴到控制台。
- Windows 系统从菜单栏中选择 Edit→Run line or selection，OSX 系统选择 Edit→Execute。
- 使用快捷键，Windows 中用 Ctrl-R 或者 Mac 中用 ⌘-RETURN。

一旦在控制台选择和执行了代码，将看到如下结果：

```
R> if(a<=mynumber){
+     a <- a^2
+ }
```

然后，查看对象 a：

```
R> a
[1] 9
```

接下来，假设我们再次执行相同的 if 语句，将对 a 再求一次平方，得到结果 81 吗？不会！因为现在 a 是 9，而 mynumber 仍然是 4，条件 a<=mynumber 将是 FALSE，所以括号中的代码不会被执行，a 保持为 9。

注意，将 if 语句发送到控制台后，第一行后面的每行代码前面都会出现+，这个+符号不代表任何附加算法，而是表示执行前需要更多的代码输入。例如，如果只有左括号，除非这一部分内容以右括号结束，R 才会开始其他执行。为避免冗余，在后面的例子中我们不会重复从编辑器发送到控制台的代码。

**注意**　可以通过指定 R 命令 options 中 continue 的不同字符串来改变+号，与 1.2.1 节中重置提示符的方法相同。

if 语句提供了极大的灵活性——我们可以在括号区域放置任何代码，包括更多的 if 语句（参考 10.1.4 节中讨论的嵌套），使得 R 能够执行一系列操作。

为了举例说明一个更复杂的 if 语句，请看下面两个新对象：

```
R> myvec <- c(2.73,5.40,2.15,5.29,1.36,2.16,1.41,6.97,7.99,9.52)
R> myvec
 [1] 2.73 5.40 2.15 5.29 1.36 2.16 1.41 6.97 7.99 9.52
R> mymat <- matrix(c(2,0,1,2,3,0,3,0,1,1),5,2)
R> mymat
     [,1] [,2]
```

```
[1,]    2    0
[2,]    0    3
[3,]    1    0
[4,]    2    1
[5,]    3    1
```

在下面代码块中使用这两个对象：

```
if(any((myvec-1)>9)||matrix(myvec,2,5)[2,1]<=6){
    cat("Condition satisfied --\n")
    new.myvec <- myvec
    new.myvec[seq(1,9,2)] <- NA
    mylist <- list(aa=new.myvec,bb=mymat+0.5)
    cat("-- a list with",length(mylist),"members now exists.")
}
```

把这些代码发送到控制台，然后生成下面的结果：

```
Condition satisfied --
-- a list with 2 members now exists.
```

如上已经创建了 mylist 对象，我们可以查看该对象：

```
R> mylist
$aa
 [1]   NA 5.40   NA 5.29   NA 2.16   NA 6.97   NA 9.52

$bb
     [,1] [,2]
[1,]  2.5  0.5
[2,]  0.5  3.5
[3,]  1.5  0.5
[4,]  2.5  1.5
[5,]  3.5  1.5
```

在这个例子中，用||即 OR 语句将条件分成两个部分，其生成一个逻辑结果。

- 第一部分的条件着眼于 myvec，把 myvec 里面的每个元素都减 1，并检查结果是否大于 9。如果作为整体运行这些代码，将出现 FALSE。

```
R> myvec-1
[1] 1.73 4.40 1.15 4.29 0.36 1.16 0.41 5.97 6.99 8.52
R> (myvec-1)>9
 [1] FALSE FALSE FALSE FALSE FALSE FALSE FALSE FALSE FALSE FALSE
R> any((myvec-1)>9)
[1] FALSE
```

- 第二部分的条件利用原始的 myvec 元素，使用位置匹配调用 matrix 来建立 2 行 5 列的列满矩阵。然后，检查结果中第一列第二行的元素是否小于或等于 6，如下所示：

```
R> matrix(myvec,2,5)
     [,1] [,2] [,3] [,4] [,5]
[1,] 2.73 2.15 1.36 1.41 7.99
[2,] 5.40 5.29 2.16 6.97 9.52
R> matrix(myvec,2,5)[2,1]
[1] 5.4
R> matrix(myvec,2,5)[2,1]<=6
[1] TRUE
```

这意味着，通过 if 语句检查的总体条件将是 FALSE||TRUE，结果为 TRUE。

```
R> any((myvec-1)>9)||matrix(myvec,2,5)[2,1]<=6
[1] TRUE
```

访问并执行括号中的代码。首先，会输出"condition satisfied"字符串并将 myvec 复制到 new.myvec；其次，使用 seq 访问 new.myvec 的奇数索引并用 NA 重写它们；再次，构建 mylist 列表，将 new.myvec 存储在命名为 aa 的成员对象中；第四，取 mymat 的原始值，对它的所有元素乘以 0.5，将结果存储在 bb 中；最后，显示结果列表的长度。

注意，if 语句的格式不需要与上面的格式一样。比如，一些程序员更喜欢在条件之后另起一行开始左括号，还有的更喜欢不同量的缩进。

### 10.1.2 else 语句

当且仅当一个条件定义为 TRUE 时，if 语句才会执行一组代码。如果要在条件为 FALSE 时执行其他操作，可以添加 else 命令。这里有一个伪代码例子：

```
if(condition){
    do any code in here if condition is TRUE
} else {
    do any code in here if condition is FALSE
}
```

第一组大括号后面包含 if 条件为 TRUE 时执行的代码，接着通过一组新的大括号提出 else，表示 if 条件为 FALSE 时执行的代码。

回到 10.1.1 节中第一个例子，在控制台提示符后再一次存储这些值。

```
R> a <- 3
R> mynumber <- 4
```

在编辑器中编写新的 if 语句。

```
if(a<=mynumber){
    cat("Condition was",a<=mynumber)
    a <- a^2
} else {
    cat("Condition was",a<=mynumber)
```

```
    a <- a-3.5
}
a
```

在这里，如果条件 a<=mynumber 是 TRUE，就对 a 平方，但如果是 FALSE，就对 a 自身减去 3.5。也可以将文本输出到控制台来说明条件是否被满足。重设 a 和 mynumber 之后，if 循环的第一次运行结果 a 为 9，与前面一样，输出如下结果：

```
Condition was TRUE
R> a
[1] 9
```

现在，再次调用和执行全部语句，这时 a<=mynumber 的值为 FALSE，则执行 else 后面的代码。

```
Condition was FALSE
R> a
[1] 5.5
```

## 10.1.3  基于元素水平使用 ifelse

一条 if 语句只检查一个逻辑值条件。举例来说，如果我们输入的条件中有多个逻辑向量，if 语句就只检查第一个元素。如下面的例子中，R 语言将显示警告信息：

```
R> if(c(FALSE,TRUE,FALSE,TRUE,TRUE)){}
Warning message:
In if (c(FALSE, TRUE, FALSE, TRUE, TRUE)) { :
  the condition has length > 1 and only the first element will be used
```

R 语言中的快捷函数——ifelse——在相对简单的情形下能够执行向量性检验。为了示范 ifelse 是如何运行的，创建对象 $x$ 和 $y$ 如下：

```
R> x <- 5
R> y <- -5:5
R> y
 [1] -5 -4 -3 -2 -1  0  1  2  3  4  5
```

计算 $x/y$ 的结果。所有 inf 的实例（任何 $x$ 除以 0 的实例）用 NA 替换。换句话说，对 $y$ 的每一个元素，我们希望检查 $y$ 是否为 0。如果是 0，代码输出为 NA；如果不是，则输出 $x/y$ 的结果。

就像我们刚刚看到的，一个简单的 if 语句在这里无法工作，因为 if 语句只接受一个逻辑值，不能运行由 $y==0$ 生成的整个逻辑向量。

```
R> y==0
 [1] FALSE FALSE FALSE FALSE FALSE  TRUE FALSE FALSE FALSE FALSE FALSE
```

对于这种情形，我们使用元素级函数 ifelse。

```
R> result <- ifelse(test=y==0,yes=NA,no=x/y)
R> result
 [1] -1.000000 -1.250000 -1.666667 -2.500000 -5.000000  NA  5.000000  2.500000
 [9]  1.666667  1.250000  1.000000
```

通过准确匹配，这条命令生成一行 result 向量，其中 3 个参数必须详细说明：test 使用逻辑值数据结构，yes 提供条件满足情况下返回的元素，no 提供条件不满足情况下返回的元素。正如在函数文件（可以用?ifelse 访问）中所说明的，返回的结构与 test 的长度和属性相同。

---

### 练习 10.1

a. 创建如下两个向量：

```
vec1 <- c(2,1,1,3,2,1,0)
vec2 <- c(3,8,2,2,0,0,0)
```

在不执行的情况下，确定下面哪个 if 语句将得到控制台输出的结果？然后，在 R 中确认答案。

i. `if((vec1[1]+vec2[2])==10){ cat("Print me!") }`

ii. `if(vec1[1]>=2&&vec2[1]>=2){ cat("Print me!") }`

iii. `if(all((vec2-vec1)[c(2,6)]<7)){ cat("Print me!") }`

iv. `if(!is.na(vec2[3])){ cat("Print me!") }`

b. 使用 a 题中的 vec1 和 vec2，编写一行代码并运行，将两个向量和大于 3 的元素对应相乘；反之，只求这两个向量的和。

c. 在编辑器中写 R 代码，设置方形矩阵并检查对角线（左上角到右下角）的字符串是否以小写字母 g 或大写字母 G 开头。如果是，用字符串"HERE"重写；否则，用一个同样维度的单位矩阵替换整个矩阵。最后，在下面的矩阵中尝试代码，检查每一次的结果：

i. `mymat <- matrix(as.character(1:16),4,4)`

ii. `mymat <- matrix(c("DANDELION","Hyacinthus","Gerbera",`
`                    "MARIGOLD","geranium","ligularia",`
`                    "Pachysandra","SNAPDRAGON","GLADIOLUS"),3,3)`

iii. `mymat <- matrix(c("GREAT","exercises","right","here"),2,2,`
`                    byrow=T)`

提示：这里提供一些思路——你会发现 3.2.1 节中的 diag 和 4.2.4 节中的 substr 函数很有用。

---

## 10.1.4 嵌套和堆叠语句

一个 if 语句本身能够放置另一个 if 语句的结果。利用嵌套或者堆叠语句，我们可以在执行过程中检查各阶段的各个条件来为程序决策编写复杂的代码。

在编辑器中，再次更改 mynumber 例子，如下：

```
if(a<=mynumber){
    cat("First condition was TRUE\n")
    a <- a^2
    if(mynumber>3){
        cat("Second condition was TRUE")
        b <- seq(1,a,length=mynumber)
    } else {
        cat("Second condition was FALSE")
        b <- a*mynumber
    }
} else {
    cat("First condition was FALSE\n")
    a <- a-3.5
    if(mynumber>=4){
        cat("Second condition was TRUE")
        b <- a^(3-mynumber)
    } else {
        cat("Second condition was FALSE")
        b <- rep(a+mynumber,times=3)
    }
}
a
b
```

这里，我们看到与之前相同的初始判断：如果 a 小于或等于 mynumber，就计算其平方；否则，就减去 3.5。但是现在每一个大括号中都有另一个 if 语句。如果满足第一个条件就计算 a 的平方，并检查 mynumber 是否大于 3。如果是 TRUE，指定 b 为 seq(1,a,length=mynumber)；如果是 FALSE，指定 b 为 a*mynumber。

如果第一个条件不符合，则 a 减去 3.5，并检查第二个条件 mynumber 是否大于或等于 4。如果满足该条件，b 就变成 a^(3-mynumber)；如果不满足，b 就变成 rep(a+mynumber,times=3)。注意，我们已经对后面每个大括号中的代码添加了缩进，从而更容易看出哪一行代码与判断相关。

现在在控制台或编辑器重置 a<-3 和 mynumber<-4，运行刚才的代码块，可以得到下面的结果：

```
First condition was TRUE
Second condition was TRUE
R> a
[1] 9
R> b
[1] 1.000000 3.666667 6.333333 9.000000
```

结果表明代码被调用——第一个条件和第二个条件都是 TRUE。在另一个预先设定下试着运行相同的代码：

```
R> a <- 6
R> mynumber <- 4
```

获得如下结果：

```
First condition was FALSE
Second condition was TRUE
R> a
[1] 2.5
R> b
[1] 0.4
```

第一个条件失效，但检查到 else 语句中的第二个条件是 TRUE。

另一种方法，可以通过依次堆叠 if 语句并在每个条件中使用逻辑表达式的组合来实现相同的结果。下面的例子检查了 4 种相同的情形，通过在 else 语句后面放置新的 if 语句来堆叠 if 语句：

```
if(a<=mynumber && mynumber>3){
    cat("Same as 'first condition TRUE and second TRUE'")
    a <- a^2
    b <- seq(1,a,length=mynumber)
} else if(a<=mynumber && mynumber<=3){
    cat("Same as 'first condition TRUE and second FALSE'")
    a <- a^2
    b <- a*mynumber
} else if(mynumber>=4){
    cat("Same as 'first condition FALSE and second TRUE'")
    a <- a-3.5
    b <- a^(3-mynumber)
} else {
    cat("Same as 'first condition FALSE and second FALSE'")
    a <- a-3.5
    b <- rep(a+mynumber,times=3)
}
a
b
```

与之前一样，4 个大括号区域中，只有一个结束了运行。与嵌套版本进行比较，对满足初始第一个条件的前两个大括号区域（a<=mynumber）做了回应，但这次使用&&来同时检查两个表达式。如果这两种情形有一个没有满足，就意味着不满足第一个条件。所以在第三个语句中，只要检查 mynumber>=4 是否成立。而最后一个 else 语句不需要检查任何条件，因为前面的条件都不满足的情况下才会被执行。

如果分别重设 a 和 mynumber 为 3 和 4，并执行前面所示的堆叠语句，将得到下面的结果：

```
Same as 'first condition TRUE and second TRUE'
R> a
[1] 9
R> b
[1] 1.000000 3.666667 6.333333 9.000000
```

这次生成的 a 值和 b 值与之前相同，如果使用第二个初始设定（a 是 6，mynumber 是 4）并执行代码，得到结果如下：

```
Same as 'first condition FALSE and second TRUE'
R> a
[1] 2.5
R> b
[1] 0.4
```

同样，与使用嵌套版本语句的结果相匹配。

## 10.1.5　转换函数

假设基于单个对象的值选择代码运行。我们可以使用一系列的 if 语句，利用每个条件生成的逻辑值来比较对象。下面是一个例子：

```
if(mystring=="Homer"){
    foo <- 12
} else if(mystring=="Marge"){
    foo <- 34
} else if(mystring=="Bart"){
    foo <- 56
} else if(mystring=="Lisa"){
    foo <- 78
} else if(mystring=="Maggie"){
    foo <- 90
} else {
    foo <- NA
}
```

这个代码的目的是直接给对象 foo 赋值，具体值取决于 mystring 值。mystring 对象有 5 种可能，如果 mystring 与其中任何一个不匹配，foo 就被指定为 NA。

事实上，这个代码的功能很好。举个例子：

```
R> mystring <- "Lisa"
```

执行这组代码，我们可以得到：

```
R> foo
[1] 78
```

再次设置如下：

```
R> mystring <- "Peter"
```

并且执行代码，可以看到：

```
R> foo
[1] NA
```

对这样的基本操作来说，这种 if-else 语句设置相当麻烦。R 能够通过 switch 函数以更简洁的形式处理多重选择决策。比如，用更简短的 switch 语句来替代 if 堆叠语句，如下所示：

```
R> mystring <- "Lisa"
R> foo <- switch(EXPR=mystring,Homer=12,Marge=34,Bart=56,Lisa=78,Maggie=90,NA)
R> foo
[1] 78
```

和

```
R> mystring <- "Peter"
R> foo <- switch(EXPR=mystring,Homer=12,Marge=34,Bart=56,Lisa=78,Maggie=90,NA)
R> foo
[1] NA
```

第一个参数 EXPR 是感兴趣的对象（可以是数值或字符串），其余参数是基于 EXPR 提供的值来执行操作。如果 EXPR 是一个字符串，这些参数标签一定恰好与 EXPR 可能的结果相匹配。这里，如果 mystring 是"Homer"，switch 语句的值为 12；如果 mystring 是"Marge"，值变为 34；以此类推。最后，未标记的值 NA 表示 mystring 与前面的对象不匹配。

switch 整合版的运行方式略微不同：不使用标签，结果纯粹由定位匹配来确定，如下所示：

```
R> mynum <- 3
R> foo <- switch(mynum,12,34,56,78,NA)
R> foo
[1] 56
```

这里将整型 mynum 作为第一个参数，并且与 EXPR 相匹配。然后例子中的代码展示了 5 个未加标签的参数：12 到 NA。switch 函数只返回 mynum 具体要求的值。因为 mynum 是 3，语句将 56 赋值给 foo。若 mynum 为 1、2、4 或 5，foo 将被分别赋值 12、34、78 或 NA；对于 mynum 的其他值（小于 1 或大于 5），都将返回 NULL。

```
R> mynum <- 0
R> foo <- switch(mynum,12,34,56,78,NA)
R> foo
NULL
```

在这些类型下，switch 函数与一组堆叠的 if 语句表现方式相同，所以可以修改为更方便快捷的 switch 函数。但是，如果我们需要同时检查多重条件或者基于判断来执行更复杂的操作，就需要 if 和 else 来控制结构。

### 练习 10.2

a. 编写一个显式堆叠的 if 语句，与前面说明的 switch 函数的整数形式相同，用 mynum<-3 和 mynum<-0 进行检验。

b. 在一系列假设的科学实验中，假如你被派去计算某药品的精确用量，这些量取决于事先确定的"用量阈值"（lowdose、meddose 和 highdose），且事先命名的"doselevel"变量为剂量水平的因子向量。查看下面项目（i-iv）下的对象形式，然后写一组嵌套的 if 语句，根据下面的规则来生成一个新的数值向量并命名为 dosage：

— 首先，if 语句中，如果在 doselevel 变量中有任何"High"的对象，则执行以下操作：

　* 检查 lowdose 是否大于或等于 10，如果满足就用 10 重写 lowdose，否则将 lowdose 除以 2。

　* 检查 meddose 是否大于或等于 26，如果满足将其改写为 26。

　* 检查 highdose 是否小于 60，如果满足将其改写为 60，否则将它乘以 1.5。

　* 使用 lowdose 值重复匹配 doselevel 长度的值，来建立命名为 dosage 的向量。

　* 根据 highdose 变量中的高剂量对应位置来重写变量 dosage 中的元素。

— 否则（换句话说，如果 doselevel 变量中没有"High"），执行下面操作：

　* 建立新的 doselevel 版本：只有"Low"和"Med"的因子向量，并分别标记为"Small"和"Large"（细节参考 4.3 节或者使用?factor 命令）。

　* 检查 lowdose 是否小于 15 以及 meddose 是否小于 35。如果是，将 lowdose 乘以 2，并将 meddose 加上 highdose。

　* 建立命名为 dosage 的向量，表示重复匹配（rep）doselevel 长度的 lowdose 的值。

　* 根据 meddose 将 doselevel 中的"Large"位置重写为 dosage 中的元素。

　　现在，确认以下内容：

i. 给出

```
lowdose <- 12.5
meddose <- 25.3
highdose <- 58.1
doselevel <- factor(c("Low","High","High","High","Low","Med",
                      "Med"),levels=c("Low","Med","High"))
```

　　运行嵌套 if 语句之后，dosage 的结果如下：

```
R> dosage
[1] 10.0 60.0 60.0 60.0 10.0 25.3 25.3
```

ii. 使用与 i 题中相同的 lowdose、meddose 和 highdose 的阈值：

```
doselevel <- factor(c("Low","Low","Low","Med","Low","Med",
                      "Med"),levels=c("Low","Med","High"))
```

　　在运行嵌套 if 语句之后，dosage 的结果如下：

```
R> dosage
[1] 25.0 25.0 25.0 83.4 25.0 83.4 83.4
```

　　同样，改写 doselevel 如下：

```
R> doselevel
[1] Small Small Small Large Small Large Large
Levels: Small Large
```

iii. 给出:

```
lowdose <- 9
meddose <- 49
highdose <- 61
doselevel <- factor(c("Low","Med","Med"),
                    levels=c("Low","Med","High"))
```

在运行嵌套 if 语句之后,dosage 的结果如下:

```
R> dosage
[1]  9 49 49
```

同样,改写 doselevel 如下:

```
R> doselevel
[1] Small Large Large
Levels: Small Large
```

iv. 使用与 iii 题中相同的 lowdose、meddose 和 highdose 阈值,与 i 题中一样的 doselevel,在运行嵌套 if 语句之后,dosage 的结果如下:

```
R> dosage
[1]  4.5 91.5 91.5 91.5 4.5 26.0 26.0
```

c. 假设对象 mynum 是 0~9 的整数,使用 ifelse 和 switch 生成一个命令,考虑 mynum 的值并且对所有可能的 0,1,···,9 值,返回与之相匹配的字符串。举例来说,如果给出 3,则返回 "three";给出 0,则返回 "zero"。

# 10.2 循环代码

循环是编程机制的另一个核心。通常在索引或计算增值数时,重复一部分特定的代码。有两种类型的循环:一种是 for 循环,对向量中的每一个元素重复运行代码;另一种是 while 循环,简单地重复代码直到具体条件为 FALSE 时停止。类似的循环也能用 R 中的 apply 函数来实现,将在 10.2.3 节中讨论。

## 10.2.1 for 循环

R 语言中 for 循环的一般形式如下:

```
for( loopindex in loopvector){
    do any code in here
}
```

这里，loopindex 是占位符，表示 loopvector 中的一个元素，从向量中第一个元素开始，每个循环重复移动到下一个元素。开始时，for 循环在括号区域运行代码，loopvector 中的第一个元素替换出现的 loopindex。当循环到达结束括号时，loopindex 增加，紧接着 loopvector 中第二个元素在括号区域里被重复。循环一直持续到 loopvector 的最后一个元素，表示最后一次执行括号内的代码，并且退出循环。

下面是在编辑器中的一个简单例子：

```
for(myitem in 5:7){
    cat("--BRACED AREA BEGINS--\n")
    cat("the current item is",myitem,"\n")
    cat("--BRACED AREA ENDS--\n\n")
}
```

该循环输出 loopindex 的当前值（在这里命名为 myitem），从 5 增加到 7。结果如下所示：

```
--BRACED AREA BEGINS--
the current item is 5
--BRACED AREA ENDS--

--BRACED AREA BEGINS--
the current item is 6
--BRACED AREA ENDS--

--BRACED AREA BEGINS--
the current item is 7
--BRACED AREA ENDS--
```

我们可以操作循环之外的对象，如下所示：

```
R> counter <- 0
R> for(myitem in 5:7){
+     counter <- counter+1
+     cat("The item in run",counter,"is",myitem,"\n")
+ }
The item in run 1 is 5
The item in run 2 is 6
The item in run 3 is 7
```

这里定义初始的对象 counter，把工作空间设置为 0。每一次循环，counter 加 1 递增并且在控制台输出当前值。

### 通过索引或值来循环

注意，使用 loopindex 表示 loopvector 中的元素，与使用 loopindex 表示向量中的索引是有区别的。下面使用两种不同的方法进行循环，以输出 myvec 中的每个值。

```
R> myvec <- c(0.4,1.1,0.34,0.55)
R> for(i in myvec){
+    print(2*i)
+ }
[1] 0.8
[1] 2.2
[1] 0.68
[1] 1.1
R> for(i in 1:length(myvec)){
+    print(2*myvec[i])
+ }
[1] 0.8
[1] 2.2
[1] 0.68
[1] 1.1
```

第一个循环使用循环索引 i 来表示 myvec 中的元素，输出每个元素的两倍值。第二个循环使用 i 表示序列 1：length（myvec）的整数。这些整数构成 myvec 所有可能的索引位置，使用索引提取 myvec 中的元素（再一次对每个元素乘以 2 并输出结果）。虽然代码有些长，但通过 loopindex 使用向量索引位置增加了灵活性，尤其是对于更复杂的 for 循环，如下例所示。

假如我们要写一段代码，使其能够检查所有列表对象并且以矩阵对象信息作为元素存储在列表中。以下面的列表为例：

```
R> foo <- list(aa=c(3.4,1),bb=matrix(1:4,2,2),cc=matrix(c(T,T,F,T,F,F),3,2),
              dd="string here",ee=matrix(c("red","green","blue","yellow")))
R> foo
$aa
[1] 3.4 1.0

$bb
     [,1] [,2]
[1,]    1    3
[2,]    2    4

$cc
       [,1]  [,2]
[1,]  TRUE  TRUE
[2,]  TRUE FALSE
[3,] FALSE FALSE

$dd
[1] "string here"

$ee
     [,1]
[1,] "red"
[2,] "green"
[3,] "blue"
[4,] "yellow"
```

　　这里已经构建了 foo，其包含不同大小和数据类型的 3 个矩阵。我们将写一个 for 循环来遍历列表中的每个成员，并且检查成员是否为一个矩阵。如果是矩阵，循环将获得行数和列数及矩阵的数据类型。

　　在写 for 循环之前，我们建立一些存储列表成员信息的向量：name 为列表元素名，is.mat 指示每一个成员是否为矩阵（用 "Yes" 或 "No"），nc 和 nr 用来保存每个矩阵的行数和列数，data.type 用来保存每个矩阵的数据类型。

```
R> name <- names(foo)
R> name
[1] "aa" "bb" "cc" "dd" "ee"
R> is.mat <- rep(NA,length(foo))
R> is.mat
[1] NA NA NA NA NA
R> nr <- is.mat
R> nc <- is.mat
R> data.type <- is.mat
```

　　这里，将储存成员的名字命名为 foo，并对 is.mat、nr、nc 和 data.type 进行设置，将 length（foo）的长度赋值为 NA。通过 for 循环，这些值会不断更新为我们要读入的值，如下所示：

```
for(i in 1:length(foo)){
    member <- foo[[i]]
    if(is.matrix(member)){
        is.mat[i] <- "Yes"
        nr[i] <- nrow(member)
        nc[i] <- ncol(member)
        data.type[i] <- class(as.vector(member))
    } else {
        is.mat[i] <- "No"
    }
}
bar <- data.frame(name,is.mat,nr,nc,data.type,stringsAsFactors=FALSE)
```

　　首先，对 loopindex i 进行设置，通过 foo 的索引位置（序列 1：length（foo））进行序列递增。在括号中的代码，第一个命令是在 foo 的第 i 个元素位置写入一个对象 member。其次，使用 is.matrix 函数检查其成员是否是一个矩阵（见 6.2.3 节）。如果是 TRUE，执行下列操作：is.mat 向量的第 i 个元素被设置为 "Yes"，nr 和 nc 的第 i 个元素分别被设置为 member 的行数和列数，data.type 的第 i 个元素被设置为 class（as.vector（member））的结果。最后一条命令，首先用 as.vector 函数将矩阵强制转化为向量，然后使用 class 函数（见 6.2.2 节）查看元素的数据类型。

　　如果 member 不是矩阵并且 if 条件不成立，则 is.mat 对应的项目设置为 "No"，同时其他向量项目不变（所以它们将保持为 NA）。

　　循环运行后，从向量中建立数据框 bar（注意，设置 stringsAsFactors=FALSE 是为了避免 bar 中的字符串向量自动转换为因子，见 5.2.1 节）。运行代码之后，bar 显示如下：

```
R> bar
  name is.mat nr nc data.type
```

```
1    aa      No NA NA      <NA>
2    bb      Yes 2  2      integer
3    cc      Yes 3  2      logical
4    dd      No NA NA      <NA>
5    ee      Yes 4  1 character
```

如上，foo 在列表中显示出矩阵的性质。

### 嵌套 for 循环

就像嵌套的 if 语句一样，我们也可以嵌套 for 循环。当一个 for 循环嵌套在另一个 for 循环中时，外循环中的 loopindex 每递增一次，内循环将完全执行一次。创建如下对象：

```
R> loopvec1 <- 5:7
R> loopvec1
[1] 5 6 7
R> loopvec2 <- 9:6
R> loopvec2
[1] 9 8 7 6
R> foo <- matrix(NA,length(loopvec1),length(loopvec2))
R> foo
     [,1] [,2] [,3] [,4]
[1,]  NA   NA   NA   NA
[2,]  NA   NA   NA   NA
[3,]  NA   NA   NA   NA
```

执行嵌套循环，填充 foo，将 loopvec1 中的每个整数乘以 loopvec2 中的每个整数，结果如下：

```
R> for(i in 1:length(loopvec1)){
+    for(j in 1:length(loopvec2)){
+        foo[i,j] <- loopvec1[i]*loopvec2[j]
+    }
+ }
R> foo
     [,1] [,2] [,3] [,4]
[1,]  45   40   35   30
[2,]  54   48   42   36
[3,]  63   56   49   42
```

注意，嵌套循环中使用的每一个 for 都需要唯一的 loopindex。在本例中，外部循环的 loopindex 是 $i$，内部循环的 loopindex 是 $j$。在执行代码时，首先当 $i$ 赋值为 1 时开始执行内部循环，然后 $j$ 也被赋值为 1。内部循环的命令是为了提取 loopvec1 中的第 $i$ 个元素和 loopvec2 中的第 $j$ 个元素，并且赋值给第 $i$ 行第 $j$ 列的 foo。内循环一直重复到 $j$，直到 length（loopvec2）可以填满 foo 的第一行。然后，$i$ 递增，并且再次开始内循环。当执行代码使得 $i$ 达到 length（loopvec1）时，矩阵将被填满。

内部 loopvector 定义为与外部循环 loopindex 相匹配的当前值。使用之前的 loopvec1 和 loopvec2，如下所示：

```
R> foo <- matrix(NA,length(loopvec1),length(loopvec2))
```

```
R> foo
     [,1] [,2] [,3] [,4]
[1,]   NA   NA   NA   NA
[2,]   NA   NA   NA   NA
[3,]   NA   NA   NA   NA
R> for(i in 1:length(loopvec1)){
+   for(j in 1:i){
+       foo[i,j] <- loopvec1[i]+loopvec2[j]
+   }
+ }
R> foo
     [,1] [,2] [,3] [,4]
[1,]   14   NA   NA   NA
[2,]   15   14   NA   NA
[3,]   16   15   14   NA
```

这里，foo 的第 $i$ 行第 $j$ 列元素用 loopvec1[$i$]与 loopvec2[j]的和进行填充。但是，内循环的 $j$ 值取决于 $i$ 的值。比如，当 $i$ 是 1 时，内部循环的 loopvector 是 1:1，所以内部循环在返回到外部循环前只执行一次。如果 $i$ 是 2，内部循环的 loopvector 为 1:2。这使得 foo 的每一行仅被填充一部分，当程序以这种方式循环时，必须提取额外的信息。举例来说，$j$ 的值取决于 loopvec1 的长度，所以，如果 length（loopvec1）大于 length（loopvec2），将出现错误。

任意数量的 for 循环都可以进行嵌套，但如果嵌套循环使用不恰当，将降低计算效率。循环一般会增加计算的复杂度，所以，为了更有效地编写 R 代码，我们应该经常思考"可以用向量的方法做这件事吗？"只有当不能独立操作或者直接全部实现时，才可以使用迭代循环的方式。我们可以在 Ligges & Fox（2008）的 R Help Desk 中找到关于 R 循环中有价值的评论以及实用的代码。

---

### 练习 10.3

a. 为了有效学习编码，在本节例子中重写嵌套循环，使用一个单独的 for 循环，用 loopvec1 和 loopvec2 中的复合元素填满 foo 矩阵。

b. 在 10.1.5 节，使用命令：

```
switch(EXPR=mystring,Homer=12,Marge=34,Bart=56,Lisa=78,Maggie=90,NA)
```

来返回基于单独的字符串值的数字。如果 mystring 是字符串向量，这行代码将不会被运行。写一些代码来提取字符串向量，并返回恰当的数值向量。用下面的向量测试：

```
c("Peter","Homer","Lois","Stewie","Maggie","Bart")
```

c. 假如有一个列表 mylist 包含其他列表中的成员，但是"成员列表"不能包含成员列表自己。写嵌套语句能够搜索以这种方式定义的任何可能的 mylist，并且计算矩阵的数目。提示：在开始循环前简单地设置计数器，不管它是否为 mylist 的直接成员或者 mylist 成员列表中的成员，每发现一个矩阵，循环将递增。

然后，确认如下信息：

> i. 如果执行下面的代码，结果将是 4：
>
> ---
>
> ```
> mylist <- list(aa=c(3.4,1),bb=matrix(1:4,2,2),
>                cc=matrix(c(T,T,F,T,F,F),3,2),dd="string here",
>                ee=list(c("hello","you"),matrix(c("hello",
>                                                   "there"))),
>                ff=matrix(c("red","green","blue","yellow")))
> ```
>
> ---
>
> ii. 如果执行下面的代码，结果将是 0：
>
> ---
>
> ```
> mylist <- list("tricked you",as.vector(matrix(1:6,3,2)))
> ```
>
> ---
>
> iii. 如果执行下面的代码，结果将是 2：
>
> ---
>
> ```
> mylist <- list(list(1,2,3),list(c(3,2),2),
>                list(c(1,2),matrix(c(1,2))),
>                rbind(1:10,100:91))
> ```

## 10.2.2 while 循环

若使用 for 循环，我们必须知道或者能简单地计算出循环次数。在不知道需要运行多少次的情况下，可以借助 while 循环，一般形式如下：

```
while (loopcondition){
    do any code in here
}
```

while 循环使用单一逻辑值 loopcondition 来控制重复的次数。在运行时判断 loopcondition：如果 loopcondition 是 TRUE，则括号中的代码会一行一行地运行直到完成，这时 loopcondition 会被再次检查。只要 loopcondition 为 TRUE，代码块就会被重复执行，只有条件为 FALSE 时，循环才会终止（而且即时生效——括号中的代码在下次就不会被运行）。

这意味着括号中的操作一定会以某种方式导致循环退出（通过 loopcondition 影响循环条件或者 break）。否则，循环将永远重复下去，建立的无限循环会冻结在控制台（取决于括号区域里的详细操作，R 会因为计算机内存约束而崩溃）。如果发生这样的事，我们可以在 R 用户界面终止循环，通过在顶部菜单单击 Stop 按钮或者按 Esc 键。

考虑如下代码作为 while 循环的一个简单例子：

```
myval <- 5
while(myval<10){
    myval <- myval+1
    cat("\n'myval' is now",myval,"\n")
    cat("'mycondition' is now",myval<10,"\n")
}
```

这里将一个新对象 myval 设置为 5，然后通过条件 myval<10 来开始 while 循环，当条件为 TRUE

时，开始进入括号区域。在循环里 myval 增加 1 并输出其当前值，同时输出条件 myval<5 的逻辑值，在下一次判断条件 myval<10 为 FALSE 前循环将一直持续。执行代码块后显示如下信息：

```
'myval' is now 6
'mycondition' is now TRUE

'myval' is now 7
'mycondition' is now TRUE

'myval' is now 8
'mycondition' is now TRUE

'myval' is now 9
'mycondition' is now TRUE

'myval' is now 10
'mycondition' is now FALSE
```

显然，在 myval 被设置为 10 之前，循环将一直重复，并在 myval<10 返回 FALSE 后退出循环。

在更复杂的设置中，将 loopcondition 设置为分隔对象，使得能在括号区域中进行必要的修改。在下一个例子中，我们将使用 while 循环来迭代访问整型向量，并且建立与当前整数尺寸相匹配的单位矩阵（见 3.3.2 节）。当这个循环达到向量中的数字时，也就是大于 5 或进行到整个向量的结尾时循环将停止。

在编辑器中，按照循环本身的定义初始化对象。

```
mylist <- list()
counter <- 1
mynumbers <- c(4,5,1,2,6,2,4,6,6,2)
mycondition <- mynumbers[counter]<=5
while(mycondition){
    mylist[[counter]] <- diag(mynumbers[counter])
    counter <- counter+1
    if(counter<=length(mynumbers)){
        mycondition <- mynumbers[counter]<=5
    } else {
        mycondition <- FALSE
    }
}
```

第一个对象 mylist 将存储通过循环构建的矩阵，将使用向量 mynumbers 提供矩阵的大小，并且使用 counter 和 mycondition 来控制循环。

由于 mynumbers 的第一个元素小于或等于 5，在 loopcondition 中 mycondition 的初始设置为 TRUE。在 while 循环的内部，第一行代码利用两个中括号和 counter 值在 mylist 对应的位置动态地建立新条目（之前在 5.1.3 节已命名的列表中已经做过）。通过新条目对匹配 mynumbers 的相应元素分配一个单位阵。然后，counter 递增，同时 mycondition 更新。其中，我们希望检查是否满足 mynumbers[counter]<=5，也需要检查其是否为整型向量（否则，我们可以尝试检索 mynumbers 范围

外的索引位置来结束错误)。所以,我们可以先使用 if 语句检查条件 counter<=length(mynumbers)是否满足,如果 TRUE,则将 mycondition 设置为 mynumbers[counter]<=5 时的结果;否则,意味着达到了 mynumbers 的结尾,所以通过设置 mycondition <- FALSE 退出循环。

用预先设定的对象运行循环,并且生成如下所示的 mylist 对象:

```
R> mylist
[[1]]
     [,1] [,2] [,3] [,4]
[1,]    1    0    0    0
[2,]    0    1    0    0
[3,]    0    0    1    0
[4,]    0    0    0    1

[[2]]
     [,1] [,2] [,3] [,4] [,5]
[1,]    1    0    0    0    0
[2,]    0    1    0    0    0
[3,]    0    0    1    0    0
[4,]    0    0    0    1    0
[5,]    0    0    0    0    1

[[3]]
     [,1]
[1,]    1

[[4]]
     [,1] [,2]
[1,]    1    0
[2,]    0    1
```

显然,列表中有 4 个成员——4×4、5×5、1×1 和 2×2 阶单位阵——与 mynumbers 的前四个元素相匹配。当循环达到 mynumbers 的第五个元素(6)时,因为 mynumbers 大于 5,循环就会停止。

---

## 练习 10.4

a. 基于大多数列表中存储单位阵的例子,在不执行循环的条件下,确定 mylist 的结果看起来更像下面哪一个 mynumbers 向量:

i. mynumbers <- c(2,2,2,2,5,2)

ii. mynumbers <- 2:20

iii. mynumbers <- c(10,1,10,1,2)

然后,在 R 中运行确认答案(注意,每一次必须重设 mylist、counter 和 mycondition 的初始值,如上文所示)。

b. 对于这个问题,我将介绍阶乘运算符。非负整数 $x$ 的阶乘表示为 $x!$,表示 $x$ 乘以小于 $x$ 的所有整数,直到 1,如下所示:

$$\text{"}x\text{ 阶乘"} = x! = x \times (x-1) \times (x-2) \times \cdots \times 1$$

注意，特殊情形如 0 的阶乘将总是 1，也就是

$$0!=1$$

举例来说，3 的阶乘计算如下：

$$3×2×1=6$$

7 的阶乘计算如下：

$$7×6×5×4×3×2×1=5\ 040$$

写一个 while 循环计算并存储为新对象，每次执行代码时，重复将括号中的非负整数 mynum 减 1，求 mynum 的阶乘。

使用以上循环，确定以下信息：

i. 使用 mynum<-5 的结果为 120。

ii. 使用 mynum<-12 得到 479 001 600。

iii. 使用 mynum<-0 正确地返回 1。

c. 思考如下代码，看 while 循环括号区域被忽略的操作：

```
mystring <- "R fever"
index <- 1
ecount <- 0
result <- mystring
while(ecount<2 && index<=nchar(mystring)){
    # several omitted operations #
}
result
```

你的任务是在括号的区域中完成代码，从而按字符查阅 mystring 字符串，直到字母 e 的第二种情况或者字符串的结尾。如果没有第二个 e 或者字符串由所有字符组成，result 对象应该是完整的字符串。举例来说，mystring <- "R fever"的结果为"R fev"，这必须通过下面的框架来实现：

i. 使用 substr（见 4.2.4 节）提取 index 位置处的 mystring 的单一字符。

ii. 使用等式检验来确定单一字符是否为任意的 "e" 或 "E"。如果为 TRUE，则 ecount 加 1。

iii. 接下来，进行独立检验，看 ecount 是否等于 2。如果为 TRUE，则使用 substr 将 result 设置为 1 和 index-1（包含）之间的字符。

iv. index 加 1。

测试你的代码——确定 mystring <- "R fever"的结果。此外，再使用如下信息进行确认：

使用 mystring <- "beautiful"得到"beautiful"。

使用 mystring <- "ECCENTRIC"得到"ECC"。

使用 mystring <- "ElAbOrAte"得到"ElAbOrAt"。

使用 mystring <- "eeeeek!" 得到"e"。

## 10.2.3 使用 apply 的隐式循环

在某些情况下，特别是对于相对常规的 for 循环（比如在一个列表中的每一个成员上运行一

些函数），我们可以通过使用 apply 函数避开一些与显式循环相关的细节。apply 函数是隐式循环最基本的形式，通过函数应用到数组的每个边缘。

假设有如下矩阵：

```
R> foo <- matrix(1:12,4,3)
R> foo
     [,1] [,2] [,3]
[1,]    1    5    9
[2,]    2    6   10
[3,]    3    7   11
[4,]    4    8   12
```

假如要得到每一行的和，而使用下面的代码只会得到所有元素的总和，这并不是我们所希望的。

```
R> sum(foo)
[1] 78
```

相反，如果使用 for 循环，如下所示：

```
R> row.totals <- rep(NA,times=nrow(foo))
R> for(i in 1:nrow(foo)){
+    row.totals[i] <- sum(foo[i,])
+ }
R> row.totals
[1] 15 18 21 24
```

这个循环遍历每一行并将和存储在 row.totals 中。我们也可以使用 apply，以更简洁的形式来获取相同的结果。为了调用 apply，必须至少指定 3 个参数。第一个参数 X 是循环遍历的对象；第二个参数 MARGIN 使用一个整数标记对 X 的哪一个边际（行、列等）执行操作；最后，FUN 提供要对每一个边际执行的函数。通过如下命令，得到与之前 for 循环相同的结果。

```
R> row.totals2 <- apply(X=foo,MARGIN=1,FUN=sum)
R> row.totals2
[1] 15 18 21 24
```

MARGIN 索引遵循第 3 章讨论的矩阵和数组维度的定位顺序——1 表示行、2 表示列、3 表示层、4 表示块，以此类推。为了命令 R 对每一列求和，只需将 MARGIN 参数改为 2。

```
R> apply(X=foo,MARGIN=2,FUN=sum)
[1] 10 26 42
```

应用于 FUN 的操作适合于所选取的 MARGIN，如果用 MARGIN=1 或 MARGIN=2 选择行或列，则要确保 FUN 函数适合向量，抑或使用 apply 的 MARGIN=3 表示三维数组，要确保 FUN 函数适合矩阵，如下所示：

```
R> bar <- array(1:18,dim=c(3,3,2))
R> bar
```

```
, , 1

    [,1] [,2] [,3]
[1,]   1    4    7
[2,]   2    5    8
[3,]   3    6    9

, , 2

    [,1] [,2] [,3]
[1,]  10   13   16
[2,]  11   14   17
[3,]  12   15   18
```

然后，执行如下命令：

```
R> apply(bar,3,FUN=diag)
    [,1] [,2]
[1,]   1   10
[2,]   5   14
[3,]   9   18
```

这里，提取 bar 中每一个矩阵层的对角元素，对矩阵上 diag 的每一个命令都返回一个向量，并且这些向量都返回一个新矩阵的列。FUN 参数也适合用户自定义的函数，我们将在第 11 章看到对自定义函数使用 apply 的一些例子。

**其他 apply 函数**

apply 的基本函数有不同的变形。举例来说，tapply 函数在由一个或多个因子向量定义的子集上执行操作。以 8.2.3 节的代码为例，读入基于网页的钻石定价数据文件，对数据框设置合适的变量名，并展示前 5 个记录。

```
R> dia.url <- "http://www.amstat.org/publications/jse/v9n2/4cdata.txt"
R> diamonds <- read.table(dia.url)
R> names(diamonds) <- c("Carat","Color","Clarity","Cert","Price")
R> diamonds[1:5,]
  Carat Color Clarity Cert Price
1  0.30     D     VS2  GIA  1302
2  0.30     E     VS1  GIA  1510
3  0.30     G    VVS1  GIA  1510
4  0.30     G     VS1  GIA  1260
5  0.31     D     VS1  GIA  1641
```

使用 tapply 统计钻石礼物的总值，并用 Color 对记录进行分类：

```
R> tapply(diamonds$Price,INDEX=diamonds$Color,FUN=sum)
     D      E      F      G      H      I
113598 242349 392485 287702 302866 207001
```

这里对目标向量 diamonds$Price 的相关元素求和，将相应的因子向量 diamonds$Color 赋值给

INDEX，函数的目标按前面提到的 FUN=sum 指定。

另一个特别有用的可选函数是 lapply，该函数可以对列表逐项操作。回顾在 10.2.1 节列表中矩阵的 for 循环：

```
R> baz <- list(aa=c(3.4,1),bb=matrix(1:4,2,2),cc=matrix(c(T,T,F,T,F,F),3,2),
               dd="string here",ee=matrix(c("red","green","blue","yellow")))
```

可以使用 lapply 函数，用一行简短的代码检查列表中的矩阵：

```
R> lapply(baz,FUN=is.matrix)
$aa
[1] FALSE

$bb
[1] TRUE

$cc
[1] TRUE

$dd
[1] FALSE

$ee
[1] TRUE
```

注意，对于 lapply，不需要编辑或索引信息，R 知道将 FUN 应用到指定列表中的每一个成员，且以列表的形式返回。另一个变型 sapply 返回与 lapply 相同的结果，但是是以数组的形式返回。

```
R> sapply(baz,FUN=is.matrix)
   aa    bb    cc    dd    ee
FALSE  TRUE  TRUE FALSE  TRUE
```

本例中的 baz 有一个 names 属性，复制到返回对象的对应条目中，作为向量给出结果。

另一个 apply 变型 vapply，虽然与 sapply 有一些细微的差异，但类似于 sapply、mapply，可以同时对多重向量或列表进行操作。

所有 R 的 apply 函数的附加参数都会被传到 FUN，大部分通过省略号执行。举个例子，再次看看矩阵 foo：

```
R> apply(foo,1,sort,decreasing=TRUE)
     [,1] [,2] [,3] [,4]
[1,]    9   10   11   12
[2,]    5    6    7    8
[3,]    1    2    3    4
```

sort 应用于矩阵的每一行，并通过附加参数 decreasing=TRUE 对行元素进行从大到小的排序。

一些程序员更喜欢用一套 apply 函数，无论在什么情况下，都可提升代码的简洁性。但要注意，这些函数显式循环的计算速度或效率一般不会有任何实质性的改善（特别是对于新版本的 R 来说）。

另外，当你首次学习 R 语言时，逐行操作会被清楚地显示，显式循环能够被简单地读取和遵循。

---

### 练习 10.5

a. 通过命令写一个隐式循环来计算
   apply(foo,1,sort,decreasing=TRUE)，返回矩阵中所有列元素的乘积。

b. 将下列 for 循环转换为隐式循环，执行相同的内容：

```
matlist <- list(matrix(c(T,F,T,T),2,2),
                matrix(c("a","c","b","z","p","q"),3,2),
                matrix(1:8,2,4))
matlist
for(i in 1:length(matlist)){
    matlist[[i]] <- t(matlist[[i]])
}
matlist
```

c. 在 R 中，将下面的 4×4×2×3 数组存储为对象 qux：

```
R> qux <- array(96:1,dim=c(4,4,2,3))
```

也就是说，该数组包含 3 块的四维数组，并且每一块是由两层 4×4 矩阵组成，然后：

i. 写一个只包含所有两层矩阵对角元素的隐式循环，生成如下矩阵：

```
     [,1] [,2] [,3]
[1,]  80   48   16
[2,]  75   43   11
[3,]  70   38    6
[4,]  65   33    1
```

ii. 写一个隐式循环，忽略层或块去访问 qux 中每一个矩阵中的第四列，以返回 3 个矩阵
    形式的维度，隐式循环包含在另一个求返回结构行的总和中：

```
[1] 12 6
```

---

## 10.3 其他控制流程机制

用 break、next 和 repeat 这 3 个控制流机制来结束本章。通常，这些机制与循环和 if 语句联合使用。

### 10.3.1 break 或 next 声明

通常，for 循环只有在 loopindex 用尽 loopvector 时退出，而 while 循环只有当 loopcondition

为 FALSE 时才退出。我们也可以通过 break 声明来提前终止一个循环。

举例来说，假如有一个数 foo 除以一个数值型向量 bar 中的每个元素。

```
R> foo <- 5
R> bar <- c(2,3,1.1,4,0,4.1,3)
```

假如希望用 foo 除以 bar 中每个元素，当计算结果为 Inf（简单地表示为除以 0 的结果）时终止运行。为此，我们可以用 is.finite 函数（见 6.1.1 节）检查每一次迭代，如果返回 FALSE 可以发出 break 命令来终止循环。

```
R> loop1.result <- rep(NA,length(bar))
R> loop1.result
[1] NA NA NA NA NA NA NA
R> for(i in 1:length(bar)){
+    temp <- foo/bar[i]
+    if(is.finite(temp)){
+        loop1.result[i] <- temp
+    } else {
+        break
+    }
+ }
R> loop1.result
[1] 2.500000 1.666667 4.545455 1.250000      NA      NA      NA
```

这里的循环是除以某数值，直到 bar 中的第五个元素即 0，结果为 inf。在检查条件之后，循环立即结束，剩下的 loop1.result 的条目原先设置为 NAs。

调用 break 是极端步骤，程序员通常把它当作安全制动装置，用于强调或防止非计划的运算。对于更多的常规操作，最好是使用另一种方法。比如循环能够轻易地作为 while 循环或者向量性 ifelse 函数进行复制，而不是 break。

除了用 break 结束一个循环外，我们还可以使用 next 来简单地进行下一个迭代并持续运行。其中，使用 next 避免除以 0，如下所示：

```
R> loop2.result <- rep(NA,length(bar))
R> loop2.result
[1] NA NA NA NA NA NA NA
R> for(i in 1:length(bar)){
+    if(bar[i]==0){
+        next
+    }
+    loop2.result[i] <- foo/bar[i]
+ }
R> loop2.result
[1] 2.500000 1.666667 4.545455 1.250000      NA 1.219512 1.666667
```

首先，循环检查 bar 中的第 $i$ 个元素是否为 0，如果为 TURE 就调用 next，结果是 R 忽略循环括号内的代码并返回到顶端，自动进行到循环索引的下一个值。在这个例子中，循环跳过 bar

中的第五个元素（使得 loop2.result 位置上的元素是 NA），并且继续遍历 bar 中的其余元素。

注意，如果我们在嵌套循环中使用 break 或 next，命令只应用于最里面的循环。只有内部循环才会退出或进行到下一个迭代，其他外部循环将正常运行。举例来说，返回 10.2.1 节中嵌套的 for 循环，用两个向量的复合来填充一个矩阵，此次内部循环中使用 next 跳过某几个值。

```
R> loopvec1 <- 5:7
R> loopvec1
[1] 5 6 7
R> loopvec2 <- 9:6
R> loopvec2
[1] 9 8 7 6
R> baz <- matrix(NA,length(loopvec1),length(loopvec2))
R> baz
     [,1] [,2] [,3] [,4]
[1,]  NA   NA   NA   NA
[2,]  NA   NA   NA   NA
[3,]  NA   NA   NA   NA
R> for(i in 1:length(loopvec1)){
+   for(j in 1:length(loopvec2)){
+       temp <- loopvec1[i]*loopvec2[j]
+       if(temp>=54){
+           next
+       }
+       baz[i,j] <- temp
+   }
+ }
R> baz
     [,1] [,2] [,3] [,4]
[1,]  45   40   35   30
[2,]  NA   48   42   36
[3,]  NA   NA   49   42
```

如果当前的元素乘积大于或等于 54，内部循环就跳到 next 迭代。注意，这只作用于最内部的循环，也就是说只有 *j* 循环索引会预先增加，*i* 保持不变并且外部循环正常执行。

尽管这里是在 for 循环中示例 next 和 break，但是它们在 while 循环中也表现为同样的方式。

## 10.3.2 repeat 语句

另一个重复操作选项是 repeat 语句，它的一般性定义比较简单。

```
repeat{
    do any code in here
}
```

注意，repeat 语句不包括任何循环索引或循环条件。为了停止重复执行括号内的代码，我们必须在括号内声明 break（通常在 if 语句里面）；若没有 break，括号内的代码将一直重复，成为无限循环。为了避免这种情形，我们必须确保在循环里操作到达 break。

为了查看 repeat 的作用，使用它来计算著名的数学序列斐波那契序列。斐波那契序列是一个整数无穷级数，如 1,1,2,3,5,8,13,…序列中的每一项由前两项的和确定。形式上，如果 $F_n$ 表示第 $n$ 个斐波那契数，就有以下表达：

$$F_{n+1} = F_n + F_{n-1}; n = 2, 3, 4, 5, \cdots$$

其中，$F_1 = F_2 = 1$。

下面的 repeat 语句计算并输出斐波那契序列，当项目大于 150 时结束：

```
R> fib.a <- 1
R> fib.b <- 1
R> repeat{
+    temp <- fib.a+fib.b
+    fib.a <- fib.b
+    fib.b <- temp
+    cat(fib.b,", ",sep="")
+    if(fib.b>150){
+        cat("BREAK NOW...\n")
+        break
+    }
+ }
2, 3, 5, 8, 13, 21, 34, 55, 89, 144, 233, BREAK NOW...
```

首先，通过存储前两个均为 1 的项目 fib.a 和 fib.b 来初始化序列。然后进入 repeat 语句，使用 fib.a 和 fib.b 来计算序列中的下一个数，存储为 temp。接下来，fib.a 被重写为 fib.b，fib.b 被重写为 temp，使得这两个变量通过序列向前移动，也就是说，fib.b 变为计算出的新的斐波那契数，fib.a 变为目前为止的倒数第二个数。然后使用 cat 将 fib.b 的新值输出到控制台。最后，检验最新的项目是否大于 150。如果是，break 就被执行。

在运行这个代码时，括号区域将被一次又一次地重复，直到 fib.b 大于 150 的第一个数，也就是 89+144=233 时结束。这种情况一旦发生，if 语句条件为 TRUE，R 执行 break，循环终止。

repeat 语句不是作为标准的 while 或 for 循环那样使用，但是如果我们不希望在形式上被约束，即 for 循环指定 loopindex 和 loopvector 或者 while 循环的 loopcondition，这时 repeat 是很有用的。但是，使用 repeat 一定要谨慎，要避免无限循环。

---

### 练习 10.6

a. 使用与 10.3.1 节同样的对象：

```
foo <- 5
bar <- c(2,3,1.1,4,0,4.1,3)
```

执行下列操作：

i. 不使用 break（或 next），写关于 break 例子的 while 循环，执行结果与 10.3.1 节相同。也就是说，生成与文中 loop.result 相同的向量。

ii. 使用 ifelse 函数来替代循环，得到与 next 例子中的 loop3.result 相同的结果。

b. 为了示范 10.2.2 节中 while 循环，使用向量

```
mynumbers <- c(4,5,1,2,6,2,4,6,6,2)
```

用匹配于 mynumbers 值的单位阵填充 mylist。在循环达到数值向量结尾或大于 5 时结束。

i. 写一个有 break 的 for 循环，执行相同的操作。

ii. 写一个 repeat 语句，执行相同的操作。

c. 假设有两个列表 matlist1 和 matlist2，都是用数值型矩阵填充的。假设列表中的所有成员是有限的、无缺失值，但是矩阵的维度不一定都相同。写一对嵌套的 for 循环来建立结果列表 reslist，reslist 是基于两个列表的成员中所有可能的矩阵积（参考 3.3 节），如下所示：

— matlist1 对象应该在外部循环中被索引或搜索，matlist2 对象应该在内部循环中索引或搜索。

— 查看 matlist1 乘以 matlist2 的矩阵结果。

— 如果一个特定的乘法是不可能的（也就是说 matlist1 的 ncol 与 matlist2 的 nrow 不匹配），就跳过这个乘法，在 reslist 的对应位置存储字符 "not possible"，并且立即执行下一个矩阵乘法。

— 可以定义 counter 为每一个比较（内部循环内）的增值来追踪 reslist 的当前位置。

因此，realist 的长度将等于 length(matlist1)*length(matlist2)。结果如下：

i. 如果有

```
matlist1 <- list(matrix(1:4,2,2),matrix(1:4),matrix(1:8,4,2))
matlist2 <- matlist1
```

那么除了成员[[1]]和[[7]]之外的所有 reslist 成员，就应该是 "not possible"。

ii. 如果有

```
matlist1 <- list(matrix(1:4,2,2),matrix(2:5,2,2),
                 matrix(1:16,4,2))
matlist2 <- list(matrix(1:8,2,4),matrix(10:7,2,2),
                 matrix(9:2,4,2))
```

那么 reslist 中的 "not possible" 成员，就应该只有[[3]]、[[6]]和[[9]]。

## 本章重要代码

| 函数/操作 | 简要描述 | 首次出现 |
| --- | --- | --- |
| if( ){ } | 条件检验 | 10.1.1 节 |
| if( ){ } else{ } | 检验和备选 | 10.1.2 节 |
| ifelse | 按元素水平 if-else 检验 | 10.1.3 节 |
| switch | 多重 if 选择 | 10.1.5 节 |
| for( ){ } | 迭代循环 | 10.2.1 节 |
| while( ){ } | 条件循环 | 10.2.2 节 |
| apply | 边界隐式循环 | 10.2.3 节 |

续表

| 函数/操作 | 简要描述 | 首次出现 |
|---|---|---|
| tapply | 因子隐式循环 | 10.2.3 节 |
| lapply | 成员隐式循环 | 10.2.3 节 |
| sapply | 返回数组的 lapply | 10.2.3 节 |
| break | 退出显式循环 | 10.3.1 节 |
| next | 跳过下一次循环迭代 | 10.3.1 节 |
| repeat{ } | 重复代码直到 break | 10.3.2 节 |

# 11

# 编 写 函 数

 通过使用函数，我们可以重复利用代码，从而不用多次复制和粘贴。同时，函数允许其他用户访问并可以对其数据或者对象进行相同的计算。在本章中，我们将学习编写 R 语言函数、定义和使用参数、从一个函数返回输出值以及用特定的方式实现函数。

## 11.1 函数命令

使用 function 命令来定义函数，并给结果对象命名。接下来，我们可以使用对象名称来调用函数，就像工作空间里的任何内置或贡献函数。本节我们将学习创建函数的基本知识并讨论相关问题，例如返回对象和指定参数。

### 11.1.1 创建函数

创建函数一般遵循以下标准模式：

```
functionname <- function(arg1,arg2,arg3,...){
    do any code in here when called
    return(returnobject)
}
```

函数名称（functionname）可以是任何有效的 R 对象名称，该名称最终被用来调用函数。将 function 调用分配给 functionname，然后将函数需要的任何参数放在括号内。括号里包括 3 个参数占位符和一个省略号。当然，参数的数量、名称以及是否包括省略号都取决于我们定义的函数。如果函数不包含任何参数，则只存在空括号（）。如果包含定义的参数，就需要注意参数不是工作空间的对象，并且没有任何类型或 class 属性与之关联，它们只是一个参数名，并通过 functionname

来获得参数名。

在调用函数时，R 运行大括号里的代码（也称为函数主体或主体代码）。函数主体包括 if 语句、循环甚至调用的其他函数。在运行过程中，R 会调用内部函数，且遵循第 9 章中讨论的搜索规则。在大括号中，我们使用 arg1、arg2、arg3 并作为函数的环境变量。

在主体代码中声明参数，需要每个参数有一定的数据类型和对象结构。如果编写的函数希望被别人使用，编写文档指出这些函数的功能和用处就是非常重要的。

通常，函数主体包括一个或多个 return 命令。在 R 执行过程中遇到 return 语句时，函数会自动退出并通过命令提示符给用户返回控制。这个机制还允许我们在函数传递过程中将结果返回给用户。在伪代码中用 returnobject 表示输出，函数本身通常分配新对象或计算结果。如果没有 return 语句，函数将直接返回由最后执行表达式创建的对象（我们将在 11.1.2 节中讨论这个内容）。

现在列举一个例子，使用 10.3.2 节例子中的斐波那契序列，在编辑器中将它转换成一个函数。

```
myfib <- function(){
    fib.a <- 1
    fib.b <- 1
    cat(fib.a,", ",fib.b,", ",sep="")
    repeat{
        temp <- fib.a+fib.b
        fib.a <- fib.b
        fib.b <- temp
        cat(fib.b,", ",sep="")
        if(fib.b>150){
            cat("BREAK NOW...")
            break
        }
    }
}
```

现在，我们将函数命名为 myfib，不使用任何参数。除了新添加的第三行 cat(fib.a,", ",fib.b,", ",sep="")，主体代码与 10.3.2 节中的例子相同，以确保两个起始值为 1 和 1 并输出到屏幕上。

在控制台调用 myfib 函数前，首先发送函数给控制台。在编辑器中，高亮代码可以通过按住 Ctrl-R 或者⌘-RETURN。

```
R> myfib <- function(){
+    fib.a <- 1
+    fib.b <- 1
+    cat(fib.a,", ",fib.b,", ",sep="")
+    repeat{
+        temp <- fib.a+fib.b
+        fib.a <- fib.b
+        fib.b <- temp
+        cat(fib.b,", ",sep="")
+        if(fib.b>150){
+            cat("BREAK NOW...")
+            break
+        }
```

```
+    }
+ }
```

导入函数到工作区（如果在命令提示符后输入 ls()，"myfib"将出现在目前对象的列表中）。在创建或修改函数并且从命令提示符中使用函数时，这一步是必需的。

现在，我们从控制台调用函数。

```
R> myfib()
1, 1, 2, 3, 5, 8, 13, 21, 34, 55, 89, 144, 233, BREAK NOW...
```

正如指令所示，该函数运行并输出斐波那契序列，直到 250。

**添加参数**

由上可知，该函数不能显示出固定序列，因而我们添加一个参数来控制斐波那契序列的输出量。仔细查看下面的新函数 myfib2，进行如下修改：

```
myfib2 <- function(thresh){
    fib.a <- 1
    fib.b <- 1
    cat(fib.a,", ",fib.b,", ",sep="")
    repeat{
        temp <- fib.a+fib.b
        fib.a <- fib.b
        fib.b <- temp
        cat(fib.b,", ",sep="")
        if(fib.b>thresh){
            cat("BREAK NOW...")
            break
        }
    }
}
```

这个版本需要一个参数 thresh。在主体代码中，thresh 相当于阈值，用来决定何时结束循环过程，停止输出并完成函数——一旦 fib.b 值超过 thresh，循环部分就会遇到 break 而结束。因此，在控制台输出斐波那契序列时，不断递增 fib.b 值，直到 fib.b 值大于 thresh。这也意味着 thresh 必须作为单个数字值来赋值——例如，赋值成字符串将毫无意义。

将 myfib2 导入到控制台后，设定 thresh=150，可以发现结果与原始 myfib 函数结果相同。

```
R> myfib2(thresh=150)
1, 1, 2, 3, 5, 8, 13, 21, 34, 55, 89, 144, 233, BREAK NOW...
```

现在，我们可以输出数列极限（用位置匹配来指定参数）。

```
R> myfib2(1000000)
1, 1, 2, 3, 5, 8, 13, 21, 34, 55, 89, 144, 233, 377, 610, 987, 1597, 2584,
4181, 6765, 10946, 17711, 28657, 46368, 75025, 121393, 196418, 317811,
514229, 832040, 1346269, BREAK NOW...
```

### 返回结果

如果我们希望在运行过程中使用函数结果（而不是输出结果到控制台），需要将相应的内容返回给使用者。继续之前的例子，这里的斐波那契序列以向量的形式储存起来并返回：

```
myfib3 <- function(thresh){
    fibseq <- c(1,1)
    counter <- 2
    repeat{
        fibseq <- c(fibseq,fibseq[counter-1]+fibseq[counter])
        counter <- counter+1
        if(fibseq[counter]>thresh){
            break
        }
    }
    return(fibseq)
}
```

首先，创建一个向量 fibseq，并将序列的前两个数字赋值到向量中。这个向量最终会变成 returnobject。接着，创建初始化为 2 的 counter 来记录 fibseq 当前的位置。然后，该函数进入循环中，用 c(fibseq,fibseq[counter-1]+fibseq[counter]) 来覆盖 fibseq 序列。该表达式通过将相邻的两个元素相加来构建新的 fibseq，并将新的 fibseq 赋值给 fibseq。例如，计数器以 2 开始，第一次运行将对 fibseq[1] 和 fibseq [2] 求和，将结果作为第三项输出到原来的 fibseq 中。

接着，counter 递增，并且条件被检查。如果 fibseq[counter] 的值小于 thresh，则重复该循环。如果大于 thresh，则中断循环，代码将到达 myfib3 的最后一行。调用结束，返回函数并传递出特定的 returnobject（在本例中，fibseq 最后的内容）。在导入 myfib3 后，考虑如下代码：

```
R> myfib3(150)
 [1]   1   1   2   3   5   8  13  21  34  55  89 144 233
R> foo <- myfib3(10000)
R> foo
 [1]     1     1     2     3     5     8    13    21    34    55    89   144
[13]   233   377   610   987  1597  2584  4181  6765 10946
R> bar <- foo[1:5]
R> bar
[1] 1 1 2 3 5
```

在上面的代码中，第一行调用 myfib3 函数并将 thresh 设置为 150 输出屏幕上，但不是初始 cat 命令的结果，结果为 returnobject。我们可以分配给 returnobjec 一个变量，例如，在全局环境下，foo 是我们可以操作的另一个 R 对象。我们用简单的向量子集建立一个 bar，这与 myfib 或 myfib2 没有关系。

## 11.1.2　使用返回

如果函数没有 return 语句，运行到最后一行的内部代码后，函数将结束，将在该行返回最近指派或创建的对象。如果没有创建任何对象，例如前面的 myfib 和 myfib2，则函数将返回 NULL。

为了证实这一点，在编辑器中输入下面的两个虚拟函数：

```
dummy1 <- function(){
    aa <- 2.5
    bb <- "string me along"
    cc <- "string 'em up"
    dd <- 4:8
}

dummy2 <- function(){
    aa <- 2.5
    bb <- "string me along"
    cc <- "string 'em up"
    dd <- 4:8
    return(dd)
}
```

第一个函数 dummy1 在它的语言环境（不是全局环境）中分配了 4 个不同的对象，但没有明确地返回任何值。另一个函数 dummy2 创建了 4 个相同的对象，并且明确返回最后值 dd。导入并运行两个函数，返回相同的对象。

```
R> foo <- dummy1()
R> foo
[1] 4 5 6 7 8
R> bar <- dummy2()
R> bar
[1] 4 5 6 7 8
```

函数遇到 return 命令后结束，不执行函数体中剩下的任何代码。为了说明这一点，查看如下函数：

```
dummy3 <- function(){
    aa <- 2.5
    bb <- "string me along"
    return(aa)
    cc <- "string 'em up"
    dd <- 4:8
    return(bb)
}
```

这里，dummy3 有两个返回命令：一个是在中间，另一个是在最后。但是导入和执行函数时，仅仅返回一个值。

```
R> baz <- dummy3()
R> baz
[1] 2.5
```

执行 dummy3 只返回对象 aa，因为第一个 return 被执行后，函数立即退出。在目前定义的

dummy3 中，最后 3 行（cc 和 dd 的分配与 bb 的返回）将不会被执行。

用 return 添加另一个函数来调用代码，从技术上说将增加计算耗时。正因为如此，很多人认为应尽量避免使用 return 语句。但大部分计算中，return 语句的额外计算成本小到可以忽略不计。另外，return 语句使代码更易读、更容易理解函数编程者的意图，并且精确地知道输出结果。我们会用 return 来贯穿下面的部分。

---

### 练习 11.1

a. 编写另一个斐波那契序列函数，命名为 myfib4。该函数可以执行以下任一操作：在 myfib2 中，序列被简单地输出到控制台；或在 myfib3 中，序列以矢量形式正式地返回。我们的函数需要两个参数：第一个，thresh 定义序列极限（仅仅在 myfib2 或者 myfib3 中）；第二个，printme 为逻辑值。如果结果为 TRUE，则 myfib4 仅仅输出结果；如果结果为 FALSE，则 myfib4 返回向量。通过下面的调用来确认正确结果：

— myfib4(thresh=150,printme=TRUE)
— myfib4(1000000,T)
— myfib4(150,FALSE)
— myfib4(1000000,printme=F)

b. 在 10.2.2 节的练习 10.4 中，要求编写 while 循环来执行整数阶乘计算。

 i. 使用 while 循环阶乘（或者编写之前没有写过的），编写 R 函数 myfac，计算整数参数 int 的阶乘（假定 int 为一个非负正数）。计算 5 的阶乘，然后快速检验结果是否为 120；12 的阶乘是否为 479 001 600；0 的阶乘是否为 1。

 ii. 编写另一个阶乘函数，命名为 myfac2。这次，我们仍然假设 int 为一个整数但不是一个非负数。如果是负数，函数将返回 NaN。用先前的 3 个值检验 myfac2，同时尝试 int=-6 时的结果。

---

## 11.2 参数

参数是 R 函数中重要的一部分。这一节中，我们将学习 R 如何评估参数。我们也要学习如何编写默认参数值的函数，如何处理带有缺失参数值的函数，还有如何通过额外参数，如省略号，进入到内部函数调用函数。

### 11.2.1 惰性计算

在高级编程语言中，一个与处理参数相关的重要概念是惰性计算（lazy evaluation）。通常，这是指表达式只在需要时被计算。这种情况适用于参数访问，并出现在函数体中。

让我们来看看 R 函数是如何识别并使用参数完成执行过程的。在本节使用的案例中，写一个函数来指定列表对矩阵对象进行搜索，并右乘矩阵作为第二个参数，返回结果存储为新列表。如果指定列表中没有矩阵，或者没有适当的矩阵（特定乘法矩阵的维数），该函数将返回字符串来告诉编程者具体情况。如果指定列表中存在矩阵，并且是数值型。查看下面调用的 multiples1 函数：

```
multiples1 <- function(x,mat,str1,str2){
    matrix.flags <- sapply(x,FUN=is.matrix)

    if(!any(matrix.flags)){
        return(str1)
    }

    indexes <- which(matrix.flags)
    counter <- 0
    result <- list()
    for(i in indexes){
        temp <- x[[i]]
        if(ncol(temp)==nrow(mat)){
            counter <- counter+1
            result[[counter]] <- temp%*%mat
        }
    }

    if(counter==0){
        return(str2)
    } else {
        return(result)
    }
}
```

该函数使用 4 个没有默认值的参数。将要搜索的目标列表提供给 x；提供 mat 值来右乘矩阵；其他两个参数为 str1 和 str2，如果 x 没有合适的成员，将返回对应的字符串。

在代码中，向量 matrix.flags 用隐式的 sapply 循环函数来创建。将函数 is.matrix 应用于列表参数 x。如果 x 相应成员为矩阵，则返回 TRUE，结果是与 x 长度相等的逻辑矢量；如果 x 中没有矩阵，函数执行 return 语句，然后退出并输出参数 str1。

如果函数没有退出，意味着 x 中存在矩阵。下一步使用 matrix.flags 来构建矩阵成员索引。将 counter 初始化为 0，以保证矩阵乘法多次被执行，并且创建空列表（result）来存储结果。

接下来，进入 for 循环。对于 indexes 的每个成员，将当前位置的矩阵成员循环储存为 temp，并且通过参数 mat 检查是否可以执行 temp 的右乘法（ncol(temp)必须等于 nrow(mat)）。如果可以执行，counter 递增，并且结果位置被相应的计算填充。如果 FALSE，则不执行任何代码。索引 $i$ 递增，直到循环结束。

在 multiples1 的最后程序中检测 for 循环是否存在相容的矩阵结果。如果不存在相容性，for 循环就不被执行，counter 仍设置为 0。因此，在循环结束后，counter 仍等于 0，函数只返回参数 str2。否则，将计算相应的结果，并且 multiples1 返回结果列表，其中至少包含一个成员。

现在导入并检验函数，使用下面的 3 个列表对象：

```
R> foo <- list(matrix(1:4,2,2),"not a matrix",
            "definitely not a matrix",matrix(1:8,2,4),matrix(1:8,4,2))
```

```
R> bar <- list(1:4,"not a matrix",c(F,T,T,T),"??")
R> baz <- list(1:4,"not a matrix",c(F,T,T,T),"??",matrix(1:8,2,4))
```

将参数 mat 设置为 2×2 矩阵（矩阵右乘一个合适的矩阵后直接返回原始矩阵），并且提供字符串 str1 和 str2 合适的信息。这里将展示函数在 foo 中是如何工作的：

```
R> multiples1(x=foo,mat=diag(2),str1="no matrices in 'x'",
             str2="matrices in 'x' but none of appropriate dimensions given
             'mat' ")
[[1]]
     [,1] [,2]
[1,]   1    3
[2,]   2    4

[[2]]
     [,1] [,2]
[1,]   1    5
[2,]   2    6
[3,]   3    7
[4,]   4    8
```

该函数返回 result 为 foo 的两个相容矩阵（成员[[1]]和[[5]]）。现在，尝试对 bar 使用相同的参数。

```
R> multiples1(x=bar,mat=diag(2),str1="no matrices in 'x'",
             str2="matrices in 'x' but none of appropriate dimensions given
             'mat'")
[1] "no matrices in 'x'"
```

这次，返回 str1 的值。初始检查发现将不存在矩阵的列表提供给了 x，所以该函数退出 for 循环。最后，尝试一下 baz。

```
R> multiples1(x=baz,mat=diag(2),str1="no matrices in 'x'",
             str2="matrices in 'x' but none of appropriate dimensions given
             'mat'")
[1] "matrices in 'x' but none of appropriate dimensions given 'mat'"
```

此时，返回 str2 值。尽管 baz 中有一个矩阵，并且在 multiples1 的代码中，for 循环已经执行了，但 mat 没有合适的矩阵可以右乘。

注意，只有当参数 x 不包含适当维数矩阵时，字符串参数 str1 和 str2 才会被使用。在 multiples1 中，设定 x=foo，例如，没有必要使用 str1 和 str2。R 称这样定义的表达式为惰性计算，在执行过程中需要时才会查找参数值。在这个函数的输入列表中没有合适的矩阵，需要 str1 和 str2。所以当 x=foo 时，我们可以忽略参数提供的值。

```
R> multiples1(x=foo,mat=diag(2))
[[1]]
     [,1] [,2]
```

```
[1,]    1    3
[2,]    2    4

[[2]]
      [,1] [,2]
[1,]    1    5
[2,]    2    6
[3,]    3    7
[4,]    4    8
```

这里返回与之前相同的结果。发现对 bar 进行尝试时，不起任何作用。

```
R> multiples1(x=bar,mat=diag(2))
Error in multiples1(x = bar, mat = diag(2)) :
  argument "str1" is missing, with no default
```

此时 R 提示错误，因为需要 str1 的值。提示有缺失值并且没有默认值。

## 11.2.2 设置默认值

前面的例子展示了对某些参数设置默认值是非常有用的。而在大多数情况下，默认参数值是敏感的，例如当函数具有大量参数或者经常使用的参数值不是自然值时。11.2.1 节中编写的 multiples2 是 multiples1 函数的变形，str1 和 str2 包含默认参数值。

```
multiples2 <- function(x,mat,str1="no valid matrices",str2=str1){
    matrix.flags <- sapply(x,FUN=is.matrix)

    if(!any(matrix.flags)){
        return(str1)
    }

    indexes <- which(matrix.flags)
    counter <- 0
    result <- list()
    for(i in indexes){
        temp <- x[[i]]
        if(ncol(temp)==nrow(mat)){
            counter <- counter+1
            result[[counter]] <- temp%*%mat
        }
    }

    if(counter==0){
        return(str2)
    } else {
        return(result)
    }
}
```

在这里，给定义的参数分配字符串值，即 str1 的默认值为"no valid matrices"。也可以通过将 str1 分配给 str2 来设置默认值。如果导入并对 3 个列表执行函数，将不再需要为参数提供特定值。

```
R> multiples2(foo,mat=diag(2))
[[1]]
     [,1] [,2]
[1,]    1    3
[2,]    2    4

[[2]]
     [,1] [,2]
[1,]    1    5
[2,]    2    6
[3,]    3    7
[4,]    4    8

R> multiples2(bar,mat=diag(2))
[1] "no valid matrices"
R> multiples2(baz,mat=diag(2))
[1] "no valid matrices"
```

现在，我们可以调用该函数，无论什么结果，都不需要全面指定每个参数。如果不希望使用默认参数，可以在调用函数时为参数指定不同的值。在这种情况下，这些值会覆盖默认值。

### 11.2.3 检查缺失参数

missing 函数用于检查在函数中是否提供了所有需要的参数。该函数接受参数标签，如果找不到指定的参数，就返回逻辑值 TRUE。我们可以使用 missing 以避免之前调用 multiples1 时发生的错误，即需要但没有提供 str1 的值的情况。

有时，missing 函数在代码中很有用。考虑如下例子中函数的另一种修改方式：

```
multiples3 <- function(x,mat,str1,str2){
    matrix.flags <- sapply(x,FUN=is.matrix)

    if(!any(matrix.flags)){
        if(missing(str1)){
            return("'str1' was missing, so this is the message")
        } else {
            return(str1)
        }
    }

    indexes <- which(matrix.flags)
    counter <- 0
    result <- list()
    for(i in indexes){
        temp <- x[[i]]
```

```
        if(ncol(temp)==nrow(mat)){
            counter <- counter+1
            result[[counter]] <- temp%*%mat
        }
    }

    if(counter==0){
        if(missing(str2)){
            return("'str2' was missing, so this is the message")
        } else {
            return(str2)
        }
    } else {
        return(result)
    }
}
```

该函数与 multiples1 的唯一区别是第一个和最后一个 if 语句。第一个 if 语句检查 x 是否有矩阵，这种情况下返回字符串的信息。在 multiples1 中，字符串信息始终是 str1；如果没有，函数就返回另一个字符串，说明 str1 是缺失的。str2 也有类似的定义。这里导入并且使用 foo、bar 和 baz：

```
R> multiples3(foo,diag(2))
[[1]]
     [,1] [,2]
[1,]    1    3
[2,]    2    4

[[2]]
     [,1] [,2]
[1,]    1    5
[2,]    2    6
[3,]    3    7
[4,]    4    8

R> multiples3(bar,diag(2))
[1] "'str1' was missing, so this is the message"
R> multiples3(baz,diag(2))
[1] "'str2' was missing, so this is the message"
```

在给定调用函数时，使用 missing 将未赋值的参数留下来。起初函数主要用于特定参数难以选择默认值的情况，然而该函数还需要处理没有提供参数的情况。在本例中，定义默认 str1 和 str2 值更有意义，在编写 multiples2 时，可以避免使用额外代码来实现 missing。

## 11.2.4 省略号的处理

在 9.2.5 节中，我们介绍了省略号。省略号允许提供额外参数，且无须在参数列表中明确定义，然后将参数传递到另一个函数代码中。在函数定义中，省略号经常（但不总是）放在最后的位置，因为它代表参数变量的数量。

在 11.1.1 节中 myfib3 函数的基础上，用省略号来编写函数，可以写出特定的斐波那契数。

```
myfibplot <- function(thresh,plotit=TRUE,...){
    fibseq <- c(1,1)
    counter <- 2
    repeat{
        fibseq <- c(fibseq,fibseq[counter-1]+fibseq[counter])
        counter <- counter+1
        if(fibseq[counter]>thresh){
            break
        }
    }

    if(plotit){
        plot(1:length(fibseq),fibseq,...)
    } else {
        return(fibseq)
    }
}
```

在该函数中，if 语句检查 plotit 参数是否为 TRUE（默认为是），如果是，则调用 plot，以 1:length(fibseq)为 $x$ 轴坐标，斐波那契数为 $y$ 轴坐标。完成坐标后，还可以在 plot 函数中使用省略号。本例中的省略号代表附加参数，可以使用户控制 plot 的执行。

导入 myfibplot 并执行下面的代码，R 将显示出图 11-1。

```
R> myfibplot(150)
```

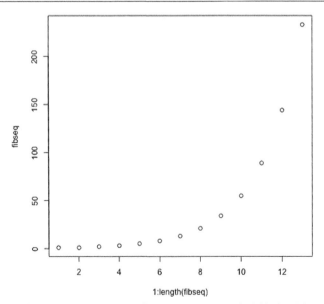

图 11-1 当 thresh=150 时，调用 myfibplot 生成的默认图

这里，我们可以使用位置匹配，使 thresh 为 150，保留 plotit 参数的默认值。在调用时，省略号为空。

既然没有指定参数，则 R 将只执行 plot 默认的行为。我们可以指定更多的绘图选项。下面的代码行生成图 11-2。

```
R>myfibplot(150,type="b",pch=4,lty=2,main="Terms of the Fibonacci sequence",
           ylab=" Fibonacci number",xlab="Term (n)")
```

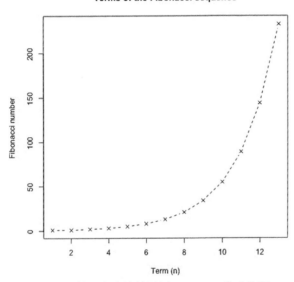

图 11-2 使用省略号并调用 myfibplot 生成的图

即使 myfibplot 没有明确定义图形的特定参数，这里的省略号也可以调用 myfibplot，将参数提供给 plot。

省略号确实很方便，但需要谨慎。符号…也可以代表任意数量的未知参数。好的函数文档是正确使用的关键。

如果希望通过省略号解压参数，可使用 list 函数将参数转换成列表。如下面的例子：

```
unpackme <- function(...){
    x <- list(...)
    cat("Here is ... in its entirety as a list:\n")
    print(x)
    cat("\nThe names of ... are:",names(x),"\n\n")
    cat("\nThe classes of ... are:",sapply(x,class))
}
```

这个虚拟函数使用省略号，并将其转换成列表 x <- list(...)。随后允许对象 x 像其他任何列表一样以相同的方式处理。在本例子中，可以通过提供其名字和类属性来总结对象。下面是一个简单的运行示例：

```
R> unpackme(aa=matrix(1:4,2,2),bb=TRUE,cc=c("two","strings"),
```

```
        dd=factor(c(1,1,2,1)))
Here is ... in its entirety as a list:
$aa
     [,1] [,2]
[1,]   1    3
[2,]   2    4

$bb
[1] TRUE

$cc
[1] "two"    "strings"

$dd
[1] 1 1 2 1
Levels: 1 2



The names of ... are: aa bb cc dd



The classes of ... are: matrix logical character factor
```

4 个标签参数 aa、bb、cc 和 dd 作为省略号的内容，并且利用 list(...)在 unpackme 内定义操作符。在给定的调用中，...这种结构对于辨别或者提取特定参数很有用。

## 练习 11.2

a. 对于投资者来说，年计复利是一种常见的金融收益。给定资本投资金额 $P$，每年的年利率 $i$（以百分数表达），每年时间频率 $t$，$y$ 年后最后收益 $F$，如下：

$$F = P\left(1 + \frac{i}{100t}\right)^{ty}$$

编写一个计算 $F$ 的函数：
— 参数为 $P$、$i$、$t$、$y$，参数 $t$ 的默认值为 12。
— 另一个参数为给定的逻辑值，其决定是否绘制包含所有整数点的 $F$ 值的图形，例如，如果 plotit=TRUE（默认值），$y$ 是 5，则绘制 $y$=1,2,3,4,5 时的所有 $F$。
— 如果绘制函数，结果就为散点图，该图常被称作 type="s"。
— 如果 plotit=FALSE，最后 $F$ 总量就会返回数值向量，向量的每个值对应于前面相同的时间。
— 如果需要的话，省略号也可以用在控制画图的细节中。

现在，利用函数，做如下工作：
i. 一个 10 年后的投资，最终金额为 5 000 美元，利率每年按月复利为 4.4%计算。
ii. 重新创建如下图形，展示投资为 100 美元，每年的复利为 22.9%，持续 20 年的最终结果。

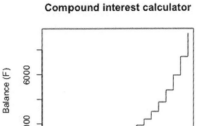

iii. 使用 ii 题中相同的参数进行计算，但这一次假设利息是每年复利，返回存储的数值向量。然后使用 lines 添加第二个步线图，与每年的积累金额对应，创建图形。可以使用不同颜色或线型，也可以利用 legend 函数区分这两条线。

b. 变量 $x$ 的二次方程经常被表示成以下形式：

$$k_1 x^2 + k_2 x + k_3 = 0$$

其中，$k_1$、$k_2$、$k_3$ 为常数，给定这些常量，我们最多可以找到满足方程的两个实根。编写函数实现这个功能，令 $k_1$、$k_2$、$k_3$ 为参数，找到任何解的返回值（作为数值向量）。实现如下：

— 计算 $k_2^2 - 4k_1 k_3$，如果是负数，方程没有解，并且输出适当信息。

— 如果 $k_2^2 - 4k_1 k_3$ 为 0，方程有一个解，可通过 $-k_2 / 2k_1$ 计算。

— 如果 $k_2^2 - 4k_1 k_3$ 为正数，方程有两个解，通过 $(-k_2 - (k_2^2 - 4k_1 k_3)^{0.5}) / 2k_1$ 和 $(-k_2 + (k_2^2 - 4k_1 k_3)^{0.5}) / 2k_1$ 计算。

— 这 3 个参数没有默认值，但要检查函数是否有缺失值。如果有，就向用户返回字符串消息，以通知用户该计算不能运行。

现在，检查函数

i. 确认以下内容：

$2x^2 - x - 5$ 有两个根，分别为 1.850 781 和 -1.350 781。

$x^2 + x + 1$ 没有实根。

ii. 试图找到下面二次方程的解：

$1.3x^2 - 8x - 3.13$。

$2.25x^2 - 3x + 1$。

$1.4x^2 - 2.2x - 5.1$。

$-5x^2 + 10.11x - 9.9$。

iii. 如果有一个参数缺失，查看函数的程序响应。

# 11.3 特殊函数

在本节中，我们将看到 3 个不同类型的用户定义的 R 函数。首先是帮助函数，帮助函数可以被其他函数调用多次（它们可以被定义在给定父函数的内部）。然后是一次性函数，可以直接定义为其他函数的参数。最后是递归函数，可以调用其本身。

### 11.3.1 帮助函数

这是很常见的 R 函数，可以在它们内部调用其他的函数。帮助函数用来描述编写函数时的一般情况和专门帮助另一个函数进行计算，能够提高复杂函数的可读性。

帮助函数可以在内部（其他函数定义中）或者外部（全局环境中）定义。在这一节中，我们将看到这两种情况的例子。

**外部定义**

基于 11.2.2 节中的 multiples2 函数，这里有一个新的版本。新的版本分开编写两个单独的函数，其中一个是外部定义的帮助函数：

```
multiples_helper_ext <- function(x,matrix.flags,mat){
    indexes <- which(matrix.flags)
    counter <- 0
    result <- list()
    for(i in indexes){
        temp <- x[[i]]
        if(ncol(temp)==nrow(mat)){
            counter <- counter+1
            result[[counter]] <- temp%*%mat
        }
    }
    return(list(result,counter))
}

multiples4 <- function(x,mat,str1="no valid matrices",str2=str1){
    matrix.flags <- sapply(x,FUN=is.matrix)

    if(!any(matrix.flags)){
        return(str1)
    }

    helper.call <- multiples_ helper _ext(x,matrix.flags,mat)
    result <- helper.call[[1]]
    counter <- helper.call[[2]]

    if(counter==0){
        return(str2)
    } else {
        return(result)
    }
}
```

如果导入并执行该代码，使用先前样本列表会得到与之前相同的结果。通过移动矩阵来检查外部函数的循环。现在 multiples4 函数调用 multiples_ helper _ext 函数。一旦 multiples4 中的代码确保检查列表 x 中的矩阵，将调用 multiples_ helper _ext 执行需要的循环。在外部定义帮助函数，意味着全局环境中的任何其他函数都可以被调用，这样更容易重复使用。

**内部定义**

如果帮助函数被作为一个特定的函数，在调用函数的语言环境下调用，使得内部定义的帮助函数更有意义。该矩阵乘法函数的第五个版本就是这样做的，改变函数内部代码，如下：

```
multiples5 <- function(x,mat,str1="no valid matrices",str2=str1){
    matrix.flags <- sapply(x,FUN=is.matrix)

    if(!any(matrix.flags)){
        return(str1)
    }

    multiples_ helper _int <- function(x,matrix.flags,mat){
        indexes <- which(matrix.flags)
        counter <- 0
        result <- list()
        for(i in indexes){
            temp <- x[[i]]
            if(ncol(temp)==nrow(mat)){
                counter <- counter+1
                result[[counter]] <- temp%*%mat
            }
        }
        return(list(result,counter))
    }

    helper.call <- multiples_ helper _int(x,matrix.flags,mat)
    result <- helper.call[[1]]
    counter <- helper.call[[2]]

    if(counter==0){
        return(str2)
    } else {
        return(result)
    }
}
```

现在，帮助函数 multiples_ helper _int 定义 multiples5 为内部函数。这意味着它只能在语言环境中可见，不同于 multiples_ helper _ext，是在全局环境中。当被用作一个父函数并且在父函数下多次被调用时，内部定义的帮助函数就变得有意义。当然，multiples5 只满足被用作一个父函数，在这里只是为了说明。

## 11.3.2 一次性函数

通常情况下，我们可能需要执行一个简单的函数。例如，apply 通常在短时间内运行，并将简单函数作为参数。在这里，我们引入一次性（或者是说 anonymous）函数——使得在全局环境中不需要明确创建新对象就可以定义一个函数来使用单一的实例。

假设有一个数字矩阵，希望使列重复两次后进行排序。

```
R> foo <- matrix(c(2,3,3,4,2,4,7,3,3,6,7,2),3,4)
R> foo
     [,1] [,2] [,3] [,4]
[1,]    2    4    7    6
[2,]    3    2    3    7
[3,]    3    4    3    2
```

这对于 apply 来说是一个完美的任务，可以将函数应用到矩阵的每一列。该函数只需简单地
提取一个向量，复制它，然后将结果排序。而不是单独定义短函数，我们可以直接在 apply 函数
右边的参数里定义一次性函数。

```
R> apply(foo,MARGIN=2,FUN=function(x){sort(rep(x,2))})
     [,1] [,2] [,3] [,4]
[1,]    2    2    3    2
[2,]    2    2    3    2
[3,]    3    4    3    6
[4,]    3    4    3    6
[5,]    3    4    7    7
[6,]    3    4    7    7
```

在直接调用 apply 时，函数以标准格式定义。这个函数定义、调用并且一旦 apply 执行完成
就立刻被移除。它是一次性的并且仅在实际使用中存在。

对于其他方式来说，使用函数命令是一条捷径，它避免了函数对象不必要地创建并将函数对
象储存在全局环境中。

### 11.3.3  递归函数

递归函数是可以调用自身的函数。虽然这种技术在统计分析中并不常用，但同样需要注意。
本节将简要地说明函数怎样调用自身。

假设要编写一个函数，包含正整数参数 $n$ 并返回相应的第 $n$ 项斐波那契序列（这里，$n=1$ 和
$n=2$ 对应于最初的两项 1 和 1）。之前，我们使用循环建立迭代得到斐波那契序列。在递归函数中，
不需要使用循环来重复操作，函数调用自身多次就可以。例如：

```
myfibrec <- function(n){
    if(n==1||n==2){
        return(1)
    } else {
        return(myfibrec(n-1)+myfibrec(n-2))
    }
}
```

递归结构检查 if 语句，这个语句定义停止条件。如果提供给函数的参数是 1 或 2（请求第一或第
二个斐波那契数），然后 myfibrec 直接返回 1。否则，函数返回 myfibrec(n-1)与 myfibrec(n-2)的和。这

意味着，如果命令 myfibrec 的 *n* 大于 2，函数会进行两个以上 myfibrec 调用，使用 *n*-1 和 *n*-2 作为参数。继续进行递归，直到 *n*=1 或 *n*=2，然后返回 1。下面为第五个斐波那契数的调用示例：

```
R> myfibrec(5)
[1] 5
```

图 11-3 显示了递归调用结构。

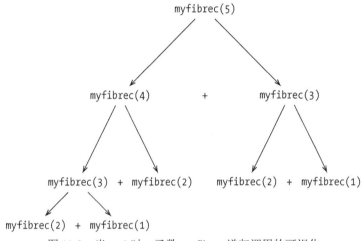

图 11-3　当 *n*=5 时，函数 myfibrec 递归调用的可视化

需要注意，可访问的停止规则是所有递归函数的关键。没有它们，递归将无限地继续下去。例如，目前为用户提供正整数下工作的函数参数 *n*。但是，如果 *n* 是负数，不满足停止条件，函数就会无限重复下去（有自动化保障措施来防止该情况出现）。

递归是一种有效的方法，尤其是在不知道函数需要进行多少次调用的情况下。对于许多排序和搜索算法，递归提供了最快、最有效的解决方案。在简单的情况下，如斐波那契序列问题，递归往往比循环需要更多的计算。对于初学者来说，我们建议使用循环，除非要求使用递归。

---

## 练习 11.3

a. 给定列表是长短不一的字符串向量，使用一次性函数 lapply 将感叹号粘贴到每个成员的每个元素底部，然后用空字符串分离字符（注意 paste 默认行为时，适用于字符向量并在每个元素上执行）。对以下给出的列表执行代码：

```
foo <- list("a",c("b","c","d","e"),"f",c("g","h","i"))
```

b. 编写函数的递归形式，来完成非负整数阶乘的操作（见 10.2.2 节练习 10.4 中，对于阶乘操作的细节）。停止条件为，如果提供的正数是 0，则返回值为 1。确认函数产生相同结果：

   i. 5 的阶乘是 120。

   ii. 120 的阶乘是 479 001 600。

   iii. 0 的阶乘是 1。

c. 对于这个问题，我们将介绍几何平均值。几何平均值是计算中心的一个具体方法，不同于常见的算术平均值。给定 $n$ 个观测值 $x_1, x_2, \cdots, x_n$，几何平均值计算方法如下：

$$\bar{g} = (x_1 \times x_2 \times \cdots \times x_n)^{1/n} = \left(\prod_{i=1}^{n} x_i\right)^{1/n}$$

例如，找到 4.3,2.1,2.2,3.1 的几何平均值，计算如下：

$$\bar{g} = (4.3 \times 2.1 \times 2.2 \times 3.1)^{1/4} = 61.5846^{0.25} = 2.8$$

编写函数 geolist，按照下列准则来搜索指定参数列表和计算几何平均值：

— 我们必须定义函数并且使用参数向量的几何平均值的内部帮助函数。

— 假设列表中只有数字矢量或数字矩阵能成为其成员。我们的函数应包含适当的循环来依次检查每个成员。

— 如果该成员是一个向量，计算该向量的几何平均值，并且将结果覆盖，其结果应是一个数值。

— 如果该数值是一个矩阵，使用隐式循环来计算该矩阵每行的几何平均值，并且覆盖结果。

— 最后的列表返回给使用者。

现在，检查函数是否与下面的命令匹配：

i.

```
R> foo <- list(1:3,matrix(c(3.3,3.2,2.8,2.1,4.6,4.5,3.1,9.4),4,2),
               matrix(c(3.3,3.2,2.8,2.1,4.6,4.5,3.1,9.4),2,4))
R> geolist(foo)
[[1]]
[1] 1.817121

[[2]]
[1] 3.896152 3.794733 2.946184 4.442972

[[3]]
[1] 3.388035 4.106080
```

ii.

```
R> bar <- list(1:9,matrix(1:9,1,9),matrix(1:9,9,1),matrix(1:9,3,3))
R> geolist(bar)
[[1]]
[1] 4.147166

[[2]]
[1] 4.147166

[[3]]
[1] 1 2 3 4 5 6 7 8 9

[[4]]
[1] 3.036589 4.308869 5.451362
```

**本章重要代码**

| 函数/操作 | 简要描述 | 首次出现 |
|---|---|---|
| function | 创建函数 | 11.1.1 节 |
| return | 函数返回对象 | 11.1.1 节 |
| missing | 检查参数 | 11.2.3 节 |
| ... | 省略号（作为参数） | 11.2.4 节 |

# 12

# 异常值、计时和可见性

在前面，我们已经学习了如何在 R 中编写函数。接下来，看看常用函数的扩展和作用。在本章中，我们将学习在输入异常时，如何处理函数发出的错误或警告。我们还将学习程序运行时间和检查函数运行过程。最后，我们将学习 R 语言如何识别不同包下相同命名的两个函数。

## 12.1 异常值处理

当函数执行过程中出现异常时，R 会有警告或错误提示。在本节中，我们将学习如何将这些信息建立到适当函数中，以及如何检查是否有错误（也就是说，即使存在错误仍然在工作）。

### 12.1.1 正式声明：错误和警告

在第 11 章中，当函数无法执行某些操作时，就会输出信息（例如，"no valid matrices"）。警告和错误是用来传递这种类型的信息，并处理随后操作的更一般的机制。错误会立即终止函数的运行，而警告没有那么严重，它表示该函数是以不合常规的方式执行，同时会尝试绕过这一问题继续执行。在 R 中，我们用 warning 命令发出警告，用 stop 命令发出错误。下面两个例子展示了这个功能：

```
warn_test <- function(x){
    if(x<=0){
        warning("'x' is less than or equal to 0 but setting it to 1 and
                continuing")
        x <- 1
    }
```

```
        return(5/x)
}

error_test <- function(x){
    if(x<=0){
        stop("'x' is less than or equal to 0... TERMINATE")
    }
    return(5/x)
}
```

warn_test 和 error_test 都将 5 除以参数 $x$，并希望 $x$ 是正数。在 warn_test 中，如果 $x$ 是非正数，函数就会发出一个警告，然后 $x$ 会被改写为 1。另外，在 error_test 中，如果 $x$ 是非正数，函数就会发出错误，然后立即被终止运行。warning 和 stop 两个命令都以字符串的方式使用，字符串就是输出到控制台的信息。

我们可以通过导入并调用函数来查看这些消息：

```
R> warn_test(0)
[1] 5
Warning message:
In warn_test(0) :
 'x' is less than or equal to 0 but setting it to 1 and continuing
R> error_test(0)
Error in error_test(0) : 'x' is less than or equal to 0... TERMINATE
```

可以注意到：warn_test 继续执行并返回 5——设置 $x$ 为 1 后，得到 5/1 的结果。error_test 并没有返回任何值，因为 R 遇到 stop 命令后终止函数运行。

即使没有得到预期输入，函数也有一种方式来保存自身，那就是警告。例如，在 10.1.3 节中，当我们对 if 语句提供一个元素的逻辑向量时，R 就会发出一个警告。记住，if 语句期望的是逻辑值，但提供的是逻辑向量时，if 语句不会退出，而是对向量中的第一个元素继续执行操作。也就是说，有时完全抛出错误并停止执行更合理。

回顾 11.3.3 节的 myfibrec，这个函数需要一个正整数（其应该返回斐波那契数的具体位置）。假如使用者提供了一个负整数，实际上使用者认为这个参数是正确的。我们可以添加一个警告来解决这种情况。同时，如果使用者输入 0，这并不会与斐波那契数的任意位置对应，代码就会提示存在错误，如下所示：

```
myfibrec2 <- function(n){
    if(n<0){
        warning("Assuming you meant 'n' to be positive -- doing that instead")
        n <- n*-1
    } else if(n==0){
        stop("'n' is uninterpretable at 0")
    }

    if(n==1||n==2){
        return(1)
    } else {
```

```
            return(myfibrec2(n-1)+myfibrec2(n-2))
    }
}
```

在 myfibrec2 中，我们检查了 $n$ 是否为负数或者 0。如果 $n$ 是负数，函数将发出警告，并在替换参数后继续执行；如果 $n$ 是 0，将发出错误并停止代码运行。在这里，我们可以看到不同参数下的反应：

```
R> myfibrec2(6)
[1] 8
R> myfibrec2(-3)
[1] 2
Warning message:
In myfibrec2(-3) :
  Assuming you meant 'n' to be positive -- doing that instead
R> myfibrec2(0)
Error in myfibrec2(0) : 'n' is uninterpretable at 0
```

需要注意的是，调用 myfibrec2（-3）时会返回第三个斐波那契数。

从广义上来讲，错误和警告信息都说明运行出现了问题。如果我们使用某种函数或运行代码块时遇到这类消息，应该仔细看一下已经运行的程序并思考为什么会触发它们。

**注意**　　找到并修复错误的代码，称作调试，对此有不同的策略。一个最根本的策略是 print 或 cat 命令，在执行时会检查不同的变量。R 程序确实有一些更复杂的调试工具，如果有兴趣可以查看 Matloff（2011年）写的《R 语言编程艺术》第 13 章的精彩讨论。由 Matloff & Salzman（2008）所著的《调试的艺术》有更详细的介绍。当我们获得了关于 R 程序的更多经验时，我们理解错误或者代码的潜在问题就会变得更加容易，这一部分得益于 R 的解释性风格。

## 12.1.2　使用 try 命令来捕获错误

当一个错误终止函数时，它还会终止父函数的所有功能。例如，如果函数 A 调用函数 B 时，错误停止了函数 B，那么函数 A 也会在同一时刻停止运行。为了避免这种严重后果，我们可以调用 try 语句检查是否产生错误。也可以用 if 语句来指定替代操作，而不是对所有程序停止运行。

例如，如果从 0 开始调用 myfibrec2 函数，就会发出错误并终止。但是如果把调用函数作为 try 的第一个参数，会发生什么呢？

```
R> attempt1 <- try(myfibrec2(0),silent=TRUE)
```

似乎没有发生什么。事实上，仍然发生了错误，但因为设置了 silent=TRUE，所以 try 抑制了将错误消息输出到控制台。此外，目前的错误信息存储在 attempt1 对象中，这是一个 "try-error" 的对象。查看这个错误只需将 attempt1 输出到控制台。

```
R> attempt1
[1] "Error in myfibrec2(0) : 'n' is uninterpretable at 0\n"
attr(,"class")
```

```
[1] "try-error"
attr(,"condition")
<simpleError in myfibrec2(0): 'n' is uninterpretable at 0>
```

如果设定 silent=FALSE，就可以通过控制台输出这些信息。这种捕获错误的方式很方便，尤其是当函数在另一个函数体中产生错误时。通过使用 try 可以在不终止父函数的情况下处理错误。

同时，如果将一个函数传递给 try 却没有抛出错误，try 就不会起作用，最后只得到正常的返回值。

```
R> attempt2 <- try(myfibrec2(6),silent=TRUE)
R> attempt2
[1] 8
```

在这里，我们使用有效参数 $N = 6$ 来执行 myfibrec2。由于这次调用不会导致错误，可以通过 attempt2 返回 myfibrec2 的正常值 8。

**在函数中使用 try**

接下来看看在更复杂的函数中如何使用 try 的完整例子。下面的 myfibvector 函数使用索引向量作为参数 nvec，并提供来自斐波那契序列的相应项：

```
myfibvector <- function(nvec){
    nterms <- length(nvec)
    result <- rep(0,nterms)
    for(i in 1:nterms){
        result[i] <- myfibrec2(nvec[i])
    }
    return(result)
}
```

该函数使用 for 循环遍历 nvec 的元素，用之前的 myfibrec2 函数计算相应的斐波那契数。只要 nvec 的所有值都非零，myfibvector 函数就可以正常执行。例如，下面将获得第一个、第二个、第十个以及第八个斐波那契数：

```
R> foo <- myfibvector(nvec=c(1,2,10,8))
R> foo
[1]  1  1 55 21
```

不过，假设有一个错误，nvec 中有一项会变为 0。

```
R> bar <- myfibvector(nvec=c(3,2,7,0,9,13))
Error in myfibrec2(nvec[i]) : 'n' is uninterpretable at 0
```

当 $n = 0$ 时，myfibrec2 的内部调用会抛出一个错误，并且终止 myfibvector 的运行。没有值被返回，整个调用失败。

我们可以通过在 for 循环中使用 try 来调用 myfibrec2，以检查并捕捉每次的错误来防止全部的错误。函数 myfibvectorTRY 就做到了这一点。

```
myfibvectorTRY <- function(nvec){
    nterms <- length(nvec)
    result <- rep(0,nterms)
    for(i in 1:nterms){
        attempt <- try(myfibrec2(nvec[i]),silent=T)
        if(class(attempt)=="try-error"){
            result[i] <- NA
        } else {
            result[i] <- attempt
        }
    }
    return(result)
}
```

在 for 循环中，我们使用 attempt 存储每次 try 调用 mybrec2 的结果，然后检查 attempt。如果对象类是 "try-error"，就意味着 myfibrec2 发生错误，并用 NA 填充向量的相应位置。否则，attempt 就会从 myfibrec2 函数得到一个有效的返回值，我们可以把返回值放到结果向量的相应位置。现在，如果导入相同的 nevc 并调用 myfibvectorTRY，就可以看到完整的结果。

```
R> baz <- myfibvectorTRY(nvec=c(3,2,7,0,9,13))
R> baz
[1]   2    1   13   NA   34  233
```

错误被默默地捕捉，否则将会终止一切，而且在这种情况下，另一个结果 NA 也会被填充到 result 向量中。

**注意**    try 命令是 R 更复杂的 tryCatch 函数的简化，这个函数在测试和执行代码方面提供了更精确的控制，这些内容超出了本书的范围。如果希望学习更多，可以在控制台输入?tryCatch。

### 禁止警告信息

到目前为止，在学习所有 try 的调用中，我们设置 silent 参数为 TRUE，这样就不会输出任何错误消息。如果将 silent 设置为 FALSE（默认值），错误信息将会被输出，但错误仍被捕获，同时程序没有终止执行。

注意，设置 silent= TRUE 仅禁止错误信息，而不是警告。查看以下内容：

```
R> attempt3 <- try(myfibrec2(-3),silent=TRUE)
Warning message:
In myfibrec2(-3) :
  Assuming you meant 'n' to be positive -- doing that instead
R> attempt3
[1] 2
```

尽管设置 silent=TRUE，警告（这个例子中 n 为负数）仍然存在并被输出。在这种情况下，将从错误中区分出警告并将其单独对待，因为它们可以在执行过程中突出代码里其他不可预见的问题。如果我们不希望看到任何警告，可以使用 suppressWarnings.

```
R> attempt4 <- suppressWarnings(myfibrec2(-3))
```

```
R> attempt4
[1] 2
```

如果可忽略给定命令的任何安全警告，并且希望保持输出的整齐性，可以使用 suppressWarnings 函数。

---

### 练习 12.1

a. 在练习 11.3 的 b 题中，我们的任务是给定一个非负整数 $x$，用 R 的递归函数来计算 $x$ 的阶乘。现在，修改函数，如果 $x$ 是负数将抛出一个错误（用适当的消息）。通过下面的代码来测试新函数的功能：

  i. $x$ 是 5。

  ii. $x$ 是 8。

  iii. $x$ 是 -8。

b. 对于矩阵求逆，在 3.3.6 节中简要地讨论过，solve 函数只对某些方阵（具有相等数量的行列）进行计算，如下所示：

```
R> solve(matrix(1:4,2,2))
     [,1] [,2]
[1,]   -2  1.5
[2,]    1 -0.5
```

注意，如果矩阵不可逆，solve 函数就会抛出错误。考虑到这一点，写一个试图反转矩阵列表里每个矩阵的 R 函数，需根据以下原则：

— 该功能应采取 4 个参数。

  * 列表 $x$ 的成员都进行矩阵求逆测试；

  * 一个 noninv 值，用来填写 $x$ 的矩阵成员不可逆的结果，默认为 NA；

  * 如果 $x$ 给定的成员不是矩阵，字符串 nonmat 就作为结果，默认为 "not a matrix"。

  * silent 是逻辑值，默认设置为 true，被传递到主体代码 try 里。

— 该函数第一个检查的是 $x$ 是否为一个列表。如果不是，应该抛出一个相对应的错误消息。

— 然后，该函数应该确保 $x$ 至少有一个成员。如果不是，就应该抛出一个相对应的错误消息。

— 接下来，函数应该检查 nonmat 是否是字符串。如果不是，就应该尝试强制使用 "as-dot" 函数（见 6.2.4 节）转成字符串，同时应该发出相应的警告。

— 这些检查之后，应用循环语句搜索列表中 $x$ 的每个成员 $i$。

  * 如果成员 $i$ 是一个矩阵，试图用 try 求逆。如果可逆，则没有错误，覆盖 $x$ 的成员 $i$。如果捕获到了错误，那么 $x$ 的成员 $i$ 应该用 noninv 值来覆盖。

  * 如果成员 $i$ 不是矩阵，则 $x$ 的成员 $i$ 应该用 nonmat 值来覆盖。

— 最后，返回修改后的 $x$。

现在，使用下面的参数值来测试函数：

  i. $x$ 的值为

```
list(1:4,matrix(1:4,1,4),matrix(1:4,4,1),matrix(1:4,2,2))
```

其他所有参数为默认值。

ii．$x$ 在 $i$ 中，noninvas 为 Inf，nonmat 为 666，silent 为默认值。

iii．所有值为 ii 题所示的结果，但现在 silent=FALSE。

iv．$x$ 的值为

```
list(diag(9),matrix(c(0.2,0.4,0.2,0.1,0.1,0.2),3,3),
     rbind(c(5,5,1,2),c(2,2,1,8),c(6,1,5,5),c(1,0,2,0)),
     matrix(1:6,2,3),cbind(c(3,5),c(6,5)),as.vector(diag(2)))
```

noninvas 为"unsuitable matrix"；所有其他值为默认值。

最后，尝试调用下面的函数来测试错误信息：

v．$x$ 为"hello"。

vi．$x$ 为 list()。

## 12.2　进度和计时

R 经常用数值计算实验，如模拟和产生随机数。对于这些复杂、耗时的操作，跟踪进度或观察完成某项任务花费的时间是很有用的。例如，比较相同问题下两种不同编程方法的速度。在本节中，我们将测量代码执行所需的时间，同时会显示执行的进度。

### 12.2.1　文本进度条：执行到哪里了

进度条显示了 R 执行一组操作的进度。为了说明这是如何工作的，我们需要一段时间来执行代码，这可以通过 R 语言休眠来实现。Sys.sleep 命令使 R 在继续执行之前暂停一段时间，以 s（秒）为单位。

```
R> Sys.sleep(3)
```

如果运行这段代码，R 将暂停 3s，然后继续使用控制台。在本节中，休眠将造成耗时计算操作的延迟，这时进度条是最有用的。

使用 Sys.sleep 更常见的方式如下：

```
sleep_test <- function(n){
    result <- 0
    for(i in 1:n){
        result <- result + 1
        Sys.sleep(0.5)
    }
    return(result)
}
```

sleep_test 函数是基础函数——从 1 迭代到 *n*，得到结果值。每次迭代都会显示循环休眠 0.5s。因为休眠命令，执行代码大约需要 4s，返回如下结果：

```
R> sleep_test(8)
[1] 8
```

现在，假如我们跟踪该类型函数的进度。通过 3 个步骤来实现文本进度条：用 txtProgressBar 函数初始化进度条对象，用 setTxtProgressBar 更新进度条，并使用 close 关闭进度条。修改 sleep_test 函数变为 prog_test 函数，使其包含这 3 个命令。

```
prog_test <- function(n){
    result <- 0
    progbar <- txtProgressBar(min=0,max=n,style=1,char="=")
    for(i in 1:n){
        result <- result + 1
        Sys.sleep(0.5)
        setTxtProgressBar(progbar,value=i)
    }
    close(progbar)
    return(result)
}
```

for 循环前，调用含有 4 个参数的 txtProgressBar，创建变量 progbar、min 和 max 参数定义进度条的边界值。在本例中，我们设置 max=n，这与后面的循环迭代次数相匹配。style 参数（如整数 1、2 或 3）和 char 参数（字符，通常为一个字符）来显示进度条。设定 *style*=1 表示进度条只显示一行字符，同时 char="="表示一系列等于符号。

一旦创建了变量，我们必须使用 setTxtProgressBar 来指导 bar 运行。更新进度条对象（progbar）并且更新值（在这个例子中，是 *i*）。一旦完成（退出循环后），进度条就调用 close 来将其关闭，并将进度条传递给我们感兴趣的变量。导入和执行 prog_test，我们会在循环步骤结束后看到一行"="。

```
R> prog_test(8)
================================================
[1] 8
```

在默认情况下，进度条宽度由 txtProgressBar 命令执行时的 R 控制台窗口的宽度决定，通过 style 和 char 参数来修改。例如，选择 style=3，以"百分比完成"样式来显示进度条。软件包也提供了更为详细的选项，比如弹出式窗口小部件，但是文本版本是最简单的，也是在不同系统下兼容性最强的。

## 12.2.2 测量完成时间：执行需要多长时间

如果我们希望知道完成一个计算需要多长时间，可以使用 Sys.time 命令。这个命令将输出一个对象，显示系统当前日期和时间的详细信息。

```
R> Sys.time()
[1] "2016-03-06 16:39:27 NZDT"
```

我们可以在一些代码前后存储时间数据，比较代码运行所花费的时间。在编辑器中输入：

```
t1 <- Sys.time()
Sys.sleep(3)
t2 <- Sys.time()
t2-t1
```

现在，注意下面的代码。

```
R> t1 <- Sys.time()
R> Sys.sleep(3)
R> t2 <- Sys.time()
R> t2-t1
Time difference of 3.012889 secs
```

执行整个代码后，可以用格式化的字符串将总代码运行时间输出到控制台。注意，除了告诉 R 休眠 3s，解释和调用任何命令的时间都很短，这个时间会因计算机而异。

如果需要更加详细的计时报告，则需要更成熟的工具。我们可以用 proc.time()命令，该命令不仅可以获取"挂钟"的总时间，而且可以获得计算机 CPU 的时间（参见帮助文件中?proc.time）。计算执行时间，可以用 system.time 函数（和 proc.time 输出的方式相同）。此外，标杆工具（不同方法的格式化和系统化比较）可用于计算代码运行时间，例如 rbenchmark 包（Kusnierczyk，2012）。然而，平常使用的时间差分法就很容易解释，并为计算成本提供了很好的指示。

---

**练习 12.2**

a. 修改 12.2.1 节中的 prog_test，将省略号包含在参数列表中，便于在 txtProgressBar 中附加参数值，并将新函数命名为 prog_test_fancy。计算 prog_test_fancy 的执行需要多长时间。把 $n$ 设定为 50，用 style=3（通过省略号）设置进度条，并且设置字符栏为 "r"。

b. 在 12.1.2 节中，定义 myfibvectorTRY 函数（该函数本身需要调用 12.1.1 节中的 myfibrec2），返回向量 nvec 的多个斐波那契数列项。用 style=3 设置进度条，同时设置所选字符在 myfibvectorTRY 函数的内部 for 循环中递增。然后，执行以下操作：

　　i. 使用新的 function 重新算出结果，其中 nvec= c(3,2,7,0,9,13)。

　　ii. 使用新函数需要多长时间会返回第一个斐波那契序列中的第 35 项。我们发现了什么？这说明了斐波那契的递归函数的什么情况？

c. 保留斐波那契序列。写一个独立的 for 循环，计算并将 b 题第二个问题中的第一个 35 项的结果存储并保存在向量中，我们更喜欢哪一种方法？

---

## 12.3 隐藏

由于 R 中有大量内置和贡献可用的数据和函数，有些时候不可避免地会遇到一些对象（通常是函数），在完全不同的加载程序包下有相同的名称。

这些情况下会发生什么呢？例如，假设定义了一个函数，与 R 语言加载包中有相同的函数名字。R 就会通过隐藏对象来让一个对象或函数优先于另一个对象或函数，而隐藏函数需要调用附加命令。通过这种方式可以将放置对象被覆盖或者一个对象阻碍另一个对象。在本节中，我们将看到 R 中常见的两种隐藏情况。

## 12.3.1　函数与对象的区别

在不同环境中若两个函数或对象具有相同的名称，在搜索路径的过程中，前面的对象将隐藏另一个。也就是说，当寻找对象时，R 将使用前面的对象或函数，我们需要额外的代码来访问另一个被隐藏的对象。记住，可以通过执行 search() 查看当前的搜索路径。

```
R> search()
 [1] ".GlobalEnv"        "tools:RGUI"        "package:stats"
 [4] "package:graphics"  "package:grDevices" "package:utils"
 [7] "package:datasets"  "package:methods"   "Autoloads"
[10] "package:base"
```

在 R 搜索时，会找到搜索路径下的第一个函数或对象，同时被隐藏的函数或对象也会在搜索路径下。比如，我们定义了一个与基本函数 sum 相同名称的函数，这里显示 sum 是如何正常工作的，即向量 foo 中所有元素相加：

```
R> foo <- c(4,1.5,3)
R> sum(foo)
[1] 8.5
```

现在，假设输入函数如下：

```
sum <- function(x){
    result <- 0
    for(i in 1:length(x)){
        result <- result + x[i]^2
    }
    return(result)
}
```

这个版本的 sum 函数将获取向量 $x$，并使用 for 循环求和，最终返回结果。这可以导入到 R 控制台，并且没有任何问题。很明显，它不提供相同的函数作为（原始）sum 的内置版本。现在，在导入代码后，调用目前的版本 sum。

```
R> sum(foo)
[1] 27.25
```

因为用户自定义的函数存储在全局环境（.GlobalEnv）中，永远是第一个搜索路径。R 的内置函数是基础包，在搜索路径的最后部分。在这种情况下，用户自定义函数会隐藏原始的函数。

现在，如果要让 R 运行 sum 的基础版本，在调用时必须使用双冒号并加上包的名称。

```
R> base::sum(foo)
[1] 8.5
```

这告诉 R，要使用基础版本的函数，虽然在全局环境中还存在另一个版本的函数。

为了避免混淆，从全局环境中删除 sum 函数。

```
R> rm(sum)
```

### 软件包冲突

在加载软件包时，R 语言会通知我们与其类似的对象。为了说明这一点，我们使用 car 包（在练习 8.1 中我们看到过）和 spatstat 包（在第五部分使用）两个安装包。在确保安装好这两个包后，按以下顺序加载时，会出现这条消息：

```
R> library("spatstat")

spatstat 1.40-0       (nickname: 'Do The Maths')
For an introduction to spatstat, type 'beginner'
R> library("car")

Attaching package: 'car'

The following object is masked from 'package:spatstat':

    ellipse
```

这表明，两个包具有相同名称的对象——ellipse。R 自动默认这个对象被隐藏。注意，car 和 spatstat 仍完全可用，只需要区分 ellipse 对象。在提示符下使用 ellipse，将首先获取 car 对象，因为这是后来载入的。为了使用 spatstat 版本中的 ellipse，我们必须使用 spatstat:: ellipse。这些规则也适用于访问各自的帮助文件。

在加载含有被全局变量隐藏对象的包时，也会有类似的通知（全局环境的对象将始终优先于安装包中的对象）。看下面的一个例子，我们可以加载 MASS 包（Venables 和 Ripley，2002），R 含有但不会自动加载。在当前 R 会话中，继续创建下列对象：

```
R> cats <- "meow"
```

现在，假设需要加载 MASS。

```
R> library("MASS")

Attaching package: 'MASS'

The following object is masked _by_ '.GlobalEnv':

    cats

The following object is masked from 'package:spatstat':
```

```
area
```

加载安装包时，得知刚创建的 cats 对象被来自 MASS 包的一个相同名称的对象隐藏（正如用?MASS::cats 可以看到家养动物体重的测量数据）。此外，其似乎也与 MASS 共享一个名为 spatstat 的对象。按照上面提到的同一种"隐藏包"的消息，也显示了该特定的项目。

**卸载软件包**

我们可以从搜索路径上卸载已加载的安装包。加载安装包之后，目前的搜索路径如下：

```
R> search()
 [1] ".GlobalEnv"        "package:MASS"       "package:car"
 [4] "package:spatstat"  "tools:RGUI"         "package:stats"
 [7] "package:graphics"  "package:grDevices"  "package:utils"
[10] "package:datasets"  "package:methods"    "Autoloads"
[13] "package:base"
```

现在，假设我们不需要 car，可以用 detach 函数删除它。

```
R> detach("package:car",unload=TRUE)
R> search()
 [1] ".GlobalEnv"        "package:MASS"       "package:spatstat"
 [4] "tools:RGUI"        "package:stats"      "package:graphics"
 [7] "package:grDevices" "package:utils"      "package:datasets"
[10] "package:methods"   "Autoloads"          "package:base"
```

这将从路径中移除安装包。现在，car 功能不可用，并且 spatstat 的 ellipsis 函数不再被隐藏。

**注意**　因为由维护者来更新贡献包，所以可能会引发隐藏的新对象，或者删除或重命名先前隐藏的对象（与其他贡献的包相比）。car、spatstat 和 MASS 中说明具体的隐藏发生在读取的时候，并且将来可能会改变。

## 12.3.2　区分数据框变量

我们来看隐藏的另一个情况：在添加一个数据框的搜索路径时。在当前的工作区，定义如下数据框：

```
R> foo <- data.frame(surname=c("a","b","c","d"),
                     sex=c(0,1,1,0),height=c(170,168,181,180),
                     stringsAsFactors=F)
R> foo
  surname sex height
1       a   0    170
2       b   1    168
3       c   1    181
4       d   0    180
```

数据框 foo 有 person、sex 和 height 这 3 个列变量。访问其中的一列，通常需要使用$运算符并输入类似于 foo$surname 的对象。然而，我们可以将数据框直接添加到搜索路径中，使得访问变量更容易。

```
R> attach(foo)
R> search()
 [1] ".GlobalEnv"        "foo"                "package:MASS"
 [4] "package:spatstat"  "tools:RGUI"         "package:stats"
 [7] "package:graphics"  "package:grDevices"  "package:utils"
[10] "package:datasets"  "package:methods"    "Autoloads"
[13] "package:base"
```

现在，可以直接访问 surname 变量。

```
R> surname
[1] "a" "b" "c" "d"
```

如果专门分析静态、不变的数据框，每次我们访问一个变量时都可以省去输入 foo$。但是，如果忘记附加对象，它们可能会在以后引起问题，尤其是在同一会话中继续将更多对象添加到搜索路径上时。例如，假设输入另一个数据框。

```
R> bar <- data.frame(surname=c("e","f","g","h"),
                     sex=c(1,0,1,0),weight=c(55,70,87,79),
                     stringsAsFactors=F)
R> bar
  surname sex  weight
1       e   1      55
2       f   0      70
3       g   1      87
4       h   0      79
```

然后，添加一个搜索路径。

```
R> attach(bar)
The following objects are masked from foo:

    sex, surname
```

通知告诉我们，在搜索对象中 bar 对象优先于 foo。

```
R> search()
 [1] ".GlobalEnv"        "bar"                "foo"
 [4] "package:MASS"      "package:spatstat"   "tools:RGUI"
 [7] "package:stats"     "package:graphics"   "package:grDevices"
[10] "package:utils"     "package:datasets"   "package:methods"
[13] "Autoloads"         "package:base"
```

因此，只要直接使用 sex 或 surname 都可以访问 bar 内容，而不是 foo 内容。与此同时，仍可直接访问 foo 中未隐藏的 height 变量。

```
R> height
[1] 170 168 181 180
```

这是一个很简单的例子，但它强调在融合数据框时，列表或其他对象添加到搜索路径的潜在可能。这样，增加对象就变得很难跟踪，尤其是对有许多不同变量的大型数据集。出于这个原因，最好避免以这种方式添加对象，除非只用这个数据框。

注意，detach 用来在搜索路径中删除对象，我们以类似的方式查看了软件包。在这种情况下，我们可以简单地输入对象本身的名称。

```
R> detach(foo)
R> search()
 [1] ".GlobalEnv"        "bar"                "package:MASS"
 [4] "package:spatstat"  "tools:RGUI"         "package:stats"
 [7] "package:graphics"  "package:grDevices"  "package:utils"
[10] "package:datasets"  "package:methods"    "Autoloads"
[13] "package:base"
```

**本章重要代码**

| 函数/操作 | 简要描述 | 首次出现 |
| --- | --- | --- |
| warning | 发出警告 | 12.1.1 节 |
| stop | 抛出错误 | 12.1.1 节 |
| try | 尝试捕获错误 | 12.1.2 节 |
| Sys.sleep | 休眠（暂停）执行 | 12.2.1 节 |
| txtProgressBar | 初始化进度条 | 12.2.1 节 |
| setTxtProgressBar | 增加进度条 | 12.2.1 节 |
| close | 关闭进度条 | 12.2.1 节 |
| Sys.time | 获得本地系统时间 | 12.2.2 节 |
| detach | 从路径中删除库/对象 | 12.3.1 节 |
| attach | 添加对象到搜索路径 | 12.3.2 节 |

# 第三部分

## 统计学与概率

# 13

# 初级统计学

 统计学是将数据转化为有用信息进而刻画总体趋势、理解总体特征的一门学科。这一章将涉及统计学的基本定义并用 R 来展示。

## 13.1 描述原始数据

通常情况下,统计分析首先面对的是原始数据——换句话说,就是相关样本的记录值或者观测值。根据分析的目的,数据可以存储在 R 专门的对象中,通常为数据框(见第 5 章),然后使用第 8 章介绍的方法读入外部文件。在汇总数据或数据建模之前,最重要的是要弄清楚数据中可用的变量。

变量描述总体中个体的特征,根据变量的值可以区分出总体的不同个体。比如,在 5.2 节中,我们使用数据框 mydata 来解释说明。我们记录样本人群的年龄、性别和幽默程度,这些特征就是变量,根据测得的变量值来区分不同的个体。

变量可以是不同的形式,这由数据的特征决定。运行 R 之前,我们先看看如何描述变量。

### 13.1.1 数值型变量

数值型变量是将观测值以数值形式储存起来的变量。数值型变量分为连续型和离散型两种类型。

连续型变量可以取某个区间中的任何值,可以是任何位数(可以是无限个可能值,即使数据有取值范围的限制)。例如,如果我们观测下雨量,结果为 15mm 可以说得通,但结果为 15.421 35mm 也说得通。任何精度的测量都能给出一个有效的观测。

离散型变量只能取离散数据——如果有取值范围,那么就是有限个可能取值。例如,如果我们抛了 20 次硬币,记录观察到正面朝上的次数,结果只能是整数。观察到有 15.421 35 次正面朝上是不可能的。所有可能的结果都限制在 0~20(包括 0 和 20)的范围内。

## 13.1.2 分类变量

尽管常见的变量都是数值型变量，但是分类变量也很重要。像离散型变量一样，分类变量仅取有限个可能结果中的一种。当然，分类变量的观测值也不总是与数值型变量一样取值为数值型。

分类变量有名义变量和有序变量两种形式。名义变量是指不能按照逻辑顺序排序的分类变量，例如性别，它有男性和女性两个固定取值，并且这两个类别的顺序不相关。有序变量是指可以排序的分类变量，例如药物剂量，可能的取值为低、中、高，这些数值按照升序或降序进行排序，并且顺序可能与实验相关。

**注意** 一些统计学文章会混淆离散变量和分类变量，甚至混淆对它们的使用。虽然这种做法不一定错误，但为了清楚起见，最好对两个变量进行区分，也就是说，本书中离散型变量是指不能连续表示的数值型变量（比如计数），分类变量是指给定个体的可能结果不是数值并且是有限的。

给定一个数据集，我们要辨别出其中变量的类型。以 datasets 包中的内置数据框 chickwts 为例。在提示符后面输入如下代码，可以得到这个数据集的前 5 条记录。

```
R> chickwts[1:5,]
  weight    feed
1    179 horsebean
2    160 horsebean
3    136 horsebean
4    227 horsebean
5    217 horsebean
```

R 的帮助文档（? chickwts）对该数据集的描述，包括了 71 只雏鸡 6 周后的体重（单位为 g）以及食物类型。现在以完整向量的形式来查看这两列数据。

```
R> chickwts$weight
 [1] 179 160 136 227 217 168 108 124 143 140 309 229 181 141 260 203 148 169
[19] 213 257 244 271 243 230 248 327 329 250 193 271 316 267 199 171 158 248
[37] 423 340 392 339 341 226 320 295 334 322 297 318 325 257 303 315 380 153
[55] 263 242 206 344 258 368 390 379 260 404 318 352 359 216 222 283 332
R> chickwts$feed
 [1] horsebean horsebean horsebean horsebean horsebean horsebean horsebean
 [8] horsebean horsebean horsebean linseed   linseed   linseed   linseed
[15] linseed   linseed   linseed   linseed   linseed   linseed   linseed
[22] linseed   soybean   soybean   soybean   soybean   soybean   soybean
[29] soybean   soybean   soybean   soybean   soybean   soybean   soybean
[36] soybean   sunflower sunflower sunflower sunflower sunflower sunflower
[43] sunflower sunflower sunflower sunflower sunflower sunflower meatmeal
[50] meatmeal  meatmeal  meatmeal  meatmeal  meatmeal  meatmeal  meatmeal
[57] meatmeal  meatmeal  meatmeal  casein    casein    casein    casein
[64] casein    casein    casein    casein    casein    casein    casein
[71] casein
Levels: casein horsebean linseed meatmeal soybean sunflower
```

weight 是一个可以取任何数值的变量，即连续型数值变量。事实上，将雏鸡的体重四舍五入或就近取值并不影响其含义，因为重量本身就可以取任何数值（在合理范围内）。feed 很明显是分类变量，因为只有 6 个可能的非数值型取值，而且是名义分类变量，因为它本身没有顺序。

### 13.1.3　单变量和多变量数据

如果我们讨论或者分析的数据只有一维，那么这种数据就是单变量数据。例如之前提到的 weight 就是单变量，这是因为每个测度值由一个分量组成——一个数值。

如果考虑的数据是多维的（也就是说，每个测度值由多个分量组成），这样的数据就是多变量数据。在给定的统计分析中，仅考虑单个分量（即单变量数据）不足以解决问题时，多元测度就会变得很重要。

一个理想的例子是空间坐标。空间坐标至少考虑两个分量——水平轴 $x$ 和垂直轴 $y$。仅仅使用单变量数据是不够的，例如仅使用 $x$ 轴。在数据集 quakes（像数据集 chickwts 一样可以从 datasets 包中获得）中，包含斐济海岸的 1 000 次地震观测值。如果我们查看数据的前 5 条记录并且读取帮助文件？quakes 里的说明，就可以很快理解数据集的内容。

```
R> quakes[1:5,]
     lat    long depth mag stations
1 -20.42 181.62   562 4.8       41
2 -20.62 181.03   650 4.2       15
3 -26.00 184.10    42 5.4       43
4 -17.97 181.66   626 4.1       19
5 -20.42 181.96   649 4.0       11
```

lat 和 long 这两列提供地震发生地点的纬度和经度，depth 提供震源深度（单位为 km），mag 提供里氏震级，stations 提供检测到地震观测站的数量。如果我们对这些地震的空间维度感兴趣，只调查纬度或者经度是不够的。每一次地震的地理位置用纬度和经度两个分量来描述。我们可以很容易地画出这 1 000 次地震的地理位置。图 13-1 显示了下列代码的结果：

```
R> plot(quakes$long,quakes$lat,xlab="Longitude",ylab="Latitude")
```

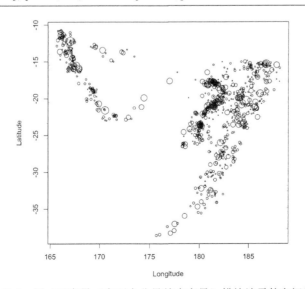

图 13-1　用二元变量（有两个分量的多变量）描绘地震的空间位置

### 13.1.4　参数和统计量

如前所述，统计学是一门涉及总体特征的学科。总体是个体的集合，或者是我们感兴趣事物的集合。总体的特征叫作参数。因为研究者很少能获得总体中每个个体相关的数据，所以通常根据样本的数据来估计总体。随后我们会用这些样本数据来估计感兴趣的参数——这些估计量就是统计量。

例如，如果我们对美国拥有猫的女性的平均年龄感兴趣，那么总体就是居住在美国并且至少养一只猫的所有女性，参数就是至少养一只猫的美国女性的真实平均年龄。当然，要获得所有养猫的美国女性的年龄是非常困难的。更合适的一个方法就是随机抽取一小部分拥有猫的美国女性并记录她们的数据——这就是样本，样本的平均年龄就是统计量。

所以，区分统计量和参数的关键就是确定特征数描述的是我们可以用来获得数据的样本还是总体。图 13-2 给出了解释，总体中所有个体的平均值 $\mu$ 是参数，从总体中抽取的样本的平均值 $\bar{x}$ 是统计量。

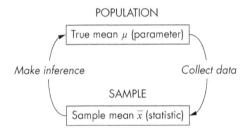

图 13-2　以平均值为例来说明参数和统计量的概念图

---

### 练习 13.1

a. 辨别下列变量是连续型数值变量、离散型数值变量还是分类变量。

　i. 出厂的汽车发动机盖的瑕疵数量。

　ii. 调查受访者以获得他们的满意度：非常同意、同意、中立、不同意、非常不同意。

　iii. 音乐会的噪声级（单位为分贝）。

　iv. 噪声级的 3 个等级：高，中，低。

　v. 选取三原色中的一个。

　vi. 一只猫和一只老鼠之间的距离。

b. 辨别下列变量是总体参数还是样本统计量。如果是样本统计量，请指出对应的总体参数。

　i. 50 名新西兰人中拥有游戏机的人所占的比例。

　ii. 3 个汽车发动机盖上瑕疵平均值与美国人家中养的猫戴有项圈的比例。

　iii. 一年中一台自动售货机平均每天使用次数。

　iv. 以一年中不同的 3 天收集的数据为依据，计算一年中一台自动售货机平均每天的使用次数。

---

## 13.2　统计概要

我们已经学习了基本术语，现在使用 R 计算统计量。在这一节中，我们将学习一些用来概括不同类型变量的常见统计量。

## 13.2.1 集中趋势：均值、中位数、众数

通常，集中趋势通过描述数值型观测值的中心来解释大量数据集合。最常见的是用算术平均数来测度中心趋势，也就是观测值集合的中心"平衡点"。

由 $n$ 个数字型测度值 $x=\{x_1, x_2, \cdots, x_n\}$ 组成的数据集，可以用如下公式计算样本均值 $\bar{x}$：

$$\bar{x} = \frac{(x_1 + x_2 + \cdots + x_n)}{n} = \frac{1}{n}\sum_{i=1}^{n} x_i \tag{13.1}$$

例如，现有观测数据 2，4.4，3，3，2，2.2，2，4，其均值计算如下：

$$\frac{2+4.4+3+3+2+2.2+2+4}{8} = 2.825$$

中位数是观测值的"中等大小"，如果把观测值按照从小到大排序，就会发现中位数要么是中间值（如果有奇数个观测值），要么是两个中间值的均值（如果有偶数个观测值）。根据 $n$ 个测度值 $x=\{x_1, x_2, \cdots, x_n\}$，通过如下方法计算样本中位数 $\bar{m}_x$：

- 按照从小到大的顺序将观测值排列，即得到"顺序统计量" $x_i^{(1)}, x_j^{(2)}, \cdots, x_k^{(n)}$，忽略编号 $i$，$j$，$k$，$\cdots$，$x_i^{(t)}$ 指第 $t$ 个最小观测值。
- 中位数计算，如下：

$$\bar{m}_x = \begin{cases} x_i^{\left(\frac{n+1}{2}\right)}, & \text{当}n\text{为奇数时} \\ \left(x_i^{\left(\frac{n}{2}\right)} + x_j^{\left(\frac{n}{2}+1\right)}\right)/2, & \text{当}n\text{为偶数时} \end{cases} \tag{13.2}$$

对于上述观测值，按升序排列的结果是 2，2，2，2.2，3，3，4，4.4。由观测个数 $n=8$ 可得 $n/2=4$。所以均值是：

$$\left(x_i^{(4)} + x_j^{(5)}\right)/2 = (2.2+3)/2 = 2.6$$

众数是指出现"最频繁"的观测值，常用于离散型而非连续型数据，同时，它要结合之后学习的区间使用（通常在讨论密度函数时使用，见第 15 章和第 17 章）。由 $n$ 个数值型观测值 $x1,x2,\cdots,x_n$ 组成的数据集可能没有众数（每个观测值是不同的），也有可能有多个众数（不只一个数值出现的次数最多）。要找出众数 $\bar{d}_x$，只需要列出每个观测值的频数。

使用之前例子中的 8 个观测值，可以得到如下表格：

| 观测值 | 2 | 2.2 | 3 | 4 | 4.4 |
|---|---|---|---|---|---|
| 频数 | 3 | 1 | 2 | 1 | 1 |

数字 2 出现次数比其他数字出现的次数多，出现了 3 次，所以这些数字的唯一众数是 2。

在 R 中，通过 mean（均值）和 median（中位数）可以很容易地计算出算术平均数和中位数。首先，将 8 个观测值储存为数值向量 xdata。

```
R> xdata <- c(2,4.4,3,3,2,2.2,2,4)
```

然后计算统计量。

```
R> x.bar <- mean(xdata)
R> x.bar
[1] 2.825
R> m.bar <- median(xdata)
R> m.bar
[1] 2.6
```

在 R 中，用 table 函数求众数比较麻烦，因为 table 函数可以给出观测值的频数。

```
R> xtab <- table(xdata)
R> xtab
xdata
  2 2.2   3   4  4.4
  3   1   2   1    1
```

尽管结果给出了数据集的众数，但最好的做法是编写能够自动识别频数的最大观测值的代码。函数 min 和 max 分别可以给出最小值和最大值，函数 range 返回包含极端值、长度为 2 的向量。

```
R> min(xdata)
[1] 2
R> max(xdata)
[1] 4.4
R> range(xdata)
[1] 2.0 4.4
```

如果将上述函数用于 table，则这些命令将用于刚才输出的频数。

```
R> max(xtab)
[1] 3
```

最后，我们创建了逻辑标记向量来获得 table 众数。

```
R> d.bar <- xtab[xtab==max(xtab)]
R> d.bar
2
3
```

这里，2 是观测值，3 是观测值频数。

现在我们来看之前在 13.1.2 节中用过的数据集 chickwts。使用如下代码可以计算出雏鸡体重的平均值和中位数：

```
R> mean(chickwts$weight)
[1] 261.3099
R> median(chickwts$weight)
[1] 258
```

我们也可以使用 13.1.3 节中的数据集 quakes。通过以下代码可以得到最频繁的震级，结果表明有 107 次地震的震级是 4.5 级。

```
R> Qtab <- table(quakes$mag)
R> Qtab[Qtab==max(Qtab)]
4.5
107
```

**注意**  实际上有多种方法可用于计算中位数，这些不同方法对结果的影响可以忽略不计。这里，我们仅仅
使用 R 中的内置数据集作为"样本"。

如果数据集中有缺失值或者有未定义的变量（NA 或 NaN），R 中的许多函数将无法从这样的
数据结构中计算出统计量。例如：

```
R> mean(c(1,4,NA))
[1] NA
R> mean(c(1,4,NaN))
[1] NaN
```

为了防止用户在不知情的情况下忽略未定义变量 NaN 或缺失值 NA，在运行函数（例如函数
mean）时，R 在默认情况下不会忽视这些特殊值——因此 R 不会返回我们的预期结果。当然，我
们也可以将可选参数 na.rm 设置为 TRUE，该强制函数只作用于数据集中的数值型数据。

```
R> mean(c(1,4,NA),na.rm=TRUE)
[1] 2.5
R> mean(c(1,4,NaN),na.rm=TRUE)
[1] 2.5
```

当知道可能存在数据缺失而且结果只能根据观测值计算得到的时候，才可以使用参数 na.rm。
我们之前讨论过的函数例如 sum、prod、mean、median、max、min 和 range——从本质上来说，
在数字向量的基础上计算数字统计量的任何函数——都可以使用参数 na.rm。

最后，在简单计算概括统计量时，根据特定分类变量分组的数据，使用 tapply 函数得到要求
的统计量是非常有用的。例如，按照饲养类型分组，我们希望获得雏鸡平均体重。一种方法是对
每个数据子集使用函数 mean。

```
R> mean(chickwts$weight[chickwts$feed=="casein"])
[1] 323.5833
R> mean(chickwts$weight[chickwts$feed=="horsebean"])
[1] 160.2
R> mean(chickwts$weight[chickwts$feed=="linseed"])
[1] 218.75
R> mean(chickwts$weight[chickwts$feed=="meatmeal"])
[1] 276.9091
R> mean(chickwts$weight[chickwts$feed=="soybean"])
[1] 246.4286
R> mean(chickwts$weight[chickwts$feed=="sunflower"])
[1] 328.9167
```

这种方法既麻烦又冗长。但如果使用函数 tapply，仅通过一行代码就可以计算出相同分组的结果。

```
R> tapply(chickwts$weight,INDEX=chickwts$feed,FUN=mean)
   casein horsebean   linseed meatmeal   soybean sunflower
 323.5833   160.2000  218.7500 276.9091  246.4286  328.9167
```

这里，第一个参数是处理数字型向量，参数 INDEX 为分组变量，参数 FUN 为函数名，此函数作用于第一个参数，指明数据中按照参数 INDEX 划分的每个子集。就像我们看到的，需要用户编写另一个函数来控制其他函数，tapply 包含省略号（见 9.2.5 节和 11.2.4 节），如果需要，允许用户进一步为 FUN 提供参数。

## 13.2.2　计数、百分比和比例

本节中，我们将学习非数值型的汇总数据。例如，不需要让 R 计算分类变量的均值，但有时候需要计算每个分类中观测值的个数——这些计数或者频数表示分类数据中最基本的汇总统计量。

这里使用了在 13.2.1 节中计算众数时的方法，可以再次使用 table 命令来获得观测值频率。在数据集 chickwts 中，雏鸡食物由 6 种类型的饲料组成。可以使用下面的代码直接获得这些因子水平的计数：

```
R> table(chickwts$feed)

   casein horsebean   linseed meatmeal   soybean sunflower
       12        10        12       11        14        12
```

通过计算可以得到每个分类的观测值比例，我们可以从这些计数中得到更多的信息，这使得多个数据集之间具有可比性。比例代表每类观测值所占的比重，通常用 0~1（包括边界）的小数（浮点数）表示。要计算比例，只需要修改之前的计数函数，用计数（或频数）除以样本量（使用函数 nrow 获得对应数据集的样本量，见 5.2 节）。

```
R> table(chickwts$feed)/nrow(chickwts)

     casein horsebean   linseed  meatmeal   soybean sunflower
  0.1690141 0.1408451 0.1690141 0.1549296 0.1971831 0.1690141
```

当然，不需要每次都通过 table 函数来完成关于计数的操作。在 R 中，可以使用逻辑标记向量的简单求和函数 sum，对逻辑结构进行数字化处理，其中 TRUE 默认为 1，FALSE 默认为 0（见 4.1.4 节）。这样求和可以得到我们希望的频数，但是要得到比例仍需除以样本总量。因此，这就等价于计算逻辑标记向量的均值。例如，我们要计算喂食大豆的雏鸡所占的比例，以下两种计算方式给出了相同的结果，均约为 0.197。

```
R> sum(chickwts$feed=="soybean")/nrow(chickwts)
[1] 0.1971831
R> mean(chickwts$feed=="soybean")
```

```
[1] 0.1971831
```

我们也可以使用这种方法来计算组合样本的比例，通过逻辑运算符可以轻松实现（见 4.1.3 节）。通过如下代码计算喂食大豆或者蚕豆的雏鸡所占的比例：

```
R> mean(chickwts$feed=="soybean"|chickwts$feed=="horsebean")
[1] 0.3380282
```

同样，tapply 函数也可以应用于此。这一次，为了得到食用每种食物雏鸡的比例，我们可以定义参数 FUN 为所需要计算的无名函数。

```
R> tapply(chickwts$weight,INDEX=chickwts$feed,
        FUN=function(x) length(x)/nrow(chickwts))
   casein horsebean   linseed  meatmeal   soybean sunflower
0.1690141 0.1408451 0.1690141 0.1549296 0.1971831 0.1690141
```

这里的自定义函数用虚拟参数 $x$ 定义。我们用虚拟变量来表示函数 FUN 应用于每个食物分类中雏鸡的体重向量。因此，要得到所求比例，就需要将 $x$ 的观测值除以总观测值。

注意，最后一个函数是 round 函数，将输出的数字型数据四舍五入到一定的小数位。我们仅需要将 round 函数用于数字向量（或者向量、其他合适的数据结构），当然，也可以定义我们希望的四舍五入的小数位（比如参数 digits）。

```
R> round(table(chickwts$feed)/nrow(chickwts),digits=3)

   casein horsebean   linseed  meatmeal   soybean sunflower
    0.169     0.141     0.169     0.155     0.197     0.169
```

这次的输出结果一目了然。如果设置 digit=0（默认值），结果就会经过四舍五入，成为最接近的整数。

在下面的练习开始之前，有必要简单描述一下比例和百分比的关系。两者含义相同，唯一的区别是进位制：百分比是比例乘以 100。所以食用大豆雏鸡的百分比近似为 19.7%。

```
R> round(mean(chickwts$feed=="soybean")*100,1)
[1] 19.7
```

因为比例的取值范围为[0,1]，百分比的取值范围为[0,100]。

大多数统计学家使用比例而非百分比，是因为比例可直接用于表示概率（见第 15 章）。当然，在有些情况下，统计学家会偏向于使用百分比，比如基本数据汇总或定义百分位数（在 13.2.3 节会详细介绍）。

---

### 练习 13.2

a. 获得数据框 quakes 中地震深度为 300km 及以上的地震次数所占的比例，并四舍五入为两位小数。

b. 在数据集 quakes 中，计算地震深度为 300km 及以上震级的平均数和中位数。

c. 利用数据集 chickwts 编写 for 循环语句，输出食用每种食物的雏鸡平均体重——结果与 13.2.1 节中 tapply 函数输出的结果相同。显示的结果四舍五入为一位小数。在输出结果时，确保每个均值都有相应的食物标签。

另一个将使用数据集 InsectSprays（可从 datasets 包中加载），其中包含不同农业单位查出的昆虫数量和在每个农业单位使用的杀虫剂类型。在提示符后面获得数据框，然后读帮助文件？InsectSprays，输出两个变量。

d. 确定 InsectSprays 中两种变量的类型。（每种变量定义参见 13.1.1 节和 13.1.2 节）

e. 忽略杀虫剂的种类，计算昆虫数量分布的众数。

f. 使用 tapply 函数输出每种杀虫剂的昆虫总数。

g. 使用与 c 题中相同的 for 循环语句，计算每种杀虫剂分类下至少有五种昆虫的农业单位所占的比例。输出结果时，将结果四舍五入为最接近的整数。

h. 使用 tapply 函数和自定义函数获得 g 题中相同的数字结果，并对结果进行四舍五入。

## 13.2.3 四分位数、百分位数和五分位数概括法

再次思考原始观测值。观测值分布是一个重要的统计概念，并且这是接下来的第 15 章中分布的主要性质。

我们可以通过四分位数来更深入地了解一组观察值的分布。四分位数是从一组数值测量结果中计算得到的数值，表明与其他所有观测值相比较，该观测值的顺序。例如，中位数（见 13.2.1 节）本身是一个四分位数——它告诉我们有一半的观测值都比该数值低——这就是 0.5 四分位数。或者，四分位数也可以表示为百分位数——两者是相同的，只不过百分比形式的取值范围是 0～100。换句话说，p 分位数等于 100×p 百分位数。所以，中位数是第 50 百分位数。

可以使用不同的方法来计算分位数和百分位数。这些方法都是将观测值从小到大进行排序，使用某种形式加权平均找到对应于 p 的数值，但是在其他统计软件中，结果可能略有不同。

在 R 中，quatile 函数可以求得分位数和百分位数。使用向量 xdata 中的第八个观测值，0.8 分位数（或是 80%）为 3.6：

```
R> xdata <- c(2,4.4,3,3,2,2.2,2,4)
R> quantile(xdata,prob=0.8)
80%
3.6
```

正如我们看到的，quantile 函数将数字向量设为第一个参数，将数值赋给后面的参数 prob，来指明感兴趣的分位数。事实上，prob 可以取一个分位数的数值向量，这在计算多个分位数时会很方便。

```
R> quantile(xdata,prob=c(0,0.25,0.5,0.75,1))
  0%  25%  50%  75% 100%
2.00 2.00 2.60 3.25 4.40
```

这里，我们使用 quantile 函数得到 xdata 的五分位数，包括 0（最小值）、25%、50%、75% 和

100%（最大值）。0.25 分位数被称为第一个四分位数或下四分位数，0.75 分位数被称为第三个四分位数或上四分位数。注意 xdata 的 0.5 分位数等于中位数（在第 13.2.2 节中用 median 函数计算出该值为 2.6）。中位数是第二个四分位数，最大值是第四个四分位数。

除了 quantile 函数，还可以使用其他方法得到这 5 个数字。当 summary 函数处理数字向量时，会输出这些统计量，同时会自动输出均值。

```
R> summary(xdata)
   Min. 1st Qu. Median  Mean 3rd Qu. Max.
  2.000   2.000  2.600 2.825   3.250 4.400
```

计算 chickwts 中雏鸡重量的下四分位数和上四分位数。

```
R> quantile(chickwts$weight,prob=c(0.25,0.75))
  25%   75%
204.5 323.5
```

这说明 25% 的雏鸡体重等于或低于 204.5g，75% 的雏鸡的体重等于或低于 323.5g。

使用数据集 quakes，来计算斐济海岸发生深度小于 400km 的地震的震级的 5 个统计量（包括均值）。

```
R> summary(quakes$mag[quakes$depth<400])
   Min. 1st Qu.  Median    Mean 3rd Qu.   Max.
   4.00    4.40    4.60    4.67    4.90   6.40
```

从上述内容来看，在解释测量值的分布时，分位数非常重要。从结果可以看出，在深度小于 400km 的地震中，大部分震级在均值 4.6 级附近，第一个四分位数和第三个四分位数分别为 4.4 和 4.9。除此之外，我们也可以发现最大值距离上四位分数比最小值距离下四分位数更远，说明这是一个向正（即向右）倾斜的偏态分布。均值比中位数大也可以证明这一点，因为均值被较大值“向上拉动”。

我们将在第 14 章使用基本统计图研究数据时继续探讨这些，在第 15 章正式学习与此相关的术语。

### 13.2.4　离散程度：方差、标准差和四分位差

在 13.2.1 节中，集中度的测度很好地说明了测量值汇聚在哪里，但是平均数、中位数和众数不能够描述数据的分布。这时就需要测量离散程度。

在此使用前边的由 8 个假设观测值构成的向量：

```
R> xdata <- c(2,4.4,3,3,2,2.2,2,4)
```

还有另外 8 个观测值构成的向量：

```
R> ydata <- c(1,4.4,1,3,2,2.2,2,7)
```

尽管这两个数据集不同，但它们有相同的算术平均数。

```
R> mean(xdata)
[1] 2.825
```

```
R> mean(ydata)
[1] 2.825
```

现在我们在同一张图中画出这两个向量，每个向量都有一条水平线，代码如下：

```
R> plot(xdata,type="n",xlab="",ylab="data vector",yaxt="n",bty="n")
R> abline(h=c(3,3.5),lty=2,col="gray")
R> abline(v=2.825,lwd=2,lty=3)
R> text(c(0.8,0.8),c(3,3.5),labels=c("x","y"))
R> points(jitter(c(xdata,ydata)),c(rep(3,length(xdata)),
                              rep(3.5,length(ydata))))
```

我们已经学习了第 7 章中 R 的基本绘图函数，需要说明的是 xdata 和 ydata 中的观测值不止出现了一次，我们可以随机略微改变它们，以防止重复作图，这有助于视觉上的解释。这一步称为抖动，在绘图之前，将数字向量传递到 jitter 函数上来实现。此外，注意，在任何时候用 yaxt="n"来表示不绘制 y 轴；同样地，bty="n"表示不绘制图形的边框（我们将在第 23 章学习关于图形绘制的更多内容）。

图 13-3 显示的结果提供了有价值的信息。尽管 xdata 和 ydata 的平均数相同，但是很容易看出 ydata 观测值在数据平均值周围的离散程度比 xdata 更大。我们用方差、标准差和四分位差来量化离散程度。

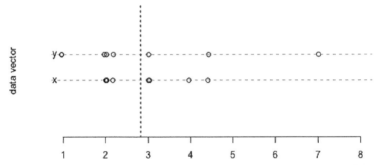

图 13-3 比较了两组平均值（用垂直的虚线标出）相同但离散程度不同的向量。轻微抖动相同的观测值

样本方差用来测度观测值在算术平均数周围的离散程度。方差是每个观测值与平均数之间距离的均方平方和。由 $n$ 个观测值组成的 $x = \{x_1, x_2, \cdots, x_n\}$，其样本方差 $s_x^2$ 的计算如下，$\overline{x}$ 是式（13.1）中的样本均值：

$$s_x^2 = \frac{(x_1 - \overline{x})^2 + (x_2 - \overline{x})^2 + \cdots + (x_n - \overline{x})^2}{n-1} = \frac{1}{n-1}\sum_{i=1}^{n}(x_i - \overline{x})^2 \qquad (13.3)$$

例如，如果以 8 个观测值 2，4.4，3，3，2，2.2，2，4 为例，样本方差的计算如下（保留 3 位小数）：

$$\frac{(2-2.825)^2 + (4.4-2.825)^2 + \cdots + (4-2.825)^2}{7}$$
$$= \frac{(-0.825)^2 + 1.575^2 + \cdots + 1.175^2}{7}$$
$$= \frac{6.355}{7} = 0.908$$

标准差是方差平方根。因为方差代表平均距离的平方，所以标准差可用于解释原始观测值的规模。对于标记上相同符号的 $n$ 个观测值样本，样本标准方差 $s$ 是式（13.3）的平方根。

$$s_x = \sqrt{s^2} = \sqrt{\frac{1}{n-1}\sum_{i=1}^{n}(x_i - \bar{x})^2} \qquad (13.4)$$

例如，在之前计算得到的样本方差基础上，8 个观测值的标准差计算如下（保留 3 位小数）：

$$\sqrt{0.908} = 0.953$$

所以，结果可以粗略解释为每个观测值与均值的平均距离是 0.953。

与方差和标准差不同，四分位差（IQR）不是由样本均值计算得到的。IQR 用以测度中间 50% 数据的宽度，也就是中位数两侧 0.25 分位数之间的距离。所以，IQR 是数据的上四分位数和下四分位数之间的距离。$Q_x(\cdot)$ 表示分位数函数（正如 13.2.3 节的定义），给出 IQR 的计算公式：

$$IQR_x = Q_x(0.75) - Q_x(0.25) \qquad (13.5)$$

R 中直接用于计算方差、标准差和 IQR 的是函数 var、sd 和 IQR。

```
R> var(xdata)
[1] 0.9078571
R> sd(xdata)
[1] 0.9528154
R> IQR(xdata)
[1] 1.25
```

我们可以用平方根函数 sqrt 来处理函数 var 的结果，以确定样本方差和标准差之间的关系，计算第三个四分位数和第一个四分位数之差来求四分位差。

```
R> sqrt(var(xdata))
[1] 0.9528154
R> as.numeric(quantile(xdata,0.75)-quantile(xdata,0.25))
[1] 1.25
```

注意，as.numeric 函数（见 6.2.4 节）用以删除 quantile 函数结果中的百分数注释（R 默认标注）。

现在，我们来计算 ydata 的标准差和 IQR。

```
R> sd(ydata)
[1] 2.012639
R> IQR(ydata)
[1] 1.6
```

ydata 的数据规模与 xdata 相同，结果正如图 13-3 所看到的——前者的观测值比后者更分散。

接下来我们再看两个例子，数据集 chickwts 和 quakes。在 13.2.1 节计算得到所有雏鸡的平均体重是 261.3099g。可以用如下代码计算雏鸡体重的标准差：

```
R> sd(chickwts$weight)
[1] 78.0737
```

这意味着，每只雏鸡的体重与平均值的差是 78.1g（尽管严格来讲，这只是距离平方和的平方根，参见下面的注解）。

在 13.2.3 节，使用 summary 函数获得数据集 quakes 的部分地震震级的 5 个分位数。回顾之前结果的第一个四分位数和第三个四分位数（分别参见 4.4 节和 4.9 节），我们可以算出这部分地震事件的 IQR 是 0.5。通过使用 IQR 函数可以验证。

```
R> IQR(quakes$mag[quakes$depth<400])
[1] 0.5
```

说明观测值中间 50%数据的宽度是 0.5（单位为里氏震级）。

**注意** 这里方差的定义（以及标准差）仅用于 "样本估计量"，R 默认公式的除数是 $n-1$。利用手上数据作为样本来估计更大总体时，用到的就是改进以后的公式。在这些情况下，改进公式更准确，提供了所谓总体变量的无偏估计值。所以，我们不是刚好计算 "距离平方的平均值"，尽管近似这样认为，但是随着 $n$ 增大，两者的计算结果逐渐接近。

---

## 练习 13.3

a. 利用数据框 chickwts 计算所有雏鸡体重的第 10、30、90 百分位数，然后用 tapply 函数确定雏鸡最大体重的方差对应哪一种食物。

b. 利用 quankes 中的地震数据来完成以下操作：

　i. 找出地震深度的 IQR。

　ii. 找出深度为 400km 及以上地震震级的 5 个统计量，比较 13.2.3 节中小于 400km 的地震震级的概要，简要说明你发现了什么。

　iii. 利用所学到 cut 函数（见 4.3.3 节）的知识来创建名称为 depthcat 的因子矩阵，将 quakes$depth 均匀分割为 4 个区间，当使用 levels(depthcat)时得到以下的输出结果：

```
R> levels(depthcat)
[1] "[40,200)" "[200,360)" "[360,520)" "[520,680]"
```

　iv. 找出震级的样本均值和标准差，以 depthcat 进行分类计算。

　v. 使用 tapply 函数计算震级的 0.8 分位数，以 depthcat 分类计算。

---

## 13.2.5 协方差和相关系数

在分析数据时，经常研究两个数值型变量之间的关系来估计趋势。例如，我们可能认为身高和体重之间有显著正向关系——越高的人可能体重越重。相反，我们可能认为手掌大小与头发长度几乎没有关系。量化这种相关关系最简单最常见的方法就是相关系数，为此我们还需要协方差。

协方差表示两个数值型变量在什么程度上 "一起变化"，两者之间是正相关关系还是负相关关系。假设由 $n$ 个观测值构成样本，两个变量的取值分别是 $x=\{x_1,x_2,\cdots,x_n\}$，$y=\{y_1,y_2,\cdots,y_n\}$ $(i=1,\cdots,n)$，$x_i$ 与 $y_i$ 相对应。样本协方差 $r_{xy}$ 的计算公式如下，其中 $\bar{x}$ 和 $\bar{y}$ 分别为样本均值：

$$r_{xy} = \frac{1}{n-1}\sum_{i=1}^{n}(x_i - \bar{x})(y_i - \bar{y}) \tag{13.6}$$

如果 $r_{xy}>0$，那么 $x$ 和 $y$ 之间可能存在正线性关系——$y$ 随着 $x$ 的增加而增加。如果 $r_{xy}<0$，那么 $x$ 和 $y$ 之间可能存在负线性关系——$y$ 随着 $x$ 的增加而减少，反之亦然。如果 $r_{xy}=0$，那么 $x$ 和 $y$ 之间没有线性关系。式中 $x$ 和 $y$ 的顺序不影响结果，即 $r_{xy}=r_{yx}$。

以原来的 8 个观测值为例，$x=\{2, 4.4, 3, 3, 2, 2.2, 2, 4\}$，$y=\{1, 4.4, 1, 3, 2, 2.2, 2, 7\}$。注意 $x$ 和 $y$ 有相同的平均数。这两组观察值的样本协方差计算如下（保留 3 位小数）：

$$\frac{(2-2.825)\times(1-2.285)+\cdots+(4-2.825)\times(7-2.825)}{7}$$
$$=\frac{(-0.825)(-1.825)+\cdots+(1.175)(4.175)}{7}$$
$$=\frac{10.355}{7}=1.479$$

结果是正数，说明 $x$ 和 $y$ 之间可能存在正向关系。

相关系数可从相关关系的方向和强度两方面进一步解释协方差。有几种不同类型的相关系数，最常用的是 Pearson 相关系数，这也是 R 中默认的相关系数（这就是本章我们将使用的估计量）。Pearson 样本相关系数 $\rho_{xy}$ 通过样本协方差除以每个数据集的标准差的乘积计算求得。$r_{xy}$ 对应于式（13.6），$s_x$ 和 $s_y$ 对应于式（13.4）。

$$\rho_{xy} = \frac{r_{xy}}{s_x s_y}, \tag{13.7}$$

$\rho_{xy}$ 的范围是 [-1,1]。

当 $\rho_{xy}=-1$ 时，$x$ 和 $y$ 之间存在负线性关系。当 $\rho_{xy}<0$ 时，$x$ 和 $y$ 之间存在负相关关系，$\rho_{xy}$ 越接近 0 相关关系越弱。当 $\rho_{xy}=0$ 时，$x$ 和 $y$ 之间没有相关关系。当 $\rho_{xy}>0$ 时，$x$ 和 $y$ 之间有正相关关系，$\rho_{xy}$ 越接近 1 说明 $x$ 和 $y$ 之间相关关系越强，$\rho_{xy}=1$ 说明 $x$ 和 $y$ 之间存在正线性关系。

如果我们用在 13.2.4 节中计算得到的 $x$ 与 $y$ 的标准差（$s_x=0.953$，$s_y=2.013$，保留 3 位小数），两者的相关系数结果如下：

$$\frac{1.479}{0.953\times2.013}=0.771$$

$\rho_{xy}$ 和 $r_{xy}$ 一样为正，0.771 说明 $x$ 和 $y$ 之间有中等强度的相关关系。同时有 $\rho_{xy}=\rho_{yx}$。

R 中函数 cov 和 cor 可用来计算样本协方差和相关系数，我们只需要提供两个对应数值的向量。

```
R> xdata <- c(2,4.4,3,3,2,2.2,2,4)
R> ydata <- c(1,4.4,1,3,2,2.2,2,7)
R> cov(xdata,ydata)
[1] 1.479286
R> cov(xdata,ydata)/(sd(xdata)*sd(ydata))
[1] 0.7713962
R> cor(xdata,ydata)
[1] 0.7713962
```

可以在坐标图上画出两组观测值的散点图（更多的例子参见 14.4 节）。执行以下代码，可得到图 13-4。

```
R> plot(xdata,ydata,pch=13,cex=1.5)
```

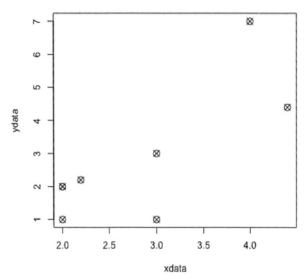

图 13-4 绘制 xdata 和 ydata 的散点图来说明相关系数

如前所述，相关系数估计两组观测值之间线性关系的性质，如果我们看到图 13-4 的点形成图形并想象一条代表所有点的直线，可以通过这些点距离直线有多近来确定线性关系的强度。这些点越接近这条直线，$\rho_{xy}$ 越接近 1 或−1。方向由直线斜率来确定——如果直线向右上方倾斜说明正相关关系，如果直线向右下方倾斜说明负相关关系。考虑到这一点，根据之前的计算，图 13-4 中点估计的相关性是有意义的。xdata 和 ydata 的点构成一条粗略的直线，两个数据集中的点似乎是同步变化的，但这样的线性相关绝不是完美的。我们将在第 20 章来学习如何用"最理想"或"最好"的直线来拟合这些数据。

为了帮助理解相关系数，图 13-5 是不同的散点图，每个图中有 100 个点。这些人工随机产生的点服从预设的 $\rho_{xy}$，$\rho_{xy}$ 标记在每个图的上方。

第一行散点图表示有负相关的点，第二行散点图表示有正相关的点。这些都符合预期的——直线方向表示负相关或正相关趋势，并且相关系数的极值对应于最紧密的"完美直线"。

第三行也就是最后一行显示了数据集的相关系数为 0，说明观测值 x 和 y 之间没有线性关系。中间和最右边的图非常重要，因为 Pearson 相关系数只能辨别出"直线"相关关系；最后两张图很明显有某种趋势或图案，但是相关系数不适合描述这些趋势。

最后，我们再来看看 quakes 数据。两个变量分别是 mag（每次地震的震级）和 stations（检测到地震观测站的数量）。用下面代码绘制以 stations 为 y 轴，mag 为 x 轴的图形：

```
R> plot(quakes$mag,quakes$stations,xlab="Magnitude",ylab="No. of stations")
```

图 13-6 是运行的结果。

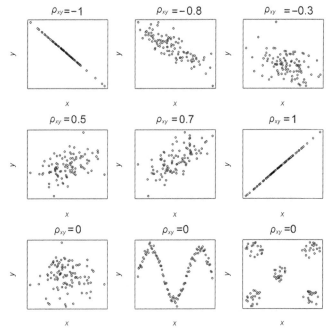

图 13-5 人工产生的观测值 $x$ 和 $y$ 来解释给定相关系数

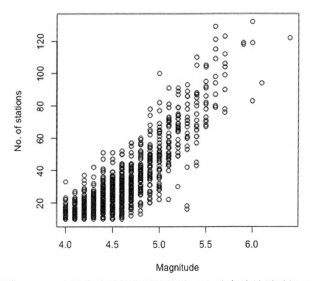

图 13-6 数据集 quakes 中报告地震的监测站数量（$y$）和每次地震震级（$x$）的散点图

从垂直方向看，震级似乎是以一定精度水平记录（这是由准确测量地震震级的困难造成）的。而且，在散点图中可清晰地看到正相关关系（震级越高，能够检测到的监测站越多），计算得到的正协方差可以证明这一点。

```
R> cov(quakes$mag,quakes$stations)
[1] 7.508181
```

Pearson 相关系数表明线性关系很强，这与从图中看到的相一致。

```
R> cor(quakes$mag,quakes$stations)
[1] 0.8511824
```

**注意** 要记住相关并不意味着因果关系。当我们发现两个变量有强关联效应时，并不意味着其中一个会导致另一个。因果关系是很难证明的，即使在大多数受控的情况下，相关系数也仅仅是度量了变量之间的关系。

如前所述，还有其他表示相关性的方法可以使用：等级相关系数，例如斯皮尔曼等级相关系数和肯德尔等级相关系数，与 Pearson 相关系数不同的是，它们不要求相关关系是线性的。这些可以通过设置 cor 函数中的可选参数 method（详情参见？cor）来实现。Pearson 相关系数是最常见的，当然，在线性回归中也会使用，我们将在第 20 章学习这些。

### 13.2.6 异常值

异常值是看起来与其余数据"不匹配"的观测值。当与其他大量数据相比较时，其是一个显著的极端值。在某些情况下，我们可能怀疑极端观测值和其他观测值不是由相同的机制产生的，但还没有明确的数学规则可以用来判断什么是奇异值。例如，假设有 10 个数据点并保存在 foo 里面。

```
R> foo <- c(0.6,-0.6,0.1,-0.2,-1.0,0.4,0.3,-1.8,1.1,6.0)
```

使用第 7 章中的方法（以及创建图 13-3 的方法），可以在一条线上绘出 foo，如下所示：

```
R> plot(foo,rep(0,10),yaxt="n",ylab="",bty="n",cex=2,cex.axis=1.5,cex.lab=1.5)
R> abline(h=0,col="gray",lty=2)
R> arrows(5,0.5,5.9,0.1,lwd=2)
R> text(5,0.7,labels="outlier?",cex=3)
```

输出结果为图 13-7a。

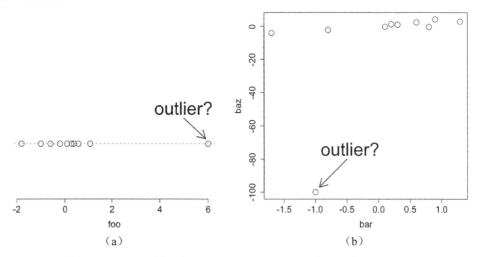

图 13-7 （a）解释单一变量的奇异值 （b）二元变量的奇异值的定义

从图 13-7 中可以看到多数观测值集中在 0 附近，但是 6 这个值很远。给出二元变量的奇异值，我们使用另外两个向量 bar 和 baz，如下所示：

```
R> bar <- c(0.1,0.3,1.3,0.6,0.2,-1.7,0.8,0.9,-0.8,-1.0)
R> baz <- c(-0.3,0.9,2.8,2.3,1.2,-4.1,-0.4,4.1,-2.3,-100.0)
```

用下面的代码绘制出图 13-7b。

```
R> plot(bar,baz,axes=T,cex=2,cex.axis=1.5,cex.lab=1.5)
R> arrows(-0.5,-80,-0.94,-97,lwd=2)
R> text(-0.45,-74,labels="outlier?",cex=3)
```

识别奇异值很重要，因为它们会对任何统计计算或者模型拟合产生潜在影响。为此，许多研究者在计算结果之前会试图识别出可能的奇异值，使用基础概括统计量和数据可视化的工具（参见第 14 章）来进行"探究性"分析。

奇异值可以自然产生，从总体中产生"真实"或者准确的观测值；奇异值也可以人为产生，"污染"的数据混入样本中，例如输入数据错误。所以，通常在分析之前需要剔除任何非自然产生的奇异值，但在实际中并不总是那么容易，因为造成奇异值的原因很难确定。在某些情况下，研究者通过两种方式进行分析——输出包含和剔除任何观察到的奇异值的结果。

考虑到这一点，回到图 13-7a，可以看到包含所有观测值时，会得到：

```
R> mean(foo)
[1] 0.49
```

当然，剔除掉可能的奇异值 6，结果是：

```
R> mean(foo[-10])
[1] -0.1222222
```

这里突出一个极端观测值产生的影响。如果没有任何关于样本的附加的信息，就很难确定是否应该剔除奇异值 6。例如，如果我们计算图 13-7b 所示 bar 和 baz 的相关系数，奇异值会对结果产生同样的影响（可能的奇异值即第 10 个观测值对结果产生影响）。

```
R> cor(bar,baz)
[1] 0.4566361
R> cor(bar[-10],baz[-10])
[1] 0.8898639
```

可以看到，如果没有奇异值，数据相关性更强。

在实际中，是否剔除奇异值是很难确定的。在现阶段，重要的是要了解奇异值对分析产生的影响，并且在统计研究之前应检查一下原始数据。

**注意**　极端观测值对数据分析产生的影响程度不仅取决于极端性，而且取决于统计量。例如，样本均值与奇异值高度相关，剔除或者包括奇异值的结果就会大不相同，所以任何依赖于均值的统计量，例如方差或协方差也会受到影响。分位数以及相关统计量，例如中位数或 IQR 不会受到奇异值的影响，这种统计性质称为稳健性。

练习 13.4

a. 在练习 7.1 的 b 题中，绘制身高和体重的测量值。现在计算这两个变量观测数据的相关系数。

b. 使用 R 的内置数据集 mtcars，包含 32 辆汽车性能方面的数据。

  i. 确保在提示符后面输入 mtcars，以得到数据框。然后查看帮助文件来确定显示的数据类型。

  ii. 有两个变量描述汽车的马力和行驶 1/4 英里所需的最短时间。运用 R 基础绘图工具，绘制出这两个数据向量，其中以马力为 $x$ 轴，以时间为 $y$ 轴，并计算相关系数。

  iii. 确定 mtcars 与传输类型对应的变量。运用 R 中关于因子的知识，用这个变量来创建一个新的因子，名称为 "tranfac"。其中，手动挡汽车标记为 "manul"，自动挡汽车标记为 "auto"。

  iv. 现在使用 ggplot2 包中 qplot 函数绘制出与 ii 题中相同的 tranfac 散点图，这样就能够看出手动挡汽车和自动挡汽车的区别。

  v. 最后，分别计算出不同传输类型的汽车马力和 1/4 英里时间之间的相关系数。比较这些估计量与 ii 题中的总体，简要说明你发现了什么。

c. 回到数据集 chickwts 并回答以下问题：

  i. 仅用食用向日葵的雏鸡体重做如图 13-7a 所示的图形。注意，其中有一只雏鸡的体重远小于其他雏鸡的体重。

  ii. 计算食用向日葵的雏鸡体重的标准差和 IQR。

  iii. 假设被告知食用向日葵雏鸡的最小体重是由某种疾病造成的，并且这与研究无关。剔除这个观测值并重新计算剩余数据的标准差和 IQR。简要说明计算结果的差异。

**本章重要代码**

| 函数/操作 | 简要描述 | 首次出现 |
| --- | --- | --- |
| mean | 算术平均数 | 13.2.1 节 |
| median | 中位数 | 13.2.1 节 |
| table | 汇总频数 | 13.2.1 节 |
| min,max,range | 最小值，最大值，范围 | 13.2.1 节 |
| round | 四舍五入 | 13.2.2 节 |
| quantile | 分位数/百分位数 | 13.2.3 节 |
| summary | 五位数概括法 | 13.2.3 节 |
| jitter | 绘图中的抖动点 | 13.2.4 节 |
| var, sd | 方差，标准差 | 13.2.4 节 |
| IQR | 四分位差 | 13.2.4 节 |
| cov, cor | 协方差，相关系数 | 13.2.5 节 |

# 14

# 数据可视化基础

数据可视化是统计分析的重要组成部分，应根据变量类型来选择适合数据集的可视化工具（参照 13.1.1 节和 13.1.2 节中的定义）。在本章中，我们将看到统计分析中最常用的数据图，以及使用基本 R 图形和 ggplot2 功能的示例。

## 14.1 条形图和饼图

通常，条形图和饼图用于对类别频率的定性数据进行可视化。在本节中，我们将学习如何使用 R 来生成条形图和饼图。

### 14.1.1 绘制条形图

条形图通过垂直或水平的条形来展示类别频率。虽然条形图通常表示变量频率，但也可以表示由频率计算的其他量，例如均值或比例。

例如，练习 13.4 的 b 题中的 mtcars 数据集。该数据集记录了 20 世纪 70 年代中期 32 辆汽车的各种特征，前 5 条记录可以直接从提示中查看。

```
R> mtcars[1:5,]
                   mpg cyl disp  hp drat    wt  qsec vs am gear carb
Mazda RX4         21.0   6  160 110 3.90 2.620 16.46  0  1    4    4
Mazda RX4 Wag     21.0   6  160 110 3.90 2.875 17.02  0  1    4    4
Datsun 710        22.8   4  108  93 3.85 2.320 18.61  1  1    4    1
Hornet 4 Drive    21.4   6  258 110 3.08 3.215 19.44  1  0    3    1
Hornet Sportabout 18.7   8  360 175 3.15 3.440 17.02  0  0    3    2
```

帮助文档？mtcars 解释了已记录的变量。其中，变量 cyl 表示每台发动机的气缸数——4 个、6 个或 8 个。若要知道不同气缸数的汽车数量，如下：

```
R> cyl.freq <- table(mtcars$cyl)
R> cyl.freq

 4  6  8
11  7 14
```

可通过条形图显示结果，如下所示：

```
R> barplot(cyl.freq)
```

图 14-1a 显示的是条形图。

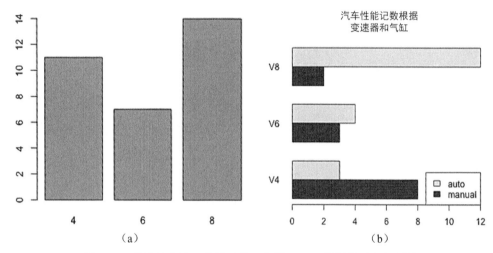

图 14-1　使用基本的 R 绘图功能，依据 mtcars 绘制的两个条形图
（a）默认情况下使用类别变量的垂直条形图　（b）使用两个类别变量的分组水平条形图

该图显示了数据集中四缸、六缸和八缸的汽车数量。该图只显示了各类别变量的总数，因此根据其他类别变量进一步分割每一条频率。执行下面的代码，通过设置变量变速器（am）的值找到与 cyl 相关的计数：

```
R> table(mtcars$cyl[mtcars$am==0])

 4  6  8
 3  4 12

R> table(mtcars$cyl[mtcars$am==1])

4 6 8
8 3 2
```

若要生成堆砌条形图（条形被垂直分割）或分组条形图（条行被分开并且依次排列），则 barplot 函数要求第一个参数为适当排列的矩阵。我们可以使用之前的两个向量，通过 matrix 函数来创建矩阵，但是继续使用 table 更容易些。

```
R> cyl.freq.matrix <- table(mtcars$am,mtcars$cyl)
R> cyl.freq.matrix

    4  6  8
```

```
0  3  4 12
1  8  3  2
```

如上，将两个长度相同的分类或者离散向量分配给 table；第一个向量定义行，第二个向量定义列，结果是矩阵。上例中的 2×3 阶矩阵，第一行表示四缸、六缸和八缸的自动汽车数量，第二行表示四缸、六缸和八缸的手动汽车数量。条形图的列与矩阵的列对应，然后根据矩阵的每一行来拆分条形图的列。以下代码的结果如图 14-1b 所示：

```
R> barplot(cyl.freq.matrix,beside=TRUE,horiz=TRUE,las=1,
           main="Performance car counts\nby transmission and cylinders",
           names.arg=c("V4","V6","V8"),legend.text=c("auto","manual"),
           args.legend=list(x="bottomright"))
```

帮助文件？**Barplot** 详细解释了每一个选项。根据最初传递给 barplot 的矩阵列变量的类别来标记条形，我们可以将适当长度的字符向量传递给 names.arg。通过选项 beside=TRUE 和 horiz=TRUE 来指定绘制垂直、水平条形图。如果两个选项都为 FALSE，则绘制堆砌的垂直条形图。参数 las=1 使垂直轴的标签呈水平出现。最后两个参数 legend.text 和 args.legend 用于图例——可以单独地绘制一个图例，如 7.3 节中的图例。这种方式会自动分配颜色，以确保参考键与条形阴影精确匹配。

使用 ggplot2 可以产生类似的图形。如果使用 library 加载已安装的包（"ggplot2"），并输入以下内容，则将生成最基本的条形图，如图 14-2a 所示。

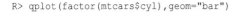

```
R> qplot(factor(mtcars$cyl),geom="bar")
```

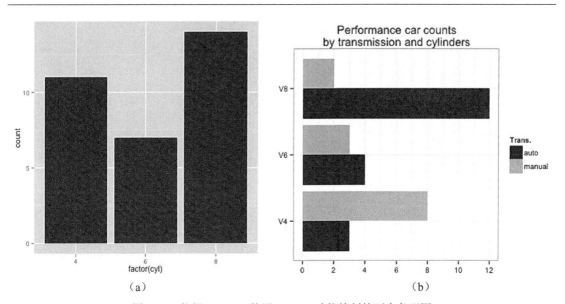

(a)　　　　　　　　　　　　　　　　　(b)

图 14-2　依据 mtcars，使用 ggplot2 功能绘制的两个条形图

（a）使用一个类别变量的最简单的 qplot 图形　　（b）将左图分组并提供各种附加几何和缩放比例选项

注意，这里的相关几何为"bar"（或 geom_bar，如果单独使用），并且 qplot 的默认映射变量以因子形式提供（在 mtcars 中，向量 mtcars$cyl 是数值，这对于 barplot 是允许的，但是 ggplot2

的功能要求更严格）。

同样，我们可以根据要显示的内容绘制更复杂的图形。要从图 14-1 产生一个 ggplot2 版本的分组条形图，调用以下命令：

```
R> qplot(factor(mtcars$cyl),geom="blank",fill=factor(mtcars$am),xlab="",
        ylab="",main="Performance car counts\nby transmission and cylinders")
    + geom_bar(position="dodge")
    + scale_x_discrete(labels=c("V4","V6","V8"))
    + scale_y_continuous(breaks=seq(0,12,2))
    + theme_bw() + coord_flip()
    + scale_fill_grey(name="Trans.",labels=c("auto","manual"))
```

结果如图 14-2b 所示。

注意基本 qplot 设置的新增功能。默认映射 cyl，与之前相同。进一步根据由变量 am 创建的因子填充条形，因此，每个 cy1 条形都根据变量 am 进行分割。就某种意义而言 geom="blank"，初次调用 gplot 是无意义的，把 qplotgeom_bar 添加到 ggplot2 对象开始绘图。通过设置 position="dodge" 实现分组条形图，如基本的 R 图形、ggplot2 默认生成堆砌条形图。scale_x_discrete 默认 cyl 映射的每个类别的标签，scale_y_continuous 用于设置频率的坐标轴标签。

另外，将 theme_bw() 添加到对象改变图形的视觉主题。在当前示例中，我们选择删除灰色背景，因为其与手动汽车一栏的颜色太相似。给对象添加 coord_flip 参数能够旋转轴，并提供水平条形（注意，对未旋转图形调用 scale_ 函数）。fill 默认使用颜色，因此可以使用 scale_fill_grey 修改器强制更改为灰度并更改自动生成图例的标签，以便同时与之匹配。

在这种情况下，使用 ggplot2 比使用基本 R 图形最显著的优点是，不需要手动计数列表或设计这些频率的特定矩阵结构——变量映射自动完成这些操作。建议尝试此代码示例，省略或修改对 qplot 对象的添加，以便于观察对生成图形的影响。

## 14.1.2 饼图简介

饼图是基于频率的类别变量的另一个可视化，表示每个类别变量的相对计数"部分"。

```
R> pie(table(mtcars$cyl),labels=c("V4","V6","V8"),
     col=c("white","gray","black"),main="Performance cars by cylinders")
```

结果如图 14-3 所示。

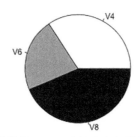

图 14-3 数据集 mtcars 中汽车气缸数量的频率饼图

目前，虽然 ggplot2 中没有直接生成"饼图"的方法，但是仍可利用其他方法来实现。这可能正是统计学家喜欢条形图而甚于饼图的原因。在帮助文件？Pie 中有总结。

饼图不是显示信息的一个好方式，因为我们对线性度量的判断较好，对相对面积的判断较差。此外，如果我们希望使用第二个类别变量或者有序型因子分割频率，那么条形图就比饼图更适合。

## 14.2 直方图

条形图对类别变量的计数是直观的，但是条形图对连续型数值变量是不适用的。为了可视化连续变量的分布，可以使用直方图——其外观与条形图相似。针对连续型数值变量，直方图也可以测量频率。首先定义观察到的数据的间距，然后计算落入每个间距的数量。

这是直方图的一个简单示例，mtcars 中 32 辆汽车的马力数据，在第四列中给出该数据，命名为 hp。

```
R> mtcars$hp
 [1] 110 110 93 110 175 105 245 62 95 123 123 180 180 180 205 215 230 66
[19]  52  65 97 150 150 245 175 66 91 113 264 175 335 109
```

这一部分，将所有车的马力定义为总体，并假设这些观察值代表总体的样本。使用基本 R 图形 hist 命令运行数值型连续向量，并生成直方图，如图 14-4a 所示。

```
R> hist(mtcars$hp)
```

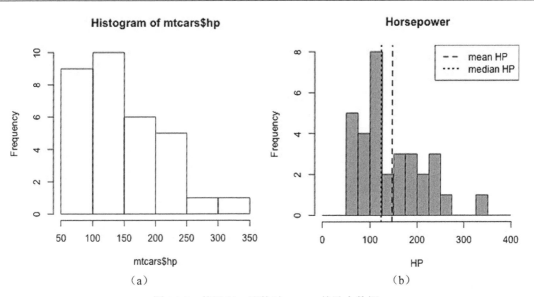

（a）　　　　　　　　　　　　　（b）

图 14-4　使用 hist 函数对 mtcars 的马力数据
（a）默认生成直方图　（b）自定义间距、颜色和标题选项并添加中心标记

可以看见，左侧直方图的组间距为 50 个单位，并给出了马力测量值的分布，其中心值大约在 75～150 范围内，右边数据逐渐变少（称为右偏态或正偏态，更多内容将在 15.2.4 节中讨论）。

作为测量值分布形状的直方图，其精度仅取决于对数据进行分组的间距。间距由 hist 函数中的 breaks 参数控制。我们可以通过向 breaks 提供间断点的向量来设置参数。下面的代码中，将每组的间距从 50 减少到 25，均匀分割，并且将分组范围扩大至 400。

```
R> hist(mtcars$hp,breaks=seq(0,400,25),col="gray",main="Horsepower",xlab="HP")
R> abline(v=c(mean(mtcars$hp),median(mtcars$hp)),lty=c(2,3),lwd=2)
R> legend("topright",legend=c("mean HP","median HP"),lty=c(2,3),lwd=2)
```

图 14-4b 给出了使用较小间距的结果，条形为灰色，并添加了更易读的标题。该图还包括表示平均值和中值的垂直线，使用 abline 和 legend 可添加（见 7.3 节）。

对于较小间距的直方图，可以看到更多数据分布的细节。然而，使用较小间距可能会突出"不重要的特征"（换句话说，直方图特征表示有限样本结果的自然变化）。这通常发生在测量范围内数据样本较少的时候。例如，虽然一辆 335 马力的汽车在图 14-4b 产生了一个隔离的条形，但是可以合理地得出结论，这并不是对总体在该位置上分布的精确反映。因此要均衡的选择间距。

我们希望所选择的间距可以得到数据的分布，而不是使用太小的间距来强调不重要的特征。同样，我们也要避免使用过大的间距而导致将重要的特征隐藏。数据驱动算法能够解决这个问题，其使用记录观测的规模来计算适当的间距。我们可以为 breaks 提供字符串，即算法名称。虽然默认 breaks ="Sturges"的方法在探索数据时适合少量的宽度，但是工作效果很好。有关 breaks 的使用方法以及其他方法的详细信息，在帮助文档？hist 中有介绍。

在 ggplot2 中以不同的方式强调间隔及宽度问题。默认情况下，当我们向 qplot 函数提供单个数值向量，但没有 geom 参数值时，它会生成一个直方图：

```
R> qplot(mtcars$hp)
'stat_bin()' using 'bins = 30'. Pick better value with 'binwidth'.
```

结果如图 14-5a 所示。注意来自 qplot 有关间距的通知，将输出到控制台。

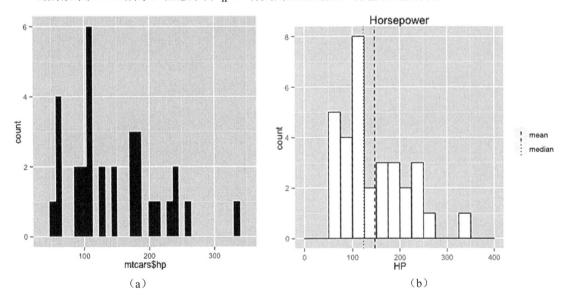

图 14-5　根据 mtcars 的马力数据，使用 qplot 绘制

（a）默认图形　　（b）自定义间距、颜色和标题选项以及添加中心的标记

如果未明确指定组距，就使用组数为 30 来分割数据范围。通过调用？geom_histogram 来检

查相关的几何帮助文档，可以了解以下内容：

默认情况下，stat_bin 的组数为 30。我们可以尝试不同的组距，以充分了解数据分布的情况。

因此，ggplot2 不是使用默认的数据驱动算法如 hist，而是支持用户自主设置合适的间距。对这个例子来说，组数为 30 是不合适的，因为在许多间隔内无观测值。在 qplot 中，有多种方法来选择直方图间隔，其中一种方法是使用之前所述的 breaks，为其提供适当间隔端点的数值向量。如果要用 ggplot2 功能重新绘制图 14-4b，可使用以下代码。结果如图 14-5b 所示。

```
R> qplot(mtcars$hp,geom="blank",main="Horsepower",xlab="HP")
   + geom_histogram(color="black",fill="white",breaks=seq(0,400,25),
                     closed="right")
   + geom_vline(mapping=aes(xintercept=c(mean(mtcars$hp),median(mtcars$hp)),
                linetype=factor(c("mean","median"))),show.legend=TRUE)
   + scale_linetype_manual(values=c(2,3)) + labs(linetype="")
```

从 geom="blank"开始，geom_histogram 完成大部分工作，其中 color 调节条形的轮廓颜色，fill 填充条形的内部颜色。参数 closed ="right"确定每个间隔在右边是"闭合的"（也就是不包括），左边是"开的"（也就是包括），与? hist 中的默认值相同。geom_vline 函数用于添加垂直的平均值线和中值线；这里，mapping 必须使用 aes 来更改这些直线的位置。为了确保正确创建含有平均值和中值的图例，还必须命令 aes 中的线型映射到期望值。在本例中，这只是由两个"水平"组成的因子向量。

因为我们手动将这些线和关联映射添加到了 ggplot2 对象中，所以必须指示图例本身与 show.legend =TRUE 一起显示。默认情况下，绘制 lty = 1（实线）和 lty = 2（虚线）两条线，但我们希望 lty=2 和 lty=3（点线）与之前的图匹配。可以添加 scale_linetype_manual 修饰语句来更改，所需的线型作为向量传递给 values。最后，禁止自动包含手动添加的图例的标题，labs（linetype="" ）指示与 aes 调用 linetype 的变量相关联的标度将被显示，而不显示标题。

对于 ggplot2 和基本 R 图形的选择，往往取决于我们预期的目标。对于图形的自动处理，特别是使用分类变量来分离数据集的子集，更适合使用 ggplot2。另外，如果需要手动控制给定图像，基本 R 图形更容易处理，而且不必跟踪多个美化变量映射。

## 14.3　箱线图

与直方图功能相同的另一种图形是箱线图。这是对 13.2.3 节五位数概括法的可视化表示。

### 14.3.1　独立箱线图

使用内置的 quakes 数据框，其包含斐济附近的 1 000 个地震事件。为了比较直方图和箱线图，可以通过绘图的默认设置来绘制这些地震震级的直方图和箱线图。以下代码结果如图 14-6 所示。

```
R> hist(quakes$mag)
R> boxplot(quakes$mag)
```

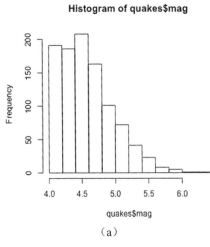

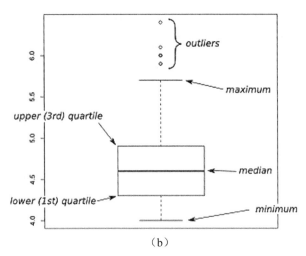

图 14-6 （a）quakes 的震级数据的直方图 （b）箱线图在箱线图中，注释（外部叠加）显示关键信息

与直方图一样，箱线图可以显示数据分布的重要特征，例如全局（即总体）中心、扩展和偏斜。但是，其不能观察到局部特征，例如分布的峰值。如标记箭头所示，盒子中间的线表示中值，盒子的下边缘和上边缘表示各自的四分位数，从盒子延伸的垂直线（须线）表示最小值和最大值，且任何超出须线的点都被认为是极点或异常点。为了防止须线过长和过度偏斜，默认情况下boxplot 将异常点定义为位于低于下四分位数或高于上四分位数的 1.5 倍 IQR 以上的观测值。因此，由须线标记的"最大"和"最小"值不总是数据集中本身的最大值或最小值，因为已被视为"异常值"的数值实际上可以表示最大或最小值。我们可以通过 boxplot 中的 range 参数来控制此分类性质。通常，对于基本数据的分析，默认 range=1.5 是合适的。

## 14.3.2 并列箱线图

并列箱线图容易比较不同组的五数概括分布。同样使用 quakes 数据，定义以下对应因子并查看前 5 个元素（参考 4.3.3 节中 cut 命令）：

```
R> stations.fac <- cut(quakes$stations,breaks=c(0,50,100,150))
R> stations.fac[1:5]
[1] (0,50] (0,50] (0,50] (0,50] (0,50]
Levels: (0,50] (50,100] (100,150]
```

stations 变量表示每次地震中有多少监测站检测到地震。这行代码产生一个因子，将观测值分成 3 组——0～50、51～100、101～150。因此，根据这 3 组比较震级分布。下面代码的结果如图 14-7a 所示：

```
R> boxplot(quakes$mag~stations.fac,
          xlab="# stations detected",ylab="Magnitude",col="gray")
```

在上面的代码中有一个波浪号～，显示为 quakes$mag～stations.fac。我们可以翻译～为"on""by"或"according to"（在第 20～22 章将频繁使用波浪号）。这里，我们指示 boxplot 根据 station.fac

绘制 quakes$mag，以便为每组画出单独的箱线图，通常以分组因子中列出的顺序给出。可选参数用于控制轴标签和箱子的颜色，如图 13-6 所示。记录的震级越高，检测到地震的监测站就越多。

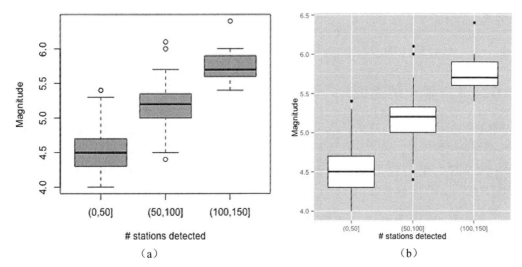

图 14-7　（a）使用基本 R 绘图　（b）ggplot2 功能绘制的 quakes 数据集震级的并列箱线图

3 个分组由 station.fac 确定

使用 ggplot2 功能，qgplot 很容易生成相同类型的图，下面代码的结果如图 14-7b 所示：

```
R> qplot(stations.fac,quakes$mag,geom="boxplot",
       xlab="# stations detected",ylab="Magnitude")
```

默认的箱线图虽然看起来有点不同，但是对数据的解释是一样的。在 qplot 的使用中，我们将箱线图的分组因子作为 x 轴变量（第一个参数），且连续变量作为 y 轴变量（第二个参数）。在示例中设置 geom ="boxplot"以确保显示箱线图，另外添加了轴标签。

## 14.4　散点图

散点图通常用于识别两个不同连续型数值变量的观测值之间的关系，表现为 x-y 坐标图。基本 R 图形在坐标轴方面的特性决定了其能够生成散点图，本书中我们已经看到过几个例子。然而，不是每个基于 x-y 坐标轴的图都被称为散点图，散点图通常假设变量间存在一些"关系"。例如，图 13-1 所示的空间坐标图可能不是散点图，但是关于地震震级与检测到地震监测站的数量的图形被认为是散点图，如图 13-6 所示。

本章介绍如何使用散点图来探索两个以上的连续变量。这里，我们访问另一个 R 内置数据集，即著名的鸢尾花（iris）数据集。数据的收集时间是 20 世纪 30 年代中期，有 150 行、5 列，包括对 3 种鸢尾花（山鸢尾、维吉尼亚鸢尾、杂色鸢尾）花瓣和萼片的测量（Anderson，1935；Fisher，1936）。我们查看前 5 条记录：

```
R> iris[1:5,]
  Sepal.Length Sepal.Width Petal.Length Petal.Width Species
1        5.1         3.5          1.4         0.2  setosa
```

| 2 | 4.9 | 3.0 | 1.4 | 0.2 | setosa |
|---|-----|-----|-----|-----|--------|
| 3 | 4.7 | 3.2 | 1.3 | 0.2 | setosa |
| 4 | 4.6 | 3.1 | 1.5 | 0.2 | setosa |
| 5 | 5.0 | 3.6 | 1.4 | 0.2 | setosa |

通过输入？iris 可以看到在每个物种中每个变量有 50 个观察值，单位为 cm（厘米）。

### 14.4.1  单一散点图

根据分类变量中简单散点图中的点分类，探索连续变量关系之间的潜在差异。例如，使用基本的 R 图形，查看 3 种物种的花瓣测量值。使用第 7 章介绍的"垫脚石"方法，我们可以手动建立该图，首先使用 type ="n"生成正确维数的空白绘图区域，然后添加与每个物种对应的点，并且根据需要修改点的字符和颜色。

```
R> plot(iris[,4],iris[,3],type="n",xlab="Petal Width (cm)",
        ylab="Petal Length (cm)")
R> points(iris[iris$Species=="setosa",4],
          iris[iris$Species=="setosa",3],pch=19,col="black")
R> points(iris[iris$Species=="virginica",4],
          iris[iris$Species=="virginica",3],pch=19,col="gray")
R> points(iris[iris$Species=="versicolor",4],
          iris[iris$Species=="versicolor",3],pch=1,col="black")
R> legend("topleft",legend=c("setosa","virginica","versicolor"),
          col=c("black","gray","black"),pch=c(19,19,1))
```

结果如图 14-8 所示。注意，维吉尼亚鸢尾的花瓣最大，其次是杂色鸢尾，山鸢尾的花瓣最小。虽然这个代码可以产生结果但是相当烦琐。我们可以用更简单的方式绘制出该图，首先设置向量，指定每个观测个体所需点的字符和颜色。

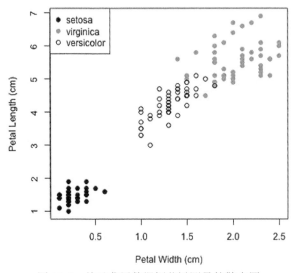

图 14-8   关于鸢尾数据框花瓣测量的散点图

这里创建两个对象：

```
R> iris_pch <- rep(19,nrow(iris))
R> iris_pch[iris$Species=="versicolor"] <- 1
R> iris_col <- rep("black",nrow(iris))
R> iris_col[iris$Species=="virginica"] <- "gray"
```

第一行创建向量 iris_pch，其长度等于 iris 中观察值的数量，每个条目为 19。然后，将向量子集与 Iris versicolor 的条目相对应，并将点字符设置为 1。重复相同的步骤创建 iris_col，首先用适当大小的字符串向量"black"，然后对应于 Iris virginica 的那些条目，设置为"gray"。注意下面的代码，legend 函数与之前相同时，将产生相同的图形：

```
R> plot(iris[,4],iris[,3],col=iris_col,pch=iris_pch,
        xlab="Petal Width (cm)",ylab="Petal Length (cm)")
```

## 14.4.2 散点图矩阵

"单一"类型的平面散点图通常适用于两个连续型数值变量。当存在更多连续变量时，不可能在单个图上显示全部信息。一个简单而常见的解决方案是为每对变量生成一个两变量散点图，并将这些散点图以结构化的方式组合在一起，这就是散点图矩阵。利用之前创建的 iris_pch 和 iris_col 向量，可以对鸢尾中的所有 4 个连续变量生成散点图矩阵，同时保留物种之间的区别。使用基本 R 图形中的 pairs 函数。

```
R> pairs(iris[,1:4],pch=iris_pch,col=iris_col,cex=0.75)
```

结果如图 14-9 所示。

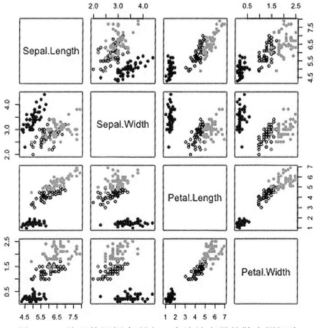

图 14-9　关于数据框中所有 4 个连续变量的散点图矩阵

使用 pairs 最简单的方法就是将原始观察值的矩阵或数据框作为第一个参数，通过选择除 Species 列（iris [，1：4]）之外的所有列来完成。对图形的解释取决于从左上角到右下角对角线的标签。它们出现的顺序与第一个参数中列的顺序相同。这些"标签面板"确定了矩阵中每个图形对应的每对变量。例如，图 14-9 中的散点图矩阵的第一列的 $x$ 轴变量对应于萼片长度，矩阵第三行的 $y$ 轴变量对应于花瓣长度，并且每一行和每一列分别显示向左/右或向上/向下移动的固定刻度。这意味着对角线上方的点通过下面的方式来反映——位于第四行第二列的萼片宽度（$x$）和花瓣宽度（$y$）的图形与位于第二行第四列的散点图代表相同的数据，只是将轴翻转了。因此，通过设置 lower.panel = NULL 或 upper.panel = NULL，只显示对角线上方或下方的散点图。

散点图矩阵适用于比较多个连续变量形成的成对关系集合。注意，在这个矩阵中，花瓣的长和宽之间存在很强的线性关系，但萼片的长和宽之间的线性关系较弱。虽然山鸢尾的花瓣最小，但其萼片不是最小的。

ggplot2 根据分类变量区分点。如下面的例子：

```
R> qplot(iris[,4],iris[,3],xlab="Petal width",ylab="Petal length",
        shape=iris$Species)
    + scale_shape_manual(values=4:6) + labs(shape="Species")
```

结果如图 14-10 所示。

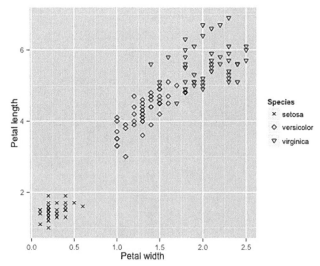

图 14-10　使用 ggplot2 功能绘制 3 种鸢尾种类的花瓣尺寸，点形状作为美化修饰符

在这里，我们将 Species 变量映射到 shape（相当于基本 R 术语 pch）来分离点，并使用 scale_shape_manual 修改器来修改点字符。同时使用 labs 简化自动生成的图例的标题，如 14.2 节所述。然而，使用 ggplot2 不容易实现散点图矩阵。要生成 ggplot2 的矩阵，建议下载 GGally 包（Schloerke 等，2014）来访问 ggpairs 函数。这个包是 ggplot2 的扩展或附加包。与之前的方式相同，从 CRAN 安装——例如，运行 install.packages（"GGally"）——在使用之前必须通过 library（"GGally"）加载。在完成这些后，结果如图 14-11 所示。

```
R> ggpairs(iris,mapping=aes(col=Species),axisLabels="internal")
```

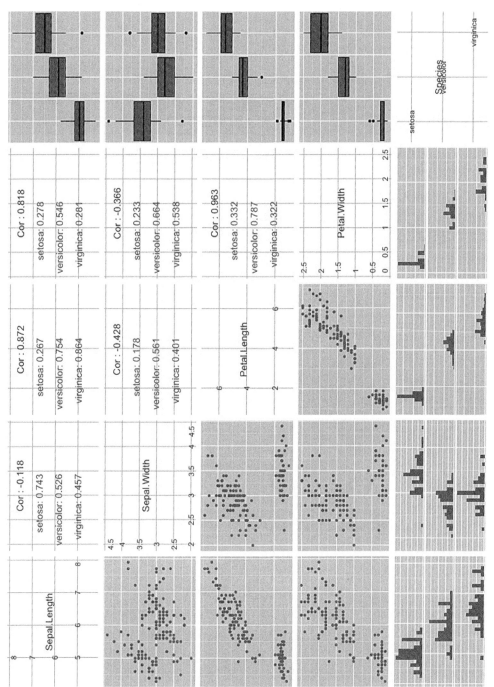

图 14-11 运用 GGally 包中的 ggpairs 生成散点图矩阵。用不同的颜色区分品种。注意添加相关系数和分布点

虽然我们可能看到与直方图组距类似的警告，但是 ggpairs 提供了令人印象深刻的可视化数组。输出结果不仅给出了用 pairs 产生的散点图矩阵的下半部分，而且提供了沿着底部的等价直方图和沿着右边的等价箱线图。它还显示了相关系数的估计。我们可以将变量映射到美观修改器，以基于因子水平分割绘制观察值。在图 14-11 中，通过填充颜色完成，而且指示 ggpairs 对 Species 变量进行操作。帮助文档？ggpairs 提供了控制单个曲线图的显示和外观的各种选项的简明信息。

---

### 练习 14.1

回忆内置的 InsectSparys 数据框，其包含用 6 种喷雾剂之一处理的各种农业单位的昆虫计数。

a. 使用基本 R 图形生成昆虫计数的直方图。

b. 获得根据每次喷雾发现的昆虫总数（参考练习 13.2 的 f 题）。然后使用基本 R 图形生成关于这些总数的垂直条形图和饼图，并适当地标记每个图。

c. 使用 ggplot2 功能，根据每种喷雾类型分组生成昆虫计数的并列箱线图，包括相应的轴标签和标题。

使用 R 中另一个内置数据集 USArrests，其中包含 1973 年记录的在美国 50 个州中每 100 000 个人因谋杀、强奸和攻击被逮捕的数量（参见例子 McNeil, 1977）。它还包括每个州的城市人口百分比。简要查看数据框对象和附属帮助文档？USArrests。然后完成以下操作：

d. 使用 ggplot2 功能生成关于州城市人口比例的直方图。在 0~100 设置间隔为 10 个单位。显示第一个四分位数、中位数和第三个四分位数，然后提供与之匹配的图例。选择自己喜欢的颜色，并给轴标明注释。

e. 用代码 t（as.matrix（USArrests [, -3]））创建没有 USArrests 数据城市人口一列的矩阵，且内置 R 对象 state.abb 以字母顺序将包含两个字母的每个州的缩写作为字符向量。使用这两个结构和基本 R 图形生成水平的堆砌条形图，水平条形标记每个州的缩写，并且每个条形根据犯罪类型（谋杀、强奸和攻击）分开并显示图例。

f. 定义一个新的因子向量 urbancat，如果相应州的城市人口百分比大于中值百分比，则设置为 1，否则设置为 0。

g. 删除 UrbanPop 列之后，在工作区中创建一个 USARrests 的新副本，只留下 3 个犯罪率变量。然后使用 urbancat 在此对象中插入一个新的第四列。

h. 使用来自 g 题的数据框，通过 GGally 功能生成 3 个犯罪率的散点图矩阵和其他相关图。根据 urbancat 的两个水平使用颜色区分犯罪率。

返回内置 quakes 数据集。

i. 创建对应于震级的因子向量。在标记最小值的基础上，每个条目都是 3 个类别中的一个，即第 1/3 个分位数，第 2/3 个分位数和最大值分段。

j. 重新创建下图，根据来自 i 题的因子向量绘制低、中、高震级事件，其中 pch 分别被赋值为 1、2、3。

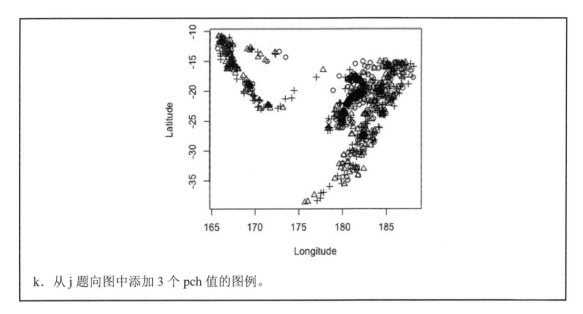

k. 从 j 题向图中添加 3 个 pch 值的图例。

## 本章重要代码

| 函数/操作 | 简要描述 | 首次出现 |
|---|---|---|
| barplot | 创建条形图 | 14.1.1 节 |
| geom_bar | 条形图几何形状 | 14.1.1 节 |
| scale_x_discrete | 修改离散 $x$ 轴（ggplot2） | 14.1.1 节 |
| scale_y_continuous | 修改连续 $y$ 轴 | 14.1.1 节 |
| theme_bw | 主题为黑白颜色 | 14.1.1 节 |
| coord_flip | 旋转 $x$ 轴和 $y$ 轴 | 14.1.1 节 |
| scale_fill_grey | 填充颜色为灰色 | 14.1.1 节 |
| pie | 创建饼图 | 14.1.2 节 |
| hist | 创建直方图 | 14.2 节 |
| geom_histogram | 直方图几何形状 | 14.2 节 |
| geom_vline | 添加垂直线 | 14.2 节 |
| scale_linetype_manual | 改变 ggplot2 线条类型 | 14.2 节 |
| labs | ggplot2 图例标签 | 14.2 节 |
| boxplot | 创建箱线图 | 14.3.1 节 |
| ~ | 根据…绘制 | 14.3.2 节 |
| pairs | 散点图矩阵 | 14.4.2 节 |
| scale_shape_manual | 改变 ggplot2 点字符 | 14.4.2 节 |
| ggpairs | 散点图矩阵（GGally） | 14.4.2 节 |

# 15

# 概　　率

概率是统计推断的核心。最复杂的统计模型，其最终目标通常是对一个现象做出概率性描述。在这一章，我们将使用几个简单的例子来阐明这个核心思想，为后面的章节做准备。如果你已经熟悉了概率和随机变量的基础知识以及相关术语，可以跳到第 16 章。第 16 章将详细介绍 R 的统计功能。

## 15.1　什么是概率

概率是描述与特定的观察相关联的"机会大小"的数值。它在 0～1 之间取值，通常用分数表示。确切地说，如何计算概率取决于事件的定义。

### 15.1.1　事件和概率

在统计学中，事件通常是指可能发生的特定结果。我们使用概率来描述事件 $A$ 发生的可能性大小，用 $\Pr(A)$ 表示。在极端情况下，$\Pr(A)=0$ 表明 $A$ 不会发生，$\Pr(A)=1$ 表明 $A$ 一定会发生。

投掷一枚均匀的六面骰子，记事件 $A$ 为"掷得点数为 5 或 6"。我们可以假定标准骰子的每个结果发生的概率都是 1/6。在这些假定下，我们可以得出：

$$\Pr(A) = \frac{1}{6} + \frac{1}{6} = \frac{1}{3}$$

这就是所谓的频率或古典概率，也就是经过许多重复性客观实验的事件发生的相对频率。

另一个例子是，假如你已经结婚了，这次回家比通常晚了很多。记事件 $B$ 为由于你晚回家"你的另一半会生气"。在数学意义上观察事件 $A$ 是一个相对直接的过程，但事件 $B$ 却不能那么客观地被观察到，而且不能容易地计算出其数值。相反，可根据过去的经验，给 $\Pr(B)$ 指定一个数字。

例如，你可能会说："我认为 $Pr(B) = 0.5$。"如果你认为你的伴侣有 $50:50$ 的机会生气，那就是你基于对当前形势的个人判断和对配偶脾气或情绪的了解，而不是基于能够对两个个体重复进行的实验。这称为贝叶斯概率，其使用先验知识或主观信念来给概率赋值。

由于其隐含的客观性，频率通常是概率定义的一种解释；在本书中，我们将学习这种概率。如果希望使用 R 来掌握贝叶斯分析，可以参考 Kruschke（2010）的著作。

**注意**　虽然从似然（以及许多通俗的术语）的角度来定义概率这个概念很诱人，但在统计学理论中，人们对似然的定义有些不同，所以从现在开始，我们将避免使用这一术语。

计算多个事件概率的方法要遵循几个重要的规则。在本质上，这些规则与 AND 和 OR 的使用相类似，AND 和 OR 是在 R 中使用符号&&和||比较逻辑值（见 4.1.3 节）。与比较这些逻辑值一样，基于已定义事件概率的计算通常分解为两个显著事件的特定计算。假定投掷一枚标准的骰子，并记事件 $A$ 为"掷得点数大于等于 4"，记事件 $B$ 为"掷得点数为偶数"，这是在接下来的章节中都要使用的例子。因此，我们可以推断出 $Pr(A)=1/2$ 且 $Pr(B)=1/2$。

## 15.1.2　条件概率

条件概率是指一个事件在另一个事件已经发生的条件下发生的概率，$Pr(A|B)$ 表示"在事件 $B$ 已经发生的条件下，事件 $A$ 发生的概率"，若是 $Pr(B|A)$，则反之。

如果 $Pr(A|B) = Pr(A)$，则事件 $A$ 和 $B$ 是独立的；如果 $Pr(A|B) \neq Pr(A)$，则事件 $A$ 和 $B$ 是不独立的。总而言之，不能说 $Pr(A|B) = Pr(B|A)$。

回到先前掷骰子所定义的事件 $A$ 和 $B$，我们已经知道 $Pr(A)=1/2$，现在来思考 $Pr(A|B)$。已知掷得的点数为偶数，求结果大于等于 4 的概率为多少？因为有 2、4、6 这 3 个偶数，假定掷得的点数为偶数，则结果大于等于 4 的概率就是 2/3。因此，在这一试验中，$Pr(A|B) \neq Pr(A)$，从而可知这两个事件不独立。

## 15.1.3　交集

两个事件的交集写作 $Pr(A \cap B)$，读作"$A$ 和 $B$ 同时发生的概率"。通常将其表示为维恩图，如下所示：

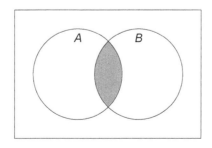

这里，标记为 $A$ 的圆形表示 $A$ 的结果，标记为 $B$ 的圆形表示 $B$ 的结果。阴影区域表示同时满足 $A$ 和 $B$ 的特定结果（或多个结果），而且两个圆形外面的区域表示不满足 $A$ 或 $B$ 的结果（或多个结果）。理论上我们可得出：

$$\Pr(A \cap B) = \Pr(A \mid B) \times \Pr(B) \text{ or } \Pr(B \mid A) \times \Pr(A) \tag{15.1}$$

如果 $\Pr(A \cap B) = 0$，我们就说这两个事件互斥。换句话说，它们不可能同时发生。另外还要注意，如果两个事件是独立的，则式（15.1）简化为 $\Pr(A \cap B) = \Pr(A) \times \Pr(B)$。

回到骰子的例子，投掷一枚骰子得到大于等于 4 的偶数点的概率是多少？根据 $\Pr(A \mid B) = \dfrac{2}{3}$ 和 $\Pr(B) = \dfrac{1}{2}$，很容易计算出 $\Pr(A \cap B) = \dfrac{2}{3} \times \dfrac{1}{2} = \dfrac{1}{3}$，如果有兴趣，可以在 R 中确认这一结果。

```
R> (2/3)*(1/2)
[1] 0.3333333
```

因为 $\Pr(A \cap B) \neq 0$，可以得出，这两个事件不是互斥的。这是合理的——因为投掷一枚骰子完全有可能观察到一个既为偶数又大于等于 4 的点数。

### 15.1.4 并集

两个事件的并集写作 $\Pr(A \cup B)$，读作"$A$ 或者 $B$ 发生的概率"。将其表示为维恩图，如下所示：

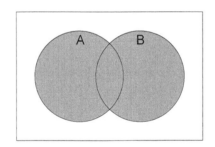

理论上，我们可得出：

$$\Pr(A \cup B) = \Pr(A) + \Pr(B) - \Pr(A \cap B) \tag{15.2}$$

如果只将 $\Pr(A)$ 和 $\Pr(B)$ 相加会错误地计算 $\Pr(A \cap B)$ 两次，所以在这个图解里我们需要减去交集。但是要注意，如果这两个事件是互斥的，式（15.2）可以简化为 $\Pr(A \cup B) = \Pr(A) + \Pr(B)$。

那么掷骰子时，我们观察到一个偶数或者大于等于 4 的点数的概率是多少？根据式（15.2），可以很容易地算出 $\Pr(A \cup B) = \dfrac{1}{2} + \dfrac{1}{2} - \dfrac{1}{3} = \dfrac{2}{3}$。在 R 中确认如下结果：

```
R> (1/2)+(1/2)-(1/3)
[1] 0.6666667
```

### 15.1.5 补集

事件补集的概率写作 $\Pr(\overline{A})$，读作"$A$ 不发生的概率"。

下面是它的维恩图：

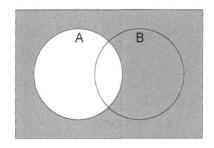

从这个图中，我们可以得出：

$$\Pr(\overline{A}) = 1 - \Pr(A)$$

总结之前的例子，可以很容易地得出点数不大于等于 4 的概率：$\Pr(\overline{A}) = 1 - \dfrac{1}{2} = \dfrac{1}{2}$。当然，如果没有得到 4、5 或 6，就一定会掷得 1、2 或 3，所以有 3/6 的可能结果。

掷骰子的例子可能不能代表当今统计研究人员面临的最迫切需求，但是它为与真实的概率规则相关的行为和术语提供了一些清楚的说明。这些规则适用面广，并在统计建模方面为解释更棘手的问题发挥着重要的作用。

---

### 练习 15.1

现有一副 52 张的标准扑克牌，其中有两种颜色（黑色和红色）和 4 种花色（黑桃和梅花是黑色，红桃和方块是红色）。每种花色有 13 张牌，包括一张 A 牌、编号为 2～10 的数字牌以及 3 张人头牌（侍从、王后和国王）。

a. 随机抽取一张牌后放回，它是一张 A 牌的概率是多少？是黑桃 4 的概率是多少？

b. 随机抽取一张牌放回后再抽取一张，记事件 $A$ 为梅花牌；记事件 $B$ 为红色牌。$\Pr(A\,|\,B)$ 是多少？也就是说，已知第一张牌是红色，第二张牌是梅花概率是多少？这两个事件相互独立吗？

c. 重复 b 题，假设第一张牌为梅花并且不放回。从独立的角度看，这会改变 b 题的结果吗？

d. 记事件 $C$ 为人头牌并记事件 $D$ 为黑色牌。抽取一张牌，估计 $\Pr(C\,|\,D)$。这两个事件互斥吗？

---

## 15.2　随机变量和概率分布

随机变量是一个偶然或者随机出现特定结果的变量。

我们已经了解了变量——基于观察的数据描述单个实体的特征（见 13.1 节）。然而，考查随机变量时，假设我们还没有进行观察。观察该随机变量的特定值或一段时间内与该随机变量相关的概率。

因此，将随机变量与定义概率的函数相联系是有意义的，这称为概率分布。在本节中，我们将了解一些基本的方法，包括随机变量的概述以及如何对概率分布进行统计分析。

### 15.2.1　观察值

随机变量的概念是主要以概率方式考虑变量的可能结果。观察到随机变量的值时，称其为观察值。

考查下面的内容——假设投掷骰子，定义随机变量 $Y$ 为结果。可能的观察值有 $Y = 1$，$Y = 2$，$Y = 3$，$Y = 4$，$Y = 5$ 和 $Y = 6$。

现在，假如你打算去野餐并监测所在地点的最高日温度，记随机变量 $W$ 为观察的华氏温度。从数学意义上讲，$W$ 可能的观察值处于区间 $-\infty < W < +\infty$。

这些例子说明两类随机变量。$Y$ 是离散型随机变量；$W$ 是连续型随机变量。无论给定的随机变量是离散的还是连续的，都会影响我们对观察值相关概率的使用。

## 15.2.2 离散随机变量

离散随机变量的定义类似于第 13 章中的变量定义，其观察值仅可以是某些精确值。对于这些精确值，其他程度的测量精度是不可能或无法解释的。掷一枚标准骰子，仅产生 6 个不同结果，即之前定义的 $Y$ 描述的结果，而且观察到其他数字是不可能的，例如 5.91。

从 15.1.1 节我们知道概率与定义事件的结果直接相关。因此，在讨论离散随机变量时，可用变量的可能值来定义事件，并且考虑所有可能的观察值在概率范围内形成的概率分布。

与离散随机变量相关的概率分布称为概率质量函数。由于概率分布定义所有可能结果的概率，任何正确的概率质量函数的概率和必须总是等于 1。

例如，假设你进入赌场玩一个简单的赌博游戏。每个回合，你输 4 美元的概率为 0.32，不输不赢的概率为 0.48，赢 1 美元的概率为 0.15，或者赢 8 美元的概率为 0.05，由于这是唯一的 4 个可能结果，所以概率总和为 1。离散随机变量 $X$ 定义为每一回合"赚取的金额"。

**离散随机变量的累积概率分布**

累积概率也是概率分布的重要组成部分。随机变量 $X$ 的累积概率就是"观察值小于或等于 $x$ 的概率"，记为 $\Pr(X \leq x)$。在离散情况下，将质量函数的任意给定 $X$ 值的个体概率求和，可求得累积概率分布，如表 15-1 的第二行所示。例如，虽然 $\Pr(X = 0)$ 是 0.48，但是 $\Pr(X \leq 0) = 0.32 + 0.48 = 0.80$。

表 15-1　　　　　　　　　　赌博游戏中赚取金额 $X$ 的概率和累积概率

| $x$ | $-4$ | 0 | 1 | 8 |
| --- | --- | --- | --- | --- |
| $\Pr(X = x)$ | 0.32 | 0.48 | 0.15 | 0.05 |
| $\Pr(X \leq x)$ | 0.32 | 0.80 | 0.95 | 1.00 |

概率分布的可视化非常实用。由于 $X$ 的离散性质，使用 barplot 函数很容易实现。使用 14.1 节中的方法，下面的代码首先存储可能的结果和相应的概率向量（分别是 X.outcomes 和 X.prob），然后产生图 15-1a。

```
R> X.outcomes <- c(-4,0,1,8)
R> X.prob <- c(0.32,0.48,0.15,0.05)
R> barplot(X.prob,ylim=c(0,0.5),names.arg=X.outcomes,space=0,
           xlab="x",ylab="Pr(X = x)")
```

可选参数 space = 0 来消除条形之间的间隙。然后，使用内置函数 cumsum 对 X.prob 中的条目逐步求和，给出的累积概率如下所示：

```
R> X.cumul <- cumsum(X.prob)
R> X.cumul
[1] 0.32 0.80 0.95 1.00
```

最后，使用 X.cumul，用与之前相同的方法来绘制累积概率分布。下面的代码生成图 15-1b。

```
R> barplot(X.cumul,names.arg=X.outcomes,space=0,xlab="x",ylab="Pr(X <= x)")
```

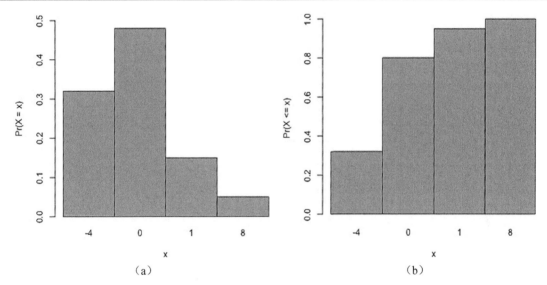

(a)　　　　　　　　　　　　　　　　(b)

图 15-1　（a）与赌博游戏的特定事件概率相关的概率分布　（b）相应累积概率分布的可视化

通常，对于任何离散随机变量 $X$ 的概率质量函数，需要记住下列几点：

- 有 $k$ 个不同结果 $x_1$，$\cdots$，$x_k$。
- 每个 $x_i$，$0 \leqslant \mathrm{Pr}(X=x_i) \leqslant 1$，其中 $i=\{1, \cdots, k\}$。
- $\sum_{i=1}^{k} \mathrm{Pr}(X=x_i)=1$。

### 离散随机变量的均值和方差

与原始数据一样，描述或总结我们感兴趣的随机变量的属性是非常有用的。最实用的两个属性是均值和方差，两者都取决于该随机变量的概率分布。

对于离散随机变量 $X$，均值 $\mu_X$（也称为期望或期望值 $\mathbb{E}[X]$）是由多个观察值计算得到的"平均结果"。设 $X$ 有 $k$ 个可能结果，记为 $x_1$，$x_2$，$\cdots$，$x_k$，公式如下：

$$\mu_X = \mathbb{E}(X) = x_1 \times \mathrm{Pr}(X=x_1) + \cdots + x_k \times \mathrm{Pr}(X=x_k)$$

$$= \sum_{i=1}^{k} x_i \mathrm{Pr}(X=x_i) \tag{15.3}$$

对于均值，只需将每个结果乘以其相应的概率后求和。

对于离散随机变量 $X$，方差 $\sigma_X^2$ 也写作 $\mathrm{Var}[X]$，量化 $X$ 的可能取值的变异性。理论上，方差可通过期望表示为 $\sigma_X^2 = \mathrm{Var}[X] = \mathbb{E}[X^2] - \mathbb{E}[X]^2 = \mathbb{E}[X^2] - \mu_X^2$。正如我们所见，离散随机变量的方差取决均值 $\mu_X$，计算公式如下所示：

$$\sigma_X^2 = \mathrm{Var}[X] = (x_1 - \mu_X)^2 \times \mathrm{Pr}(X = x_1) + \cdots +$$
$$(x_k - \mu_X)^2 \times \mathrm{Pr}(X = x_k) \tag{15.4}$$
$$= \sum_{i=1}^{k}(x_i - \mu_X)^2 \mathrm{Pr}(X = x_i)$$

同样，该过程简单易懂——对每个观察值和均值之差进行平方，然后乘以事件发生概率并求和来计算方差。

在实践中，通常每个结果的概率是未知的，需要根据观察到的数据进行估计。接下来，应用式（15.3）和式（15.4）来估计其相关的属性。另外要注意，只有量化随机现象的中心性和差异性时，均值和方差的一般描述才与 13.2 节一样。

考查赌博游戏中可能赚取的金额 $X$ 以及表 15-1 所示的相关概率。通过面向向量的操作（见 2.3.4 节），使用 R 来计算 $X$ 的均值和方差很容易。利用之前的对象 X.outcomes 和 X.prob，可以从以下元素级乘法中得到 $X$ 的均值：

```
R> mu.X <- sum(X.outcomes*X.prob)
R> mu.X
[1] -0.73
```

所以，$\mu_X = -0.73$。同样，下面提供了 $X$ 的方差：

```
R> var.X <- sum((X.outcomes-mu.X)^2*X.prob)
R> var.X
[1] 7.9371
```

通过方差的平方根来计算标准差（参考 13.2.4 节的定义）。使用内置的 sqrt 命令完成。

```
R> sd.X <- sqrt(var.X)
R> sd.X
[1] 2.817286
```

基于以上结果，我们可以对赌博游戏及其结果进行一些描述。预计的结果 $-0.73$ 表明，每个回合我们将平均损失 0.73 美元，标准差约为 2.82 美元。这些数值不是明确的定义结果，而是描述长期的随机行为。

### 15.2.3 连续随机变量

同样，根据第 13 章变量的定义，连续随机变量对可能的观察值没有限制。离散随机变量将特定结果定义为事件并赋予其相应的概率。然而，在处理连续随机变量时却有些不同，以 15.2.1 节的野餐为例，可以看到，即使限制温度测量的可能值范围，假设 $W$ 在 40～90℉取值（或表示为 $40 \leqslant W \leqslant 90$），在该区间上仍然有无数个不同的值。测量值 59.1℉ 与观察值 59.167 42℉ 有一样的意义。因此，不可能将概率分配给特定的单一温度，而是将概率分配给区间值。例如，基于 $W$ 的 Pr（$W = 55.2$）——"温度恰好为 55.2℉的概率是多少？"——不是一个有效的问题。然而，Pr（$W \leqslant 55.2$）——"温度小于或等于 55.2℉概率是多少？"——是可以回答的，因为它定义了一个区间。

这就更容易理解概率是如何精确分配的了。使用离散随机变量，我们可以直接假设其质量函数为离散的，即类似于表 15-1，图形可以如图 15-1 所示。然而，对于连续随机变量，描述概率分布函数的可能值范围为连续的。概率按连续函数的"下面区域"来计算，并且与离散随机变量一样，连续概率分布下方的"总面积"恰好为 1。连续随机变量的概率分布称为概率密度函数。

下面的例子有助于理解这些内容。假设随机变量温度 $40 \leqslant W \leqslant 90$ 的概率服从密度函数 $f(w)$，则得出：

$$f(w) = \begin{cases} \dfrac{w-40}{625} & 40 \leqslant w \leqslant 65 \\[2mm] \dfrac{90-w}{625} & 65 < w \leqslant 90 \\[2mm] 0 & \text{其他} \end{cases} \tag{15.5}$$

这个函数需要除以 625 来确保总概率为 1，这在可视化中更有意义。用下面的代码绘制密度函数：

```
R> w <- seq(35,95,by=5)
R> w
 [1] 35 40 45 50 55 60 65 70 75 80 85 90 95
R> lower.w <- w>=40 & w<=65
R> lower.w
 [1] FALSE  TRUE  TRUE  TRUE  TRUE  TRUE  TRUE FALSE FALSE FALSE
[11] FALSE FALSE FALSE
R> upper.w <- w>65 & w<=90
R> upper.w
 [1] FALSE FALSE FALSE FALSE FALSE FALSE FALSE  TRUE  TRUE  TRUE
[11]  TRUE  TRUE FALSE
```

第一个赋值为 $w$，设置奇数序列来表示 $w$ 的某些观察值；第二个赋值使用关系运算符和元素级逻辑运算符&来创建逻辑标志向量，用于标识由式（15.5）定义的 $f(w)$ "下半部分"的 $w$ 元素。同样。第三个是对"上半部分"进行赋值。

下面几行利用 lower.w 和 upper.w 来估计 $w$ 取值的概率密度 $f(w)$：

```
R> fw <- rep(0,length(w))
R> fw[lower.w] <- (w[lower.w]-40)/625
R> fw[upper.w] <- (90-w[upper.w])/625
R> fw
 [1] 0.000 0.000 0.008 0.016 0.024 0.032 0.040 0.032 0.024 0.016
[11] 0.008 0.000 0.000
```

这并不意味着刚刚写了一个 R 编码的函数来返回 $w$ 的函数 $f(w)$。我们只是创建了向量 $w$，并获得相应的数学函数值储存在向量 $fw$ 中。这两个向量足以绘图了。使用第 7 章中的方法，可以绘制一条线来表示 $35 \leqslant w \leqslant 95$ 对应的连续密度函数 $f(w)$。

```
R> plot(w,fw,type="l",ylab="f(w)")
R> abline(h=0,col="gray",lty=2)
```

绘制图 15-2。注意，使用 abline 在 $f(w)=0$ 处添加水平的虚线。

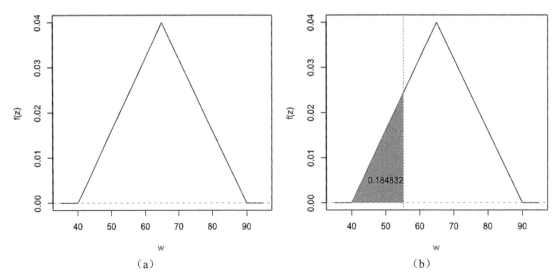

图 15-2 （a）由式（15.5）定义的野餐温度随机变量 $W$ 的概率密度函数的可视化图
（b）来自文本的一个特定概率的计算说明

可以看到，由式（15.5）定义的连续函数生成顶点在 $w = 65$ 处的三角形。从 $w = 40$ 到 $w = 65$ 的递增线表示式（15.5）分段函数的第一段；$w<40$ 和 $w>90$ 递减线表示式（15.5）的第二段函数；零水平线表示式（15.5）的第三段也是最后一段函数。

通常定义，随机变量 $W$ 的概率密度函数 $f(w)$ 必须具有以下性质：

- 对于 $-\infty < w < \infty$，有 $f(w) \geqslant 0$；
- $\int_{-\infty}^{\infty} f(w)\mathrm{d}w = 1$（函数下方的面积为 1）。

在温度的例子中，从式（15.5）可以看出，对于任何 $w$ 值都有 $f(w) \geqslant 0$。若要计算函数曲线的总面积，只需要考虑 $40 \leqslant w \leqslant 90$ 区间的函数，当 $w$ 取值在区间外时，函数值为 0。

通过几何方法计算由函数曲线和零水平线形成的三角形区域面积。三角形的面积通过"底乘以高的一半"来计算。三角形的底边为 $90-40 = 50$，高为 0.04。因此，在 R 中的代码如下：

```
R> 0.5*50*0.04
[1] 1
```

这证明概率和的确等于 1。现在我们可以明白式（15.5）中具体定义的原因。

回到温度小于或等于 55.2℉ 的概率问题。为此，我们必须找到以概率密度函数 $f(w)$、零点水平线和 55.2 处垂直线为界的面积。该特定区域形成另一个三角形，同样适合使用"底乘以高的一半"的规则。在笛卡儿坐标中，由顶点 $(40, 0)$、$(55.2, 0)$ 和 $(55.2, f(55.2))$ 构成的三角形，如图 15-2b 所示。

因此，首先计算 $f(55.2)$，依据式（15.5），创建以下对象计算出：

```
R> fw.specific <- (55.2-40)/625
R> fw.specific
[1] 0.02432
```

注意，这不是概率，不能将其赋值给特定的观察值。它仅仅是连续密度函数上的三角形的高度值，计算基于区间的概率 Pr（$W \leqslant 55.2$）。

很容易看到三角形的底为 55.2-40=15.2，然后使用 fw.specific，注意是"底乘以高的一半"，代码如下：

```
R> fw.specific.area <- 0.5*15.2*fw.specific
R> fw.specific.area
[1] 0.184832
```

看如上结果。我们已经使用 $f(w)$，通过几何方法算出了 Pr($W \leqslant 55.2$)= 0.185（四舍五入到三位小数）。可以说，野餐地点的最高温度小于或等于 55.2℉大约有 18.5% 的可能。

同样，在图形上更易理解。以下 R 代码重新绘制了密度函数 $f(w)$，并用阴影标记出了要计算的区域。

```
R> fw.specific.vertices <- rbind(c(40,0),c(55.2,0),c(55.2,fw.specific))
R> fw.specific.vertices
        [,1]    [,2]
[1,] 40.0 0.00000
[2,] 55.2 0.00000
[3,] 55.2 0.02432
R> plot(w,fw,type="l",ylab="f(w)")
R> abline(h=0,col="gray",lty=2)
R> polygon(fw.specific.vertices,col="gray",border=NA)
R> abline(v=55.2,lty=3)
R> text(50,0.005,labels=fw.specific.area)
```

结果如图 15-2b 所示。绘图命令使用第 7 章的 polygon 函数。内置 polygon 函数允许我们提供自定义的顶点，以便在现有绘图上画出或用阴影标出多边形。这里，使用 rbind 定义只有两列的矩阵，并用三角形 3 个点的 $x$ 坐标和 $y$ 坐标（分别为第一和第二列）来绘制阴影。注意，使用 fw.specific，即在 $w$=55.2 处的 $f(w)$ 值，来创建 fw.specific.vertices；这是阴影三角形的最高点。polygon 的其他参数控制着色（col = "gray"）以及是否在多边形周围绘制边框（border = NA 意味着无边框）。

不是所有的密度函数都可以用几何方式来估计。积分用于计算连续函数曲线下方的面积，用符号 $\int$ 表示。也就是说，数学上倾向于使用这种方法计算"从 $w = 40$ 到 $w = 55.2$ 的 $f(w)$ 以下的面积"，所以由下式可计算出 Pr($W \leqslant 55.2$)：

$$
\begin{aligned}
\int_{40}^{55.2} f(w)\mathrm{d}w &= \int_{40}^{55.2} \frac{w-40}{625}\mathrm{d}w \\
&= \frac{w^2 - 80w}{1250}\Bigg|_{40}^{55.2} \\
&= \frac{55.2^2 - 80 \times 55.2 - 40^2 + 80 \times 40}{1250} \\
&= 0.185 \quad \text{（四舍五入到三位小数）}
\end{aligned}
$$

在 R 中，第三行是这样计算的：

```
R> (55.2^2-80*55.2-40^2+80*40)/1250
[1] 0.184832
```

R 计算出正确结果。我们先忽略数学细节，可以看到运用积分计算的结果与基于三角形的几何方法计算的结果，也就是与之前计算的 fw.specific.area 相同。

现在应该明白为什么将概率分配给连续随机变量的单个特定观察值是没有意义的。例如，估计在某个值处 "函数 $f(w)$ 以下的面积" 与找到底边为 0 的多边形面积一样，因此，任何 $\Pr(W = w)$ 的值都为 0。此外，在连续变量下，使用<和≤或者>和≥，计算结果没有差别。所以，虽然我们之前计算出了 $\Pr(W \leqslant 55.2)$ 的值，但如果计算 $\Pr(W < 55.2)$，将得到相同的答案 0.185。我们可能起初会对结果有疑虑，但这一切都归结于无限可能取值的观点，所以对特定值赋予等号没有意义。

### 连续随机变量的累积概率分布

对连续变量累积概率分布的理解与离散变量一样。给定特定值 $w$，累积分布函数给出观察值小于或等于 $w$ 的概率。之前，我们利用图 15-2b 的阴影三角形或者使用分析方法，计算出概率 $\Pr(W \leqslant 55.2)$，而它本身就是累积概率。更一般地说，通过计算从 $-\infty$ 到 $w$ 的密度函数曲线下的面积，可以找到连续随机变量的累积概率，因此，这种方法需要概率密度函数的数学积分。想象一条垂直线从图 15-2 的密度函数曲线的左侧移动到右侧，并且在每个位置估计该线左侧的密度函数下的面积。

对于野餐温度的例子，累积分布函数 $F$ 如下：

$$F(w) = \int_{-\infty}^{w} f(u)\mathrm{d}u$$

$$= \begin{cases} 0 & \text{当} w < 40 \text{时} \\ \dfrac{w^2 - 80w + 1600}{1250} & \text{当} 40 \leqslant w \leqslant 65 \text{时} \\ \dfrac{180w - w^2 - 6850}{1250} & \text{当} 65 < w \leqslant 90 \text{时} \\ 1 & \text{其他} \end{cases} \tag{15.6}$$

使用之前的序列 $w$ 与逻辑标志向量 lower.w 和 upper.w，我们可以通过相同的向量子集和重写方法来绘制 $F(w)$。以下代码创建了所需的向量 $Fw$ 并生成图 15-3：

```
R> Fw <- rep(0,length(w))
R> Fw[lower.w] <- (w[lower.w]^2-80*w[lower.w]+1600)/1250
R> Fw[upper.w] <- (180*w[upper.w]-w[upper.w]^2-6850)/1250
R> Fw[w>90] <- 1
R> plot(w,Fw,type="l",ylab="F(w)")
R> abline(h=c(0,1),col="gray",lty=2)
```

标记出了温度值小于（或等于）55.2 的累积概率。

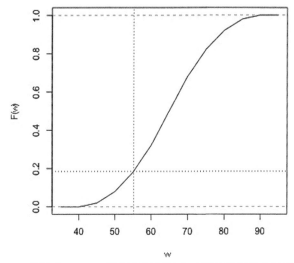

图 15-3　根据式（15.6）绘制的野餐温度示例的累积分布函数曲线

创建这个图后，下面两行代码清楚地表明 $w=55.2$ 处的累积概率精确地位于 $F$ 曲线上：

```
R> abline(v=55.2,lty=3)
R> abline(h=fw.specific.area,lty=3)
```

### 连续随机变量的均值和方差

我们也可以确定连续随机变量的均值和方差，这在之后也会广泛使用到。

具有密度函数 $f$ 的连续随机变量 $W$，其均值 $\mu_W$（或期望或期望值$\mathbb{E}[W]$）解释为我们期望观察值的"平均结果"，数学表达如下：

$$\mu_W = \mathbb{E}[W] = \int_{-\infty}^{\infty} wf(w)\mathrm{d}w \tag{15.7}$$

该等式等价于连续变量的式（15.3），可以理解为"将密度 $f(w)$ 与 $w$ 值相乘而获得函数曲线下的总面积"。

对于 $W$，方差 $\sigma_W^2$ 也写作 Var $[W]$，用以量化 $W$ 观察值的可变性。连续随机变量方差的计算取决于其均值 $\mu_W$，并按如下公式计算：

$$\mu_W = \mathrm{Var}(W) = \int_{-\infty}^{\infty} (w-\mu_W)^2 f(w)\mathrm{d}w \tag{15.8}$$

同样，这一步是将函数曲线下的面积乘以一个特定值的结果——此时，这一值是 $w$ 与总体期望值 $\mu_W$ 的平方差。

野餐温度随机变量的均值和估计方差必须分别遵循式（15.7）和式（15.8）。这些计算相当复杂，所以这里就不再赘述这一计算过程了。不过图 15-2 显示了 $W$ 的均值一定是 $\mu_W=65$；它是对称密度函数 $f(w)$ 的正中间值。

因此，根据所需积分，我们可以使用之前存储的 $w$ 和 $fw$ 对象并执行以下操作来计算两个函数 $wf(w)$ 和 $(w-\mu_W)^2 f(w)$，结果如图 15-4 所示。

```
R> plot(w,w*fw,type="l",ylab="wf(w)")
R> plot(w,(w-65)^2*fw,type="l",ylab="(w-65)^2 f(w)")
```

以数学方式呈现式（15.7）和式（15.8）的结果：

$$\mu_W = 65, \quad \mathrm{Var}[W] = 104.166\ 7$$

从图 15-4 可以近似看出，每个图下区域与这些结果是一致的。如前所述，$W$ 分布的标准差用方差平方根给出，并且按如下方式操作可得到：

```
R> sqrt(104.1667)
[1] 10.20621
```

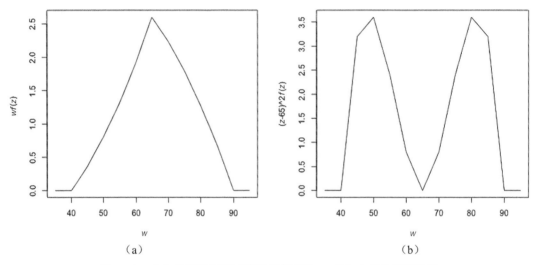

（a）　　　　　　　　　　　　　（b）

图 15-4　（a）温度的概率密度函数期望值　　（b）方差的被积函数

## 15.2.4　形状、偏态和峰态

现在，我们已经熟悉了连续和离散随机变量以及对应的概率分布，并学习了概率质量函数和概率密度函数的分布可视化。在本节中，我们将学习用于描述分布形状的术语——能够描述图形形状与能够轻松计算它们同样重要。

我们经常会看到以下术语。

对称：如果沿着中心画一条垂直线，并且使其以 0.5 的概率均等地落在该中心线的两侧（见图 15-2），则分布是对称的。对称的概率分布意味着分布的平均值和中心值是相同的。

偏态：如果分布不是对称的，可以利用偏态来量化其描述。当分布“尾部”（换句话说，远离中心性度量）在一个方向上比在另一个方向上更长时，就称其在该方向的分布是偏斜的。正偏或右偏表示尾部向中心的右边延伸地更长；负偏或左偏表示尾部向中心的左边延伸地更长。我们也可以量化偏态的程度或其显著性。

峰态：概率分布不一定总是单峰。峰态用于描述分布中容易识别的峰数量。例如，单峰、双峰和三峰分别用于描述具有一个、两个和三个峰的分布术语。

图 15-5 给出了对称性、不对称性、偏态和峰态的图形解释。请注意，虽然用连续的线绘制，但我们假设它们可以表示离散概率质量函数或连续密度函数的一般形状。

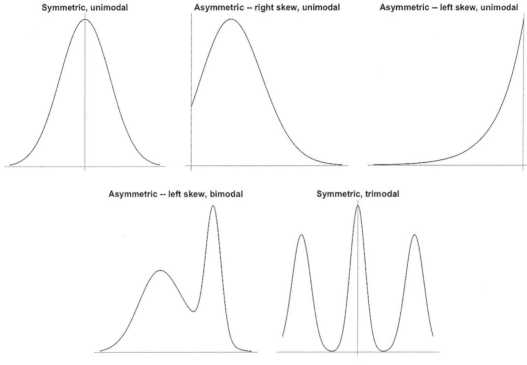

图 15-5 用于描述概率分布术语的一般示例。前 3 个图是单峰,
并突出对称性和非对称偏态;底部的两个图强调峰态

在讨论赌博游戏和野餐温度示例的概率分布时,我们可以使用这些描述。图 15-1a 中,$X$ 的质量函数是单峰且非对称的——略微右偏。图 15-2 给出的 $W$ 的密度函数是完全对称的单峰。

## 练习 15.2

a. 对于以下每一个定义,识别其描述的是随机变量还是随机变量观察值。此外,识别每个语句描述的是连续变量还是离散变量。

   i. 在 2016 年 6 月 3 日,你到当地商店购买的咖啡数量 $x$。

   ii. 任意一天你到当地商店购买的咖啡数量 $X$。

   iii. Y,明天是否下雨。

   iv. Z,明天的下雨量。

   v. 现在你桌子上的面包屑数量 $k$。

   vi. 在任意指定时间,你桌面上面包屑的总重量 $W$。

b. 假设构造随机变量 $S$ 及其概率的表格,由某个评论家对特定类型的任意电影给出总星数:

| $s$ | 1 | 2 | 3 | 4 | 5 |
|---|---|---|---|---|---|
| $\Pr(S = s)$ | 0.10 | 0.13 | 0.21 | ? | 0.15 |

   i. 假设该表描述了完整的结果,估计缺失概率 $\Pr(S = 4)$。

   ii. 计算累积概率。

iii. 计算这个评论家评给电影星数的期望值，即 $S$ 的均值是多少？

iv. $S$ 的标准差是多少？

v. 这个类型的电影将获得至少三颗星的概率是多少？

vi. 绘制图形，并对概率质量函数的特征作简要评论。

c. 返回野餐温度的示例，即 15.2.3 节中定义的随机变量 $W$。

i. 对任意数值向量 $w$，写出 R 函数返回式（15.5）的值 $f(w)$。不论是隐性的还是显性的，尽量避免使用循环。

ii. 对任意数值向量 $w$，写出 R 函数来返回式（15.6）的 $f(w)$。不论是隐性的还是显性的，尽量避免使用循环。

iii. 使用 i 题和 ii 题中的函数来确认本书的结果，也就是 $f(55.2)=0.024\,32$ 和 $F(55.2)=0.184\,832$。

iv. 利用函数 $F(w)$ 来计算 $\Pr(W>60)$。提示：因为 $f(w)$ 下方的总面积为 1，所以 $\Pr(W>60)=1-\Pr(W\leqslant60)$。

v. 计算 $\Pr(60.3<W<76.89)$。

d. 假设图 a 至图 b 为概率分布函数。使用 15.2.4 节的术语来描述每个形状。

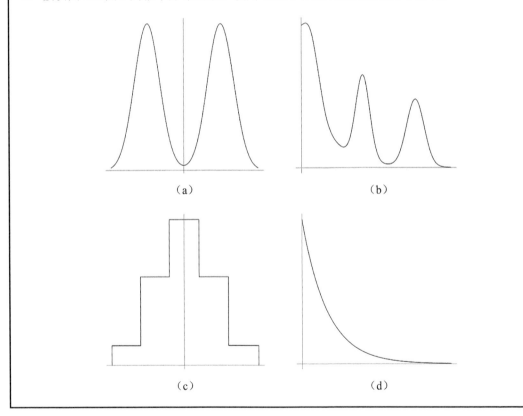

（a）　　　　　　　　（b）

（c）　　　　　　　　（d）

**本章重要代码**

| 函数/操作 | 简要描述 | 首次出现 |
| --- | --- | --- |
| polygon | 给图中添加阴影多边形 | 15.2.3 节 |

# 16

# 常见的概率分布

 在本章，我们将学习统计建模中常见随机现象的标准概率分布。因为这些分布的属性能被很好地理解和记录，所以非常有用，这与第 15 章中提供的示例遵循的规则相同。事实上，分布无处不在，大多数统计软件包都有计算分布的内置函数，R 也不例外。这些分布中的一些分布是传统统计假设检验的重要组成部分，第 17 章和第 18 章将详细探讨这一问题。

与这些分布拟合的随机变量一样，我们将常见的分布大致分为离散分布和连续分布。每个分布都具有与其相关的 4 个核心 R 函数——d 函数，给出特定的分布或密度函数值；p 函数，给出累积分布概率；q 函数，给出分位数；r 函数，生成随机变量。

## 16.1 常见的概率质量函数

这一章的学习从离散随机变量的常见概率分布函数的定义和示例开始。将在 16.2 节探讨连续分布。

### 16.1.1 伯努利分布

伯努利分布是有两种可能结果（例如成功或失败）的离散随机变量概率分布。该类型的变量称为二进制或二分类随机变量。

假设将事件的成功或失败定义为二进制随机变量 $X$，其中 $X=0$ 是失败，$X=1$ 是成功，$p$ 是已知成功的概率。表 16-1 是 $X$ 的概率分布函数。

表 16-1      伯努利分布的概率质量函数

| $x$ | 0 | 1 |
|---|---|---|
| $\Pr(X=x)$ | $1-p$ | $p$ |

从 15.2.2 节可以知道，所有可能结果相关的概率之和为 1。因此，如果二进制随机变量成功的概率为 $p$，则另一个结果即失败的概率为 $1-p$。

在数学中，对于离散随机变量 $X=x$，伯努利分布函数 $f$ 为：

$$f(x) = p^x(1-p)^{1-x}; \quad x = \{0,1\} \tag{16.1}$$

其中 $p$ 是伯努利分布的参数。符号 $X\sim\text{BERN}(p)$ 用来表示 "$X$ 服从参数为 $p$ 的伯努利分布"。

要记住以下要点：

- $X$ 是二分类变量，只能取 1（"成功"）或 0（"失败"）。
- $p$ 应该理解为 "成功的概率"，因此 $0\leqslant p \leqslant 1$。

平均值和方差分别定义如下：

$$\mu_X = p$$
$$\sigma_X^2 = p(1-p)$$

假设在掷骰子的例子中，掷一次得到 4 点即为成功。因此，一个二进制随机变量 $X$，拟合成伯努利分布，其成功概率 $p = \dfrac{1}{6}$。这是一个 $X\sim\text{BERN}\left(\dfrac{1}{6}\right)$ 的例子。我们可以用式（16.1）来定义：

$$\text{Pr}（掷出4点）=\text{Pr}(X = 1) = f(1) = \left(\frac{1}{6}\right)^1 \left(\frac{5}{6}\right)^0 = \frac{1}{6}$$

并且以相同的方式可以得到 $f(0) = \dfrac{5}{6}$。另外，计算得到 $\mu_X = \dfrac{1}{6}$ 和 $\sigma_X^2 = \dfrac{1}{6}\times\dfrac{5}{6} = \dfrac{5}{36}$。

## 16.1.2    二项分布

二项分布是 $n$ 次伯努利试验中成功次数服从的分布。通常，伯努利分布用以构建更为复杂的分布，比如二项式，使结果更有趣。

例如，假设定义随机变量 $X = \sum_{i=1}^{n} Y_i$，其中 $Y_1, Y_2, \cdots, Y_n$ 分别是同一事件的伯努利随机变量，换句话说，将掷骰子成功定义为得到 4 点。新的随机变量 $X$ 是伯努利随机变量之和，定义为在 $n$ 次试验中成功的次数。如果满足某些合理假设，成功次数的概率分布就是二项分布。

在数学术语中，对于离散随机变量 $X=x$，二项分布函数 $f$ 为：

$$f(x) = \binom{n}{x} p^x(1-p)^{n-x}; \quad x = \{0,1,\cdots,n\} \tag{16.2}$$

其中

$$\binom{n}{x} = \frac{n!}{x!(n-x)!} \tag{16.3}$$

称为二项式系数（回顾整数因子运算符!的使用，如练习 10.4 中所讨论的那样）。这个系数也称为组合，考虑了 $n$ 次试验中观察到 $x$ 次成功的不同顺序。

二项分布中参数是 $n$ 和 $p$，符号 $X\sim\text{BIN}(n,p)$ 用来表示 "$X$ 服从参数为 $p$ 的 $n$ 次试验的二项分布"。

要记住以下几点：

- $X$ 可能的取值为 0，1，…，$n$，表示成功的总次数。
- $p$ 应理解为"每次试验成功的概率"。因此，$0 \leqslant p \leqslant 1$，同时 $n > 0$ 表示"试验次数"是一个整数。
- $n$ 次试验中每次试验都服从伯努利分布的成功和失败事件，其为独立试验（换句话说，一次试验的结果不会影响其他试验的结果），并且 $p$ 是常数。

平均值和方差定义如下：

$$\mu_X = np$$
$$\sigma_X^2 = np(1-p)$$

对二进制变量重复试验的成功次数进行计数是本节开头提到的常见的随机现象之一。考虑只有一次"试验"的具体情况，即 $n=1$。考察方程式（16.2）和式（16.3），应该清楚的是式（16.2）可以简化为式（16.1）。换句话说，伯努利分布只是二项式的一个特例。显然，这也说明二项式随机变量可以定义为 $n$ 个伯努利随机变量之和。反过来说，尽管 R 没有明确地提供伯努利分布函数，但 R 提供了二项分布函数。

为了说明这一点，我们回到掷骰子的例子，将成功定义为获得 4 点。如果独立地掷 8 次骰子，总共观察到 5 次成功（即得到 5 次 4 点）的概率是多少？我们有 $X \sim \mathrm{BIN}\left(8, \dfrac{1}{6}\right)$，可以通过式（16.2）进行数学运算得到这一概率。

$$\Pr（得到5次4点）=\Pr(X=5)=f(5)$$

$$= \frac{8!}{5! \times 3!}\left(\frac{1}{6}\right)^5\left(\frac{5}{6}\right)^3 = 0.004（保留3位小数）$$

结果是掷 8 次骰子，大约有 0.4% 的机会观察到 5 次 4 点。这个概率很小而且有意义——意味着我们更有可能观察到 0～2 次 4 点。

幸运的是，R 函数能处理这些情况下的算术运算，其内置函数 dbinom 函数、pbinom 函数、qbinom 函数和 rbinom 函数都与二项分布和伯努利分布相关，并且归纳在以这些函数名称命名的帮助文件中。

- dbinom 函数直接提供任何有效 $x$（即 $0<x<n$）的概率质量函数 $\Pr(X=x)$。
- pbinom 函数提供累积概率分布——给定有效 $x$，输出 $\Pr(X \leqslant x)$。
- qbinom 函数提供累积概率分布的逆（也称为分布的分位数函数）——给出有效概率 $0 \leqslant p \leqslant 1$，则得到满足 $\Pr(X \leqslant x)=p$ 的 $x$ 值。
- rbinom 函数在给定特定二项分布下生成 $X$ 的任意数值。

### dbinom 函数

学会 dbinom 函数，我们就可以使用 R 得到掷骰子例子中 $\Pr(X=5)$ 的结果，如前面描述的那样：

```
R> dbinom(x=5,size=8,prob=1/6)
[1] 0.004167619
```

在 dbinom 函数中，$x$ 为数值；size 是试验总数 $n$；每次试验成功的概率为 $p$，即 prob。R 也可以实现向量参数 $x$ 的计算。如果计算 $X$ 的全部概率质量函数表，就可以把向量 0:8 赋值给 $x$。

```
R> X.prob <- dbinom(x=0:8,size=8,prob=1/6)
R> X.prob
[1] 2.325680e-01 3.721089e-01 2.604762e-01 1.041905e-01 2.604762e-02
[6] 4.167619e-03 4.167619e-04 2.381497e-05 5.953742e-07
```

这些值的和为 1：

```
R> sum(X.prob)
[1] 1
```

e-notation 函数返回对应于特定值 $x=\{0,1,\cdots,8\}$ 的概率向量（参见 2.1.3 节）。可以使用 13.2.2 节中介绍的 round 函数对结果进行四舍五入。四舍五入到小数点后 3 位，结果更方便显示。

```
R> round(X.prob,3)
[1] 0.233 0.372 0.260 0.104 0.026 0.004 0.000 0.000 0.000
```

在 8 次试验中获得一次成功的概率最高，约为 0.372。在这个例子中，$X$ 的平均值（期望值）和方差分别是 $\mu_X = np = 8 \times \dfrac{1}{6} = 8/6, \sigma_X^2 = np(1-p) = 8 \times \dfrac{1}{6} \times \dfrac{5}{6}$。

```
R> 8/6
[1] 1.333333
R> 8*(1/6)*(5/6)
[1] 1.111111
```

我们可以用 15.2.2 节中示例的方式来绘制相应的概率质量函数。下面的代码可以生成图 16-1。

```
R> barplot(X.prob,names.arg=0:8,space=0,xlab="x",ylab="Pr(X = x)")
```

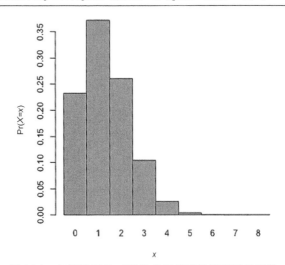

图 16-1    与掷骰子的二项分布相关联的概率质量函数

### pbinom 函数

其他 R 函数的工作方式类似于二项分布。第一个参数总是我们感兴趣的值（或多个值），$n$ 为 size，

$p$ 为 prob。例如，要查找观察到 3 次或 3 次以下的 4 点，即 $\Pr(X \leqslant 3)$ 的概率，如前所述，我们可以对 dbinom 函数中的相关元素求和或使用 pbinom 函数：

```
R> sum(dbinom(x=0:3,size=8,prob=1/6))
[1] 0.9693436
R> pbinom(q=3,size=8,prob=1/6)
[1] 0.9693436
```

注意，pbinom 函数的关键参数是 $q$，而不是 $x$；这是因为在累积意义上，我们要求的是分位数对应的概率。由 pbinom 函数计算得到累积分布的结果可以通过相同的方式查找"上尾"概率（给定值右侧的概率）。因为我们知道概率分布之和总是 1。为了求得 8 次试验中观察到至少 3 次 4 点的概率，即 $\Pr(X \geqslant 3)$（这相当于计算这个例子中离散随机变量 $\Pr(X > 2)$），注意下面的代码运行出的正确结果，因为它是 $\Pr(X \leqslant 2)$ 的补集：

```
R> 1-pbinom(q=2,size=8,prob=1/6)
[1] 0.1348469
```

### qbinom 函数

qbinom 函数不常使用，它是 pbinom 函数的逆。当给定分位数值 $q$ 时，pbinom 函数提供累积概率 $p$；当给定累积概率 $p$ 时，函数 qbinom 提供分位数值 $q$。二项式随机变量的离散性意味着 qbinom 函数将返回最接近 $p$ 点的对应 $x$ 值。例如：

```
R> qbinom(p=0.95,size=8,prob=1/6)
[1] 3
```

可知，3 是分位点，即使我们之前就知道小于或低于 3，即 $\Pr(X \leqslant 3)$ 概率是 0.969 343 6。在处理连续概率分布时，我们会经常使用 p 函数和 q 函数，参见 16.2 节。

### rbinom 函数

使用 rbinom 函数产生服从二项分布的随机数。另外，以 $\mathrm{BIN}\left(8, \dfrac{1}{6}\right)$ 分布为例，使用 rbinom 函数要注意以下几点：

```
R> rbinom(n=1,size=8,prob=1/6)
[1] 0
R> rbinom(n=1,size=8,prob=1/6)
[1] 2
R> rbinom(n=1,size=8,prob=1/6)
[1] 2
R> rbinom(n=3,size=8,prob=1/6)
[1] 2 1 1
```

初始参数 $n$ 不是试验次数，试验次数仍然赋值给 size，把 $p$ 赋值给 prob。这里，$n$ 是服从 $X \sim \mathrm{BIN}\left(8, \dfrac{1}{6}\right)$ 产生的随机数的个数。前 3 行代码每行都要求生成随机数——第一个 8 次试验中，我们观察到零次成功（即得到零次 4 点），在第二和第三个 8 次试验中，都出现了两次 4 点。第四行说

明通过增加 $n$，可以得到 $X$ 的多个随机数并将其存储为向量。因为随机产生，所以如果现在运行这些代码，我们可能会观察到不同的值。

虽然在标准统计检验方法中并不经常使用这些函数，但涉及模拟和计算统计中各种高级数学算法时，不论离散概率分布还是连续概率分布，r 函数都发挥着重要作用。

---

### 练习 16.1

一个森林自然保护区分布有 13 个鸟瞰平台。自然主义者声称，在任何时间，每个平台上都有 75% 的机会看到鸟。假设穿过这个保护区经过每个平台。如果所有相关条件都满足，且二项式随机变量 $X$ 代表我们能够看到鸟的平台总数。

a. 将二项分布的概率质量函数可视化。

b. 在所有平台都看到鸟的概率是多少？

c. 在 9 个以上平台都看到鸟的概率是多少？

d. 在 8～11 个平台（包括 8 和 11）上都看到鸟的概率是多少？只使用 d 函数，然后再次使用 p 函数来确认你的答案。

e. 在进入保护区之前，如果看到鸟的平台数少于 9 个，我们就要求退回入场费。在这种情况下，不退回入场费的概率是多少？

f. 模拟保护区 10 次不同试验中 $X$ 的实现，将结果向量存储为对象。

g. 计算该分布的平均值和标准差。

---

## 16.1.3 泊松分布

在本节中，我们用泊松分布模拟一个常见的重要离散随机变量——计数。例如，在给定年份中变量可能是某一站点检测到地震的数量，或者是来自工厂生产线的 1 平方英尺金属片上发现的缺陷数量。

重要的是，假定计数的事件或项目彼此独立。在数学中，对于离散随机变量 $X = x$，泊松分布函数 $f$ 如下所示，其中 $\lambda_{\mathrm{p}}$ 是分布参数（这将进一步解释）：

$$f(x) = \frac{\lambda_{\mathrm{p}}^{x} \exp(-\lambda_{\mathrm{p}})}{x!}; \quad x = \{0, 1, \cdots\} \tag{16.4}$$

符号：$X \sim \mathrm{POIS}(\lambda_{\mathrm{p}})$ 用于表示 "$X$ 服从参数为 $\lambda_{\mathrm{p}}$ 的泊松分布"。

要记住以下几点：

- 计数的实体、特征或事件在定义的时间间隔中以恒定速率独立发生。
- $X$ 只能取非负整数：0，1，$\cdots$。
- $\lambda_{\mathrm{p}}$ 应理解为 "平均出现的次数"，因此必须是有限的，严格为正，即 $0 < \lambda_{\mathrm{p}} < \infty$。均值和方差如下：

$$\mu_X = \lambda_{\mathrm{p}}$$
$$\sigma_X^2 = \lambda_{\mathrm{p}}$$

像二项式随机变量一样，泊松随机变量的取值是离散的非负整数。然而，与二项式不同的是，通常服从泊松分布的变量没有上限。这意味着允许出现"无限计数"，但是泊松分布的特征是随着 x 无穷大，与某个 x 值相关联的概率为 0。

如式（16.4）所示，任何泊松分布取决于参数的大小，用 $\lambda_p$ 表示。此参数用以描述平均出现的次数，它会影响分布函数的整体形状，如图 16-2 所示。

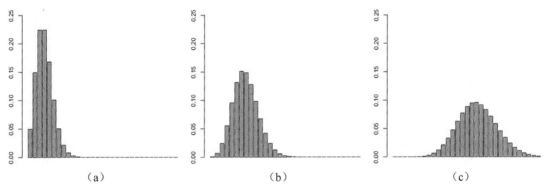

图 16-2　泊松概率质量函数的 3 个例子，绘制 $0 \leqslant X \leqslant 30$ "期望计数"的参数 $\lambda_p$

（a）3.00　　（b）6.89　　（c）17.20

值得注意的是，无论 $\lambda_p$ 值是多少，以及可能结果在 0 到无穷大区间上的取值是多少，所有可能结果的总概率之和永远是 1。

根据定义，很容易理解为什么 X 的平均值 $\mu_X$ 等于 $\lambda_p$；事实上，泊松分布随机变量的方差也等于 $\lambda_p$。

考虑本节开头提到的来自工厂生产线上 1 平方英尺金属板上瑕疵数量的例子。假设瑕疵数量为 X，服从 $\lambda_p = 3.22$ 的泊松分布，即 $X \sim \text{POIS}(3.22)$。换句话说，我们期望在 1 平方英尺金属板上平均有 3.22 个瑕疵。

**dpois 和 ppois 函数**

dpois 函数为泊松分布提供质量概率函数的概率 $\Pr(X=x)$。ppois 函数提供左侧累积概率，即 $\Pr(X \geqslant x)$。看下面几行代码：

```
R> dpois(x=3,lambda=3.22)
[1] 0.2223249
R> dpois(x=0,lambda=3.22)
[1] 0.03995506
R> round(dpois(0:10,3.22),3)
[1] 0.040 0.129 0.207 0.222 0.179 0.115 0.062 0.028 0.011 0.004 0.001
```

第一行代码为 $\Pr(X=3)=0.22$（保留两位小数），换句话说，随机选择的一块金属板上观察到 3 个瑕疵的概率约等于 0.22；第二行代码表示该金属板没有瑕疵的概率小于 4%；第三行返回值是在 $0 \leqslant x \leqslant 10$ 之间质量函数的全概率。我们还可以像下面这样手动确认第一个结果：

```
R> (3.22^3*exp(-3.22))/prod(3:1)
[1] 0.2223249
```

可以用下面的代码画出质量函数的图形：

```
R> barplot(dpois(x=0:10,lambda=3.22),ylim=c(0,0.25),space=0,
          names.arg=0:10,ylab="Pr(X=x)",xlab="x")
```

如图 16-3 所示。

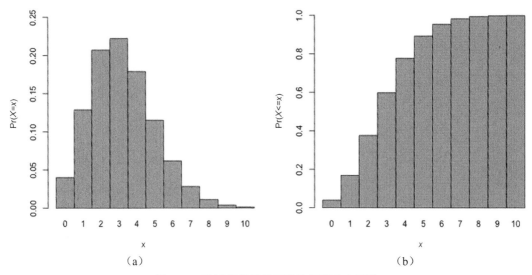

（a）　　　　　　　　　　　　　　　　　（b）

图 16-3　泊松概率质量函数和累积分布函数

（a）金属板例子中$\lambda_p$=3.22 且在 $0 \leqslant x \leqslant 10$ 之间的泊松概率质量函数　　（b）累积分布函数

也可以通过 ppois 函数计算累计概率：

```
R> ppois(q=2,lambda=3.22)
[1] 0.3757454
R> 1-ppois(q=5,lambda=3.22)
[1] 0.1077005
```

这些代码告诉我们，最多观察到两个瑕疵的概率即 $\Pr(X \leqslant 2)$ 约为 0.38，观察到超过 5 个瑕疵的概率即 $\Pr(X \geqslant 6)$ 大约为 0.11。

累积质量函数的图形在图 16-3b 给出，绘制这一图形的代码如下：

```
R> barplot(ppois(q=0:10,lambda=3.22),ylim=0:1,space=0,
          names.arg=0:10,ylab="Pr(X<=x)",xlab="x")
```

### qpois 函数

Poisson 分布的 q 函数，即 qpois 函数，是 ppois 函数的逆，如 16.1.2 节中的 qbinom 函数是 pbinom 函数的逆。

### rpois 函数

我们可以使用 rpois 函数生成随机数，这需要提供变量数 $n$，并将最重要的参数$\lambda_p$ 赋值给 lambda。假设生成以下随机数：

```
R> rpois(n=15,lambda=3.22)
[1] 0 2 9 1 3 1 9 3 4 3 2 2 6 3 5
```

从生产线随机选择 15 块 1 平方英尺的金属板，并数一下每个板上的瑕疵数量。还要注意，因为是随机生成，所以得到的具体结果可能会有所不同。

---

**练习 16.2**

每星期六的同一时间，有一个人站在路边数 120 分钟内通过的汽车数量。基于以前所学知识，她认为在这段时间内通过的车辆平均数量为 107。$X$ 是泊松随机数，表示在每星期六这一时段中通过所在位置的车辆数量。

a. 星期六有超过 100 辆车经过所在位置的概率是多少？

b. 确定没有汽车经过的概率。

c. 绘制汽车数量在 $60 \leqslant x \leqslant 150$ 之间的泊松质量函数。

d. 模拟这个分布的 260 个结果（大约 5 年的每周星期六中同一时段）。使用 hist 函数绘制模拟结果；使用 xlim 函数将水平限制设置为 60～150。将所绘制的直方图与 c 题中的质量函数形状进行比较。

---

### 16.1.4　其他质量函数

在 R 内置的统计计算方法中，还有许多其他概率质量函数。所有函数都使用某种方式模拟某条件下的离散随机变量并至少用一个参数来定义，大多数由 d、p、q 和 r 函数集合表示。总结如下：

- 几何分布（geometric）是在一次成功之前发生失败的次数，并且取决于参数"成功概率" prob，包括 dgeom 函数、pgeom 函数、qgeom 函数和 rgeom 函数。
- 负二项分布（negative binominal）是几何分布的推广，取决于参数 size（试验次数）和 prob，包括 dnbinom 函数、pnbinom 函数、qnbinom 函数和 rnbinom 函数。
- 超几何分布（hypergeometric）用于不放回抽样的模拟（换句话说，一次"成功"会改变下一次成功的概率），取决于参数 m、n 和 k，这些参数用于描述样本的性质，包括 dhyper 函数、phyper 函数、qhyper 函数和 rhyper 函数。
- 多项分布（multinominal）是二项式的延伸，在每次试验中成功有多种可能，取决于参数 size 和 prob（这里，prob 必须对应于多个类别概率的向量）。其内置函数仅有 dmultinom 函数和 rmultinom 函数。

## 16.2　常见的概率密度函数

考查连续随机变量时，要学会处理概率密度函数。在许多不同类型的问题上，经常会使用许多连续概率分布。在本节中，我们要学习这种分布以及相关的 d、p、q 和 r 函数。

### 16.2.1　均匀分布

均匀分布是描述连续随机变量的简单密度函数，其在取值范围内概率保持不变，如图 16-4 所示。

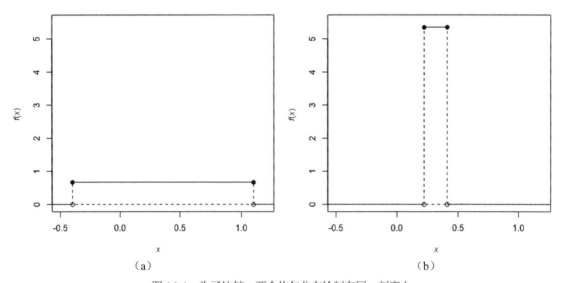

（a）　　　　　　　　　　　　（b）

图 16-4　为了比较，两个均匀分布绘制在同一刻度上

（a）$X\sim\text{UNIF}(-0.4,1.1)$　（b）$X\sim\text{UNIF}(0.223,0.410)$。每个密度函数下的总面积仍为 1

对于连续随机变量 $a\leqslant X\leqslant b$，均匀密度函数 $f$ 为：

$$f(x)=\begin{cases}\dfrac{1}{b-a} & \text{当}a\leqslant x\leqslant b\text{时}\\[2mm] 0 & \text{其他}\end{cases}\tag{16.5}$$

其中，$a$ 和 $b$ 是定义 $X$ 所有可能取值界限的分布参数。符号 $X\sim\text{UNIF}(a,b)$ 通常表示"$X$ 服从参数 $a$ 和 $b$ 的均匀分布"。

要记住以下要点：

- $X$ 在 $[a,b]$ 区间内任意取值。
- $a$ 和 $b$ 可以是任何值，只要 $a<b$，其分别表示区间下限和上限。

均值和方差如下：

$$\mu_X=\frac{a+b}{2}$$

$$\sigma_X^2=\frac{(b-a)^2}{12}$$

对于本节中更复杂的密度，将函数可视化能更好地理解与连续随机变量有关的概率结构。对于均匀分布，式（16.5）可以识别图 16-4 中所示的两种不同的均匀分布。随后会提供生成这种类型的图形代码。对于图 16-4a，我们可以手动计算出 $X\sim\text{UNIF}(-0.4,1.1)$ 分布的确切高度 $1/\{1.1-(-0.4)\}=1/1.5=\dfrac{2}{3}$。

对于图 16-4b，在 $X\sim\text{UNIF}(0.233,0.410)$ 的基础上用 R 算出它的高度大约是 5.35：

```
R> 1/(0.41-0.223)
[1] 5.347594
```

### dunif 函数

使用均匀分布内置 d 函数，dunif 函数，在已知区间内返回任何值的高度。对于区间以外的区域，dunif 函数命令返回零。均匀分布的参数 $a$ 和 $b$ 分别赋值给参数 min 和 max。例如：

```
R> dunif(x=c(-2,-0.33,0,0.5,1.05,1.2),min=-0.4,max=1.1)
[1] 0.0000000 0.6666667 0.6666667 0.6666667 0.6666667 0.0000000
```

以上代码计算向量 $X$ 处均匀密度函数 $X \sim \text{UNIF}(-0.4, 1.1)$。注意，第一个和最后一个值超出由 min 和 max 定义的边界，因此它们为 0。所有其他值的高度如先前计算的那样是 $\frac{2}{3}$。

下面的代码是第二个例子：

```
R> dunif(x=c(0.3,0,0.41),min=0.223,max=0.41)
[1] 5.347594 0.000000 5.347594
```

这个例子确认 $X \sim \text{UNIF}(0.233, 0.410)$ 分布的正确密度值。第二个值为 0，因为落在定义区间外。

这个例子提醒我们，如 15.2.3 节所述，连续随机变量的概率密度函数不像离散变量的质量函数，不直接提供概率。换句话说，dunif 函数返回结果表示各自的密度函数，而不表示 $x$ 具体值的任何概率。

在这里使用故障钻床的例子，根据均匀密度函数计算概率。假设在木工店里，有一台钻床在使用时不能保持标准不变，而是随机击打目标，最多偏左 0.4cm 或偏右 1.1cm。随机变量 $X \sim \text{UNIF}(-0.4, 1.1)$ 表示钻头击打材料的位置相对目标 0 处的偏移。图 16-5 更详细地重绘了图 16-4a。图中标记的密度函数下方有 $\Pr(X \leq -0.21)$，$\Pr(-0.21 \leq X \leq 0.6)$ 和 $\Pr(X \geq 0.6)$ 这 3 个不同的区域。

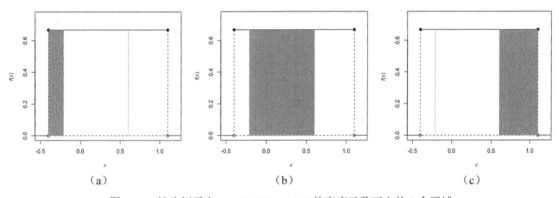

图 16-5 钻头例子中 $X \sim \text{UNIF}(-0.4, 1.1)$ 的密度函数下方的 3 个区域

(a) $\Pr(X \leq -0.21)$ (b) $\Pr(-0.21 \leq X \leq 0.6)$ (c) $\Pr(X \geq 0.6)$

这些图为第 7 章描述的基于坐标的绘图技术，而密度函数的代码显示如下：

```
R> a1 <- -4/10
R> b1 <- 11/10
R> unif1 <- 1/(b1-a1)
R> plot(c(a1,b1),rep(unif1,2),type="o",pch=19,xlim=c(a1-1/10,b1+1/10),
        ylim=c(0,0.75),ylab="f(x)",xlab="x")
R> abline(h=0,lty=2)
R> segments(c(a1-2,b1+2,a1,b1),rep(0,4),rep(c(a1,b1),2),rep(c(0,unif1),each=2),
        lty=rep(1:2,each=2))
R> points(c(a1,b1),c(0,0))
```

可以使用大部分相同代码，修改 xlim 函数和 ylim 函数的参数以调整坐标轴比例来生成图 16-4。再次调用 segments 函数，在图 16-5 中添加垂直线 $f(-0.21)$ 和 $f(0.6)$。

```
R> segments(c(-0.21,0.6),c(0,0),c(-0.21,0.6),rep(unif1,2),lty=3)
```

最后，可以使用 polygon 函数绘制阴影，这个函数在 15.2.3 节中首次出现过。例如，使用之前的代码绘制图 16-5a：

```
R> polygon(rbind(c(a1,0),c(a1,unif1),c(-0.21,unif1),c(-0.21,0)),col="gray",
         border=NA)
```

如前所述，图 16-5 中的 3 个阴影区域从左到右分别表示 $\Pr(X < -0.21)$，$\Pr(-0.21 < X < 0.6)$ 和 $\Pr(X > 0.6)$。在钻床例子中，将它们分别解释为钻头击中目标偏左 0.21cm 以上的概率，钻头击中目标偏左 0.21cm 和偏右 0.6cm 之间的概率，以及钻头击中目标偏右 0.6cm 以上的概率（请记住在 15.2.3 节所述使用≤或<（≥或>）计算连续随机变量的概率并没什么区别）。虽然我们可以用几何方法计算这些简单的密度函数，但是用 R 更快。

#### punif 函数

定义连续随机变量概率为函数下的面积，因此研究集中在 $X$ 的适当区间而不是任何特定值。密度的 p 函数，就像离散随机变量的 p 函数一样，提供累积概率分布 $\Pr(X \le x)$。在均匀密度中，这意味着给定 $x$ 值（作为"分位数"参数 $q$ 提供），punif 函数将提供特定值来计算函数下左方的面积。

使用 punif 函数：

```
R> punif(-0.21,min=a1,max=b1)
[1] 0.1266667
```

这些代码告诉我们，图 16-5 中最左边的面积表示概率大约为 0.127。

```
R> 1-punif(q=0.6,min=a1,max=b1)
[1] 0.3333333
```

这条代码说明 $\Pr(X > 0.6) = \dfrac{1}{3}$。以下代码说明 $\Pr(-0.21 < X < 0.6)$ 大小为 54%。

```
R> punif(q=0.6,min=a1,max=b1) - punif(q=-0.21,min=a1,max=b1)
[1] 0.54
```

因为第一行代码输出密度为 0.6 左边区域的面积，第二行代码输出-0.21 左边区域的面积。因此，它们的差值是所定义的中间区域。

在 R 中使用概率分布时，能够计算像这样的累积概率结果是必要的。初学者可能会发现，在使用 p 函数之前绘出想要的区域很有用，特别是密度函数。

#### qunif 函数

密度 q 函数比质量函数更常用，因为变量的连续性意味着对任何有效的概率 $p$，可以找到唯一的分位数值 $q$。

qunif 函数是 punif 函数的逆：

```
R> qunif(p=0.1266667,min=a1,max=b1)
[1] -0.21
R> qunif(p=1-1/3,min=a1,max=b1)
[1] 0.6
```

这些代码说明，先前使用的 $X$ 值分别可以得到下尾概率 $\Pr(X < -0.21)$ 和上尾概率 $\Pr(X > 0.6)$。任何 q 函数都以累积（也就是左边区域）概率作为第一个参数，这就是为什么我们需要在第二行提供 1−1/3 来得到 0.6（总面积为 1，我们知道想要的 0.6 右区域是 1/3，因此，左区域一定是 1−1/3）。

**runif 函数**

最后，runif 函数生成服从均匀分布的随机数。假设木工钻 10 个独立的错误孔，我们可以通过调用以下代码来模拟每个孔相对于其目标位置的实例：

```
R> runif(n=10,min=a1,max=b1)
 [1] -0.2429272 -0.1226586  0.9318365 0.4829028 0.5963365
 [6]  0.2009347  0.3073956 -0.1416678 0.5551469 0.4033372
```

同样注意，r 函数（如 runif 函数）在每次运行时调用的具体值都不同。

---

### 练习 16.3

去逛国家公园，被告知在森林中发现某种树的高度均匀分布为 3～70 英尺（1 英尺=0.3048 米）。

a. 你遇到的树低于 $5\frac{1}{2}$ 英尺的概率是多少？

b. 对于这个概率密度函数，最高的 15% 的树对应的截点高度是多少？

c. 计算树高分布的平均值和标准偏差。

d. 使用 c 题的结果，确认我们遇到树的高度在平均高度的一半标准差（即低于或高于）之内的概率大约为 28.9%。

e. 密度函数本身的高度是多少？在图中标明。

f. 模拟 10 棵观察到的树高。基于这些数据，使用 quantile 函数（参见 13.2.3 节）来估计 b 题中答案。重复模拟，这次生成 1 000 个变量，并再次估计 b 题。重复多次，每次都认真地记录两个估计。总的来说，相对于 b 题的"真实"值，在这两个估计（一个基于 10 个变量，另一个基于 1 000 个变量）中，你可以发现什么？

---

## 16.2.2 正态分布

正态分布是建模中最著名和最常用的连续随机变量的概率分布之一。以与众不同的"钟形"曲线为特征，也称为高斯分布。

对于连续随机变量 $-\infty < X < \infty$，正态密度函数 $f$ 为：

$$f(x) = \frac{1}{\sigma\sqrt{2\pi}}\exp\left\{-\frac{(x-\mu)^2}{2\sigma^2}\right\} \tag{16.6}$$

其中 $\mu$ 和 $\sigma$ 是分布参数，$\pi$ 是我们熟悉的几何值 3.141 5…, exp{·} 是指数函数（见 2.1.2 节）。公式如下：

$$X \sim N(\mu, \sigma)$$

常常用于表示"$X$ 服从平均值 $\mu$，标准差 $\sigma$ 的正态分布"。

要记住以下几点：

- 理论上，$X$ 可以在（$-\infty$，$\infty$）内取任意值。
- 如前所述，参数 $\mu$ 和 $\sigma$ 直接描述分布的平均值和标准差，后者的平方为 $\sigma^2$，称为方差。
- 在实践中，平均值参数是有限的 $-\infty < \mu < \infty$，标准差参数严格为正且有限 $0 < \sigma < \infty$。
- 如果随机变量 $X \sim N(\mu, \sigma)$，那么创建新的随机变量 $Z = (x-\mu)/\sigma$，而 $Z \sim N(0,1)$。这叫作 X 的标准化。

前面提到的两个参数用来定义一个特定的正态分布。它们总是完全对称地呈单峰状，并且以平均值为中心，以标准偏差 $\sigma$ 定义"分散"程度。

图 16-6a 提供了 4 个特定正态分布的密度函数。可以看到，更改平均值会导致函数移动，其中分布的中心移动到特定值 $\mu$ 上。较小的标准差会减少离散程度，导致密度函数更高、更瘦。增加 $\sigma$ 会使分布在平均值周围变平。

图 16-6b 像放大的 N(0,1) 分布，如果正态分布以 $\mu = 0$ 为中心，标准偏差为 $\sigma = 1$，称为标准正态，经常用作参考标准，在相同概率上比较不同正态分布的随机变量。通常为缩放或标准化，将变量 $X \sim N(\mu_X, \sigma_X)$ 转换为新变量 $Z \sim N(0,1)$（第 18 章会有应用）。该图上的垂直线表示零平均值加上或减去一倍、两倍和三倍的标准差。任何正态分布，都有 0.5 的概率高于或低于平均值。此外，还要注意一个值落在平均值一个标准差内的概率大约为 0.683，在曲线下方 $-2\sigma \sim +2\sigma$ 的概率大约为 0.954，$-3\sigma \sim +3\sigma$ 的概率大约为 0.997。

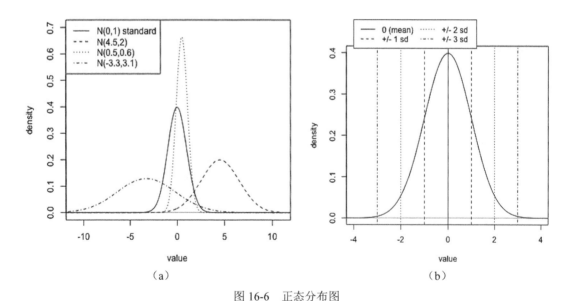

（a）　　　　　　　　　　　　　　（b）

图 16-6　正态分布图

（a）通过改变平均值 $\mu$ 和标准偏差 $\sigma$ 获得 4 种不同的分布　　（b）"标准正态"分布 N(0,1)，

平均值外 $\pm1\sigma$、$\pm2\sigma$ 和 $\pm3\sigma$

**注意** 正态密度的数学定义表示，离平均值越远，密度函数越接近 0。实际上，任何正态密度函数不会触到零水平线；当移动到正或负无穷时，会越来越近零水平线，这种特性称为渐近；正态分布 $f(x)$ 在 $f(x) = 0$ 处有一条水平渐近线。将概率视为曲线下面积时，"从负无穷到正无穷大的曲线下面积"为 1，换句话说，$\int_{-\infty}^{+\infty} f(x)\mathrm{d}x = 1$。

### dnorm 函数

作为概率密度函数，dnorm 函数本身不计算概率——仅仅是任何 $x$ 的正态函数曲线 $f(x)$ 值。为了绘制正态密度，可以使用 seq 函数（参见 2.3.2 节）为 $x$ 创建序列，使用 dnorm 函数计算这些值的密度，然后将结果绘制为线。例如，为了产生类似于图 16-6b 中的标准正态分布曲线，以下代码将 $x$ 值作为 xvals：

```
R> xvals <- seq(-4,4,length=50)
R> fx <- dnorm(xvals,mean=0,sd=1)
R> fx
 [1] 0.0001338302 0.0002537388 0.0004684284 0.0008420216 0.0014737603
 [6] 0.0025116210 0.0041677820 0.0067340995 0.0105944324 0.0162292891
[11] 0.0242072211 0.0351571786 0.0497172078 0.0684578227 0.0917831740
[16] 0.1198192782 0.1523049307 0.1885058641 0.2271744074 0.2665738719
[21] 0.3045786052 0.3388479358 0.3670573564 0.3871565916 0.3976152387
[26] 0.3976152387 0.3871565916 0.3670573564 0.3388479358 0.3045786052
[31] 0.2665738719 0.2271744074 0.1885058641 0.1523049307 0.1198192782
[36] 0.0917831740 0.0684578227 0.0497172078 0.0351571786 0.0242072211
[41] 0.0162292891 0.0105944324 0.0067340995 0.0041677820 0.0025116210
[46] 0.0014737603 0.0008420216 0.0004684284 0.0002537388 0.0001338302
```

dnorm 函数，其中 $\mu$ 作为 mean，$\sigma$ 作为 sigma，在 $x$ 值处产生 $f(x)$ 的精确值。最后，"plot（xvals，fx，type = "1"）"画出密度图，可以通过添加标题和使用诸如 abline 和 segments 之类的命令来标记位置（我们稍后绘制另一个图形，所以基础图不在这里展示）。

注意，如果不给 mean 和 sd 提供任何值，R 会默认生成标准正态分布；可以用更短的代码 dnorm（xvals）创建之前的对象 fx。

### pnorm 函数

pnorm 函数可以得到指定正态密度下方的左侧概率密度。与 dnorm 函数一样，如果没有提供参数值，R 会自动设置 mean=0 和 sd=1。与 16.2.1 节中使用 punif 函数的方式一样，计算 pnorm 函数的结果之差，来找到参数 $q$ 的期望值。

例如，前面提到大约有 0.683 的概率位于均值的一个标准偏差内。我们可以使用正态分布中的 pnorm 函数确认：

```
R> pnorm(q=1)-pnorm(q=-1)
[1] 0.6826895
```

pnorm 函数的第一次调用是计算在 1 左侧（换句话说，一直到 $-\infty$）的曲线下方面积，然后找到其与 $-1$ 左边起的区域之差。结果就是图 16-6b 的两条虚线之间部分。这种类型的概率对于任何正态分布都是相同的。比如参数为 $\mu = -3.42$ 和 $\sigma = 0.2$ 的分布，下面的代码计算的结果相同：

```
R> mu <- -3.42
R> sigma <- 0.2
R> mu.minus.1sig <- mu-sigma
R> mu.minus.1sig
[1] -3.62
R> mu.plus.1sig <- mu+sigma
R> mu.plus.1sig
[1] -3.22
R> pnorm(q=mu.plus.1sig,mean=mu,sd=sigma) -
     pnorm(q=mu.minus.1sig,mean=mu,sd=sigma)
[1] 0.6826895
```

因为不是标准正态分布，所以需要做更多的步骤来指定分布，但原则是相同的，即在平均值的基础上加和减一个标准差。

在涉及概率计算时，正态分布的对称性也很有用。继续使用分布 N(3.42,0.2)，可以看到观察结果大于 $\mu+\sigma = -3.42+0.2 = -3.22$ 的概率（上尾概率）与小于 $\mu-\sigma = -3.42-0.2 = -3.62$ 的概率相同（下尾概率）。

```
R> 1-pnorm(mu.plus.1sig,mu,sigma)
[1] 0.1586553
R> pnorm(mu.minus.1sig,mu,sigma)
[1] 0.1586553
```

还可以手动计算这些值，假定先前的计算结果为 $\Pr(\mu-\sigma < X < \mu+\sigma) = 0.6826895$，则中间区域以外的剩余概率如下：

```
R> 1-0.6826895
[1] 0.3173105
```

因此，在每个下尾部和上尾部区域中，即在 $\mu-\sigma$ 和 $\mu+\sigma$ 之外的区域，就有以下概率：

```
R> 0.3173105/2
[1] 0.1586552
```

这是我们刚刚使用 pnorm 函数时发现的（注意，在这些类型的计算中可能有一些微小的舍入误差）。可以在图 16-7 中看到这一点，使用下面的代码绘制：

```
R> xvals <- seq(-5,-2,length=300)
R> fx <- dnorm(xvals,mean=mu,sd=sigma)
R> plot(xvals,fx,type="l",xlim=c(-4.4,-2.5),main="N(-3.42,0.2) distribution",
        xlab="x",ylab="f(x)")
R> abline(h=0,col="gray")
R> abline(v=c(mu.plus.1sig,mu.minus.1sig),lty=3:2)
R> legend("topleft",legend=c("-3.62\n(mean - 1 sd)","\n-3.22\n(mean + 1 sd)"),
          lty=2:3,bty="n")
```

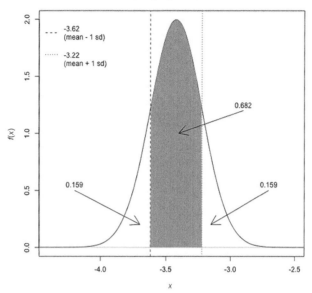

图 16-7 说明书中的示例，其中正态分布的对称性用于指出曲线下概率的特征。
注意，密度下的总面积为 1，这与对称性结合有助于计算

我们可以使用 polygon 函数在 $\mu \pm \sigma$ 区域内添加阴影，加到这个形状的顶点。为了得到平滑曲线，使用在代码中定义的精细序列 xval 和相应的 $fx$ 值，并使用逻辑向量子集来限制 $x$ 的位置，比如说 $-3.62 \leqslant x \leqslant -3.22$。

```
R> xvals.sub <- xvals[xvals>=mu.minus.1sig & xvals<=mu.plus.1sig]
R> fx.sub <- fx[xvals>=mu.minus.1sig & xvals<=mu.plus.1sig]
```

然后，我们可以使用 polygon 函数的矩阵结构计算多边形底部两个角之间的区域。

```
R> polygon(rbind(c(mu.minus.1sig,0),cbind(xvals.sub,fx.sub),c(mu.plus.1sig,0)),
        border=NA,col="gray")
```

最后，以箭头和标记来表示文中讨论区域。

```
R> arrows(c(-4.2,-2.7,-2.9),c(0.5,0.5,1.2),c(-3.7,-3.15,-3.4),c(0.2,0.2,1))
R> text(c(-4.2,-2.7,-2.9),c(0.5,0.5,1.2)+0.05,
        labels=c("0.159","0.159","0.682"))
```

### qnorm 函数

接下来学习 qnorm 函数。使用以下代码计算下尾概率为 0.159 的分位数：

```
R> qnorm(p=0.159,mean=mu,sd=sigma)
[1] -3.619715
```

考虑到先前结果和我们已知的 q 函数，我们应该清楚为什么结果大约是−3.62。可以用以下代码找到上四分位数（高于此值的概率为 0.25）：

```
R> qnorm(p=1-0.25,mean=mu,sd=sigma)
[1] -3.285102
```

记住，q 函数是基于（较左）下尾概率计算的，因此为了找到基于上尾概率的分位数，必须先从总概率 1 中减去它。

频率统计中使用的方法和模型，通常假定我们观察到的数据是正态。可以使用 qnorm 函数结果中正态分布的理论分位数的知识来检验假设有效性：计算所观察数据的样本分位数值的范围，并对应于标准化正态分布的分位数。这种图形称为正态分位数—分位数图或 QQ 图，与直方图放在一起看很有参考价值。如果绘制的点不在一条直线上，并且数据的分位数与正态曲线的分位数不匹配，那么数据的正态假设可能是无效的。

R 内置的 qqnorm 函数根据原始数据生成相应图。我们可以用 chickwts 数据和下面代码来检验关于权重是正态分布的这一假设是否合理：

```
R> hist(chickwts$weight,main="",xlab="weight")
R> qqnorm(chickwts$weight,main="Normal QQ plot of weights")
R> qqline(chickwts$weight,col="gray")
```

上面的代码生成图 16-8 中给出的 71 个权重和正态 QQ 图的直方图。如果数据完全正态，qqline 命令添加"最佳"线会沿着数据点。

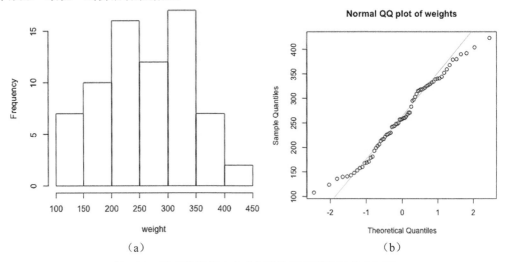

（a） （b）

图 16-8 雏鸡数据集中小鸡权重的直方图和正态 QQ 图

（a）直方图 （b）正态 QQ 图

如果看权重的直方图，可以发现数据与正态分布的一般外观匹配，具有大致对称的单峰。也就是说，它不能实现平滑和高度的自然衰减并产生熟悉的标准钟形。这反映在图 16-8b 中；中心分位数值看起来相对较好，除了一些明显较小的"摆动"。下尾部有一些明显的差异，但是注意，在任何 QQ 图中通常要观察的是这些极端分位数的差异，因为在那里出现的数据点本来就比较少。考虑到这些，这个例子的正态性的假设并不是完全不合理。

**注意** 在评估这些假设的有效性时，必须考虑样本量；样本量越大，随机变异性越小，逐渐接近直方图和 QQ 图的形状，我们可以更有把握得出数据是否是正态的结论。例如，这个例子中的正态性假设可能比较复杂，因为只有 71 个样本，所以样本量相对较小。

### rnorm 函数

使用 rnorm 函数生成任何给定正态分布的随机数，例如：

```
R> rnorm(n=7,mu,sigma)
[1] -3.764532 -3.231154 -3.124965 -3.490482 -3.884633 -3.192205 -3.475835
```

从 N～（−3.42,0.2）产生 7 个正态分布的随机数。与图 16-8 中为小鸡体重生成的 QQ 图形相反，我们可以使用 rnorm 函数、qqnorm 函数和 qqline 函数来检查假设观察到的数据集在真正正态 QQ 图上的变化程度。

以下代码生成 71 个标准正态值并产生相应的正态 QQ 图，然后对 $n=710$ 的独立数据集进行相同的操作。结果如图 16-9 所示。

```
R> fakedata1 <- rnorm(n=71)
R> fakedata2 <- rnorm(n=710)
R> qqnorm(fakedata1,main="Normal QQ plot of generated N(0,1) data; n=71")
R> qqline(fakedata1,col="gray")
R> qqnorm(fakedata2,main="Normal QQ plot of generated N(0,1) data; n=710")
R> qqline(fakedata2,col="gray")
```

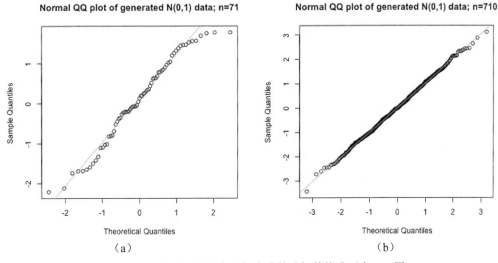

图 16-9   从标准正态分布随机生成的随机数构成正态 QQ 图

（a）$n=71$  （b）$n=710$

可以看到，对于 $n=71$ 模拟数据集的 QQ 图显示了与小鸡体重数据集偏差相似的最佳线。将样本扩大 10 倍会发现，尽管尾部仍然存在可见差异，$n=710$ 正态 QQ 图的随机变化少了很多。评估这些效果的好方法是重复运行代码（换句话说，每次都生成新数据集），并检查每个新 QQ 图如何变化。

### 正态函数：快速示例

我们用一个更大工作量的问题来结束这一节的内容。假设某种类型的零食制造商知道其 80 克广告包装中小吃总净重 $X$ 服从平均值为 80.2g 和标准差为 1.1g 的正态分布。制造商随机选择单个包并称重。随机选择的包小于 78g 的概率（即 $\Pr(X<78)$）如下：

```
R> pnorm(78,80.2,1.1)
[1] 0.02275013
```

选择的包重在 80.5～81.5g 的概率如下：

```
R> pnorm(81.5,80.2,1.1)-pnorm(80.5,80.2,1.1)
[1] 0.2738925
```

重量最轻的 20%的包重如下：

```
R> qnorm(0.2,80.2,1.1)
[1] 79.27422
```

可以利用以下代码找到对 5 个随机数的分组模拟：

```
R> round(rnorm(5,80.2,1.1),1)
[1] 78.6 77.9 78.6 80.2 80.8
```

---

## 练习 16.4

a. 导师知道本科生第一年完成某个统计问题所花费的时间 $X$ 服从平均值为 17min 和标准差为 4.5min 的正态分布。
   i. 一个随机选择的本科生需要超过 20min 来完成问题的概率是多少？
   ii. 一个学生花 5～10min 完成这个问题的概率是多少？
   iii. 算出最慢的 10%学生的完成时间。
   iv. 绘制该正态分布在 $\pm 4\sigma$ 和在 iii 题中最慢的 10%学生的概率区域的阴影。
   v. 根据一组完成问题的 10 名学生生成完成时间。
b. 一个细致的园丁对草坪的叶片长度感兴趣。他认为，叶片长度 $X$ 服从以 10mm 为均数，方差为 2mm 的正态分布。
   i. 找出草叶长度在 9.5～11mm 的概率。
   ii. 在这种分布情况下，9.5 和 11 的标准值是多少？使用标准值，确认你可以在 i 题中找到与标准正态密度相同的概率。
   iii. 低于哪个值会发现最短的 2.5%叶片长度？
   iv. 将 iii 题中得到的答案标准化。

---

### 16.2.3 学生 $t$ 分布

学生 $t$ 分布是一个连续概率分布，通常用于处理用数据样本估计的统计量。它与接下来两章的联系特别紧密，所以我们先在这里简单地介绍它。

任何特定的 $t$ 分布看起来很像标准正态分布——它是钟形的、对称的、单峰状的，中心位于零。两者的区别在于，正态分布通常用于处理总体，然而 $t$ 分布用于处理来自总体的样本。

对于 $t$ 分布，不必定义任何参数，但必须通过严格的正整数 $v > 0$ 来选择适当的 $t$ 分布；称之为自由度（df），因为它表示在给定统计量的计算中"自由改变"的单个元素数量。在下面的章节中，我们将看到自由度通常与样本大小直接相关。

现在，我们只是简单地将 t 分布看作一系列曲线的表示，并将自由度视为"选择器"，告诉我们使用哪种密度函数。在介绍中，t 分布密度的精确函数也不是特别有用，但是应记住，任何 t 曲线下方的总概率为 1。

对于 t 分布，dt 函数、pt 函数、qt 函数和 rt 函数分别表示密度、累积分布（左概率）、分位数和生成随机数的 R 方法。这些函数的第一个参数 x、q、p 和 n 分别提供这些函数的相关值（或多个值）；所有这些函数中的第二个参数是 df，是我们必须指定的自由度 $v$。

可视化是获得 t 家族的最好方法。图 16-10 绘制标准正态分布以及自由度 $v$ 分别为 1,6,20 的 t 分布曲线。

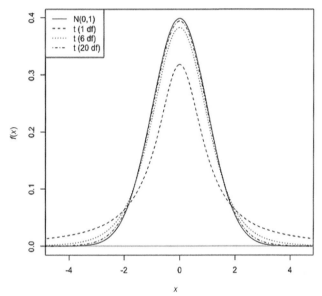

图 16-10　将标准正态分布与 3 个 t 分布的实例进行比较。注意，自由度越高，t 分布越接近正态分布

从图 16-10 以及本节中可以知道，当增加 df 时，t 密度函数相对于 N(0,1)分布的改变方式。对于接近 1 的自由度 $v$，t 分布的分布更短，尾部明显较厚。随着自由度 $v$ 趋向无穷大，t 密度将渐渐接近标准正态密度。比如标准正态分布上限 5%的尾部可以由以下的值来描述：

```
R> qnorm(1-0.05)
[1] 1.644854
```

在取相同上尾概率的情况下，自由度分别为 $v=1$，$v=6$，$v=20$ 时的 t 分布：

```
R> qt(1-0.05,df=1)
[1] 6.313752
R> qt(1-0.05,df=6)
[1] 1.94318
R> qt(1-0.05,df=20)
[1] 1.724718
```

相对于标准正态分布，t 密度的尾部中较重的权重自然会导致给定概率的更极端分位数值。注意，这个极限随着 df 的增加而减小，前面提到的事实是 $t$ 分布增加 df 时会逐渐接近标准正态。

## 16.2.4 指数分布

当然，概率密度函数不必像我们目前所遇到的那样都是对称的，它们也不要求随机变量能取从负无穷大到正无穷大的值（如正态或 $t$ 分布）。一个很好的例子是指数分布，随机变量 $X$ 在 $0 \leqslant X < \infty$ 的区间上。

对于连续随机变量 $0 \leqslant X < \infty$，指数密度函数 $f$ 为：

$$f(x) = \lambda_e \exp\{-\lambda_e x\}; \quad 0 \leqslant x < \infty \tag{16.7}$$

其中 $\lambda_e$ 是分布参数，$\exp\{\cdot\}$ 是指数函数。公式 $X \sim \mathrm{EXP}(\lambda_e)$ 常常用于表示 "$X$ 服从参数是 $\lambda_e$ 的指数分布"。

注意以下要点：

- 理论上，$X$ 可以取 0 到 $\infty$ 范围中任何值，$f(x)$ 随着 $x$ 增加而减小。
- 参数 rate 必须严格为正；换句话说，$\lambda_e > 0$。它定义了 $f(0)$ 和函数的衰减速率到水平渐近线为零。

平均值和方差分别如下：

$$\mu_X = \frac{1}{\lambda_e}$$

$$\sigma_X^2 = \frac{1}{\lambda_e^2}$$

### dexp 函数

指数分布的密度函数是从 $f(0)=\lambda$ 开始的持续减小曲线；衰减速率确保了曲线下方的总面积为 1。在下面代码中，使用相关的 d 函数创建图 16-11。

```
R> xvals <- seq(0,10,length=200)
R> plot(xvals,dexp(x=xvals,rate=1.65),xlim=c(0,8),ylim=c(0,1.65),type="l",
        xlab="x",ylab="f(x)")
R> lines(xvals,dexp(x=xvals,rate=1),lty=2)
R> lines(xvals,dexp(x=xvals,rate=0.4),lty=3)
R> abline(v=0,col="gray")
R> abline(h=0,col="gray")
R> legend("topright",legend=c("EXP(1.65)","EXP(1)","EXP(0.4)"),lty=1:3)
```

dexp 函数将参数 $\lambda_e$ 赋值给 rate，在 $x$ 处计算提供给 $x$ 的第一个参数（在该示例中经过 xvals 对象）。我们可以看到，指数密度函数的特征如上文提到的，随着 $\lambda_e$ 的增大，函数会衰减到 0，即（以更快速度）下降。

这种自然减少的特性有助于确定指数分布，在应用中经常发挥作用——"时间截止事件"的性质之一。事实上，16.1.3 节中引入的指数分布和泊松分布之间存在特殊关系。当泊松分布用于对某个事件随时间推移发生的次数进行建模时，可以使用指数分布来对事件之间时间进行建模。在这种情况下，指数参数 $\lambda_e$ 定义为随时间发生事件的平均速率。

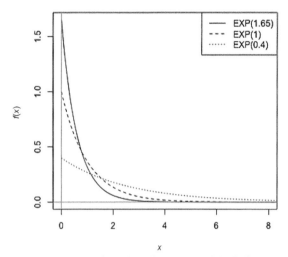

图 16-11  3 种不同的指数密度函数。减少 $\lambda_e$ 降低曲线和延长尾巴

**pexp 函数**

再看看练习 16.2 中的例子，在 120min 内从窗口通过的个人车辆数平均为 107。将随机变量 $X$ 定义为连续通过的两辆车辆之间的等待时间，并且在时间维度上对 $X$ 使用指数分布，设定 $\lambda_e$=107/120≈0.89（保留两位小数）。如果两小时内观察到 107 辆汽车，那么汽车平均速度为每分钟 0.89 辆。

因此，将 $\lambda_e$ 理解为来自泊松质量函数的 $\lambda_p$ 参数的"每单位时间"度量。平均值的解释为速率的倒数，即 $\mu_X = \dfrac{1}{\lambda_e}$ 也比较直观。例如，以约 0.89 每分钟速率观察车辆时，注意到车辆之间的平均等待时间大致为 1/0.89≈1.12min。

因此，在当前示例中要检查密度 $X \sim \mathrm{EXP}\left(\dfrac{107}{120}\right)$。

```
R> lambda.e <- 107/120
R> lambda.e
[1] 0.8916667
```

如果一辆汽车刚刚经过一个人的位置，我们必须等待两个半分钟后才看到另一辆汽车的概率，也就是 $\Pr(X > 2.5)$，可以使用 pexp 函数。

```
R> 1-pexp(q=2.5,rate=lambda.e)
[1] 0.1076181
```

这表明，我们只有 10% 以上的机会观察到至少 2"30'" 后会有下一辆车出现。请记住，p 函数的默认是从输入值中查找左侧累积概率，因此需要从 1 中减去这个结果以得到上尾概率。以下代码说明等待时间小于 25s 的概率大约为 0.31：

```
R> pexp(25/60,lambda.e)
[1] 0.3103202
```

注意，需要将时间从秒转换为分钟，通过设置 $\lambda_e \approx 0.89$ 定义了 $f(x)$。

**qexp 函数**

使用适当的分位数函数，qexp 函数，来找到最短的 15% 的等待截止点。

```
R> qexp(p=0.15,lambda.e)
[1] 0.1822642
```

这表明感兴趣的值是 0.182min，换句话说，大约 $0.182 \times 60 = 10.9s$。

与往常一样，可以使用 rexp 函数生成任何特定指数分布的随机变量。

**注意** 区分"指数分布""指数分布族"和"指数函数"很重要。第一个为密度函数；第二个为一般类别的概率分布，包括泊松、正态和指数本身；第三个为指数家族成员所依赖的标准数学指数函数，可以通过 exp 直接在 R 中访问。

---

### 练习 16.5

a. 位于新西兰中部北岛的 Pohutu 间歇喷泉据说是南半球最大的活喷泉。假设每年平均喷发 3 500 次。

    i. 将随机变量 $X$ 定义为连续喷发之间时间，以天为单位（假定每年 365.25 天来计算闰年）来评估参数值 $\lambda_e$。

    ii. 绘制密度函数。在喷发之间平均等待时间是多少？

    iii. 至下次喷发等待时间不到 30min 的概率是多少？

    iv. 最长 10% 的等待时间是多少？将答案换算为小时。

b. 你还可以使用指数分布来对某些产品的生存时间或"故障时间"类型的变量进行建模。例如特定空调机组的制造商知道该产品在修理之前的平均寿命为 11 年。令随机变量 $X$ 表示直到组件进行必要修理的时间，并假设 $X$ 服从指数分布，其中 $\lambda_e = 1/11$。

    i. 该公司为本机提供 5 年的全面保修。随机选择的空调使用者需要保修的概率是多少？

    ii. 一个竞争对手公司对其竞争的空调机组提供 6 年的保修期，但是知道机组平均只需要 9 年时间才需要修理。那么需要保修的概率又是什么？

    iii. 确定 i 题中的空调机组和 ii 题中的空调机组能持续使用超过 15 年的概率。

---

## 16.2.5 其他密度函数

其他常见的概率密度函数用于连续随机变量的各种任务。这里总结出一些：

- 卡方分布模拟的是正态变量平方和，因此常常与正态分布的数据样本方差的操作相关。它包括 dchisq 函数、pchisq 函数、qchisq 函数和 rchisq 函数，并且像 t 分布（见 16.2.3 节）那样，取决于作为参数的自由度 df。

- F 分布用于模拟两个卡方随机变量的比率，且在许多问题例如回归问题中是有用的（见第 20 章）。它包括 df 函数、pf 函数、qf 函数和 rf 函数，因为涉及两个卡方值，所以取决于一对自由度即参数 df1 和 df2。

- 伽马分布是指数分布和卡方分布的一般化。它包括 dgamma 函数、pgamma 函数、qgamma 函数和 rgamma 函数，依赖于参数 shape 和 scale 提供的形状参数和尺度参数。
- 贝塔分布通常用于贝叶斯建模，包括 dbeta、pbeta、qbeta 和 rbeta。由两个形状参数 $\alpha$ 和 $\beta$ 决定，并分别提供给参数 shape1 和 shape2。

我们会在接下来的几章中学习卡方分布和 F 分布。

**注意** 在之前所有常见的概率分布中，我们强调需要执行"1 减"操作来找出相对于上部或右部区域的概率或分位数。这是因为 p 函数和 q 函数的累积性质——根据定义，它用于处理较低的尾部。然而，R 中大多数 p 函数和 q 函数包括逻辑选项，"lower.tail"，默认为 FALSE。因此，另一种方法是在任何相关函数的调用中设置"lower.tail = TRUE"，在这种情况下，R 将预期返回上尾区域。

### 本章重要代码

| 函数/操作 | 简要描述 | 首次出现 |
|---|---|---|
| dbinom | 二项式质量函数 | 16.1.2 节 |
| pbinom | 二项累积问题 | 16.1.2 节 |
| qbinom | 二项分位数函数 | 16.1.2 节 |
| rbinom | 二项式随机实现 | 16.1.2 节 |
| dpois | 泊松质量函数 | 16.1.3 节 |
| ppois | 泊松累积问题 | 16.1.3 节 |
| rpois | 泊松随机实现 | 16.1.3 节 |
| dunif | 均匀密度函数 | 16.2.1 节 |
| punif | 均匀累积问题 | 16.2.1 节 |
| qunif | 均匀分位数 | 16.2.1 节 |
| runif | 均匀随机实现 | 16.2.1 节 |
| dnorm | 正态密度函数 | 16.2.2 节 |
| pnorm | 正态累积问题 | 16.2.2 节 |
| qnorm | 正态分位数 | 16.2.2 节 |
| rnorm | 正态随机实现 | 16.2.2 节 |
| qt | 学生的 t 分位数 | 16.2.3 节 |
| dexp | 指数密度函数 | 16.2.4 节 |
| pexp | 指数累积问题 | 16.2.4 节 |
| qexp | 指数分位数 | 16.2.4 节 |

# 第四部分

## 统计检验与建模

# 17

# 抽样分布和置信度

在第 15 章和第 16 章中，应用于概率分布的随机变量称为测量值或观察值。在本章，我们将统计样本作为随机变量，并引入抽样分布的概念——概率分布，用于说明统计样本估计总体参数时存在的变异性。然后介绍置信区间，它直接反映抽样分布的可变性，进而构造总体参数的估计区间。本章所学知识将为第 18 章假设检验奠定基础。

## 17.1　抽样分布

抽样分布与其他概率分布一样，与样本统计量的随机变量相关。在第 15 章和第 16 章中，假设已知相关示例分布的参数（例如，正态分布的平均值和标准差或二项分布的成功概率），但实际上这些数值经常是未知的，在这种情况下，我们通常根据样本去估计所需数值（相关情况的可视化说明参见图 13-2）。依据样本估计的统计量都可以视为随机变量，估计值本身作为该随机变量的观测值。因此，来自相同总体的不同样本将为相同的统计量提供不同值——随机变量的观测值受到变异性的影响。在统计样本估计（使用相关的抽样分布）中能够理解和对固有变异性建模是统计分析的关键部分。

与其他概率分布一样，抽样分布的中心“平衡”点称为平均值，但抽样分布的标准差称为标准误差。这种术语的轻微变化说明，所需概率不再与原始测量或观察本身相关，而是与从观察样本中计算的统计量相关。因此，各种抽样分布的理论公式取决于假设已经生成原始数据的原始概率分布和样本本身的大小。

本节将解释重点的概念并提供一些例子，主要集中在单一样本均值和单一样本比例两个简单易于识别的统计量。在第 18 章中讨论假设检验时对其进行扩展，而且在第 20~22 章中讨论回归方法时，我们需要了解抽样分布对模型参数评估的作用性。

注意　本章的讨论中，抽样分布理论的有效性是一个重要的假设。当计算给定统计量的数据样本时，我们假设观察值服从独立同分布。这种独立同分布的观察值在统计中通常缩写为 iid。

### 17.1.1 样本均值的分布

算术平均值是数据集汇总时最常见的中心度量（见 13.2.1 节）。

在数学上，估计样本均值的固有变异性可描述为：形式上，将所需随机变量表示为 $\overline{X}$，这表示来自"原始观察"随机变量 $X$ 的 $n$ 个观察值如 $x_1$，$x_2$，$\cdots$，$x_n$ 的样本平均值。假设这些观察结果具有真实的有限平均值 $-\infty < \mu_X < \infty$ 和真实的有限标准差 $0 < \sigma_X < \infty$。样本均值的概率分布的求解取决于是否知道标准差。

**情况 1：已知标准差**

已知标准差 $\sigma_X$ 时，如下：

如果 $X$ 本身是正态的，则 $\overline{X}$ 的抽样分布是正态分布，平均值为 $\mu_X$，标准误差为 $\sigma_X / \sqrt{n}$。

如果 $X$ 是非正态的，则 $\overline{X}$ 的抽样分布仍近似服从正态分布，平均值为 $\mu_X$，标准误差为 $s_X / \sqrt{n}$，近似精度随 $n \to \infty$ 而提高，这称为中心极限定理。

**情况 2：标准差未知**

事实上，我们通常不知道样本数据原始测量分布的标准差。在这种情况下，通常用 $s_X$ 替换 $\sigma_X$，这是抽样数据的标准差。然而，这种替代引入了附加的变异性，使得与样本均值随机变量相关联的分布受到影响。

$\overline{X}$ 的抽样分布的标准化值（见 16.2.2 节）服从自由度 $v = n-1$ 的 t 分布，使用标准误差 $s_X / \sqrt{n}$ 进行了标准化。

另外，如果 $n$ 较小，则有必要假设 $X$ 的分布对于基于 t 的抽样分布的 $\overline{X}$ 是近似正态的。

因此，$\overline{X}$ 的抽样分布的性质取决于观测值的标准差是否已知以及样本 $n$ 的大小。CLT 指出，即使原始观察分布本身不服从正态分布，其最终会近似服从正态分布，但是这种近似当 $n$ 较小的时候将不太可靠。当且仅当 $n \geqslant 30$ 时，依赖于 CLT 是一个常见的经验法则。如果样品标准差 $s_X$ 用于计算 $\overline{X}$ 的标准误差，则抽样分布是 t 分布（在标准化之后）。同样，当 $n \geqslant 30$ 时是可靠的。

**示例：达尼丁温度**

例如，假设新西兰达尼丁 1 月份的日最高气温服从正态分布，平均值为 22℃，标准差为 1.5℃。根据情况 1 可知，对于 $n = 5$ 的样本，$\overline{X}$ 的抽样分布是正态的，平均值为 22℃，标准差为 $1.5 / \sqrt{5} \approx 0.671$℃。

图 17-1a 显示原始测量分布以及其抽样分布。我们可以使用第 16 章的代码生成此图。

```
R> xvals <- seq(16,28,by=0.1)
R> fx.samp <- dnorm(xvals,22,1.5/sqrt(5))
R> plot(xvals,fx.samp,type="l",lty=2,lwd=2,xlab="",ylab="")
R> abline(h=0,col="gray")
R> fx <- dnorm(xvals,22,1.5)
R> lines(xvals,fx,lwd=2)
R> legend("topright",legend=c("raw obs. distbn.","sampling distbn. (mean)"),
         lty=1:2,lwd=c(2,2),bty="n")
```

在这个例子中，$\overline{X}$ 的抽样分布显然是比观察值分布更高、更窄的正态分布。这是有道理的——我们期望几个测量平均值的变异性较小，而不是原始的个别测量。另外，如果增加样本大小，标

准误差分母中 $n$ 的存在会使平均值更精确地分布。同样，这是有道理的——在大样本情况下"变异较小"。

注意区分测量分布和抽样分布。例如，以下代码给出 $\Pr(X < 21.5)$，也就是 1 月中随机抽取一天的最高温度小于 21.5℃ 的概率：

```
R> pnorm(21.5,mean=22,sd=1.5)
[1] 0.3694413
```

下面的代码提供了样本均值小于 21.5℃ 的概率 $\Pr(\overline{X} < 21.5)$，基于在 1 月中随机抽取 5 天的样本：

```
R> pnorm(21.5,mean=22,sd=1.5/sqrt(5))
[1] 0.2280283
```

图 17-1a 的线条阴影区域显示这两个概率。在 R 中，这些阴影区域可以通过运行以下代码来添加到图形中：

```
R> abline(v=21.5,col="gray")
R> xvals.sub <- xvals[xvals<=21.5]
R> fx.sub <- fx[xvals<=21.5]
R> fx.samp.sub <- fx.samp[xvals<=21.5]
R> polygon(cbind(c(21.5,xvals.sub),c(0,fx.sub)),density=10)
R> polygon(cbind(c(21.5,xvals.sub),c(0,fx.samp.sub)),density=10,
           angle=120,lty=2)
```

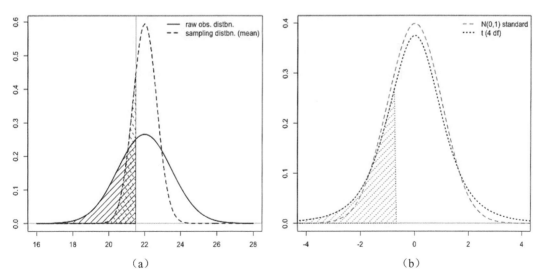

图 17-1 基于原始观测分布 N（22,1.5）得到 $n = 5$ 的样本均值的抽样分布

（a）基于正态的样本分布（假设 $\sigma_X$ 是已知的）与观测分布的比较　（b）基于自由度为 4 的 t 分布的抽样分布（假设 $s$ 用于计算标准误差）与标准正态分布的比较。阴影区域分别代表 $\Pr(X < 21.5)$、$\Pr(\overline{X} < 21.5)$（图 a 中实线和虚线）以及 $\Pr(T < (21.5 - \overline{x})/(s/\sqrt{5}))$（图 b 中点线）

注意，之前使用 polygon 时，我们只需指定 col。在这个例子中，我们使用参数 density（每英

寸的线数）和 angle（斜率，以度为单位，默认 angle = 45）来代替实现阴影线。

注意，估计概率时需要知道 $X$ 的相关参数。在实践中，这些参数通常是未知的（如情况 2 所述），但可以获取数据样本并计算汇总的统计信息。

运行以下代码，从 $X \sim N$（22,1.5）分布中产生随机 5 天的达尼丁温度：

```
R> obs <- rnorm(5,mean=22,sd=1.5)
R> obs
[1] 22.92233 23.09505 20.98653 20.10941 22.33888
```

现在，假设这 5 个值就是所有数据，换句话说，假设不知道 $\mu_X = 22$ 和 $\sigma_X = 1.5$。因此，我们用 $\bar{x}$ 和 $s$ 分别表示 $\mu_X$ 和 $\sigma_X$ 的真实值，如下：

```
R> obs.mean <- mean(obs)
R> obs.mean
[1] 21.89044
R> obs.sd <- sd(obs)
R> obs.sd
[1] 1.294806
```

通过以下代码计算估计的标准误差：

```
R> obs.mean.se <- obs.sd/sqrt(5)
R> obs.mean.se
[1] 0.5790549
```

因为 $n=5$ 相对较小，所以需假设 obs 值从正态分布中实现，符合情况 2。这允许我们使用自由度为 4 的 t 分布来处理 $\bar{X}$ 的抽样分布。在 16.2.3 节中，任何 t 分布都是基于一定的标准化比例。因此，要根据计算的样本统计信息得到平均温度（样本为 5 天）小于 21.5℃的概率。首先根据 16.2.2 节介绍的规则对值进行标准化，然后将相应的随机变量标记为 $T$，特定值标记为 $t_4$，并作为对象 t4 存储在 R 中。

```
R> t4 <- (21.5-obs.mean)/obs.mean.se
R> t4
[1] -0.6742706
```

将值 21.5 进行标准化，可以相对于标准正态分布解释，或者在设置中是正确的（因为在计算标准误差时使用的是估计值 $s$ 而不是未知的 $\sigma_X$），$t_4$ 服从自由度为 4 的 t 分布。估计的概率如下：

```
R> pt(t4,df=4)
[1] 0.26855
```

注意，从 $\Pr(\bar{X} < 21.5)$ 的抽样分布中可以计算出"真实"理论概率约为 0.23，但是基于数据 obs 的统计样本标准化计算相同的概率（换句话说，估计真实理论值 $\Pr(T < t_4)$）时，结果变为 0.27（保留两位小数）。

图 17-1b 提供 $\upsilon = 4$ 的 t 分布，标记所描述的概率。同时绘制出 N（0,1）的密度曲线用于比较，

这表示将情况 1 所描述的抽样分布 $N(22, 1.5/\sqrt{5})$ 进行了标准化。我们可以使用以下代码生成此图形：

```
R> xvals <- seq(-5,5,length=100)
R> fx.samp.t <- dt(xvals,df=4)
R> plot(xvals,dnorm(xvals),type="l",lty=2,lwd=2,col="gray",xlim=c(-4,4),
        xlab="",ylab="")
R> abline(h=0,col="gray")
R> lines(xvals,fx.samp.t,lty=3,lwd=2)
R> polygon(cbind(c(t4,-5,xvals[xvals<=t4]),c(0,0,fx.samp.t[xvals<=t4])),
           density=10,lty=3)
R> legend("topright",legend=c("N(0,1) standard","t (4 df)"),
          col=c("gray","black"),lty=2:3,lwd=c(2,2),bty="n")
```

考虑与样本均值相关的概率分布时，使用样本统计信息控制抽样分布性质，特别是，基于 t 分布使用样本标准差来计算标准误差。然而，如这里的例子所示，一旦建立起来，各种概率的计算将遵循 16.2 节中讲述的一般规则和 R 功能。

## 17.1.2　样品比例的分布

以大致相同的方式来解释样本比例的抽样分布。如果对事件成功或失败进行 $n$ 次试验，就可以估计出事件成功的比例；如果进行另外的 $n$ 次试验，新估计值就会发生变化。这就是所谓的变异性。

随机变量 $\hat{p}$ 表示 $n$ 次试验中成功比例的估计，每次试验的结果是 1 或 0。估计式为 $\hat{p} = \dfrac{x}{n}$，其中 $x$ 是 $n$ 次试验中成功的次数。用 $\pi$ 表示相应的成功比例（通常未知）。

**注意**　在此使用的 $\pi$ 不是通常的几何值 3.14（保留两位小数）。而是简单的标准符号，指实际总体比例。

$\hat{p}$ 的抽样分布近似为正态分布，其平均值为 $\pi$，标准误差为 $\sqrt{\pi(1-\pi)/n}$。注意以下几点：

- 如果 $n$ 较大和/或 $\pi$ 不太接近 0 或 1 时，则该近似有效。
- 关于确定有效性的经验法则，其中一种是假定 $n\pi$ 和 $n(1-\pi)$ 都大于 5，则满足近似正态。
- 当真实 $\pi$ 未知或未被假定为某一值时，通常用前述公式中的 $\hat{p}$ 代替。

如果认为近似正态分布有效，就需要关注其概率分布。然而，值得注意的是，样本比例抽样分布的标准误差直接取决于比例 $\pi$。这在构建置信区间和假设检验时非常重要，将在第 18 章中探讨。

举一个例子，假设美国的政治评论员希望知道自己家乡投票公民的比例，即公民知道如何在下一次总统选举中投票的比例。政治评论员随机抽取 118 名公民，其中 80 人说他们知道如何投票。为了研究该比例相关的变异性，我们需考虑下式：

$$\hat{P} \sim N\left( \hat{p}, \sqrt{\dfrac{\hat{p}(1-\hat{p})}{n}} \right) \tag{17.1}$$

这里 $\hat{p} = \dfrac{80}{118}$。在 R 中，通过以下代码进行估计：

```
R> p.hat <- 80/118
R> p.hat
[1] 0.6779661
```

在样本中，约 68% 的受访者知道他们将如何在下次选举中投票。注意，根据上述经验法则，近似为正态分布是有效的，因为两个值都大于 5。

```
R> 118*p.hat
[1] 80
R> 118*(1-p.hat)
[1] 38
```

使用以下代码估计标准误差：

```
R> p.se <- sqrt(p.hat*(1-p.hat)/118)
R> p.se
[1] 0.04301439
```

然后，使用以下代码绘制相应的抽样分布：

```
R> pvals <- seq(p.hat-5*p.se,p.hat+5*p.se,length=100)
R> p.samp <- dnorm(pvals,mean=p.hat,sd=p.se)
R> plot(pvals,p.samp,type="l",xlab="",ylab="",
        xlim=p.hat+c(-4,4)*p.se,ylim=c(0,max(p.samp)))
R> abline(h=0,col="gray")
```

结果如图 17-2 所示。

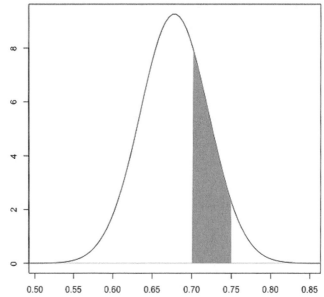

图 17-2 依据式（17.1）的投票示例样本分布的标准化。阴影区域表示 $\Pr(0.7 < \hat{P} < 0.75)$，
即 $n = 118$ 的样本中真实样本比例在 0.7～0.75 的概率

现在我们使用这个分布来描述投票公民样本比例的变异性，比较样本数相同的其他样本。例如，图 17-2 中的阴影区域显示，在同样大小的另一个样本中，将城市中已经知道他们将如何投票的选民比例的概率控制在 0.7～0.75。通过以下代码添加此阴影区：

```
R> pvals.sub <- pvals[pvals>=0.7 & pvals<=0.75]
R> p.samp.sub <- p.samp[pvals>=0.7 & pvals<=0.75]
R> polygon(cbind(c(0.7,pvals.sub,0.75),c(0,p.samp.sub,0)),
          border=NA,col="gray")
```

利用 16.2.2 节中介绍的 pnorm 知识，我们可以使用以下代码计算所需概率：

```
R> pnorm(0.75,mean=p.hat,sd=p.se) - pnorm(0.7,mean=p.hat,sd=p.se)
[1] 0.257238
```

这种抽样分布表明，基于相同样本量的另一个样本比例位于这两个值之间的概率约为 25.7%。

---

### 练习 17.1

一位老师希望测试在校所有 10 年级学生，以衡量他们对基本数学的理解，但是复印机发生故障导致只有 6 份考试卷。于是，他随机选择 6 名学生参加测试，满分为 65 分。由结果可知，样本平均值为 41.1。已知测试标准误差为 11.3。

a. 查找与平均测试分数相关的标准误差。

b. 假设分数本身是正态分布，如果老师拿另一个相同大小的样本，估计平均分数在 45～55 之间的概率。

c. 错误率高达 50%以上的学生会得到失败的成绩（F）。找到基于相同大小的另一个样本的平均分数是 F 的概率。

营销公司希望了解青少年喜欢喝两种能量饮料中的哪一种——A 或 B。他们调查了 140 名青少年，结果表明只有 35%的人喜欢喝 A。

d. 检查使用正态分布表示此比例抽样分布是否有效。

e. 在同样大小的另一个样本中，喜欢饮料 A 的青少年的比例大于 0.4 的概率是多少？

f. 找到这个抽样分布的两个值，其标识了所需比例中心值的 80%。

16.2.4 节中，使用指数分布对汽车通过个人位置的时间间隔进行建模。某人站在她的房子外面，记录 63 次车辆间距的时间。这些抽样时间的平均值 $\bar{x} = 37.8\,\text{s}$，标准差 $s = 34.51\text{s}$。

g. 观察原始测量的直方图，发现原始数据是严重偏斜的。简要识别和描述相对于样本平均值的抽样分布性质，并计算适当的标准误差。

h. 使用来自 g 题的标准误差和概率分布，计算在相同大小的另一样本中，车辆间隔样本的平均时间在以下范围内的概率：

　i. 超过 40s。

　ii. 不到半分钟。

　iii. 在给定样本均值与 40s 之间。

### 17.1.3　其他统计的抽样分布

到目前为止，我们已经介绍了单个样本均值或样本比例的抽样分布，但要注意有许多问题更复杂。我们可以将本节探讨的想法应用于从有限小样本中估计的统计量。关键要了解与点估计相关的变异性。

在一些设置中，例如到目前为止所涵盖的设置中，抽样分布是参数化的，意味着概率分布本身的函数（数学）形式是已知的，并且仅取决于特定的参数值。这有时取决于某些条件的满足情况，正如在本章所述的正态分布的应用中所看到的。对于其他统计，我们可能不知道抽样分布的形式——在这种情况下，我们使用计算机模拟来获得所需概率。

在本章的剩余部分和接下来的几章中，我们将继续探讨与检验和模型参数抽样分布相关的统计数据。

**注意**　估计量的可变性相当于硬币的另一面。统计偏差问题也很重要。在"自然变异性"应当与随机误差相关联的情况下，偏差与系统误差相关联，统计中偏差不会随样本大小变化而变化，稳定在相应真实的参数值上。偏差因研究设计或数据收集中的缺陷引起，或者由统计参数错误的估计引起。偏差是任何给定的估计和统计分析所不希望的，除非可以被量化和去除，这在实践中通常是困难或者不可能的。因此，到目前为止，我们只处理无偏差的统计估计量，其中许多是我们已经熟悉的（例如算术平均值），我们将继续假设无偏差估计量。

## 17.2　置信区间

置信区间（CI）是由下限 $l$ 和上限 $u$ 限定的间隔，使用观察到的样本数据来描述相应的真实总体参数的可能值。因此，置信区间允许我们定义"置信水平"，即所关注的真实参数落在该上限和下限之间，通常表示为百分比。这是根据统计数据的抽样分布直接建立的一个常用方法。

注意以下几点：

- 置信水平通常表示为百分比，用以构建 $100 \times (1-\alpha)$ 百分比置信区间，其中 $0 < \alpha < 1$ 是"尾部概率"。
- 3 个最常用的区间是 $\alpha = 0.1$（90%区间），$\alpha = 0.05$（95%区间）以及 $\alpha = 0.01$（99%区间）。
- 通常将置信区间 $(l,u)$ 解释为"在 $100 \times (1-\alpha)$ 百分比下真实参数值落在 $l$ 和 $u$ 之间。

可以用不同的方式构建置信区间，这取决于统计类型以及相应抽样分布的形状。对于对称分布的样本统计，如本节将使用的均值和比例的样本统计，公式如下：

$$统计量 \pm 临界值 \times 标准误差 \tag{17.2}$$

其中，统计量是所求的样本统计量，临界值是对应于 $\alpha$ 的抽样分布标准化的值，并且标准误差是抽样分布的标准差。临界值和标准误差的乘积称为间隔误差分量，同时统计量减去误差分量为下限 $l$，加上误差分量为上限 $u$。

选取适当的抽样分布，CI 服从分布的两个值，其用来标记密度面积下 $100 \times (1-\alpha)$ 百分比（如练习 17.1 的 f 题提到的过程）。然后，使用 CI 对统计量估计的真实（通常未知）参数值作进一步的解释。

## 17.2.1 平均值的置信区间

从 17.1.1 节可知，单一样本平均值的抽样分布主要取决于我们是否知道原始测量的真实标准差 $\sigma_X$。然后，如果该样本平均值的样本大小 $n \geqslant 30$，则 CLT 可以确定为对称抽样分布——如果已知 $\sigma_X$，或在自由度为 $v=n-1$ 的 t 分布下用样本标准差 $s$ 来估计 $\sigma_X$，则其是正态分布。标准误差定义为标准除以 $n$ 的平方根。当 $n$ 较小时，需要假定原始观测值服从正态分布，因为此时的 CLT 不适用。

要构建适当的区间，首先应找到对应于 $\alpha$ 的临界值。根据定义，CI 是对称的，因此这转化为围绕均值的 $(1-\alpha)$ 中心概率，其下尾部正好是 $\alpha/2$，上尾部与其一样。

回到 17.1.1 节的例子，处理 1 月份新西兰达尼丁的平均每日最高气温（℃）。假设我们知道观察结果服从正态分布，但不知道真实平均值 $\mu_X$（设置为 22℃）或真实标准差 $\sigma_X$（设置为 1.5℃）。设置方式与之前相同，假设我们知道以下 5 个独立的观测值：

```
R> temp.sample <- rnorm(n=5,mean=22,sd=1.5)
R> temp.sample
[1] 20.46097 21.45658 21.06410 20.49367 24.92843
```

由于需要样本均值和样本分布，因此计算样本均值 $\bar{x}$、样本标准差 $s$ 以及样本均值的适当标准误差 $s/\sqrt{n}$。

```
R> temp.mean <- mean(temp.sample)
R> temp.mean
[1] 21.68075
R> temp.sd <- sd(temp.sample)
R> temp.sd
[1] 1.862456
R> temp.se <- temp.sd/sqrt(5)
R> temp.se
[1] 0.8329155
```

现在，围绕未知平均值 $\mu_X$ 构建 95% 的置信区间，也就是相关抽样分布的 $\alpha=0.05$（尾部概率）。假设原始观察值服从正态分布，并且我们使用的是 $s$（不是 $\sigma_X$），分布是自由度为 $n-1=4$ 的 t 分布。对于该曲线下 0.95 的中心区域，$\alpha/2=0.025$ 在任一尾部。因为 R 中的 q 函数基于总体较低尾部区域操作，所以我们可以向适当函数提供 $1-\alpha/2=0.975$ 的概率来查找（正）临界值。

```
R> 1-0.05/2
[1] 0.975
R> critval <- qt(0.975,df=4)
R> critval
[1] 2.776445
```

图 17-3 显示了为什么 qt 函数以这种方式使用（参照第 16 章中的代码）。

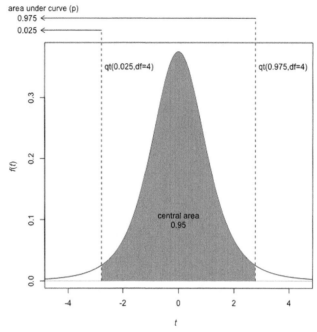

图 17-3　达尼丁温度示例解释样本均值的置信区间。其抽样分布为自由度为 4 的 t 分布，
并且 qt 关于 $\alpha/2 = 0.025$ 的对称尾部概率产生 0.95 的中心面积

　　注意，当临界值为负时（"反射"在平均值周围并使用 qt(0.025,4)获得），曲线下的中心对称
面积必须为 0.95。我们使用 pt 来确认：

```
R> pt(critval,4)-pt(-critval,4)
[1] 0.95
```

通过式（17.2）得到真实平均值 $\mu_X$ 的 95%置信区间，以下代码分别给出 $l$ 和 $u$：

```
R> temp.mean-critval*temp.se
[1] 19.36821
R> temp.mean+critval*temp.se
[1] 23.99329
```

　　因此，平均值的置信区间为（19.37,23.99），也就是我们有 95%的信心认为 1 月份的达尼丁真
实平均最高温度位于 19.37～23.99℃。

　　现在我们将平均值估计与样本的固有变异性相结合来定义一个值的区间，在此区间确定真实
的平均值。我们知道真实平均值是 22℃，这包括在了计算的 CI 中。

　　从这一点，可通过改变区间来改变置信水平。我们只需要改变临界值，即在每个尾部定义
$\alpha/2$。例如，对于相同的示例，可以通过以下代码分别得到 80%CI（$\alpha$ =0.2）和 99%CI（$\alpha$ =0.01）：

```
R> temp.mean+c(-1,1)*qt(p=0.9,df=4)*temp.se
[1] 20.40372 22.95778
R> temp.mean+c(-1,1)*qt(p=0.995,df=4)*temp.se
[1] 17.84593 25.51557
```

注意，这里使用向量 c(-1,1) 的乘法来获得下限和上限，并且作为长度为 2 的向量返回结果。通常，qt 函数应用于完整的下尾区域，所以将 p 设置为 $1-\alpha/2$。

以上区间显示了将给定的 CI 移动到更高置信水平下的结果。在中心区域中，较高的概率直接转换成更极端的临界值，导致更宽的区间。这是有意义的——为了对真实参数值"更确信"，我们需要考虑更大范围的可能值。

## 17.2.2　比例的置信区间

对样本比例建立 CI 其规则与平均值相同。根据 17.1.2 节介绍的抽样分布知识，我们从标准正态分布获得临界值，并且对于 $n$ 个样本的 $\hat{p}$ 估计，构造的区间具有标准误差 $\sqrt{\hat{p}(1-\hat{p})/n}$。

回顾 17.1.2 节中的例子，在 118 个被调查的人中有 80 个人说他们知道自己如何在下一次美国总统选举中投票。我们知道以下几点：

```
R> p.hat <- 80/118
R> p.hat
[1] 0.6779661
R> p.se <- sqrt(p.hat*(1-p.hat)/118)
R> p.se
[1] 0.04301439
```

为了构造 90% 的置信区间（$\alpha=0.1$），其标准化抽样分布的适当临界值如下，也就是对于 $Z\sim N(0,1)$，$Pr(-1.644\,854<Z<1.644\,854)=0.9$：

```
R> qnorm(0.95)
[1] 1.644854
```

再次使用式（17.2）：

```
R> p.hat+c(-1,1)*qnorm(0.95)*p.se
[1] 0.6072137 0.7487185
```

从以上结果可以得知，我们可以 90% 地确信选民知道他们将在下一次选举中如何投票的真实比例为 0.61~0.75（四舍五入到两位小数）。

## 17.2.3　其他置信区间

17.2.1 节和 17.2.2 节介绍了两种简单的情况，用于强调将任何点估计（换句话说，样本统计量）与其变异性联系起来的重要性。对其他统计量也可以建立置信区间，并且在以下部分（作为检验假设的一部分），我们将扩展置信区间的讨论，以研究两个均值和两个比例之间的差异以及分类计数的比率。这些更复杂的统计数据具有自己的标准误差公式，尽管相应的抽样分布通过正态和 t 曲线仍然是对称的（如果再次满足标准假设），这意味着式（17.2）仍然适用。

通常，置信区间标记了抽样分布 $1-\alpha$ 的中心区域，包括不对称的抽样分布。然而，在这种情况下，根据式（17.2）可知，基于单个标准临界值的对称 CI 是没有意义的。同样，我们可能不知道抽样分布函数的参数形式，因此不做任何分布的假设，如对称性。在这些情况下，采取替代方法，假定不对称抽样分布的原始分位数（或估计的原始分位数，参见 13.2.3 节）。使用特定分位数值来标记一致的 $\alpha/2$ 上下尾区域是用来保持抽样分布形状的一种有效方法，同时仍允许构建关于潜在真实参数值的区间。

### 17.2.4 对 CI 解释的评论

关于任何 CI 的解释，引用了真实参数值所在位置的置信度，但是更正式的解释应当考虑和阐明构造的概率性质。在技术上，给定 100（$1-\alpha$）百分比的置信水平，更准确的解释为：对来自同一总体的相同大小的每一样本，构造相同统计量的 CI，我们会期望相应的参数值落在这些区间有 100（$1-\alpha$）百分比的可能性。

这是因为，抽样分布理论描述了多个样本的变异性，而不仅是已经获取的样本。最初，可能难以完全理解这与口语中使用的"置信陈述"之间的差异，但重要的是知道其在技术层面上的正确定义，特别是通常仅基于一个样本来估计 CI。

---

**练习 17.2**

一个运动员记录了自己冲刺 100 米的平均时间。在相同的条件下完成了 34 次冲刺，发现平均值是 14.22s。假设标准差为 $\sigma_X = 2.9s$。

a. 构建并解释真实平均时间的 90% 置信区间。

b. 重复 a 题，但假设标准差未知且样本估计的 $s$ 为 2.9s。这种情况下，区间是否会发生改变？

在一个特定的国家，使用左手或双手的公民的真正比例是未知的。随机抽取 400 人，每个人是 3 种情况中的一种：仅右手、仅左手、双手。结果表明，37 名选择左手和 11 名选择双手。

c. 计算和解释仅使用左手的公民比例的 99%CI。

d. 计算和解释公民使用左手或双手比例的 99%CI。

在 17.2.4 节中，关于置信水平 CI 的技术解释被描述为许多相似区间的比例（即来自相同总体相同大小的样本进行计算），其包含所需参数的真实值。

e. 写一个例子，通过使用模拟来演示这种行为的置信区间。按照以下说明操作：

— 设置含有 NAs（见第 6 章）的矩阵（见第 3 章），该矩阵有 5 000 行和 3 列。

— 使用第 10 章的方法编写 for 循环，在 5 000 次迭代中，从比率参数 $\lambda_e = 0.1$ 的指数分布中生成大小为 300 的随机样本（见 16.2.4 节）。

— 求得每个样本的样本平均值和样本标准差，并使用这些统计量与来自适当的样本分布的临界值，计算分布真实平均值的 95%CI。

— 在 for 循环中，矩阵应该逐行填充结果。第一列将包含下限，第二列将包含上限，而第三列将是逻辑值，如果相应的区间包含真实平均值 $1/\lambda_e$，则该值为 TRUE，否则为 FALSE。

— 当循环完成时，计算填充矩阵第三列中 TRUE 的比例。我们会发现这个比例接近 0.95，重新运行循环时将随机发生变化。

f. 创建一个图，绘制我们所估计的前 100 个置信区间，作为从 $l$ 到 $u$ 的对立水平线。一种方法是首先创建预设的 $x$ 和 $y$ 限制（后者为 c(1,100)）的空图；然后使用适当的坐标线逐步添加每一行（这可以使用另一个 for 循环完成）；最后给图添加红色的垂直线，表示真实的平均值。不包括真实平均值的置信区间不会与垂直线相交。

下面显示此图的示例：

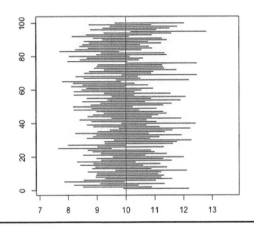

# 18

# 假 设 检 验

在本章，我们将基于置信区间和抽样分布对一个真实、未知的参数进行更详细的描述。为此，我们要了解频率学派的假设检验，其中来自相关抽样分布的概率是检验真实值的依据。当以这种方式使用概率时，将其称为 p 值。在本章中，我们将讨论对于基本统计结果，如何将相同的概念应用于更复杂的方法（例如第 19 章中的回归模型）的统计。

## 18.1 假设检验的组件

假设某一总体的 7%对花生过敏。从该总体中随机抽取 20 个个体，发现其中 18 个个体对花生过敏。假设样本是无偏的，能真正反映总体，那么之前假设过敏个体占总体的比例是 7%，该假设正确吗？

当然，我们会怀疑假设的正确性。换句话说，0.07 的成功率表明在 20 次试验中观察到 18 次或更多次成功的概率很小。实际上，假定把 $X$ 定义为 20 个个体中过敏个体的数量，即 $X\sim\text{BIN}(20,0.07)$，用 $\Pr(x\geqslant18)$ 计算精确的 $p$ 值，一个很小的值。

```
R> dbinom(18,size=20,prob=0.07) + dbinom(19,size=20,prob=0.07) +
   dbinom(20,size=20,prob=0.07)
[1] 2.69727e-19
```

如果成功的机会是 7%，那么这个 $p$ 值就表示样本中观察结果的概率，其中 $X=18$ 或更极端的结果（$X=19$ 或 $X=20$）。

在查看具体假设检验及其在 R 中实现之前，本节将介绍假设检验中经常遇到的术语。

### 18.1.1 假设

在进行假设检验时，首先声明零假设和备择假设。零假设被解释为基线或不变假设，并且假设是真的。备择假设是我们检验的猜想，是用来反对零假设的。

一般零假设和备择假设分别表示为 $H_0$ 和 $H_A$，如下：

$$H_0:\cdots$$
$$H_A:\cdots$$

零假设常常（但不总是）被定义为一个等式=，等于零值。相反，备择假设（我们正在检验的情况）通常定义为不等式。

- 当使用小于语句定义 $H_A$ 时，使用<，它是单向的；这也称为下尾检验。
- 当使用大于语句定义 $H_A$ 时，使用>，它是单向的；这也称为上尾检验。
- 当 $H_A$ 仅仅由一个不等语句定义时，使用≠，它是双向的；这也称为双尾检验。

这些检验变量完全是视情况而定的，并且取决于当前的问题。

### 18.1.2 检验统计量

一旦形成假设，就要收集样本数据，并根据假设中详述的参数计算统计量。检验统计量是与适当的标准化抽样分布相比较以产生 $p$ 值的统计量。

检验统计量通常是所关注的样本统计量的标准化或对其重定比例。检验统计量的分布和极值（即与零的距离）是 $p$ 值的唯一驱动因素（其表明拒绝零假设的强度见 18.1.3 节）。具体来说，检验统计量由原始样本统计量和零值之间的差异以及样本统计量的标准误差确定。

### 18.1.3 $p$ 值

$p$ 值是拒绝零假设的概率值。更规范地说，$p$ 值是零假设为真的条件下，出现观察统计量或更极端情况的概率。

被检验的统计类型和 $H_A$ 的性质决定了 $p$ 值的性质。参考这一点，我们要注意以下几点：

- 对于下尾检验，$p$ 值是样本分布的左侧尾部概率。
- 对于上尾检验，$p$ 值是右侧尾部概率。
- 对于双侧检验，$p$ 值是左侧尾部概率和右侧尾部概率的和。

当抽样分布对称时（例如，正态分布或 $t$ 分布，如在 18.2 节和 18.3 节中提到的所有示例），$p$ 值相当于这些尾部中的一个面积的两倍。

简单地说，检验统计量越极端，$p$ 值越小。$p$ 值越小，反对 $H_0$ 的统计证据量越大。

### 18.1.4 显著性水平

对于每个假设检验，都会假设显著性水平，表示为 $\alpha$。这用于限定检验的结果。显著性水平定义了一个截点，在该截点处，我们能确定是否有统计证据表明拒绝 $H_0$，并且接受 $H_A$。

- 如果 $p$ 值大于或等于 $\alpha$，那么我们就没有足够的证据表明拒绝零假设，因此，与 $H_A$ 相比，接受 $H_0$。

- 如果 $p$ 值小于 $\alpha$，则检验结果是显著的。这意味着有足够证据表明拒绝零假设，因此我们拒绝 $H_0$，接受 $H_A$。

常见或常规的 $\alpha$ 值是 $\alpha=0.1$、$\alpha=0.05$ 和 $\alpha=0.01$。

### 18.1.5 假设检验的拒绝域

通过看一些例子，刚刚介绍的术语就更容易理解了。然而，在早期阶段，认识假设检验的拒绝域比较重要。任何假设检验的最终结果是接受或拒绝零假设，这取决于选择的显著性水平 $\alpha$；它通常被简单地设置为常规使用值之一。

在看示例之前，还需要注意，$p$ 值从不提供 $H_0$ 或 $H_A$ 为真的"证据"。它只能量化拒绝零假设的证据，假设有一个足够小的 $p$ 值 $<\alpha$，换句话说，拒绝零假设不同于反驳它。拒绝 $H_0$ 仅意味着样本数据表明 $H_A$ 应该是优先选择的，并且 $p$ 值仅仅表明该偏好的强度。

近年来，在一些入门统计课程中，都反对统计推断在某些应用研究领域过度使用，甚至滥用 $p$ 值。Sterne 和 Smith（2001）的一篇文章从医学研究的角度讨论了假设检验的作用和问题。另外可以参考 Reinhart（2015），其讨论了统计中对 $p$ 值的常见的误解。

虽然如此，关于抽样分布的概率推断始终是频率学派分析统计实践的基石。改进统计检验及建模的最好方法是对相关思想和方法进行良好的介绍，以便从一开始就了解统计意义以及它能够告诉我们什么。

## 18.2 检验均值

样本均值假设检验的有效性取决于 17.1.1 节中提到的相同假设和条件。特别是在本节中，我们假设中心极限定理成立，如果样本量很小（换句话说，大约小于 30），假设原始数据就服从正态分布。在示例中，样本标准偏差 $s$ 用于估计真实标准偏差 $\sigma_X$，这在实践中经常遇到。同样，由 17.1.1 节可知，在计算临界值和 $p$ 值时我们需要使用 t 分布而不是正态分布。

### 18.2.1 单个均值

由于我们已经知道了标准误差公式 $s/\sqrt{n}$，以及获得 t 分布分位数和概率所需的 R 函数（qt 函数和 pt 函数），目前要介绍的是假设本身和对结果的解释。

**计算：单样本 t 检验**

看一个例子——单样本 t 检验。回顾 16.2.2 节中的一个问题，一个小吃制造商对 80g 包装的平均净重很感兴趣。假设随着时间的推移，一个消费者在不同商店随机购买了 44 个 80g 包装，并称其重量。记录如下：

```
R> snacks <- c(87.7,80.01,77.28,78.76,81.52,74.2,80.71,79.5,77.87,81.94,80.7,
               82.32,75.78,80.19,83.91,79.4,77.52,77.62,81.4,74.89,82.95,
               73.59,77.92,77.18,79.83,81.23,79.28,78.44,79.01,80.47,76.23,
               78.89,77.14,69.94,78.54,79.7,82.45,77.29,75.52,77.21,75.99,
               81.94,80.41,77.7)
```

消费者说产品的重量被缩减，因为结果数据不是来自于一个平均值 $\mu$=80 的分布，因此真实的平均重量肯定小于 80。为了调查这一说法，制造商使用显著性水平 $\alpha$=0.05 进行假设检验。

首先，定义零假设为 80g。注意，备择假设是"我们要检验什么"；在这种情况下，$H_A$ 是 $\mu$ 小于 80。被解释为"无变化"的零假设将被定义为 $\mu$=80：真实的平均值是 80g。这些假设的形式如下：

$$H_0{:}\mu = 80$$
$$H_A{:}\mu < 80 \tag{18.1}$$

其次，根据样本估计平均值和标准偏差。

```
R> n <- length(snacks)
R> snack.mean <- mean(snacks)
R> snack.mean
[1] 78.91068
R> snack.sd <- sd(snacks)
R> snack.sd
[1] 3.056023
```

我们试图回答的问题是：给定估计的标准差，如果真实均值为 80g，观察的样本均值（当 $n$=44 时）为 78.91g 或更小的概率是多少？为了回答这个问题，我们需要计算相关的检验统计量。

形式上，在相对于零假设 $\mu_0$ 为零值的单个均值的假设检验中，检验统计量 $T$ 被定义为

$$T = \frac{\bar{x} - \mu_0}{s/\sqrt{n}} \tag{18.2}$$

其中，$n$ 为样本量，$\bar{x}$ 为样本均值，$s$ 为样本标准差（分母是估计的平均值的标准误差）。假设已经满足了相关条件，$T$ 统计量服从自由度为 $v$=$n$-1 的 t 分布。

在 R 中，以下代码计算出了零食数据样品均值的标准误差：

```
R> snack.se <- snack.sd/sqrt(n)
R> snack.se
[1] 0.4607128
```

然后，用以下代码计算 $T$ 统计量：

```
R> snack.T <- (snack.mean-80)/snack.se
R> snack.T
[1] -2.364419
```

最后，使用检验统计量获得 $p$ 值。回想一下，$p$ 值是我们观察到 $T$ 统计量或更极端值的概率。"更极端"的性质由小于语句的备择假设 $H_A$ 确定，将左尾概率或下尾概率作为 $p$ 值。换句话说，$p$ 值是 $T$ 处垂直线左边的抽样分布（在当前示例中是自由度为 43 的 t 分布）的区域。对于 16.2.3 节中的示例，可以很容易地计算出 $p$ 值，如下所示：

```
R> pt(snack.T,df=n-1)
[1] 0.01132175
```

结果表明，如果 $H_0$ 为真，那么作为一个随机现象，它就只有 1% 或更小的机会观察到消费者的样本均值为 $\bar{x}$=78.91。由于该 $p$ 值小于事先定义的显著性水平，$\alpha$=0.05，制造商会得出拒绝零假设而接受备择假设的结论，表明真实值 $\mu$ 小于 80g。

注意，如果我们找到单个样本均值相应的 95% 的置信区间，如 17.2.1 节所述，可通过以下代码得到：

```
R> snack.mean+c(-1,1)*qt(0.975,n-1)*snack.se
[1] 77.98157 79.83980
```

它并不包括零值 80g，只反映显著性水平为 0.05 时假设检验的结果。

### R 函数：t.test

单样本 t 检验的结果也可以用内置的 t.test 函数得到。

```
R> t.test(x=snacks,mu=80,alternative="less")

        One Sample t-test

data: snacks
t = -2.3644, df = 43, p-value = 0.01132
alternative hypothesis: true mean is less than 80
95 percent confidence interval:
     -Inf 79.68517
sample estimates:
mean of x
 78.91068
```

该函数将原始数据向量作为 $x$，将平均值的零值作为 mu，检验的方向（换句话说，如何在适当的 t 曲线下找到 $p$ 值）由备择假设决定。备择假设的参数有 3 个选项：将具有<的"less"用于 $H_A$；具有>的"greater"用于 $H_A$；以及具有≠的"two.sided"用于 $H_A$。$\alpha$ 的默认值是 0.05。如果希望不同于 0.05 的显著性水平，就必须提供给 t.test 函数 $1-\alpha$ 并传递给参数 conf.level。

注意，t.test 函数的输出中有 $T$ 统计量值、自由度和 $p$ 值。我们还得到 95% 的"区间"，但其区间上界为 79.68517，与刚才计算的区间不匹配。手动计算的区间实际上是双侧区间——通过使用两侧相等的误差分量形成有界的区间。

另外，t.test 输出的置信区间从替代参数那里得到指令，提供的是单边置信界限。下尾检验提供了统计的上限，使得目标抽样分布的整个下尾区域为 0.95，而不是传统双侧间隔的中心区域。单侧边界相对于完全有界的双侧区间更少使用，通过设置 alternate ="two.sided"，可以调用相关的 t.test 函数来获得（作为组件 conf.int）。

```
R> t.test(x=snacks,mu=80,alternative="two.sided")$conf.int
[1] 77.98157 79.83980
attr(,"conf.level")
[1] 0.95
```

这个结果与我们之前手动计算的结果是匹配的。还要注意，相应的置信水平 $1-\alpha$ 作为一个属性存储在这个组件旁边（见 6.2.1 节）。

在检验零食例子的结果时，$p$ 值约为 0.011，要注意对假设检验结果的解释。在进行 $\alpha$=0.05 的检验时，$H_0$ 被拒绝。但如果进行 $\alpha$=0.01 的检验呢？$p$ 值大于 0.01，因此在这种情况下，接受 $H_0$，除了 $\alpha$ 值的变动之外没有其他原因。在这些情况下，评论证据对于拒绝原假设的强度是有用的。对于当前示例，我们说存在一些接受 $H_A$ 的证据是合理的，但这个证据不是特别强。

---

### 练习 18.1

a. 据说某品种成年家猫的平均体重是 3.5kg。一位猫咪爱好者不同意该说法，于是将收集的 73 个这种品种的猫的重量作为样品。从样品中，她计算出 3.97kg 的平均值和 2.21kg 的标准偏差。通过设置适当的假设、分析和解释 $p$ 值（假设显著性水平为 $\alpha$=0.05），进行假设检验，以检验她认为真实平均体重不是 3.5kg 的说法。

b. 假设以前人们认为，斐济沿海地震事件的平均幅度为里氏 4.3 级。使用地震数据集中 mag 变量的数据，将该区域 1 000 个地震事件作为样本，检验真实的平均幅度大于 4.3 的说法。使用 t.test 函数设置适当的假设（在显著性水平 $\alpha$=0.01 时进行检验），并得出结论。

c. 手动计算 b 题的真实平均值的双侧置信区间。

---

## 18.2.2　两个均值

检验单个样本均值常常不足以回答我们感兴趣的问题。在很多设置中，研究者希望直接比较两个不同测量组的平均值，这归结为对两个均值的真实差异进行假设检验；两个均值分别为 $\mu_1$ 和 $\mu_2$。

影响两个样本均值之间差异的标准误差的具体形式是两组数据相互关联的方式，因而会影响检验统计量本身。然而，两个均值的真实比较通常具有相同的性质——典型的零假设通常被定义为 $\mu_1$ 和 $\mu_2$ 相等。换句话说，两个均值差异的零假设通常为零。

**未配对/独立样本：未合并方差**

最常见的情况是基于两个相互独立组（也称为未配对样本）的两组测量。计算两个数据集的样本均值和样本标准偏差，定义假设，然后计算检验统计量。

当我们不能假定两个总体的方差相等时，首先要进行未合并的双样本 t 检验。但是，如果我们可以假设方差相等，那就进行合并的双样本 t 检验，这会提高结果的精度。稍后我们来看混合检验。

关于未混合的示例，返回 18.2.1 节中的 80g 小吃包装示例。在收集了原始制造商的 44 个包装的样品后（标记该样本容量为 $n_1$），不满的消费者离开并从竞争的小吃制造商收集到 $n_2$=31 的随机选择的 80g 产品。第二组测量结果存储为 snacks2。

```
R> snacks2 <- c(80.22,79.73,81.1,78.76,82.03,81.66,80.97,81.32,80.12,78.98,
                79.21,81.48,79.86,81.06,77.96,80.73,80.34,80.01,81.82,79.3,
                79.08,79.47,78.98,80.87,82.24,77.22,80.03,79.2,80.95,79.17,81)
```

从 18.2.1 节，我们已经知道样本大小为 $n_1$=44 的平均值和标准偏差——被存储为 snack.mean（大约为 78.91）和 snack.sd（约 3.06）——分别是 $\bar{x}_1$ 和 $s_1$。对新数据计算相同的统计量，分别记为 $\bar{x}_2$ 和 $s_2$。

```
R> snack2.mean <- mean(snacks2)
R> snack2.mean
[1] 80.1571
R> snack2.sd <- sd(snacks2)
R> snack2.sd
[1] 1.213695
```

原始样本的真实平均值用 $\mu_1$ 表示，来自对手公司产品的新样本真实平均值用 $\mu_2$ 表示。现在我们检验 $\mu_2$ 大于 $\mu_1$ 这一假设是否有统计证据的支持。这表明 $H_0: \mu_1 = \mu_2$ 和 $H_A: \mu_1 < \mu_2$，其可以写为：

$$H_0: \mu_2 - \mu_1 = 0$$
$$H_A: \mu_2 - \mu_1 > 0$$

也就是说，当从对手制造商中减去原始数据时，原始制造商产品与对手制造商产品的真实平均值之间的差异大于 0。在零假设下，两个均值是相同的，所以它们之间的差异是 0。

现在我们已经构建好了假设，那么该如何检验它们呢？两个平均值之间的差异是我们感兴趣的数量。对于具有真实平均值 $\mu_1$ 和 $\mu_2$ 的总体产生的两个独立样本，样本均值分别为 $\overline{X_1}$ 和 $\overline{X_2}$，且样本标准偏差分别为 $s_1$ 和 $s_2$（并满足相关 t 分布的有效性条件），给出的检验统计量 $T$ 用于检验 $\mu_2$ 与 $\mu_1$ 之间的差异。

$$T = \frac{\overline{x_2} - \overline{x_1} - \mu_0}{\sqrt{s_1^2 / n_1 + s_2^2 / n_2}} \tag{18.3}$$

其分布与自由度为 $v$ 的 t 分布相似，其中

$$v = \left\lfloor \frac{(s_1^2 / n_1 + s_2^2 / n_2)^2}{(s_1^2 / n_1)^2 / (n_1 - 1) + (s_2^2 / n_2)^2 / (n_2 - 1)} \right\rfloor \tag{18.4}$$

在式（18.3）中，$\mu_0$ 是零值——通常在涉及"差值"统计的检验中为 0。因此，该项会从检验统计量的分子中消失。$T$ 的分母是两个均值之间差异的标准误差。

式（18.4）右边的 $\lfloor \cdot \rfloor$ 表示取整操作——严格舍入到最接近的整数。

**注意**　使用式（18.3）进行的两样本 t 检验也称为 Welch t 检验。式（18.4）称为 Welch-Satterthwaite 方程。另外，因为假设两个样本具有不同的真实方差，所以称其为未合并方差的检验。

在定义两组参数和构建假设时，必须保持一致。在该示例中，由于检验旨在找到 $\mu_2$ 大于 $\mu_1$ 的证据，因此 $\mu_2 - \mu_1 > 0$ 的差形成 $H_A$（大于上尾检验），并且这种减法的次序在计算 $T$ 统计量时会涉及。如果我们以相反的方式定义两者的差异，则可以执行相同的检验。在这种情况下，备择假设是一个下尾检验，因为如果我们检验 $\mu_2$ 大于 $\mu_1$，$H_A$ 可以写为 $\mu_1 - \mu_2 < 0$。另外，这将相应地修改式（18.3）的分子中的减法次序。

同样的注意事项也适用于使用 t.test 进行双样本比较的情况。将两个样本分别提供给参数 $x$ 和 $y$，在进行上尾检验时，函数将解释 $x$ 大于 $y$，当进行下尾检验时，将解释 $x$ 小于 $y$。因此，在零食产品示例中使用 alternative="greater" 执行检验时，snacks2 被赋予给 $x$：

```
R> t.test(x=snacks2,y=snacks,alternative="greater",conf.level=0.9)

        Welch Two Sample t-test
```

```
data: snacks2 and snacks
t = 2.4455, df = 60.091, p-value = 0.008706
alternative hypothesis: true difference in means is greater than 0
90 percent confidence interval:
 0.5859714        Inf
sample estimates:
mean of x mean of y
80.15710 78.91068
```

得到 $p$ 值为 0.008706，我们可以得出结论，有足够的证据拒绝 $H_0$ 接受 $H_A$（实际上，$p$ 值肯定小于规定的显著性水平 $\alpha=0.1$，如 conf.level = 0.9）。因此，来自对手制造商的 80 克包装的零食的平均净重大于原始制造商的平均净重。

注意，t.test 函数输出结果中 df 值为 60.091，这是与式（18.4）无关的结果。我们还得到一个单侧的置信区间（基于上述置信水平），由检验的单侧性质决定。另外，更常见的双侧 90% 置信区间也是有用的；其中 $v = \lfloor 60.091 \rfloor = 60$，可使用统计量和相关的标准误差（分别作为式（18.3）的分子和分母）计算它。

```
R> (snack2.mean-snack.mean) +
   c(-1,1)*qt(0.95,df=60)*sqrt(snack.sd^2/44+snack2.sd^2/31)
[1] 0.3949179 2.0979120
```

在这里，我们使用以前存储的样本统计量 snack.mean，snack.sd（来自原始制造商的 44 个样品原始测量的平均值和标准差），snack2.mean 和 snack2.sd（来自竞争对手制造商的 31 个观察样本）。注意，置信区间的形式与式（17.2）相同，$1-\alpha$ 提供中心区域，用于适当 t 分布的 q 函数需要 $1-\alpha/2$ 为其提供概率值。可以解释为"90% 的人相信，对手制造商和原始制造商之间平均净重的真正差异在 0.395～2.098g"。零不包括在置信区间中，并且整个区间为正，支持从假设检验得出的结论。

### 未配对/独立样本：合并方差

在以上分析的未合并方差示例中，没有假设两个总体的方差相等。这是一个重要的注意事项，因为它涉及使用式（18.3）计算的检验统计量和式（18.4）相关 t 分布的自由度。但是，如果我们可以假设方差相等，则检验的精度就会提高——我们可以对差值的标准误差使用不同的公式，并计算出相关的 df 值。

其次，我们关注的是两个均值之间的差异，写为 $\mu_2-\mu_1$。假设我们从具有真实均值 $\mu_1$ 和 $\mu_2$ 的总体中得到两个大小为 $n_1$ 和 $n_2$ 的独立样本，样本均值分别为 $\overline{x}_1$ 和 $\overline{x}_2$，样本标准偏差分别为 $s_1$ 和 $s_2$，并假设满足 t 分布的有效性的相关条件。另外，假设样本的真实方差 $\sigma_1^2$ 和 $\sigma_2^2$ 相等，即 $\sigma_p^2 = \sigma_1^2 = \sigma_2^2$。

**注意**　有一个简单的经验法则来检查"等方差"假设的有效性。如果较大样本标准差与较小样本标准差的比率小于 2，则可以假定等方差。例如，如果 $s_1>s_2$ 且 $\dfrac{s_1}{s_2}<2$，就可以使用以下合并方差的检验统计量。

该情况下标准化检验统计量为：

$$T = \frac{\overline{x}_2 - \overline{x}_1 - \mu_0}{\sqrt{s_p^2 (1/n_1 + 1/n_2)}}, \tag{18.5}$$

其服从自由度为 $v = n_1 + n_2 - 2$ 的 t 分布，其中：

$$s_p^2 = \frac{(n_1 - 1)s_1^2 + (n_2 - 1)s_2^2}{n_1 + n_2 - 2} \tag{18.6}$$

是所有原始测量方差的合并估计。代替式（18.3）分母中的 $s_1$ 和 $s_2$，得到式（18.5）。

双样本 t 检验与之前一样，包括适当假设的构建，$\mu_0$ 的典型零值以及 $p$ 值的计算和解释。

在比较零食包装两个均值的例子中，我们发现很难使用合并样本的 t 检验。应用经验法则，两个估计的标准偏差（分别为原始和竞争制造商样品的 $s_1 \approx 3.06$ 和 $s_2 \approx 1.21$）具有大于 2 的比值。

```
R> snack.sd/snack2.sd
[1] 2.51795
```

虽然这不正式，但如果不能合理地做出假设，最好用未合并的样本来完成检验。

为了说明这一点，我们看一个新例子。智商（IQ）通常用于衡量一个人的聪明度。合理地假设 IQ 得分是正态分布的，人们的平均智商被认为是 100。如果有兴趣比较男女之间的平均智商得分是否有差异，对 $n_{\text{men}} = 12$ 和 $n_{\text{women}} = 20$ 的样本，提出以下假设：

$$H_0 : \mu_{\text{men}} - \mu_{\text{women}} = 0$$

$$H_A : \mu_{\text{men}} - \mu_{\text{women}} \neq 0$$

随机抽取以下数据：

```
R> men <- c(102,87,101,96,107,101,91,85,108,67,85,82)
R> women <- c(73,81,111,109,143,95,92,120,93,89,119,79,90,126,62,92,77,106,
              105,111)
```

与之前一样，我们计算所需的基本统计量。

```
R> mean(men)
[1] 92.66667
R> sd(men)
[1] 12.0705
R> mean(women)
[1] 98.65
R> sd(women)
[1] 19.94802
```

这些代码给出了样本平均值 $\overline{x}_{\text{men}}$ 和 $\overline{x}_{\text{women}}$，以及它们各自的样本标准偏差 $S_{\text{men}}$ 和 $S_{\text{women}}$。输入以下内容可以快速检查标准偏差的比率：

```
R> sd(women)/sd(men)
[1] 1.652626
```

可以看到，较大样本标准差与较小样本标准差的比率小于 2，因此我们可以假定这一假设检验的方差相等。

t.test 函数的命令还可以根据式（18.5）和式（18.6）进行合并的双样本 t 检验。要执行它，就设参数 var.equal = TRUE（默认情况下 var.equal = FALSE，即进行 Welch t 检验）。

```
R> t.test(x=men,y=women,alternative="two.sided",conf.level=0.95,var.equal=TRUE)

        Two Sample t-test

data:  men and women
t = -0.9376, df = 30, p-value = 0.3559
alternative hypothesis: true difference in means is not equal to 0
95 percent confidence interval:
 -19.016393  7.049727
sample estimates:
mean of x mean of y
 92.66667  98.65000
```

另外注意，在这个例子中，$H_A$ 是一个双尾检验，因此设置备择假设 alternative ="two.sided"。该检验所得的 $p$ 值 0.3559 大于显著性水平 0.05。因此，我们认为没有证据表明拒绝 $H_0$，即没有足够证据表明男性的平均智商分数与女性之间存在差异。

### 配对/不独立样本

现在，我们在配对数据中比较两种方法。这个设置与两个非配对 t 检验的设置截然不同，因为它涉及数据收集的方式。问题涉及两组观察对之间的依赖性——之前，每组中的测量被定义为独立的。这个概念对如何进行检验具有重要的影响。

如果两组观察的测量结果记录在同一个体上，或者如果它们以某些其他重要或明显的方式相关，就会出现配对数据。这种情况的典型例子是"之前"和"之后"观察，例如一个人在经过某种干预治疗之前和之后的两次测量。这些情况依旧关注每个组的平均结果之间的差异，而不是分开使用两个数据集，使用单个平均值的配对 t 检验——单个配对差异的真实平均值是 $\mu_d$。

看一个例子，考虑一个公司感兴趣药物的疗效，旨在减少每分钟（bpm）的静息心率。首先测量 16 个个体的静息心率。然后对个体施用治疗过程，并再次测量其静息心率。数据由如下的 rate.before 和 rate.after 提供：

```
R> rate.before <- c(52,66,89,87,89,72,66,65,49,62,70,52,75,63,65,61)
R> rate.after <- c(51,66,71,73,70,68,60,51,40,57,65,53,64,56,60,59)
```

为什么比较这两个组的检验需要考虑两者的依赖性？心跳速率受个人的年龄、体形和身体健康水平的影响。年龄大于 60 岁的不适合个体比 20 岁的适合个体可能有更高的基线静息心率，如果对两个人都给予相同的药物来降低心率，则他们的最终心率仍然可能反映基线。因此，如果我们使用任一非配对的 t 检验分析这两个组的检验，那么药物的真正效果就可能被隐藏了。

为了克服这个问题，配对双样本 t 检验考察每对值之间的差异。将一组 $n$ 个测量值分别标记为 $x_1, \cdots, x_n$，将另一组 $n$ 个观察值标记为 $y_1, \cdots, y_n$，差值 $d$ 定义为 $d_i = y_i - x_i$；$i = 1, \cdots, n$。在 R 中，我们可以轻松计算成对的差异：

```
R> rate.d <- rate.after-rate.before
R> rate.d
```

```
[1] -1 0 -18 -14 -19 -4 -6 -14 -9 -5 -5 1 -11 -7 -5 -2
```

以下代码用来计算这些差异的样本均值 $\overline{d}$ 和标准差 $s_d$：

```
R> rate.dbar <- mean(rate.d)
R> rate.dbar
[1] -7.4375
R> rate.sd <- sd(rate.d)
R> rate.sd
[1] 6.196437
```

根据心率减少了多少来关注以下假设：

$$H_0 : \mu_d = 0$$

$$H_A : \mu_d < 0$$

给定用于获得差异的阶数或减法，检测到心率减少将由"之后"的均值表示，其小于"之前"的均值。

我们感兴趣的是测量两个依赖对的两个平均值之间的真实差异 $\mu_d$。存在两组 $n$ 个测量，$x_1, \cdots,$ $x_n$ 和 $y_1, \cdots, y_n$，具有成对差 $d_1, \cdots, d_n$；同时满足 $t$ 分布的有效性的相关条件。在这种情况下，如果对的数量 $n$ 小于 30，就能够假设原始数据是正态分布的。检验统计量 $T$ 为

$$T = \frac{\overline{d} - \mu_0}{s_d / \sqrt{n}} \tag{18.7}$$

其中 $\overline{d}$ 是成对差的平均值，$S_d$ 是成对差的样本标准差，$\mu_0$ 是零值（通常为 0）。统计量 $T$ 服从自由度为 $n-1$ 的 t 分布。

一旦计算了单独配对差的样本统计量，则式（18.7）的形式实际上与式（18.2）中检验统计量的形式相同。此外，要注意 $n$ 表示的是总对数，而不是个别观察的总数。

对于当前示例，可以使用 rate.dbar 和 rate.sd 得到检验统计量和 $p$ 值。

```
R> rate.T <- rate.dbar/(rate.sd/sqrt(16))
R> rate.T
[1] -4.801146
R> pt(rate.T,df=15)
[1] 0.000116681
```

这些结果表明拒绝 $H_0$。在 t.test 函数中，可选的逻辑参数配对必须设置为 TRUE。

```
R> t.test(x=rate.after,y=rate.before,alternative="less",conf.level=0.95,
          paired=TRUE)

        Paired t-test

data: rate.after and rate.before
t = -4.8011, df = 15, p-value = 0.0001167
alternative hypothesis: true difference in means is less than 0
95 percent confidence interval:
     -Inf -4.721833
```

```
sample estimates:
mean of the differences
              -7.4375
```

注意，给 $x$ 和 $y$ 参数提供数据向量的顺序遵循与非配对检验相同的规则，给定备择假设的期望值。通过使用 t 检验来确认与手动计算相同的 $p$ 值，并且该值小于假定的常规显著性水平，$\alpha=0.05$。有效结论是，药物确实降低了平均静息心率。我们有 95% 的信心认为，采取药物疗程后心率的真实平均差异介于 $-10.73935 \sim -4.135652$。

```
R> rate.dbar-qt(0.975,df=15)*(rate.sd/sqrt(16))
[1]-10.73935

R> rate.dbar+qt(0.975,df=15)*(rate.sd/sqrt(16))
[1]-4.135652
```

**注意**　在某些情况下，例如当我们的数据根本不符合非正态性时，我们可能不愿意假定 CLT 的有效性（见17.1.1 节）。这里讨论的假设检验的替代方法是采用了非参数技术且宽松了分布的要求。在两个样本的情况下，我们可以使用曼—惠特尼 U 检验（也称为 Wilcoxon 秩和检验）。这是一个假设检验，比较两个中位数，而不是比较两个平均值。我们可以使用 R 的 wilcox.test 函数访问此方法；其帮助页面提供了有用的评论和技术的参考细节。

---

## 练习 18.2

在 MASS 包中，我们发现 Hand 等人（1994）的数据集中有厌食症病人数据，包含了 72 名患有该疾病的年轻女性治疗前和治疗后体重（以磅计）的数据。一组是对照组（换句话说，没有干预），其他两组是认知行为方案和家庭支持干预方案组。加载程序包并确保我们可以访问数据框并了解其内容。令 $\mu_d$ 表示平均重量差，计算值为（治疗后体重减去治疗前体重）。

a. 不管参与者参与哪个治疗组，进行适当的假设检验，$\alpha=0.05$，假设如下：

$$H_0 : \mu_d = 0$$

$$H_A : \mu_d < 0$$

b. 接下来，关于参与者落入哪个治疗组，使用相同的定义进行 3 个单独的假设检验。我们会发现什么？

R 中另一个即用型数据集是 PlantGrowth（Dobson，1983），其记录了某种植物产量的连续测量，观察在生长期间施用两种补充物的潜在作用，对照组无补充。

c. 设置假设以检验对照组的平均产量是否小于任一处理下植物的平均产量。确定该检验是否应使用合并方差估计或 Welch t 检验。

d. 进行检验并得出结论（假设原始观测值具有正态性）。

正如我们讨论的，是否使用非配对 t 检验中的合并方差估计取决于经验法则。

e. 我们的任务是写一个 wrapper 函数，调用 t.test 函数决定是否应该根据经验法则执行 var.equal = FALSE。使用以下准则。

> — 函数应该有 4 个定义的参数：$x$ 和 $y$，其没有默认值且处理方式与 t.test 函数中的参数相同；还有 var.equal 和 paired，其默认值与 t.test 函数的默认值相同。
> — 加入省略号（见 9.2.5 节）以表示要传递给 t.test 函数的任何其他参数。
> — 执行时，函数应确定 paired = FALSE。
>     * 如果 paired 为 TRUE，则不需要继续进行合并方差的检查。
>     * 如果 paired 为 FALSE，则函数应使用经验法则自动确定 var.equal 的值。
> — 如果 var.equal 的值是自动设置的，我们可以假定它能覆盖用户最初提供的此参数的任何值。
> — 然后，适当地调用 t.test 函数。
> f. 在 18.2.2 节中的 3 个示例应用新函数，以确保达到相同的结果。

# 18.3　检验比例

在统计建模和假设检验中，重点是对均值的检验，但是考虑样本比例很有必要，也就是一系列 $n$ 个二元试验的平均值，其结果是成功（1）或失败（0）。本节将重点介绍比例的参数检验，假设目标抽样分布具有正态性（也称为 Z 检验）。

建立和解释样本比例的假设检验的一般规则与样本均值相同。在 Z 检验的介绍中，我们将这些检验视为单个比例的真实值或两个比例之间差异的检验。

## 18.3.1　单个比例

17.1.2 节介绍了正态分布的单一样本比例的抽样分布，平均值以真实比例 $\pi$ 为中心，且标准误差为 $\sqrt{\pi(1-\pi)}$。如果试验是独立的，且 $n$ 不是"太小"，$\pi$ 不是"太接近" 0 或 1，那些公式在这里是适用的。

**注意**　经验法则是用于检查 $n$ 和 $\pi$ 的后续条件。简单地检查一下 $n\hat{p}$ 和 $n(1-\hat{p})$ 都大于 5，其中 $\hat{p}$ 是 $\pi$ 的样本估计。

要注意的是，在涉及比例假设检验的情况下，标准误差本身取决于 $\pi$。记住，任何假设检验都假设满足 $H_0$，这很重要。在处理比例时，这意味着在计算检验统计量时，标准误差必须使用零值 $\pi_0$ 而不是估计的样本比例 $\hat{p}$。

看一个例子，假设一个人喜欢某个特定的快餐连锁店，而通常午餐后他会在一定时间感到胃部不适。他看到一个博客的网站，那个博客认为在吃那种特定的食物后不久，胃部不适的机会是 20%。这个人很好奇，希望确定他胃部不适的真正速度 $\pi$ 与博客上所说的是否一致，随着时间的推移，在 $n=29$ 次独立场合下，访问在这家快餐店吃午餐的人并记录，胃部不适即成功（记为 TRUE）而胃部没有不适即失败（记为 FALSE）。这就形成了以下的假设对：

$$H_0 : \pi = 0.2$$
$$H_A : \pi \neq 0.2$$

可以根据以下讨论的一般规则进行检验。

**计算：单样本 Z 检验**

在检验某个成功比例的真实值 $\pi$ 时，令 $\hat{p}$ 为 $n$ 个试验中的样本比例，并且将零值表示为 0。使用以下公式得到检验统计量：

$$Z=\frac{\hat{p}-\pi_0}{\sqrt{\dfrac{\pi_0(1-\pi_0)}{n}}}\qquad(18.8)$$

根据上述 $n$ 和 $\pi$ 值，可以假设，$Z\sim N(0,1)$。

用零值 $\pi_0$ 而不是 $\hat{p}$，计算式（18.8）的分母，即比例的标准误差。正如刚才提到的，因为执行检验是为了满足 $H_0$ 的"真值"的假设，所以要像往常一样解释得到的 $p$ 值。标准正态分布用于找到相对于 $Z$ 的 $p$ 值；如前所述，该曲线下方的方向由 $H_A$ 的性质决定。

回到快餐的例子，假设以下为观察到的数据，其中胃部不适记录为1，否则为0。

```
sick <- c(0,0,1,1,0,0,0,0,0,1,0,0,0,0,0,0,0,0,1,0,0,0,1,1,1,0,0,0,1)
```

在这个样本中，成功的数量和成功的概率如下：

```
R> sum(sick)
[1] 8
R> p.hat <- mean(sick)
R> p.hat
[1] 0.2758621
```

经过快速检查表明，按照经验法则，检验是合理的：

```
R> 29*0.2
[1] 5.8
R> 29*0.8
[1] 23.2
```

根据式（18.8），本例的检验统计量 $Z$ 如下：

```
R> Z <- (p.hat-0.2)/sqrt(0.2*0.8/29)
R> Z
[1] 1.021324
```

备择假设是双侧的，因此我们可以在标准正态曲线下计算相应的 $p$ 值，将其作为双尾区域概率。使用正检验统计量，并用 $Z$ 上尾区域的两倍值进行评估。

```
R> 2*(1-pnorm(Z))
[1] 0.3071008
```

假设显著性水平 $\alpha=0.05$。高的 $p$ 值 0.307 表明，在零假设为真的情况下，样本容量为 29 的样本结果不足以拒绝 $H_0$。即没有足够的证据表明，该个体经历的胃部不适的比例与博客所指出的 0.2 不同。

我们可以用置信区间来支持这个结论。计算95%水平上的置信区间：

```
R> p.hat+c(-1,1)*qnorm(0.975)*sqrt(p.hat*(1-p.hat)/29)
[1] 0.1131927 0.4385314
```

该区间包含了 0.2 的零值。

**R 函数：prop.test**

R 简化了假设检验的步骤。prop.test 函数允许我们进行单个样本比例检验等。该函数实际上以略微不同的方式使用卡方分布执行检验（这将在 18.4 节中更多地探讨）。然而，检验是等效的，并且使用 prop.test 函数得到的 $p$ 值与使用 Zbased 检验得到的 $p$ 值相同。

对 prop.test 函数，用比例的单个样本检验，观察到的成功次数为 $x$，试验总数为 $n$，零值为 $p$。另外两个参数 alternative（定义 $H_A$ 的性质）和 conf.level（定义 $1-\alpha$）与 t.test 函数中的参数相同，其默认值分别是 "two.sided" 和 0.95。最后，如果数据满足 $n\hat{p}$ 和 $n(1-\hat{p})$ 的经验法则，建议设置可选参数 correct = FALSE。

对当前示例，使用以下代码执行检验：

```
R> prop.test(x=sum(sick),n=length(sick),p=0.2,correct=FALSE)

        1-sample proportions test without continuity correction

data: sum(sick) out of length(sick), null probability 0.2
X-squared = 1.0431, df = 1, p-value = 0.3071
alternative hypothesis: true p is not equal to 0.2
95 percent confidence interval:
 0.1469876 0.4571713
sample estimates:
        p
0.2758621
```

$p$ 值与我们之前得到的相同。然而，我们注意到输出的置信区间并不完全相同（基于正态的区间，取决于 CLT）。由 prop.test 函数产生的置信区间称为 Wilson 评分区间，其考虑了直接关联的 "成功概率" 具有二项分布。为简单起见，在进行比例的假设检验时，我们将继续使用基于正态分布的区间。

注意，与 t.test 函数一样，使用 prop.test 函数执行的任何单侧检验将仅提供单限的置信界限；可在以下示例中看到。

## 18.3.2 两个比例

通过修改标准误差对以前的程序进行基本的扩展，可以比较两个独立总体的估计比例。对于两个平均值之间的差异，检验两个比例是否相同，差异是否为 0。因此，典型的零假设为零。

例如，假设一组学生参加统计学考试。在这组中有 $n_1 = 233$ 名心理学专业学生，其中 $X_1 = 180$ 名学生通过了考试，有 $n_2 = 197$ 名地理专业学生，其中 175 人通过了考试。假设有人声称在统计学考试中，地理专业学生的通过率高于心理专业学生。

将心理专业学生的真实通过率表示为 $\pi_1$，地理专业学生的真实通过率表示为 $\pi_2$，可以使用如下定义的一对假设进行统计意义上的检验：

$$H_0 : \pi_2 - \pi_1 = 0$$

$$H_A : \pi_2 - \pi_1 > 0$$

正如两个平均值之间的比较，重要的是保持差分的顺序在整个检验计算中的一致性。这个例子展现了一个上尾检验。

**计算：两个样本的 Z 检验**

在以数学方式检验两个比例 $\pi_1$ 和 $\pi_2$ 之间的真实差异的情况下，$\hat{p}_1 = x_1/n_1$ 是对应于 $\pi_1$ 的 $n_1$ 个试验中 $x_1$ 个成功的样本比例，且 $\hat{p}_2 = x_2/n_2$ 对应于 $\pi_2$，在差值的零值表示为 $\pi_0$ 时，检验统计量由下式给出：

$$Z = \frac{\hat{p}_2 - \hat{p}_1 - \pi_0}{\sqrt{p*(1-p*)\left(\dfrac{1}{n_1} + \dfrac{1}{n_2}\right)}} \tag{18.9}$$

如果假设 $n_1$、$n_2$ 和 $\pi_1$、$\pi_2$ 的比例应用上述条件，我们可以认为 $Z \sim N(0,1)$。

在式（18.9）的分母中存在一个新的数量 $p*$。这是一个合并的比例，如下：

$$p* = \frac{x_1 + x_2}{n_1 + n_2} \tag{18.10}$$

如上所述，在这种检验中，通常将零值（即比例的真实差值）设置为 0（换句话说，$\pi_0=0$）。

式（18.9）的分母本身是假设检验中使用的两个比例之间的差的标准误差。在假设原假设 $H_0$ 为真时，需要使用 $p*$。在式（18.9）的分母中分别使用 $\hat{p}_1$ 和 $\hat{p}_2$，形式为 $\sqrt{\hat{p}_1(1-\hat{p}_1)/n_1 + \hat{p}_2(1-\hat{p}_2)/n_2}$（假设检验范围之外的两个比例之间的差的标准误差），这违反了 $H_0$ 假设的"真实"。

所以，回到心理学专业和地理专业学生的统计学考试例子，我们可以估计所需的值：

```
R> x1 <- 180
R> n1 <- 233
R> p.hat1 <- x1/n1
R> p.hat1
[1] 0.7725322
R> x2 <- 175
R> n2 <- 197
R> p.hat2 <- x2/n2
R> p.hat2
[1] 0.8883249
```

结果表明，心理专业学生的样本合格率为 77.2%，地理专业学生的合格率为 88.8%，大约相差 11.6%。检查 $\hat{p}_1$、$n_1$ 和 $\hat{p}_2$、$n_2$ 的值，可以看出，这个检验满足经验法则；同样假设标准显著性水平为 $\alpha=0.05$。

式（18.10）中的合并比例 $p*$ 如下：

```
R> p.star <- (x1+x2)/(n1+n2)
R> p.star
[1] 0.8255814
```

通过以下代码，我们可以按照式（18.9）计算检验统计量 $Z$：

```
R> Z <- (p.hat2-p.hat1)/sqrt(p.star*(1-p.star)*(1/n1+1/n2))
R> Z
[1] 3.152693
```

根据假设，我们发现相应的 $p$ 值是右侧概率，即标准正态曲线下方的 $Z$ 的上尾区域如下：

```
R> 1-pnorm(Z)
[1] 0.0008088606
```

可以观察到，$p$ 值明显小于 $\alpha$，所以最终认为应拒绝零假设而接受备择假设。样本数据提供了足够的证据拒绝 $H_0$，从而我们可以得出结论，即有足够的证据表明地理专业学生的通过率高于心理专业学生的通过率。

**R 函数：prop.test**

R 同样允许我们使用 prop.test 函数执行一行代码进行检验。对两个比例的比较，我们将每个组中的成功数作为长度为 2 的向量传递给 $x$，将各个样本大小作为长度为 2 到 $n$ 的另一个向量。注意，如果是单向的，条目的顺序必须反映备择假设的顺序（换句话说，要被检验为"greater"的比例对应于 $x$ 和 $n$ 的第一元素）。同样，correct 被设置为 FALSE。

```
R> prop.test(x=c(x2,x1),n=c(n2,n1),alternative="greater",correct=FALSE)

    2-sample test for equality of proportions without continuity correction

data: c(x2, x1) out of c(n2, n1)
X-squared = 9.9395, df = 1, p-value = 0.0008089
alternative hypothesis: greater
95 percent confidence interval:
 0.05745804 1.00000000
sample estimates:
   prop 1    prop 2
0.8883249  0.7725322
```

若 $p$ 值与之前计算的相同，则表明拒绝了 $H_0$。因为 prop.test 函数被称为单向检验，所以返回的置信区间提供了一个单一的边界。思考检验的结果，分别使用 $\hat{p}_1$ 和 $\hat{p}_2$，为其间的真实差异提供双侧置信区间，而不是使用式（18.9）的分母（其假设 $H_0$ 的真值）。早些时候（在式（18.10）中）给出了两个比例之间的差的标准误差的"单独估计"，因此 95%的置信区间计算如下：

```
R> (p.hat2-p.hat1) +
    c(-1,1)*qnorm(0.975)*sqrt(p.hat1*(1-p.hat1)/n1+p.hat2*(1-p.hat2)/n2)
[1] 0.04628267 0.18530270
```

因此，我们有 95%的自信认为通过考试的地理专业学生比例和通过考试的心理专业学生比例之间的真正差异在 0.046～0.185。自然地，这一区间也反映了假设检验的结果——其不包括 0 的零值，并且完全是正值。

## 练习 18.3

一个皮肤霜的广告声称使用该产品的十分之九的女人会把它推荐给朋友。一家百货商店的一位持怀疑态度的销售人员认为，推荐它的女性用户的真实比例 $\pi$ 比 0.9 小得多。她随机挑选了 89 个购买该护肤霜的客户，问她们是否会推荐给别人，有 71 个顾客回答是的。

a. 为此检验设置一对适当的假设，并确定使用正态分布的假定是否有效。

b. 计算检验统计量和 $p$ 值，并使用显著性水平 $\alpha$=0.1 表示检验的结论。

c. 使用估计的样本比例，构建 90% 的双侧置信区间，以确定推荐护肤霜的女性的真实比例。

一个国家的某个政治领导人对其两个支持大麻合法化的州的公民的比例感到好奇。官员进行的一项小规模的试点调查显示，居住在州 1 的 445 个随机抽样投票的公民中有 97 个支持非刑事化，而居住在州 2 的 419 个投票公民中有 90 个支持非刑事化。

d. 令 $\pi_1$ 表示州 1 中支持非刑事化的公民的真实比例，$\pi_2$ 表示州 2 中持相同态度的公民比例，并在显著性水平 $\alpha$=0.05 下进行假设检验。参考以下假设：

$$H_0 : \pi_2 - \pi_1 = 0$$
$$H_A : \pi_2 - \pi_1 \neq 0$$

e. 计算和解释相应的置信区间。

虽然在准备使用 R 函数进行 t 检验时是有标准的，但在撰写本文时，Z 检验除了提供的包，没有类似的函数（换句话说，这里描述了基于正态的检验）。

f. 我们的任务是编写一个相对简单的 R 的 Z.test 函数，它可以执行单样本或两样本的 Z 检验，使用以下准则：

　— 函数应采用以下参数：p1 和 n1（无默认值）作为估计的比例和样本的大小；p2 和 n2（两者默认为 NULL）包含双样本检验情况下的第二样本比例和样本大小；p0（无默认值）作为零值；alternative（默认"two.sided"）和 conf.level（默认 0.95），与 t.test 函数中使用的方式相同。

　— 在进行双样本检验且 alternative= "less" 或 alternative= "greater"，与使用 t.test 函数中的 x 和 y 相同，检验为 p1 小于或大于 p2。

　— 如果 p2 或 n2（或两者）为 NULL，则函数应使用 p1、n1 和 p0，执行单样本 Z 检验。

　— 该函数应包含一个经验法则的检查，以确保单样本设置和双样本设置中的正态分布的有效性。如果违反了，该函数仍然应该完成，但应该发出适当的警告消息（见 12.1.1 节）。

　— 所有需要返回的是成员 Z（检验统计量），P（适当的 $p$ 值——可以通过备择假设确定；对于双侧检验，确定 Z 是否为正（会有帮助）以及置信区间（双侧置信区间 conf.level 设置为 two-sided）。

g. 对 18.3.1 节和 18.3.2 节的两个例子使用 Z.test 函数；确保我们能得到相同的结果。

h. 在单样本设置中调用 Z.test 函数（p1=0.11，n1=10，p0=0.1），查看警告消息。

## 18.4 检验分类变量

在本质上，基于正态分布的 Z 检验是对二进制的数据进行检验。为了使检验适用于更一般的分类变量，即具有两个以上不同水平的分类变量，我们可以使用卡方检验（有时简称为 $x^2$ 检验）。

卡方检验存在两种常见的变体。在评估单个分类变量的频率时，使用第一个卡方分布检验（也称为拟合优度（GOF）检验）。第二个卡方独立性检验——检验两个分类变量频率之间的关系时使用。

### 18.4.1 单个分类变量

像 Z 检验一样，一维的卡方检验也与比较的比例有关，但也可以用在有两个以上比例的设置中。当有 $k$ 个水平（或类别）的分类变量，并且希望对它们的相对频率进行假设，以找出 $n$ 个观察值中有多大比例落入每个定义的类别中时，可以使用卡方检验。在下面的示例中，必须假定类别是互斥的（换句话说，观察值不能是超过一个以上的可能类别）和详尽的（换句话说，$k$ 类包括所有可能的结果）。

现在用下面的例子说明假设的构造并介绍相关的想法和方法。假设社会学研究者对当地城市男性面部毛发的分布以及他们是否代表了男性总体这一问题感兴趣，他定义了 3 个水平的一个分类变量：没有胡须（1），仅胡子或仅胡须（2），有胡子和胡须（3），并收集了 53 名随机选择的男性的数据，结果如下：

```
R> hairy <- c(2,3,2,3,2,1,3,3,2,2,3,2,2,2,3,3,3,2,3,2,2,2,1,3,2,2,2,1,2,2,3,
             2,2,2,2,1,2,1,1,1,2,2,2,3,1,2,1,2,1,2,1,3,3)
```

现在，研究这一问题中每个类别的比例是不是相等的。令 $\pi_1$、$\pi_2$ 和 $\pi_3$ 分别表示城市中男性在第 1、2 和 3 组中的真实比例。因此，我们试图检验以下假设：

$$H_0 : \pi_1 = \pi_2 = \pi_3 = \frac{1}{3}$$

$$H_A : \pi_1、\pi_2 和 \pi_3 至少有一个不相符$$

该检验使用 0.05 的标准显著性水平。

这里的备择假设与我们目前所看到的有些不同，它是对卡方拟合优度检验的准确反映。在这类问题中，$H_0$ 总是等于每个组的所述值，并且 $H_A$ 是作为整体的数据，与零值中定义的比例并不匹配。假设零假设为真，进行检验，并且如果数据无变化，小的 $p$ 值将被设置为基线。

计算：卡方分布检验。

我们感兴趣的量是单个互相排斥和详尽的分类变量，在 $n$ 次观察中 $k$ 个类别的比例分别是 $\pi_1,\cdots,\pi_k$。零假设定义了每个比例的假设零值；将它们分别标记为 $\pi_{0_{(1)}},\cdots,\pi_{0_{(k)}}$。检验统计量 $x^2$ 由下式给出

$$x^2 = \sum_{i=1}^{k} \frac{(O_i - E_i)^2}{E_i} \tag{18.11}$$

其中，$O_i$ 是观察到的计数，$E_i$ 是第 $i$ 类别中的预期计数；$i = 1,\cdots,k$。$O_i$ 直接根据原始数据获得，并

且预期计数 $E_i = n\pi_{0_{(i)}}$，其表示总样本数 $n$ 与每个类别的相应零比例的乘积。$x^2$ 的结果（进一步解释为）服从自由度为 $v=k-1$ 的卡方分布。基于一个非正式的经验法则，至少 80% 的预期计数 $E_i$ 至少应该为 5 时，我们通常认为检验是有效的。

在这种卡方检验中，需要注意以下几点：

- 拟合优度是指观察到的数据与 $H_0$ 中假设分布的接近程度。
- 式（18.11）结果的正极端提供了反对 $H_0$ 的证据。因此，相应的 $p$ 值总是被计算为上尾区域。
- 如在当前示例中，具有等效零比例而稍微简化的零假设可以完成均匀性的检验 $\pi_0 = \pi_{0_{(1)}} = \cdots = \pi_{0_{(k)}}$。
- 拒绝 $H_0$ 不会告诉我们关于 $\pi_i$ 的真实值，它只是表明其没有遵循具体的 $H_0$。

卡方分布依赖于指定的自由度，与 t 分布非常类似。然而，与 t 曲线不同的是，卡方曲线本质上是单向的，是非负值的并且具有正（右侧）水平渐近线（尾部变为零）。

正是这种单向分布导致 $p$ 值被定义为上尾区域，这类卡方检验与单侧或双侧区域的决策并不相关。为了解卡方分布的密度函数曲线，图 18-1 显示了用 $v=1$，$v=5$ 和 $v=10$ 自由度定义的 3 条特定曲线。

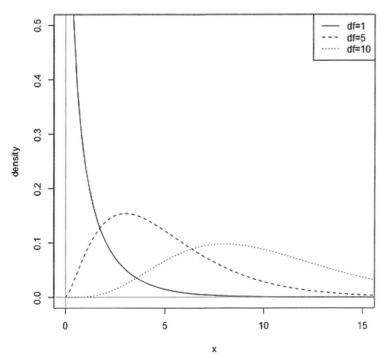

图 18-1  使用不同自由度的卡方密度函数的 3 个实例

注意函数的正向区域，随着自由度的增加，"扁平化"和"右扩展"特征而更明显。

这个图像是使用相关的 d 函数 dchisq 产生的，将 $v$ 传递给参数 df。

```
R> x <- seq(0,20,length=100)
R> plot(x,dchisq(x,df=1),type="l",xlim=c(0,15),ylim=c(0,0.5),ylab="density")
R> lines(x,dchisq(x,df=5),lty=2)
```

```
R> lines(x,dchisq(x,df=10),lty=3)
R> abline(h=0,col="gray")
R> abline(v=0,col="gray")
R> legend("topright",legend=c("df=1","df=5","df=10"),lty=1:3)
```

目前的面部毛发实例是对 3 个类别中的频率分布的均匀性进行检验。可以用表格获得观察到的计数和对应的比例。

```
R> n <- length(hairy)
R> n
[1] 53
R> hairy.tab <- table(hairy)
R> hairy.tab
hairy
 1 2 3
11 28 14
R> hairy.tab/n
hairy
        1         2         3
0.2075472 0.5283019 0.2641509
```

关于检验统计量 $x^2$ 的计算，我们在 hairy.tab 函数中观察到的计数 $O_i$。预期计数 $E_i$ 是观测总数乘以零值比例的 1/3（结果按预期存储），给每个类别提供相同的值。

这些以及每个类别对检验统计量的贡献，很好地呈现在使用 cbind 函数构造的矩阵中（见 3.1.2 节）。

```
R> expected <- 1/3*n
R> expected
[1] 17.66667
R> hairy.matrix <- cbind(1:3,hairy.tab,expected,
                         (hairy.tab-expected)^2/expected)
R> dimnames(hairy.matrix) <- list(c("clean","beard OR mous.",
                                    "beard AND mous."),
                                  c("i","Oi","Ei","(Oi-Ei)^2/Ei"))
R> hairy.matrix
                i Oi      Ei (Oi-Ei)^2/Ei
clean           1 11 17.66667    2.5157233
beard OR mous.  2 28 17.66667    6.0440252
beard AND mous. 3 14 17.66667    0.7610063
```

注意，所有预期计数一般都要大于 5，这满足了前面提到的非正式经验法则。在 R 编码方面要注意，期望的单个数字被隐式地循环对应提供给 cbind 函数的其他向量的长度，并且我们已使用过 dimnames 属性（见 6.2.1 节）来标注行和列 。

式（18.11）的检验统计量由毛发矩阵中第四列的 $(O_i - E_i)^2 / E_i$ 贡献的总和给出。

```
R> X2 <- sum(hairy.matrix[,4])
R> X2
[1] 9.320755
```

相应的 $p$ 值来自自由度为 $v=3-1=2$ 的 $x^2$ 分布的适当的上尾区域。

```
R> 1-pchisq(X2,df=2)
[1] 0.009462891
```

这个小的 $p$ 值为表明在所定义类别的男性面部毛发中的真实频率不是以 1/3，1/3，1/3 的方式进行均匀分布提供了证据。记住，检验结果不给我们提供真正的比例，只是表明它们不遵循 $H_0$ 中的假设。

### R 函数：chisq.test

与 t.test 函数和 prop.test 函数一样，R 提供了用于执行卡方 GOF 检验的便捷函数。chisq.test 函数将观测频率的向量作为第一个参数 x。对于面部毛发的例子，这一行简单的代码能得到与前面相同的结果：

```
R> chisq.test(x=hairy.tab)

        Chi-squared test for given probabilities

data: hairy.tab
X-squared = 9.3208, df = 2, p-value = 0.009463
```

默认情况下，函数会对均匀性进行检验，将类别数作为向量的长度提供给 x。然而，假设收集面部毛发数据的研究者在 11 月做该实验，其中许多男人生长胡须支持 "Mo-vember" 以提高对男性健康的意识。这改变了研究者对没有胡须（1）、仅胡子或仅胡须（2）、有胡子和胡须（3）类别的真实率的想法。现在检验以下内容：

$$H_0 : \pi_{0_{(1)}} = 0.25; \pi_{0_{(2)}} = 0.25; \pi_{0_{(3)}} = 0.25$$

$$H_A : \pi_{0(1)}、\pi_{0(2)} 和 \pi_{0(3)} 至少有一个不相符$$

如果不需要均匀性的 GOF 检验，则当类别之间的 "真实" 速率不完全相同时，chisq.test 函数需要提供零值比例作为与 $x$ 相同长度的向量赋给 $p$ 参数。自然，$p$ 中的每个条目必须对应于 $x$ 中列出的类别。

```
R> chisq.test(x=hairy.tab,p=c(0.25,0.5,0.25))

        Chi-squared test for given probabilities

data: hairy.tab
X-squared = 0.5094, df = 2, p-value = 0.7751
```

非常高的 $p$ 值表明在这种情况下没有证据拒绝 $H_0$。也就是说，没有证据表明 $H_0$ 中假设的比例不正确。

## 18.4.2 两个分类变量

卡方检验也可以应用于两个相互排斥和详尽的分类变量，称它们为变量 $A$ 和变量 $B$。通过观察频率分布相对于它们的类别一起改变，来检测是否存在一些可能有影响的关系（也就是不独立）。如果没有关系，则变量 $A$ 中的频率分布将与变量 $B$ 中的频率分布无关。因此，卡方检验的这个特定变体被称为独立性检验，并且总是有以下假设：

$H_0$：变量 $A$ 与 $B$ 是相互独立的。

（或者说，变量 $A$ 与 $B$ 之间没有关系）

$H_A$：变量 $A$ 与 $B$ 不是相互独立的。

（或者说，变量 $A$ 与 $B$ 是有关系的）

因此，为了检验两者分布是否完全不相关，我们要把观察到的数据与期望（满足假设 $H_0$ 为真）的计数进行比较。与期望频率有较大偏离将导致小的 $p$ 值，并且因此提供反对零值的证据。

那么，如何最好地呈现这样的数据呢？对两个分类变量来说，二维结构是比较好的；在 R 中，这是一个标准矩阵。例如，假设某些临床实践的皮肤科医生对他们治疗的常见皮肤病的成功率感兴趣。他们的记录显示，有 $N = 355$ 例患者在他们的诊所使用四种可能的治疗方法之一——一个药片疗程、一系列注射、一个激光治疗和一个草药治疗。治愈的成功水平也被记录为——无、部分成功和完全成功。数据在构造的 skin 矩阵中给出。

```
R> skin <- matrix(c(20,32,8,52,9,72,8,32,16,64,30,12),4,3,
                  dimnames=list(c("Injection","Tablet","Laser","Herbal"),
                  c("None","Partial","Full")))
R> skin
          None  Partial  Full
Injection   20        9    16
Tablet      32       72    64
Laser        8        8    30
Herbal      52       32    12
```

以这种方式呈现的频率的二维表称为列联表。

**计算：卡方独立性检验**

为了计算检验统计量，假设数据表示为 $k_r \times k_c$ 频数表，即基于两个分类变量（相互排斥和穷尽）的计数矩阵。检验的重点是 $N$ 个观测的频率中，"行"变量的 $k_r$ 个水平和"列"变量的 $k_c$ 个水平之间的联合分布。给出检验统计量 $x^2$ 如下：

$$x^2 = \sum_{i=1}^{k_r} \sum_{j=1}^{k_c} \frac{(O_{[i,j]} - E_{[i,j]})^2}{E_{[i,j]}} \qquad (18.12)$$

其中 $O_{[i,j]}$ 是观测的计数，$E_{[i,j]}$ 是第 $i$ 行和第 $j$ 列交叉处的预期计数。每个 $E_{[i,j]}$ 是行 $i$ 的总和乘以列 $j$ 的总和，然后除以 $N$。

$$E_{[i,j]} = \frac{(\sum_{u=1}^{k_r} O_{[u,j]}) \times (\sum_{v=1}^{k_c} O_{[i,v]})}{N} \qquad (18.13)$$

结果，$x^2$ 服从自由度为 $v = (k_r - 1) \times (k_c - 1)$ 的卡方分布。另外，$p$ 值总是衡量一个上尾区域，并且我们可以认为该检验满足至少有 80% 的 $E_{[i,j]}$ 至少为 5 这一条件。

对于此计算，应注意以下几点：

- 不必假定 $k_r = k_c$。
- 式（18.12）与式（18.11）的功能相同——都是每个单元的观察值和期望值之间的平方差的总和。

- 式（18.12）中的两次求和仅代表所有单元格的总和，在某种意义上，我们可以使用 $\sum_{i=1}^{k_r}\sum_{j=1}^{k_c}O_{[i,j]}$ 来计算总样本大小 $N$。

- 拒绝 $H_0$ 并不表明频率之间是如何相互依赖的，只是有证据表明两个分类变量之间存在某种依赖关系。

继续该示例，皮肤科医生希望确定他们的记录是否有统计学上的证据表明治疗类型和成功治愈皮肤病痛的水平之间有一些关系。为方便起见，分别将行和列变量存储为类别总数 $k_r$ 和 $k_c$。

```
R> kr <- nrow(skin)
R> kc <- ncol(skin)
```

在 skin 中已知 $O_{[i,j]}$，所以我们现在必须计算 $E_{[i,j]}$。根据式（18.13）来处理行和列的和，我们可以使用内置的 rowSums 函数和 colSums 函数来估计这些变量。

```
R> rowSums(skin)
Injection    Tablet    Laser   Herbal
       45       168       46       96
R> colSums(skin)
   None Partial    Full
    112     121     122
```

这些结果表示每一组的总和与其他变量无关。为了获得矩阵所有单元的预期计数，式（18.13）要求每个行的和与每个列的和相乘一次。我们可以写一个 for 循环，但是这样做效率很低。最好使用带可选参数的 rep 函数（见 2.3.2 节）。通过将列总和（成功水平）的每个元素重复 4 次，可以使用向量导向的行为将该重复向量乘以由 rowSums 生成的较短向量。然后调用 sum(skin)将其除以 $N$ 并将其重新排列为一个矩阵。以下代码显示了此示例如何逐步操作：

```
R> rep(colSums(skin),each=kr)
   None    None    None    None Partial Partial Partial Partial    Full
    112     112     112     112     121     121     121     121     122
   Full    Full    Full
    122     122     122
R> rep(colSums(skin),each=kr)*rowSums(skin)
   None    None    None    None Partial Partial Partial Partial    Full
   5040   18816    5152   10752    5445   20328    5566   11616    5490
   Full    Full    Full
  20496    5612   11712
R> rep(colSums(skin),each=kr)*rowSums(skin)/sum(skin)
     None     None     None     None  Partial  Partial  Partial  Partial
 14.19718 53.00282 14.51268 30.28732 15.33803 57.26197 15.67887 32.72113
     Full     Full     Full     Full
 15.46479 57.73521 15.80845 32.99155
R> skin.expected <- matrix(rep(colSums(skin),each=kr)*rowSums(skin)/sum(skin),
                    nrow=kr,ncol=kc,dimnames=dimnames(skin))
R> skin.expected
              None  Partial     Full
Injection 14.19718 15.33803 15.46479
```

```
Tablet    53.00282 57.26197 57.73521
Laser     14.51268 15.67887 15.80845
Herbal    30.28732 32.72113 32.99155
```

注意，所有期望值最好都大于 5。最好构建一个单独的对象来保存检验统计量计算过程中不同阶段的结果，就如对一维实例的操作。由于每个阶段都是一个矩阵，因此我们可以使用 cbind 函数绑定相关的矩阵，并生成一个适当维度的数组（有关的更新可参见 3.4 节）。

```
R> skin.array <- array(data=cbind(skin,skin.expected,
                                  (skin-skin.expected)^2/skin.expected),
                       dim=c(kr,kc,3),
                       dimnames=list(dimnames(skin)[[1]],dimnames(skin)[[2]],
                                     c("O[i,j]","E[i,j]",
                                       "(O[i,j]-E[i,j])^2/E[i,j]")))
R> skin.array
, , O[i,j]

          None Partial Full
Injection   20       9   16
Tablet      32      72   64
Laser        8       8   30
Herbal      52      32   12

, , E[i,j]

             None   Partial     Full
Injection 14.19718 15.33803 15.46479
Tablet    53.00282 57.26197 57.73521
Laser     14.51268 15.67887 15.80845
Herbal    30.28732 32.72113 32.99155

, , (O[i,j]-E[i,j])^2/E[i,j]

              None    Partial         Full
Injection 2.371786  2.6190199   0.01852279
Tablet    8.322545  3.7932587   0.67978582
Laser     2.922614  3.7607992  12.74002590
Herbal   15.565598  0.0158926  13.35630339
```

最后的步骤很容易——由式(18.12)给出的检验统计量只是矩阵所有元素的总和，即 skin.array 的第三层。

```
R> X2 <- sum(skin.array[,,3])
R> X2
[1] 66.16615
```

该独立性检验的相应 $p$ 值如下：

```
R> 1-pchisq(X2,df=(kr-1)*(kc-1))
```

```
[1] 2.492451e-12
```

回想一下，相关的自由度为 $v = (k_r -) \times (k_c - 1)$ 。

极小的 $p$ 值提供了拒绝零假设的强有力证据。结论是拒绝 $H_0$，并指出皮肤病的治疗类型与治愈皮肤病的成功率之间似乎存在一种关系。

### R 函数：chisq.test

然而，如果没有展示这些基本过程所拥有的内置函数 R，本章中的任何部分都不会完整。当提供一个矩阵作为 $x$ 时，chisq.test 函数的默认行为是执行一个针对行和列频率独立性的卡方检验——正如此处手动执行的皮肤病示例。以下结果很容易地就证实了先前的计算：

```
R> chisq.test(x=skin)

        Pearson's Chi-squared test

data: skin
X-squared = 66.1662, df = 6, p-value = 2.492e-12
```

---

### 练习 18.4

HairEyeColor 是 R 中即时使用的数据集，我们还没有遇到过。这个 $4 \times 4 \times 2$ 的矩阵提供了按性别分类的 592 名统计学专业学生的头发和眼睛颜色的频率（Snee，1974）。

a. 执行并解释在显著性水平 $\alpha$=0.01 下，所有学生头发颜色的卡方独立性检验，不考虑他们的性别。

在练习 8.1 中，我们访问了程序包 car 中的 Duncan 数据集，其中包含 1950 年收集的工作阶层的标记。如果尚未加载数据框，请安装该程序包。

b. Duncan 数据集的第一列是变量类型，将工作类型记录为 3 个水平的因子：prof（专业或管理）、bc（蓝领）和 wc（白领）。构造适当的假设并执行卡方 GOF 检验以确定 3 种工作类型在数据集中是不是相等的。

　　i. 令显著性水平 $\alpha$=0.05，解释所得 $p$ 值。

　　ii. 如果我们使用的显著性水平是 $\alpha$=0.01，那么会得到什么结论？

---

## 18.5　错误与功效

前面所有形式的统计假设检验，都有一个共同的线索：$p$ 值的解释，它告诉我们该问题的假设。统计假设检验在许多研究领域普遍存在，所以简要地探讨与其直接相关的概念是重要的。

### 18.5.1　假设检验错误

进行假设检验的目的是获得 $p$ 值以便获得量化的证据来反对原假设 $H_0$。如果 $p$ 值本身小于预定义的显著性水平 $\alpha$，其通常为 0.05 或 0.01，那就不能支持备择假设 $H_A$。正如上文所指出的，这种方法是合理的惩罚，因为选择 $\alpha$ 本质上是任意的；拒绝或保留 $H_0$ 的决定只能根据 $\alpha$ 值。

思考如果给定一个具体的检验，正确的结果会是什么。如果 $H_0$ 真，那么我们希望保留它。如果 $H_A$ 真，我们希望拒绝零假设。不管怎样，这种"真理"在实践中是不可能知道的。话虽如此，但在理论意义上思考给定假设检验在得出正确结论方面多大程度上是有用的。

为了检验拒绝或保留零假设的有效性，我们必须能够识别两种错误：

- 当 $H_0$ 为真时，拒绝 $H_0$，发生第 I 类错误。在任何给定的假设检验中，第 I 类错误的发生概率等于显著性水平 $\alpha$。
- 当 $H_0$ 为假，却保留 $H_0$（换句话说，没有保留真实的 $H_A$）时，发生第 II 类错误。由于这类错误取决于真实的 $H_A$ 是什么，所以发生这种错误的概率被记为 $\beta$，在实际中通常是未知的。

### 18.5.2 第 I 类错误

如果 $p$ 值小于 $\alpha$，就要拒绝零假设语句。如果零假设是真的，$\alpha$ 就直接定义了我们没有正确拒绝它的概率。这被称为第 I 类错误。

图 18-2 提供了样本均值假设检验的第 I 类错误概率的概念图，其中假设被设置为 $H_0 : \mu = \mu_0$ 和 $H_A : \mu > \mu_0$。

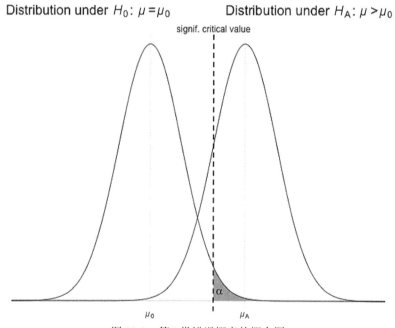

图 18-2 第 I 类错误概率的概念图

零假设的分布以零值 $\mu_0$ 为中心；备择假设的分布以 $\mu_0$ 的右侧为中心，在图 18-2 中的某个均值 $\mu_A$ 处。正如我们所看到的，如果零假设为真，那么这个检验被不正确拒绝的概率将等于位于零假设分布的上尾部的显著性水平 $\alpha$。

#### 模拟第 I 类错误

为了数值模拟（这里指的是随机生成的假设样本数据）第 I 类错误，我们可以编写与已知条件下重复进行的假设检验相互等效的代码。这样就可以多次使用这段代码，在 R 的脚本编辑器中定义如下函数：

```
typeI.tester <- function(mu0,sigma,n,alpha,ITERATIONS=10000){
    pvals <- rep(NA,ITERATIONS)
    for(i in 1:ITERATIONS){
        temporary.sample <- rnorm(n=n,mean=mu0,sd=sigma)
        temporary.mean <- mean(temporary.sample)
        temporary.sd <- sd(temporary.sample)
        pvals[i] <- 1-pt((temporary.mean-mu0)/(temporary.sd/sqrt(n)),df=n-1)
    }
    return(mean(pvals<alpha))
}
```

typeI.tester 函数旨在从特定的正态分布生成 ITERATIONS 样本。对于每个示例，我们对图 18-2 进行平均值的上尾检验（见 18.2.1 节），假设：$H_0 : \mu = \mu_0$ 和 $H_A : \mu > \mu_0$。

我们可以减少 ITERATIONS 值以生成较少的样本，这会缩短计算时间，但会使得模拟速率更加多变。使用平均值等于 mu0 项（和标准偏差等于 sigma 项）的 rnorm 函数来生成原始测量大小为 $n$ 的单个样本的假设。期望的显著性水平由 alpha 参数设置。在 for 循环中，为每个生成的样本计算样本平均值和样本标准偏差。

如果每个样本都接受"真实"的假设检验，那么 $p$ 值将取自具有 $n-1$ 个自由度的 t 分布的右侧区域（使用 pt 函数），相对于式（18.2）给定的标准化检验统计量。

在每次迭代时，计算的 $p$ 值被存储在预定义的向量 pvals 中。因此，逻辑向量 pvals<alpha 会包含相应的 TRUE / FALSE 值；前一个逻辑值表示拒绝零假设，后一个表示保留。通过调用该逻辑向量上的 mean 参数来确定第 I 类错误，其会产生由模拟样本生成的 TRUE 的比例（换句话说，"拒绝零假设"的总比例）。记住，样本是随机生成的，因此结果可能会在每次运行函数时有略微的更改。

这个函数的工作原理是，根据问题定义生成的样本是来自于根据零值设置的平均值的分布，换句话说，$\mu_A = \mu_0$。因此，对该语句的任何统计意义上的拒绝，其具有小于显著性水平 $\alpha$ 的 $p$ 值，这明显不正确，并且纯粹是随机变化的结果。

尝试导入函数并执行它生成默认值为 ITERATIONS=10000 的样本。使用标准正态分布作为零假设（和"true"在这种情况下）分布；使每个样本的大小为 40，并设置显著性水平为常规的 $\alpha=0.05$。看一个例子：

```
R> typeI.tester(mu0=0,sigma=1,n=40,alpha=0.05)
[1] 0.0489
```

这表明 10000×0.0489=489 个样品产生了提供 $p$ 值的相应检验统计量，其会错误的拒绝 $H_0$。这种模拟的第 I 类错误接近预设 alpha= 0.05。

看另一个例子，这是非标准的正态分布样本且 $\alpha=0.01$：

```
R> typeI.tester(mu0=-4,sigma=0.3,n=60,alpha=0.01)
[1] 0.0108
```

再次提醒，第 I 类错误的数值模拟速率反映了显著性水平。

这些结果在理论上不难理解——如果真实分布确实具有等于零值的平均值，那么在实践中自然会观察到这些"极端"检验统计值，其速率等于$\alpha$，在现实中真正的分布是未知的，再次明确了任何对$H_0$的拒绝都不能被解释为$H_A$是真实的。它可能只是我们观察的样本遵循零假设，偶然产生的一个极端的检验统计量值，但这种情况很少见。

**Bonferroni 修正**

由于随机变化，第Ⅰ类错误自然发生的事实是特别重要的，并且导致我们考虑多重检验问题。如果要进行许多假设检验，我们就应谨慎报告"统计显著结果的数量"——在增加假设检验的数量时，会增加保留错误结果的概率。例如，在$\alpha=0.05$时进行20个检验，平均会有一个将是所谓错误的正值；如果我们进行40或60次检验，显然我们将找到更多错误的正值。

当进行几个假设检验时，可以通过使用Bonferroni修正来限制产生第Ⅰ类错误的多个检验问题。Bonferroni修正建议，当执行$N$个独立假设检验，且每个检验的显著性水平为$\alpha$时，应该使用$\alpha_B=\alpha/N$来解释统计显著性。但是，请注意，显著性水平是多重检验问题的最简单的解决方案，并且会因其保守的性质而受到批评，当$N$很大时，这会是潜在的问题。

Bonferroni和其他修正是为了将多个检验中产生的第Ⅰ类错误规范化而做的补救措施。一般来说，即使$p$值被认为是小的，我们也可以知道$H_0$可能为真的可能性。

### 18.5.3 第Ⅱ类错误

第Ⅰ类错误的问题表明，需要执行$\alpha$值更小的一个假设检验。然而并没有那么简单；降低任何给定检验的显著性水平将直接导致第Ⅱ类错误发生的概率。

第Ⅱ类错误指的是对零假设的不正确保留——换句话说，当备择假设实际上为真时，获得了大于显著性水平的$p$值。对于目前我们已经看过的同一情况（单个样本均值的上尾检验），图18-3表明了第Ⅱ类错误发生的概率，用阴影表示并记为$\beta$。

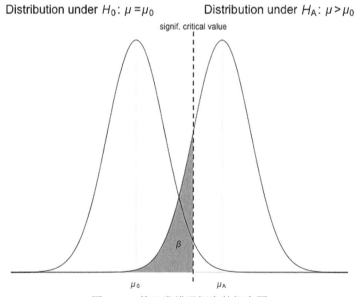

图18-3 第Ⅱ类错误概率的概念图

$\beta$ 并不容易找到，因为 $\beta$ 取决于造成第 I 类错误的概率 $\alpha$，并取决于 $\mu_A$ 的真实值是什么（一般我们不知道）。如果 $\mu_A$ 更接近于零假设的零值 $\mu_0$，可以想象图 18-3 中的备择假设分布向左平移（移动），导致 $\beta$ 增加。同样，如图 18-3 所示，降低显著性水平 $\alpha$，这意味着垂直虚线（表示相应的临界值）向右移动，增加了阴影区域面积。直观上讲，这是有意义的——真实的备择假设值越接近零值和/或显著性水平越小，就越难通过拒绝 $H_0$ 来检验 $H_A$。

如上所述，$\beta$ 通常不能在实践中计算得出，因为我们需要知道真正的分布是什么。然而，这个值有助于我们了解检验在特定条件下是如何错误地保留了零假设。例如，对 $H_0$ 进行单样本 t 检验：$H_0:\mu=\mu_0$ 和 $H_A:\mu>\mu_0$，其中 $\mu_0=0$，但是原始测量的（真的）替代分布的平均值为 $\mu_A=0.5$ 以及标准偏差给定大小为 $\sigma=1$。给定 $n=30$ 的随机样本，$\alpha=0.05$，在任何给定的假设检验中（对零假设分布使用相同的标准偏差）发生第 II 类错误的概率是多少？要回答这个问题，再次看图 18-3；我们需要由显著性水平标记的临界值（垂直虚线）。如果假设 $\sigma$ 是已知的，那感兴趣的抽样分布将是正态的，平均值 $\mu_0=0$ 且标准误差为 $1/\sqrt{30}$（见 17.1.1 节）。因此，在上尾区域为 0.05 的情况下，我们可以使用以下命令找到临界值：

```
R> critval <- qnorm(1-0.05,mean=0,sd=1/sqrt(30))
R> critval
[1] 0.3003078
```

这表示此特定设置中的垂直虚线（有关 qnorm 函数的用法可参见 16.2.2 节）。在该示例中，第 II 类错误是该临界值备择假设的"真实"分布下的左手尾部区域：

```
R> pnorm(critval,mean=0.5,sd=1/sqrt(30))
[1] 0.1370303
```

可以看到，在这些条件下的假设检验，错误保留零值的概率大约为 13.7%。

**模拟第 II 类错误**

模拟是特别有用的。在 R 的编辑器中，考虑以下的 typeII.tester 函数：

```
typeII.tester <- function(mu0,muA,sigma,n,alpha,ITERATIONS=10000){
    pvals <- rep(NA,ITERATIONS)
    for(i in 1:ITERATIONS){
        temporary.sample <- rnorm(n=n,mean=muA,sd=sigma)
        temporary.mean <- mean(temporary.sample)
        temporary.sd <- sd(temporary.sample)
        pvals[i] <- 1-pt((temporary.mean-mu0)/(temporary.sd/sqrt(n)),df=n-1)
    }
    return(mean(pvals>=alpha))
}
```

此函数类似于 typeI.tester 函数。零值、原始测量的标准偏差、样本大小、显著性水平和迭代次数都与以前一样。此外，我们现在有 muA，提供"真"均值 $\mu_A$ 下生成的样本。同样，在每次迭代时，生成大小为 $n$ 的随机样本，计算其平均值和标准偏差，并且使用自由度 df $= n-1$ 的标准化检验统计量的 pt 函数来计算检验的适当 $p$ 值。（记住，因为我们使用样本标准偏差 $s$ 来估计测量的真实标准偏差，所以使用 t 分布在技术上是正确的）。在完成 for 循环之后，返回大于或等于显著性水平α的 p 值的比例。

将函数导入工作区后，模拟β进行检验。

```
R> typeII.tester(mu0=0,muA=0.5,sigma=1,n=30,alpha=0.05)
[1] 0.1471
```

结果接近以前理论评估的结果，虽然略大，这是因为当使用基于 t 的抽样分布，而不是正态分布时，会有一些额外的不确定性。另外每次运行 typeII.tester 函数时，结果会有一些变化，因为一切都基于随机生成的假设样本数据。

将注意力转向图 18-3，可以看到（与先前提出的意见一致），在其他条件保持不变时，如果要减少第 I 类错误的机会，我们应该使用α=0.01 而不是 0.05，垂直线向右移动，会增加第 II 类错误的概率。

```
R> typeII.tester(mu0=0,muA=0.5,sigma=1,n=30,alpha=0.01)
[1] 0.3891
```

### 影响第 II 类错误的其他因素

显著性水平不是影响β的唯一因素。保持α=0.01 不变，分别令σ=1，σ=1.1 且σ=1.2，看原始测量的标准偏差是否发生变化。

```
R> typeII.tester(mu0=0,muA=0.5,sigma=1.1,n=30,alpha=0.01)
[1] 0.4815
R> typeII.tester(mu0=0,muA=0.5,sigma=1.2,n=30,alpha=0.01)
[1] 0.5501
```

增加测量的可变性，而不改变其他任何值，也会增加发生第 II 类错误的概率机会。想象图 18-3 中的曲线变得更平坦，并且由于平均值的较大标准误差而更加分散，这将导致由临界值标记的左侧尾部有更大的概率权重。相反，如果原始测量的变异性较小，则样本均值的分布将更高和更瘦，就意味着β的减少。

较小或较大的样本量将会产生类似的影响。n 位于标准误差公式的分母中，且较小的 n 将导致较大的标准误差，因此会有较平坦的曲线，同时会增加β；较大的样本量会产生相反的结果。如果保持最新值使$\mu_0=0$，$\mu_A=0.5$，$\sigma=1$，请注意，与最近的结果 0.5501 相比，将样本大小减小到 20（从 30 开始）会导致模拟的第 II 类错误增加，但是将样本大小增加到 40 会减少第 II 类错误的概率。

```
R> typeII.tester(mu0=0,muA=0.5,sigma=1.2,n=20,alpha=0.01)
[1] 0.7319
R> typeII.tester(mu0=0,muA=0.5,sigma=1.2,n=40,alpha=0.01)
[1] 0.4219
```

最后，正如开始讨论时所指出的，正如我们期望的那样，$\mu_A$ 本身的具体值会影响β。同样，保持所有其他变量的最新值会使我们得到β=0.4219，请注意，从$\mu_A=0.5$ 变化到$\mu_A=0.4$，使"真实"均值逐渐接近$\mu_0$，将意味着第 II 类错误的概率增加；如果差值增加到$\mu_A=0.6$，则会有相反的情况。

```
R> typeII.tester(mu0=0,muA=0.4,sigma=1.2,n=40,alpha=0.01)
[1] 0.6147
R> typeII.tester(mu0=0,muA=0.6,sigma=1.2,n=40,alpha=0.01)
[1] 0.2287
```

总而言之，虽然这些模拟概率应用于假设检验中单个平均值的上尾检验的特定情况，但是这里讨论的一般概念和想法可以适用于任何假设检验。第 I 类错误与预定义的显著性水平相等，因此可以通过减少 $\alpha$ 来减少。相比之下，控制第 II 类错误会比较复杂，其涉及样本的大小、显著性水平、观察值的变异性以及真实值和零值之间差异的大小。这个问题在很大程度上是有理论意义的，因为"真实"在实践中通常是未知的。但是，第 II 类错误与统计功效的直接关系在准备数据收集方面通常起着关键作用，尤其是在我们考虑样本大小时，这个将在下一部分中讨论到。

---

### 练习 18.5

a. 编写名为 typeI.mean 的函数作为新的 typeI.tester 函数。新函数应该能够模拟在任何方向（换句话说，单向或双向）的单个平均值检验的第 I 类错误。新函数应该有一个额外的参数 test，其特征字符串为"less""greater"或"two.sided"，这取决于所需的检验类型。我们可以通过修改 typeI.tester 函数来实现这一点，如下：

— 不是直接在 for 循环中计算和存储 $p$ 值，只需存储检验统计信息。

— 当循环完成时，设置满足 3 种检验类型中每一种的堆叠 if-else 语句，适当地计算 $p$ 值。

— 关于双向检验，$p$ 值被定义为比零值"更极端"的区域的两倍。在计算上，这意味着如果检验统计量为正，就必须使用上尾区域，否则为下尾区域。如果这个区域小于 $\alpha$ 的一半（因为其在随后"真实"假设检验中乘以 2），就应当拒绝零假设。

— 如果 test 的值不是 3 种可能性中的一种，则函数应该使用 stop 来报错。

i. 在文本中使用第一个示例设置，及 $\mu_0 = 0$，$\sigma = 1$，$n = 40$，$\alpha = 0.05$。调用 typeI.mean 函数 3 次，使用 3 个可能的选项来进行检验。我们会发现所有的模拟结果都接近 0.05。

ii. 重复 i 使用文本中的第二个示例设置，$\mu_0 = -4$，$\sigma = 0.3$，$n = 60$，$\alpha = 0.01$。同样，我们会发现所有模拟结果都接近 $\alpha$ 的值。

b. 按照与 typeI.tester 函数相同的方式来修改 typeII.tester 函数；调用新的函数 typeII.mean。模拟以下假设检验的第 II 类错误。根据文本，假设 $\mu_A$，$\sigma$，$\alpha$ 和 $n$ 分别表示真实平均值、原始观察值的标准偏差、显著性水平和样本大小。

i. $H_0 : \mu_0 = -3.2; H_A : \mu \neq -3.2$，$\mu_A = -3.3$，$\sigma = 0.1$，$\alpha = 0.05$，$n = 25°$。

ii. $H_0 : \mu_0 = 8994; H_A : \mu < 8994$，$\mu_A = 5600$，$\sigma = 3888$，$\alpha = 0.01$，$n = 9°$。

iii. $H_0 : \mu_0 = 0.44; H_A : \mu > 0.44$，$\mu_A = 0.44$，$\sigma = 2.4$，$\alpha = 0.05$，$n = 68°$。

---

## 18.5.4 统计功效

对于任何假设检验，考虑其潜在的统计功效是有用的。功效是正确拒绝不真实零假设的概率。对于具有第 II 类错误 $\beta$ 的检验，统计功效简单地用 $1 - \beta$ 表示。希望检验具有尽可能高的功效。与第 II 类错误的简单关系意味着影响 $\beta$ 值的所有因素也会直接影响功效。

对于上一节讨论的同一单向检验 $H_0:\mu=\mu_0$ 和 $H_A:\mu>\mu_0$ 示例，图 18-4 的阴影表示检验的功效——第 II 类错误的补充。按照惯例，功效大于 0.8 的假设检验被认为是有统计意义的。

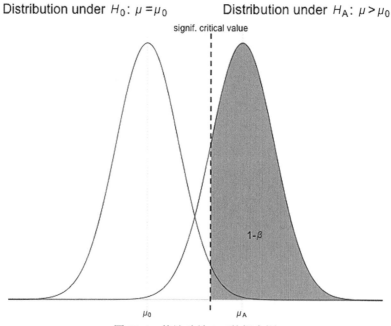

图 18-4　统计功效 $1-\beta$ 的概念图

我们可以在特定检验条件下以数值方式使用模拟评估功效。对于先前第 II 类错误的讨论，我们可以从 1 中减去 $\beta$ 的所有模拟结果，以评估该检验特定的功效。例如，当 $\mu_0=0$ 时，取大小为 $n=40$ 的样本，$\mu_A=0.6$，$\sigma=1.2$，$\alpha=0.01$，模拟的结果为 $1-0.2287=0.7713$（使用最近的结果）。这意味着在基于这些条件下产生的测量样本的假设检验中，大约有 77% 的概率正确检测到 0.6 的真实平均值。

研究人员通常对功效和样本大小之间的关系比较感兴趣（尽管这只是决定功效的重要因素之一）。在收集数据以检查特定假设之前，我们可能已经了解了过去研究或试验研究中感兴趣参数的潜在真实价值。这有助于帮助确定样本大小，例如回答以下问题：“如果真的的平均值是 $\mu_A$，那么样本需要多大，才能进行统计上有效的检验以正确地拒绝 $H_0$？”

**模拟功效**

对于最近的检验条件，样本大小为 $n=40$，$\mu_A=0.6$，我们已经看到一个大约 0.77 的检测功效。为了达到这个例子的目的，假设我们想要找到应该增加多少 $n$ 才能进行统计上有效的检验。要回答这个问题，在编辑器中定义以下函数 power.tester：

```
power.tester <- function(nvec,...){
    nlen <- length(nvec)
    result <- rep(NA,nlen)
    pbar <- txtProgressBar(min=0,max=nlen,style=3)
    for(i in 1:nlen){
        result[i] <- 1-typeII.tester(n=nvec[i],...)
        setTxtProgressBar(pbar,i)
    }
    close(pbar)
```

```
        return(result)
    }
```

power.tester 函数使用 18.5.3 节中定义的 typeII.tester 函数来评估给定的单个样本均值的上尾检验的功效。它采用 nvec 参数作为样本大小的向量（我们使用省略号将所有其他参数传递给 typeII.tester 函数，见 11.2.4 节）。在 power.tester 函数中定义的 for 循环通过 nvec 参数的条目循环一次，模拟每个样本大小的功效，并将它们存储在返回给用户的相应向量中。注意，typeII.tester 函数使用随机生成的假设数据样本，因此每次在运行 power.tester 函数时观察到的结果可能会有一些波动。

在评估许多单个样本大小的功效时，可能会有轻微的延迟，因此该函数在实际实现中提供了进度条（有关详细信息可参见 12.2.1 节）。

设置以下向量，使用冒号运算符（见 2.3.2 节）为要检查的样本大小构建一个 5～100 的整数序列：

```
R> sample.sizes <- 5:100
```

导入 power.tester 函数，然后为此特定检验模拟每个整数的功效（ITERATIONS 参数减半到 5000，以减少总的完成时间）。

```
R> pow <- power.tester(nvec=sample.sizes,
                   mu0=0,muA=0.6,sigma=1.2,alpha=0.01,ITERATIONS=5000)
|==============================================================| 100%
R> pow
 [1] 0.0630 0.0752 0.1018 0.1226 0.1432 0.1588 0.1834 0.2162 0.2440 0.2638
[11] 0.2904 0.3122 0.3278 0.3504 0.3664 0.3976 0.4232 0.4478 0.4680 0.4920
[21] 0.5258 0.5452 0.5552 0.5616 0.5916 0.6174 0.6326 0.6438 0.6638 0.6844
[31] 0.6910 0.7058 0.7288 0.7412 0.7552 0.7718 0.7792 0.7950 0.8050 0.8078
[41] 0.8148 0.8316 0.8480 0.8524 0.8600 0.8702 0.8724 0.8800 0.8968 0.8942
[51] 0.8976 0.9086 0.9116 0.9234 0.9188 0.9288 0.9320 0.9378 0.9370 0.9448
[61] 0.9436 0.9510 0.9534 0.9580 0.9552 0.9648 0.9656 0.9658 0.9684 0.9756
[71] 0.9742 0.9770 0.9774 0.9804 0.9806 0.9804 0.9806 0.9854 0.9848 0.9844
[81] 0.9864 0.9886 0.9890 0.9884 0.9910 0.9894 0.9906 0.9930 0.9926 0.9938
[91] 0.9930 0.9946 0.9948 0.9942 0.9942 0.9956
```

正如预期的那样，检测功效随着 n 增加而稳定上升；从这些结果中可以看出，有 80% 的把握认为常规截止值为 0.7950～0.8050。如果不希望在视觉上识别该值，我们可以找到 sample.size 的哪个条目对应于 80% 的截断，首先使用它来识别 pow 的索引，这些索引至少为 0.8 以及会返回该类别中的最小值 min。然后可以在中括号中为 sample.sizes 指定所标识的索引，以给出与该模拟功效（在这种情况下为 0.8050）相对应的 n 值。这些命令的嵌套如下：

```
R> minimum.n <- sample.sizes[min(which(pow>=0.8))]
R> minimum.n
[1] 43
```

结果表明，如果样本大小至少为 43，在这些特定条件下的假设检验在统计上应该是强大的（基于在这种情况下，pow 的随机模拟输出）。

如果这个检验的显著性水平变大会发生什么？假设我们在显著性水平 $\alpha$ =0.05 而不是 0.01 下进行检验（仍然在条件下进行上尾检验，$\mu_0$=0，$\mu_A$=0.6，$\sigma$=1.2）。再次看图 18-4，这种改变意味着垂直线（临界值）向左移动，减少 $\beta$ 并因此增加功效。因此，当 $\alpha$ 增加时这一检验在统计上会更强大，这就建议我们需要一个比以前更小的样本大小，也就是说，$n<43$。

检查以下内容，模拟相同范围的样本大小，并将功效的结果存储在 pow2 中：

```
R> pow2 <- power.tester(nvec=sample.sizes,
                    mu0=0,muA=0.6,sigma=1.2,alpha=0.05,ITERATIONS=5000)
  |=====================================================================| 100%
R> minimum.n2 <- sample.sizes[min(which(pow2>0.8))]
R> minimum.n2
[1] 27
```

这个结果表明需要的样本大小至少为 27，与 43 的样本大小相比这明显减少了，令 $\alpha$ =0.01。但是，增加 $\alpha$ 意味着第 I 类错误的风险增加！

**功效曲线**

为了便于比较，可以使用以下代码用 pow 和 pow2 为模拟功效绘制成功效曲线：

```
R> plot(sample.sizes,pow,xlab="sample size n",ylab="simulated power")
R> points(sample.sizes,pow2,col="gray")
R> abline(h=0.8,lty=2)
R> abline(v=c(minimum.n,minimum.n2),lty=3,col=c("black","gray"))
R> legend("bottomright",legend=c("alpha=0.01","alpha=0.05"),
        col=c("black","gray"),pch=1)
```

结果如图 18-5 所示。水平线标记 0.8 的功效，垂直线标记最小的样本大小，并被存储在 minimum.n 和 minimum.n2 中。最后一步，添加一个引用 $\alpha$ 值的图例。

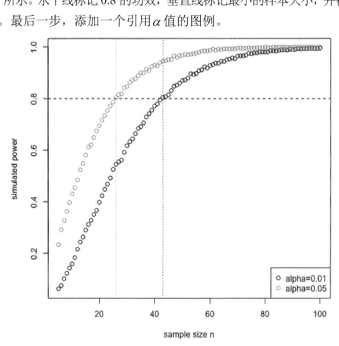

图 18-5　单个样本均值上尾假设检验的模拟功效曲线

　　曲线本身正好表明我们期望的——检测的功效随着样本量增加而增加。我们还可以看到，随着功效上升，平坦化的部分越接近"完美"速率 1（其是功效曲线的典型）。$\alpha$=0.05 的曲线几乎始终位于 $\alpha$=0.01 的曲线上方，虽然随着 $n$ 上升到 75 左右，但是它们的差异可以忽略不计。

　　前面讨论的错误和功效强调了最基本的统计检验结果也需要解释。$p$ 值仅仅是一个概率，因此，无论它多么小，都不能依据自己证明或反驳声明。应该考虑假设检验中假设的质量（参数或其他），尽管这在实践中比较困难。然而，对第 I 类和第 II 类错误以及统计功效概念的认识告诉我们，这在实施和评价任何正式统计检验程序方面都是非常有用的。

---

### 练习 18.6

a. 关于本练习，我们需要从练习 18.5 的 b 题中写入 II.mean 函数。使用此函数，修改 power.tester 函数，以便使新的函数 power.mean 可以调用 typeII.mean 函数而不是调用 typeII.tester 函数。

　　i. 确认由 $H_0$ 给出的检验的功效大概有 88%：$H_0$:$\mu$=10；$H_A$:$\mu \neq$10，$\mu_A$=10.5，$\sigma$=0.9，$\alpha$=0.01，$n$=50。

　　ii. 回顾 18.2.1 节中关于 80g 零食的平均净重的假设检验，基于 snack 向量中提供的 $n$ = 44 观察结果。假设如下：

$$H_0:\mu=80$$
$$H_A:\mu<80$$

　　如果真实平均值是 $\mu_A$=78.5g，且重量的真实标准偏差是 $\sigma$=3.1g，使用 power.mean 函数来确定检验是否在统计上有效，假设 $\alpha$=0.05。如果 $\alpha$=0.01 我们的答案是否会改变？

b. 关于小吃的假设检验，当 $\alpha$=0.05 和 $\alpha$=0.01 时，在假设中使用 sample.sizes 向量，确定统计功效检验在两个显著性水平下所需的最小样本大小。绘制并同时显示两个功效曲线的图。

---

**本章重要代码**

| 函数/操作 | 简要描述 | 首次出现 |
| --- | --- | --- |
| t.test | 单样本和双样本 t 检验 | 18.2.1 节 |
| prop.test | 单样本和双样本 Z 检验 | 18.3.1 节 |
| pchisq | 卡方累积问题 | 18.4.1 节 |
| chisq.test | 卡方分布/独立性检验 | 18.4.1 节 |
| rowSums | 矩阵行和 | 18.4.2 节 |
| colSums | 矩阵列和 | 18.4.2 节 |

# 19

# 方 差 分 析

方差分析（ANOVA）是以最简单的形式比较一个检验中的多个均值是否相等。从这个意义上来讲，方差分析是比较两个均值假设检验的简单延伸。所以需要有可以计算出均值的连续变量和至少一个可以给均值分组的分类变量。在本章中，我们将学习关于ANOVA 的内容，首先比较一个分类变量的均值（单因素方差分析），然后比较多个分类变量的均值（多因素方差分析）。

## 19.1 单因素方差分析

最简单的方差分析是单因素方差分析。简单地说，单因素方差分析是检验两个或多个均值是否相等，这些均值通过分类变量或因素来分组计算得到。方差分析常用于分析实验数据，从而评估干预的影响。比如，我们希望比较内置数据集 chickwts 中雏鸡的平均体重，就可以根据食物类型来计算均值。

### 19.1.1 假设和诊断检验

假设有一个名义的分类变量将总量为 $N$ 的数值观测值划分为 $k$ 个不同的组，且 $k \geqslant 2$。我们要比较 $k$ 个组的均值 $\mu_1, \cdots, \mu_k$ 是否相等。标准的假设形式如下：

$$H_0 : \mu_1 = \mu_2 = \cdots = \mu_k$$

$$H_A : \mu_1, \mu_2, \cdots, \mu_k \text{ 不全相等}$$

（或者，至少有一个均值不相等）

事实上，当 $k=2$ 时，方差分析等价于两样本的 t 检验；所以，方差分析经常用于 $k>2$ 时的检验。为了使单因素方差分析的结果更可靠，需要满足以下假定：

**独立性** $k$ 组样本必须相互独立，并且每组观测值必须服从独立同分布（iid）。

**正态性**　每组观测值必须服从或近似服从正态分布。

**方差齐性**　每组观测值的方差相等或近似相等。

如果不满足方差齐性或正态性假定，即使分析结果不一定没有意义，也可能会影响检验均值真实差异的总体效果（参见 18.5.4 节统计功效的讨论）。在方差检验之前，需要检验这些假定是否有效，下面是一个非正式的例子。

在检验时，每组观测值的数量没有必要必须相等（这种情况称为不平衡）。当然，如果不满足方差齐性和正态性假设，不平衡组就会导致检验更易受潜在不利因素的影响。

再看看 chickwts 数据——雏鸡体重以 $k=6$ 种不同的食物来分组，根据食物类型来比较每组平均体重是否相等。使用 table 函数获取 6 个样本，并且使用 tapply 函数（见 13.2.1 节）获得每组的平均值，过程如下：

```
R> table(chickwts$feed)

   casein horsebean linseed meatmeal soybean sunflower
       12        10      12       11      14        12
R>chick.means<- tapply(chickwts$weight,INDEX=chickwts$feed,FUN=mean)
R> chick.means
   casein horsebean linseed meatmeal soybean sunflower
 323.5833 160.2000 218.7500 276.9091 246.4286 328.9167
```

运用 14.3.2 节的方法可以画出体重分布的箱线图，如下面的两行代码所示：

```
R> boxplot(chickwts$weight~chickwts$feed)
R> points(1:6,chick.means,pch=4,cex=1.5)
```

因为箱线图显示的是中位数而不是均值，所以第二行代码用 points 函数在每个箱子中添加每一组的均值（储存在刚创建的 chick.means 对象中）。

图 19-1a 看起来体重均值各不相同。任何明显差异都统计显著吗？为了回答这个问题，本例中的方差分析涉及以下假设。

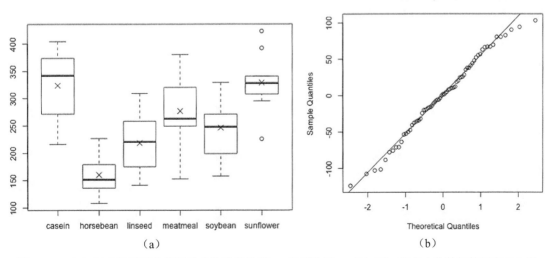

图 19-1　（a）以食物类型分组的雏鸡体重箱线图，×表示均值　（b）每一组中心化数据的正态 QQ 图

$$H_0 : \mu_{\text{casein}} = \mu_{\text{horsebean}} = \mu_{\text{linseed}} = \mu_{\text{meatmeal}} = \mu_{\text{soyhean}}$$
$$= \mu_{\text{sunflower}}$$

$H_A$：均值不全相等。

在检验之前假定数据独立，首先检查其他假定是否有效。为了检验方差齐性，可以使用与两样本 t 检验相同的经验法则。也就是说，如果最大样本的标准差与最小样本的标准差之比小于 2，就可以假定方差相等。对于雏鸡体重数据，下面的代码可以完成上述过程：

```
R> chick.sds <- tapply(chickwts$weight,INDEX=chickwts$feed,FUN=sd)
R> chick.sds
   casein horsebean linseed meatmeal soybean sunflower
 64.43384 38.62584 52.23570 64.90062 54.12907 48.83638
R> max(chick.sds)/min(chick.sds)
[1] 1.680238
```

这个非正式结果说明方差齐性的假定成立。

下一步考虑原始观测值的正态性假定。虽然真实数据有些难度，但是至少可以画出直方图和 QQ 图，观察是否有非正态性趋势。我们在 16.2.2 节中观察过 71 个体重数据的直方图和 QQ 图，但在方差分析中需要观察分组数据图（也就是说，分组来观察数据分布）。

对于数据集 chickwts，需要用相应的平均数把每个体重中心化，用体重的原始向量减去 chick.means 向量，需要重新整理并将后者元素与前者元素进行对应赋值。对食物类型的因子向量，使用 as.numeric 函数给出原始数据框中每条记录对应的 chickwts$feed 各个水平的数值。当数值向量通过大括号传递给 chick.means 时，我们就得到与每个观测值相匹配的组均值。可以查看创建 chick.meancen 对象过程中涉及的每个对象，这样就可以更清楚整个过程：

```
R> chick.meancen <- chickwts$weight-chick.means[as.numeric(chickwts$feed)]
```

在方差分析中，每一组均值中心化的数值被称为残差。接下来我们要学习的回归方法中会经常遇到这个词。

现在我们可以使用残差来检验整个观测值的正态性。使用第一次在 16.2.2 节用过的 qqnorm 和 qqline 函数绘制出 QQ 图。下面的两行代码画出图 19-1b：

```
R> qqnorm(chick.meancen,main="Normal QQ plot of residuals")
R> qqline(chick.meancen)
```

基于此图（点与线的接近程度），假设数据服从正态分布是合理的，特别是比较 QQ 图（参见图 16-9 a）时更是如此，其具有相同的样本大小且服从正态分布。

检验假定的有效性称为诊断检验。如果我们对方差分析进行更严谨的诊断检验，其他可视化方法包括观察分组数据的 QQ 图（见 19.3 节）或者绘制每组样本标准差与相应样本均值的关系图。事实上，还有正态分布的一般假设检验（例如 Shapiro-Wilk 检验和 Anderson-Darling 检验，前者见 22.3.2 节），也有方差齐性检验（例如 Levene 检验），但是本例中仍使用基本经验法和可视化检验法。

## 19.1.2 单因素方差分析表

回到图 19-1a，我们分析的目的是检验由×标记的均值在统计意义上是否相等。因此要考虑的不仅是 $k$ 个样本中每个样本的差异性，还有样本之间的差异性，这就是该检验方法被称为方差分析的原因。

检验的第一步是计算度量总体差异的各种指标，然后计算度量组间差异和组内差异的指标，这些指标包括平方和以及自由度。所有这些可以在一次统计检验中完成，并且 $p$ 值可以用来检验上述假设。这些变量通常以表格的形式呈现，定义如下。

假设 $x_1, \cdots, x_N$ 代表 $N$ 个观测值；$x_{1(j)}, \cdots, x_{nj(j)}$ 代表第 $j=1, \cdots, k$ 组的观测值，所以 $n_1 + \cdots + n_k = N$。所有观测值的"总平均数"定义为 $\bar{x} = \frac{1}{N} \sum_{i=1}^{N} x_i$，这就构建了方差分析表，其中 SS 是平方和，df 是自由度，MS 是均方，$F$ 指 $F$ 检验统计量，$p$ 指 $p$ 值。

用以下公式计算这些指标：

|  | df | SS | MS | $F$ | $p$ |
|---|---|---|---|---|---|
| 总体 | 1 | (1) |  |  |  |
| 组（或因素） | $k-1$ | (2) | (5) | (5)÷(6) | $p$ 值 |
| 误差（或残差） | $N-k$ | (3) | (6) |  |  |
| 合计 | $N$ | (4) |  |  |  |

（1）：$N\bar{x}^2$

（2）：$\sum_{j=1}^{k} \dfrac{\left( \sum_{i=1}^{n_j} x_{i(j)} \right)^2}{n_j}$

（3）：（4）－（2）－（1）

（4）：$\sum_{i=1}^{N} x_i^2$

（5）：（2）÷$(k-1)$

（6）：（3）÷$(N-k)$

由 3 个数据便可计算出汇总在合计栏中的数值。现在我们更详细地解读方差分析表：

**总体行**　反映了数据的整体规模，对假设检验的结果没有影响（因为我们只对均值之间的差异感兴趣），但有时会从表格中删除，从而影响合计栏的值。

**组/因素行**　这一行中的数据与我们感兴趣的各个组有关，用以度量组间的差异。

**误差/残差行**　这一行说明每组均值的随机误差，度量组内差异。

**合计行**　这一行在前三行的基础上代表了原始数据，通过差分可计算出误差 SS。

3 个输入量都有对应的自由度（df），即第一列数据，以及与 df 相关的平方和（SS），即第二列数据。组间和组内差异通过 SS 除以 df 平均化，也就是相应的均方。$F$ 统计量由组间均方（MSG）除以均方误差（MSE）得到，服从 $F$ 分布（见 16.2.5 节），且有两个自由度依次是 $df_1$（组间差异的自由度 $k-1$）和 $df_2$（误差的自由度 $N-k$）。就像卡方分布一样，$F$ 分布也是偏态的，且 $p$ 值是 $F$ 检验统计量的上尾区域。

### 19.1.3 用 aov 函数创建方差分析表

正如我们所期望的那样，使用 R 的 aov 函数可以很轻松地创建雏鸡体重的方差分析表，代码如下所示：

```
R> chick.anova <- aov(weight~feed,data=chickwts)
```

然后使用 summary 函数输出表格：

```
R> summary(chick.anova)
            Df Sum Sq Mean Sq F value   Pr(>F)
feed         5 231129   46226   15.37 5.94e-10 ***
Residuals   65 195556    3009
---
Signif. codes: 0 '***' 0.001 '**' 0.01 '*' 0.05 '.' 0.1 ' ' 1
```

这里有几点需要注意。公式符号 weight~feed 指明要测度的体重变量，并通过名义分类变量食物类型来构建。在这种情况下，变量 weight 和 feed 就不是以 chickwts\$开头的，因为参数 data 已经读取了数据框的内容。

表达式 weight~feed 中的"～"符号在 14.3.2 节首次出现过，符号的左面是我们感兴趣的输出变量（"～"符号在第 20～22 章很重要）。

为了准确查看方差分析表，需要对 aov 函数的输出结果使用 summary 命令。R 忽略第一行和最后一行（总体行和合计行），因为这两行不涉及 $p$ 值计算。除此之外，很容易识别出 feed 行就是组/因素行，Residuals 行就是误差行。

**注意** 在默认情况下，R 会对基于模型的 summary 的输出结果添加注释，比如表示显著性的"\*"。这些"\*"代表显著性类别，在 $p$ 值小于 0.1 时，"\*"的数量随着 $p$ 值的减少而增加。尽管不是每个人都喜欢，但当进行多个 $p$ 值输出的复杂分析时，这些"\*"非常有用。如果不想有"\*"输出，可以在 R 会话中提示符的后面输入 options(show.signif.stars=FALSE)。或者也可以在 summary 命令里直接设置参数 signif.stars=FALSE。本书将保留这些标记。

根据本例方差分析的内容可快速计算出结果。注意，MSE=3009 是 SSE 除以误差的自由度 df，这与手动计算的结果是一样的（对表中输出的结果四舍五入）。

```
R> 195556/65
[1] 3008.554
```

我们可以用之前的等式来确认表中输出的其他结果。

在方差分析的基础上，说明假设检验遵循与其他检验相同的规则。$p$ 值就是如果假设 $H_0$ 为真，我们获得当前样本或者遇到更极端情况的概率。较小的 $p$ 值说明证据指向拒绝原假设。在本例中，$p$ 值微小为拒绝原假设（即食用不同饲料的雏鸡平均体重相同）提供了强有力的证据。换句话说，也就是拒绝 $H_0$ 而接受 $H_A$。

与卡方检验相似，在单因素方差分析中拒绝原假设并不能知道哪里有差异，只知道有证据表明存在差异。要知道哪些组之间的均值有差异，需要进一步分析每组数据。最简单的方法就是运用成对数据的两样本 t 检验。此时如果方差齐性假定成立，那么仍可使用方差分析表中的 MSE 作为合并方差的估计值，因为样本分布服从自由度为残差自由度的 t 分布（如果自由度仅是基于两样本，则此时的残差自由度比其他情况下都大）。

---

### 练习 19.1

考虑如下数据：

| 地点 I | 地点 II | 地点 III | 地点 IV |
|--------|---------|----------|---------|
| 93 | 85 | 100 | 96 |
| 120 | 45 | 75 | 58 |
| 65 | 80 | 65 | 95 |
| 105 | 28 | 40 | 90 |
| 115 | 75 | 73 | 65 |
| 82 | 70 | 65 | 80 |
| 99 | 65 | 50 | 85 |
| 87 | 55 | 30 | 95 |
| 100 | 50 | 45 | 82 |
| 90 | 40 | 50 | |
| 78 | | 45 | |
| 95 | | 55 | |
| 93 | | | |
| 88 | | | |
| 110 | | | |

这些数据是新墨西哥州 4 个地方重要考古发现的深度（单位为 cm）（参见 Woosley and Mcintyre, 1996）。现将这些数据存储在 R 工作区中，其中一个向量表示深度，另一个向量表示观测地点。

a. 制作每一组深度数据的箱线图，并用额外的点标出每组样本均值的位置。

b. 假设独立的假定成立，检验数据的正态性和方差齐性。

c. 计算并绘制出方差分析表，检验样本均值是否相等。

在 14.4 节，我们使用了包含 3 种鸢尾花的花瓣和花萼观测值的数据集。R 中的 iris 数据集提供了这些数据。

d. 在正态性和方差齐性检验的基础上，决定 4 个观测值（花萼的长度/宽度，花瓣的长度/宽度）中的哪一个适合使用方差分析（将品种作为分组变量）。

e. 对任何合适的变量使用单因素方差分析。

---

## 19.2　双因素方差分析

在许多研究中，可能会有多个分组变量对数据进行分组。在这些情况下，我们应该使用多因素方差分析而不是单因素方差分析。所以当有多个分组变量时要应用多因素方差分析，双因素和三因素方差分析是接下来要学习的内容，并且应用最广泛。

增加分组变量可分析问题的复杂性——仅仅对每个变量使用单因素方差分析是不够的。在处理多个分组因素时，我们不仅要考虑每个因素对数值产生的主效应，而且要考虑其他因素产生的影响。但是这并不够，研究因素的交互作用也很重要。如果存在交互作用，就意味着一个分组变量对结果的影响是由主效应造成的，但也会随着其他因素水平的变化而不同。

## 19.2.1 一系列假设

在本节中，定义 $O$ 为数值变量，$G_1$ 和 $G_2$ 分别是两个分组变量。在双因素方差分析中，进行如下假设：

$H_0$：$G_1$ 对 $O$ 的均值没有主效应（边际效应）。

$G_2$ 对 $O$ 的均值没有主效应（边际效应）。

$G_1$ 和 $G_2$ 对 $O$ 的均值没有交互作用。

$H_A$：$H_0$ 中的描述不全对。

从一般性假设可以看出，原假设中的每个假设都达到 $p$ 值时，原假设才能成立。

以内置数据框 warpbreaks（Tippett,1950）为例。warpbreaks 提供了 54 条长度相同的纱线上观察到的扭曲断裂的瑕疵数（break 列）。每一条纱线都根据 wool（纱线的类型，包括水平 A 和 B）和 tension（每条纱线的张力包括水平低（L）、中（M）、高（H））两个分组变量分类。使用 tapply 函数，可以查看每组纱线瑕疵数的平均值。

```
R>tapply(warpbreaks$breaks,INDEX=list(warpbreaks$wool,warpbreaks$tension),
        FUN=mean)
         L        M        H
A 44.55556 24.00000 24.55556
B 28.22222 28.77778 18.77778
```

可以给 INDEX 参数提供多个分组变量来作为列表因子（任何赋予此参数的因子向量都应该和指明数据的第一个参数长度相同）。返回结果包含两个分组变量的矩阵、3 个分组变量的三维数组等。

当然，在一些分析中，我们可能需要以不同的方式提供相同的信息。aggregate 函数和 tapply 函数类似，但是前者返回数据框，数据根据分组变量以堆叠方式储存（与 tapply 函数返回数组结果相反）。它们调用方式相同。第一个参数指明向量，第二个参数 by 是分组变量组成的列表，参数 FUN 是每个数据集调用的函数。

```
R> wb.means <- aggregate(warpbreaks$breaks,
                  by=list(warpbreaks$wool,warpbreaks$tension),FUN=mean)
R> wb.means
  Group.1 Group.2        x
1       A       L 44.55556
2       B       L 28.22222
3       A       M 24.00000
4       B       M 28.77778
```

| 5 | A | H 24.55556 |
| 6 | B | H 18.77778 |

为了方便后续使用，将 aggregate 函数结果储存在 wb.means 对象中。

## 19.2.2  主效应和交互作用

如前所述，我们可以对每个分组变量都进行单因素方差分析，但一般而言这不是一个好方法。现在我们用 warpbreaks 数据来证明这一点（快速查看相关检验，显示没有明显需要考虑的原因）。

```
R> summary(aov(breaks~wool,data=warpbreaks))
            Df Sum Sq Mean Sq F value Pr(>F)
wool         1    451   450.7   2.668 0.108
Residuals   52   8782   168.9
R> summary(aov(breaks~tension,data=warpbreaks))
            Df Sum Sq Mean Sq F value Pr(>F)
tension      2   2034  1017.1   7.206 0.00175 **
Residuals   51   7199   141.1
---
Signif. codes: 0 '***' 0.001 '**' 0.01 '*' 0.05 '.' 0.1 ' ' 1
```

结果显示，如果我们忽略了 tension，没有证据能够表明不同类型纱线的瑕疵数的均值有任何差异（$p$ 值等于 0.108）。当然，如果忽略 wool，结果显示不同张力纱线的平均瑕疵数有差异。

现在的问题是忽略其中一个变量，我们就不能发现更微小水平上存在的差异（或者说统计关系）。例如，单独考虑 wool 类型，虽然 wool 类型对瑕疵数的均值没有显著影响，但是我们不能确定只在 tension 特定水平上考虑时结果是否相同。

相反，我们用双因素分析来研究此类问题。下面的代码运行了瑕疵数的双因素分析，并且仅仅分析两个分组变量的主效应：

```
R> summary(aov(breaks~wool+tension,data=warpbreaks))
            Df Sum Sq Mean Sq F value Pr(>F)
wool         1    451   450.7   3.339 0.07361 .
tension      2   2034  1017.1   7.537 0.00138 **
Residuals   50   6748   135.0
---
Signif. codes: 0 '***' 0.001 '**' 0.01 '*' 0.05 '.' 0.1 ' ' 1
```

看一下这个公式。将 wool+tension 指定在结果变量的右边，并且"～"将两个分组变量同时代入计算中。结果显示，每个分组变量的 $p$ 值都有轻微减少；实际上，wool 的 $p$ 值大约是 0.073，接近常见临界值 $\alpha$=0.05。为对结果进行解释，可以保持一个分组变量不变——如果仅关注羊毛（wool）水平，不同张力（tension）水平瑕疵数的均值有显著差异；如果仅关注张力（tension），那么不同羊毛（wool）水平上的平均瑕疵数的 F 统计量虽然上升，但仍不显著（假设 $\alpha$=0.05）。

如果仅考虑主效应仍有局限性。尽管之前分析显示两个分类变量不同水平的均值之间有差异，但并没有解释清楚一种可能性，保持其中一个变量不变，平均瑕疵数的差异可能会因为具体考虑 tension 或者 wool 的水平不同而进一步变化。这种微不足道但很重要的影响称为交互作用。

特别是，如果瑕疵数在 tension 和 wool 之间有交互作用，那说明在两个不同因素水平上平均瑕疵数的差异大小和（或）趋势是不同的。

为解释交互作用，我们对双因素方差分析的代码进行了修改。

```
R> summary(aov(breaks~wool+tension+wool:tension,data=warpbreaks))
              Df Sum Sq Mean Sq F value   Pr(>F)
wool           1    451   450.7   3.765 0.058213 .
tension        2   2034  1017.1   8.498 0.000693 ***
wool:tension   2   1003   501.4   4.189 0.021044 *
Residuals     48   5745   119.7
---
Signif. codes: 0 '***' 0.001 '**' 0.01 '*' 0.05 '.' 0.1 ' ' 1
```

在主效应模型上加上符号 wool:tension 就指明了交互效应，两个分组变量用冒号"："隔开。（注意在设置中，操作符"："与 2.3.2 节中创建整数序列的快捷方式无关）

从方差分析表看出，从统计学角度来说，确实存在交互作用，也就是说，均值差异本质上依赖于因子水平，即使证据相对较弱。当然，大约等于 0.21 的 $p$ 值告诉我们，总体来说可能存在交互作用，但是交互作用并不明确。

为了解决这个问题，可以用 R 中的 interaction plot 语句来更详细地解释两因素交互作用。

```
R> interaction.plot(x.factor=wb.means[,2],trace.factor=wb.means[,1],
                    response=wb.means$x,trace.label="wool",
                    xlab="tension",ylab="mean warp breaks")
```

调用 interaction.plot 时，均值被赋给 response 参数，表示将两个因子水平对应的向量分别赋值给 x.factor 参数（即横轴上变量，从左到右表示水平变化）和 trace.factor 参数（每个水平生成不同线，具体参照自动生成的图例；图例名称赋值给 trace.label）。哪个分组变量是横轴并不重要，虽然图形会相应地改变，但是图形解释是相同的。图 19-2 是代码结果。

双因素交互作用图在纵轴表示目标结果均值，并且将均值以两个分组变量水平来划分。我们可以看出分组变量中不同因素对均值产生潜在影响。一般而言，如果两条直线（或一段直线）不平行，就意味着可能有交互作用。绘制垂直分割线位置表示分组变量分别产生主效应。

事实证明，调用 aggregate 函数返回列适用于 interaction.plot 函数。与之前一样，可以指定常见的图形参数，比如 7.2 节中规定图形和坐标轴特征的参数。对于图 19-2，我们已经指定 x.factor 是 wb.means 矩阵的第二列，表明在横轴 tension 水平上有变化。trace.factor 是羊毛（wool）类型，所以图中只有不同的线对应水平 A 和水平 B。response 是 wb.means 的第三列，可以用$x 来提取（观察 wb.means 对象，可以看到在调用 aggregate 函数后，包含目标结果的列默认标记为 x）。

从图 19-2 可以看出，当张力比较低时，水平 A 的纱线瑕疵数的均值更大，但是如果张力处于中等水平时，结果就不同，水平 B 的估计值比 A 更高。对于高的张力水平，A 水平的均值估计值就会比 B 高，虽然这时两者的差异没有张力较低时那么大。（注意，交互作用的点不提供任何标准误差的测度，所以我们要记住，均值的所有点估计都受方差的影响。）

交互作用并不是多因素方差分析的独特概念，它们是许多不同类型的统计模型中需要考虑的重要因素。目前，基本的鉴别交互作用是有必要的。

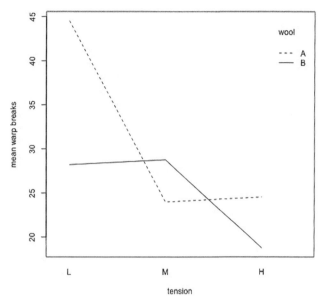

图 19-2　warpbreaks 数据集双因素方差分析的交互效应图

# 19.3　Kruskal-Wallis 检验

比较多个均值时，我们可能不愿意假定正态性或者在检验时发现正态性假定不成立。在这种情况下，使用 Kruskal-Wallis 检验来替代单因素方差分析，放宽对正态性假定的依赖。这种方法检验分组变量在每个水平上测度值的"同分布性"。如果对分组做出方差齐次性假设，就可以将此检验视为比较多个中位数而不是均值。

假设检验也相应地变化。

$H_0$：每组中位数都相同。

$H_A$：每组中位数不全相同。

（或者是，至少有一组中位数不同。）

Kruskal-Wallis 检验是一种非参数方法，因为它不依赖于标准化参数分布（即正态分布）的分位数或者函数。与方差分析是两样本 t 检验的泛化类似，Kruskal-Wallis 方差分析是两均值 Mann-Whitney 检验的泛化。Kruskal-Wallis 也叫作秩和检验，我们使用卡方分布来计算 $p$ 值。

以 MASS 包里的数据框 survey 为例。该数据记录了南澳大利亚州阿德莱德大学的一个班中 237 名统计学一年级研究生的特征。首先调用 library("MASS")语句加载所需要的包，然后输入? survey 来阅读帮助文件，以查看数据框中包含哪些变量。

假设我们要查看 Smoke 中 4 种吸烟类型的学生年龄 Age 是否不同。箱线图和残差的正态 QQ 图（每组观测值的中心化）说明单因素方差分析不是一个好方法。下面的代码（模仿 19.1.1 节的步骤）绘制了图 19-3，显示数据不服从正态分布。

```
R> boxplot(Age~Smoke,data=survey)
R> age.means <- tapply(survey$Age,survey$Smoke,mean)
R> age.meancen <- survey$Age-age.means[as.numeric(survey$Smoke)]
R> qqnorm(age.meancen,main="Normal QQ plot of residuals")
```

```
R> qqline(age.meancen)
```

由于数据可能不满足正态分布要求，所以我们使用 Kruskal-Wallis 检验而不是参数方差分析。方差齐次性检验进一步证明了这一点，因为最大标准差和最小标准差的比率明显小于 2。

```
R> tapply(survey$Age,survey$Smoke,sd)
   Heavy    Never    Occas    Regul
6.332628 6.675257 5.861992 5.408822
```

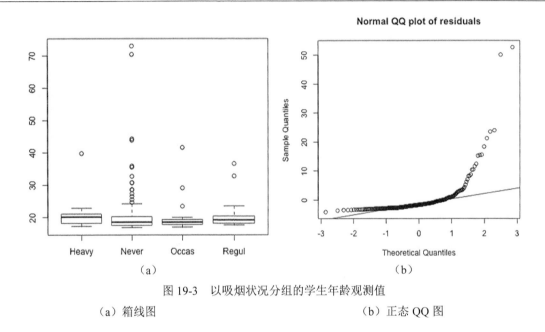

图 19-3 以吸烟状况分组的学生年龄观测值

（a）箱线图　　　　　　　　　　　　　　（b）正态 QQ 图

在 R 中，使用 kruskal.test 函数执行 Kruskal-Wallis 检验。

```
R> kruskal.test(Age~Smoke,data=survey)

        Kruskal-Wallis rank sum test

data: Age by Smoke
Kruskal-Wallis chi-squared = 3.9262, df = 3, p-value = 0.2695
```

Kruskal-Wallis 检验语法与 aov 函数语法相同。正如图 19-3 看到的，较大的 $p$ 值说明接受中位数全部相等的原假设。也就是说，在 4 种吸烟类型中，学生的总体年龄似乎没有差异。

---

### 练习 19.2

再次使用数据框 quakes。quakes 数据描述了斐济海岸发生的 1000 次地震，记录了震源的位置、深度和观测到地震的监测站数量。

a. 使用 cut 函数（见 4.3.3 节）创建一个新的因子向量，根据（0,200）、（200,400）和（400,600）3 个区间来划分地震深度。

b. 在 a 题分组基础上，比较单因素方差分析和 Kruskal-Wallis 检验，哪个更适用于观测站数量分布的比较。

c. 使用你选择的方法进行检验并得出结论（假定显著性水平 $\alpha$ =0.01）。

　　如果前面章节中没有用 library("MASS")语句加载包 MASS，现在就需要加载包。这个包里有可以直接使用的数据框 Cars93，包括 1993 年美国出售 93 辆汽车的具体信息（(Lock, 1993; Venables and Ripley, 2002)。

d. 两个分组变量 AirBags（安全气囊的类型，水平分别是 Driver & Passenger, Driver only 和 None）和 Man.trans.avail（汽车是否是手动挡，水平分别是 Yes 和 No）的基础上使用 aggregate 函数计算 93 辆汽车的平均长度。

e. 使用 d 题中的结果绘制交互作用图。AirBags 和 Man.trans.avail 对汽车的平均长度有交互效应吗（仅考虑这些变量）？

f. 两个分组变量拟合平均长度的双因素方差分析模型（假设满足所有假定）。两个变量的交互作用统计性显著吗？有证据表明存在主效应吗？

**本章重要代码**

| 函数/操作 | 简要描述 | 首次出现 |
|---|---|---|
| aov | 生成方差分析表 | 19.1.3 节 |
| aggregate | 按因子叠加统计 | 19.2.1 节 |
| interaction.plot | 两因素交互作用图 | 19.2.2 节 |
| kruskal.test | Kruskal-Wallis 检验 | 19.3 节 |

# 20

# 简单线性回归

虽然个体统计数据的简单比较测试是有用的，但我们通常希望从数据中了解更多信息。在本章，我们将学习线性回归模型——一种用于准确估计变量间如何相互关联的方法。

简单线性回归模型描述了一个特定变量（称为解释变量）对连续结果变量（称为被解释变量）的值的可能影响。解释变量可以是连续的、离散的或分类的，但是为了介绍核心的概念，我们将在本章的前几节集中讲解连续型解释变量。然后，我们将介绍如果解释变量是分类的，模型的方程将如何变化。

## 20.1　线性关系的一个示例

我们用一个例子来开始，继续看 19.3 节使用的数据，即学生调查数据（MASS 包中的 survey 数据框）。如果尚未加载所需的软件包（调用 library（"MASS"）），可以阅读帮助文件？Survey 来了解当前变量的详细信息。

在 y 轴上绘制学生的高度，在 x 轴上绘制他们的手跨度。

```
R> plot(survey$Height~survey$Wr.Hnd,xlab="Writing handspan (cm)",
        ylab="Height (cm)")
```

结果如图 20-1 所示。

注意，调用 plot 时使用公式符号（也称为符号表示法）来指定"手跨度对应的高度"，也可以使用 $(x, y)$ 的坐标向量形式生成相同的散点图，即 plot (survey \$Wr.Hnd, survey\$Height, ...)，但我们在这里用符号表示，因为它可以很好地反映我们将如何拟合线性模型。

正如我们所期望的，学生的手跨度和他们的身高之间存在正相关关系。这种关系在本质上是线性的。为了评估线性关系的强度（见 13.2.5 节），我们可以计算估计的相关系数。

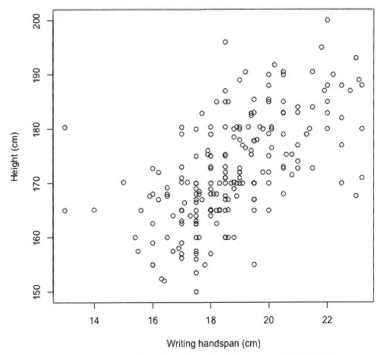

图 20-1　一年级统计学生样本的手跨度和高度的散点图

```
R> cor(survey$Wr.Hnd,survey$Height,use="complete.obs")
[1] 0.6009909
```

虽然数据框中有 237 条记录，但实际上图中不会显示 237 个点。这是因为有缺失的观测值（NA 编码；见 6.1.3 节）。默认情况下，在生成这样的图时，R 会删除所有"不完整"对。要找到已删除的异常观察值的数量，可以使用短格式逻辑运算符 |（见 4.1.3 节），结合 is.na（见 6.1.3 节）和 which（见 4.1.5 节）。然后使用 length 发现有 29 个缺失的观察值对。

```
R> incomplete.obs <- which(is.na(survey$Height)|is.na(survey$Wr.Hnd))
R> length(incomplete.obs)
[1] 29
```

**注意**　因为在计算相关系数函数 cor 时向量中有 NA，所以还必须指定可选参数 use = " complete.obs " 。这意味着计算的统计量仅考虑 Wr.Hnd 和 Height 向量中的那些观察值对，其中的元素都不是 NA。我们可以认为这个参数的功能与像平均值和标准差这样的单变量汇总统计函数中的 na.rm = TRUE 大致相同。

## 20.2　一般概念

线性回归模型的目的是提出一个函数，该函数能够在给定另一个变量的特定值时估计一个变量的平均值。这些变量称为被解释变量（我们试图寻找其均值的"结果"变量）和解释变量（我们已经得到值的"预测变量"）。

在学生调查示例中，我们可能会问这样的问题："如果学生的手跨度是 14.5cm，那么它们的期望高度是多少？"这里的被解释变量是高度，解释变量是手跨度。

## 20.2.1 模型的定义

假设我们在给定解释变量 $X$ 的值的情况下，确定被解释变量 $Y$ 的值。简单线性回归模型规定被解释变量的值表示为以下等式：

$$Y \mid X = \beta_0 + \beta_1 X + \epsilon \tag{20.1}$$

在式（20.1）的左侧，符号 $Y \mid X$ 读作"在 $X$ 值确定的条件下的 $Y$ 的值"。

**对残差的假设**

基于式（20.1）的模型得出结论的有效性在很大程度上取决于对 $\varepsilon$ 做出的假设，其定义如下：

- 假设 $\varepsilon$ 的值服从正态分布，即 $\varepsilon \sim N(0, \sigma^2)$。
- $\varepsilon$ 的中心（即均值）为 0。
- $\varepsilon$ 的方差，$\sigma^2$ 是个常数。

$\varepsilon$ 项表示随机误差。换句话说，我们假设被解释变量的任何原始值都归因于 $X$ 的给定值的线性变化，加上或减去某些随机值，即残差变量或正态分布噪声。

**参数**

由 $\beta_0$ 表示的值称为截距，由 $\beta_1$ 表示的值称为斜率。总的来说，它们也称为回归系数，并且解释如下：

- 截距 $\beta_0$ 被解释为当解释变量为零时被解释变量的期望值。
- 通常，斜率 $\beta_1$ 是我们感兴趣的重点。它被解释为解释变量每增加一个单位，被解释变量的平均变化。当斜率为正时，回归直线从左到右增加（解释变量增加，被解释变量的均值也增加）；当斜率为负时，回归直线从左到右减小（解释变量增加，被解释变量的均值减小）。当斜率为 0 时，解释变量对被解释变量的值没有影响。$\beta_1$ 的值越极端（即离 0 越远），上升线或下降线就会变得越陡峭。

## 20.2.2 估计截距和斜率的参数

我们的目标是使用数据来估计回归参数，即 $\beta_0$ 和 $\beta_1$；这称为拟合线性回归模型。在这种情况下，数据包括每个个体的 $n$ 对观察值。拟合的模型是对于解释变量 $x$ 的一个特定值所对应的被解释变量的均值，表示为 $\hat{y}$，并且写为：

$$\hat{y} = \hat{\beta}_0 + \hat{\beta}_1 x \tag{20.2}$$

有时，式（20.2）的左侧可以使用诸如 $E[Y]$ 或 $E[Y \mid X = x]$ 的符号进行替代，以强调模型给出的是被解释变量的平均值（即期望值）。为了简便，很多人仅简单地使用 $\hat{y}$，如这里所示。

令 $n$ 对观测数据分别表示解释变量 $x_i$ 和被解释变量 $y_i$；$i = 1, \cdots, n$。那么，简单线性回归函数的参数估计是：

$$\hat{\beta}_1 = \rho_{xy} \frac{Sy}{Sx}, \hat{\beta}_0 = \bar{y} - \hat{\beta}_1 \bar{x} \tag{20.3}$$

其中，

- $\bar{x}$ 和 $\bar{y}$ 是 $x_i$ 和 $y_i$ 的样本均值。
- $s_x$ 和 $s_y$ 是 $x_i$ 和 $y_i$ 的样本标准差。
- $\rho_{xy}$ 是基于数据的 $X$ 和 $Y$ 之间的相关性估计（见 13.2.5 节）。

这种估计模型参数的方法称为最小二乘回归估计。起这个名字的理由以后就清楚了。

## 20.2.3 用 lm 拟合线性模型

在 R 中，命令 lm 执行估计。例如，下面的一行代码创建了对应于手跨度的学生平均身高的拟合线性模型的对象，并将其存储在全局环境中，命名为 survfit：

```
R> survfit <- lm(Height~Wr.Hnd,data=survey)
```

第一个参数是我们熟悉的 response～predictor 公式，它指定了我们所需的模型。不必使用 survey $prefix 来从数据框中提取向量，因为我们特别指示了 lm 来查看提供给数据参数的对象。

拟合的线性模型对象本身 survfit，属于 R 中的一个特殊的类"lm"。类"lm"的对象基本上可以被认为是包含多个描述模型的组件的列表。后面我们会遇到的。

如果只是在提示符处输入"lm"对象的名称，那么它将为我们提供最基本的输出：对调用的重复以及对截距（$\beta_0$）和斜率（$\beta_1$）的估计。

```
R> survfit

Call:
lm(formula = Height ~ Wr.Hnd, data = survey)

Coefficients:
(Intercept)      Wr.Hnd
   113.954       3.117
```

这个结果表明该示例的线性模型的估计如下所示：

$$\hat{y} = 113.954 + 3.117x \tag{20.4}$$

如果基于式（20.2），在 $x$ 的不同值的范围内，求对应的 $\hat{y}$ 的数学函数值，那么在绘制结果时，我们将得到一条直线。考虑先前截距的定义，即解释变量为 0 时的被解释变量的期望值。在当前的示例中，其就是指手跨度为 0cm 时，学生的平均身高为 113.954cm（因为解释变量的值为 0 是没有意义的，所以这个解释几乎没用；我们将在 20.4 节思考这些以及相关的问题。斜率是 3.117，表示解释变量的值每增加一单位，被解释变量的平均变化为 3.117。这表明，学生的手跨度每增加 1cm，估计他们的身高平均增加 3.117cm。

综合以上知识，再次运行，如图 20-1 所示，使用 20.1 节中给出的原始数据来绘制直线，但是现在要使用 abline 在图中添加拟合的回归线。到目前为止，我们只使用 abline 命令向现有的绘图中添加完美的水平线和垂直线，但是在传递一个表示简单线性回归模型（如 survfit）的类"lm"的对象时，其将变为添加拟合的回归直线。

```
R> abline(survfit,lwd=2)
```

这行代码添加了稍微加粗的增长对角线，如图 20-2 所示。

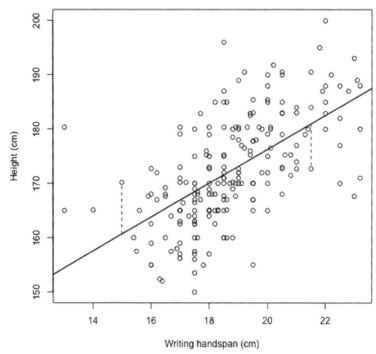

图 20-2 与观测数据拟合的简单线性回归直线（实线，加粗）。
两条虚的垂直线段为正（最左）和负（最右）残差的示例

## 20.2.4 对残差的说明

如以上所示，使用式（20.3）估计参数时，这条拟合线称为最小二乘回归的实现，因为它是使观测数据和它自身之间的平均方差最小化的线。通过绘制观测值和拟合线之间的距离更容易理解这个概念，其在形式上称为对应于图 20-2 中的一组个体的观测数据的残差。

首先，我们从 Wr.Hnd 和 Heigh 的数据向量中提取两个特定的记录，并称结果向量为 obsA 和 obsB。

```
R> obsA <- c(survey$Wr.Hnd[197],survey$Height[197])
R> obsA
[1] 15.00 170.18
R> obsB <- c(survey$Wr.Hnd[154],survey$Height[154])
R> obsB
[1] 21.50 172.72
```

接下来，简要地检查 survfit 对象的成员的名称。

```
R> names(survfit)
[1] "coefficients"  "residuals"    "effects"      "rank"
[5] "fitted.values" "assign"       "qr"           "df.residual"
[9] "na.action"     "xlevels"      "call"         "terms"
```

```
[13] "model"
```

这些成员是自动组成类 "lm" 的拟合模型对象的组件，这在前面简要地提到过。注意，有一个称为 "coefficients" 的组件，其包含对截距和斜率的数值向量的估计。我们可以用与引用命名列表成员相同的操作来提取此组件（以及此处列出的任何其他组件）：在提示符处输入 survfit $ coefficients。然而，如果可能，从编程的角度来说，使用 "直接访问" 函数来提取这些组件在技术上是更可取的。对于 "lm" 对象的 coefficients 组件，我们使用的函数是 coef。

```
R> mycoefs <- coef(survfit)
R> mycoefs
(Intercept)        Wr.Hnd
 113.953623      3.116617
R> beta0.hat <- mycoefs[1]
R> beta1.hat <- mycoefs[2]
```

这行代码从对象中提取出回归系数，然后分别分配给对象 beta0.hat 和 beta1.hat。其他常见的直接访问函数包括残差和拟合值。这两个分别属于 "residuals" 和 "fitted.value" 组件。

最后，我们使用线段来绘制图 20-2 中显示的垂直虚线。

```
R> segments(x0=c(obsA[1],obsB[1]),y0=beta0.hat+beta1.hat*c(obsA[1],obsB[1]),
            x1=c(obsA[1],obsB[1]),y1=c(obsA[2],obsB[2]),lty=2)
```

注意，虚线与传递到 y0 的纵轴位置处的拟合线相符，其使用了回归系数 beta0.hat 和 beta1.hat，如式（20.4）所反映的。

现在，设想由原始数据绘制的一簇不同的回归线的集合（通过改变截距和斜率的值来实现）。然后，假设对于每一条不同的回归线，我们都计算被解释变量的观测值和对应的该线上的拟合值之间的残差（垂直距离）。根据式（20.3）估计的简单线性回归直线是 "最接近所有观察值" 的线。由此，拟合的回归模型由一条通过变量均值坐标 $(\bar{x}, \bar{y})$ 的估计线来表示，它生成的残差平方和最小。因此，最小二乘估计回归方程的另一个名称是最佳拟合线。

# 20.3 统计推断

回归方程的估计是相对直接的，但这仅仅是开始。现在我们应该想想从结果可以推断出什么。在简单线性回归中，我们应该时常问一个问题：是否有统计证据来支持解释变量和被解释变量之间的关系的存在？换句话说就是，有证据表明解释变量的变化会影响平均结果吗？当我们开始思考估计统计中存在的变异性，然后使用第 18 章的置信区间和假设检验继续推断结果时，可以根据第 17 章介绍的观点来进行调查。

## 20.3.1 汇总拟合模型

处理 lm 对象时，这种基于模型的推断由 R 自动执行。在由 lm 创建的对象上使用汇总函数时，其为我们提供了比将对象简单地输出到控制台更详细的输出。目前，我们将只关注在汇总中显示的信息的两个方面：与回归系数相关的显著性检验和可决系数的解释（在输出中的符号为 R 平方），我很快就会解释这个。使用当前模型对象 survfit 的汇总，我们将看到以下内容：

```
R> summary(survfit)

Call:
lm(formula = Height ~ Wr.Hnd, data = survey)

Residuals:
     Min       1Q   Median       3Q      Max
-19.7276  -5.0706  -0.8269   4.9473  25.8704

Coefficients:
            Estimate Std. Error t value Pr(>|t|)
(Intercept) 113.9536     5.4416   20.94   <2e-16 ***
Wr.Hnd        3.1166     0.2888   10.79   <2e-16 ***
---
Signif. codes: 0 '***' 0.001 '**' 0.01 '*' 0.05 '.' 0.1 ' ' 1
Residual standard error: 7.909 on 206 degrees of freedom
  (29 observations deleted due to missingness)
Multiple R-squared: 0.3612, Adjusted R-squared: 0.3581
F-statistic: 116.5 on 1 and 206 DF, p-value: < 2.2e-16
```

## 20.3.2 回归系数的显著性检验

我们从估计回归系数的报告开始。系数表的第一列包含截距和斜率的点估计（截距被标记为这样，且斜率被标记在数据框中解释变量的名称之后）；该表还包括这些统计量的标准误差的估计。可以表明，使用最小二乘估计时，简单线性回归系数服从自由度为 $n-2$ 的 t 分布（当给定用于拟合模型的观测值的数量是 $n$ 时）。每个参数标准化的 $t$ 值和 $p$ 值被报告出来。这些值显示了双尾假设检验的结果，定义为：

$$H_0 : \beta_j = 0$$
$$H_A : \beta_j \neq 0$$

其中，$j=0$ 时表示截距；$j=1$ 时表示斜率，这使用了式（20.1）中的符号。

关注解释变量的结果行。在原假设下，$H_0$ 为真，这意味着解释变量对被解释变量没有影响。这里的假设关注是否存在相关的效应，而不是该效应的方向，因此 $H_A$ 是双向的（通过 $\neq$）。与其他假设检验一样，$p$ 值越小，反对 $H_0$ 的证据越强。使用附加到此特定检验统计量的很小的 $p$ 值（$<2 \times 10^{-16}$），（可以使用第 18 章中的公式确认：$T = (3.116-0)/0.288\ 8 = 10.79$），从而我们可以得出结论，有强有力的证据反对解释变量对被解释变量的平均水平没有影响。

对截距进行相同的检验，但是对斜率的参数 $\beta_1$ 的检验显然更有趣（因为对 $\beta_0$ 的零假设的拒绝直接表明回归线不会落在垂直轴的零处），特别是当观察数据不包括 $x=0$ 时，正如这个例子。

从这一点，我们可以得出结论，拟合模型显示了有证据表明手跨度的增加与正在研究的人口的身高的增加有关。手跨度每增加 1cm，身高平均增加约 3.12cm。

我们还可以利用式（17.2）和回归参数的抽样分布知识来生成估计的置信区间；同样，R 通

过给类 "lm" 的对象提供方便的函数来实现这一步。

```
R> confint(survfit,level=0.95)
                  2.5 %      97.5 %
(Intercept) 103.225178 124.682069
Wr.Hnd        2.547273   3.685961
```

我们将模型对象作为第一个参数传递给 confint 函数，将我们希望的置信水平作为水平。这表明我们有 95%的信心认为，$\beta_1$ 的真值处于 2.55～3.69（保留两位小数）。像往常一样，对原假设的拒绝表明先前的结果在统计意义上是显著的。

### 20.3.3 可决系数

汇总的输出还给出了多重 R 平方和调整 R 平方的值。这两者都被称为可决系数，它们描述了被解释变量的变化可以归因于解释变量的比例。

对于简单线性回归，第一个（未调整的）测量值作为估计的相关系数的平方而获得（见 13.2.5 节）。查看学生高度的示例，首先将 Wr.Hnd 和 Height 之间估计的相关系数存储为 rho.xy，然后对它平方：

```
R> rho.xy <- cor(survey$Wr.Hnd,survey$Height,use="complete.obs")
R> rho.xy^2
[1] 0.3611901
```

这个结果与多重 R 平方的值相同（数学形式上通常写为 $R^2$）。这告诉我们，大约 36.1%的学生身高的变化可以归因于手跨度。

调整的 R 平方是一个替换估计，它考虑了需要估计的参数的个数。只有在使用可决系数评估拟合模型在拟合优度和复杂性之间的平衡方面的总体"质量"时，调整的 R 平方才是重要的。我将在第 22 章讨论这一点，所以这里不作进一步的说明。

### 20.3.4 其他汇总输出

模型对象的汇总为我们提供了许多有用的信息。"剩余标准误差"是 $\varepsilon$ 项的估计的标准误差。（换句话说，$\varepsilon$ 的估计方差 $\sigma^2$ 的平方根）；在它下面也报告了所有缺失值。（29 个"由于缺失而删除"的观察对，在这里与 20.1 节中确定的不完全观察对的数量匹配。）

输出还提供了剩余距离的五位数汇总（见 13.2.3 节）——我们将在 22.3 节进一步讨论。最终，我们将获得使用 F 分布执行的某个假设检验。这是一个检验解释变量对被解释变量的影响的全局检验，将在 21.3.5 节中与多元线性回归模型一起探讨。

我们可以直接访问汇总提供的所有输出，作为单个 R 对象，而不必从整个输出的汇总中读取它们。正如 survfit 为我们提供独立对象 survfit 的内容的指示，以下代码给出了汇总 survfit 之后的可访问的所有组件的名称。

```
R> names(summary(survfit))
[1] "call"          "terms"         "residuals"         "coefficients"
```

```
[5] "aliased"        "sigma"          "df"             "r.squared"
[9] "adj.r.squared"  "fstatistic"     "cov.unscaled"   "na.action"
```

将大多数组件与输出的汇总输出进行匹配很容易，且可以像平常一样使用美元操作符进行提取。例如，剩余标准误差可以直接用下列代码进行检索：

```
R> summary(survfit)$sigma
[1] 7.90878
```

有关此问题的更多详细信息，可参见？summary.lm 的帮助文件。

# 20.4 预测

总结了线性回归的这些初步细节，现在我们来看将拟合模型用于预测目的。拟合模型的能力意味着，我们不仅可以理解和量化数据间关系的本质（例如，学生示例的手跨度每增加 1cm，平均身高大约增加 3.1166 cm），还可以预测感兴趣的结果的值，即使实际上，我们没有观测到原始数据集中任何解释变量的值。然而，与任何统计量一样，总是需要有一个扩展量度的任意点估计或点预测。

## 20.4.1 置信区间还是预测区间

使用拟合的简单线性模型，在已知解释变量的值的条件下，我们能够计算平均被解释变量值的点估计。为了做到这一点，我们只需要插入（到拟合的模型方程）我们感兴趣的 $x$ 值。这样的统计数据总是发生变化，所以就像在前面章节中探讨的样本统计量一样，我们使用被解释变量的平均值的置信区间（CI）来衡量这种不确定性。

假设一条简单线性回归直线已经拟合了 $n$ 个观察值，使得 $\hat{y} = \beta_0 + \beta_1 x$。计算给定 $x$ 值的平均被解释变量的一个百分比置信区间，用以下式子：

$$\hat{y} \pm t_{(1-\alpha/2, n-2)} s_\in \sqrt{\frac{1}{n} + \frac{(x-\overline{x})^2}{(n-1)s_x^2}} \tag{20.5}$$

其中，通过减法获得下限，通过加法获得上限。

这里，$\hat{y}$ 是在回归线上 $x$ 处的拟合值；$t_{((1-\alpha)/2, n-2)}$ 是具有 $n-2$ 个自由度的 t 分布的临界值（换句话说，其产生的上尾区域的大小正好是 $\alpha/2$）；$\hat{s}$ 是估计的剩余标准误差；$\overline{x}$ 和 $s_x^2$ 分别表示解释变量的观测值的样本均值和方差。

从上下文来看，观察到的被解释变量的预测区间（PI）不同于置信区间。当使用 CI 来描述平均被解释变量的可变性时，使用 PI 来为给定 $x$ 的被解释变量的个体可能采用的值提供可能的范围。这种区别微小但很重要：CI 对应于一个平均值，PI 对应于一个个体观测值。

继续使用前面的符号。可以知道，给定 $x$ 值的个体被解释变量的百分之 $100(1-\alpha)$ 的预测区间用下式计算：

$$\hat{y} \pm t_{(1-\alpha/2, n-2)} s_\in \sqrt{1 + \frac{1}{n} + \frac{(x-\overline{x})^2}{(n-1)s_x^2}} \tag{20.6}$$

事实证明，该式与式（20.5）的唯一区别是平方根中 1+ 后面的部分。因此，$x$ 处的 PI 比 $x$ 处的 CI 宽。

## 20.4.2　解释区间

继续前面的例子，假设我们希望确定手跨度为 14.5cm 和手跨度为 24cm 的学生的平均身高。点估计本身很容易——只需将所需的 $x$ 值代入回归式（20.4）中。

```
R> as.numeric(beta0.hat+beta1.hat*14.5)
[1] 159.1446
R> as.numeric(beta0.hat+beta1.hat*24)
[1] 188.7524
```

根据这个模型，我们可以预测手跨度分别为 14.5cm 和 24cm 的学生的平均身高大约为 159.14cm 和 188.75cm。as.numeric 强制函数（首先在 6.2.4 节中遇到）仅用于删除除了 beta0.hat 和 beta1.hat 对象中出现的注释名称的结果。

**平均高度的置信区间**

要找到这些估计的置信区间，可以使用式（20.5）手动计算它们，但是 R 中有一个内置的预测命令来操作这一步。要使用 predict，首先需要以特定方式存储 $x$ 值：在新的数据框中作为一个列。列的名称必须与用于创建拟合模型对象的原始调用中的解释变量相匹配。在这个例子中，我将创建一个新的数据框 xvals，使用名为 Wr.Hnd 的列，它只包含两个感兴趣的值——14.5cm 和 24cm 的手跨度。

```
R> xvals <- data.frame(Wr.Hnd=c(14.5,24))
R> xvals
  Wr.Hnd
1   14.5
2   24.0
```

现在，在调用 predict 时，第一个参数必须是拟合模型的对象，在这个例子中为 survfit。接下来，在参数 newdata 中，传递包含指定的解释变量值的特殊构造的数据框。对于 interval 参数，必须将"confidence"指定为字符串值。这里设置置信水平为 95%，其被（以概率的标度）传递到 level。

```
R> mypred.ci <- predict(survfit,newdata=xvals,interval="confidence",level=0.95)
R> mypred.ci
       fit      lwr      upr
1 159.1446 156.4956 161.7936
2 188.7524 185.5726 191.9323
```

该调用将返回一个包含 3 列的矩阵，其行数（和顺序）与我们在 newdata 数据框中提供的解释变量的值相对应。第一列标有 fit 的标题，是回归线上的点估计；可以看到，这些数字与我们之前计算的值相匹配。其他的列分别提供了标题为 lwr 和 upr 的 CI 限制的下限和上限。在这个例子中，我们可以把这个理解为有 95% 的信心认为，一个手跨度为 14.5cm 的学生的平均身高处于

156.5～161.8cm，而对于 24cm 的手跨度，是在 185.6～191.9cm（保留 1 位小数）。记住，根据式（20.5）通过 predict 计算的这些 CI 对应的是平均被解释变量的值。

**个体观测值的预测区间**

predict 函数还为我们提供了预测区间。为了找到具有特定概率的个体观测值的可能预测区间，我们只需要将区间参数改为"prediction"。

```
R> mypred.pi <- predict(survfit,newdata=xvals,interval="prediction",level=0.95)
R> mypred.pi
        fit      lwr      upr
1 159.1446 143.3286 174.9605
2 188.7524 172.8390 204.6659
```

注意，如式（20.5）和式（20.6）所示，拟合值是一样的。然而，PI 的宽度显著大于相应的 CI 的宽度，这是因为在本质上特定的 $x$ 值处的原始观测值本身比其平均值更具可变性。

解释也相应地变化。区间描述了原始的学生身高预计位于"95%的概率"的位置。对于 14.5cm 的手跨度，该模型预测个体观测值以 0.95 的概率位于 143.3～175.0cm；对于 24cm 的手跨度，相同的 PI 估计为 172.8～204.7cm（保留 1 位小数）。

## 20.4.3 绘制区间

CI 和 PI 都非常适合简单线性回归模型的可视化。使用以下代码，我们可以从图 20-3 开始绘制数据，正如图 20-2 所示的估计的回归直线，但是这次在图中使用 xlim 和 ylim 来稍微扩大 $x$ 和 $y$ 的限制，以适应 CI 和 PI 的全长和宽度。

```
R> plot(survey$Height~survey$Wr.Hnd,xlim=c(13,24),ylim=c(140,205),
        xlab="Writing handspan (cm)",ylab="Height (cm)")
R> abline(survfit,lwd=2)
```

为此，我们可以添加 $x = 14.5$ 和 $x = 24$ 的拟合值的位置，以及两组显示 CI 和 PI 的垂直线。

```
R> points(xvals[,1],mypred.ci[,1],pch=8)
R> segments(x0=c(14.5,24),y0=c(mypred.pi[1,2],mypred.pi[2,2]),
            x1=c(14.5,24),y1=c(mypred.pi[1,3],mypred.pi[2,3]),col="gray",lwd=3)
R> segments(x0=c(14.5,24),y0=c(mypred.ci[1,2],mypred.ci[2,2]),
            x1=c(14.5,24),y1=c(mypred.ci[1,3],mypred.ci[2,3]),lwd=2)
```

对点的调用标记了这两个特定 $x$ 值的拟合值。第一次调用 segments 将 PI 画为加粗的垂直灰线，第二次调用将 CI 画为较短的垂直黑线。绘制的这些线段的坐标分别直接从 mypred.pi 和 mypred.ci 对象获取。

我们还可以在拟合回归直线周围产生"带"，其标记了解释变量的所有值的一个或两个区间。从编程的角度来看，对于连续变量，这在技术上是不可能的，但是我们可以通过沿 $x$ 轴（使用具有高长度值的 seq）定义精细的值序列并且估计在这个精细的值序列上的每个点的 CI 和 PI 。然后，在绘制时，我们只需将结果点连接为直线。

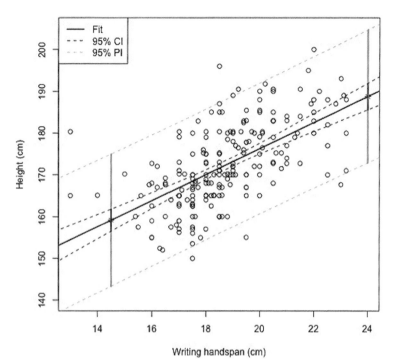

图 20-3 学生身高的回归示例，带有拟合的回归直线与 $x = 14.5$ 和 $x = 24$ 处的点估计，以及相应的 95%的 CI（黑色垂直线）和 PI（灰色垂直线）。黑色虚线和灰色虚线给出了 $x$ 值处的可见范围内被解释变量的 95%的置信度和预测带

在 R 中，这需要我们返回 predict 命令，如下所示：

```
R> xseq <- data.frame(Wr.Hnd=seq(12,25,length=100))
R> ci.band <- predict(survfit,newdata=xseq,interval="confidence",level=0.95)
R> pi.band <- predict(survfit,newdata=xseq,interval="prediction",level=0.95)
```

此代码的第一行创建了精细的解释变量序列，并以 newdata 参数所需的格式存储它。CI 和 PI 带的 $y$ 轴坐标被存储为矩阵对象 ci.band 和 pi.band 的第二和第三列。最后，用 lines 添加与两个区间的上限和下限对应的 4 条虚线中的每一条，且用 legend 添加最后的修饰。

```
R> lines(xseq[,1],ci.band[,2],lty=2)
R> lines(xseq[,1],ci.band[,3],lty=2)
R> lines(xseq[,1],pi.band[,2],lty=2,col="gray")
R> lines(xseq[,1],pi.band[,3],lty=2,col="gray")
R> legend("topleft",legend=c("Fit","95% CI","95% PI"),lty=c(1,2,2),
          col=c("black","black","gray"),lwd=c(2,1,1))
```

注意，正如预期的那样，对于之前的两个个体值 $x$，黑色虚线表示的 CI 带与垂直的黑线相合，灰色虚线表示的 PI 带与垂直的灰线相合。

图 20-3 显示了给图中添加的所有最终结果。这种图的特征是区间的曲率"向内弯曲"，尤其在 CI 中。出现这种曲线是因为，如果我们用更多的数据预测，那么变量的变化自然会很小。要知道更多关于线性模型对象 predict 的信息，可查看？predict.lm 帮助文件。

## 20.4.4 插值与外推

在介绍完预测之前,阐明插值和外推两个关键术语的定义是很重要的。这两个术语描述了给定的预测的性质。如果我们指定的 $x$ 值落在观测数据的范围内,则称该预测为插值;而外推是当 $x$ 值位于该范围之外时。对于刚刚做的点预测,我们可以看到 $x = 14.5$ 是插值的示例,而 $x = 24$ 是外推的示例。

一般来说,插值优于外推——使用拟合模型在已经观察到的数据附近进行预测更有意义。而离附近不太远的外推仍然可以被认为是可靠的。$x = 24$ 时的学生身高的示例正是这样一个外推的例子。它在观察数据的范围之外,但是在尺度上与其相差不是很大,并且与其他观测值的分布相比,期望值 $\hat{y} = 188.75$cm 的估计区间,至少在视觉上看起来是合理的。相反,使用拟合模型来预测比如 50cm 的手跨度的学生身高就变得没什么意义:

```
R> predict(survfit,newdata=data.frame(Wr.Hnd=50),interval="confidence",
       level=0.95)
     fit      lwr      upr
1 269.7845 251.9583 287.6106
```

这样一个极端的外推表明,手跨度为 50cm 的个体的平均身高大约为 270cm,这两个都是相当不现实的测量值。换个角度也一样;截距 $\hat{\beta}_0$ 表明手跨度为 0cm 时,学生的平均身高约为 114cm,并没有特别有用的实际意义。

这里的主要信息是,在用线性拟合模型进行任何预测时要使用常识。从结果的可靠性角度看,在观测数据适当的接近度内进行预测是可取的。

### 练习 20.1

继续使用 MASS 包中的 suevey 数据框进行下面几个练习。

a. 使用关于手跨度的学生身高的拟合模型 survfit,给出手跨度为 12、15.2、17 和 19.9cm 的平均学生身高的点估计和 99% 的置信区间。

b. 在 20.1 节中,我们定义了对象 incomplete.obs,一个数值向量,给出了在估计模型参数时默认不考虑的 suevey 记录。现在,与 survey 和式(20.3)一起,使用 incomplete.obs 向量,在 R 中计算 $\hat{\beta}_0$ 和 $\hat{\beta}_1$。(记住函数 mean,sd 和 cor。确保你的答案与 survfit 的输出匹配。)

c. 除了 Height 和 Wr.Hnd 外,suevey 数据框还有许多其他变量。这个练习的最终目的是拟合一个简单的线性模型来预测学生的平均身高,只是这次是从给出的脉搏预测他们的脉搏率。(继续假设满足 20.2 节中列出的条件。)

   i. 拟合回归模型并画一个散点图,将拟合线叠加在数据上。确保可以写下拟合的模型方程并保持图形可以打开。

   ii. 确定并解释斜率的点估计以及与 $H_0 : \beta_1 = 0; H_A : \beta_1 \neq 0$ 相关的假设检验的结果;同时要找到斜率参数的 90% 的 CI。

   iii. 使用模型,在 i 题的图上添加 90% 置信度和预测区间带的线,并添加图例以区分线。

   iv. 为当前的"脉冲高度"数据创建一个 incomplete.obs 向量。使用该向量计算用于 i 题中拟合模型的高度观测值的样本平均值。然后在图中为这个平均值上添加一条完美的水平线（使用颜色或线的类型选项，以避免与其他线混淆）。你观察到了什么？这幅图支持你从 ii 题中得出的结论吗？

接下来，检查 mtcars 数据集的帮助文件，我们在练习 13.4 中首次看到。那个练习的目的是以总重量为单位，以英里每加仑（MPG）为单位测量车辆的燃料效率（千磅）。

d. 在 $y$ 轴上绘制 data-mpg，在 $x$ 轴上绘制 wt。

e. 拟合简单线性回归模型。将从 d 题得到的拟合线添加到绘图中。

f. 记下回归方程并解释斜率的点估计。wt 对 mpg 的均值的影响的估计在统计上显著吗？

g. 对于重达 6000 磅的汽车，生成点估计以及 95% 的 PI。对于这个解释变量的值，你是否相信这个模型会做出准确的预测？说明你的原因。

## 20.5　分类解释变量

到目前为止，我们已经学习了关于连续解释变量的简单线性回归模型，但是，我们也可以使用由 $k$ 个不同组或水平组成的离散或分类解释变量来对平均被解释变量建模。我们要做与 20.2 节所述的相同假设：观测值彼此独立，残差是同方差的正态分布。首先，我们将学习最简单的情况，即 $k = 2$（一个二水平的解释变量），它是稍复杂情况的基础，即分类解释变量多于两个水平（多水平的解释变量：$k > 2$）。

### 20.5.1　二元变量：$k = 2$

将注意力转回到式（20.1），这里的回归模型被定义为 $Y|X = \beta_0 + \beta_1 X + \varepsilon$，其中，$Y$ 为被解释变量、$X$ 为解释变量，且 $\varepsilon \sim N(0, \sigma^2)$。现在，假设解释变量是分类的，只有两个可能的水平（二元；$k = 2$）且观测值编码为 0 或 1。对于这种情况，式（20.1）仍然成立，但是模型参数 $\beta_0$ 和 $\beta_1$，不再是真正的"截距"和"斜率"了。反而，最好把它们看成是两个截距，其中 $\beta_0$ 给出了 $X = 0$ 时的被解释变量的基线或参考值，而 $\beta_1$ 表示 $X = 1$ 时对平均被解释变量的增加效应。换句话说，如果 $X = 0$，则 $Y = \beta_0 + \varepsilon$；如果 $X = 1$，则 $Y = \beta_0 + \beta_1 + \varepsilon$。与之前一样，根据式（20.2）求得被解释变量的均值 $\hat{y} \equiv E[Y | X = x]$，所以该式变为 $\hat{y} = \hat{\beta}_0 + \hat{\beta}_1$。

回忆 survey 数据框，其中有一个 Sex 变量，用来记录学生的性别。查看帮助页面上的？survey 文档或输入如下内容：

```
R> class(survey$Sex)
[1] "factor"
R> table(survey$Sex)

Female Male
   118  118
```

我们会看到性别数据列是一个两水平的因子向量 Female 和 Male，并且恰好有两个相等的数量（237 个记录中有一个该变量的缺失值）。

我们要确定是否有统计证据表明学生的身高受到性别的影响。这意味着我们又要将身高作为被解释变量进行建模，但这一次，是以分类性别变量作为解释变量。

为了可视化数据，调用 plot，这将得到一对箱线图。

```
R> plot(survey$Height~survey$Sex)
```

这是因为定义在左边的被解释变量是数值型的，而右边的解释变量是一个因子，在这种情况下，R 的默认行为是生成并排箱线图。

为了进一步强调解释变量的分类性质，可以将原始的高度和性别观测值添加在箱线图的顶部。为此，只需调用 as.numeric 来将因子向量转换为数值型向量；然后直接调用 points 来完成。

```
R> points(survey$Height~as.numeric(survey$Sex),cex=0.5)
```

注意，箱线图用中心的粗线来标记中位数，但最小二乘线性回归由平均结果来定义，因此根据性别显示平均高度也很有用。

```
R> means.sex <- tapply(survey$Height,INDEX=survey$Sex,FUN=mean,na.rm=TRUE)
R> means.sex
  Female     Male
165.6867 178.8260
R> points(1:2,means.sex,pch=4,cex=3)
```

在 10.2.3 节中介绍过 tapply；在此调用中，参数 na.rm = TRUE 与 tapply 定义中的省略号相匹配，并传递给平均值（我们需要它来确保数据中存在的缺失值不会生成 NAs 为结果）。进一步调用 points，将那些坐标（如×标志）添加到图像中；图 20-4 给出了最终结果。

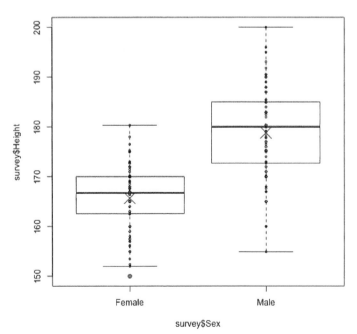

图 20-4　按性别划分的学生高度的箱线图，图中有
原始的观测值和样本均值（分别用 o 和×表示）

总的来说，这一图表示男性身高往往比女性高——但是有统计证据支持这种差异吗？

**二元变量的线性回归模型**

我们用一个简单线性回归模型来回答这个问题，可以使用 lm 来生成最小二乘估计，就像我们之前拟合的其他模型一样。

```
R> survfit2 <- lm(Height~Sex,data=survey)
R> summary(survfit2)

Call:
lm(formula = Height ~ Sex, data = survey)

Residuals:
    Min     1Q Median     3Q     Max
-23.886 -5.667  1.174  4.358  21.174

Coefficients:
            Estimate Std. Error t value Pr(>|t|)
(Intercept)  165.687      0.730  226.98   <2e-16 ***
SexMale       13.139      1.022   12.85   <2e-16 ***
---
Signif. codes: 0 '***' 0.001 '**' 0.01 '*' 0.05 '.' 0.1 ' ' 1

Residual standard error: 7.372 on 206 degrees of freedom
  (29 observations deleted due to missingness)
Multiple R-squared: 0.4449, Adjusted R-squared: 0.4422
F-statistic: 165.1 on 1 and 206 DF, p-value: < 2.2e-16
```

然而，因为解释变量是因子向量而不是数值向量，所以系数的报告略有不同。$\beta_0$ 的估计依旧报告为截距，也就是说，这是一个女学生的平均身高的估计。$\beta_1$ 的估计被报告为 SexMale。相应的回归系数 13.139 给出了男性的平均身高的估计与其差异。看相应的回归方程：

$$\hat{y} = \hat{\beta}_0 + \hat{\beta}_1 x = 165.687 + 13.139x \qquad (20.7)$$

就会发现模型已经拟合，其假设变量 $x$ 被定义为"个体是男性"——0 为否/假，1 为是/真。换句话说，性别变量的"女性"水平被作为参考，并且它是"成为男性"对估计的平均身高的确切效应。使用与 20.3.2 节中定义的相同假设来对 $\beta_0$ 和 $\beta_1$ 进行假设检验：

$$H_0 : \beta_j = 0$$
$$H_A : \beta_j \neq 0$$

同样，对 $\beta_1$ 的检验通常是我们最感兴趣的，因为它告诉我们是否有统计证据表明平均被解释变量受到解释变量的影响，如果 $\beta_1$ 显著不等于 0，就是有影响。

**二元分类变量的预测**

因为 $x$ 只有两个可能的值，所以在这里进行预测很简单。评估方程时，我们唯一需要做出的决定是，是否需要使用 $\hat{\beta}_1$（换句话说，如果是男性就需要；如果是女性就不需要）。例如，可以输入以下代码来创建与原始数据具有相同水平名称的 5 个额外的观察值因子，并将新数据存储在

extra.obs 中：

```
R> extra.obs <- factor(c("Female","Male","Male","Male","Female"))
R> extra.obs
[1] Female Male   Male   Male   Female
Levels: Female Male
```

然后，使用 predict 来计算解释变量的那些额外值的平均高度。（请记住，在使用 newdata 参数将新数据传递到 predict 时，解释变量必须与首次用于拟合该模型的数据格式相同。）

```
R> predict(survfit2,newdata=data.frame(Sex=extra.obs),interval="confidence",
        level=0.9)
       fit      lwr      upr
1 165.6867 164.4806 166.8928
2 178.8260 177.6429 180.0092
3 178.8260 177.6429 180.0092
4 178.8260 177.6429 180.0092
5 165.6867 164.4806 166.8928
```

可以从输出中看到，两组预测值之间是不同的——只用 90%CI 的两个 Female 实例的点估计的 $\hat{\beta}_1$ 是相同的。基于 $\hat{\beta}_0 + \hat{\beta}_1$ 的点估计，Male 实例的所有值的点估计和 CI 也彼此相同。

从它本身来说，这个例子不是很有趣。然而，这对了解 R 在使用分类解释变量时如何呈现回归结果至关重要，尤其是对第 21 章的多元回归模型。

### 20.5.2 多元变量：$k > 2$

分类解释变量的值多于两个水平（即 $k > 2$）的数据是很常见的。也可以称这些为多元分类变量。为了在保留参数的可解释性的同时处理这种更复杂的情况，我们必须首先使用虚拟代码将解释变量变为 $k - 1$ 个二元变量。

**对多元变量虚拟编码**

为了看这是如何实现的，假设我们希望计算给定一个分类变量 $X$ 的值时的被解释变量 $Y$ 的值，其中 $X$ 的水平 $k > 2$（也假设满足 20.2 节的线性回归模型的有效性条件）。

在回归建模中，虚拟编码是用来对诸如 $X$ 的分类变量创建若干二元变量的过程，以代替可能实现的单个分类变量：

$$X = 1, 2, 3, \cdots, k$$

我们用可能的实现方法将其重新编码为针对每个水平的几个是/否变量：

$$X_{(1)} = 0,1; \; X_{(2)} = 0,1; \; X_{(3)} = 0,1; \cdots; X_{(k)} = 0,1$$

可以看出，$X(i)$ 表示原始值 $X$ 的第 $i$ 个水平的二元变量。例如，如果个体在原始分类变量中有 $X = 2$，则 $X_{(2)} = 1$（是），而所有其他值（$X_{(1)}$，$X_{(3)}$，…，$X_{(k)}$）将为 0（否）。

假设 $X$ 是 $k = 4$ 的变量，且可以取 1、2、3 或 4 值中的任意一个，我们对该变量进行了 1、2、2、1、4、3 共 6 次观察。表 20-1 显示了这些观测值及等价于 $X_{(1)}$、$X_{(2)}$、$X_{(3)}$ 和 $X_{(4)}$ 的虚拟编码。

**表 20-1** 组 $k = 4$ 的分类变量的 6 次观察的虚拟编码示例的说明

| $X$ | $X_{(1)}$ | $X_{(2)}$ | $X_{(3)}$ | $X_{(4)}$ |
|---|---|---|---|---|
| 1 | 1 | 0 | 0 | 0 |
| 2 | 0 | 1 | 0 | 0 |
| 2 | 0 | 1 | 0 | 0 |
| 1 | 1 | 0 | 0 | 0 |
| 4 | 0 | 0 | 0 | 1 |
| 3 | 0 | 0 | 1 | 0 |

在后续的拟合模型中，通常只使用虚拟二元变量的 $k-1$ 个水平——其中一个变量充当参考或基线水平，并且它被并入模型的总截距中。实际上，我们最终会得到一个以下形式的估计模型：

$$\hat{y} = \hat{\beta}_0 + \hat{\beta}_1 X_{(2)} + \hat{\beta}_2 X_{(3)} + \cdots + \hat{\beta}_{k-1} X_{(k)} \tag{20.8}$$

假设 1 为参考水平。可以看到，除了总截距项 $\beta_0$ 之外，还有 $k-1$ 个要估计的截距项，它们根据观测值所依据的原始类别修正基线系数 $\beta_0$。例如，根据式 (20.8) 中使用的编码，如果一个观测值是 $X_{(3)} = 1$ 且其他二元变量值为 0（使得原始分类变量的观测值 $X = 3$），则预测的被解释变量的平均值将是 $\hat{y} = \hat{\beta}_0 + \hat{\beta}_2$。另外，由于参考水平被定义为 1，如果所有二元解释变量的值为 0，就意味着原始分类变量的观测值 $X = 1$，并且预测将简化为 $\hat{y} = \hat{\beta}_0$。

对于这种性质的分类变量，必须使用虚拟代码的理由是，一般来说，类别不能与连续变量相同的数值意义彼此相关。例如，如果估计方法假定 4 个类别的观测值个数是两个类别的观测值个数的"两倍"，我们认为这是不恰当的。然而，二元的存在/缺失变量是有效的，并且可以容易地并入建模框架中。选择参考水平通常也比较重要——估计系数的具体值会相应地变化，但是基于拟合模型所做的整体的解释将是相同的。

注意：实现这种虚拟编码的方法在技术上来讲是一种多元回归的形式，因为现在的模型包含了多个二元变量。然而，意识到虚拟编码的一些人为的性质很重要——我们应该仍然用多重系数表示单个分类变量，因为二元变量 $X_{(1)}, \cdots, X_{(k)}$ 彼此不是独立的。这就是为什么我们选择在本章中定义这些模型；将在第 21 章中正式讨论多元回归。

**多元变量的线性回归模型**

R 以这种方式使用分类解释变量是相当简单的，因为调用 lm 时，它会为这类解释变量自动编虚拟代码。但是，在拟合模型之前我们应该检查两件事。

1. 感兴趣的分类变量应存储为（形式上无序）因子。
2. 我们应该检查作为参考水平的类别（如果要解释，可参见 20.5.3 节）。

当然，还必须保证 $\varepsilon$ 的正态和独立性假设的有效性。

为了演示所有的定义和观点，我们回到 MASS 包的学生调查数据，并仍将"学生身高"作为感兴趣的被解释变量。数据中有变量 Smoke。这个变量描述了每个学生所属的吸烟者的类别，由频率定义可以分为"严重""从不""偶尔"和"经常"4 个类别。

```
R> is.factor(survey$Smoke)
[1] TRUE
R> table(survey$Smoke)
```

```
Heavy Never Occas Regul
   11   189   19    17
R> levels(survey$Smoke)
[1] "Heavy" "Never" "Occas" "Regul"
```

这里，is.factor（surv-ey $ Smoke）的结果表明确实有一个因子向量，对 table 的调用产生了 4 个类别的学生数量，并且根据第 5 章，我们可以明确地通过 levels 请求任何 R 因子的水平属性。

我们希望知道，是否有统计证据支持学生的平均身高依赖吸烟频率的差异。我们可以使用以下两行创建一组数据的箱线图；图 20-5 显示了结果。

```
R> boxplot(Height~Smoke,data=survey)
R> points(1:4,tapply(survey$Height,survey$Smoke,mean,na.rm=TRUE),pch=4)
```

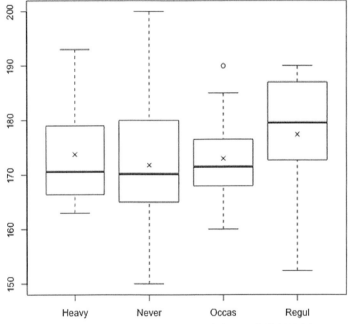

图 20-5　依据吸烟频率区分的学生身高观测值的箱线图；
各个样本均值标记为×

从之前的 R 的输出可知道：除非在创建时明确定义，否则默认情况下，因子的水平会以字母顺序出现，如该例子中的 Smoke，当该因子被用作后续拟合模型的解释变量时，R 将自动设置第一个（如调用 levels 的输出中所示）作为参考水平。使用 lm 拟合线性模型，我们可以从随后调用的 summary 看到，确实是 Smoke 的第一个水平 "heavey" 被用作参考水平：

```
R> survfit3 <- lm(Height~Smoke,data=survey)
R> summary(survfit3)

Call:
lm(formula = Height ~ Smoke, data = survey)

Residuals:
```

```
      Min    1Q Median    3Q    Max
  -25.02  -6.82  -1.64   8.18  28.18


Coefficients:
              Estimate Std. Error t value Pr(>|t|)
(Intercept)  173.7720     3.1028  56.005   <2e-16 ***
SmokeNever    -1.9520     3.1933  -0.611    0.542
SmokeOccas    -0.7433     3.9553  -0.188    0.851
SmokeRegul     3.6451     4.0625   0.897    0.371
---
Signif. codes: 0 '***' 0.001 '**' 0.01 '*' 0.05 '.' 0.1 ' ' 1

Residual standard error: 9.812 on 205 degrees of freedom
  (28 observations deleted due to missingness)
Multiple R-squared: 0.02153,  Adjusted R-squared: 0.007214
F-statistic: 1.504 on 3 and 205 DF,  p-value: 0.2147
```

如式（20.8）中所概述的，我们得到了该示例中 4 个可能类别对应的 3 个虚拟二元变量的系数的估计——3 个非参考水平。参考类别 Heavy 的观测值仅由 $\hat{\beta}_0$ 表示，被指定为总体截距，而其他系数给出了与其他类别相关的效应。

**多元分类变量的预测**

通常我们通过预测来找到点估计。

```
R> one.of.each <- factor(levels(survey$Smoke))
R> one.of.each
[1] Heavy Never Occas Regul
Levels: Heavy Never Occas Regul
R> predict(survfit3,newdata=data.frame(Smoke=one.of.each),
          interval="confidence",level=0.95)
       fit      lwr      upr
1 173.7720 167.6545 179.8895
2 171.8200 170.3319 173.3081
3 173.0287 168.1924 177.8651
4 177.4171 172.2469 182.5874
```

在这里，为了阐明目的，作者创建了对象 one.of.each；它表示 4 个类别中的一个观测值，被存储为与原始 Smoke 数据的类（和水平）相匹配的对象。例如，Occas 类别的学生的平均身高预计为 173.772−0.743 3 = 173.028 7。

然而，之前的模型汇总输出显示，没有一个二元虚拟变量系数被认为在统计上显著不为 0（因为所有的 $p$ 值都太大）。结果表明，正如我们猜测的，基于这个样本的个体，没有证据表明吸烟频率（或者更具体地，吸烟频率不同于参考水平）影响学生的平均身高。通常，基线系数 $\beta_0$ 在统计上是高度显著的，但是仅仅表明总截距可能不是零。（因为被解释变量是对高度的测量，并且显然不会集中在 0cm 附近，那么结果就是有意义的。）提供的置信区间通常以 t 分布为基础的方式计算。

较小的 R 平方值加强了这一结论，表明被解释变量的变化几乎不可以通过改变吸烟频率的类别来解释。此外，总体 F 检验的 $p$ 值相当大，大约为 0.215，这表明解释变量对被解释变量的总体影响不显著；我们将在 20.5.5 节和稍后的 21.3.5 节中更详细地讨论这一点。

如前所述，对结果的解释很重要——实际上是基于回归中的 $k$ 水平分类变量的综合方式。可以声称，吸烟对身高没有可识别的效果，因为所有的二元虚拟系数的 $p$ 值都是不显著的。如果实际上其中一个水平是高度显著的（通过小的 $p$ 值），就意味着（如本文所定义的），吸烟因子作为一个整体确实对被解释变量具有统计学上可检测的效应（即使其他两个水平仍然与非常高的 $p$ 值相关联）。这将在第 21 章的几个例子中进一步讨论。

### 20.5.3 改变参考水平

有时，我们可能会更改默认的参考水平，相比之下，估计的是其他水平的影响。改变基线将导致不同系数的估计，意味着个别 $p$ 值可能会改变，但总体结果（在因子的全局显著性方面）不会受到影响。因此，改变参考水平仅仅是为了解释的目的——有时候有解释因子的直观自然基线（例如，在一些临床试验中，"安慰剂"作为"药物 A"和"药物 B"的参考变量），从中我们可估计相对于其他类别的平均解释变量的标准差。

使用 R 中的内置函数 relevel，可以快速对参考水平重新定义。此函数允许我们选择一个水平在给定因子向量对象的定义中先出现，将其作为后续的拟合模型的参考水平。在当前的示例中，假设我们将不吸烟者作为参考水平。

```
R> SmokeReordered <- relevel(survey$Smoke,ref="Never")
R> levels(SmokeReordered)
[1] "Never" "Heavy" "Occas" "Regul"
```

relevel 函数将 Never 类别移入新的因子向量中的第一个位置。如果使用 SmokeReordered 而不是 survey 的原始列 Smoke 来继续拟合模型，它将给出与吸烟者的 3 个水平相关的系数的估计。

在回归应用中，无序和有序因子向量的处理方法的差异没有意义。例如，在创建新的因子向量时，增加吸烟的频率使正式地排序吸烟变量看起来是明智的。然而，当用 lm 的调用给出有序因子向量时，R 以不同的方式反应——它不会执行这里讨论的相对简单的虚拟编码，它的效果与基线的每个可选水平相关（技术上，作为正交对比度）。相反，R 的默认行为是基于所谓的多项式对比来拟合模型，它的有序分类变量对被解释变量的影响被定义为更复杂的函数形式。这个讨论超出了本文的范围，但是它足以说明，当我们的兴趣在于一组有序的类别"向上移动"的具体函数性质时，这种方法可能是有益的。有关技术细节的更多信息，可参见 Kuhn 和 Johnson（2013）。我们将使用无序因子向量作为本书中所有相关的回归示例。

### 20.5.4 将分类变量视为数字

lm 函数决定拟合模型的参数的方式主要取决于我们提供的数据类型。如前所述，当且仅当解释变量是无序因子向量时，lm 才会采用虚拟编码。

有时，我们要分析的分类数据并未作为因子存储在数据对象中。如果分类变量是特征向量，则 lm 函数默认将其转变为因子。然而，如果分类变量是数值型，则与连续型数值解释变量一样，lm 将执行线性回归；它估计单个回归系数，被解释为每变化一个单位的平均被解释变量。

如果原来的解释变量由不同类型的数据组成，那么原先的处理似乎是不合适的。当然，在一些设置中，特别是当变量可以被视为离散型数值时，这种处理不仅在统计学上有效，而且有助于解释。

以现成的数据集 mtcars 为例。假设我们对里程变量 mpg（连续型）和气缸数 cyl（离散型；数据集包含具有 4 个、6 个或 8 个气缸的汽车）感兴趣。现在，可以将 cyl 视为分类变量。以 mpg 为被解释变量，箱线图非常适合反映 cyl 作为预测值的分组性质；图 20-6a 是下面代码的结果：

```
R> boxplot(mtcars$mpg~mtcars$cyl,xlab="Cylinders",ylab="MPG")
```

在拟合相关的回归模型时，我们必须清楚在命令 R 做什么。因为 mtcars 的 cyl 列本身是数值向量而不是因子向量，所以如果我们直接调用数据框，lm 函数会将它视为连续型变量。

```
R> class(mtcars$cyl)
[1] "numeric"
R> carfit <- lm(mpg~cyl,data=mtcars)
R> summary(carfit)

Call:
lm(formula = mpg ~ cyl, data = mtcars)

Residuals:
    Min      1Q Median     3Q    Max
-4.9814 -2.1185 0.2217 1.0717 7.5186
Coefficients:
            Estimate Std. Error t value Pr(>|t|)
(Intercept) 37.8846     2.0738   18.27  < 2e-16 ***
cyl         -2.8758     0.3224   -8.92 6.11e-10 ***
---
Signif. codes: 0 '***' 0.001 '**' 0.01 '*' 0.05 '.' 0.1 ' ' 1

Residual standard error: 3.206 on 30 degrees of freedom
Multiple R-squared: 0.7262, Adjusted R-squared: 0.7171
F-statistic: 79.56 on 1 and 30 DF, p-value: 6.113e-10
```

正如前面的部分，我们已经得到了截距和斜率的估计值；后者在统计上是高度显著的，表明存在拒绝斜率的真实值为 0 的证据。我们拟合的回归方程是：

$$\hat{y} = \hat{\beta}_0 + \hat{\beta}_1 x = 37.88 - 2.88x$$

其中，$\hat{y}$ 是平均里程；$x$ 是数值型，表示气缸数。模型表示，每增加一个气缸，汽车的里程将平均减少 2.88 MPG。

我们对有效的分类数据拟合了一条连续的直线，如图 20-6b 所示，即下面代码的结果：

```
R> plot(mtcars$mpg~mtcars$cyl,xlab="Cylinders",ylab="MPG")
R> abline(carfit,lwd=2)
```

一些研究者有意将分类或离散型解释变量作为连续变量处理。首先，它允许插值，例如，我们可以使用此模型来估计 5 个气缸的汽车的平均 MPG。其次，这意味着需要估计更少的参数，也就是说，$k$ 水平的分类变量不需要 $k-1$ 个截距，而是我们只需要一个斜率参数。最后，这是一种控制所谓的多余变量的好方法，详细内容可参见第 21 章。另外，这意味着我们不再获得特定组的信息。如果对应于解释变量类别的观测值的平均被解释变量的差异不能被良好地线性表示——可能完全丢失检验的显著性影响，那么以这种方式进行检验就可能误导人。

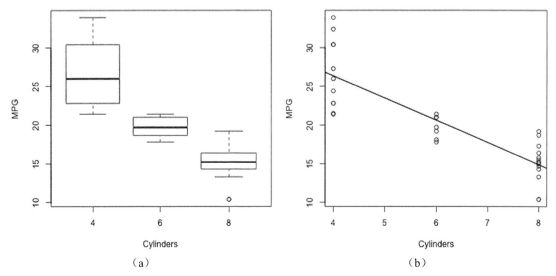

图 20-6　实例结果图　（a）以气缸分类的 mtcars 数据集的里程箱线图
（b）相同数据的拟合回归线（视 cyl 为连续型数值）的叠加散点图

至少，在拟合模型时识别这种区别很重要。如果我们意识到 R 已经把 cyl 变量拟合为连续型变量，但实际上希望把 cyl 作为分类变量来拟合模型，那么我们必须事先或在调用 lm 函数时将它转换为因子向量。

```
R> carfit <- lm(mpg~factor(cyl),data=mtcars)
R> summary(carfit)

Call:
lm(formula = mpg ~ factor(cyl), data = mtcars)

Residuals:
    Min      1Q Median     3Q    Max
-5.2636 -1.8357 0.0286 1.3893 7.2364

Coefficients:
            Estimate Std. Error t value Pr(>|t|)
(Intercept)  26.6636     0.9718  27.437  < 2e-16 ***
factor(cyl)6 -6.9208     1.5583  -4.441 0.000119 ***
factor(cyl)8 -11.5636    1.2986  -8.905 8.57e-10 ***
---
Signif. codes: 0 '***' 0.001 '**' 0.01 '*' 0.05 '.' 0.1 ' ' 1

Residual standard error: 3.223 on 29 degrees of freedom
Multiple R-squared: 0.7325, Adjusted R-squared: 0.714
F-statistic: 39.7 on 2 and 29 DF, p-value: 4.979e-09
```

这里，在指定 lm 函数时，将 cyl 放在 factor 后的括号中，分别获得了对应于 6 个和 8 个气缸水平的回归系数的估计值（参考水平自动设置为 4 个气缸）。

## 20.5.5 单因素方差分析的等价

查看一下使用一个名义分类变量作为解释变量的回归模型。这些模型描述了 $k$ 个不同组的平均被解释变量值。这使你想起什么了吗？此时的做法实际上与单向方差分析（见 19.1 节）相同：比较两个以上的平均值，并确定是否有统计证据表明至少有一个平均值与其他平均值不同。我们需要对两种方法做出同样的独立性和正态性假定。

事实上，使用最小二乘估计的单个分类解释变量的简单线性回归，只是另一种进行单因素方差分析的方法。或者可以简单地说，方差分析是最小二乘回归的特殊情况。单因素方差分析检验的结果是一个单一的 $p$ 值，其定义了拒绝各组平均值相等的原假设的统计水平。当在回归中只有一个分类解释变量时，它就是对 lm 对象使用 summary 函数时出现在最后的 $p$ 值——我们已经提到了几次"整体"或"全局"显著性检验（见 20.3.3 节）。

回顾一下对吸烟程度建立的学生身高模型的全局显著性检验的最终结果，得到的 $p$ 值为 0.2147。这是由 F 检验统计量为 1.504，df1 = 3 和 df2 = 205 计算得到结果。现在，假设我们只是传递了数据，并要求以吸烟为分组对身高进行单因素方差分析。如 19.1 节中介绍的使用 aov 函数，可以执行下列代码：

```
R> summary(aov(Height~Smoke,data=survey))
             Df Sum Sq Mean Sq F value Pr(>F)
Smoke         3    434  144.78   1.504  0.215
Residuals   205  19736   96.27
28 observations deleted due to missingness
```

这里返回相同的值。我们还可以计算出 MSE 的平方根：

```
R> sqrt(96.27)
[1] 9.811728
```

这实际上是 lm 汇总中给出的"剩余标准差"。关于吸烟程度对身高的影响（一个是 lm 的输出，另一个是方差分析检验）的两个结论当然也是一样的。

lm 提供的全局检验不仅仅有确认方差分析结果的好处。作为方差分析的推广，最小二乘回归模型不只提供了系数的显著性检验。该全局检验称为综合的 F 检验，虽然它确实等同于"单个分类解释变量"的单因素方差分析，它也是一个关于几个解释变量对被解释变量的贡献值的全局、独立性检验。在学习了使用多个解释变量来拟合被解释变量之后，我们将在 21.3.5 节进一步探讨。

---

### 练习 20.2

继续使用 MASS 包中的 suevey 数据框进行下面几个练习。

a. survey 数据集包含名为 Exer 的变量，$k = 3$ 水平的因子，描述每个学生的体育锻炼时间量：没有、有时或经常。获得每个类别的学生数量的计数，并且生成依据学生锻炼量分类的身高的并排箱线图。

b. 同样，假设观测值具有正态性和独立性，将学生身高作为被解释变量，锻炼量作为解释变量（虚拟编码）来拟合线性回归模型量。解释变量的默认参考水平是什么？生成一个模型汇总。

c. 根据 b 题的拟合模型得出结论——运动频率是否对平均身高有影响？估计效果的性质是什么？

d. 用 95%的预测区间，预测 3 个锻炼类别中的每个个体中的平均身高。

e. 如果使用 aov 构建一个方差分析表，是否会与身高—锻炼模型得到的结果和解释相同？

f. 如果改变模型以使运动变量的参考水平为"none"，e 题的结果会发生变化吗？你的期望是什么？

现在，返回到现成的 mtcars 数据集。该数据框中的一个变量是 qsec，描述了跑四分之一英里所花费的时间（秒）；另一个是 gear，即前进档的数量（该数据集中的车辆具有 3、4 或 5 个挡位）。

g. 直接从数据框中使用向量，拟合一个简单线性回归模型，qsec 作为被解释变量，齿轮作为解释变量，并解释模型的汇总。

h. 将齿轮转换为因子向量并重新拟合模型。将模型的汇总与 g 题的模型汇总进行比较。你发现了什么？

i. 借助与图 20-6 b 相同形式的图，解释为什么你认为 g 题和 h 题两个模型之间存在差异。

**本章重要代码**

| 函数/操作 | 简要描述 | 首次出现 |
|---|---|---|
| lm | 拟合线性模型 | 20.2.3 节 |
| coef | 获得估计系数 | 20.2.4 节 |
| summary | 汇总线性模型 | 20.3.1 节 |
| confint | 获取估计系数的置信区间 | 20.3.2 节 |
| predict | 线性模型的预测 | 20.4.2 节 |
| relevel | 改变因子参考水平 | 20.5.3 节 |

# 21

# 多元线性回归

多元线性回归是对上一章单个解释变量模型的推广。它允许我们对连续被解释变量关于一个以上的解释变量进行建模，因此我们可以衡量多个解释变量对被解释变量的联合效应。在本章，我们将介绍如何以这种方式对被解释变量进行建模，并将通过 R 实现最小二乘法拟合模型。我们还将在 R 环境中通过其他统计角度去探讨线性模型，例如转换变量以及其包括的交互效应。

多元线性回归是统计实践的重要组成部分。它允许我们控制或调整被解释变量值的多个影响源，而不仅仅是测量一个解释变量的影响（在大多数情况下，结果的测量值有多个影响因素）。这类方法的核心是揭示被解释变量和所有解释变量的（联合）效应之间的潜在因果关系。在现实中，因果关系本身是极难建立的，但我们可以使用由可靠的数据采集和拟合模型支持的研究来强化因果关系的证据，其可以衡量数据中真实存在的关系。

## 21.1 相关术语

在查看支持多元线性回归模型的理论之前，了解与解释变量相关的一些术语是很重要的。

- 潜在变量影响被解释变量、另一个解释变量或两者都影响，但未在预测模型中体现（或未包括）。例如，假设研究人员建立了一个家庭抛出的垃圾量与家庭是否拥有蹦床之间的联系。这里的潜在变量是家庭中孩子的数量——这个变量可能与垃圾的增加和拥有蹦床的机会呈正相关。说是拥有蹦床会增加垃圾的这个解释是错误的。
- 潜在变量的存在可以导致关于被解释变量和其他解释变量之间的因果关系的虚假结论，或者它可以掩盖真实的因果关系；这种错误称为混淆。换句话说，我们可以认为混淆是一个或多个解释变量对被解释变量值的影响的干扰。
- 累赘或外部变量是次要或无关紧要的解释变量，有可能混淆其他变量之间的关系，从而影响我们对其他回归系数的估计。作为必要的部分，外部变量被包括在模型中，但它们对被解释变量的影响的具体性质不是我们分析的主要关注点。

在拟合和解释 21.3 节中的回归模型时，这些定义将变得更清楚。相关并不意味着因果关系。如果拟合模型在一个解释变量（或多个解释变量）和被解释变量之间显示出了统计上显著的关联，考虑潜在变量对结果做出贡献的可能性并在得出结论之前尝试控制混淆是很重要的。多元回归模型允许我们这样做。

# 21.2    理论

在开始使用 R 拟合回归模型之前，我们要检验具有多个解释变量的线性回归模型的定义。在这一节，我们将学习模型的数学形式，并在使用 R 估计模型参数时查看其"背后"的计算过程。

## 21.2.1    将简单模型扩展为多元模型

在给定 $p>1$ 个独立解释变量 $X_1$，$X_2$，$\cdots$，$X_p$ 的值的情况下，确定连续被解释变量 $Y$ 的值。总体回归模型定义为：

$$Y = \beta_0 + \beta_1 X_1 + \beta_2 X_2 + \cdots + \beta_p X_p + \epsilon \tag{21.1}$$

其中，$\beta_0, \cdots, \beta_p$ 是回归系数，且如前所述，假定围绕总体均值的残差是独立、正态分布的，即 $\varepsilon \sim \mathrm{N}\left(0,\ \sigma^2\right)$。

在实践中，有 $n$ 条数据记录，每条记录给出了每个解释变量 $X_j$ 的值，其中 $j = \{1, \cdots, p\}$，要拟合的模型是在特定的一组解释变量下给出的平均被解释变量。

$$\hat{y} = \mathbb{E}[Y \mid X_1 = x_1, X_2 = x_2, \cdots, X_p = x_p] = \hat{\beta}_0 + \hat{\beta}_1 x_1 + \hat{\beta}_2 x_2 + \cdots + \hat{\beta}_n x_p$$

其中，$\hat{\beta}_j$ 代表估计的回归系数。

在简单线性回归中，只有一个解释变量，回顾一下，我们的目标是找到"最佳拟合线"。对于具有多个独立解释变量的线性模型，最小二乘估计的思想与简单线性回归相同。然而，在抽象的意义上，我们可以把被解释变量和解释变量之间的关系当作一个多维平面或表面。我们要找到拟合多变量数据的最好的表面，以使其自身和被解释变量的原始数据之间的总平方距离最小。

更正式地，对于 $n$ 条数据记录，求得使得该和最小的值 $\hat{\beta}_j$。

$$\sum_{i=1}^{n} \{y_i - (\beta_0 + \beta_1 x_{1,i} + \beta_2 x_{2,i} + \cdots + \hat{\beta}_p x_{p,i})\}^2 \tag{21.2}$$

其中，$x_{j,i}$ 是解释变量 $X_j$ 的第 $i$ 个个体的观测值，$y_i$ 是其对应的被解释变量的值。

## 21.2.2    矩阵形式的估计

用数据的矩阵形式来表示使该平方距离最小化的式（21.2）所涉及的计算更容易。在处理 $n$ 个多变量的观测值时，式（21.1）可写成如下形式：

$$Y = X \cdot \beta + \epsilon$$

其中，$Y$ 和 $\varepsilon$ 是 $n \times 1$ 列矩阵，例如：

$$Y = \begin{bmatrix} y_1 \\ y_2 \\ \vdots \\ y_n \end{bmatrix}, \quad \epsilon = \begin{bmatrix} \epsilon_1 \\ \epsilon_2 \\ \vdots \\ \epsilon_n \end{bmatrix}$$

这里，$y_i$ 和 $\varepsilon_i$ 指的是被解释变量的观测值和第 $i$ 个个体的随机误差项。$\beta$ 表示回归系数的 $(p+1) \times 1$ 列矩阵，然后将所有个体和解释变量的观测值存储在 $n \times (p+1)$ 矩阵 $X$ 中，称为设计矩阵：

$$\beta = \begin{bmatrix} \beta_1 \\ \beta_2 \\ \vdots \\ \beta_p \end{bmatrix}, \quad X = \begin{bmatrix} 1 & x_{1,1} & \cdots & x_{p,1} \\ 1 & x_{1,2} & \cdots & x_{p,2} \\ \vdots & \vdots & \ddots & \vdots \\ 1 & x_{1,n} & \cdots & x_{p,n} \end{bmatrix}$$

式（21.2）的最小化给出了估计的回归系数值，计算如下：

$$\hat{\beta} = \begin{bmatrix} \hat{\beta}_0 \\ \hat{\beta}_1 \\ \vdots \\ \hat{\beta}_p \end{bmatrix} = (X^T \cdot X)^{-1} \cdot X^T \cdot Y \tag{21.3}$$

注意以下事项：

- 符号 • 表示矩阵乘法，上标 $^T$ 表示转置，$^{-1}$ 表示矩阵的逆（如 3.3 节）。
- 扩展 $\beta$ 和 $X$ 的大小（注意 $X$ 中的第一列）以创建大小为 $p+1$ 的结构（而不仅仅是 $p$ 个解释变量）来估计总截距 $\beta_0$。
- 与式（21.3）一样，设计矩阵在估计其他量时起着至关重要的作用，例如系数的标准误差。

### 21.2.3　一个基础例子

在 R 中，可以使用第 3 章讲过的函数来手动估计 $\beta_j$ $(j = 0,1,\cdots,p)$：%*%（矩阵乘法）、t（矩阵转置）和 solve（矩阵求逆）。假设有两个解释变量：$X_1$ 为连续型，$X_2$ 为二元型。因此，目标回归方程为 $\hat{y} = \hat{\beta}_0 + \hat{\beta}_1 x_1 + \hat{\beta}_2 x_2$。如果我们收集了以下数据，$n=8$ 个个体的被解释变量的数据，$X_1$ 的数据和 $X_2$ 的数据，它们分别在列 $y$、$x1$ 和 $x2$ 中给出。

```
R> demo.data <- data.frame(y=c(1.55,0.42,1.29,0.73,0.76,-1.09,1.41,-0.32),
                           x1=c(1.13,-0.73,0.12,0.52,-0.54,-1.15,0.20,-1.09),
                           x2=c(1,0,1,1,0,1,0,1))
R> demo.data
      Y    x1 x2
1  1.55  1.13  1
2  0.42 -0.73  0
3  1.29  0.12  1
4  0.73  0.52  1
5  0.76 -0.54  0
6 -1.09 -1.15  1
7  1.41  0.20  0
```

```
8  -0.32 -1.09 1
```

为了得到线性模型的点估计，$\boldsymbol{\beta} = [\beta_0, \beta_1, \beta_2]^T$，首先如式（21.3）的要求来构建 $\boldsymbol{X}$ 和 $\boldsymbol{Y}$。

```
R> Y <- matrix(demo.data$y)
R> Y
      [,1]
[1,]  1.55
[2,]  0.42
[3,]  1.29
[4,]  0.73
[5,]  0.76
[6,] -1.09
[7,]  1.41
[8,] -0.32
R> n <- nrow(demo.data)
R> X <- matrix(c(rep(1,n),demo.data$x1,demo.data$x2),nrow=n,ncol=3)
R> X
      [,1]  [,2] [,3]
[1,]    1   1.13    1
[2,]    1  -0.73    0
[3,]    1   0.12    1
[4,]    1   0.52    1
[5,]    1  -0.54    0
[6,]    1  -1.15    1
[7,]    1   0.20    0
[8,]    1  -1.09    1
```

现在我们要做的是执行对应于式（21.3）的行代码。

```
R> BETA.HAT <- solve(t(X)
R> BETA.HAT
           [,1]
[1,]  1.2254572
[2,]  1.0153004
[3,] -0.6980189
```

使用最小二乘法来拟合基于 demo.data 中的观测数据的模型，得到估计值 $\hat{\beta}_0 = 1.225$，$\hat{\beta}_1 = 1.015$ 和 $\hat{\beta}_2 = -0.698$。

## 21.3 在 R 中的实现和解释

R 自动构建矩阵，并执行我们指示其拟合多元线性回归模型时的所有的计算，这是有帮助的。与简单回归模型一样，在第一个参数中指定公式时，我们可以使用 lm 且只需将所有的其他解释变量包括在内。所以，我们可以专注于 R 语法及其解释，只关注主要影响，随后我们将在本章的后面探讨更复杂的关系。

对于输出和解释，处理多元解释变量遵循与第 20 章相同的规则。任何数值型连续变量（或被视为如此的分类变量）都具有衡量"每单位变化"的斜率系数。任何 $k$ 组分类变量（因子，形式上无序）都是虚拟编码的，并给出了 $k-1$ 个截距。

### 21.3.1 其他解释变量

先确认上一节手动矩阵的计算。使用 demo.data 对象，拟合多元线性模型，并检验该对象的系数，如下：

```
R> demo.fit <- lm(y~x1+x2,data=demo.data)
R> coef(demo.fit)
(Intercept)          x1          x2
  1.2254572   1.0153004 -0.6980189
```

可以看到，我们获得的是之前存储在 BETA.HAT 中的点估计值。

像往常一样，在～符号的左侧定义被解释变量，右侧定义多个解释变量；它们合在一起表示公式参数。在拟合具有多个主效应的模型时，应使用+来分隔我们要包括的变量。事实上，我们在调查双向方差分析时，就已经在 19.2.2 节中看到过这种符号。

为了研究多元线性回归模型的估计参数的解释，我们回到 MASS 包中的 survey 数据集。在第 20 章，我们探索了几个简单线性回归模型，基于以学生身高为被解释变量，以及独立的解释变量：手跨度（连续型）和性别（分类，$k=2$）。我们发现手跨度在统计上是高度显著的，而估计系数表明手跨度每增加 1cm，平均身高约增加约 3.12 cm。再看同样的将性别作为解释变量的 t 检验，模型也表明了反对零假设的证据，与女性身高的平均值（用作参考水平的类别）相比，"成为男性"大约使平均值增加 13.14cm。

这些模型不能告诉我们性别和手跨度对身高预计的联合效应。如果在多元线性模型中加入这两个解释变量，我们可以（在某种程度上）减少单个解释变量对身高的影响的拟合中可能发生的所有混淆。

```
R> survmult <- lm(Height~Wr.Hnd+Sex,data=survey)
R> summary(survmult)
Call:
lm(formula = Height ~ Wr.Hnd + Sex, data = survey)

Residuals:
     Min      1Q Median      3Q      Max
-17.7479 -4.1830  0.7749  4.6665 21.9253

Coefficients:
            Estimate Std. Error t value Pr(>|t|)
(Intercept) 137.6870     5.7131  24.100  < 2e-16 ***
Wr.Hnd        1.5944     0.3229   4.937 1.64e-06 ***
SexMale       9.4898     1.2287   7.724 5.00e-13 ***
---
Signif. codes: 0 '***' 0.001 '**' 0.01 '*' 0.05 '.' 0.1 ' ' 1

Residual standard error: 6.987 on 204 degrees of freedom
```

```
(30 observations deleted due to missingness)
Multiple R-squared: 0.5062, Adjusted R-squared: 0.5014
F-statistic: 104.6 on 2 and 204 DF, p-value: < 2.2e-16
```

手跨度的系数现在大约为 1.59，几乎是独立进行简单线性回归时的高度对应值（3.12 cm）的一半。即使这样，它在包括性别时仍然有高度的统计意义上的显著。与简单线性模型相比，性别的系数大小也减小了，并且在包括手跨度时仍然是显著的。我们马上就会解释这些新的数字。

至于其他输出，残差标准误仍然为我们提供了随机噪声项 $\varepsilon$ 的标准误差的估计，以及 R 平方值。多于一个的解释变量，称为多重可决系数。该系数的计算，如在单个解释变量中的设置，来源于模型中变量之间的相关性。复杂的理论将留到更高级的版本，但重要的是要注意，R 平方仍然表示由回归模型解释的被解释变量值的变异性的比例；在这个例子中，它处在 0.51 附近。

如果需要，可以以相同的方式继续添加解释变量。在 20.5.2 节中，我们将吸烟频率作为独立于身高的分类解释变量，发现该解释变量没有提供对平均被解释变量影响的统计证据。但是，如果我们控制了手跨度和性别，其对吸烟变量的贡献在统计上是否显著？

```
R> survmult2 <- lm(Height~Wr.Hnd+Sex+Smoke,data=survey)
R> summary(survmult2)

Call:
lm(formula = Height ~ Wr.Hnd + Sex + Smoke, data = survey)

Residuals:
    Min     1Q Median     3Q     Max
-17.4869 -4.7617 0.7604 4.3691 22.1237

Coefficients:
            Estimate Std. Error t value Pr(>|t|)
(Intercept) 137.4056     6.5444  20.996  < 2e-16 ***
Wr.Hnd        1.6042     0.3301   4.860 2.36e-06 ***
SexMale       9.3979     1.2452   7.547 1.51e-12 ***
SmokeNever   -0.0442     2.3135  -0.019    0.985
SmokeOccas    1.5267     2.8694   0.532    0.595
SmokeRegul    0.9211     2.9290   0.314    0.753
---
Signif. codes: 0 '***' 0.001 '**' 0.01 '*' 0.05 '.' 0.1 ' ' 1

Residual standard error: 7.023 on 201 degrees of freedom
  (30 observations deleted due to missingness)
Multiple R-squared: 0.5085, Adjusted R-squared: 0.4962
F-statistic: 41.59 on 5 and 201 DF, p-value: < 2.2e-16
```

因为 Smoke 是一个 $k>2$ 水平的分类变量，是虚拟编码的（使用重吸烟者作为默认参考水平），为变量的 3 个非参考水平提供了 3 个附加的截距；第四个被并入到总截距中。

在最新拟合的汇总中，我们可以看到，手跨度和性别依然产生非常小的 $p$ 值，而吸烟频率表明没有证据反对系数为 0 的假设。与之前的模型相比，survmult 中吸烟变量对其他系数的值几乎没有影响，多重可决系数 R 平方几乎没有增加。

我们现在的一个疑问是，如果吸烟频率对预测平均身高的能力没有实质性的影响，应该从模型中删除该变量吗？这是模型选择的主要目标：找到用于预测结果的"最佳"模型，而不必拟合不必要的复杂模型（通过加入更多必要的解释变量）。在 22.2 节，我们将学习研究人员试图实现这一点的一些常见方法。

### 21.3.2 解释边际效应

在多元回归中，对每个解释变量的估计考虑了模型中存在其他所有解释变量时的影响。因此，特定的解释变量 $Z$ 的系数，应当解释为保持其他所有解释变量不变时，$Z$ 的值每增加 1 单位，平均被解释变量的值的变化。

因为我们已经确定，在同时考虑性别和手跨度变量时，吸烟频率几乎对平均身高没有明显的影响。将关注返回 survmult，仅包括解释变量为性别和手跨度的模型。应注意以下事项：

- 对于同性别的学生（即专注于男性或女性），手跨度增加 1cm，平均身高估计将增加约 1.594 4cm。
- 对于相同手跨度的学生，男性平均身高比女性高约 9.4898cm。
- 两个解释变量的估计系数值与它们各自的简单线性拟合模型相比时的差异，以及在多元拟合模型中两个解释变量都存在时，依旧表明了反对零假设的证据这一事实，说明混淆（从性别和手跨度对被解释变量身高的影响这一角度）存在于单个解释变量的模型中。

最后一点强调了多元回归的有用性。它表明，在这个例子中，如果我们只使用单个解释变量的模型，每个解释变量在预测平均被解释变量的"真实"影响时的可决系数是一个误导，因为一些身高变化是由性别决定的，但另一些归因于手跨度。值得注意的是，survmult 模型的可决系数（见 20.3.3 节）明显高于任一单变量模型中的相同量，因此实际上我们通过使用多元回归解释了更多的被解释变量的变化。

拟合模型本身可以被写成

$$\text{" Mean height "} = 137.687 + 1.594 \times \text{" handspan "} + 9.49 \times \text{" sex "} \qquad (21.4)$$

其中，"handspan"是以 cm 为单位的书写手跨度，"sex"由 1（如果是男性）或 0（如果是女性）表示。

**注意** 137.687cm 的基线（总体）截距表示手跨度为 0cm 的女性的平均身高，这显然不能直接在此应用的背景中解释。对于这种情况，一些研究者在拟合模型之前，将每个观测值减去在该解释变量上的所有观测值的样本平均值，将连续解释变量的奇异值（或解释变量）归为零。然后，使用以多元线性回归为中心的解释变量的数据来代替原始（未编译）数据。所得到的拟合模型允许我们使用非编译的解释变量（在这个例子中是手跨度）的平均值而不是零值，以便直接解释截距的估计 $\hat{\beta}_0$。

### 21.3.3 可视化多元线性模型

如下所示，"变成男性"将总截距改变了约 9.49 cm：

```
R> survcoefs <- coef(survmult)
R> survcoefs
(Intercept)      Wr.Hnd      SexMale
```

```
137.686951    1.594446    9.489814
R> as.numeric(survcoefs[1]+survcoefs[3])
[1] 147.1768
```

因此，我们也可以将式（21.4）写成两个方程。这是女学生的方程：

$$\text{"Mean height"}=137.687+1.594\times\text{"handspan"}$$

这是男学生的方程：

$$\text{"Mean height"}=(137.687+9.489\ 8)+1.594\times\text{"handspan"}$$
$$=147.177+1.594\times\text{"handspan"}$$

这很方便，因为它允许我们以与简单线性模型大致相同的方式可视化多元模型。此代码生成如图 21-1 所示。

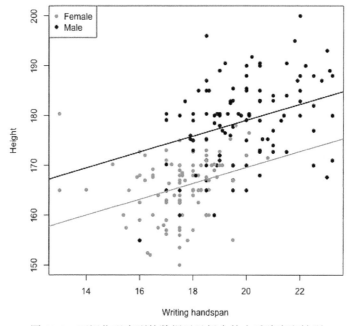

图 21-1　可视化观察到的数据以及拟合的由手跨度和性别
建模的学生身高的多元线性模型

```
R> plot(survey$Height~survey$Wr.Hnd,
        col=c("gray","black")[as.numeric(survey$Sex)],
        pch=16,xlab="Writing handspan",ylab="Height")
R> abline(a=survcoefs[1],b=survcoefs[2],col="gray",lwd=2)
R> abline(a=survcoefs[1]+survcoefs[3],b=survcoefs[2],col="black",lwd=2)
R> legend("topleft",legend=levels(survey$Sex),col=c("gray","black"),pch=16)
```

首先，绘制高度和手跨度的观测值的散点图，按性别划分。然后，基于这两个方程，用 abline 添加对应于女性的线，再添加对应于男性的另一条线。

虽然这个图看起来像两个单独的简单线性模型的拟合，每一条为一个性别的水平，但是要认识到情况并非如此。我们在二维图上观察到了有效的多元模型的表示，其中确定了两条可见拟合线的统计数据已被"联合"估计，也就是说，考虑了两个解释变量。

### 21.3.4　查找置信区间

如第 20 章所述，我们可以轻松地使用 confint 找到多元回归模型的所有回归参数的置信区间。使用 survmult2——包括吸烟频率为解释变量的学生身高的拟合模型的对象，调用 confint 的输出结果如下：

```
R> confint(survmult2)
                    2.5 %       97.5 %
(Intercept) 124.5010442 150.310074
Wr.Hnd        0.9534078   2.255053
SexMale       6.9426040  11.853129
SmokeNever   -4.6061148   4.517705
SmokeOccas   -4.1312384   7.184710
SmokeRegul   -4.8543683   6.696525
```

注意，Wr.Hnd 和 SexMale 变量在之前模型的汇总中显示，在 5% 的显著性水平下具有统计的显著性，并且其 95% 置信区间不包括零均值的值。另外，与吸烟频率解释变量有关的虚拟变量的所有系数都是不显著的，且它们的置信区间显然包括零均值的值。这反映了作为一个整体，吸烟变量在这个特定模型中不具有统计意义。

### 21.3.5　综合的 F 检验

与 20.5.2 节中的多元解释变量对应，我们可以对多元回归模型更一般的综合 F 检验做出如下假设：

$$H_0 : \beta_1 = \beta_2 = \cdots = \beta_p = 0$$
$$H_A : 至少一个\ \beta_j \neq 0\ (j=1, \cdots, p)$$

(21.5)

该检验有效地比较了归于"零"的模型（也就是说，只有截距的模型）的误差量与当所有解释变量都存在时归因于解释变量的误差量。换句话说，对被解释变量建模的解释变量越多，它们能解释的错误越多，也就给了我们一个更极端的 F 统计量，从而得到一个更小的 p 值。单个结果使得我们在有很多解释变量时的检验特别有效。不管给定模型中的解释变量是什么类型，检验的工作原理是一样的：一个或多个可能是连续的、离散的、二元的或 $k > 2$ 水平的分类变量。在拟合多元回归模型时，单独的输出量需要时间来消化和解释，并且要注意避免发生 I 型错误（错误地拒绝零假设为真，见 18.5 节）。

F 检验有助于概括出以上内容，从而可以得出以下结论：

1. 如果相关的 p 值小于我们选择的显著性水平 $\alpha$，则有证据反对 $H_0$，这表明回归——所有解释变量的组合——比删除所有解释变量能更好地预测被解释变量。

2. 如果相关的 p 值大于 $\alpha$，则没有证据反对 $H_0$，这表明使用解释变量比单独使用截距没有明显的益处。

缺点是，检验不会告诉我们哪个解释变量（或其子集）对模型的拟合存在有益的影响，也不会告诉我们关于它们的系数或相应的标准误差的信息。

我们可以使用由拟合的回归模型得到的可决系数 $R^2$ 来计算 F 检验统计量。令 $p$ 为需要估计

的回归参数的数量，不包括截距 $\beta_0$。其中，

$$F = \frac{R^2(n-p-1)}{(1-R^2)p} \tag{21.6}$$

$n$ 是拟合模型中使用的观测值的数量（在缺失值的记录被删除之后）。然后，在式（21.5）中的 $H_0$ 下，$F$ 遵循 F 分布（见 16.2.5 节和 19.1.2 节），其中自由度 df1 $= p$，df2 $= n-p-1$。与式（21.6）相关的 $p$ 值作为该 F 分布的上尾区域。

将注意力转回到 21.3.1 节中的拟合多元回归模型 suevmult2，这是通过 survey 中的手跨度、性别和吸烟状态确定的学生身高的模型。我们可以从汇总报告中提取多重可决系数（使用 20.3.4 节中所述的方法）。

```
R> R2 <- summary(survmult2)$r.squared
R> R2
[1] 0.508469
```

这与 21.3.1 节中的多重 R 平方值相匹配。然后，将 survey 中数据集的原始大小减去缺失值得到 $n$（在之前的汇总输出中为 30）。

```
R> n <- nrow(survey)-30
R> n
[1] 207
```

得到的 $p$ 作为估计的回归参数的数量（减去一个截距项）。

```
R> p <- length(coef(survmult2))-1
R> p
[1] 5
```

然后确认与汇总输出（自由度为 201）匹配的值 $n-p-1$：

```
R> n-p-1
[1] 201
```

最后，我们找到由式（21.6）定义的检验统计量 $F$，可以使用如下 pf 函数来获取相应检验的 $p$ 值：

```
R> Fstat <- (R2*(n-p-1))/((1-R2)*p)
R> Fstat
[1] 41.58529
R> 1-pf(Fstat,df1=p,df2=n-p-1)
[1] 0
```

可以看到，这个例子的综合 F 检验给出了极小 $p$ 值，它实际上为零。这些计算与汇总（survmult2）输出报告中的相关结果完全匹配。

回顾在 21.3.1 节中基于手跨度、性别和吸烟频率的学生身高的多元回归模型 survmult2 的拟合，毫不奇怪，两个解释变量产生了小的 $p$ 值，且综合的 F 检验表明了反对基于式（21.5）的 $H_0$ 的坚实证据。这突出了综合检验的"伞状"性质：虽然吸烟频率变量本身似乎没有贡献出统计上

的重要性，该模型的 F 检验仍然表明 survmult2 应该优于"无解释变量"的模型，因为手跨度和性别都很重要。

## 21.3.6 对多元线性模型进行预测

多元回归的预测（或预计）遵循与简单回归相同的规则。重要的是记住特定协变量分布的点预测——给定个体的解释变量值的集合——与被解释变量的平均值（或期望值）相关联；置信区间给出了平均被解释变量的测量；并且预测区间给出了对原始观测值的测量。我们还必须考虑插值（基于落在原始观察到的协变量数据范围内的 $x$ 值的预测）与外推（来自落在所述数据范围外的 $x$ 值的预测）的问题。除此之外，用于预测的 R 语法与 20.4 节中使用的语法相同。

例如，使用手跨度和性别的线性函数对学生身高的拟合模型（survmult），可以估计一个书写手跨度为 16.5 cm 的男生的平均身高以及其置信区间。

```
R> predict(survmult,newdata=data.frame(Wr.Hnd=16.5,Sex="Male"),
        interval="confidence",level=0.95)
      fit      lwr      upr
1 173.4851 170.9419 176.0283
```

结果表明，预期值约为 173.48 cm，我们可以 95%地确信真值在 170.94～176.03 cm（四舍五入到小数点后两位）。以同样的方式，手跨度为 13 cm 的女生的平均身高估计为 158.42 cm，99%的预测区间为 139.76～177.07 cm。

```
R> predict(survmult,newdata=data.frame(Wr.Hnd=13,Sex="Female"),
        interval="prediction",level=0.99)
      fit      lwr      upr
1 158.4147 139.7611 177.0684
```

事实上，如图 21-1 所示，数据集中有两个书写手跨度为 13 cm 的女学生。使用子集化数据框的知识，可以检查这两个记录并选择 3 个感兴趣的变量。

```
R> survey[survey$Sex=="Female" & survey$Wr.Hnd==13,c("Sex","Wr.Hnd","Height")]
       Sex Wr.Hnd Height
45  Female     13 180.34
152 Female     13 165.00
```

现在，第二位女性的身高很好地落在预测区间内，但是第一位女性的身高明显高于上限。重要的是要意识到，在技术上，这里的模型拟合和解释并没有什么错误——即使是 99%的区间，观测值仍然可能落在预测区间之外，尽管这不太可能。这可能有以下几条原因。首先，模型可能不充分。例如，我们可能在拟合模型中排除了重要的解释变量，因此具有较少的预测能力。其次，尽管是在观测数据的范围内进行预测，但是它发生在范围的一个极端处，由于数据相对稀疏，所以其可靠性较低。再次，观测本身可能以某种方式被破坏——也许个体记录的手跨度不正确，在这种情况下，无效的观测值应该在模型拟合之前被删除。这是一个统计学家的关键着眼处——评估数据和模型，这也是我们在展开本章时进一步强调的技能。

## 练习 21.1

在 MASS 包中，我们将找到数据框 cats，其提供了 144 只家猫的性别、体重（单位为 kg）和心脏重量（g）的数据（参见 Venables 和 Ripley，2002 年的详细信息）；我们可以通过调用?cats 来阅读文档。通过调用库（MASS）加载 MASS 包，并通过直接在控制台提示符处输入 cats 访问对象。

a. 在纵轴上绘制心脏重量，在水平轴上绘制体重，使用不同的颜色或点特征来区分雄性和雌性猫。使用图例和适当的轴标签注释绘图。

b. 将心脏重量作为被解释变量且其他两个变量作为解释变量，使用最小二乘法拟合多元线性回归模型，并查看模型汇总。

   i. 记下拟合模型的方程，并解释估计的体重和性别的回归系数。两者是否具有统计学意义？这表明被解释变量和解释变量之间的关系如何？

   ii. 报告并解释可决系数和综合的 F 检验的结果。

c. Tilman 的猫，Sigma，是一只 3.4kg 的雌性猫。使用模型来估计她的平均心脏重量，并提供 95%的预测区间。

d. 根据 a 题绘制的拟合线性模型使用 predict 添加连续线，一个用于雄性猫，一个用于雌性猫。你注意到什么？这体现了参数估计的统计显著性（或缺乏）吗？

   boot 包（Davison 和 Hinkley，1997; Canty 和 Ripley，2015）是另一个 R 代码库，它包含在标准安装中，但不会自动加载。通过调用库（"boot"）加载 boot 包。我们会发现一个名为 "nuclear" 的数据框，其中包含美国核电厂在 20 世纪 60 年代末建设的数据（Cox 和 Snell，1981）。

e. 在提示符处输入?nuclear 来访问文档并查看变量的详细信息。（注意，日期有错误，它提供了建筑许可证颁发的日期——应该读为 "从 1900 年 1 月 1 日到最近的一个月，以年数衡量"。）使用 pairs 产生数据的散点图矩阵。

f. 我们最初的目标之一是进一步预测建设这些发电厂的成本。创建线性回归模型的一个拟合和汇总，目的是用 t1 和 t2 来拟合 cost，t1 和 t2 两个变量是描述与各种许可证应用相关的不同消失时间。注意拟合模型的估计的回归系数及其显著性。

g. 重新拟合模型，但这次包括了建筑许可证颁发日期的影响。将此新模型的输出与上一个模型的输出进行对比。你注意到了什么，关于这些解释变量的数据的关系，这些信息表明什么？

h. 对发电厂成本拟合第三个模型，使用 "许可证发放日期""发电厂容量" 的解释变量以及描述该工厂是否位于美国东北部的二元变量来拟合模型，得到方程，并为每个系数估计值提供 95%的置信区间。

   下表列出了 1961～1973 年编制的历史数据集的摘录。它涉及密歇根州底特律的年谋杀率；这些数据最初由 Fisher（1976）提出并分析，并从 Harraway（1995）转载至这里。在数据集中，我们将找到每 10 万人口中发生的谋杀、警察和枪支执照数量，以及总体失业率占总人口的百分比。

| 谋杀数 | 警察数 | 失业率 | 枪支数 |
|---|---|---|---|
| 8.60 | 260.35 | 11.0 | 178.15 |
| 8.90 | 269.80 | 7.0 | 156.41 |
| 8.52 | 272.04 | 5.2 | 198.02 |
| 8.89 | 272.96 | 4.3 | 222.10 |
| 13.07 | 272.51 | 3.5 | 301.92 |
| 14.57 | 261.34 | 3.2 | 391.22 |
| 21.36 | 268.89 | 4.1 | 665.56 |
| 28.03 | 295.99 | 3.9 | 1 131.21 |
| 31.49 | 319.87 | 3.6 | 837.60 |
| 37.39 | 341.43 | 7.1 | 794.90 |
| 46.26 | 356.59 | 8.4 | 817.74 |
| 47.24 | 376.69 | 7.7 | 583.17 |
| 52.33 | 390.19 | 6.3 | 709.59 |

i. 在 R 工作区中创建自己的数据框，并生成散点图矩阵。哪个变量看起来与谋杀率最相关？

j. 使用谋杀的数量作为被解释变量和所有其他变量作为解释变量来拟合多元线性回归模型。记下模型方程并解释系数。若假设被解释变量和解释变量之间的所有关系是因果关系，这合理吗？

k. 确定归因于 3 个解释变量的联合效应的被解释变量的变化量。然后重新拟合模型，排除 $p$ 值最大的（换句话说，"最不显著"）解释变量。比较新的可决系数和以前模型的可决系数。有什么区别吗？

l. 若有 300 名警官和 500 张发出的枪支执照，使用（k）的模型来预测每 10 万居民中发生的谋杀案的平均数。将此与没有发放枪支执照的平均被解释变量进行比较，并给两个预测提供 99% 的预测区间。

# 21.4 转换数值变量

有时，在捕获被解释变量和选择的协变量之间的关系时，由标准回归方程式（21.1）严格定义的线性函数可能是不充分的。例如，我们可以观察两个数值变量的散点图中的曲率，其对应的完全直线不一定是最适合的。在某种程度上，为了使线性回归模型适当，数据呈现这种线性行为的要求可以通过在进行估计或模型拟合之前简单地变换（通常以非线性方式）某些变量来放宽。

数值变换指的是将数学函数应用于观测数值以便重新缩放它们。计算数字的平方根、将温度从华氏度转换为摄氏度都是数字变换的示例。在回归的背景中，变换通常仅应用于连续变量，并且可以以任何数量的方式完成。在本节中，我们将注意力集中在多项式和对数变换两种常用的方法。但是，应注意用于变换变量的方法的适当性以及可能出现的任何建模的益处，必须根据具体情况进行考虑。

一般来说，转换不是解决数据趋势中非线性问题的通用解决方案，但它至少可以改善线性模型表示这些趋势的稳定性。

### 21.4.1 多项式

根据之前的结论，假设我们在数据中观察到的是曲线关系，而使用直线来建模就不是一个明智的选择。为了更紧密地拟合数据，多项式或幂转换可以应用于回归模型中的特定解释变量。这是一种直接的技术，通过关系中的多项式曲率，来影响该解释变量的变化以可能更复杂的方式影响被解释变量。我们可以通过在模型定义中包含额外的项来实现这一点，这些项表示感兴趣的变量逐渐增大的幂对被解释变量的影响。

为了阐明多项式曲率的概念，考虑−4~4 的以下序列，以及由它计算的简单向量：

```
R> x <- seq(-4,4,length=50)
R> y <- x
R> y2 <- x + x^2
R> y3 <- x + x^2 + x^3
```

这里，我们获取 x 的原始值并计算它的具体函数。作为 x 的副本的向量 y 显然是线性的（在专业术语中，这叫"一阶多项式"）。另外，我们指定 y2 包含 x 值的平方值——一个二阶多项式。最后，向量 y3 表示 x 值的 3 次函数的结果，包括 x 值的三次幂的三阶多项式。

以下 3 行代码分别产生图 21-2 中从左到右的图。

```
R> plot(x,y,type="l")
R> plot(x,y2,type="l")
R> plot(x,y3,type="l")
```

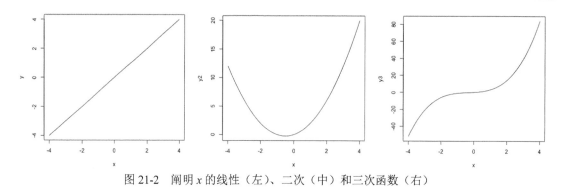

图 21-2　阐明 x 的线性（左）、二次（中）和三次函数（右）

更一般地，假设我们有一个连续的解释变量 X 的数据，希望用来对被解释变量 Y 建模。以通常的方式，线性估计的简单模型是 $\hat{y} = \hat{\beta}_0 + \hat{\beta}_1 x$；可以通过多元回归 $\hat{y} = \hat{\beta}_0 + \hat{\beta}_1 x + \hat{\beta}_2 x^2$ 建立 X 的二次项的模型；可以通过 $\hat{y} = \hat{\beta}_0 + \hat{\beta}_1 x + \hat{\beta}_2 x^2 + \hat{\beta}_3 x^3$ 捕获三次方关系；等等。根据图 21-2 中的曲线图，解释包含这些额外项的影响的一个好方法是捕获曲线的复杂性。一阶时，线性关系中没有曲率。二阶时，任意给定变量的二次函数允许一个"弯曲"。三阶时，模型可以处理关系中的两个弯曲，并且如果继续添加对应于协变量的增加的权数的项，以此类推。与这些项相关联的回归系数（在生成先前图的代码中都表明为 1）能够控制曲率的特定外观（也就是强度和方向）。

**拟合多项式变换**

将注意力返回到内置的 mtcars 数据集。考虑 disp 变量，其描述了以立方英寸为单位的发动机排量以及每加仑英里的被解释变量。如果检查图 21-3 中的数据图，我们可以看到在排放量和里程之间的关系中似乎存在一条轻微但明显的曲线。

```
R>plot(mtcars$disp,mtcars$mpg,xlab="Displacement(cu.in.)",ylab="MPG")
```

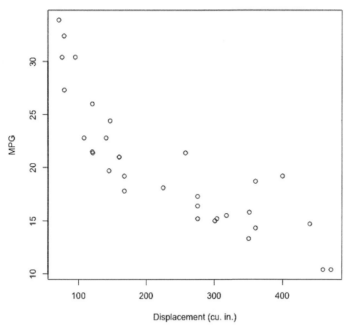

图 21-3　用于 mtcars 数据的每加仑英里和发动机排放量的散点图

一个简单线性回归模型的直线，真的是表示这种关系的最好方式吗？为了研究这一点，从基本线性设置的拟合开始。

```
R> car.order1 <- lm(mpg~disp,data=mtcars)
R> summary(car.order1)

Call:
lm(formula = mpg ~ disp, data = mtcars)

Residuals:
    Min      1Q  Median      3Q     Max
-4.8922 -2.2022 -0.9631  1.6272  7.2305

Coefficients:
             Estimate Std. Error t value Pr(>|t|)
(Intercept) 29.599855   1.229720  24.070  < 2e-16 ***
disp        -0.041215   0.004712  -8.747 9.38e-10 ***
---
Signif. codes: 0 '***' 0.001 '**' 0.01 '*' 0.05 '.' 0.1 ' ' 1
```

```
Residual standard error: 3.251 on 30 degrees of freedom
Multiple R-squared: 0.7183,      Adjusted R-squared: 0.709
F-statistic: 76.51 on 1 and 30 DF, p-value: 9.38e-10
```

这清楚地表明了排放量对里程的负线性影响的统计证据——对于每个额外的立方英寸排放量，平均被解释变量大约减少 0.041 每加仑英里。

现在，尝试通过在模型中添加 disp 的二次项来捕获数据中的明显曲线。我们可以通过两种方式做到这一点。第一，简单地对 mtcars $ disp 向量进行平方，在工作空间中创建一个新向量，然后提供结果给 lm 中的公式。第二，直接指定 disp ^ 2 作为公式中的加项。如果我们这样做，如下调用 I 来包装该特定的表达式是必要的：

```
R> car.order2 <- lm(mpg~disp+I(disp^2),data=mtcars)
R> summary(car.order2)

Call:
lm(formula = mpg ~ disp + I(disp^2), data = mtcars)

Residuals:
    Min     1Q Median     3Q    Max
-3.9112 -1.5269 -0.3124 1.3489 5.3946

Coefficients:
              Estimate Std. Error t value Pr(>|t|)
(Intercept) 3.583e+01 2.209e+00  16.221 4.39e-16 ***
disp       -1.053e-01 2.028e-02  -5.192 1.49e-05 ***
I(disp^2)   1.255e-04 3.891e-05   3.226   0.0031 **
---
Signif. codes: 0 '***' 0.001 '**' 0.01 '*' 0.05 '.' 0.1 ' ' 1

Residual standard error: 2.837 on 29 degrees of freedom
Multiple R-squared: 0.7927,      Adjusted R-squared: 0.7784
F-statistic: 55.46 on 2 and 29 DF, p-value: 1.229e-10
```

当所述的项在模型本身实际拟合之前需要算术计算时（如 disp ^ 2），公式中使用给定围绕项的 I 函数是必要的。

转向拟合的多元回归模型本身，我们可以看到平方分量的贡献在统计学上是显著的——对应于 I（disp ^ 2）的输出显示 $p$ 值为 0.0031。这意味着即使考虑了线性趋势，包括二次分量（引入曲线）的模型是拟合的更好的模型。与第一次拟合相比（0.7927 对 0.7183），该结论由显著性更高的可决系数支持。我们可以看到这条拟合的二次曲线，如图 21-4 所示（代码稍后）。

此时，我们可能希望知道，是否可以通过在协变量中添加另一个高阶项来提高模型捕获关系的能力。为此：

```
R> car.order3 <- lm(mpg~disp+I(disp^2)+I(disp^3),data=mtcars)
R> summary(car.order3)

Call:
```

```
lm(formula = mpg ~ disp + I(disp^2) + I(disp^3), data = mtcars)

Residuals:
    Min      1Q  Median      3Q     Max
-3.0896 -1.5653 -0.3619  1.4368  4.7617

Coefficients:
              Estimate Std. Error t value Pr(>|t|)
(Intercept)  5.070e+01  3.809e+00  13.310 1.25e-13 ***
disp        -3.372e-01  5.526e-02  -6.102 1.39e-06 ***
I(disp^2)    1.109e-03  2.265e-04   4.897 3.68e-05 ***
I(disp^3)   -1.217e-06  2.776e-07  -4.382  0.00015 ***
---
Signif. codes: 0 '***' 0.001 '**' 0.01 '*' 0.05 '.' 0.1 ' ' 1

Residual standard error: 2.224 on 28 degrees of freedom
Multiple R-squared:  0.8771,      Adjusted R-squared: 0.8639
F-statistic: 66.58 on 3 and 28 DF,  p-value: 7.347e-13
```

输出表明，3 次分量也提供了统计上显著的贡献。然而，如果我们继续添加高阶项就会发现，对这些数据拟合四阶多项式根本不能改善拟合性，有几个系数不被赋予显著性（没有显示四阶拟合）。

因此，令 $\hat{y}$ 为每加仑的英里数，$x$ 为以立方英寸为单位的排放量，并扩展之前输出的 e 表示法，拟合多元回归模型为

$$\hat{y} = 50.7 - 0.337\,2x + 0.001\,1x^2 - 0.000\,001x^3$$

这正是图 21-4 a 中的三阶多项式的反映。

**绘制多项式的拟合**

为了绘图，我们可以用通常的方式显示 car.order1 中的数据和第一个（简单线性）模型。要得到图 21-4，应执行以下代码：

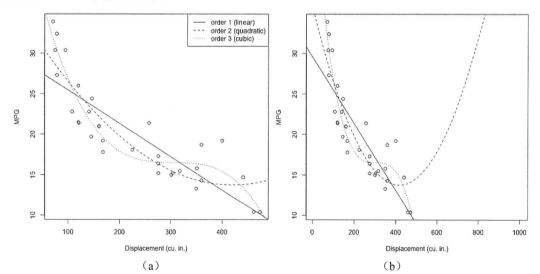

图 21-4　3 种不同的模型，一、二和三阶多项式，拟合 mtcars 数据集中"每个排放量对里程"的关系
（a）限制于数据的可见的图限　（b）大幅扩大图限，说明了外推的不可靠性

```
R>plot(mtcars$disp,mtcars$mpg,xlab="Displacement(cu.in.)",ylab="MPG")
R> abline(car.order1)
```

因为 abline 只能处理直线趋势，所以添加对应于多项式模型中的任何一个模型的线都有点困难。执行此操作的一种方法是对表示解释变量的期望值的序列中的每个值使用 predict。（我喜欢这种方法，因为它允许同时计算置信度和预测带。）仅添加二阶多项式模型的行，首先要创建在观察范围内的 disp 所需的序列。

```
R>disp.seq<-seq(min(mtcars$disp)-50,max(mtcars$disp)+50,length=30)
```

在这里，通过减和加 50 来将序列加宽一点，以预测原始协变量数据范围的任一侧上的小数值，因此曲线能对接图的边缘。然后，我们进行预测，并添加拟合线。

```
R>car.order2.pred<-predict(car.order2,newdata=data.frame(disp=disp.seq))
R> lines(disp.seq,car.order2.pred,lty=2)
```

使用相同的技术，添加最后的三阶多项式图例。

```
R>car.order3.pred<-predict(car.order3,newdata=data.frame(disp=disp.seq))
R> lines(disp.seq,car.order3.pred,lty=3)
R> legend("topright",lty=1:3,
          legend=c("order 1 (linear)","order 2 (quadratic)","order 3 (cubic)"))
```

以上结果如图 21-4a 所示。即使我们已经使用了来自仅一个协变量的原始数据 disp，此处所示的示例也被视为多元回归，因为除了截距 $\beta_0$ 之外的多个参数需要在二阶和三阶模型中进行估计。

拟合里程和排放量数据的不同类型的趋势线清楚地表明了关系的不同解释。在视觉上，我们可以合理地认为，简单线性拟合在对被解释变量和解释变量之间的关系建模时是不充分的，但是在二阶和三阶的版本之间进行选择时，很难得出清晰的结论。二阶拟合捕获随 disp 增加而逐渐减小的曲线。此外，三阶拟合要求一个凸起（专业术语为鞍状或拐折），然后是在相同域中的更陡峭的向下趋势。

那么，哪个模型是"最好的"？在这个例子中，参数的统计显著性表明应该首选三阶模型。尽管如此，在不同模型之间进行选择时还需要考虑其他因素，我们将在 22.2 节中详细论述。

**多项式的陷阱**

在线性回归模型中，与多项式项相关的一个缺点是，试图执行任何形式的外推时拟合趋势的不稳定性。图 21-4 b 显示了 3 个相同的拟合模型（通过排放量的 MPG），但是这次的排放量标度更宽。正如我们所看到的，这些模型的有效性是可质疑的。虽然二阶和三阶模型在观测数据的可接受范围内拟合 MPG，但如果我们移动得略微超出观测到的排放量值的最大阈值，平均里程的预测值将大大地偏离方向。尤其是二阶模型，将变得完全无意义，这表明一旦发动机排量增加超过 500 立方英寸，MPG 将迅速提高。如果我们考虑在回归模型中使用更高阶项，就必须记住多项式函数本质的数学行为。

要创建此图，可以使用创建左图的相同代码。我们只需使用 xlim 来扩展 x 轴的范围，并将 disp.seq 对象定义为相应的更宽序列（在这个例子里，我只是设置 xlim = c(10,1000)以及创建 disp.seq 的 from 到 to 的限制相匹配）。

**注意**　　像这样的模型仍然称为线性回归模型，这可能看起来令人困惑，因为高阶多项式的拟合趋势显然是非线性的。这是因为线性回归是指从回归参数 $\beta_0, \beta_1, \cdots, \beta_p$ 的角度定义的平均被解释变量的函数是线性的。因此，应用于各个变量的任何转换都不影响相对于系数本身的函数的线性。

## 21.4.2　对数

在统计建模情况下，我们有正观测值，对数据进行对数变换是很普遍的，以此来显著减少数据的整个范围，并使极端观测值更接近中心性的度量。在这个意义上，转换为对数标度可以减少偏斜数据的严重程度（见 15.2.4 节）。在回归建模的背景中，对数变换可以用于捕获明显"平坦化"的曲线趋势，而在观测数据范围之外使用多项式就看不到同样的稳定性。

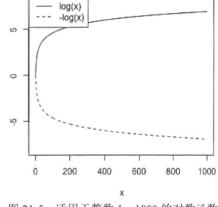

如果需要重温关于对数的内容，可回到 2.1.2 节。在这里需要注意的是，对数是一种幂，必须通过底来获得 $x$ 值。例如，在 $3^5 = 243$ 中，3 是底，5 是对数，表示为 $\log_3 243 = 5$。由于普通概率分布中指数函数的普遍存在，统计学家几乎只使用自然对数（以 e 为底的对数）。从这里开始，假设提到的所有对数变换都指自然对数。

图 21-5　适用于整数 1~1000 的对数函数

为了简要说明对数变换，用以下代码实现，见图 21-5：

```
R> plot(1:1000,log(1:1000),type="l",xlab="x",ylab="",ylim=c(-8,8))
R> lines(1:1000,-log(1:1000),lty=2)
R> legend("topleft",legend=c("log(x)","-log(x)"),lty=c(1,2))
```

该图绘制了原始数据值从 1~1000 的整数的对数以及负的对数。我们可以看到对数变换的值逐渐变平坦且随着原始值增加而对数值逐渐减少。

**拟合对数变换**

正如之前强调的，在完全直线不适合所观测的关系的情况下，可以在回归中使用对数变换来计算这种曲率。为了阐明，返回 mtcars 示例，并将里程作为马力和传动类型的函数（分别为变量 hp 和 am）。绘制 MPG 对马力的散点图，用不同的颜色区分自动和手动车。

```
R>plot(mtcars$hp,mtcars$mpg,pch=19,col=c("black","gray")[factor (mtcars$am)],
        xlab="Horsepower",ylab="MPG")
R> legend("topright",legend=c("auto","man"),col=c("black","gray"), pch=19)
```

图 21-6 所示的点表明，马力的弯曲趋势可能比直线关系更合适。注意，为了将它作为两种颜色的向量的选择器，我们必须强制转换二元数值 mtcars $ am 向量为一个因子。在拟合线性模型后，我们将添加线。

使用马力的对数变换来尝试捕获曲线关系。因为在这个例子中，我们也希望说明传送类型影响被解释变量的潜能，像通常一样，其被作为一个附加的解释变量加入模型。

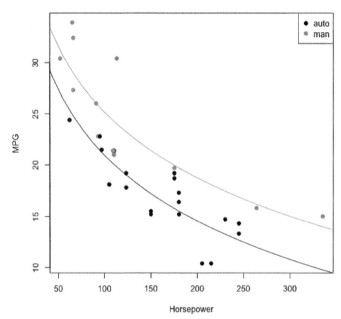

图 21-6 MPG 对马力的散点图，添加对应于使用马力的对数
标度效应的多元线性回归直线，由传输类型区分

```
R> car.log <- lm(mpg~log(hp)+am,data=mtcars)
R> summary(car.log)

Call:
lm(formula = mpg ~ log(hp) + am, data = mtcars)
Residuals:
    Min     1Q  Median     3Q    Max
-3.9084 -1.7692 -0.1432 1.4032 6.3865

Coefficients:
           Estimate Std. Error t value Pr(>|t|)
(Intercept) 63.4842     5.2697  12.047 8.24e-13 ***
log(hp)     -9.2383     1.0439  -8.850 9.78e-10 ***
am           4.2025     0.9942   4.227 0.000215 ***
---
Signif. codes: 0 '***' 0.001 '**' 0.01 '*' 0.05 '.' 0.1 ' ' 1

Residual standard error: 2.592 on 29 degrees of freedom
Multiple R-squared: 0.827,       Adjusted R-squared:  0.8151
F-statistic: 69.31 on 2 and 29 DF,  p-value: 8.949e-12
```

输出表明马力的对数和传动类型对里程的联合效应在统计上是显著的。保持传动类型不变，每增加一单位的马力，MPG 平均下降约 9.24。手动变速器使得 MPG 平均增加了大约 4.2（根据代码按顺序估计，自动的为 am-0，手动的为 am-1，参见？mtcars）。可决系数显示该回归解释了被解释变量变异的 82.7%，表明这是一个满意的拟合。

**绘制对数变换的拟合**

为了可视化拟合的模型，首先计算所有需要解释变量的拟合值。以下代码创建了一系列马力值（减去和加上 20 马力），并对两种传输类型进行预测。

```
R> hp.seq <- seq(min(mtcars$hp)-20,max(mtcars$hp)+20,length=30)
R> n <- length(hp.seq)
R>car.log.pred<-predict(car.log,newdata=data.frame(hp=rep(hp.seq,2),
                                           am=rep(c(0,1),each=n)))
```

在上面的代码中，由于要绘制 am 的两个可能值的预测，在使用 newdata 时，我们需要复制 hp.seq 两次。然后，在提供 am 的值到 newdata 时，一系列的 hp.seq 与复制的 am 的零值适当地配对，其他与 1 值配对。其结果是长度为预测向量 hp.seq 的两倍，car.log.pred 的前 n 个元素对应于自动汽车，后 n 个元素对应于手动汽车。

现在，我们可以用如下代码将以下直线添加到图 21-6：

```
R> lines(hp.seq,car.log.pred[1:n])
R> lines(hp.seq,car.log.pred[(n+1):(2*n)],col="gray")
```

通过检查散点图，可以看到，拟合的模型似乎在估计马力/传输和 MPG 之间的联合关系方面做得很好。该模型中传输类型的统计显著性直接影响两条新加线之间的差异。如果不显著，线将靠得比较近；在这种情况下，模型将表明一条曲线足以捕获关系。像通常一样，虽然对数变换趋势比多项式函数更稳定，但是外推超出观测到的解释变量数据的范围太远，不是一个好主意。

## 21.4.3　其他变换

变换可以涉及数据集的一个以上的变量，并且不限于仅仅是解释变量。在对 mtcars 原始数据调查时，Henderson 和 Velleman（1981）也注意到了我们揭露的被解释变量和解释变量（如马力和排放量）之间存在的相同的曲线关系。他们认为，使用每加仑英里（GPM）代替 MPG 作为被解释变量可提高线性程度。这将涉及对 MPG 的变换建模，即 GPM = 1/MPG。

他们还认为，如果将汽车的重量加入拟合模型，那么马力和排放量对 GPM 将有有限影响，因为这三个解释变量之间存在相对较高的相关性（称为多重共线性）。为了解决这个问题，作者创建了一个新的解释变量，用马力除以重量来计算。用他们的话来说，这衡量了一辆汽车"过剩"的程度——他们继续使用这种新的解释变量，而不是单独使用马力或排放量。这只是在搜索合适方法时对这些数据建模进行的一些实验。

为此，不管我们选择如何对自己的数据建模，变换数值变量的目标应该始终是拟合一个有效的模型，且更真实和准确地表示数据及其关系。当达到这个目标时，在回归方法的应用中如何变换数据观测值方面就有很多自由。关于线性回归中变换的进一步讨论，Faraway（2005）的第 7 章提供了一个信息介绍。

### 练习 21.2

下表提供了在伽利略著名的"球"实验中收集到的数据，他将球沿不同高度的坡道滚下，并测量从坡道的底部滑行多远。更多关于这个以及其他有趣的例子，可看 Dickey 和 Arnold（1995）的"有历史意义的数据的教学统计"。

| 初始高度 | 距离 |
|---|---|
| 1000 | 573 |
| 800 | 534 |
| 600 | 495 |
| 450 | 451 |
| 300 | 395 |
| 200 | 337 |
| 100 | 253 |

a. 基于上表用 R 创建数据框并在 $y$ 轴上绘制数据点的距离。

b. 伽利略认为初始高度和滑行距离之间存在二次关系。

   i. 用高度拟合二阶多项式，被解释变量为距离。

   ii. 对这些数据拟合 3 次（三阶）和 4 次（四阶）模型。他们告诉我们关系的本质是什么？

c. 基于 b 题中的模型，选择一个你认为最好的代表数据，并在原始数据上绘制拟合线。在绘图中为平均滑行距离添加 90% 的置信区间。

   在 Faraway（2005）的线性回归教科书中，随从的 R 包 faraway 包含大量数据集，安装包然后调用库（"faraway"）来加载它。其中一个数据集是 trees，其提供关于某种类型的砍伐树的尺寸数据（例如，参见 Atkinson，1985）。

d. 在提示符处访问数据对象，并根据周长绘制体积（后者沿 $x$ 轴）。

e. 用体积作被解释变量，拟合两个模型：一个是 Girth 的二次模型，另一个是基于体积和周长的对数变换。记下每个模型方程，并依据可决系数和综合的 F 检验来对拟合的相似性（或差异）进行评论。

f. 对于 e 题中的每个模型，使用 predict 向 d 题中的图添加线。使用不同的线型；添加相应的图例。同时包括 95% 的预测区间，线类型与拟合值相匹配（请注意，对于涉及被解释变量和解释变量的对数变换的模型，任何从 predict 返回的值本身将为对数标度；我们必须使用 exp 将其转换为原始尺度，然后才可以叠加该模型的线。）对各个拟合及其估计的预测区间进行评论。

   最后，将注意力转回 mtcars 数据框。

g. 拟合用马力、重量和排放量决定的平均 MPG 的多元线性回归模型，并总结。

h. 根据 Henderson 和 Velleman（1981）的方法，使用 I 表示 GPM = 1/MPG 从而重新拟合 g 题中的模型。哪个模型解释了更多的被解释变量的变化？

## 21.5 交互项

到目前为止，我们已看到解释变量如何影响被解释变量（及其一对一变换）的联合主效应。现在我们将学习协变量之间的相互作用。解释变量之间的交互效果是对在解释变量的特定组合处发生的被解释变量的额外改变。换句话说，对于给定的协变量分布，如果预测结果的值使得它们产生增强与那些预测结果相关联的独立主效应的效果，则存在交互效应。

### 21.5.1　概念和动机

诸如图 21-7 所示的图经常用于帮助解释交互效果的概念。这些图通常表示垂直轴上的平均被解释变量值 $\hat{y}$ 和水平轴上变量 $x_1$ 的预测值。还显示二元分类变量 $x_2$ 可以是 0 或 1。这些假设的变量在图像中以下面的方式被标记。

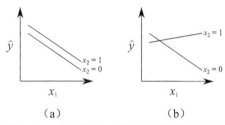

图 21-7　两个解释变量 $x_1$ 和 $x_2$ 之间的交互效应对平均被解释变量值 $\hat{y}$ 的影响的概念
（a）只有 $x_1$ 和 $x_2$ 的主效应影响 $\hat{y}$　　（b）除了它们的主效应之外，还需要 $x_1$ 和
$x_2$ 之间的相互作用以便对 $\hat{y}$ 进行建模

图 21-7a 显示了本章目前所考虑的模型的极限，即 $x_1$ 和 $x_2$ 彼此独立地影响 $\hat{y}$。然而，图 21-7b 清楚地表明 $x_1$ 对 $\hat{y}$ 的影响完全取决于 $x_2$ 的值。在左边，仅需要 $x_1$ 和 $x_2$ 的主效应来确定 $\hat{y}$；在右边，则包括主效应与 $x_1$ 和 $x_2$ 之间的交互效应。

**注意**　在估计回归模型时，由于可解释性的原因，必须总是伴随相关解释变量的主要影响的交互。因为交互作用本身被理解为主效应的增强，删除后者并保留前者是没有意义的。

关于交互的一个很好例子，想想药理学。药物之间的交互作用相对常见，这就是为什么卫生保健专业人员经常询问你是否服用其他药物。想想他汀类药物——常用于降低胆固醇的药物。他们告诉他汀类药物的使用者要避免使用葡萄柚汁，因为其中含有的天然化合物会抑制负责正常代谢药物的酶的功效。如果一个人服用他汀类药物而不消耗葡萄柚，可以预期到胆固醇水平和他汀使用之间存在负相关关系（考虑使用"他汀类药物"作为连续或分类剂量变量）——当他汀使用增加时，胆固醇水平降低。另外，对于服用葡萄柚的他汀类药物的个体，胆固醇水平和他汀类药物使用之间的关系的性质很可能不同——弱化的阴性、中性或甚至阳性。如果是这样，由于他汀类药物对胆固醇的影响根据另一个变量的值而变化——无论葡萄柚是否被消耗，都将被认为是这两个解释变量之间的相互作用。

分类变量、数值变量或两者之间可能发生交互。最常见的是找到双向交互——两个解释变量之间完全的交互——这是我们将在 21.5.2 节~21.5.4 节中关注的。三向及更高阶交互效果在技术上是可能的，但不太常见，部分原因是它们在现实语境中难以解释。我们将在 21.5.5 节中考虑这些的一个例子。

### 21.5.2　分类变量和连续变量

通常，分类和连续解释变量之间的双向交互应当被理解为实现连续解释变量相对于分类解释变量的非参考水平的斜率的变化。当存在针对连续变量的项时，具有 $k$ 个水平的分类变量将具有 $k-1$ 个主效应项，因此在分类变量和连续变量的所有替代级别之间将存在另外 $k-1$ 个交互项。

在图 21-7b 可以清楚地看到 $x_1$ 和 $x_2$ 关于 $\hat{y}$ 的不同斜率。在这种情况下，除了 $x_1$ 和 $x_2$ 的主要影响外，在拟合模型中还存在对应于 $x_2 = 1$ 的一个交互项。这将 $x_2 = 0$ 时 $x_1$ 的斜率改变为 $x_2 = 1$ 时 $x_1$ 的新斜率。

例如，访问一个新的数据集。在练习 21.2 中，我们查看了 farway 包（Faraway，2005）以访问 trees 数据。在这个包中，我们还会发现糖尿病对象——一个详细描述了 403 名非裔美国人特征的心血管疾病数据集（最初由 Schorling 等人，1997; Willems 等人，1997 年调查和报告）。如果还没有安装 faraway，再加载库（"faraway"）。把我们的注意力转移到总胆固醇水平（胆汁——连续）、个体年龄（年龄——连续）和身体框架类型（框架——分类，$k = 3$ 个水平："小""中"和"大"，其中"小"作为参考水平）。可以看到图 21-8 中的数据，它将被立即创建。

我们将看到由年龄和身体决定的总胆固醇的模型。似乎合乎逻辑的预期是胆固醇与年龄和身体类型有关，因此考虑不同身体框架的个体的年龄对胆固醇有着不同的影响是有意义的。为了研究，拟合多元线性回归并加入两个变量之间的双向交互。在调用 lm 时，首先指定主效应，与往常一样使用+，然后使用冒号（:）在两个解释变量之间指定交互效果。

```
R> dia.fit <- lm(chol~age+frame+age:frame,data=diabetes)
R> summary(dia.fit)

Call:
lm(formula = chol ~ age + frame + age:frame, data = diabetes)

Residuals:
    Min     1Q Median     3Q    Max
-131.90 -26.24  -5.33  22.17 226.11

Coefficients:
                 Estimate Std. Error t value Pr(>|t|)
(Intercept)      155.9636    12.0697  12.922  < 2e-16 ***
age                0.9852     0.2687   3.667  0.00028 ***
framemedium       28.6051    15.5503   1.840  0.06661 .
framelarge        44.9474    18.9842   2.368  0.01840 *
age:framemedium   -0.3514     0.3370  -1.043  0.29768
age:framelarge    -0.8511     0.3779  -2.252  0.02490 *
---
Signif. codes: 0 '***' 0.001 '**' 0.01 '*' 0.05 '.' 0.1 ' ' 1

Residual standard error: 42.34 on 384 degrees of freedom
  (13 observations deleted due to missingness)
Multiple R-squared: 0.07891,    Adjusted R-squared: 0.06692
F-statistic: 6.58 on 5 and 384 DF, p-value: 6.849e-06
```

检查输出模型的估计参数，可以看到年龄的主效应系数、身体框架的两个水平的主效应系数（不是参考水平），以及另外两个用于年龄与那些相同的非参考水平的交互效应项。

**注意** 实际上，在 R 中有一个快捷方式——跨因素记法。以前显示的相同模型可以通过在 lm 中使用 chol ~ age
* frame 来拟合；公式中两个变量之间的符号*应该解释为"包括所有主效应和交互效应的截距项"。
从现在开始，我将使用此快捷方式。

输出显示了支持存在年龄以及身体框架的主效应的一些证据。即使很弱，也有轻微的迹象表明交互的重要性。在这种情况下评估显著性，即其中一个解释变量具有 $k > 2$ 水平的分类，遵循的规则与第 20.5.2 节的多元变量的讨论中所指出的相同——如果至少一个系数是显著的，则整个效应应该被视为是显著的。

拟合模型的一般方程可以直接根据输出结果写出。

$$\text{"Mean total cholesterol"} = 155.9636 + 0.9852 \times \text{"age"}$$
$$+ 28.6051 \times \text{"medium frame"}$$
$$+ 44.9474 \times \text{"large frame"}$$
$$- 0.3514 \times \text{"age:medium frame"}$$
$$- 0.8511 \times \text{"age:large frame"} \tag{21.7}$$

使用冒号（:）来表示交互项，用以反映 R 输出。

对于分类解释变量的参考水平，身体类型"小"可以直接根据输出写出拟合的模型。

$$\text{"Mean total cholesterol"} = 155.9636 + 0.9852 \times \text{"age"}$$

对于只有主效应的模型，将体型改为"中"或"大"只会影响截距——从 20.5 节可以知道，相关效应只是添加到结果中。然而，交互的存在意味着除了截距的变化之外，现在还必须根据相关的交互项来改变年龄的主效应斜率。对于具有"中等"框架的个体，模型是

$$\text{"Mean total cholesterol"} = 155.9636 + 0.9852 \times \text{"age"} + 28.6051 -$$
$$0.3514 \times \text{"age"}$$
$$= 184.5687 + (0.9852 - 0.3514) \times \text{"age"}$$
$$= 184.5687 + 0.6338 \times \text{"age"}$$

对对于具有"大"框架的个体，模型是

$$\text{"Mean total cholesterol"} = 155.9636 + 0.9852 \times \text{"age"} + 44.9474 -$$
$$0.8511 \times \text{"age"}$$
$$= 200.911 + (0.9852 - 0.8511) \times \text{"age"}$$
$$= 200.911 + 0.1341 \times \text{"age"}$$

通过访问拟合模型对象的系数，我们可以在 R 中轻松计算这些参数：

```
R> dia.coef <- coef(dia.fit)
R> dia.coef
    (Intercept)            age     framemedium      framelarge
    155.9635868      0.9852028      28.6051035      44.9474105
age:framemedium age:framelarge
     -0.3513906     -0.8510549
```

接下来，我们对这个向量的相关组件求和。当求出和之后，就能够得到拟合的模型。

```
R> dia.small <- c(dia.coef[1],dia.coef[2])
R> dia.small
(Intercept)          age
155.9635868  0.9852028
R>dia.medium <- c(dia.coef[1]+dia.coef[3],dia.coef[2]+dia.coef[5])
R> dia.medium
(Intercept)          age
```

```
184.5686904  0.6338122
R> dia.large <- c(dia.coef[1]+dia.coef[4],dia.coef[2]+dia.coef[6])
R> dia.large
(Intercept)           age
200.9109973   0.1341479
```

这 3 行将存储长度为 2 的数值向量，截距为第一个，斜率为第二个。这是 abline 的可选参数 coef 所需的形式，它允许我们将这些直线叠加在原始数据的图上。由以下代码生成图 21-8。

```
R> cols <- c("black","darkgray","lightgray")
R> plot(diabetes$chol~diabetes$age,col=cols[diabetes$frame],
        cex=0.5,xlab="age",ylab="cholesterol")
R> abline(coef=dia.small,lwd=2)
R> abline(coef=dia.medium,lwd=2,col="darkgray")
R> abline(coef=dia.large,lwd=2,col="lightgray")
R> legend("topright",legend=c("small frame","medium frame","large frame"),
        lty=1,lwd=2,col=cols)
```

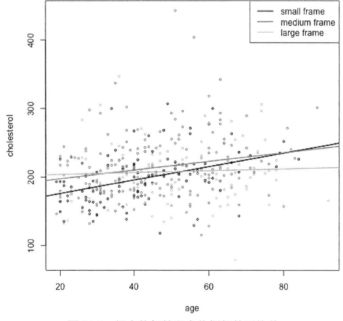

图 21-8　拟合的年龄和身体框架的平均总
胆固醇的线性模型、主效应和相互作用

如果检查图 21-8 中的拟合模型，很明显其包含了年龄和身体框架之间的相互作用后，总胆固醇与两个解释变量相关的方式有了更大的灵活性。绘制的 3 条线的非平行性质反映了图 21-7 中所示的概念。

以此来说明这个概念是如何实现的，但实际上不需要通过所有的这些步骤来找到点估计（和任何相关的置信区间）。我们可以对一个拟合的线性模型，通过使用 predict 来与主效应模型相同的方式进行交互。

## 21.5.3 两个分类

在 19.2 节的双向方差分析的引言中，我们遇到了两个分类解释变量之间相互作用的概念，发现羊毛类型和张力对纱线长度的平均断头数的交互作用的证据（基于随时可用的 warpbreaks 数据框架）。然后，与图 21-7 中的图不同，我们可以使用交互图表示交互效应（见图 19-2）。

我们以显式线性回归格式实现与 19.2.2 节中最后一个 warpbreaks 示例相同的模型。

```
R> warp.fit <- lm(breaks~wool*tension,data=warpbreaks)
R> summary(warp.fit)

Call:
lm(formula = breaks ~ wool * tension, data = warpbreaks)
Residuals:
     Min      1Q  Median      3Q     Max
-19.5556 -6.8889 -0.6667  7.1944 25.4444

Coefficients:
               Estimate Std. Error t value Pr(>|t|)
(Intercept)      44.556      3.647  12.218 2.43e-16 ***
woolB           -16.333      5.157  -3.167 0.002677 **
tensionM        -20.556      5.157  -3.986 0.000228 ***
tensionH        -20.000      5.157  -3.878 0.000320 ***
woolB:tensionM   21.111      7.294   2.895 0.005698 **
woolB:tensionH   10.556      7.294   1.447 0.154327
---
Signif. codes:  0 '***' 0.001 '**' 0.01 '*' 0.05 '.' 0.1 ' ' 1

Residual standard error: 10.94 on 48 degrees of freedom
Multiple R-squared: 0.3778,      Adjusted R-squared: 0.3129
F-statistic: 5.828 on 5 and 48 DF, p-value: 0.0002772
```

这里我使用了交叉因子符号*，而不是羊毛+张力+羊毛：张力。当双向交互中的两个解释变量都是分类变量时，将包含第一解释变量的每个非参考水平与第二解释变量的所有非参考水平组合的项。在这个例子中，羊毛是二元的，$k=2$，加上张力，$k=3$；因此，存在的唯一交互项是羊毛类型 B（A 是参考水平）与"中"（M）和"高"（H）张力水平（"低"，L，是参考水平）。因此，在拟合模型中，有 B，M，H，B：M 和 B：H 这些项。这些结果提供了与 ANOVA 分析相同的结论——在这些预测指标贡献的主效应之上，确实有羊毛类型和张力对平均断裂之间的交互作用的统计证据。

一般拟合模型可以理解为：

$$\text{"Mean warp breaks"} = 44.556 - 16.333\text{"wool type B"} -$$
$$20.556 \times \text{"medium tension"} +$$
$$20.000 \times \text{"high tension"} +$$
$$21.111 \times \text{"wool type B:medium tension"} +$$
$$10.556 \times \text{"wool type B:high tension"}$$

增加交互项的操作方式与主效应相同——当仅涉及分类解释变量时，模型可以看作是对总截距的一系列相加项。我们在给定预测中所使用的操作取决于给定个体的协变量分布。

看一系列例子：对于低张力的羊毛 A，平均翘曲断裂数被预测为简单的总截距；对于高张力的羊毛 A，有总截距和高张力的主效应项；对于低张力的羊毛 B，只有总截距和 B 型羊毛的主效应；对于中等张力的羊毛 B，有总截距、对 B 型羊毛的主效应、中等张力的主效应，以及具有中等张力的羊毛 B 的交互项。

可以使用 predict 来估计这 4 种情景的平均翘曲断裂数；这里应用的是 90%的置信区间：

```
R>nd <-data.frame(wool=c("A","A","B","B"),tension=c("L","H","L","M"))
R> predict(warp.fit,newdata=nd,interval="confidence",level=0.9)
       fit      lwr      upr
1 44.55556 38.43912 50.67199
2 24.55556 18.43912 30.67199
3 28.22222 22.10579 34.33866
4 28.77778 22.66134 34.89421
```

## 21.5.4 两个连续

最后，讨论两个连续解释变量的情况。在这种情况下，交互项作为连续平面上的修改器进行操作，该连续平面仅使用主效应拟合。以类似于连续和分类解释变量之间交互的方式，两个连续解释变量之间的交互会使与一个变量相关联的斜率受到影响,但是这次该修改以连续方式进行(根据另一个连续变量的值)。

回到 mtcars 数据框，再次将 MPG 作为马力和重量的函数来考虑。接下来输出的拟合模型包括了除两个连续解释变量的主效应之外的相互作用。正如我们所看到的，存在一个单独的估计交互项，它被认为与零假设显著不同。

```
R> car.fit <- lm(mpg~hp*wt,data=mtcars)
R> summary(car.fit)

Call:
lm(formula = mpg ~ hp * wt, data = mtcars)

Residuals:
    Min     1Q  Median     3Q     Max
-3.0632 -1.6491 -0.7362 1.4211 4.5513

Coefficients:
            Estimate Std. Error t value Pr(>|t|)
(Intercept) 49.80842    3.60516  13.816 5.01e-14 ***
hp          -0.12010    0.02470  -4.863 4.04e-05 ***
wt          -8.21662    1.26971  -6.471 5.20e-07 ***
hp:wt        0.02785    0.00742   3.753 0.000811 ***
---
Signif. codes: 0 '***' 0.001 '**' 0.01 '*' 0.05 '.' 0.1 ' ' 1

Residual standard error: 2.153 on 28 degrees of freedom
```

```
Multiple R-squared: 0.8848,        Adjusted R-squared: 0.8724
F-statistic: 71.66 on 3 and 28 DF, p-value: 2.981e-13
```

该模型写为

$$\text{"Mean MPC"} = 49.80842 - 0.12010 \times \text{"horsepower"} -$$
$$8.21662 \times \text{"weight"} +$$
$$0.02785 \times \text{"horsepower:weight"}$$
$$= 49.80842 - 0.12010 \times \text{"horsepower"} -$$
$$8.21662 \times \text{"weight"} +$$
$$0.2785 \times \text{"horsepwer"} \times \text{"weight"}$$

这里提供的模型方程的第二版本首次揭示了作为两个解释变量的值的乘积的交互,这正解释了如何使用拟合模型来预测被解释变量。(技术上,这与至少一个解释变量是分类解释变量时相同,但是虚拟编码简单地导致各个项为零和一,因此正如我们见到的,乘法等价于给定项的存在或不存在。)

考虑通过系数的符号(+或−)来解释两个连续解释变量之间的交互。负号表明,随着预测值的增加,在计算主效应的结果之后,被解释变量会减少。正如这里的情况一样,正号表明,随着预测值的增加,交互效应是对平均被解释变量的额外增加和放大。

根据上下文,马力和重量的负面主效应表明:更重、马力更大的汽车,里程自然会减少。然而,交互效应的正向性表明,随着马力或重量增加,对被解释变量的这种影响是"柔化的"。换句话说,由于解释变量的值变得越来越大,主效应赋予的负相关关系变得"越不极端"。

图 21-9 将模型的主效应版本(使用 lm 与公式 mpg~hp + wt 获得;在本节中未明确拟合)与刚刚作为对象 car.fit 拟合的模型的交互版本进行对比。

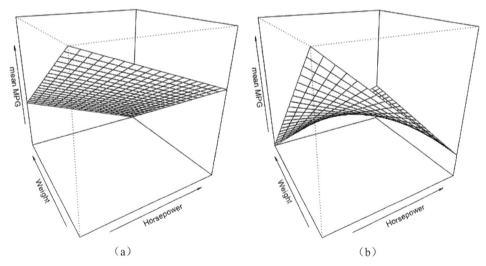

图 21-9　版本对比

(a)对于仅有的主效应模型,马力和重量的平均 MPG 的被解释变量面

(b)包括连续解释变量之间的双向相互作用的被解释变量面

正如所标示的,绘制的被解释变量面显示了垂直 z 轴上的平均 MPG 和水平轴上的两个解释变量。我们可以根据给定的马力和重量值,将表面上的点解释为平均被解释变量 MPG。注意,当沿着相应水平轴移动到较大的任一预测值时,两个表面在 MPG(沿垂直的 z 轴)上减小。

第 25 章将展示如何创建这些图。现在，它们只是为了突出上述在 car.fit 中的交互的"柔化"影响。在左边，主效应模型显示根据每个解释变量中的负线性斜率而减小的平面。然而，在右边，正的交互项的存在使这个平面变平坦，这意味着随着解释变量的值的增加，被解释变量减少的速率减慢。

### 21.5.5 高阶交互项

如上所述，双向交互是在回归方法的应用中经常遇到的交互类型。这是因为对于三向或更高阶项，我们需要更多的数据来可靠地估计交互效应，并且需要克服很多交互的复杂性。三向交互比双向效应更为罕见，四向以上也是罕见的。

在练习 21.1 中，我们使用了 boot 包（随标准 R 安装提供）中的核数据集，其中包括美国核电厂建设的数据。在练习中，我们主要关注与建筑许可证相关的日期和时间解释变量，以模拟核电站的平均建设成本。对于这个例子，假设我们没有这些解释变量的数据。可以仅使用描述设备本身特性的变量来对建设成本进行充分建模吗？

加载 boot 包并访问? nuclear 帮助页面以查找有关变量的详细信息：cap（连续变量，描述工厂容量）；cum.n（被视为连续变量，描述工程师以前工作过的类似建设的数量）；ne（二元变量，描述工厂是否在美国东北部）；ct（二元变量，描述工厂是否有冷却塔）。

以下拟合模型将工厂的最终建设成本作为被解释变量，将容量的主效应，cum.n、ne 和 ct 的主效应，以及其所有的双向交互效应和三向交互效应作为解释变量。

```
R> nuc.fit <- lm(cost~cap+cum.n*ne*ct,data=nuclear)
R> summary(nuc.fit)

Call:
lm(formula = cost ~ cap + cum.n * ne * ct, data = nuclear)

Residuals:
     Min      1Q  Median      3Q     Max
-162.475 -50.368  -8.833  43.370 213.131

Coefficients:
            Estimate Std. Error t value Pr(>|t|)
(Intercept) 138.0336    99.9599   1.381 0.180585
cap           0.5085     0.1127   4.513 0.000157 ***
cum.n       -24.2433     6.7874  -3.572 0.001618 **
ne         -260.1036   164.7650  -1.579 0.128076
ct         -187.4904    76.6316  -2.447 0.022480 *
cum.n:ne     44.0196    12.2880   3.582 0.001577 **
cum.n:ct     35.1687     8.0660   4.360 0.000229 ***
ne:ct       524.1194   200.9567   2.608 0.015721 *
cum.n:ne:ct -64.4444    18.0213  -3.576 0.001601 **
---
Signif. codes: 0 '***' 0.001 '**' 0.01 '*' 0.05 '.' 0.1 ' ' 1

Residual standard error: 107.3 on 23 degrees of freedom
```

```
Multiple R-squared: 0.705,      Adjusted R-squared: 0.6024
F-statistic: 6.872 on 8 and 23 DF, p-value: 0.0001264
```

在此代码中，通过扩展与*连接的变量的数量（而不是使用*：因为要包括这 3 个解释变量的所有低阶效应）来指定高阶交互。

在估计的结果中，工厂容量的主要影响是正向的，表明增加的电力容量与增加的建筑成本有关。所有其他解释变量的主效应是负向的，其数值似乎意味着降低的建筑成本与更有经验的工程师有关，在东北建造的工厂与具有冷却塔的工厂相关联。但是，这不是一个准确的说法，因为我们还没有考虑这些解释变量中的交互项。所有估计的双向交互效应是正向的——不管是否有冷却塔，有更多丰富经验的工程师就意味着东北部的更高的建设成本；且无论在哪个地区，拥有更多丰富经验的工程师也意味着具有冷却塔的工厂的成本更高。

不管工程师的经验如何，在东北地区的工厂使用冷却塔的成本都会大大增加。正如前面所讲的，负的三向交互效应表明，在计算主效应和双向交互效应之后，在东北部和具有冷却塔的工厂中工作的更有经验的工程师增加的成本会有所减少。

至少，这个例子突出了高阶交互模型的系数相关联的复杂性。也可能是，统计上高阶交互的显著性是由于潜伏的变量已经消失，即显著的交互是数据中模式的虚假表现，涉及那些缺失的解释变量的简单项也可以解释（如果不能更好）。在一定程度上，这引出了模型选择的重要性，这是下一个将要讨论的。

## 练习 21.3

将注意力集中在 MASS 包中的 cats 数据框中。在练习 21.1 的前几个问题中，我们拟合了主效应模型，通过体重和性别来预测家猫的心脏重量。

a. 重新拟合模型，这次包括两个解释变量之间的交互。检查模型汇总。与早期的主效应相比，根据参数估计及其意义，你注意到了什么？

b. 使用不同的点字符或颜色来产生心脏重量对体重的散点图，根据性别区分观察结果。使用 abline 添加两条线表示拟合模型。这个图与练习 21.1 的 d 题有什么不同？

c. 使用新模型（记住，Sigma 是一只 3.4kg 的雌猫），用 95%的预测间隔，预测 Tilman 的猫的心脏重量。将其与之前练习中的主效应模型进行比较。
在练习 21.2 中，我们访问了提供的 faraway 包中的 trees 数据框。加载包后，访问？trees 帮助文件；我们将找到之前使用的体积和周长测量值，以及每棵树的高度数据。

d. 不使用任何数据的变换，根据周长和身高拟合并检查用于预测体积的仅主效应模型。然后，拟合并检查此模型包括交互的第二个版本。

e. 重复 d 题，但这次使用所有变量的对数变换。关于未变换和变换模型之间的相互作用的意义，你注意到了什么？这对数据中的关系有什么建议？
回到 mtcars 数据集，回忆一下帮助文件？mtcars 中的变量。

f. 基于 hp 和因子（cyl）之间的双向交互效应及其主效应，以及 wt 的主效应，拟合 mpg 的线性模型。生成拟合模型汇总。

g. 解释马力和（分类）气缸数之间的交互效应的估计系数。

h. 假设你热衷于购买一辆 20 世纪 70 年代的性能车。你的母亲建议你购买一辆 "实用且经济" 的汽车,平均 MPG 值至少为 25。看到关于 3 辆车的广告:汽车 1 是一辆四缸、100 hp (1hp=0.7456999kW) 的汽车,重 2100 lb(1lb=0.4535924kg);汽车 2 是一辆八缸、210 hp 的汽车,重 3900 lb;而汽车 3 是一辆六缸、200 hp 的汽车,重 2900 lb。

  i. 使用模型来预测每辆车的平均 MPG;给出 95% 的置信区间。根据积分估计,你会给母亲推荐哪辆车?

  ii. 在母亲的支持下,你仍然想拥有昂贵的汽车,所以你决定购买,而不是根据你的置信区间做出决定。这会改变你对车辆的选择吗?

**本章重要代码**

| 函数/操作 | 简要描述 | 首次出现 |
| --- | --- | --- |
| I | 包括算术项 | 21.4.1 节 |
| : | 交互项 | 21.5.2 节 |
| * | 跨因素运算符 | 21.5.3 节 |

# 22

# 线性模型选择和诊断

前面两章介绍了简单线性回归和多元线性回归。本章将介绍如何使用 R 的工具和方法来研究回归的另外两个方面：选择适当的模型进行分析，并评估所作假设的有效性。

## 22.1 拟合优度和复杂度

拟合统计模型的首要目标是准确表示数据和它们内部之间的关系。一般来说，拟合统计模型归结为拟合优度和复杂度两方面的平衡。拟合优度是指实际值和预测值（或多个预测值）之间的拟合程度。复杂度指模型的复杂性，它总是与模型中需要估计的参数的数量有关——更多的解释变量和附加函数（例如多项式变换和交互）会导致更复杂的模型。

### 22.1.1 简约原则

统计学家将拟合优度和复杂度之间的平衡作为简约原则，其中相关模型选择的目标是找到尽可能简单的模型（换句话说，具有相对低的复杂度），同时不牺牲太多的拟合优度，即满足这个概念的模型是一种简约的拟合。研究人员经常谈论选择"最好"的模型——实际上指的是简约模型。

那么，如何决定这样的平衡呢？自然地，统计显著性在这里起作用，并且模型选择通常简单地归结为评估预测值或预测值函数对实际值影响的显著性。为了赋予该过程一定量的客观性，可以通过系统选择算法，例如在 22.2 节中将要学习的算法，来决定多个解释变量和相关的函数。

### 22.1.2 一般原则

进行模型选择或多个模型比较时涉及解释变量的选择。关于这个问题，我们应遵循以下原则：

首先，不能删除给定模型中的分类解释变量的个别级别，这是没有意义的。换句话说，如果一个非参考水平具有统计学意义，而所有其他非参考水平都是无意义的，那么我们应该将分类变量作为一个整体来对平均被解释变量的确定做出统计学上的重要贡献。如果所有非参考水平的系数缺乏证据（不为零），那么我们应该只考虑整体而删除该分类解释变量。这也适用于存在分类解释变量的交互项的情况。

其次，如果拟合模型中存在交互，则相关解释变量的所有低阶交互和主效应必须保留在模型中。这在 21.5.1 节中讨论过的，当时我们将交互效果解释为低阶效应的增强。例如，如果在包含该解释变量的拟合模型中没有出现交互项（即使该主效应具有高 $p$ 值），那么我们应该只考虑删除解释变量的主要影响。

最后，在使用某个解释变量的多项式变换（见 21.4.1 节）的模型中，如果最高阶多项式是显著的，则保留模型中的所有低阶多项式项。例如，在包含解释变量的三阶多项式变换的模型也必须包括该变量的一阶和二阶变换。这是因为多项式函数的数学行为——只有通过明确分离出一次、二次和三次（等等）效应作为不同的项，我们才可以避免混淆上述的效应。

## 22.2 模型选择算法

模型选择算法是以某种系统的方式筛选可得的解释变量，以便确定哪些能够组合起来最好地描述被解释变量，而不是通过独立地检查解释变量的特定组合来拟合模型。

模型选择算法具有争议。目前有几种不同的方法，但没有一种方法普遍适用于每个回归模型。不同的选择算法可能导致不同的模型。在许多情况下，研究人员将获得关于影响决策问题的额外信息或知识。例如，某些解释变量必须始终包括在内，或者包含它们是没有意义的。这必须与其他情况同时考虑，例如相互作用或不可观察的潜变量可能会影响重要关系，并需要确保拟合模型在统计学上是有效的（这将在 22.3 节中看到）。

这有助于理解著名统计学家 George Box（1919—2013）所说的："所有模型都是错误的，但有些是有用的。"

我们生成的所有拟合模型不能被认为是真实的，但是仔细并完全地拟合和检查模型可以揭示数据的有趣特征，并因此可以通过定量估计来揭示关联和关系。

### 22.2.1 嵌套比较：部分 F 检验

部分 F 检验是比较几个不同模型最直接的方法。它查看两个或更多的嵌套模型，其中较小、较简单的模型是较大、较复杂模型的简化版本。假设我们已经拟合了两个线性回归模型如下：

$$\hat{y}_{\text{redu}} = \hat{\beta}_0 + \hat{\beta}_1 x_1 + \hat{\beta}_2 x_2 + \cdots + \hat{\beta}_p x_p$$

$$\hat{y}_{\text{full}} = \hat{\beta}_0 + \hat{\beta}_1 x_1 + \hat{\beta}_2 x_2 + \cdots + \hat{\beta}_p x_p + \cdots + \hat{\beta}_q x_q$$

这里，简化模型，预测 $\hat{y}_{\text{redu}}$，有 $P$ 个预测项和一个截距项。完整模型，预测 $\hat{y}_{\text{full}}$，有 $q$ 个预测项。符号 $q > P$ 意味着连同截距 $\hat{\beta}_0$ 的标准模型包括由 $\hat{y}_{\text{redu}}$ 定义的简化模型的所有 $P$ 个预测项以及 $q - P$ 个附加项。这说明 $\hat{y}_{\text{redu}}$ 模型嵌套在 $\hat{y}_{\text{full}}$ 模型中。

注意，增加回归模型中解释变量的数量将会改进 $R^2$ 和其他拟合优度的测量。然而，真正的问题是，拟合优度的改进是否足够大，以使额外的复杂性包括任何附加的解释变量项是"值得"的。这正是部分 F 检验试图回答关于嵌套回归模型的问题。其目的是检验包括额外 $q-p$ 项的完整模型而非简化模型是否在拟合优度方面提供了统计显著的改进。部分 F 检验有如下假设：

$$H_0 : \beta_{p+1} = \beta_{p+2} = \cdots = \beta_q = 0$$

$$H_A : 至少一个 \beta_j \neq 0 \ （对于 \ j = p, \cdots, q） \tag{22.1}$$

在归纳拟合线性模型对象（参考第 21.3.5 节）时，用于解决这些假设的检验统计量的计算遵循由 R 自动产生的综合 F 检验的原理。分别用 $R_{\text{redu}}^2$ 和 $R_{\text{full}}^2$ 表示简化模型和完全模型的决定系数。如果 $n$ 是用于拟合两个模型的数据的样本大小，则检验统计量式子如下：

$$F = \frac{\left(R_{\text{full}}^2 - R_{\text{redu}}^2\right)\left(n - q - 1\right)}{\left(1 - R_{\text{full}}^2\right)\left(q - p\right)} \tag{22.2}$$

其在式（22.1）中假设 $H_0$ 成立的条件下，服从自由度 $\text{df}_1 = q - p$、$\text{df}_2 = n - q$ 的 F 分布。$p$ 值指 F 的上尾区域，其越小，拒绝零假设的概率越大，表明一个或多个附加参数对被解释变量没有影响。

以 21.3.1 节中的模型对象 survmult 和 survmult2 为例。survmult 模型基于来自 MASS 包的调查数据框，从书写手跨和性别方面预测平均学生身高；survmult2 模型增加了描述吸烟状态的解释变量。如果需要，返回到 21.3.1 节重新设计这两个模型。将对象打印到控制台屏幕来预览这两个拟合，并且就解释变量而言，很容易确认较小模型确实嵌套在较大模型中：

```
R> survmult

Call:
lm(formula = Height ~ Wr.Hnd + Sex, data = survey)

Coefficients:
(Intercept)      Wr.Hnd       SexMale
    137.687       1.594         9.490

R> survmult2

Call:
lm(formula = Height ~ Wr.Hnd + Sex + Smoke, data = survey)

Coefficients:
(Intercept)      Wr.Hnd      SexMale    SmokeNever   SmokeOccas   SmokeRegul
   137.4056      1.6042       9.3979       -0.0442       1.5267       0.9211
```

一旦拟合了嵌套模型，R 可以使用 anova 函数进行部分 F 检验（部分 F 检验属于方差分析方法组）。要确定添加 Smoke 作为解释变量是否对拟合有显著改进，只需从简化模型开始并将模型对象作为参数。

```
R> anova(survmult,survmult2)
Analysis of Variance Table

Model 1: Height ~ Wr.Hnd + Sex
```

```
Model 2: Height ~ Wr.Hnd + Sex + Smoke
  Res.Df    RSS Df Sum of Sq      F Pr(>F)
1    204 9959.2
2    201 9914.3 3    44.876 0.3033   0.823
```

输出结果给出了与 $R^2_{\text{redu}}$ 和 $R^2_{\text{full}}$ 相关联的量以及式（22.2）中的检验统计量 F，在结果表中作为 F 给出。使用对象 survmult 和 survmult2 中 $p$ 和 $q$ 的值，能够分别确认表中第二行所对应列 Df 和列 Res.Df 的 $\text{df}_1$ 值和 $\text{df}_2$ 值。

在上述例子中，$\text{df}_1 = 3$，$\text{df}_2 = 201$，检验统计量 $F = 0.303$，其 $p$ 值为 0.823，较高，表明接受原假设 $H_0$。这意味着，在只包括解释变量 Wr.Hnd 和 Sex 的简化模型中添加 Smoke，在对学生高度进行建模时，并没有明显的改进。这个结论并不令人惊讶，因为 Smoke 的所有非参考水平的 $p$ 值并不显著，见 21.3.1 节。

这是部分 F 检验用于模型选择的过程——在当前示例中，简化模型将是更加简约的拟合并且优于完整模型。

我们可以在给定 anova 调用中的几个嵌套模型之间进行比较，这可以用于调查诸如包含交互项或包含解释变量的多项式变换，因为存在自然的层次结构，所以需要保留所有低阶项。

例如，使用 21.5.2 节 faraway 包中的 diabetes 数据框，该拟合模型用于根据年龄（age）和身体框架（frame）来预测胆固醇水平（chol）以及这两个解释变量之间的相互作用。在使用部分 F 检验来比较嵌套变体之前，我们需要确保每个模型使用相同的记录，并且没有任何解释变量的缺失值，这些变量将无法用于"更全面的"模型（因此样本大小对于每个比较是相同的）。为此，我们首先定义一种 diabetes 版本，并删除我们所使用的解释变量中缺失值的记录。

加载 faraway 包并使用逻辑子集来标识和删除具有 age 或 frame 缺失值的个体。定义这个新版本的 diabetes 对象：

```
R> diab <- diabetes[-which(is.na(diabetes$age) | is.na(diabetes$frame)),]
```

现在，使用新 diab 对象拟合以下 4 个模型：

```
R> dia.model1 <- lm(chol~1,data=diab)
R> dia.model2 <- lm(chol~age,data=diab)
R> dia.model3 <- lm(chol~age+frame,data=diab)
R> dia.model4 <- lm(chol~age*frame,data=diab)
```

第一个模型只包含截距项，第二个模型添加 age 作为解释变量，第三个模型包含 age 和 frame 变量，第四个模型包含两变量的交互。嵌套是显而易见的，现在随着模型复杂度的增加来比较每个模型在拟合优度方面的改进。

```
R> anova(dia.model1,dia.model2,dia.model3,dia.model4)
Analysis of Variance Table

Model 1: chol ~ 1
Model 2: chol ~ age
Model 3: chol ~ age + frame
Model 4: chol ~ age * frame
```

```
  Res.Df    RSS Df Sum of Sq F Pr(>F)
1   389 747265
2   388 712078  1     35187 19.6306 1.227e-05 ***
3   386 697527  2     14551  4.0589   0.01801 *
4   384 688295  2      9233  2.5755   0.07743 .
---
Signif. codes: 0 '***' 0.001 '**' 0.01 '*' 0.05 '.' 0.1 ' ' 1
```

如果未删除这些解释变量中缺失值的记录，我们将会收到一条错误消息，告知我们 4 个模型的数据集大小不相等。

结果表明：变量 age 对建模 chol 有显著改进；变量 frame 的主效应提供了进一步改善；并有非常弱的证据表明交互效应有益于拟合优度。因此，我们更喜欢使用 dia.mod3 即主效应唯一的模型，其是平均胆固醇 4 个模型中最简化的模型。

## 22.2.2 向前选择

部分 F 检验适用于嵌套模型，但当拟合很多不同的模型时，例如，有很多解释变量时，部分 F 检验则不适用。

这时应该选用向前选择（也称为向前消除）方法。该方法从仅含截距项模型开始，紧接着执行一系列独立的检验，以确定哪些解释变量能显著提高拟合优度。然后通过添加该变量来更新模型对象，并对所有剩余变量再次执行一系列检验，以确定哪些变量将进一步改善拟合。重复该过程，直到没有更多的变量使得拟合优度有所改善。使用 R 函数 add1 和 update 执行一系列检验并更新拟合回归模型。

以练习 21.1 和 21.5.5 节 boot 库中的 nuclear 数据框架为例。目标是选择最有信息的模型来预测建筑成本。加载启动并访问帮助文件？nuclear 来定义变量。首先使用总截距项来拟合建筑成本模型。

```
R> nuc.0 <- lm(cost~1,data=nuclear)
R> summary(nuc.0)

Call:
lm(formula = cost ~ 1, data = nuclear)

Residuals:
    Min     1Q Median     3Q    Max
-254.05 -151.24 -13.46 150.40 419.68

Coefficients:
            Estimate Std. Error t value Pr(>|t|)
(Intercept)   461.56      30.07   15.35 4.95e-16 ***
---
Signif. codes: 0 '***' 0.001 '**' 0.01 '*' 0.05 '.' 0.1 ' ' 1

Residual standard error: 170.1 on 31 degrees of freedom
```

从之前的漏洞中可以知道，这个特定的模型不能可靠地预测成本。所以，执行以下的代码行开始向前选择（输出结果将在后边分别显示和讨论）：

```
R> add1(nuc.0,scope=.~.+date+t1+t2+cap+pr+ne+ct+bw+cum.n+pt,test="F")
```

add1 的第一个参数是我们要更新的模型。第二个参数 scope 是至关重要的——我们必须提供一个公式对象定义我们需要拟合的"最完全"、最复杂的模型。通常我们使用符号.~.，其中圆点指第一个参数所定义的模型。具体来说，这些点代表"已经存在的东西"，也就是通过 scope 告诉 add1，完全模型的被解释变量 cost、截距项和 nuclear 数据框中其他解释变量的主效应（为了方便演示，我们将完全模型限制为主效应）。不需要提供数据框作为参数，因为这些数据包含在第一个参数的模型对象中。最后，告诉 add1 执行检验。虽然这里有一些可用的变体（见？add1），但我们继续使用部分 F 检验。

现在，看 add1 执行后直接输出的结果。

```
Single term additions

Model:
cost ~ 1
        Df Sum of Sq    RSS    AIC F value   Pr(>F)
<none>              897172 329.72
date     1   334335 562837 316.80 17.8205 0.0002071 ***
t1       1   186984 710189 324.24  7.8986 0.0086296 **
t2       1       27 897145 331.72  0.0009 0.9760597
cap      1   199673 697499 323.66  8.5881 0.0064137 **
pr       1     9037 888136 331.40  0.3052 0.5847053
ne       1   128641 768531 326.77  5.0216 0.0325885 *
ct       1    43042 854130 330.15  1.5118 0.2284221
bw       1    16205 880967 331.14  0.5519 0.4633402
cum.n    1    67938 829234 329.20  2.4579 0.1274266
pt       1   305334 591839 318.41 15.4772 0.0004575 ***
---
Signif. codes: 0 '***' 0.001 '**' 0.01 '*' 0.05 '.' 0.1 ' ' 1
```

输出结果由一系列行组成并从<none>开始（对当前模型不进行任何操作）。结果提供了 Sum of Sq 和 RSS 值，与计算检验统计量直接相关。同时提供了自由度的差异。关于另一种简约测量 AIC 也被提供（详细内容见 22.2.4 节）。

最相关的是检验结果；使用 test = "F"，每行对应于独立的部分 F 检验，将第一个参数中的模型 $\hat{y}_{\text{redu}}$ 与添加行项的 $\hat{y}_{\text{full}}$ 模型进行比较。因此，通常只需添加改进最大（和"最重要"）的项来更新模型。

在这里，我们可以看到，添加 date 作为解释变量对成本建模有最显著的改进。所以，更新 nuc.0 与代码以包含该项。

```
R> nuc.1 <- update(nuc.0,formula=.~.+date)
R> summary(nuc.1)
Call:
lm(formula = cost ~ date, data = nuclear)
```

```
Residuals:
    Min     1Q Median     3Q    Max
-176.00 -105.27 -25.24 58.63 359.46

Coefficients:
            Estimate Std. Error t value Pr(>|t|)
(Intercept) -6553.57    1661.96  -3.943 0.000446 ***
date          102.29      24.23   4.221 0.000207 ***
---
Signif. codes: 0 '***' 0.001 '**' 0.01 '*' 0.05 '.' 0.1 ' ' 1

Residual standard error: 137 on 30 degrees of freedom
Multiple R-squared: 0.3727,      Adjusted R-squared: 0.3517
F-statistic: 17.82 on 1 and 30 DF, p-value: 0.0002071
```

在 update 中，我们提供第一个参数即要更新的模型、第二个参数 formula，告诉 update 如何更新模型。同样使用 .~. 符号，命令是通过添加 date 作为解释变量来更新 nuc.0，产生与第一个参数相同类型的拟合模型对象。对新模型 nuc.1 调用 summary，如下。

再次调用 add1，但现在将 nuc.1 作为第一个参数。

```
R> add1(nuc.1,scope=.~.+date+t1+t2+cap+pr+ne+ct+bw+cum.n+pt,test="F")
Single term additions

Model:
cost ~ date
        Df Sum of Sq    RSS    AIC F value    Pr(>F)
<none>               562837 316.80
t1       1     15322 547515 317.92  0.8115 0.3750843
t2       1     68161 494676 314.67  3.9959 0.0550606 .
cap      1    189732 373105 305.64 14.7471 0.0006163 ***
pr       1      4027 558810 318.57  0.2090 0.6509638
ne       1     92256 470581 313.07  5.6854 0.0238671 *
ct       1     54794 508043 315.52  3.1277 0.0874906 .
bw       1      1240 561597 318.73  0.0640 0.8020147
cum.n    1      4658 558179 318.53  0.2420 0.6264574
pt       1     90587 472250 313.18  5.5628 0.0252997 *
---
Signif. codes: 0 '***' 0.001 '**' 0.01 '*' 0.05 '.' 0.1 ' ' 1
```

注意，现在在 nuc.1 中没有添加 date 这一行。下一步是加变量 cap，从而更新 nuc.1 来改进模型。

```
R> nuc.2 <- update(nuc.1,formula=.~.+cap)
```

现在继续进行检验和更新。通过对 nuc.2 调用 add1（这里没有显示输出），我们会发现下一个改进最显著的是添加 pt（一个小的余量）。更新到名为 nuc.3 的新对象，其中包括以下项：

```
R> nuc.3 <- update(nuc.2,formula=.~.+pt)
```

然后再次检验，对 nuc.3 使用 add1。我们会发现证明包括 ne 的主效应的证据不足，所以更新并创建 nuc.4。

```
R> nuc.4 <- update(nuc.3,formula=.~.+ne)
```

此时，我们可能会合理地确定不再有更多有效添加，但有必要检查一下最后调用 add1 的最新拟合。

```
R> add1(nuc.4,scope=.~.+date+t1+t2+cap+pr+ne+ct+bw+cum.n+pt,test="F")
Single term additions

Model:
cost ~ date + cap + pt + ne
        Df Sum of Sq     RSS    AIC F value  Pr(>F)
<none>               222617 293.12
t1       1     107.0 222510 295.10  0.0125  0.9118
t2       1   19229.9 203387 292.23  2.4583  0.1290
pr       1    5230.8 217386 294.36  0.6256  0.4361
ct       1   15764.7 206852 292.77  1.9815  0.1711
bw       1     448.0 222169 295.06  0.0524  0.8207
cum.n    1   13819.9 208797 293.07  1.7209  0.2010
```

实际上，如果包括在模型中，剩余的协变量没有一个将对拟合优度有显著的改进，所以最终的模型将保持为 nuc.4。

```
R> summary(nuc.4)

Call:
lm(formula = cost ~ date + cap + pt + ne, data = nuclear)

Residuals:
     Min      1Q   Median      3Q     Max
-157.894 -38.424   -2.493  35.363 267.445

Coefficients:
              Estimate Std. Error t value Pr(>|t|)
(Intercept) -4.756e+03  1.286e+03  -3.699 0.000975 ***
date         7.102e+01  1.867e+01   3.804 0.000741 ***
cap          4.198e-01  8.616e-02   4.873 4.29e-05 ***
pt          -1.289e+02  4.950e+01  -2.605 0.014761 *
ne           9.940e+01  3.864e+01   2.573 0.015908 *
---
Signif. codes: 0 '***' 0.001 '**' 0.01 '*' 0.05 '.' 0.1 ' ' 1

Residual standard error: 90.8 on 27 degrees of freedom
Multiple R-squared: 0.7519,      Adjusted R-squared: 0.7151
F-statistic: 20.45 on 4 and 27 DF,  p-value: 7.507e-08
```

这种方法看起来有点麻烦，有时很难决定是否使用最完整的模型，但它是一个非常好的方法，在选择过程的每个阶段都参与，所以我们要仔细考虑每一个添加。但是需要注意，可以通过选择一个主体性的元素添加到另一个来达到不同的模型，例如，如果我们添加 pt 而不是 date（它们在第一次调用 add1 时具有相似的显著性水平）。

### 22.2.3 向后选择

在学习完向前选择后，理解向后选择（或消除）就变得容易些。正如我们所认为，向前选择从简化模型开始，并通过添加变量来得到最终模型，而向后选择从最完整的模型开始，并系统地删除变量。此过程应用 R 函数 drop1 以检查部分 F 检验和更新。

向前选择模型还是向后选择模型通常视具体情况进行。如果我们对最完整的模型不了解或难以定义和拟合，则通常采用向前选择。另外，如果拟合最完整的模型较容易，就采用向后选择。有时，研究人员同时使用两种方法，以查看他们得到的最终模型是否相同（这是完全可能的情况）。

以 nuclear 为例。首先，定义最完整的模型，以预测所有可用协变量的主效应的成本（与向前选择中使用的范围一样）。

```
R> nuc.0 <- lm(cost~date+t1+t2+cap+pr+ne+ct+bw+cum.n+pt,data=nuclear)
R> summary(nuc.0)

Call:
lm(formula = cost ~ date + t1 + t2 + cap + pr + ne + ct + bw +

    cum.n + pt, data = nuclear)
Residuals:
     Min      1Q Median      3Q     Max
-128.608 -46.736 -2.668 39.782 180.365

Coefficients:
             Estimate Std. Error t value Pr(>|t|)
(Intercept) -8.135e+03  2.788e+03  -2.918 0.008222 **
date         1.155e+02  4.226e+01   2.733 0.012470 *
t1           5.928e+00  1.089e+01   0.545 0.591803
t2           4.571e+00  2.243e+00   2.038 0.054390 .
cap          4.217e-01  8.844e-02   4.768 0.000104 ***
pr          -8.112e+01  4.077e+01  -1.990 0.059794 .
ne           1.375e+02  3.869e+01   3.553 0.001883 **
ct           4.327e+01  3.431e+01   1.261 0.221008
bw          -8.238e+00  5.188e+01  -0.159 0.875354
cum.n       -6.989e+00  3.822e+00  -1.829 0.081698 .
pt          -1.925e+01  6.367e+01  -0.302 0.765401
---
Signif. codes: 0 '***' 0.001 '**' 0.01 '*' 0.05 '.' 0.1 ' ' 1

Residual standard error: 82.83 on 21 degrees of freedom
Multiple R-squared: 0.8394,       Adjusted R-squared: 0.763
F-statistic: 10.98 on 10 and 21 DF, p-value: 2.844e-06
```

由以上结果可知，有几个解释变量对被解释变量没有显著贡献，在我们第一次使用 drop1 来检查舍弃的每个变量对拟合优度的影响时，这些相同的结果是显而易见的。

```
R> drop1(nuc.0,test="F")
Single term deletions

Model:
cost ~ date + t1 + t2 + cap + pr + ne + ct + bw + cum.n + pt
       Df Sum of Sq    RSS    AIC F value    Pr(>F)
<none>              144065 291.19
date    1     51230 195295 298.93  7.4677 0.0124702 *
t1      1      2034 146099 289.64  0.2965 0.5918028
t2      1     28481 172546 294.97  4.1517 0.0543902 .
cap     1    155943 300008 312.67 22.7314 0.0001039 ***
pr      1     27161 171226 294.72  3.9592 0.0597943 .
ne      1     86581 230646 304.25 12.6207 0.0018835 **
ct      1     10915 154980 291.53  1.5911 0.2210075
bw      1       173 144238 289.23  0.0252 0.8753538
cum.n   1     22939 167004 293.92  3.3438 0.0816977 .

pt      1       627 144692 289.33  0.0914 0.7654015
---
Signif. codes: 0 '***' 0.001 '**' 0.01 '*' 0.05 '.' 0.1 ' ' 1
```

drop1 的一个特性是参数 scope 是可选的。如果不包括范围，则默认仅含截距项的模型为“最简化”模型，这通常是一个合理的选择。

在删除变量之前，我们要清楚我们所做的是要解释什么。正如添加任何变量将总是增加向前选择中的拟合优度，删除任何变量将降低向后选择中的拟合优度。真正的问题是这些变化对拟合的感知意义。在添加变量时，只需添加那些对拟合优度有显著改进的变量，而在删除变量时，只需删除那些不会降低统计显著性的变量。因此，向后选择与向前选择是完全相反的。

所以，从 drop1 的输出中，我们选择从模型中删除变量，该变量具有降低拟合优度的显著效果。换句话说，我们正在寻找其部分 F 检验具有最大，最不显著 $p$ 值的变量——因为删除具有显著 $p$ 值的变量将降低回归模型的预测能力。

在当前示例中，似乎解释变量 bw 对减少拟合优度具有最不显著的影响，因此，通过从 nuc.0 中删除该变量来开始更新模型。

```
R> nuc.1 <- update(nuc.0,.~.-bw)
```

在此选择算法中使用的 update 与之前相同。现在，我们使用-符号来删除变量，根据标准“已经存在”.~.符号。

然后使用最新的模型 nuc.1 重复该过程：

```
R> drop1(nuc.1,test="F")
Single term deletions

Model:
cost ~ date + t1 + t2 + cap + pr + ne + ct + cum.n + pt
```

```
        Df Sum of     Sq RSS AIC F value Pr(>F)
<none>              144238 289.23
date     1    55942 200180 297.72  8.5326 0.007913 **
t1       1     3124 147362 287.92  0.4765 0.497245
t2       1    30717 174955 293.41  4.6852 0.041546 *
cap      1   159976 304214 311.11 24.4005 6.098e-05 ***
pr       1    27140 171377 292.75  4.1395 0.054122 .
ne       1    86408 230646 302.25 13.1795 0.001479 **
ct       1    11815 156053 289.75  1.8021 0.193153

cum.n    1    24048 168286 292.17  3.6680 0.068557 .
pt       1      930 145168 287.44  0.1419 0.710039
---
Signif. codes: 0 '***' 0.001 '**' 0.01 '*' 0.05 '.' 0.1 ' ' 1
```

由以上结果可知，pt 的主效应下降最明显，因此将其删除并命名生成对象 nuc.2。

```
R> nuc.2 <- update(nuc.1,.~.-pt)
```

现在继续调用 drop1 重新检查（未显示），我们会发现解释变量 t1 是下一个要删除的变量。删除该解释变量来更新模型，并命名模型对象为 nuc.3。

```
R> nuc.3 <- update(nuc.2,.~.-t1)
```

再次调用 drop1 检查 nuc.3。我们会发现 ct 的效果不显著，所以删除该变量并再次更新模型，且命名为 nuc.4。

```
R> nuc.4 <- update(nuc.3,.~.-ct)
```

用 drop1 对 nuc.4 进行检查。在这一点上，我们可能会犹豫去除更多的解释变量，其重要性在于与删除它们的效应相关联的不同强度。然而，对于剩余解释变量中的至少 t2、pr 和 cum.n 3 个，其统计显著性应当被认为是最好的边界——它们的所有 $p$ 值位于常规显著性水平 $\alpha = 0.01$ 和 $\alpha = 0.05$。这再次强调了研究者在模型选择算法中必须发挥的积极作用，例如向前或向后消除。而是否应该从这里删除任何更多的变量是一个难以回答的问题，这留给我们判断。

让我们继续将 nuc.4 作为最终模型。总结一下，我们可以看到估计的回归参数和通常的拟合统计。

```
R> summary(nuc.4)

Call:
lm(formula = cost ~ date + t2 + cap + pr + ne + cum.n, data = nuclear)

Residuals:
     Min      1Q Median     3Q      Max
-152.851 -53.929 -8.827 53.382 155.581

Coefficients:
```

```
              Estimate Std. Error t value Pr(>|t|)
(Intercept) -9.702e+03 1.294e+03 -7.495 7.55e-08 ***

date         1.396e+02 1.843e+01  7.574 6.27e-08 ***
t2           4.905e+00 1.827e+00  2.685 0.012685 *
cap          4.137e-01 8.425e-02  4.911 4.70e-05 ***
pr          -8.851e+01 3.479e+01 -2.544 0.017499 *
ne           1.502e+02 3.400e+01  4.419 0.000168 ***
cum.n       -7.919e+00 2.871e+00 -2.758 0.010703 *
---
Signif. codes: 0 '***' 0.001 '**' 0.01 '*' 0.05 '.' 0.1 ' ' 1

Residual standard error: 80.8 on 25 degrees of freedom
Multiple R-squared: 0.8181,        Adjusted R-squared: 0.7744
F-statistic: 18.74 on 6 and 25 DF, p-value: 3.796e-08
```

我们可以看到，在 22.2.2 节中通过向前选择得到的最终模型与此处选择的最终模型不同，尽管最全面的模型是相同的。这是为什么呢？

简单地说，这是因为模型中解释变量相互影响。记住，当我们控制不同的变量时，当前解释变量的估计系数值很容易改变。随着解释变量数量的增加，这些关系变得越来越复杂，因此选择算法的顺序和方向都有可能通过选择过程引导我们进入不同的路径，并最终得到不同的结果。

作为一个完美的例子，考察 pt 在 nuclear 数据中的主要影响。在向前选择中，添加 pt 是因为它对模型 cost~date+cap 有"最显著"的改进。在向后选择中，pt 被首先删除，是因为如果从模型 cost~date+t1+t2+cap+pr+ne+ct+cum.n+pt 中删除变量 pt，对拟合优度的减少最小。这意味着对于后一个模型，pt 在预测结果方面的贡献可能已经被其他解释变量解释了。在较小的模型中，这种效果还没有被解释，因此对 pt 的添加值得我们注意。

尽管是以系统的方式实施的，但以上过程突出了大多数算法选择的易变性。重要的是，最终的模型拟合可能会在不同的方法之间变化，我们应该更多地将这些选择方法作为寻找最简模型的向导，而不是提供一个通用、明确的解决方案。

## 22.2.4 逐步 AIC 选择

部分 F 检验的应用是最常见的基于检验的模型选择方法，但它不是研究人员的唯一工具。我们还可以通过采用基于准则的方法来找到简约模型。最著名的准则测量是赤池信息准则（AIC）。该值为 add1 和 drop1 输出结果中的一列。

对于给定的线性模型，AIC 计算公式如下：

$$\text{AIC} = -2 \times L + 2 \times (p+2) \tag{22.3}$$

其中，$L$ 是对数似然值，是对拟合优度的度量；$P$ 是模型中回归参数的数量，不包括总截距项。$L$ 值是用于拟合模型的估计过程的结果，尽管其精确程度超出了本文的范围。$L$ 值越大，模型拟合的越好。

式（22.3）产生一个值，其中 $-2 \times L$ 衡量拟合优度，$2 \times (p+2)$ 衡量复杂度。$L$ 之前的负号和 $p+2$ 之前的正号说明，AIC 值越小则模型越简约。

为了找到拟合线性模型的 AIC，可以对 lm 产生的对象使用 AIC 或 extractAIC 函数。查看这些函数的帮助文件，比较两者在技术上的差异。$L$ 值（也为 AIC）没有直接解释，只有在将其与另一个模型的 AIC 比较时才有用。可以通过 AIC 来选择模型，也就是识别具有最低 AIC 值的拟合模型。这是在 add1 和 drop1 的输出中直接报告的原因——我们可以根据 AIC 变小来决定添加或删除哪个变量，而不是通过 F 检验的显著性来更改。

进一步结合向前和向后选择的想法。逐步模型选择允许选项删除当前变量或添加缺失变量，并且通常相对于 AIC 来实现。也就是说，基于对 AIC 产生最大减少量的可能移动中的一个移动，选择添加或删除变量。这使得对拟合的候选模型到最终模型的探索更灵活——在添加或删除变量没有进一步减少 AIC 值时，可确定该模型为最终模型。

在每个阶段，可以通过使用 add1 或 drop1 实现逐步 AIC 选择，幸运的是，R 提供了内置的步骤来实现逐步 AIC 选择。从之前章节的 MASS 包中获取 mtcars 数据。可以获得平均里程模型，包括每个可用解释变量的概率。

首先，再次查看 ? mtcars 中的文档和数据的散点图矩阵，以回忆起 R 数据框对象中的变量及其格式。然后将起始模型（通常称为零模型）定义为仅含截距项的模型。

```
R> car.null <- lm(mpg~1,data=mtcars)
```

初始模型可以是任何我们喜欢的，只要它落在范围参数描述的模型域中，以提供给步骤。在本示例中，将范围定义为要考虑的最大模型，将其设置为含有 wt、hp、cyl 和 disp（以及所有相关的低阶交互和主效应，通过交叉因子运算符）之间的四向交互以及 am、gear、drat、vs、qsec 和 carb 的主效应的过度复杂模型。两个多级分类变量 cyl 和 gear 被明确转换为因子，以避免将其视为数值型（见 20.5.4 节）。

最终模型中的相互作用的潜力将用于突出 add1、drop1 和 step 的一个特别重要（和方便）的特征。这些函数都遵守由交互和主效应所强加的层次。也就是说，对于 add1（和 step），不会将交互变量作为添加的选项，除非在当前拟合模型中，所有相关的低阶效应已经存在。同样地，对于 drop1（和 step），不会将交互变量或主效应作为删除的选项，除非所有相关的高阶效应已经不包含在当前的拟合模型中。

step 函数本身返回一个拟合模型对象，默认情况下提供每个选择阶段的综合报告。现在调用 step，由于打印的不便，一些输出已经被切断，所以我们鼓励把它放在自己的计算机上。

```
R> car.step <- step(car.null,scope=.~.+wt*hp*factor(cyl)*disp+am
                                +factor(gear)+drat+vs+qsec+carb)
Start: AIC=115.94
mpg ~ 1

             Df Sum of Sq    RSS     AIC
+ wt          1    847.73 278.32  73.217
+ disp        1    808.89 317.16  77.397
+ factor(cyl) 2    824.78 301.26  77.752
+ hp          1    678.37 447.67  88.427
+ drat        1    522.48 603.57  97.988
+ vs          1    496.53 629.52  99.335
+ factor(gear) 2   483.24 642.80 102.003
```

```
+ am           1     405.15 720.90 103.672
+ carb         1     341.78 784.27 106.369
+ qsec         1     197.39 928.66 111.776
<none>                      1126.05 115.943
```

```
Step: AIC=73.22
mpg ~ wt
```

```
                Df Sum of Sq    RSS     AIC
+ factor(cyl)    2     95.26  183.06  63.810
+ hp             1     83.27  195.05  63.840
+ qsec           1     82.86  195.46  63.908
+ vs             1     54.23  224.09  68.283
+ carb           1     44.60  233.72  69.628
+ disp           1     31.64  246.68  71.356
+ factor(gear)   2     40.37  237.95  72.202
<none>                        278.32  73.217
+ drat           1      9.08  269.24  74.156
+ am             1      0.00  278.32  75.217
- wt             1    847.73 1126.05 115.943
```

```
Step: AIC=63.81
mpg ~ wt + factor(cyl)
```

```
                Df Sum of Sq    RSS     AIC
+ hp             1    22.281  160.78  61.657
+ wt:factor(cyl) 2    27.170  155.89  62.669
<none>                        183.06  63.810
+ qsec           1    10.949  172.11  63.837
+ carb           1     9.244  173.81  64.152
+ vs             1     1.842  181.22  65.487
+ disp           1     0.110  182.95  65.791
+ am             1     0.090  182.97  65.794
+ drat           1     0.073  182.99  65.798
+ factor(gear)   2     6.682  176.38  66.620
- factor(cyl)    2    95.263  278.32  73.217
- wt             1   118.204  301.26  77.752
```

```
Step: AIC=61.66
mpg ~ wt + factor(cyl) + hp
```

--snip--

```
Step: AIC=55.9
mpg ~ wt + factor(cyl) + hp + wt:hp
```

--snip--

```
Step: AIC=52.8
mpg ~ wt + hp + wt:hp
```

```
--snip--

Step: AIC=52.57
mpg ~ wt + hp + qsec + wt:hp

              Df Sum of Sq    RSS    AIC
<none>                     121.04  52.573
- qsec         1    8.720 129.76  52.799
+ factor(gear) 2    9.482 111.56  53.962
+ am           1    1.939 119.10  54.056
+ carb         1    0.080 120.96  54.551
+ drat         1    0.012 121.03  54.570
+ vs           1    0.010 121.03  54.570
+ disp         1    0.008 121.03  54.571
+ factor(cyl)  2    0.164 120.88  56.529
- wt:hp        1   65.018 186.06  64.331
```

每个输出块显示当前拟合的模型，包括其 AIC 值和可能移动的表（添加+、删除−或不做任何操作<none>）。列出每次单独移动产生的 AIC 值，并且将这些潜在的单个移动按 AIC 值从小到大的顺序排列。

可以看到，随着算法的进行，<none>行出现在表中。例如，在第一个表中，仅含截距项模型的 AIC 值为 115.94。AIC 的最大减少量将是由于添加 wt 的主效应造成，从而进行移动并且重新评估随后移动对 AIC 的影响。另外，在添加那些解释变量的主效应之后，即在第三步添加 wt 和 factor（cyl）之间的双向相互作用项。然而，该特定的双向交互不会被包括，因为 hp 的主效应在第三步是更优的，并且随后在第四步中 hp 的交互作用使 AIC 值降低最多。事实上，在第五步，删除 factor（cyl）的主效应被认为最大程度地减少了 AIC，因此第六步和第七步的表中不再包括 wt：factor（cyl）项。第六步表明，添加 qsec 的主效应对 AIC 有轻微的减少，因此添加 qsec。第七个表指示算法结束，因为任何操作都不会降低 AIC 值，只会增加 AIC（通过最后一个表中的<none>取极点位置）。

最终模型存储为对象 car.step。通过总结，我们会注意到，被解释变量几乎 90%的变化由重量、马力和它们的相互作用以及 qsec 的主效应（其本身不被认为是统计上显著的）来解释。

```
R> summary(car.step)

Call:
lm(formula = mpg ~ wt + hp + qsec + wt:hp, data = mtcars)

Residuals:
    Min      1Q  Median      3Q     Max
-3.8243 -1.3980  0.0303  1.1582  4.3650

Coefficients:
            Estimate Std. Error t value Pr(>|t|)
(Intercept) 40.310410   7.677887   5.250 1.56e-05 ***
wt          -8.681516   1.292525  -6.717 3.28e-07 ***
```

```
hp            -0.106181  0.026263  -4.043 0.000395 ***
qsec           0.503163  0.360768   1.395 0.174476
wt:hp          0.027791  0.007298   3.808 0.000733 ***
---
Signif. codes: 0 '***' 0.001 '**' 0.01 '*' 0.05 '.' 0.1 ' ' 1

Residual standard error: 2.117 on 27 degrees of freedom
Multiple R-squared: 0.8925,        Adjusted R-squared: 0.8766
F-statistic: 56.05 on 4 and 27 DF, p-value: 1.094e-12
```

从这一点来看，似乎有必要进一步调查这个解释变量，建立拟合模型的有效性（见 22.3 节），也可以尝试进行数据变换（如建立 GPM 而不是 MPG，见 21.4.3 节）以查看这种效应在逐步 AIC 算法的后续运行中是否仍然存在。在最终模型中，qsec 的存在说明模型的选择不是基于解释变量贡献的重要性，而是基于标准的度量，其目的在于其自身对简约模型的定义。

AIC 有时被批评在更复杂和更高的 $p$ 值方面容易犯错。为了平衡这一点，虽然在大多数情况下使用标准乘法因子 2（在步骤中，可以使用可选参数 $k$ 来更改此值），但我们可以通过增加式（22.3）右边的 $(p+2)$ 的乘法贡献来增加解释变量额外的惩罚效应。基于 AIC 的措施是非常有用的，当我们有不含嵌套的模型（排除部分 F 检验）且希望快速识别它们时，其可能会提供最简约的数据。

---

## 练习 22.1

在 22.2.2 节和 22.2.3 节中，我们使用向前和后向选择方法来建立预测核电厂建设成本的模型（基于启动包中的 nuclear 数据框）。

a. 同样，使用最完整的模型（换句话说，仅含有当前解释变量的主效应），使用逐步 AIC 选择来找到数据的合适模型。

b. a 题中得到的最终模型是否与之前使用向前和向后选择得到的模型匹配？有什么不同？
练习 21.2 详细描述了伽利略的球数据。如果我们还没有该数据框，就在当前 R 工作空间中输入这些数据作为数据框。

c. 拟合这些数据的 5 个线性模型，并将距离作为被解释变量——一个仅含截距项的模型和 4 个维度从 1 到 4 递增的独立多项式模型。

d. 构建一个部分 F 检验表，以识别我们偏好的距离模型。我们的选择是否与练习 21.2 的 b 题和 c 题一致？
我们在 21.5.2 节的 faraway 包中第一次见到 diabetes 数据框，其对平均总胆固醇建模。加载包并查看？diabetes 中的文档以刷新数据集的内存。

e. diabetes 中存在一些可能干扰模型选择算法的缺失值。定义新版本的 diabetes 数据框，删除 chol、age、gender、height、weight、frame、waist、hip、location 变量中存在缺失值的行。提示：使用 na.omit 或已有知识提取或删除数据框。可以使用 which 和 is.na 创建要提取或删除的行向量，也可以尝试使用 complete.cases 函数获取逻辑标志向量——查看其帮助文件以获取详细信息。

f. 使用来自 e 题的数据框来拟合 chol 作为被解释变量的两个线性模型。零模型对象命名为

dia.null，仅包含一个截距项。完整的模型对象命名为 dia.full，是一个复杂的模型，其包含 age、gender、weight 和 frame 之间的四向交互（以及所有低阶项），waist、height 和 hip 之间的三向交互（和所有低阶项），以及 location 的主效应。

g. 从 dia.null 开始，使用与 dia.full 中相同的变量，实施逐步 AIC 选择确定平均总胆固醇的模型，然后总结。

h. 同样，从 dia.null 开始，使用基于显著性水平 $\alpha = 0.05$ 的部分 F 检验的向前选择来确定模型。这里的结果与 g 题中的模型一样吗？

i. 逐步选择不必从最简单的模型开始。重复 g 题，但这次将 dia.full 设置为开始模型（如果从最复杂的模型开始，则不需要为范围提供任何内容）。如果从 dia.full 开始，通过 AIC 选择的最终模型是什么？它不同于 g 题的最终模型吗？为什么是或不是这种情况，你认为呢？重新访问 MASS 包中的 mtcars 数据框。

j. 在 22.2.4 节中，使用逐步 AIC 选择来建模平均 MPG。所选模型包括 qsec 的主效应。重新运行相同的 AIC 选择过程，但这一次，令 GPM = 1 / MPG。这是否改变了最终模型的复杂性？

## 22.2.5　其他选择算法

任何模型选择算法旨在建立简约模型，根据可用数据优化该定义。存在 AIC 的替代，诸如经校正的 AIC（AICc）或贝叶斯信息准则（BIC），这两者在复杂性上比式（22.3）中的默认 AIC 施加的惩罚更重。

有时，对一系列模型可以使用决定系数 $R^2$。然而，如 22.2.1 节所述，这本身不足以在模型之间进行选择，因为 $R^2$ 中不包含复杂性，并且无论它们是否具有显著性的影响，都会随着解释变量的增加而增加。调整的 $R^2$ 统计量，表示为 $\overline{R}^2$，是原始 $R^2$ 的简单变换，其包括相对于样本大小 $n$ 的复杂度的惩罚。计算公式如下：

$$\overline{R}^2 = 1 - \frac{\left(1 - R^2\right)\left(n - 1\right)}{n - p - 1}$$

其中，$p$ 是解释变量的个数（不包括截距项）。基于检验和标准的算法总是优选的（因为 $\overline{R}^2$ 的解释较困难），但是 $\overline{R}^2$ 可以用作嵌套模型之间的快速检查——较高的值指向优选模型。

若希望了解更多，可阅读 Faraway（2005）的第 8 章，其提供了对基于检验和标准的模型选择程序的仅指导性质的一些评论。无论使用哪种方法，使用这些算法达到的任何最终模型仍应受到检查。

## 22.3　残差诊断

在前面的章节中，我们已经检查了多元线性回归模型的实用方面，例如拟合和解释、虚拟编码、变换等，但我们还不了解确定模型有效性所必需的方法。本章的最后一部分将介绍模型诊断，其主要目标是确保回归模型有效，并准确地表示数据的关系。为此，将重点放在 21.2.1 节关于多元线性回归模型的理论假设中。

一般来说，拟合模型需要注意以下 4 点：

第一，误差。用 $\varepsilon$ 表示，是任何观察值对拟合均值结果模型的偏离，同时假设其服从具有零均值和方差为常数 $\sigma^2$ 的正态分布。另外，假设给定观察值的误差独立于其他观察值的误差。如果拟合模型违背了这些假设，则需要进一步调查（通常涉及重新拟合模型的变体）。

第二，线性。假设平均被解释变量是回归参数 $\beta_0, \beta_1, \cdots, \beta_p$ 的线性函数。虽然单个变量的变换和相互作用的存在可以放松估计趋势的特定性质，但是必须研究所有非线性关系（并且不会被拟合模型捕获）的诊断建议。

第三，极端或不寻常的观察点。始终检查极端数据点或极大地影响拟合模型的数据点——例如，记录为不正确的点应从分析中移除的。

第四，共线性。彼此高度相关的解释变量会影响整个模型，这意味着容易误解解释变量的影响。这应该在回归过程中避免。

在拟合完模型后，我们使用诊断工具检查前 3 个。违背这些假设会降低模型的可靠性，有时会更严重。共线性和极端观察点可以通过基本的统计探索（例如，观察散点图矩阵）来发现，但是影响是在拟合完成后被评估的。

我们可以执行一些统计检验来诊断统计模型，但诊断检查通常归结为对特定假设的图形工具的结果的解释。解释这些图形可能相当困难，只有充满经验时才会变得容易。在这里，我们会提供一些关于 R 工具的概述，并描述一些常用的东西。更详细的讨论，可查看关于回归方法的专业介绍，如 Chatterjee 等（2000）、Faraway（2005）或 Montgomery 等（2012）。

## 22.3.1 检查和解释残差

回顾图 20-2，我们会看到一个很好的例证，将 $\hat{y}$ 作为平均被解释变量值来解释结果的重要性。在假定的模型下，原始观察值对拟合线的偏差被认为是式（20.1）定义的 $\varepsilon$（正态分布）误差的结果。

当然，在实践中，没有真正的误差值，因为我们不知道数据的真实模型。对于第 $i$ 个被解释变量的观察值 $y_i$ 及模型拟合值 $\hat{y}_i$，通常使用估计残差 $e_i = y_i - \hat{y}_i$ 来评估诊断图。可以调用汇总，也可以通过提供估计系数表上 $e_i$ 的五位数汇总对残差进行拟合后分析。这允许我们查看其值，并对其分布（如 22.3.2 节的正态性假设）的对称性进行初步数值评估。

除了使用原始残差 $e_i$ 进行诊断检查外，还可以使用它们的标准化（或学生化）值来进行诊断检查。标准化残差重新缩放原始残差 $e_i$ 以确保它们都具有相同的方差，这对直接比较它们至关重要。形式上，通过计算 $e_i / \left( \hat{\sigma} \{1 - h_{ii}\}^{0.5} \right)$ 实现，其中 $\hat{\sigma}$ 是残差标准误差的估计，$h_{ii}$ 是第 $i$ 次观察的杠杆值（将在 22.3.4 节学习）。

可以说，用于拟合后的残差分析的最常见的图形工具是垂直轴上表示"观察值—拟合值"原始残差与回归中相应拟合模型值的简单散点图。如果 $\varepsilon$ 的假设是有效的，则 $e_i$ 应该随机散布在零附近（因为假设误差与被解释变量值不相关）。图中的系统模式表明残差与误差假设不一致——这可能是因为数据中的非线性关系或依赖于观测值（换句话说，数据点是相关的，即彼此之间并不独立）。该图还可以用于检测异方差——残差中的非常数方差——通常被视为当拟合值增加时在 0 附近的残差的"分散"。

同样注意，这些理论假设是有效的，因为它们影响回归系数估计的有效性和它们的标准误差的可靠性（以及统计意义）——换句话说，是解释被解释变量影响的正确性 。

为了更好地了解这些，请参考图 22-1 中的 3 个图像。它们提供了 3 个假设情景下残差与拟合值的图。

左图是残差随机散布在零附近的图形，它们在零附近的扩散似乎是恒定的（同方差）。然而，在中间的图中，我们可以看到残差中的系统表现。虽然变异性在整个拟合值范围内保持恒定，但是明显的趋势表明当前模型没有解释被解释变量和解释变量之间的一些关系。在右图中，残差似乎随机分散在零附近。然而，它们展示的变异性不是恒定的。除此之外，这种异方差将影响置信度和预测区间的可靠性。

重要的是要知道，即使我们的图形诊断没有提供良好的图，如图 22-1a 的假设示例，也不能放弃分析。这些图是我们为数据找到合适模型的一个组成部分。通常可以通过包括其他解释变量或交互、更改分类变量的处理或对某些连续解释变量执行非线性变换来降低非线性。异方差在一些研究领域是常见的，特别是图 22-1 中对较高拟合值的变异性较高。解决这个问题首先对被解释变量进行简单对数变换，然后重新诊断。

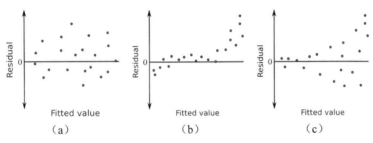

图 22-1　线性回归拟合与残差的散点图

（a）随机假设　　（b）系统假设　　（c）异方差假设。

在 22.2.4 节中，我们使用逐步 AIC 选择为 mtcars 数据选择拟合 MPG 的模型，创建对象 car.step。现在诊断同样的拟合，看模型的假设是否正确。

当将 plot 函数直接应用于 lm 对象时，其可以生成 6 种拟合诊断图。默认情况下，连续生成这些图中的 4 个。按照用户在控制台的信号，点击<Return>看下一个图，可看到改善。然而，在下面的示例中，我们将使用可选参数（由整数 1～6 指定，查看? plot.lm 中的文档）单独选择每个图。给出残差与拟合图，其中 which= 1。以下代码的结果如图 22-2 a 所示：

```
R> plot(car.step,which=1)
```

其中，R 添加了一条平滑的线以帮助用户解释趋势，尽管这不应该在判断中使用。默认情况下，注释从零开始的 3 个极值点（根据在调用模型中使用的数据框的 rownames 属性）。指定模型公式位于水平轴标签下。

在这里，我们可以看到 car.step 的残差—拟合图提供较少信息，没有什么可辨别的趋势。我们们可以进一步解释误差（$e_i$）在其分布中出现同方差的事实。

比例—位置图类似于残差—拟合图，尽管代替了在垂直轴上的原始 $e_i$，尺度位置图提供 $\left| e_i / \left( \hat{\sigma} \{1 - h_{ii}\}^{0.5} \right) \right|^{0.5}$，即标准化残差绝对值（由 $|\cdot|$ 表示，使所有负值为正）的平方根。它们依水平轴上的各个拟合值绘制得到。通过这种方式限制每个残差的大小，当拟合值增加时，比例—位置

图用于显示每个数据点偏离拟合值的趋势程度。这意味着该图在检测异方差性时比原始残差—拟合图更有用。正如原始残差—拟合图一样，我们正在寻找一个没有可辨别模式的图，作为没有违背误差假设的指示。

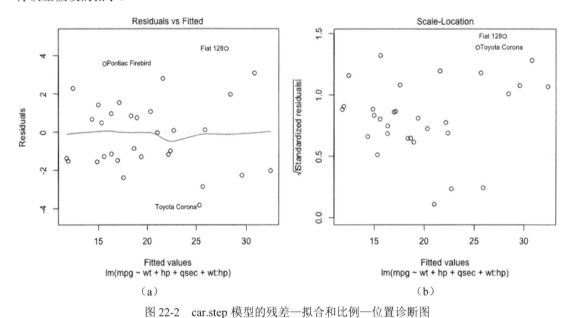

图 22-2 car.step 模型的残差—拟合和比例—位置诊断图

图 22-2 b 显示了 car.step 的比例—位置图，选择 which= 3。此图还演示了使用 add.smooth 参数删除默认平滑趋势线的能力，并使用 id.n 参数控制标记极值点。

```
R> plot(car.step,which=3,add.smooth=FALSE,id.n=2)
```

如同原始残差—拟合图一样，在该 mtcars 模型的比例—位置图中似乎没有太多关注。

返回练习 21.2 中的伽利略的滚球数据。在下面的例子中，使用数据框 gal，且被解释变量 "distance traveled" 表示为列 d，解释变量 "height" 表示为列 h。我们重新进行一些练习，说明残差诊断图中的问题。执行以下代码以定义数据框中的 7 个观察值，并拟合两个回归模型——第一个是关于高度的线性模型，第二个是关于高度的二次方程（有关多项式变换的详细信息，可参见 21.4.1 节）。

```
R> gal <- data.frame(d=c(573,534,495,451,395,337,253),
                     h=c(1,0.8,0.6,0.45,0.3,0.2,0.1))
R> gal.mod1 <- lm(d~h,data=gal)
R> gal.mod2 <- lm(d~h+I(h^2),data=gal)
```

现在，执行以下代码，结果如图 22-3 中的 3 个图形：

```
R> plot(gal$d~gal$h,xlab="Height",ylab="Distance")
R> abline(gal.mod1)
R> plot(gal.mod1,which=1,id.n=0)
R> plot(gal.mod2,which=1,id.n=0)
```

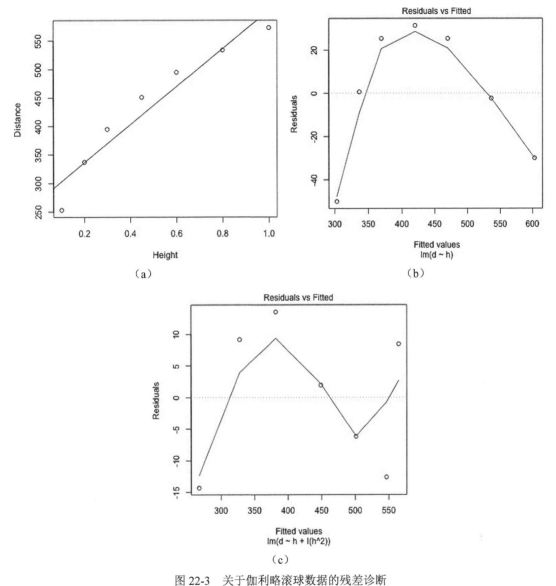

图 22-3 关于伽利略滚球数据的残差诊断

（a）原始数据对应于 gal.mod1 叠加的简单线性趋势 　（b）线性趋势模型的残差-拟合图

（c）二次模型 gal.mod2 的残差—拟合图

图 22-3a 显示了数据并提供了简单线性模型的直线。虽然该图表明了增加的趋势，但是还表明存在一些曲率。图 22-3b 显示，线性趋势模型是不适当的——系统模式抛出了一个关于线性模型误差周围假设的标志。图 22-3c 基于 gal.mod2 中模型的二次版本。在"高度"中包括二次项除去残差中的这个突出曲线。然而，这些最新的 $e_i$ 值仍然表现出波浪形式的系统行为，我们可以尝试 3 次模型，但这对于小样本来说是困难的。

## 22.3.2 评估正态性

为了评估误差满足正态分布的假设，如 16.2.2 节中所讨论的，可以使用正态的 QQ 图。当在

lm 对象上调用 plot 时，选择 which = 2 产生（标准化）残差的正态分位数—分位数图。返回 car.step 模型对象并输入以下代码，生成图 22-4。

```
R> plot(car.step,which=2)
```

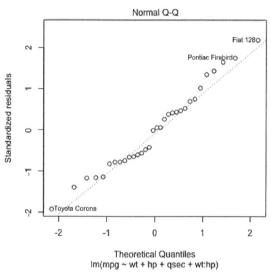

图 22-4 car.step 模型的残差的正态 QQ 图

以与 16.2.2 节相同的方式解释残差的 QQ 图。灰色对角线表示真正的正态分位数，且绘制的点是估计回归误差的相应数值分位数。正态分布的数据应该靠近直线。

对于 car.step 回归模型，点通常遵循由理论正态分位数布置的路径。有一些偏差是正常的，但没有明显偏离正态。

还有其他方法来检验正态性，例如著名的 Shapiro-Wilk 假设检验。Shapiro-Wilk 检验的零假设是数据服从正态分布，所以一个小的 $p$ 值表明数据是非正态性（详细技术参见 Royston，1982）。要执行该过程，使用 R 中的 shapiro.test 函数。首先使用 rstandard 提取拟合模型的标准化残差，我们将看到应用于 car.step 的此检验提供了一个较大 $p$ 值。

```
R> shapiro.test(rstandard(car.step))

        Shapiro-Wilk normality test

data: rstandard(car.step)
W = 0.97105, p-value = 0.5288
```

换句话说，没有证据（根据这个检验）表明 car.step 的残差是非正态的。

假设误差项的正态性能够支持用于产生可靠的回归系数估计的方法。只要我们的数据接近正态，就不应该太关注非正态的轻微迹象。对数据进行转换以及增加样本大小可以减少残差是非正态的可能。

### 22.3.3 离群值、杠杆和影响

相对于大部分的观察值来说，调查个别不寻常或极端的观察是重要的。一般来说，对数据进

行探索性分析（可能涉及汇总统计或散点图矩阵）是一个好主意，因为它可以帮助我们识别此类值——它们可能会对模型拟合产生不利影响。在进一步讨论之前，我们介绍一些常用的术语。

**离群值**：这是一个通用的术语，用于描述数据中的异常观察值，如 13.2.6 节所述。在线性回归中，离群值通常具有大的残差，但仅当其不符合拟合模型的趋势时才被识别为离群值。离群值可以但不总是显著改变拟合模型描述的趋势。

**杠杆**：该术语是指当前解释变量值的极端。高杠杆点是足以潜在地显著影响拟合模型的斜率或趋势的预测值的极端观察值。离群值可以具有高或低杠杆。

**影响**：具有影响估计趋势的高杠杆的观察被认为是有影响的。换句话说，只有当被解释变量值与相应的解释变量值一起考虑时才可判断影响。

这些定义有一些重叠，因此可以使用这些术语的组合来描述给定的观察。看一些假设的例子。创建以下两个向量，其各自含有 10 个被解释变量值（$y$）和十个解释变量值（$x$）：

```
R> x <- c(1.1,1.3,2.3,1.6,1.2,0.1,1.8,1.9,0.2,0.75)
R> y <- c(6.7,7.9,9.8,9.3,8.2,2.9,6.6,11.1,4.7,3)
```

现在，考虑以下 6 个对象，从 p1x 到 p3y，它们将用于存储 3 个附加观察点的解释变量值和被解释变量值：

```
p1x <- 1.2
p1y <- 14
p2x <- 5
p2y <- 19
p3x <- 5
p3y <- 5
```

也就是说，点 1 是（1.2,14），点 2 是（5,19），点 3 是（5,5）。

接下来，通过以下方式使用 lm 来提供 4 个简单的线性模型拟合。第一个是 $y$ 对 $x$ 的回归。接下来的 3 个包括附加点 1、2 和 3，分别作为第 11 次观察。

```
R> mod.0 <- lm(y~x)
R> mod.1 <- lm(c(y,p1y)~c(x,p1x))
R> mod.2 <- lm(c(y,p2y)~c(x,p2x))
R> mod.3 <- lm(c(y,p3y)~c(x,p3x))
```

现在，我们可以使用这些对象在视觉上了解离群值、杠杆和影响的定义，如图 22-5 所示。输入以下代码，通过设置 $x$ 轴和 $y$ 轴限制来初始化散点图：

```
R> plot(x,y,xlim=c(0,5),ylim=c(0,20))
```

然后使用 points、abline 和 text 构建图 22-5 a，如下所示：

```
R> points(p1x,p1y,pch=15,cex=1.5)
R> abline(mod.0)
R> abline(mod.1,lty=2)
R> text(2,1,labels="Outlier, low leverage, low influence",cex=1.4)
```

通过用对应于点 2 和 3 的那些替换 p1x、p1y 和 mod.1 并改变 text 中的标签参数来创建图 22-5b 和图 22-5c。

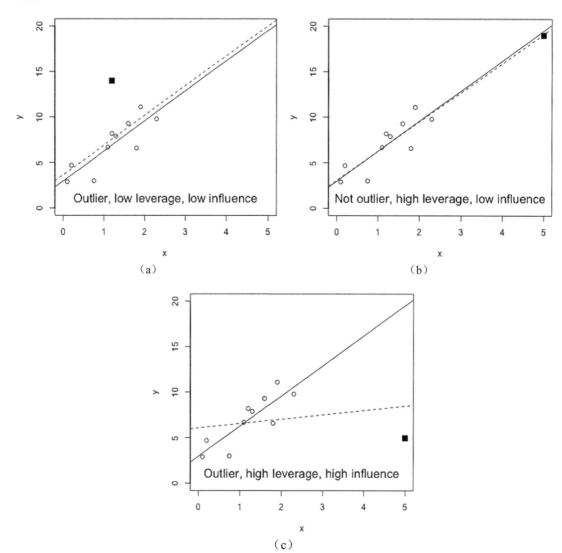

图 22-5 线性回归中离群值、杠杆和影响的定义的 3 个示例

（在每个图中，实线表示原始观察值 *x* 和 *y* 的拟合模型，虚线表示包括额外点的模型，用■绘制）。

在图 22-5 a 中，附加点是离群值的示例，因为它远离大部分数据并且不符合原始观察建议的趋势。尽管如此，它被认为具有低杠杆，因为其预测值 1.2（p1x）与其他 *x* 值相比并不是不寻常的。事实上，它接近 *x* 值的整体平均值，表明其在 mod.1 中的效果主要是对原始截距的修改。我们甚至可以将其归类为低影响点——拟合模型的整体变化似乎最小。

在图 22-5b 中，可以看到观察值不会被视为离群值的示例。虽然点 2 与 10 个原始观察点相分离，但它与仅适用于 *x* 和 *y* 的模型非常吻合，这在回归中很重要。虽然如此，点 2 被认为是高杠杆点，因为它与所有其他 *x* 值相比处于极端预测值（换句话说，如果其响应值不同，则它具有显著改变拟合的潜力）。因为模型拟合本身几乎不受其影响，所以它是一个低影响点。

最后，底部图形显示了一个在高杠杆位置的离群值的例子，同时它是一个高影响点——偏离原来的 10 个观察点，并且不是原始趋势的一个明确的部分，其极端预测值意味着高杠杆，并且该点通过向下拖动斜率和提高截距来改变整个模型。对于多元线性回归模型，这些现象在更高维度（即有多个解释变量时）下依然存在。

### 22.3.4 计算杠杆

通过 21.2.2 节定义的矩阵结构 $X$ 计算杠杆。具体来说，如果有 $n$ 个观察值，则第 $i$ 个点（$i = 1, \cdots, n$）的杠杆用 $h_{ii}$ 表示。它们是 $n \times n$ 矩阵 $H$ 中的对角元素（第 $i$ 行，第 $i$ 列），其中矩阵 $H$ 的计算公式如下：

$$H = X \left( X^{\top} X \right)^{-1} X^{\top} \tag{22.4}$$

在 R 中，为 22.3.3 节中定义的 10 个解释变量观察值构建设计矩阵 x，通过 cbind（见 3.1.2 节）直接实现。随后使用用于矩阵乘法（%*%）、矩阵转置（t）、矩阵求逆（solve）和对角元素提取（diag）的相应函数来计算 $H$。然后我们可以绘制 $h_{ii}$ 值对 x 本身的值。以下代码生成图 22-6。

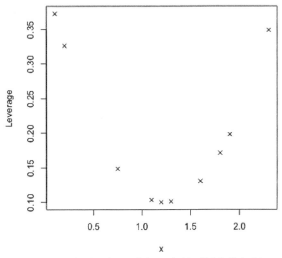

图 22-6 绘制 $x$ 中 10 个解释变量观测值的杠杆

```
R> X <- cbind(rep(1,10),x)
R> hii <- diag(X%*%solve(t(X)%*%X)%*%t(X))
R> hii
 [1] 0.1033629 0.1012107 0.3487221 0.1302663 0.1001345 0.3723971 0.1711595
 [8] 0.1980630 0.3261232 0.1485607
R> plot(hii~x,ylab="Leverage",main="",pch=4)
```

我们通常使用内置的 R 函数 hatvalues，以式（22.4）中的矩阵代数命名，从而获得杠杆（而不是手动构建设计矩阵 $X$ 和自己计算）。只需向 hatvalues 提供拟合模型对象。可以通过使用与 $x$ 和 $y$ 数据（之前创建的 mod.0）相匹配的相应 lm 对象来检查之前的计算。

```
R> hatvalues(mod.0)
        1         2         3         4         5         6         7
```

```
0.1033629 0.1012107 0.3487221 0.1302663 0.1001345 0.3723971 0.1711595
         8         9        10
0.1980630 0.3261232 0.1485607
```

看图 22-6，杠杆的外观与相应的解释变量值本身的关系是有意义的——当我们从任一方向移动从而偏离解释变量数据的均值时，杠杆会越来越高。这基本上是我们将看到的原始杠杆的图形的模式。

### 22.3.5  库克距离

杠杆本身不足以确定每个观察值对拟合模型的整体影响。为此，还必须考虑响应值。

对影响力测量最著名的是库克距离，它估计了删除第 $i$ 个值对拟合模型影响的大小。第 $i$ 个观测值的库克距离（表示为 $D_i$）的计算公式如下：

$$D_i = \sum_{j=1}^{n} \frac{\left(\hat{y}_j - \hat{y}_j^{(-i)}\right)^2}{(p+1)\hat{\sigma}^2}; \qquad i, j = 1, \cdots, n \qquad (22.5)$$

事实证明，这个方程是点杠杆和残差的具体函数。其中，值 $\hat{y}_j$ 是对 $n$ 个观察值拟合模型的观测值 $j$ 的预测平均响应值，并且 $\hat{y}_j^{(-i)}$ 表示没有第 $i$ 次观测的模型的观测值 $j$ 的预测平均响应值。通常，$p$ 是回归参数的个数（不包括截距项），$\hat{\sigma}$ 是残差标准误差的估计。

简单地说，$D_i$ 值越大，第 $i$ 个观测值对拟合模型的影响越大，意味着在高杠杆位置的异常观察值将对应于更高的 $D_i$ 值。重要的问题是，$D_i$ 为多大就可以认为点 $i$ 是有影响力的。在实践中，没有正式的假设检验，这很难回答，但可以依据几个经验法则分割点对其进行判断。一个规则表明，如果 $D_i > 1$，则该点被认为是有影响力的；另一个规则是要求 $D_i > 4/n$（参考 Bollen 和 Jackman，1990；Chatterjee 等，2000）。通常建议比较给定拟合模型的多个库克距离，而不是分析一个单一值，并且对应于较大 $D_i$ 的点可能需要进一步检查。

继续使用 22.3.3 节中创建的对象，含有 $x$ 和 $y$ 中的 10 个观察值以及 p1x 和 p1y 定义的附加点。拟合这些数据的线性回归模型被存储为对象 mod.1。我们可以编写代码并根据式（22.5）来计算该示例的库克距离。

为此，在 R 编辑器中输入以下代码：

```
x1 <- c(x,p1x)
y1 <- c(y,p1y)
n <- length(x1)
param <- length(coef(mod.1))
yhat.full <- fitted(mod.1)
sigma <- summary(mod.1)$sigma
cooks <- rep(NA,n)
for(i in 1:n){
    temp.y <- y1[-i]
    temp.x <- x1[-i]
    temp.model <- lm(temp.y~temp.x)
    temp.fitted <- predict(temp.model,newdata=data.frame(temp.x=x1))
    cooks[i] <- sum((yhat.full-temp.fitted)^2)/(param*sigma^2)
}
```

首先，创建新对象 x1 和 y1 来保存 11 个观察值。对象 n、param 和 sigma 分别提取数据集大小、估计回归参数的总数（在这种情况下为两个）和关于 11 个数据点的原始拟合模型的估计残差标准误差。后两项 param 和 sigma 分别表示式（22.5）中的（$p + 1$）和 $\hat{\sigma}$。对象 yhat.full 使用对象 mod.1 上的拟合函数来提供拟合的平均响应值，即式（22.5）中的 $\hat{y}_i$ 值。

为了存储库克距离，利用 rep 创建一个包含 11 个位置的向量 cooks（被初始化以用 NAs 填充）。现在，为了计算每个 $D_i$ 值，设置一个 for 循环（见第 10 章）从 1～11 滚动每个索引。循环的第一步是创建两个临时向量 temp.x 和 temp.y，给其赋值 x1 和 y1，其中在索引 $i$ 处的观察值被移除。一个新的临时线性模型是基于 temp.x 对 temp.y 的拟合，然后预测找到 11 个解释变量值（换句话说，包括被删除的那个）中的每一个来自 temp.model 的平均响应值。因此，所得到的向量 temp.fitted 表示式（22.5）中的 $\hat{y}_j^{(-i)}$ 值。最后，利用 sum 以及 param 与 *sigma*^2 的乘积计算 $D_i$，结果存储在 cooks [i] 中。

执行代码，结果如下：

```
R> cooks
 [1] 2.425993e-03 4.060891e-07 1.027322e-01 1.844150e-03 2.923667e-03
 [6] 7.213229e-02 1.387284e-01 3.021075e-02 7.099904e-03 1.251882e-01
[11] 3.136855e-01
```

由以上结果可知，最后一个值最大，在 0.314 附近。这对应于 x1 和 y1 中的第 11 个观察值，是最初在 p1x 和 p1y 中定义的附加点。根据之前经验法则定义的分割点，值 0.314 小于 1 且小于 4/11 = 0.364。这与图 22-5a 的评估有关——与最右边图形中的点 p3x 和 p3y 的影响相比，点 p1x 和 p1y 的影响是最小的。

正如 hatvalues 函数计算杠杆一样，内置的 cooks.distance 函数对 $D_i$ 也一样。我们可以基于 mod.1 在 cooks 中确认以前的值。

```
R> cooks.distance(mod.1)
           1            2            3            4            5            6
2.425993e-03 4.060891e-07 1.027322e-01 1.844150e-03 2.923667e-03 7.213229e-02
           7            8            9           10           11
1.387284e-01 3.021075e-02 7.099904e-03 1.251882e-01 3.136855e-01
```

在绘图的相关使用中选择 which= 4 时，R 会自动计算并提供 Cook 距离作为拟合线性模型对象的诊断图。以下代码使用之前的 mod.1、mod.2 和 mod.3 生成图 22-7 中的 3 个图像，其对应于图 22-5 中的 3 个数据集。

```
R> plot(mod.1,which=4)
R> plot(mod.2,which=4)
R> plot(mod.3,which=4)
R> abline(h=c(1,4/n),lty=2)
```

图 22-7 a 显示的 $D_i$ 与先前手动计算并存储在 cooks 中的值相匹配。图 22-7 b 中所有数据点的影响相对较小，该现象可以在图 22-5b 中看到，其中附加点（p2x，p2y）不会极大地影响总体的拟合。在图 22-7c 中，abline 添加两条水平线，标记值为 1（最高线）和 4/11 = 0.364，两者都被

第 11 个点（p3x，p3y）破坏，正如我们根据图 22-5 中的底部图形所预期的那样。

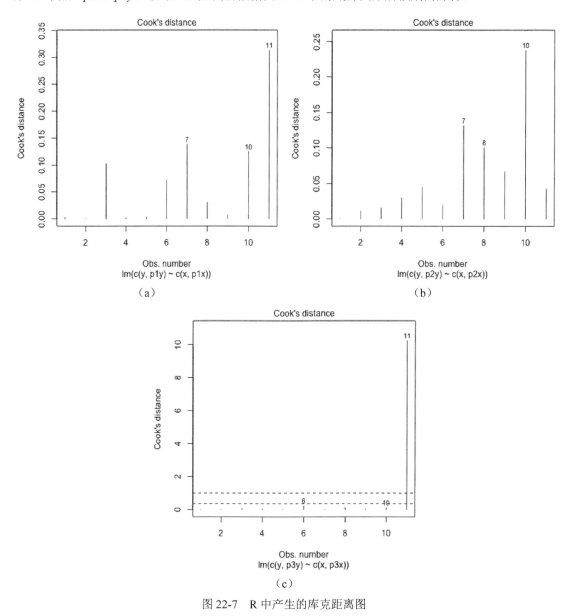

图 22-7　R 中产生的库克距离图

（a）基于 mod.1　　（b）基于 mod.2　　（c）基于 mod.3

再次看 car.step 模型，在模型中使用 mtcars 数据集建立 MPG 模型，并且最终的拟合模型使用 22.2.4 节中的逐步 AIC 选择。我们已经在图 22-2 和图 22-4 中查看了残差—拟合图和 QQ 图。图 22-8 给出了模型的库克距离图并包含两条线：

```
R> plot(car.step,which=4)
R> abline(h=4/nrow(mtcars),lty=2)
```

默认情况下，图形标记具有最高 $D_i$ 值的 3 个点，其中有两个破坏了 $4/n = 4/32 = 0.125$ 的标记。

根据基于汽车重量（wt）、马力（hp）和 1/4 英里时间（qsec）的各种影响的拟合模型，Chrysler Imperial 和 Toyota Corolla 被认为处于高杠杆位置且残差足够大，因此认为它们是高度影响。还应该注意，Fiat128 虽然没有完全违反 0.125 线，但仍然相当有影响力，并且实际上也是残差图（图 22-2）和 QQ 图（图 22-4）中的极端标记点之一。

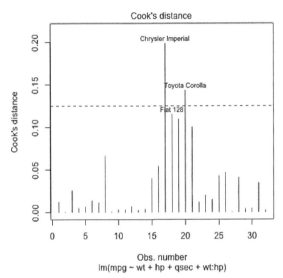

图 22-8　car.step 模型的库克距离图（虚线水平线标记了 mtcars 数据框的 4 / n）

据此可以合理地建议进一步调查这些影响大的观察值。所有记录正确吗？我们的模型是否是仔细选择的？模型是否有其他选项，例如其他解释变量或变换？我们继续观测库克距离图（以及其他诊断）来探索这些选项。

无论结果是什么，影响点的存在并不一定意味着模型有着严重的问题——这只是一个工具，帮助我们检测极端预测值的特定组合的观察值，并且它们具有较大的残差，表明它们的响应值偏离模型本身预测的趋势。当被解释变量和解释变量数据的高维度使得单个图形中的原始数据的常规可视化变得困难时，该工具在多元回归中尤其有用。

### 22.3.6　以图形方式组合残差、杠杆和库克距离

最后两个诊断图是第 $i$ 次观察的标准化残差、杠杆和库克距离的组合。这些组合图可以让我们看到是高杠杆还是较大残差，或两者都是，同时有助于观察高影响力。

使用数据模型 mod.1、mod.2 和 mod.3，输入以下代码，其中 which = 5，结果如图 22-9 左侧列中的 3 个图形：

```
R> plot(mod.1,which=5,add.smooth=FALSE,cook.levels=c(4/11,0.5,1))
R> plot(mod.2,which=5,add.smooth=FALSE,cook.levels=c(4/11,0.5,1))
R> plot(mod.3,which=5,add.smooth=FALSE,cook.levels=c(4/11,0.5,1))
```

这些图显示了每个观察在水平轴上的杠杆作用和垂直轴上的标准化残差。作为残差和杠杆的函数，库克距离可以绘制每个散点图的轮廓。这些轮廓描绘了对应于高影响（在右极限角落）的图形的空间区域。

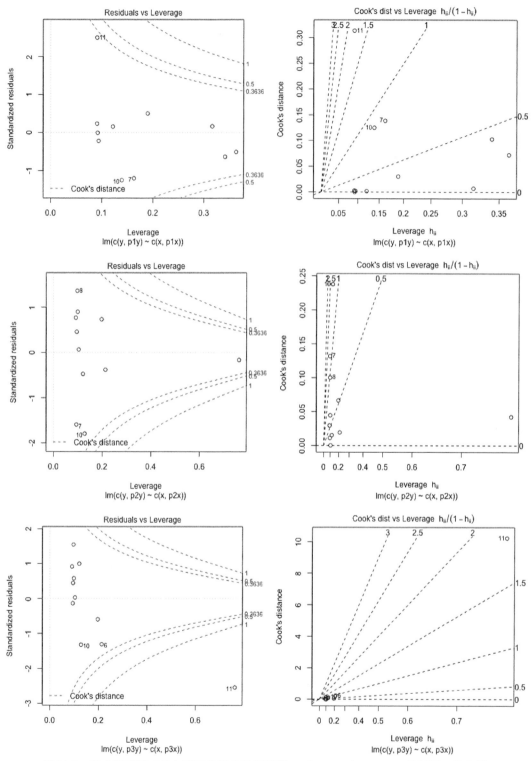

图 22-9 组合诊断图（从上到下分别是关于模型 mod.1、mod.2、mod.3 的图形，且左侧
图形是标准化残差—杠杆图，右侧图形是库克距离—杠杆图）

点越靠近零处的水平线，其残差越小。一个位于左边的点比位于右边的点具有更小的杠杆。给定一个点的杠杆（$x$ 轴）位置，当它离水平线足够远时，就会破坏轮廓，并标记出某些 $D_i$ 值（默认为 0.5 和 1）表示高影响。事实上，当在图上从左向右移动时，我们可以看到轮廓变窄，同时如果给定的观察值处于高杠杆位置，就认为是高影响点，这是完全有道理的。在之前调用 which = 5 的图形中，可选的 cook.levels 参数用于这 3 个示例包括 4/11 的经验值的轮廓。

mod.1 的图形显示，添加的点（$p1x$，$p1y$）具有较大残差，但它不会破坏 4/11 轮廓，因为它处于低杠杆位置。mod.2 的图形显示，添加的点（$p2x$，$p2y$）处于高杠杆位置，但是它没有影响，因为其残差小。最后，mod.3 的图形显示添加的点（$p3x$，$p3y$）被识别为高影响力点——具有较大残差和高杠杆，它明显破坏了高水平的轮廓。回顾这 3 个数据集先前的图，很容易注意到，这 3 个图清楚地反映了每个单独添加的额外观察的性质。

最终诊断图使用 which= 6，显示与 which= 5 组合诊断相同的信息，但这次垂直轴显示的是库克距离，而水平轴显示杠杆的变换，即 $h_{ii}/(1-h_{ii})$。这种变换依据其水平位置是放大了杠杆点，这种效应部分地在 $x$ 轴上间接显示为“拉伸”比例。如果相对于解释变量的收集我们对极端的观察值更感兴趣，则该种变换是非常有用的。

因此，轮廓现在定义标准化残差作为比例杠杆和库克距离的函数。以下 3 行产生图 22-9 右列中的 3 个图形：

```
R> plot(mod.1,which=6,add.smooth=FALSE)
R> plot(mod.2,which=6,add.smooth=FALSE)
R> plot(mod.3,which=6,add.smooth=FALSE)
```

位于更右侧的点是高杠杆点，位置较高的点是高影响点。向下看图 22-9 中的右列图，根据附加点在 mod.1、mod.2 和 mod.3 中的特性，我们可以找到那 3 个附加点。

对于真实数据示例，返回存储在 car.step 中的模型。输入以下代码以生成图 22-10 中的两个组合诊断图：

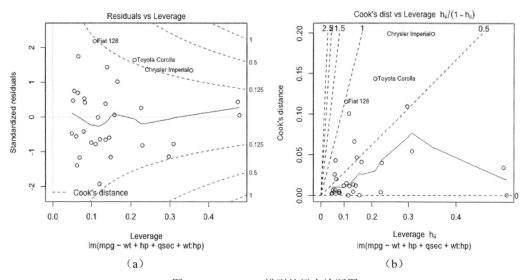

图 22-10 car.step 模型的组合诊断图
（a）标准化残差—杠杆图 （b）库克距离—杠杆图

```
R> plot(car.step,which=5,cook.levels=c(4/nrow(mtcars),0.5,1))
R> plot(car.step,which=6,cook.levels=c(4/nrow(mtcars),0.5,1))
```

图 22-10 中的两个图形显示了 Corolla 和 Imperial 作为影响的观察结果,其中 $D_i$ 值大于 4 / nrow (mtcars)。这个图显示,Imperial(在图 22-8 中具有最大的 $D_i$)实际上具有比 Corolla 和 Fiat 128 更小的残差。它的高影响显然是因为相对于 car.step 中的变量的预测值,它具有高杠杆。另外,Fiat128 在整个数据集中具有最大的残差(这就是它之前在诊断图中被标记的原因),但是由于杠杆位置相对较低,而没有标记为高影响观察值(基于经验法则分割点)。

任何线性回归模型都会有更多的观察值来影响模型,而这些图形旨在帮助我们识别它们。但是关于高影响观察值的决定是困难的,而且是针对特定应用的。虽然单个观察值对最终估计模型的影响是不理想的,但如果没有认真考虑,删除这些观察是非常不明智的,因为它们可能导致其他问题,例如当前拟合中的缺陷或先前未检测到的趋势。

## 练习 22.2

在 22.2.2 节中,我们使用 boot 包中的 nuclear 数据框来说明向前选择,其中选择 cost 作为主要影响变量 date、cap、pt 和 ne 的函数。

a. 访问数据框,拟合并总结前面描述的模型。
b. 检查原始残差—拟合值图以及残差的正态 QQ 图,并说明我们的解释——在这种情况下,是否满足线性模型的误差分量的假设?
c. 基于库克距离确定影响观察的经验法则分割点。生成库克距离图,并添加对应于分割点的水平线。说明你的发现。
d. 生成标准化残差与杠杆的组合诊断图。设置库克距离轮廓以包括 c 题中的分割值以及默认轮廓。解释图形——单独的影响点的特征是什么?
e. 基于 c 题和 d 题,我们应该能够确定 nuclear 中对拟合模型产生最大影响的记录。为了论证其缘故,假设观察记录不正确。从 a 题中重新拟合模型,这次从数据框中删除违背假设的行。总结模型—哪些系数变化最大?从 b 题中为新模型生成诊断图,并将其与之前的模型进行比较。

加载 faraway 包,并访问 diabetes 数据框。在练习的 22.1 的 g 题中,我们使用逐步 AIC 选择来为 chol 选择模型。

f. 使用 diabetes,拟合在前面的练习中识别的多重线性模型,即主效应、age 与 frame 之间的双向交互作用以及 waist 的主效应。通过总结拟合,确定 diabetes 中从估计中删除的缺失值的记录数。
g. 生成 f 题中模型的原始残差-拟合图以及 QQ 诊断图。评论误差假设的有效性。
h. 利用熟悉的规则分割点研究影响点。(注意,需要从数据框的总样本数中减去缺失值的数量,以获得模型的有效样本大小。)在标准化残差与杠杆的组合图中,使用 1 个、3 个和 5 个分割点作为库克距离轮廓。

回忆在 8.2.3 节中基于网络文件阅读的讨论。在那里,我们调用了一个数据框,其包含 308 颗钻石的价格(以新加坡元计价)、重量(以克拉为单位,是连续变量)、颜色(分类变量，有 6 个水平，从最浅黄色 D、到最深黄色 I）、透明度（分类变量，对 IF 有 5 个水平，即基本上无瑕疵、VVS1、VVS2、VS1 以及 VS2，最后是最不清楚）和认证（分类变量，有 3 种水平的钻石认证机构，即作为参考水平的 GIA、HRD 和 IGI）。有关这些数据的更多信息，请参阅 Chu（2001）的文章。使用 Internet 连接时，运行以下行，将读取的数据作为对象 diamonds，并适当地命名每个变量列。

```
R> dia.url <- "http://www.amstat.org/publications/jse/v9n2/4cdata.txt"
R> diamonds <- read.table(dia.url)
R> names(diamonds) <- c("Carat","Color","Clarity","Cert","Price")
```

i. 对数据使用基本 R 图形或 ggplot2，产生 y 轴为价格和 x 轴为克拉重量的散点图。使用绘图颜色并根据以下变量来分割点：
— 钻石透明度；
— 钻石颜色；
— 钻石认证。

j. 拟合多元线性模型，其中将 Price 作为被解释变量，其他变量的主效应作为解释变量。汇总模型并产生 3 个诊断图，告诉我们关于误差项的假设。能否认为这是钻石价格的适当模型？为什么？

k. 重复 j 题，使用 Price 的对数转换。再次检查和评论误差假设的有效性。

l. 重复 k 题，在对数价格模型中，加入 Carat 的二次项（关于多项式变换的详细信息，可见 21.4.1 节）。此时残差诊断又是什么情况？

# 22.4 共线性

拟合回归模型的最后一部分虽然在技术上不属于诊断检查，但仍然对拟合模型结论的有效性有巨大影响，并且经常发生，所以我们需要在此讨论。共线性（也称为多重共线性）是指两个或更多个解释变量彼此高度相关。

## 22.4.1 潜在警告标志

两个解释变量之间的高度相关性意味着当涉及被解释变量时，它们包含的信息将存在一定程度的冗余。这会破坏拟合模型的稳定性，并且影响基于模型推断得到的结论。

在检查模型总结时，以下几项作为共线性的潜在警告：

- 综合 F 检验（见 21.3.5 节）结果具有统计学意义，但回归参数的各个 t 检验结果均不显著。
- 给定系数估计的符号与我们期望的结果相矛盾。例如，喝更多的葡萄酒导致血液酒精浓度降低。
- 参数估计与异常高的标准误差相关，或者当模型拟合到数据的不同随机记录子集时，变化很大。

如最后一点所指出的，共线性往往对系数的标准误差（以及相关结果，例如置信区间，显著性检验和预测区间）比它对点预测本身具有更大的不利影响。在大多数情况下，我们要避免存在共线性。注意存在的变量和数据如何收集。例如，确保包含在模型中的给定解释变量不能够表示为模型中其他解释变量的重新组合的值。同时建议对数据进行探索性分析，生成汇总统计数据和基本统计图。例如，可以列举分类变量之间的计数或查看连续变量之间的估计相关系数。在后一种情况下，作为粗略的指导，一些统计学家认为 0.8 或更大的相关系数可能会导致共线性。

## 22.4.2　相关预测

再次查看统计学生的调查数据，其位于 MASS 包中。在大多数模型中，我们已经查看了这些数据，试图通过某些解释变量（通常包括书写的 handspan，即 Wr.Hnd）预测学生身高。帮助文件？survey 表明，数据也收集了非书写的 handspan（NW.Hnd）。有理由预测这两个变量将高度相关，这正是我们之前避免使用 NW.Hnd 的原因。如下：

```
R> cor(survey$Wr.Hnd,survey$NW.Hnd,use="complete.obs")
[1] 0.9483103
```

以上结果表明了高度相关，即学生书写 handspan 和非书写 handspan 之间有高度的正线性关系。换句话说，这两个变量在给定的模型中表示相同的信息。

现在，可以从先前拟合的模型中知道，书写 handspan 对预测平均学生身高有显著而积极的影响。以下代码通过简单线性回归证明了这一点。

```
R> summary(lm(Height~Wr.Hnd,data=survey))

Call:
lm(formula = Height ~ Wr.Hnd, data = survey)

Residuals:
    Min      1Q  Median      3Q     Max
-19.7276 -5.0706 -0.8269  4.9473 25.8704

Coefficients:
            Estimate Std. Error t value Pr(>|t|)
(Intercept) 113.9536     5.4416   20.94   <2e-16 ***
Wr.Hnd        3.1166     0.2888   10.79   <2e-16 ***
---
Signif. codes:  0 '***' 0.001 '**' 0.01 '*' 0.05 '.' 0.1 ' ' 1

Residual standard error: 7.909 on 206 degrees of freedom
  (29 observations deleted due to missingness)
Multiple R-squared:  0.3612,       Adjusted R-squared: 0.3581
F-statistic: 116.5 on 1 and 206 DF,   p-value: < 2.2e-16
```

Wr.Hnd 和 NW.Hnd 之间的高度正相关关系表明，使用 NW.Hnd 应该有类似的效果。

```
R> summary(lm(Height~NW.Hnd,data=survey))
```

```
Call:
lm(formula = Height ~ NW.Hnd, data = survey)

Residuals:
     Min      1Q  Median      3Q     Max
-21.8285 -5.1397 -0.2867  4.5611 25.5750

Coefficients:
            Estimate Std. Error t value Pr(>|t|)
(Intercept) 118.0324     5.2912   22.31   <2e-16 ***
NW.Hnd        2.9107     0.2818   10.33   <2e-16 ***
---
Signif. codes: 0 '***' 0.001 '**' 0.01 '*' 0.05 '.' 0.1 ' ' 1

Residual standard error: 8.032 on 206 degrees of freedom
  (29 observations deleted due to missingness)
Multiple R-squared: 0.3412,      Adjusted R-squared: 0.338
F-statistic: 106.7 on 1 and 206 DF, p-value: < 2.2e-16
```

从以上结果可以看出，确实如此。

但当我们同时使用这两个解释变量进行建模时，结果会发生什么变化呢？

```
R> summary(lm(Height~Wr.Hnd+NW.Hnd,data=survey))

Call:
lm(formula = Height ~ Wr.Hnd + NW.Hnd, data = survey)

Residuals:
     Min      1Q  Median     3Q     Max
-20.0144 -5.0533 -0.8558 4.7486 25.8380

Coefficients:
            Estimate Std. Error t value Pr(>|t|)
(Intercept) 113.9962     5.4545  20.900   <2e-16 ***
Wr.Hnd        2.7451     1.0728   2.559   0.0112 *
NW.Hnd        0.3707     1.0309   0.360   0.7195
---
Signif. codes: 0 '***' 0.001 '**' 0.01 '*' 0.05 '.' 0.1 ' ' 1

Residual standard error: 7.926 on 205 degrees of freedom
  (29 observations deleted due to missingness)
Multiple R-squared: 0.3616,      Adjusted R-squared: 0.3554
F-statistic: 58.06 on 2 and 205 DF,  p-value: < 2.2e-16
```

由于 Wr.Hnd 和 NW.Hnd 对 Height 的影响彼此混合，两者在一起严重掩盖了对被解释变量的单独贡献。至少，相对于单个解释变量拟合来说，解释变量的统计显著性几乎不存在，其效应与多个高 $p$ 值相关。也就是说，综合 F 检验结果仍然显著，如前面提到的第一个警告标志的例子。

**本章重要代码**

| 函数/操作 | 简要描述 | 首次出现 |
|---|---|---|
| anova | 部分 F 检验 | 22.2.1 节 |
| add1 | 查看单项添加 | 22.2.2 节 |
| update | 更改拟合模型 | 22.2.2 节 |
| drop1 | 查看单项删除 | 22.2.3 节 |
| step | 逐步 AIC 模型选择 | 22.2.4 节 |
| plot（用于 lm 对象） | 模型诊断 | 22.3.1 节 |
| rstandard | 提取标准化残差 | 22.3.2 节 |
| shapiro.test | 正态性的 Shapiro—Wilk 检验 | 22.3.2 节 |
| hatvalues | 计算杠杆 | 22.3.4 节 |
| cooks.distance | 计算库克距离 | 22.3.5 节 |

# 第五部分

## 高级绘图

# 23

# 自定义高级绘图

 许多用户第一次被 R 吸引，是因为它可以灵活绘制图形，并且可以使用户轻松地控制和定制输出结果的视觉效果。在本章中，我们将进一步了解基本的 R 图形设备，以及如何微调我们已经熟悉的图形，以最大限度地实现可视化。在下面的章节中，可以用 ggplot2 包和传统 R 图形扩展所学的知识。

本章的大部分内容是基于我们已经熟悉的第 7 章和第 14 章的内容。一般来说，假设我们使用的是标准 R 应用程序的基础版（例如，在 Mac 上的 R.app 或在 Windows 中的 Rgui.exe——参见附录 A），因为使用 R 的环境不同，一些命令的行为和可用性会有所不同。例如，在 Mac 上的标准 R.app 应用程序中，我们会注意到，生成一个活动图将打开一个窗口，其横幅标题看起来像 Quartz 2 [*] - OS X 的默认图形设备驱动程序是 Quartz 窗口系统。在 Windows 机器上，我们将看到 R Graphics：Device 2（ACTIVE）。任何图形设备的编号始终从 2 开始；设备 1 称为空设备，意味着当前没有活动。

**注意**　为获得 R 会话可用的设备列表，可在提示符下输入？Devices。我们看到，该列表包括诸如 png 和 pdf 之类的命令，这些命令是所谓的静态图形设备，可以实现与文件连接的绘图，如第 8 章所述。我们可以使用不同的设备得到任何希望的图形，而默认设置总可以将图形直接绘制到屏幕上。

## 23.1　掌握图形设备

目前接触的图形设备一次只能处理一个图像。当然，我们可以打开多个图形设备，但只有一个是激活的（横幅标题用[*]或（ACTIVE）突出显示当前活动的设备）。在同时处理几个绘图或希望查看、更改一个绘图而不关闭其他绘图时，这是有用的。

### 23.1.1 手动打开新设备

如果当前没有打开的绘图设备，可以用我们已学过的 R 基本命令（如 plot 函数、hist 函数、boxplot 函数等）自动打开一个设备绘制所需的图形。也可以使用 dev.new 函数打开新的设备窗口；这个最新窗口会立即变为活动窗口，且后续的绘制命令都会作用于该设备。

例如，首先关闭所有打开的图形窗口，然后在 R 提示符处输入以下内容：

```
R> plot(quakes$long,quakes$lat)
```

这将产生内置 quakes 数据集中 1000 个地震事件发生的空间位置的图形。如果当前唯一可用的设备是设备 1，即空设备，刷新绘图窗口并产生新图形的绘制命令（例如这里的 plot 或更特殊的命令 hist、boxplot 等）将自动打开一个新实例的默认图形设备，然后根据实际数据绘制图形。在我的机器上，可看到 Quartz 2 [*]打开并显示空间坐标的图。

现在，如果还希望查看检测到地震的工作站数量的直方图，执行以下操作可以打开新的绘图窗口：

```
R> dev.new()
```

这个新窗口的编号将为 3（它通常位于之前打开的窗口的前面，因此我们可能希望使用鼠标将其移动到一侧）。重要的是，我们会看到这个窗口成为当前设备：在 Mac 上，[*]现在在设备 3 的标题上；在 Windows 中，设备 3 将是激活的，而设备 2 现在不是激活的。

此时，可以输入常规命令以在设备 3 中调出所需的直方图：

```
R> hist(quakes$stations)
```

如果没有使用 dev.new 函数，直方图就会覆盖设备 2 中的空间位置图。

### 23.1.2 在设备之间切换

使用 dev.set 函数和要激活的设备编号，可以在设备 2 中更改一些内容而不必关闭设备 3。以下代码激活了设备 2 并重新绘制地震事件的位置，使每个点的大小与检测到地震的站点数量成比例，且整理了轴标签。

```
R> dev.set(2)
quartz
    2
R> plot(quakes$long,quakes$lat,cex=0.02*quakes$stations,
        xlab="Longitude",ylab="Latitude")
```

使用 dev.set 函数能通过将图形显示到控制台来确认新的活动设备，具体的文本显示将根据不同的操作系统和设备类型而有所不同。

切换到设备 3，添加一条垂直线以标记检测站的平均数，作为对图形的最后调整。

```
R> dev.set(3)
quartz
```

```
   3
R> abline(v=mean(quakes$stations),lty=2)
```

图 23-1 显示了修改后的两个图形设备。

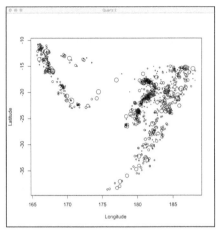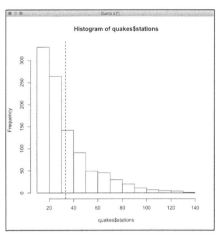

图 23-1　两个可见图形设备，设备 2（左）和设备 3（右），显示了
生成和操作地震数据最终结果的两幅图

### 23.1.3　关闭一个设备

要关闭图形设备，可以使用鼠标单击 X，就像关闭其他窗口那样或使用 dev.off 函数（最初在第 8 章关闭与文件连接的设备时使用过此命令）。调用没有参数的 dev.off()只是关闭当前活动的设备。否则，可以与使用 dev.set 函数一样指定设备编号。要关闭空间位置的图，将直方图作为活动设备，可以调用参数为 2 的 dev.off 函数：

```
R> dev.off(2)
quartz
     3
```

然后重复调用 dev.off 函数，这次没有参数，以关闭其余设备：

```
R> dev.off()
null device
          1
```

与 dev.set 函数类似，输出的结果将告诉我们在关闭设备后新的活动设备是什么。在关闭最后一个可操作的设备时将返回空设备。

### 23.1.4　一个设备中多个图形

我们还可以控制一个设备中单图形的数量。有几种方法可实现这一点，这里介绍两个最简单的方法。

### 设置 mfrow 参数

调用 par 函数来控制传统 R 图的各种图形参数。mfrow 参数指示新的（或当前活动的）设备"隐形地"将其自身划分为指定维度的网格，每个单元格保存一个图。我们把一个长度为 2 的整数数值向量 c(行，列)传递给 mfrow 选项，它的默认值是 c(1,1)。

确保 R 会话中没有打开绘图窗口。现在，假设要在同一个设备中并排放置 quakes 数据的两个图。可用向量 c(1,2)将 mfrow 设置为 1 × 2 的网格——一行两列来放置图形。

```
R> dev.new(width=8,height=4)
R> par(mfrow=c(1,2))
R> plot(quakes$long,quakes$lat,cex=0.02*quakes$stations,
        xlab="Longitude",ylab="Latitude")
R> hist(quakes$stations)
R> abline(v=mean(quakes$stations),lty=2)
```

第一行使用可选参数 width 和 height 设置新设备的尺寸（以英寸为单位），其高度是宽度的两倍。图 23-2 显示了图像是如何显示的，创建的新图形填充了由 mfrow 的值控制的单元格。

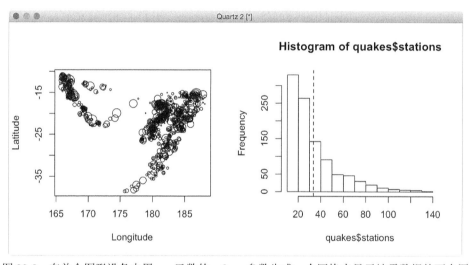

图 23-2 在单个图形设备中用 par 函数的 mfrow 参数生成一个网格来显示地震数据的两个图

若关闭所有图形设备并重新运行此代码，而不调用 dev.new 函数，执行 par(mfrow=c(1,2))将自动打开默认大小为 7in×7in 的图形设备。两个图形仍然会并排出现，但会被压扁。我们可以使用鼠标手动调整设备的大小，使其更接近于 mfrow 参数的设置值，然后在重新绘制时会使图形和坐标轴更加清晰。我们可以用这种反复试验法在单个设备中生成多个图，特别是不希望直接调用 dev.new 函数和设置 width 和 height 的时候。

注意，以这种方式使用 par 函数只会影响当前的活动设备。对 dev.new 函数的后续调用将打开新设备，例如，将 mfrow 参数设置为 c(1,1)，即默认"一个图"。换句话说，如果希望调整任何新的图形设备的选项（包括与文件连接的设备），需要在打开设备后而在执行绘图命令之前设置 par 函数的所需值。

### 定义特定布局

可以使用 layout 函数细化单个设备中绘图的排列，其为绘图的面板更具个性化提供了更多的方法。

返回 MASS 包中 survey 的学生调查数据。假设我们希望一个包含 3 个统计图的数组——书写手跨度的散点图、由吸烟状态区分的身高的并排箱线图以及学生锻炼频率的条形图。如果在一个正方形的设备上排列图（不是一行三列排布），只在 par 函数上用 mfrow 参数可能不是最好的方法。可以用 par(mfrow=c(2,2))设置一个正方形网格，但是最终会有一个单元格是空的。

在使用 layout 函数时，将维度作为矩阵 mat 中的第一个参数，就像控制 mfrow 选项一样，控制一个看不见的矩形网格。区别是，我们可以使用 mat 中的整型数值元素来告诉 layout 函数图号要放的位置。检查以下对象：

```
R> lay.mat <- matrix(c(1,3,2,3),2,2)
R> lay.mat
     [,1] [,2]
[1,]   1    2
[2,]   3    3
```

这个矩阵的维数创建了一个 2×2 的绘制单元格，但在 lay.mat 内的值告诉 R 我们要把图形 1 放在左上单元格，图形 2 放在右上单元格，图形 3 将填充底部的两个单元格。

如下调用 layout 函数在.mat 的基础上初始化活动的设备，或者打开一个新设备（如果空设备是当前唯一可用的设备）并初始化它。

```
R> layout(mat=lay.mat)
```

如果不确定自己希望得到什么样的结果，可以使用 layou.show 函数来查看图形是如何排布的。下面的代码生成图 23-3 a：

```
R> layout.show(n=max(lay.mat))
```

然后，运行 library（"MASS"）加载 MASS 包，这就可以访问 survey 数据来运行以下代码，按照绘图命令执行的顺序放置图形，与 lay.mat 中的整数匹配。

```
R> plot(survey$Wr.Hnd,survey$Height,
        xlab="Writing handspan",ylab="Height")
R> boxplot(survey$Height~survey$Smoke,
        xlab="Smoking frequency",ylab="Height")
R> barplot(table(survey$Exer),horiz=TRUE,main="Exercise")
```

注意，如果我们已经关闭了 layout.show 产生的图，就需要重新初始化一个新的设备，调用相同的 layout 函数来显示这 3 个图。结果如图 23-3 所示。

正如我们所看到的，与使用 mfrow、par 选项相比，layout 最大的好处是提高了分配单元格的灵活性。layout 的其他参数，即 widths 和 heights，甚至允许预设单元格的相对宽度和高度，如在 mat 参数中构建的。有关详细信息可参阅？layout 中的文档，文件最后部分有灵活运用函数的例子。

**注意** 这里讨论的两种方法有一个缺点，即一旦完成一个图形并移动到下一个，就无法编辑上一个图形。split.screen 函数允许我们在单个设备中设置几个"屏幕"，并在它们之间进行切换。然而，这种方法需要很多额外的编码，并且通常在 R 中的绘制区域和边距（参见 23.2 节）方面表现不佳。许多用户（包括我自己）喜欢使用 layout，即使需要进行几次重复的试验。

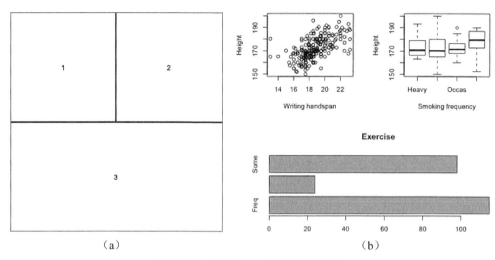

图 23-3 调用 layout 函数来产生图

（a）使用 layout.show 可视化设计好的绘图布局和顺序 （b）对 lay.mat 使用 layout 函数布局的 3 个调查数据的图

## 23.2 绘制区域和边距

虽然绘图时的主要关注点是可视化的数据集或模型，但能够清晰准确地对绘图进行注释同样重要。为了做到这一点，我们需要知道如何在给定设备的可见区域进行操作和绘制，而不仅仅是在数据所在的区域。

使用基本 R 图形创建图时包括 3 个区域。

- 绘图区域是我们目前正在处理的。这是显示图形确切形状的地方，也是我们通常绘制点、线、文本等的地方。绘图区域使用用户坐标系，反映水平轴和垂直轴的值和比例。
- 图形区域是包含轴、轴标签和标题的区域。这些空间也称为图形边界。
- 外部区域（也称为外边缘）是图形区域周围的附加空间，默认情况下不包括该区域，但如果需要可以指定。

可以用不同的方式来准确测量和设置页边空白。一种典型的方式是以行为单位，具体来说，就是平行于每个边距的文本的行数。按特定顺序指定这些长度为 4 的向量，4 个元素分别对应于 c（bottom,left,top,right）4 条边。图形参数 oma（外边界）和 mar（图边界）用来控制这些量。例如 mfrow，通过调用 par 来初始化，然后我们就可以绘制新图形了。

### 23.2.1 默认间距

可以通过调用 par 来找到 R 中默认的图形边距设置。

```
R> par()$oma
[1] 0 0 0 0
R> par()$mar
[1] 5.1 4.1 4.1 2.1
```

可以看到，oma = c(0,0,0,0)——默认情况下没有设置外边缘。默认图边距空间为 mar =

c(5.1,4.1,4.1,2.1)——换句话说，底部有 5.1 行文本，左侧和顶部有 4.1 行，右侧有 2.1 行。

为了说明这些区域，请看图 23-4 a，在一个新的图形设备中创建以下内容：

```
R> plot(1:10)
R> box(which="figure",lty=2)
```

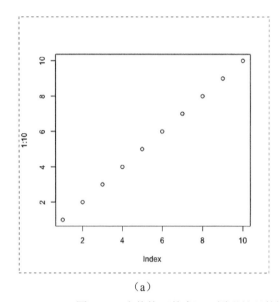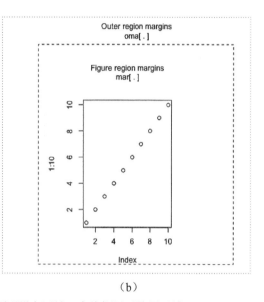

（a）　　　　　　　　　　　　　　　　　（b）

图 23-4　由传统（基本）R 图形处理的图形设备区域。实线框显示绘图区域，
虚线框显示图形区域，虚线框显示外部区域。

（a）默认设置　　（b）用户通过 oma 和 mar 分别在"文本行"中通过 par 指定外部和图形边距区域

如果使用可选参数 which 为"figure"设置 box 函数，将显示图形区域（附加代码 lty = 2 绘制出虚线）。

如果在屏幕上的图形设备看到这个图，发现虚线紧贴窗口边距。检查 mar 中的默认值，相对来说，可以看到它们正确地对应于绘图区域四边的间距（使用默认实体框）。平行于图的底部区域的最宽图边距是 5.1 行，平行于绘图区域右边的最窄图边距是 2.1 行。

## 23.2.2　自定义间距

绘制相同的图形，使其具有指定的外边缘，使得底部、左侧、顶部和右侧区域分别是一行、四行、三行和两行，并且图形边距分别是四、五、六和七行。下列代码的结果如图 23-4b 所示。

```
R> par(oma=c(1,4,3,2),mar=4:7)
R> plot(1:10)
R> box("figure",lty=2)
R> box("outer",lty=3)
```

注意，不规则边距会压缩默认方形设备中的绘图区域，以适应边缘周围的自定义空间。如果我们设置了一个将绘图区域压缩为不存在的图形参数，那么 R 将抛出一个错误，指出图形边距太大。

我们通常会调整边距空间以容纳图形的注释，看看用于在图形或外边缘中产生文本的 mtext 函数。默认情况下，参数 outer 是 FALSE，意味着文本在图边距内。设置 outer = TRUE，可以将文本放在外部区域。如果最近的图是打开的，以下行会提供额外的边距注释，如图 23-4 b 所示。

```
R> mtext("Figure region margins\nmar[ . ]",line=2)
R> mtext("Outer region margins\noma[ . ]",line=0.5,outer=TRUE)
```

这里，我们将含一个字符串的文本作为第一个参数，参数 line 指示文本应该出现在距离内边界的多少行空格处。在 mtext 函数中，另外一个可选参数 side 决定了文本出现的位置。它的默认值为 3，将文本放在顶部，但可以设置 side = 1 将文本放在底部，使用 side = 2 将文本放在左侧，使用 side = 4 将文本放在右侧。查看? mtext 文档了解更多可用的参数信息。

我们还可以使用内置函数 title。如果一个图的 4 个轴的边距注释（超出了指定的诸如 main、xlab 或 ylab 的功能）是我们主要关注的问题，那它就是 mtext 函数经常使用的特殊功能。

### 23.2.3 剪切

控制剪切可使参考图形本身的用户坐标在边距区域中减少或添加元素。例如，我们可能希望在绘图区域之外放置一个图例，或者可能需要绘制一个延伸到绘图区域之外的箭头以对图形进行润色。

图形参数 xpd 用以控制基本 R 图形中的剪切。默认情况下，xpd 设置为 FALSE，使得所有绘图都仅限于可用绘图区域（除了特殊边距添加函数，如 mtext）。将 xpd 设置为 TRUE，我们就可以将已定义的绘图区域外的东西绘制到图形边距中，但是不能绘制到外边缘。将 xpd 设置为 NA 将允许绘制 3 个区域——绘图区域、图形边距和外边缘。

例如，用下面的代码给气缸数分组，绘制里程数的并排箱线图，如图 23-5 所示。

```
R> dev.new()
R> par(oma=c(1,1,5,1),mar=c(2,4,5,4))
R> boxplot(mtcars$mpg~mtcars$cyl,xaxt="n",ylab="MPG")
R> box("figure",lty=2)
R> box("outer",lty=3)
R> arrows(x0=c(2,2.5,3),y0=c(44,37,27),x1=c(1.25,2.25,3),y1=c(31,22,20),
        xpd=FALSE)
R> text(x=c(2,2.5,3),y=c(45,38,28),c("V4 cars","V6 cars","V8 cars"),
        xpd=FALSE)
```

此代码的结果是图 23-5a。为了说明，我们定义设备区域本身具有特定的图形和外边缘。在调用 boxplot 函数时，设置 xaxt ="n"表示不显示水平轴；调用 box 添加图的边界和外边缘（分别为短划线和虚线）。最后，调用 arrows 和 text 分别指向和注释每个箱线图；V4 车的标签延伸到外边缘，V6 车的标签延伸到图形区域，V8 车的标签在绘图区域内。

注意，图形参数 xpd 仅在两个"加到当前绘图"的函数 arrows 和 text 中指定，默认为 FALSE。这意味着所有绘图都在绘图区域内。

如果在运行代码调用 arrows 和 text 时设置 xpd = TRUE，将得到图 23-5b。这可以把 V6 车的标签打印在边距上，而不是切断边距。最后，设置 xpd = NA 重新运行代码会产生图 23-5c，这在绘图区以外显示所有绘图。

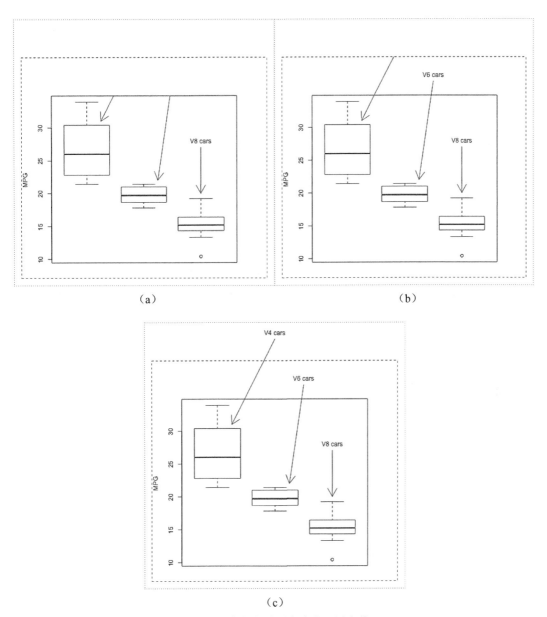

图 23-5　在相关绘图命令中设置参数

（a）xpd = FALSE　　（b）xpd = TRUE

（c）xpd = NA 使得绘制相对于绘图区域的用户坐标的图形和外边缘

通常，在我们需要注释主图时，需要此种效果，尤其是当绘图区域中没有足够的空间来填充添加时。我们在前面的章节中创建的绘图，例如图 16-6 的底部图像（其中图例位于主图的外部）和图 17-3（注释了临界值）在相关函数（图例、文本、段和箭头）中都指定了 xpd = TRUE。

如图所示，通常在特定命令（也就是逐行）中设置 xpd，所以只有在使用给定的剪切规则时，特定的命令才会起作用。这就给在绘图区域外什么可见和什么不可见提供了更多的控制。但是，我们可以在初始调用 par 时一起设置 xpd、oma 和 mar，以使该设备的 xpd 值是通用的。

# 23.3 点击式坐标互动

我们可以不完全依靠命令来处理图形设备。例如，R 可以读取我们在设备内部进行的鼠标点击。

## 23.3.1 获取坐标

locator 命令允许我们查找和返回用户坐标。为了查看它是如何工作的，首先调用 plot(1,1)，得到中间有一个单一点的简单图形。只需执行函数就可以使用 locator（没有默认行为的参数），这将"显示"控制台，而不返回到提示符。然后在活动图形设备上，鼠标光标会变为+符号（我们可能首先需要单击一次设备将它放到计算机桌面上）。使用+的光标，可以在设备中执行一系列（左）鼠标点击，R 将默认记录精确的用户坐标。只需单击右键就可终止命令（其他停止选项是系统相关的，参见帮助文件? locator），一旦完成，设备中标识的坐标将作为列表返回组件$ x 和$ y。除非将定位器的调用分配给 R 对象，否则它们会输出到控制台屏幕上。

在我的计算机上，(1, 1)绘制点周围的任意位置识别了 4 个点，从左上角顺时针绕到左下角。以下是控制台的输出：

```
R> plot(1,1)
R> locator()
$x
[1] 0.8275456 1.1737525 1.1440526 0.8201909

$y
[1] 1.1581795 1.1534442 0.9003221 0.8630254
```

如果要在需要放置注释的绘图区域中近似标识用户坐标，那么 locator 就非常有用。

## 23.3.2 可视化所选坐标

我们也可以使用 locator 绘制作为单点或线的点。运行以下代码可以生成图 23-6。

```
R> plot(1,1)
R> Rtist <- locator(type="o",pch=4,lty=2,lwd=3,col="red",xpd=TRUE)
R> Rtist
$x
 [1] 0.5013189 0.6267149 0.7384407 0.7172250 1.0386740 1.2765699
 [7] 1.4711542 1.2352573 1.2220592 0.8583484 1.0483300 1.0091491

$y
[1] 0.6966016 0.9941945 0.9636752 1.2819852 1.2766579 1.4891270
[7] 1.2439071 0.9630832 0.7625887 0.7541716 0.6394519 0.9618461
```

如第 7 章所述，使用 locator 绘制指定的绘图类型。选择 type ="0"（与默认值 type ="n"

相反）会产生过度绘制的点和线，如图 23-6 所示。使用 type ="p"绘制点，使用 type ="l"绘制行。还可以使用控制其他相关特性（例如点/线类型和颜色）的图形参数，如第 7 章中常规生成的图中所示。我们也可以使用前面所示的 xpd = TRUE，允许 locator 的点和/或线突出到图形区域边缘。调用 locator 直接分配给一个新对象 Rtist，其说明了如何使用点击的坐标（如果需要的话）。

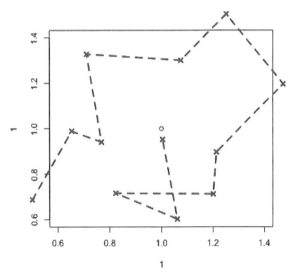

图 23-6　使用定位器绘制任意序列的重叠点和线

### 23.3.3　专用注释

locator 函数还允许我们在图形上放置特殊的注释，例如图例——记住，由于 locator 能返回有效的 R 用户坐标，所以这些结果大多可以直接形成标准注释函数的位置参数。

首先通过 library( " MASS " )加载包，返回 MASS 包中的学生调查数据。以下代码产生散点图，用以说明学生平均身高的多重线性模型，其为 21.3.3 节中手跨度和性别的函数。

```
R> plot(survey$Height~survey$Wr.Hnd,pch=16,
        col=c("gray","black")[as.numeric(survey$Sex)],
        xlab="Writing handspan",ylab="Height")
```

21.3.3 节中的图 21-1，只用字符串“topleft”来对图例进行定位。这一次，调用如下：

```
R> legend(locator(n=1),legend=levels(survey$Sex),pch=16,
          col=c("gray","black"))
```

locator 的可选参数 n 是我们要选择的点的正整数上限，默认值为 512。如果指定 n=1，在设备中单击一次左键后 locator 将自动终止，因此不需要通过单击右键手动退出该功能。

当代码被执行时，+光标将出现在图形设备上，只需点击一次图例所在位置。我们选择点击点云上方的空白区域，产生图 23-7。

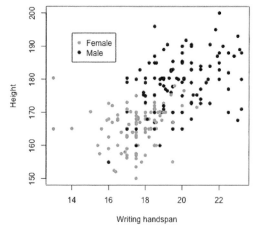

图 23-7    在学生调查数据的散点图上放置特别图例

## 练习 23.1

a. 20.5.4 节中的代码显示了一个简单的线性模型,拟合一个连续变量的分类解释变量(mtcars 数据中的 mpg 作为被解释变量,cyl 作为解释变量)。重现图 20-6 中的并排箱线图和散点图(使用拟合线),使用 mfrow 在一个设备中垂直显示两个图形。

b. 创建适当的布局矩阵以重现以下 3 个图(显示在正方形设备中):

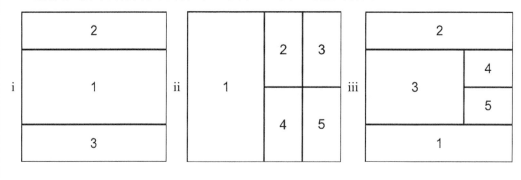

c. 打开一个尺寸为 9in×4.5in 的新设备,设置为以下布局:

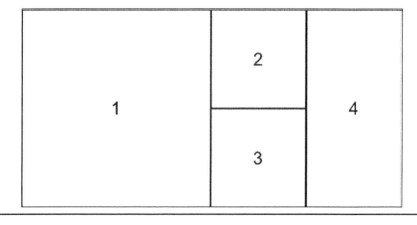

然后，产生以下组合的图：

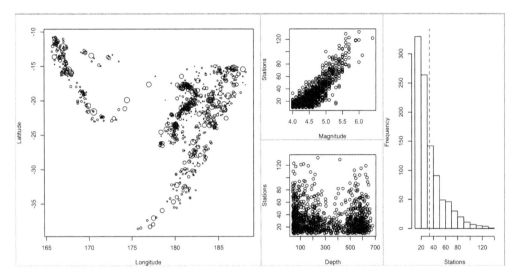

要实现这一点，请注意以下事项：

— 打开设备并设置布局后，绘图边距在底部、左侧、顶部和右侧分别重置为四行、四行、两行和一行空格。

— 在每个绘图后，添加对应绘图区域的灰色框以实现可见的分区。

— 图形 1 和 4 与图 23-1 和图 23-2 中所示的两个图形相同。

— 图形 2 和 3 是散点图，y 轴表示检测站的数量，x 轴分别表示幅度和深度。

— 不要在任何绘图上放置主标题，并确保轴标题是整齐的（与它们的默认值相比）。

d. 写一个名为 interactive.arrow 的 R 函数。此函数的目的是点击两次鼠标将箭头叠加到所有的基本 R 图上。详情如下：

— 函数的关键是使用 locator 来读取两次鼠标点击。我们可以假定每当调用该函数时，活动图形设备已打开。第一次点击意味着箭头的开始，第二次点击意味着箭头的尖端（它的指向）。

— 在函数中，locator 返回的坐标应该传递到 arrows 以进行实际的绘制。

— 该函数应该将省略号作为第一个参数，旨在保留被直接传递到 arrows 的其他参数。

— 函数应该使用可选的逻辑参数 label，默认为 NA，但要有可选的字符串。如果 label 不是 NA，就应该再调用一次 locator（单独绘制箭头后）以选择一个坐标。该点将被传递到 text，使得用户可以附加地将传递给 label 的字符串作为注释（旨在用于交互式放置的箭头）。对 text 的调用应该始终允许宽松的剪切（换句话说，以这种方式添加的任何文本在图形区域和外边缘（如果有的话）中仍然是可见的）。

再看图 14-6b，这是来自地震数据集的幅度数据的独立箱线图。箭头和标签叠加在外部，指出通过箱线图总结的各种统计值。创建相同的箱线图并使用 interactive.arrow 函数注释自己满意的相同特征（你可能需要使用省略号来放宽与每个箭头相关联的剪切）。结果如下：

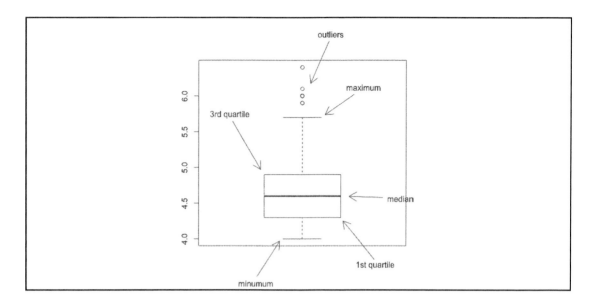

## 23.4　自定义传统 R 图形

现在，我们已经熟悉了 R 在图形设备中放置和处理图形的方式，接下来我们学习绘图的常见功能。目前，我们大多保留默认设置。

### 23.4.1　样式和禁止的图形参数

如果希望更好地控制 R 图，通常以一个"干净的画板"开始。要做到这一点，在调用绘图功能时，我们需要知道某些图形参数的默认设置和如何禁止诸如框和轴之类的东西。

以数据集 mtcars 为例，绘制 MPG—马力图像，将每个点的大小设置为与每个车辆的重量成比例。为了方便，创建以下对象：

```
R> hp <- mtcars$hp
R> mpg <- mtcars$mpg
R> wtcex <- mtcars$wt/mean(mtcars$wt)
```

最后一个对象是由其样本均值衡量的汽车重量向量。这将创建一个向量，其中重量小于平均重量的汽车的值小于 1，重量大于平均重量的汽车的值大于 1，因此 cex 参数可以据此相应地缩放绘制点的大小（见第 7 章）。

从更多的图形参数开始，调用 plot 的第一个实例经常使用，为使用 box 和 axis 命令奠定了基础。执行以下代码将给出图形及其框、轴和标签的默认外观；如图 23-8 a 所示。

```
R> plot(hp,mpg,cex=wtcex)
```

这里有两种"样式"的坐标轴，分别由图形参数 xaxs 和 yaxs 控制。它们决定是否在每个轴的端部填充额外的水平和垂直缓冲空间，以防止绘制点在绘制区域的端部处被切断。默认值 xaxs ="r" 和 yaxis ="r"意味着包括缓冲空间。将这些参数中的一个或两个设置为"i"，表示绘图区域由数据的上限和下限（或由提供给 xlim 和/或 ylim 的那些数据）严格定义，即没有附加的填充空间。

例如，以下代码生成图 23-8b。

```
R> plot(hp,mpg,cex=wtcex,xaxs="i",yaxs="i")
```

此图与默认图形几乎是一样的，但请注意，坐标轴末端没有填充空间，最极端的数据点在轴上。通常默认轴类型为"r"比较好，但是如果要更好地控制轴的刻度和相应的绘图区域，额外的缓冲空间就会有问题。这时，我们经常会看到 xlim / ylim 与 xaxs ="i"/ yaxs ="i"结合使用。

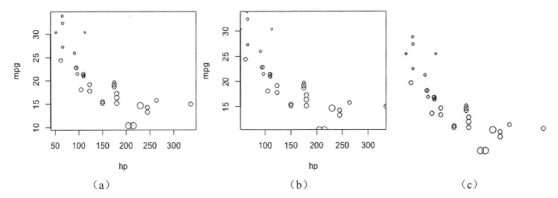

图 23-8　绘制 mtcars 数据的 MPG—马力图；点大小与汽车重量成比例，仅使用调用绘图
（a）默认外观　　（b）设置 xaxs ="i"和 yaxs ="i"，阻止轴的极限上的缓冲区间距
（c）使用 xaxt，yaxt，xlab，ylab 和 bty 来抑制所有框、轴和标签绘图（或者通过
设置 axis = FALSE 和 ann = FALSE 来实现）

如果希望对任何框、箭头和它们标签的具体外观进行总体控制，就要以没有这些图标的图形开始，然后将它们按照设计添加到图上。图 23-8c 是通过调用下面第一行或第二行代码抑制这些图标显示的结果：

```
R> plot(hp,mpg,cex=wtcex,xaxt="n",yaxt="n",bty="n",xlab="",ylab="")
or
R> plot(hp,mpg,cex=wtcex,axes=FALSE,ann=FALSE)
```

可以通过将参数 xaxt、yaxt 和 bty 设置为"n"，并将轴标签 xlab 和 ylab 默认为空字符串 ""，或者简单地将两个轴和 ann 设置为 FALSE（前者抑制所有轴和框，后者抑制所有注释）。虽然第一种方法看起来过于复杂，但是为抑制给定图的每个方面提供了更大的灵活性（与第二种方法强制执行的"总体"抑制相反）。

## 23.4.2　自定义边框

从没有边框或坐标轴的图形开始，添加当前的活动图形设备中绘图区域的特定边框时，就要使用 box 且用 bty 指定类型。例如，从一个图形开始，如图 23-8c（只运行最近的代码便可得到），然后调用以下命令将得到图 23-9a。

```
R> box(bty="u")
```

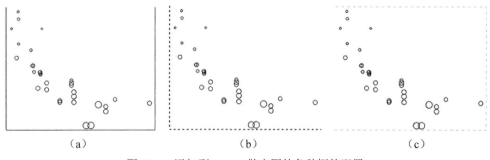

图 23-9 添加到 mtcars 散点图的各种框的配置

给 bty 参数提供单个字符："o"（默认），"l" "7" "c" "u" "]"或"n"。在？par 的帮助文件中，bty 的条目告诉我们，基于这些值生成的框边界外观将遵循对应的大写字母的形状，除了"n"（正如刚才看到的，这将不显示框）。

可以使用已经使用过的其他相关参数来进一步控制框的外观，例如 lty、lwd 和 col。重新绘制图 23-8c 的数据，然后调用以下命令产生图 23-9b：

```
R> box(bty="l",lty=3,lwd=2)
```

图 23-9c 是用以下代码创建的：

```
R> box(bty=")",lty=2,col="gray")
```

## 23.4.3　自定义坐标轴

确定边框的样式后就可以专注于坐标轴。axis 函数允许我们更详细地控制绘图区域四侧的任何一侧及轴的添加和外观。第一个参数是 side，需要的是一个整数 1（底部）、2（左侧）、3（顶部）或 4（右侧）。在设置图形参数向量（如 mar）时，这些数字与相关边距值的位置一致。

我们可能希望在轴上做的第一个更改是刻度。默认情况下，R 使用内置函数 pretty 为每个轴的标度找到一个"整齐"的序列值，但是可以通过将 at 参数传递给 axis 来设置。以下代码创建了图 23-10a。

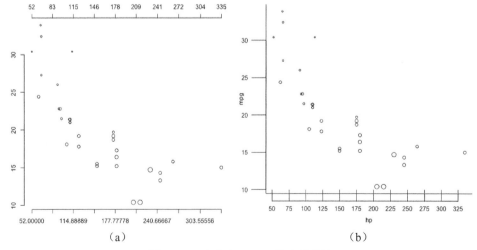

图 23-10　自定义 mtcars 散点图的轴

```
R> hpseq <- seq(min(hp),max(hp),length=10)
R> plot(hp,mpg,cex=wtcex,xaxt="n",bty="n",ann=FALSE)
R> axis(side=1,at=hpseq)
R> axis(side=3,at=round(hpseq))
```

首先，将 hp 的整个范围均匀分成 9 组，并储存为 hpseq。初始调用 plot 会禁止 *x* 轴、边框和默认的轴标签；而 *y* 轴依据默认形式显示。然后 axis 指示绘制 *x* 轴（slide= 1），刻度标记为 hpseq。为了比较，沿着顶部也绘制了一个坐标轴（slide= 3），但这次是在 hpseq 四舍五入为整数的基础上绘制刻度线。

如图 23-10a 所示，我们在底部创建的自定义 *x* 轴上显示了 10 个刻度线，正如 at 的数值序列。在这里，R 可以抑制一些标签，使得它们不会彼此重叠。由于这些"十进制"数值可能不美观，所以通过在最后调用 axis 时使用 round 函数，来使得绘制在顶部的坐标轴的图是 hpseq 四舍五入后的整数值。尽管严格地说，这意味着刻度标记不再精确地表示均匀间隔，舍入值意味着更短的默认轴标签，但是标签可以全部显示在当前的设备中。

可以看出，刻度标记位置通常留给 R，除非我们知道要标记的特定轴值——将在 23.6 节中看到这样的示例。现在，我们可以对坐标轴进行一些其他调整，尤其是使用更常用的那些参数，如 tcl（标记的长度）、las（标签的取向）和 mgp（轴间距）参数。以下代码创建了图 23-10b。

```
R> hpseq2 <- seq(50,325,by=25)
R> plot(hp,mpg,cex=wtcex,axes=FALSE)
R> box(bty="l")
R> axis(side=2,tcl=-2,las=1,mgp=c(3,2.5,0))
R> axis(side=1,at=hpseq2,tcl=1.5,mgp=c(3,1.5,1))
```

在将新的序——hpseq2——定义为位于数据的记录范围内并且是均匀分布在 25 个单位内的所有整数之后，绘图会被初始化。框和轴会被抑制，但沿轴的默认变量标题（mpg 和 hp）会被保留。

现在，添加 L 形盒和 *y* 轴（slide= 2）。对于后者，tcl 参数控制"平行文本行"中的每个刻度标记的长度（这是 R 图中的边距间隔的标准单位测量），默认为-0.5。当值为负时，在绘图区域之外绘制刻度线；当值为正时，在绘图区域内绘制刻度线。slide= 2，tcl = -2 表示标记将从图中指向图外，但通常是 4 倍的长度（两行文本，而不是半行）。

las 参数控制每个刻度标记的标签的方向；将其设置为 1 指示 R 水平地产生所有刻度标签，而不管坐标轴侧。默认值 las = 0，将所有标签平行写入相应的轴；备选项 las = 2 意味着标签总是垂直于对应的轴；并且 las = 3 表示垂直读取所有标签，而不管坐标轴。

接下来，mgp 参数控制轴间距的其他 3 个方面，并且因此根据以下定义提供长度为 3 的向量：c(axis title，axis labels，axis line)。另外，这些参数以"文本行"表示。mgp 的默认值是 c(3,1,0)——意味着在目前为止我们看到的每个轴上，标题具有远离绘图区域的 3 行文本，标记标签的一行文本，还有远离绘图区域的轴线本身的零线文本（因此它与任何绘制的绘图区域框齐平）。在轴上使用时，只有 mpg 的第二和第三元素是相关的。在图 23-10b 中的垂直轴上，默认值唯一变化是将第二个元素（轴标签的间距）设置为 2.5——将轴标签向左推，远离绘图区。标记本身被 tcl 显著地延长，因此需要避免轴标记标签越过这些标记。尝试重绘图像和该轴，但不指定 mgp，可以看到结果并不吸引人。

添加 x 轴（side = 1）可以看到 hpseq2 处的刻度线是通过 at 放置的。但这次向 tcl 提供正值，指示轴有长度为 1.5 行文本的向内刻度线。在 mpg 中，我们将向量的第三个元素设置为 1，这意味着轴线本身离绘图区域有一行文本。看图 23-10b，可以看到整个轴已经向下移动，远离绘图区域。为了说明这一点，在刻度标签标记的间距上，将 mgp 的第二个元素从默认值增加到了 1.5。

## 23.5 专用文本和标签符号

现在，我们将调查一些可立即访问的工具，用于控制字体和显示特殊符号，例如希腊符号和数学表达式。

### 23.5.1 字体

显示的字体由特定字体族和字体的 family 两个图形参数控制，用于控制粗体和斜体字体的整数选择器。

可用的字体取决于所使用的操作系统和图形设备。也就是说，有 3 个通用族——"sans"（默认）、"serif" 和 "mono" 总是可用的。这与 font-1（正常文本，默认）、2（粗体）、3（斜体）和 4（粗体和斜体）的 4 个值配对。可以在通用的设备中使用 par 来设置这两个图形参数，但与使用 xpd 参数一样，在相关的注释函数中设置 family 和 font 总是很普遍的。

图 23-11 显示了 family 和 font 相应值的一些变体。从具有预设 x 和 y 限制的空绘图区域开始，使用以下命令创建：

图 23-11 通过使用 family 和 font 两个图形参数显示字体样式

```
R> par(mar=c(3,3,3,3))
R> plot(1,1,type="n",xlim=c(-1,1),ylim=c(0,7),xaxt="n",yaxt="n",ann=FALSE)
```

然后，通过执行以下代码来完成具有 6 种可能变体的图像：

```
R> text(0,6,label="sans text (default)\nfamily=\"sans\", font=1")
R> text(0,5,label="serif text\nfamily=\"serif\", font=1",
        family="serif",font=1)
R> text(0,4,label="mono text\nfamily=\"mono\", font=1",
        family="mono",font=1)
R> text(0,3,label="mono text (bold, italic)\nfamily=\"mono\", font=4",
        family="mono",font=4)
R> text(0,2,label="sans text (italic)\nfamily=\"sans\", font=3",
        family="sans",font=3)
R> text(0,1,label="serif text (bold)\nfamily=\"serif\", font=2",
        family="serif",font=2)
R> mtext("some",line=1,at=-0.5,cex=2,family="sans")
R> mtext("different",line=1,at=0,cex=2,family="serif")
R> mtext("fonts",line=1,at=0.5,cex=2,family="mono")
```

这里，text 函数用于将内容放置在预定坐标处，而 mtext 函数用来将其添加到顶部图形的边距。

### 23.5.2 希腊符号

在对统计学或数学技术图进行注释时，有可能需要用到希腊符号或数学标记。我们可以使用表达式函数来显示它们，这些函数可以调用 R 的 plotmath 模式（Murrell 和 Ihaka，2000；Murrell，2011）。使用表达式返回一个特殊对象，具有相同的类名称，然后传递到绘图函数中任一需要显示字符串的参数上。

注意希腊符号，用下面的代码生成图 23-12。

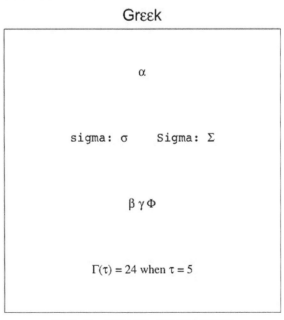

图 23-12 使用表达式显示希腊符号

```
R> par(mar=c(3,3,3,3))
R> plot(1,1,type="n",xlim=c(-1,1),ylim=c(0.5,4.5),xaxt="n",yaxt="n",
       ann=FALSE)
R> text(0,4,label=expression(alpha),cex=1.5)
R> text(0,3,label=expression(paste("sigma: ",sigma," Sigma: ",Sigma)),
       family="mono",cex=1.5)
R> text(0,2,label=expression(paste(beta," ",gamma," ",Phi)),cex=1.5)
R> text(0,1,label=expression(paste(Gamma,"(",tau,") = 24 when ",tau," = 5")),
       family="serif",cex=1.5)
R> title(main=expression(paste("Gr",epsilon,epsilon,"k")),cex.main=2)
```

如果只希望使用一个单独的特殊字符，那么表达式（alpha）就是图中需要生成的东西，如代码块第一次调用 text 显示的那样。注意，规范的特殊字符不需要在所需符号的名称上加引号。然而，更常见的是，我们需要一个字符与其他组件（如常规文本或等式）一起显示。为此，需要在调用表达式时使用 paste，用逗号分隔组件。结果会在剩余 3 个对文本的调用中显示。

虽然使用 family 和 font 只影响引用的普通文本，而不影响符号，但是可以使用 cex 来控制大小，作为 text 的最终调用演示。

title 函数允许添加轴和主标题，然后通过将相应的表达式提供给 main 来生成 "k"，用于添加标题 "Greek"。在同一个调用中，我们使用 cex.main = 2 使它的大小加倍（通过控制 cex.lab，使用不同的标签 cex.main 区分主标题和轴标题的大小）。

### 23.5.3  数学表达式

在 R 图中显示格式化的数学表达式是一件更复杂的事情，就像 LATEX 标记语言一样。正因如此，在这里不会给出一个完整的语法，但会提供一些例子，如图 23-13 所示。要创建图像，首先定义 4 个表达式对象，如下所示：

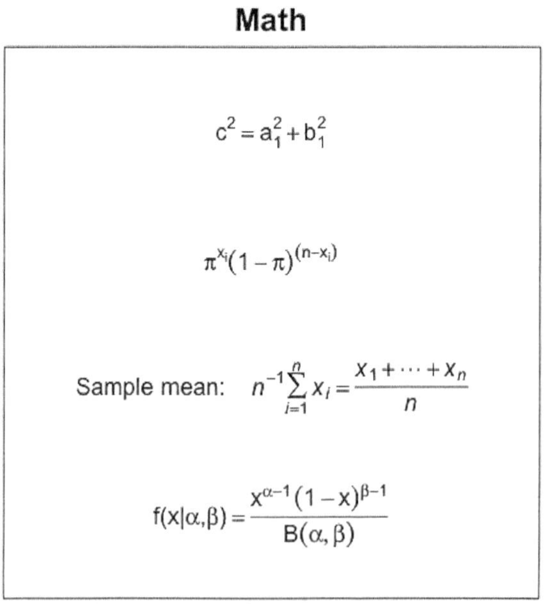

图 23-13  在 R 图中对数学表达式排版的一些示例

```
R> expr1 <- expression(c^2==a[1]^2+b[1]^2)
R> expr2 <- expression(paste(pi^{x[i]},(1-pi)^(n-x[i])))
R> expr3 <- expression(paste("Sample mean: ",
                             italic(n)^{-1},
                             sum(italic(x)[italic(i)],
                                 italic(i)==1,
                                 italic(n))
                             ==frac(italic(x)[1]+...+italic(x)[italic(n)],
                                    italic(n))))
R> expr4 <- expression(paste("f(x","|",alpha,",",beta,
                             ")"==frac(x^{alpha-1}~(1-x)^{beta-1},
                                       B(alpha,beta))))
```

然后在下面的代码中使用它们：

```
R> par(mar=c(3,3,3,3))
R> plot(1,1,type="n",xlim=c(-1,1),ylim=c(0.5,4.5),xaxt="n",yaxt="n",
        ann=FALSE)
R> text(0,4:1,labels=c(expr1,expr2,expr3,expr4),cex=1.5)
R> title(main="Math",cex.main=2)
```

所有希腊符号和数学标记都包含在对表达式的调用中。如果需要单独的组件（以逗号分隔），必须使用 paste，其中一些组件可能是也可能不是常规文本（即引号中包含的）以产生最终结果。这里说明以下几点：

- 上标由^给出，下标由[]给出。例如，在 expr1 中 c^2 是 $c^2$，并且 a[1]^2 的分量是 $a_1^2$。
- 可以使用可见的括号（）（例如，expr2 的(1-pi)^(n-x [i])组件）或大括号{}（例如，pi{x[i]} 分量）对组件进行分组。
- 斜体字母变量用 italic()；例如，斜体（n）在 expr3 中产生 $n$。
- 普通算术运算符的构造已经存在，例如 sum( , , )和 frac( , )；在 expr3 中，调用 sum(italic(x) [italic(i)], italic(i)== 1, italic(n))产生如下结果：

$$\sum_{i=1}^{n} x_i$$

并且 frac(italic(x)[1] + $\cdots$ + italic(x)[italic(n)], italic(n))的表示如下：

$$\frac{x_1 + \cdots + x_n}{n}$$

- 另外还有一些标记工具，用于正确格式化此表达式，例如将数字标记旁边的引号中的常规文本组合在一起，并在组件之间创建空格，而无需插入引号。对这些的需要依赖于标记内容正确与否（也就是说，作为调用 paste 的独立组件或作为操作工具的组件，如 frac）。参见例如 expr4 的")"= frac（，）部分以及两个分量 x ^ {alpha-1}～(1-x)^ {beta-1}（位于分数的分子上）。

R 中有大量内置函数可以将图形显示中的这种类型的字符串格式化，这里我们不进行介绍。如果你有兴趣了解更多，可在提示符处输入? plotmath 来访问帮助文件。还有一个非常有用的演示，可以通过输入 demo(plotmath)在 R 中查看，它显示了很多相关的内容以及表达式的相关语法。

## 23.6　完全注释的散点图

为了给出涵盖目前为止所考虑的大多数概念的最后一个例子，我们通过 23.4.1 节～23.4.3 节中使用的马力数据创建 MPG 的详细图。图 23-14 中的图像显示了最终结果为底部最大的那个图，使用 3 个较小的图来说明沿顶部显示的各个生成阶段。

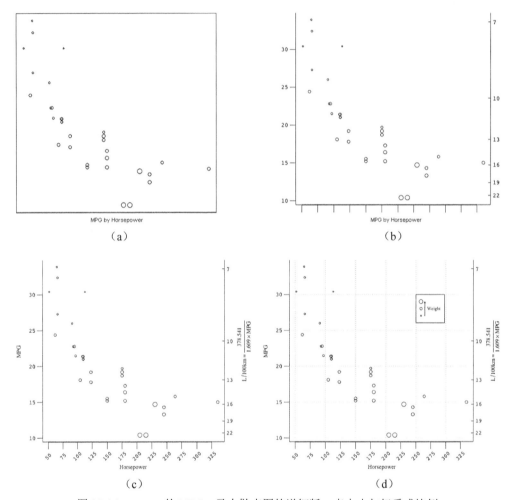

图 23-14　mtcars 的 MPG—马力散点图的详细版，点大小与权重成比例

首先，确保工作区中有对象 mpg、hp、wtcex 和 hpseq2（在 23.4.1 节和 23.4.3 节中定义），因为我们将使用它们来缩短代码的长度。如下：

```
R> hp <- mtcars$hp
R> mpg <- mtcars$mpg
R> wtcex <- mtcars$wt/mean(mtcars$wt)
R> hpseq2 <- seq(50,325,by=25)
```

该图的右边距比默认值略宽，并且有一个 U 形框，从以下代码开始：

```
R> dev.new()
R> par(mar=c(5,4,4,4))
R> plot(hp,mpg,cex=wtcex,axes=FALSE,ann=FALSE)
R> box(bty="u")
```

结果得到图 23-14a。使用 dev.new 函数打开一个新的图形设备，默认为 7in×7in。我们可以使用提供给 dev.new 函数的 width 和 height 参数更改这个参数。

现在添加一些轴：

```
R> axis(2,las=1,tcl=-0.8,family="mono")
R> axis(1,at=hpseq2,labels=FALSE,tcl=-1)
```

这两条线为 MPG 添加了左纵轴；使用 tcl 稍微延长刻度线，通过 las 使它们的标签水平，并且请求 "mono" 字体。对于水平轴（马力），在 hpseq2 的值处绘制更长的向外刻度线，但是通过设置 labels= FALSE 来抑制它们的标签。

许多国家使用 "L 每百 kg"（L / 100km），而不是使用 MPG 作为燃料效率的度量。所以，为了他们的利益，我们假设要在地图右侧提供第二个垂直轴，给出 L / 100km。为此，需要转换公式。基于美制加仑，两者之间的近似转换如下：

$$MPG = \frac{378.541}{1.609 \times (L/100km)}$$

事实证明，这个功能是可行的。也就是说，要从 MPG 回到 L / 100km，只需在方程中交换这两个变量。

基于转换公式的一些实验，根据观察到的 MPG 数据的极限，我们得到一个合理的 L / 100km 值的集合，在该集合处标记右轴。

```
R> L100 <- seq(22,7,by=-3)
R> L100
[1] 22 19 16 13 10 7
```

注意，为了方便，这些都是递减的顺序，因为我们可以看到，一旦把它们转换为 MPG，结果就是递增顺序：

```
R> MPG.L100 <- (100/L100*3.78541)/1.609
R> MPG.L100
[1] 10.69385 12.38236 14.70405 18.09729 23.52648 33.60925
```

这是有道理的——对 L/100km 的较小的数字意味着更高效的汽车。

为什么需要这些数字的 MPG 版本？记住，图形本身是 MPG 的尺度，所以要指示 R 标记右侧的适当刻度线，在 MPG "坐标" 上我们需要 L/100km 的值。

完成后，对 axis 的最后一次调用将得到图 23-14b。

```
R>axis(4,at=MPG.L100,labels=L100,las=1,tcl=0.3,mgp=c(3,0.3,0),family="mono")
```

值得注意的是，我们使用 at 来指定 MPG 刻度上的标记，以 MPGL100 中的值为单位，但由于它们对应于 L100 中的 L/100km 序列，因此它是我们提供的后一个向量标签，以实际标记所述的刻度标记。

接下来，用一些标题来注释轴，并在水平轴上为刻度标记提供标签。在这之前，构造 MPG 到 L/100km 转换的表达式以阐明右侧的垂直轴。

```
R> express.L100 <- expression(paste(L/100,"km"%~~%frac(378.541,1.609%*%MPG)))
```

在 express.L100 中，%~~%给出"大约等于"符号（≈），%*%给出显式乘法符号（×）。

然后，通过运行以下代码得到图 23-14b。

```
R> title(main="MPG by Horsepower",xlab="Horsepower",ylab="MPG",
        family="serif")
R> mtext(express.L100,side=4,line=3,family="serif")
R> text(hpseq2,rep(7.5,length(hpseq2)),labels=hpseq2,srt=45,
        xpd=TRUE,family="mono")
```

第一行以"serif"样式提供主标题和 x 和 y 轴标题。然后 mtext 将一个刚刚创建的"serif"版本的算术表达式放置在右轴（side = 4）上的一个适当的位置 line = 3 上。第三行将 hpseq2 中的"mono"型刻度标记标签沿着 x 轴放置在同一向量中相应的用户坐标处，经过试验和错误之后，得到垂直位置为 7.5。由于我们使用 text 在图边距中绘制，所以必须将 xpd 设置为 TRUE。可选的 srt 图形参数对 text 是特殊的，它允许我们旋转标签。在这里，已经旋转了 45°。

现在，我们进行图表的最后收尾工作。到目前为止，根据汽车重量既定规模点的尺寸已被忽略。这些信息可以帮助解释关系（尤其是有两个垂直轴之间），至少有助于提供关于该信息和其他特征的最少信息，如重叠的网格。

在这样的图上直接叠加网格。

```
R> grid(col="darkgray")
```

可以使用可选参数 nx 和 ny 分别指定沿水平轴和垂直轴的单元格数量；如果没有，R 将在默认的 x 轴和 y 轴刻度线上绘制网格线（我们已经让它在这里执行）。其他需要根据美学改变的地方，使用参数如 col 颜色）和 lty（线型）就可以。

现在试图找出如何通过汽车的权重来对应绘制点的大小。有很多方法可以实现这一点。最后这个例子，我们将手动使用 legend 函数的图例功能，努力生成图形。以下 3 行代码提供最终结果。

```
R> legend(250,30,legend=rep("          ",3),pch=rep(1,3),pt.cex=c(1.5,1,0.5))
R> arrows(265,27,265,29,length=0.05)
R> text(locator(1),labels="Weight",cex=0.8,family="serif")
```

图例放置在用户坐标（250，30）处，且包括默认的 pch 类型 1 的 3 个点——一个大、一个标准和一个小——使用 pt.cex 分别设置为 1.5、1 和 0.5。而不是通过使用 legend 参数为这 3 个点写入文本标签，我们只是将它们分配为由 10 个空格组成的空字符串。这确实拓宽了图例周围的盒子，创造了更大空间，将改为伴随着 3 个点——一个向上的小头箭头和词 weight。通过调用交互式定位器函数放置"weight"文本，为箭头找到合适的用户坐标，以适应人为变宽的图例框，需要一些试验和错误，就像我们在 23.3 节中看到的。

使用R功能生成复杂的地图,这是开始学习如何处理传统语言的图形能力的一个很好的方式。使用重复试验的方法来达到最终结果的情况并不罕见,尽管必须保证代码的稳健性。例如,适度地调整图形设备的大小并且试图再现之前给出的 mtcars 散点图,将可能导致图例中的箭头没有对准。如果想了解更多,R 中图形的权威参考可以说是 Murrell(2011),这是一个很好的文本,其介绍了我们之前讨论的基本原理,并对 R 有一个全面的可视化指导。

## 练习 23.2

对于以下任务,我们将使用 Chu(2001)分析的钻石定价数据,需要使用互联网连接。请阅读之前使用以下操作完成的列中的数据并对列命名:

```
R> dia.url <- "http://www.amstat.org/publications/jse/v9n2/4cdata.txt"
R> diamonds <- read.table(dia.url)
R> names(diamonds) <- c("Carat","Color","Clarity","Cert","Price")
```

a. 打开 6in×6in 的新图形设备。绘图区域的底部、左侧、顶部和右侧的页边距分别初始化为零、四、二和零行。然后,完成以下操作:

i. 画出新加坡钻石价格(SGD$)的并列箱线图,由认证分割。抑制所有轴和周围的框——boxplot 命令要求设置 frame = FALSE 来抑制框(而不是绘图中的 bty ="n")。使用相同的命令提供适当的标题。

ii. 接下来,插入垂直轴。轴应该有从 SGD$ 0 到 SGD$ 18 000 的刻度线,以 SGD$ 2 000 的步长递增。但是,轴应该剪切到绘制区域。轴刻度线应向内指向,长度为一行。轴标签应该只位于离轴线半个线处,并且应该是水平可读的。

iii. 最后,使用 locator 结合 text 添加位于 y 轴顶部的适当标题;注意剪切将需要放宽。使用相同的方法在每个 boxplot 内添加文本,用以表示相应的认证(GIA,HRD 或 IGI)。

生成的图形如下所示:

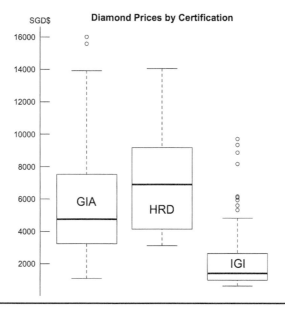

b. 现在，打开一个 8in×7in 的新的图形设备，将图形边距的底部、左侧、顶部和右侧分别设置为两、五、三和五行。还要在每一侧除了底部之外的一行外部边距空间，这应该获得两行外部边距。

i. 在垂直轴上产生钻石价格的散点图，在水平轴上产生克拉重量。使用红、绿和蓝的颜色来区分根据认证的点。在初始图中禁止所有轴、框、标签和标题，但要添加一个 U 形框。

ii. 添加水平轴。使用 axis 将刻度标记在 0.2~1.1，为以步长为 0.1 的均匀间隔的克拉值。对标签使用粗体、斜体、无阴影字体，并将标签调整为距离轴只有半行。然后在现有标记之间添加更小的向外的刻度线。为此，对轴函数进行第二次调用，并将刻度置于从 0.15~1.05 的值的序列，步长为 0.1。将这些辅助刻度标记设置为具有行的 1/4 长度，并抑制轴标签。

iii. 添加垂直轴。在左边，价格应该在 SGD\$ 1000~17000。标签应水平可读，并且具有与水平轴相同的字体样式。在右边，轴刻度应该以美元（USD \$）为单位，价格为 1000~11000 美元，步长为 1000 美元，并且应该标记为这样。为此，使用转换 USD\$=1.37×SGD\$。标签方向和字体应与其他轴相匹配。

iv. 使用克拉重量数据的二次多项式拟合价格线性模型。提供超过观测值范围的克拉值序列的模型的预测；给出 95% 预测间隔的估计。针对预测间隔的拟合值和灰色虚线，使用该信息在散点图上叠加灰色实线。

v. 设置表达式对象来标记美元的近似转换和回归方程。将转换命名为 expr1；USD\$≈1.37×SGD\$。回归方程应该类似于 $Price=\beta_0+\beta_1 Carat+\beta_2 Carat^2$；命名为 expr2。

vi. 使用 mtext 添加适当的主标题和所有三个轴的标题。我们可能需要对每一条线的深度，以及是否写入外边缘或图边距进行一些试验，这取决于个人的间距偏好。最右边的轴标题应该使用 expr1。

vii. 通过尝试找到适当的坐标或使用练习 23.1 中的 interactive.arrow 函数，放置一个箭头指向拟合的多项式回归线，并用 expr2 标记它。

viii. 最后，调用 locator 将图例放置在适当的位置，根据相应的认证来引用点的颜色。

生成的图形如下所示：

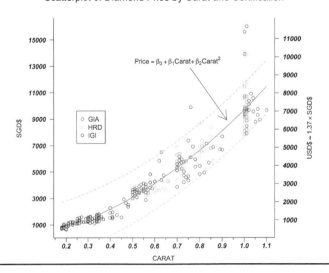

**本章重要代码**

| 函数/操作 | 简要描述 | 首次出现 |
|---|---|---|
| dev.new | 打开新的图形设备 | 23.1.1 节 |
| dev.set | 改变活动设备 | 23.1.2 节 |
| dev.off | 关闭设备 | 23.1.3 节 |
| par | 设置图形参数 | 23.1.4 节 |
| layout | 打开图形设备 | 23.1.14 节 |
| box | 添加框以绘图 | 23.2.1 节 |
| mtext | 在边距中写入文本 | 23.2.2 节 |
| locator | 交互坐标 | 23.3.1 节 |
| axis | 将轴添加到绘图 | 23.4.3 节 |
| expression | 用希腊/数学符号在图中表示 | 23.5.2 节 |
| title | 添加主要/轴标题 | 23.5.2 节 |
| italic | 斜体字 | 23.6.3 节 |
| grid | 添加网格绘图 | 23.6 节 |

24

# 进一步了解图形

我们已经在 7.4 节和第 14 章中学习了 ggplot2 包的基础知识——它提供了替代传统 R 图形的方法。在本章中,我们将学习 ggplot2 包中一些更受欢迎、更实用的功能,以及它的兄弟包 ggvis。ggvis 包为我们提供了基于浏览器的交互式体验。

## 24.1　是使用 ggplot 还是 qplot

到目前为止,在创建相对简单的 ggplot2 图形时,我们使用 qplot 函数来初始化可视化的对象。实际上,更通用的 ggplot 命令是 ggplot2 包的核心函数。这两个初始化函数主要有以下几点不同:

- qplot 是 ggplot 的简化版,如果要快速查看数据或者直接在 R 控制台上操作,通常使用 qplot。
- qplot 与 R 的基础函数 plot 类似——将 $x$ 轴和 $y$ 轴坐标向量赋值给函数,然后告诉它如何执行。相反,ggplot 函数要求数据参数为数据框,且通过添加几何图层来告诉它如何执行。
- 单独调用 qplot 函数就能够绘制出图形。使用 ggplot 函数时,首先需要添加图层。
- 为了体验 ggplot2 图形的全部功能和灵活性,建议使用 ggplot 函数;但是这需要我们提供比 qplot 更明确的指令。

总而言之,我们可以使用 qplot 或者 ggplot 函数来绘制大多数的图形。很多用户依据数据类型(即是数据框还是全局环境中的单个向量)以及是否需要改进可视化效果(例如,出于出版目的)来选择函数,或者依据是否直接在控制台中快速查看数据来选择。

举一个例子说明两者的语法差异,返回本书图 14-5b 中直方图的代码。我们认为,对于特定图形的修改,ggplot 提供了比 qplot 更详细的方法。使用命令 library("ggplot2")来加载 ggplot2 包,并创建以下 3 个对象:

```
R> gg.static <- ggplot(data=mtcars,mapping=aes(x=hp)) +
                    ggtitle("Horsepower") + labs(x="HP")
R> mtcars.mm <- data.frame(mm=c(mean(mtcars$hp),median(mtcars$hp)),
                        stats=factor(c("mean","median")))
R> gg.lines <- geom_vline(mapping=aes(xintercept=mm,linetype=stats),
                    show.legend=TRUE,data=mtcars.mm)
```

　　如果我们希望稍后在此基础上添加其他功能，就保持第一个对象 gg.static 图中的一部分不变。注意，调用 ggplot 函数与 qplot 函数的不同之处在于第一个参数是否为整个数据框，这允许我们对数据框中所有的数据列进行几何计算和添加注释。然后我们添加了 ggtitle 和 labs 函数来设置主标题和水平轴标题。第二个对象 mtcars.mm 将马力的平均值和中位数存储为"虚拟"数据框。第三个对象 gg.lines 将均值和中位数线叠加在直方图上。gg.lines 调用了具有与之前代码相同内容的geom_vline 函数，其只是对形式做了略微的修改以保持 ggplot 的原始用法。

　　执行命令输出 ggplot2 对象之后，才会输出结果（如 7.4 节所述）。下面的代码再现了图 14-5b：

```
R> gg.static + geom_histogram(color="black",fill="white",
                        breaks=seq(0,400,25),closed="right") + gg.lines +
            scale_linetype_manual(values=c(2,3)) + labs(linetype="")
```

　　以创建图 14-5 的方式将这些图层组合在一起：调用 plot 将 geom_histogram 图层添加到 gg.static，并添加 gg.lines，其使用 scale_linetype_manual 改变默认的线条类型以区分出均值和中位数。如果不希望让这些线条出现在直方图中，可以只输出 gg.static 对象和 geom_histogram[1]。

　　随着对 ggplot2 的使用越来越多，会发现对 ggplot 和 qplot 的选择主要取决于如何应用。帮助文件？ggplot 很好地解释了 ggplot 的一般使用方式以及相对于 qplot 的优势。为获得更多有关信息，可以参考 Wickham (2009)的 ggplot2: Elegant Graphics for Data Analysis。本章将继续使用 ggplot来绘制其他图形，并提供一些 ggplot 命令的例子与之前使用的 qplot 进行比较。

## 24.2　平滑和阴影

　　若希望以一个或多个分类变量区分图形的特征，使用 ggplot2 包来实现数据可视化是非常有效的。特别是在使用基础 R 命令难以突出图形特征时，这一点尤其明显。

### 24.2.1　添加 LOESS 趋势

　　查看原始数据时，没有拟合的参数模型（例如线性回归）会难以获得数据的整体趋势，也就是需要对数据的趋势做出假设。这时即可应用非参数平滑——可以在没有拟合特定模型的情况下运用一些方法来确定数据的趋势。无论趋势是何种形式，这些方法是对整体趋势解释的补充。但我们用这些方法的前提是没有提供任何关于解释变量和被解释变量之间关系的数值信息（因为我们没有估计任何参数，比如斜率或者截距），并且无法做出可靠的推断。

　　局部加权回归散点平滑法（LOESS 或者 LOWESS）是一种非参数平滑方法，通过对局部数

---

[1] 代码为 gg.static+geom_histogram(color="black",fill="white",breaks=seq(0,400,25),closed="right")。——译者注

据子集使用回归方法,逐步对整个范围内的解释变量生成平滑趋势。

**注意** 更详细的理论知识可参见《应用非参数回归》(Applied Nonparametric Regression, Härdle,1990) 的第六章,以及《非参数回归简介》(Introduction to Nonparametric Regression, Takezawa, 2006) 的第二章和第三章。

为了详细说明 LOESS 方法,加载 MASS 包的 survey 数据集。首先,创建一个新的数据框对象,删除所有缺失值以防止发出警告信息:

```
R> surv <- na.omit(survey[,c("Sex","Wr.Hnd","Height")])
```

在加载 ggplot2 包之后,执行下面代码来生成图 24-1a:

```
R> ggplot(surv,aes(x=Wr.Hnd,y=Height)) +
    geom_point(aes(col=Sex,shape=Sex))+ geom_smooth(method="loess")
```

调用 ggplot 函数来初始化对象,并且以手跨度为 x 轴、身高为 y 轴建立默认的映射。geom_point 语句在图形中添加点,以点的颜色和形状区分男性和女性。另外,geom_smooth 语句叠加了 LOESS 的平滑。在默认情况下,估计趋势的 95%置信区间在图中以透明灰色区域标记出。

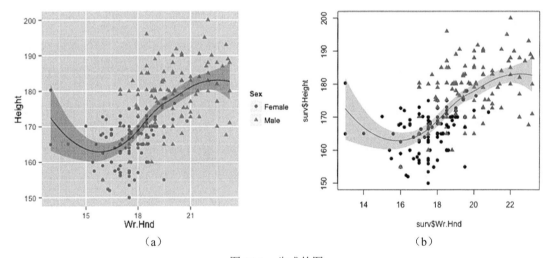

图 24-1 生成的图
(a) 使用 LOESS 方法估计非参数趋势的 ggplot2 (b) 基础 R 图形

现在我们来演示如何用 R 基础图形产生相同的结果。虽然有许多基本的 R 函数可以使用,比如 scatter.smooth,但是要快速生成具有平滑趋势和灰色置信区间区域的散点图,需要一层一层来创建图形。下面的代码是用基础 R 图形来创建图 24-1b,与 ggplot2 的代码进行比较:

```
R>plot(surv$Wr.Hnd,surv$Height,col=surv$Sex,pch=c(16,17)[surv$Sex])
R> smoother <- loess(Height~Wr.Hnd,data=surv)
R>handseq<-seq(min(surv$Wr.Hnd),max(surv$Wr.Hnd),length=100)
R>sm<-predict(smoother,newdata=data.frame(Wr.Hnd=handseq),se=TRUE)
R> lines(handseq,sm$fit)
R> polygon(x=c(handseq,rev(handseq)),
        y=c(sm$fit+2*sm$se,rev(sm$fit-2*sm$se)),
```

```
col=adjustcolor("gray",alpha.f=0.5),border=NA)
```

　　第一行代码画出了原始数据，第二行代码使用内置函数 loess 来做平滑趋势——语法与 lm 函数的语法相同。与 lm 拟合线性模型一样，在开始绘图时，我们需要设置 x 轴变量的取值以获得点估计及其标准误差，这可以通过第三行代码的 seq 函数来实现。在接下来第四行的 predict 函数中，要设置 se 参数值为 TRUE。这些结果存储在包括$fit 和$se 组组件的 sm 列表对象中。

　　然后，调用 lines 函数并使用$sm 就绘制出了平滑趋势。最后，由 sm$fit 加减对应的 2 倍标准差（2*sm$se）就可计算出每个被解释变量的 95%置信区间。这是通过 polygon 函数实现的，在置信区间的顶点处画出灰色带（其中，rev 命令是用来颠倒 handseq 向量的顺序）。我们用现成的 adjustcolor 命令来指定灰色区域透明度（参数 alpha.f 的取值为 0~1，其中 0 代表完全透明、1 代表完全不透明）；alpha.f=0.5 意味着填充的灰色是 50%透明度。

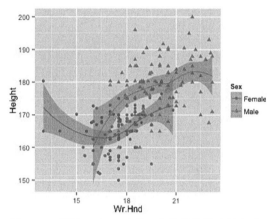

　　目前还没体现出 ggplot 的强大之处。这个例子说明用 R 基础绘图工具创建图形需要很多精力，不仅体现在代码的长度上，而且需要记录下创建图形的整个思考过程（例如，将多边形的顶点组合起来构成置信区间，并调整填充色带的透明度以防止之前绘制的内容被覆盖）。在进一步使用基础绘图时，这些弊端将逐渐出现。假设我们希望为每个性别添加平滑趋势，就需要使用 LOESS 函数来估计并且再一次思考绘图过程。当然，这些附加操作在 ggplot2 中很简单，改变相关几何的美学映射即可。下面是绘制图 24-2 的代码：

图 24-2　使用 ggplot2 功能，在修改美学映射之后，对数据的分类子集分别进行 LOESS 平滑的结果

```
R> ggplot(surv,aes(x=Wr.Hnd,y=Height,col=Sex,shape=Sex)) +
       geom_point() + geom_smooth(method="loess")
```

　　以上只是修改了点的颜色和类型的美学映射（分别设置 col=Sex，shape=Sex），所以不是仅限于对图形中点的更改，而是对调用 ggplot 时的默认映射的部分修改。之后添加的所有图层（不需要重新绘图）也将默认遵守这些设置，geom_point 和 geom_smooth 也是。

**注意**　　LOESS 和其他平滑方法的实现取决于我们想要平滑的点的数量，这是由估计过程的每一步中作为局部加权子集的数据的比例控制的。较大的比例会比较小的比例拟合出更平滑、包含更少变量的趋势估计。这个数值称为跨度，可以通过 loess 或者 geom_smooth 里的可选参数 span 来设置。当然，为了快速查看数据，设为 0.75 的默认值就足够了。我们可以尝试对本节中例子里的数据进行实验，来观察不同跨度对拟合趋势的影响。

## 24.2.2　构建平滑密度估计

　　平滑的应用并不局限于对散点图趋势的估计。核密度估计（KDE）是基于观测数据对概率密度函数进行平滑估计的一种方法。简而言之，KDE 是给数据集中的每个观测值分配一个合适的概

率函数（即内核），并对它们求和以得出整个数据集的分布。其基本上是一个直方图的复杂版本。更详细的理论知识可以参考 Wand and Jones (1995)的文章。

为了说明这种方法，可以使用内置数据框 airquality。在提示符后面输入? airquality，打开的文档告诉我们这个数据集包括了几个月中纽约空气的一些测度值。下面的代码绘制了温度测量值的核密度估计的图形，结果为图 24-3a。

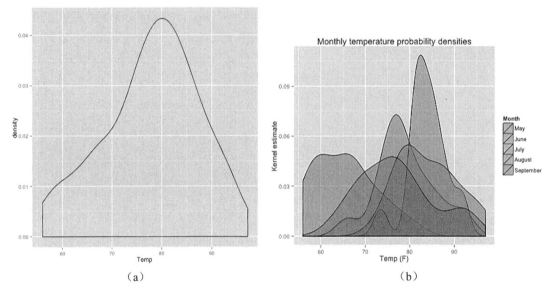

|         | (a)         |          | (b)         |
|---------|-------------|----------|-------------|

图 24-3　使用 ggplot2 功能来可视化 airquality 数据框中温度分布的核密度估计

```
R> ggplot(data=airquality,aes(x=Temp)) + geom_density()
```

使用 R 的基本绘图工具也可以相对轻松地绘制出此图。使用内置的 density 命令对给定的数值向量应用 KDE。当然，ggplot2 包可以利用美学映射轻松地美化图形——这为 ggplot2 吸引了不少粉丝。例如，假设我们希望可视化每个观察月的温度的密度估计。首先，执行下列代码：

```
R> air <- airquality
R> air$Month <- factor(air$Month,
                     labels=c("May","June","July","August","September"))
```

这在工作区中建立了 airquality 数据框的副本，将数值型月份向量（Month）重新编码为因子向量（ggplot2 绘图所需），并对应地标记条目。然后对对象 air 执行下列代码就生成了图 24-3b。

```
R> ggplot(data=air,aes(x=Temp,fill=Month)) + geom_density(alpha=0.4) +
       ggtitle("Monthly temperature probability densities") +
       labs(x="Temp (F)",y="Kernel estimate")
```

不同的密度函数通过填充不同的颜色来区分清楚，这可以通过在 ggplot 绘制初始图形的代码中设置 aes 函数的参数 fill=Month 来实现。另外，在 geom_density 函数中设置 alpha=0.4 即 40%透明度，这样我们就可以清楚地看到 5 条曲线。剩余的 ggtile 和 labs 命令是为了设置主标题和坐标轴标题。这些测度值的分布特征正如我们所期望的那样——最炎热的月份，即 7 月的温度普遍比 5 月高。

**注意**  与 LOESS 方法一样，核估计概率密度函数的形状取决于用于平滑的数据的数量。KDE 中的兴趣量称为带宽或平滑参数，类似于直方图中的组距，参数越大，意味着用于平滑的数据越多。在默认情况下，数据驱动技术自动为这些例子选择带宽。对于简单的数据探索，默认的平滑参数值是可行的。

# 24.3  多个图形和变量的分面

在 23.1.4 节，我们学习了用传统 R 绘图工具绘制单个图形装置的几种不同方法。而相同的方法，例如在调用 par 函数时设置 mfrow 参数或者用 layout 区分图形装置，却不能在 ggplot2 图形中使用。不过独立的 ggplot2 可以使用其他函数生成单个图形。同时，ggplot2 为在平面上一次性绘制出多个图形提供了方便。

## 24.3.1  独立图形

首先假设有几个独立创建的 ggplot2 图形，且要将它们组合成一个图形。一个快速的方法就是使用 gridExtra 包里提供的 grid.arrange 函数（Auguie, 2012）。在提示符下运行 install.packages("gridExtra")命令可以安装包（需要互联网连接）。

为了说明 grid.arrange 的用法，我们继续使用 air 对象——在 24.2 节用因子 Month 列建立的 airquality 副本。现在，思考以下 3 个 ggplot2 对象，随后会有进一步的解释：

```
R> gg1 <- ggplot(air,aes(x=1:nrow(air),y=Temp)) +
            geom_line(aes(col=Month)) +
            geom_point(aes(col=Month,size=Wind)) +
            geom_smooth(method="loess",col="black") +
            labs(x="Time (days)",y="Temperature (F)")
R> gg2 <- ggplot(air,aes(x=Solar.R,fill=Month)) +
            geom_density(alpha=0.4) +
            labs(x=expression(paste("Solar radiation (",ring(A),")")),
                 y="Kernel estimate")
R> gg3 <- ggplot(air,aes(x=Wind,y=Temp,color=Month)) +
            geom_point(aes(size=Ozone)) +
            geom_smooth(method="lm",level=0.9,fullrange=FALSE,alpha=0.2) +
            labs(x="Wind speed (MPH)",y="Temperature (F)")
```

执行 library("gridExtra")加载需要的包。调用下面的代码可以在一个窗口中同时显现 gg1、gg2 和 gg3，结果如图 24-4 所示。

```
R> grid.arrange(gg1,gg2,gg3)
```

注意，输出的一些警告信息告诉我们，air 数据中有缺失值，并且建议我们调整显示图形的窗口大小。

正如我们所看到的，grid.arrange 使用起来非常容易——首先创建 ggplot2 图形并保存在对象中，然后将它们直接放入整理函数中。grid.arrange 函数决定了如何根据提供对象的数量进行布局（在本例中，3 幅图组成一列）。我们可以通过改变提供对象的顺序来改变最后图形排列的顺序。更多可选参数，可以阅读文件? grid.arrange 来进一步了解。

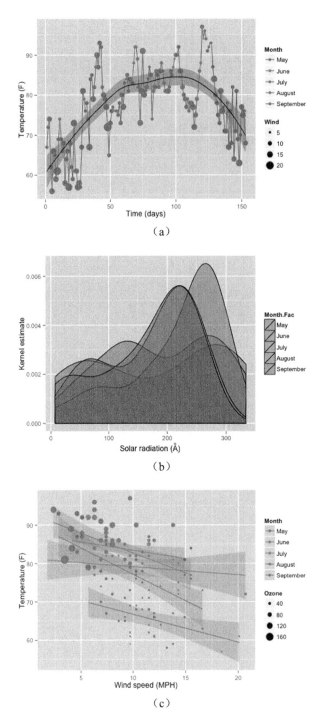

（a）

（b）

（c）

图 24-4 数据 airquality 的 3 个 ggplot2 图通过 gridExtra 包的 grid.arrange 函数显示在一个窗口中
（a）标记有 LOESS 趋势和 95% 置信区间的一天中温度的时间序列，同时区分出月份和风速
（b）每月太阳辐射分布的核密度估计 （c）温度—风速散点图，使用不同的颜色区分月份，
点的大小表示臭氧含量。拟合温度对风速的简单线性模型，同时以月份进行分组，
且 90% 置信区间的图形叠加在一起（参见彩插）

图形 gg1、gg2、gg3 也提供了讨论 ggplot2 更多功能的机会。因为这里有许多代码内容需要介绍，特别是关于 gg1 和 gg2，所以下面分别进行讨论。

图 24-4a 是每天的温度。在 ggplot 的默认美学映射下，我们创建了与 air 的行数相匹配的整数序列，以便与相关的 Temp 元素配对。然后 geom_line 和 geom_point 分别在图中添加了互相连接的线段和原始数据点。线段和原始数据根据 Month（月份）改变颜色，同时点的大小与风速成比例。图中包含了整体数据的 LOESS 平滑并且将默认颜色更改为黑色（"black"）。在这里，我们保留了默认映射——因为不是对每个月份分别进行平滑。最后的 labs 只是用来明确坐标轴名称。

图 24-4b 是图 24-3b 的变体。图中显示了太阳辐射数据的估计密度（单位为埃）。正如我们之前看到的，使用 geom_density 中的 alpha 可以设置透明度。值得注意的是，我们在 labs 中用 ring(A) 来近似表示埃单位符号 Å。

图 24-4c 是温度—风速散点图，两者呈负相关关系。每个月的颜色不同，并且由 ggplot 自动设定。调用 geom_point 时，aes 函数根据臭氧数据来调整点的大小（鉴于下一步，这一步是为了确保相应图例的正确格式化）。在这里，我们看到了 geom_smooth 的另一种用法。设置 method="lm" 是为了分别添加以 $x$ 轴为解释变量、以 $y$ 轴为被解释变量拟合的简单线性模型的直线。另外，包括因子 Month 的默认映射确保了每个简单线性模型拟合的是每个月的温度—风速，并且正确填充了颜色（注意，图中的直线并不反映包括图中所有变量在内的多元回归模型）。每个回归的透明的 90%置信区间（level=0.9，alpha=0.2）也包括在图中，并且设置 fullrange=FALSE 使得每个回归直线的宽度与相应月份观测数据的宽度相同。

## 24.3.2　一个分类变量的分面绘图

如果希望单独创建 ggplot2 图形并且显示在一个窗口中，使用 grid.arrange 函数可能是最好的方法。当然，ggplot2 包也提供了另一种灵活的方法来显示多个图形。通常，在查看数据集时，我们需要基于一个或多个重要分类变量创建相同变量的几个图形。这个过程称为分面，是 ggplot2 的常用功能，通过 facet_wrap 和 facet_gtid 命令实现。

我们来看只有一个分类变量的简单例子。使用 air 数据框，下面的代码创建了纽约温度密度函数的 ggplot2 图形，结果如图 24-3c 所示。

```
R> ggp <- ggplot(data=air,aes(x=Temp,fill=Month)) + geom_density(alpha=0.4) +
           ggtitle("Monthly temperature probability densities") +
           labs(x="Temp (F)",y="Kernel estimate")
```

我们用下面 3 种 facet_wrap 的使用方法分别来绘制密度估计的图形，并展示在同一个窗口中，避免在一张图中同时查看所有估计密度。以下代码的结果分别是图 24-5a、图 24-5b 和图 24-5c。

```
R> ggp + facet_wrap(~Month)
R> ggp + facet_wrap(~Month,scales="free")
R> ggp + facet_wrap(~Month,nrow=1)
```

facet_wrap 函数自动完成了多个图形的布局，并且制定了分面变量。在这之前，所有的图形都是通过设置~Month 实现的，读作"by Month"。图 24-5a 的代码没有提供额外的参数，且没

有给每个面设定 $x$ 轴和 $y$ 轴的参数，所以我们可以在同等规模上比较图形。如果不希望这样做，可以指定坐标轴为"自由的"，即每张图依据数据规模调整大小。图 24-5b 中，代码设定 scales="free"。也可以用 scales="free_x"或 scales="free_y"来设置仅横轴或纵轴为"自由的"。最后，使用 nrow 和 ncol 参数来调整面的位置。在图 24-5c 中，设置 nrow=1，将图形放在一行，如图 24-5c 所示。关于图形位置的更多详细信息，可见帮助文件？facet_wrap。

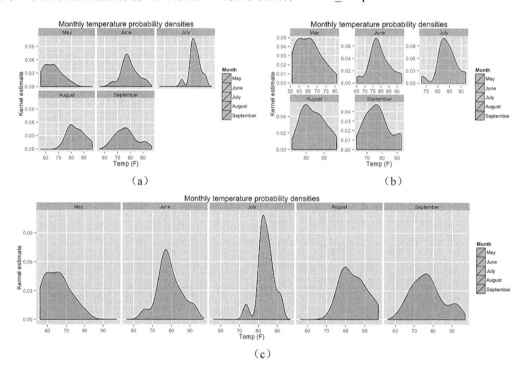

图 24-5　使用 facet_wrap 展示温度数据的核密度估计图的 3 个例子，其中月份为分类变量

gacet_wrap 的替代方法 facet_grid 有许多相同的功能，但是如果希望以一个分类变量分面，则无法包装图形。公式 var1 ~ var2 解释为"以 var1 为行，以 var2 为列分面"。如果希望以列或行中的一个分类变量分面，只需要将 var1 或 var2 替换为点（.）。例如，图 24-5 的第三张图可以通过下面的代码来实现。

```
R> ggp + facet_grid(.~Month)
```

下一个例子会说明 facet_grid 对两个分类变量也起作用。再次回到 faraway 包的数据框 diabetes。加载包之后，下面的代码创建了对象 diab 并保留了我们感兴趣的变量，删除有缺失值的行。结果显示在图 24-6 中。

```
R> diab <- na.omit(diabetes[,c("chol","weight","gender","frame","age",
                               "height","location")])
R> ggplot(diab,aes(x=age,y=chol)) +
      geom_point(aes(shape=location,size=weight,col=height)) +
      facet_grid(gender~frame) + geom_smooth(method="lm") +
      labs(y="cholesterol")
```

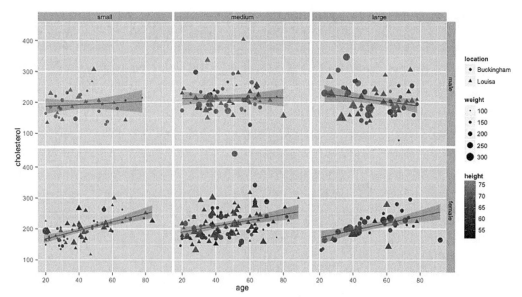

图 24-6　使用 faraway 包中的 diabetes 数据框来说明 ggplot2 的双因素分面。其包含简单线性
回归模型的胆固醇—年龄关系图，根据性别（行）和体形（列）分面。点的颜色和大小分别
根据体重和身高确定，来自弗吉尼亚州不同县的研究参与者用不同形状的点以示区分

　　在初始调用 ggplot 时告诉 R 应用 diab 对象并画出胆固醇和年龄的总体关系图，然后分别根据县的地理位置、样本的体重和身高来设置每个点的形状、大小和颜色，添加 geom_point 函数。（如图所示，如果对应的美学映射变量不是因子，则点的大小和颜色是在连续型变量的基础上连续变化的）。

　　到目前为止，这些命令仍只定义了一个散点图。通过添加对 facet_grid 和公式 gender~frame 的调用将图形以男性/女性（作为行）、体形：小/中/大（作为列）分成不同的散点图。通过调用 geom_smooth，在默认的美学映射的基础上（胆固醇—年龄）对每个图拟合简单线性模型，最后调用 labs 函数设置纵轴标题。

　　这些图形普遍反映了我们之前对数据分析获得的趋势（见 21.5.2 节）。至少从图上可以看出，胆固醇含量均值的增加与年龄的增长有关，不过这种关系在男性中并不明显。在女性中，左侧小体形这一列里的点总体较小是合理的——体形较小的女性一般比体形较大的女性轻。图形中还反映了一种趋势，即下面一行（女性）图形比上面一行图形颜色更深——说明女性平均身高比男性低。不过，很难识别出来自两个县的参与者的区别——白金汉符号（●）和路易莎符号（▲）的图案看起来并没有显示出系统偏差。（但是请记住，如果希望了解多变量数据中复杂、潜在的相互关系，最好拟合出合适的统计模型而不仅仅是画出图形。）

　　这些图形是为了进一步突出 ggplot2 包绘制复杂图形的相对简单性——通常涉及依据一个或多个因子分割观测值——无论是在单个图形中还是在组合图形中。尽管类似的图形也可以用基础 R 绘图工具绘出，但是需要对数据子集以及一些审美特征稍微进行一些更高级或更低级的处理。这并不意味着 R 基础图形是多余的（我们将在第 25 章使用基础命令创建新图形）——只是要通过使用 Wickham[2]的非常实用的图形语法，可以用更少的代码创建出一些图形（通常图形更漂亮）。

---

[2] ggplot2 包的创建者。——译者注

---

### 练习 24.1

加载 MASS 包并查看数据 UScereal 的帮助文件。这个数据框提供了 20 世纪 90 年代早期美国出售的早餐谷物食品的营养和其他信息。

a. 创建数据框的副本，名称定义为 cereal。为了便于绘图，将 cereal 的 mfr 列（制造商）分成有 3 个水平的因子，分别标注为 "General Mills" "Kelloggs" 和 "Other"。同时将 shelf 变量（从底层开始编号的货架编号）转化为因子。

b. 使用 cereal 创建并保存两个 ggplot 对象。

   i. 卡路里对蛋白质的散点图。点应根据货架位置着色，形状依据制造商确定。图中还要包括卡路里对蛋白质的简单线性回归直线，并且以货架位置为分组。记得标明坐标和图例标题。

   ii. 卡路里的核密度估计，并且依据货架位置填充不同的颜色，透明度为 50%，同样标明坐标轴和图例标题。

c. 将 b 题中的两个图形显示在一个装置中。

d. 以制造商为分类变量，创建卡路里对蛋白质的分面图形。在每个散点图上叠加 90% 跨度的 LOESS 平滑。另外，点的颜色、大小、形状分别根据含糖量、含钠量、货架位置确定。加载 car 包（如果没有下载安装，请先下载并安装）并且使用数据框 Salaries——其列举了 2008—2009 学年美国 397 名学者的薪水（单位为美元）（Fox and Weisberg,2011）。帮助文件?Salaries 提供给我们薪水、每个学者的等级、性别、研究领域（都是因子型）和服务年数等变量信息。

e. 创建一个名为 gg1 的 ggplot 对象，以薪水为纵轴、服务年数为横轴的散点图。依据点的颜色区分男性和女性，同时分性别做出 LOESS 平滑趋势，并标出简明易懂的坐标和图例标题。最后查看图形。

f. 创建另外 3 个图形，并标出坐标和图例标题。3 个图形分别以 gg2、gg3 和 gg4 命名。

   i. 以等级分组，做出薪水的箱线图。每个箱线图进一步根据性别分组（这可以在默认美学映射中轻松完成，试着在 col 或者 fill 中放入性别变量）。

   ii. 以研究领域分组，做出薪水的箱线图。使用 col 或者 fill 对每个研究领域进一步以性别进行分组。

   iii. 薪水的核密度估计图，并且以 30% 透明度填充以能够分辨出等级。

g. 将 e 题和 f 题中的 4 个图形（gg1,gg2,gg3,gg4）显示在一个装置中。

h. 最后，绘制以下内容：

   i. 薪水的核密度估计，并以 70% 透明度填充以区分出男性和女性，以学术等级对图形分面。

   ii. 薪水对服务年数的散点图，用点的颜色区分出男性和女性，以研究领域为行、以学术等级为列对图形分面。每个散点图都有分性别的简单线性回归直线，并伴有置信带，直线的水平规模是"自由的"。

## 24.4 ggvis 包里的交互式工具

作为本章的最后一节，我们介绍 Chang 和 Wickham (2015)在 "gg" 家族中添加的新应用 ggvis。这个包能够绘制出最终用户可以与之交互的灵活的统计图，结果以网页图片形式呈现。图形将作为默认浏览器的新选项卡弹出（如果使用 RStudio IDE——参见附录 B——ggvis 图形会嵌入在 Viewer 窗格中）。

需要说明的是，在撰写本文时，ggvis 仍处于开发阶段，会有新的功能添加进去，并且漏洞也会不断地被修补。如果对 ggvis 的功能感兴趣，可以访问 ggvis 的网页 http://ggvis.rstudio.com/。该网站提供了适用于初学者的关于可实现功能的教程和教科书。本节将大致介绍 ggvis。

安装 ggvis 包及其依赖项，并调用 library("ggvis")命令加载出包。然后加载 MASS 包读取学生调查数据 survey。创建要在后续例子中使用的对象：

```
R>surv<-na.omit(survey[,c("Sex","Wr.Hnd","Height","Smoke","Exer")])
```

创建 ggvis 图形的常见方法是先确定数据框，然后调用 ggvis 来定义要使用的变量并加在图层上。在使用数据框中的变量时，要以"～"开头，明确告诉 R 我们要用的是数据框中的一列而不是其他同名的对象。与在 ggplot2 中不同的是，我们使用"%>%"（称作 pipe）添加函数，而不是使用"+"。在 ggvis 中，以 layer_ 开头的方程等价于 ggplot2 中的 geom_方程。

我们从一个简单的静态图开始。执行下列代码可以获得图 24-7a 的图形，即身高测量值的直方图。

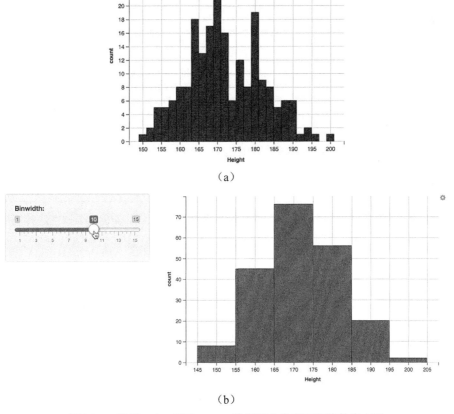

（a）

（b）

图 24-7　使用 ggivs 创建 survey 数据框中身高观测值的直方图

（a）默认静态图　（b）使用组距滑块按钮生成的结果——用户可以与之交互，并且立即看到改变组距产生的效果

```
R> surv %>% ggvis(x=~Height) %>% layer_histograms()
Guessing width = 2 # range / 25
```

代码首先声明了 surv 数据框，然后添加了 ggvis，并指明将~Height 变量映射到 $x$ 轴。最后添加 layer_histograms 来生成图形，在 $x$ 轴数据范围的基础上设置了默认组距。

现在，我们已经创建了许多直方图。但是，如果可以随时改变组距的值而不是一个个地创建静态图，那岂不是更好吗？ggvis 中的 input_命令集合允许我们通过交互式输入来指定图形。尝试下列代码，结果如图 24-7。

```
R> surv %>% ggvis(x=~Height) %>%
    layer_histograms(width=input_slider(1,15,label="Binwidth:"),fill:="gray")
Showing dynamic visualisation. Press Escape/Ctrl + C to stop.
```

这里，参数 width 表示我们感兴趣的变量，且是 input_slider 的输出结果，input_slider 建立了交互式滑动按钮。width 滑动的范围设置为 1～15（包括 1 和 15），可选参数 label 为按钮设置了标题。最后，在 layer_histogram 中使用 fill 设置长条的颜色。注意语句 fill:="gray"使用的是 ":="，而不仅仅是 "="。在 ggvis 中，"="用于映射变量，也就是说，当图形属性通过变量改变时，本质上就像 ggplot2 的美学映射。":="可以理解为是一个设置的常数，在我们希望全局固定某个特征时可以使用。

在代码执行成功后，可以拖动滑动按钮来得到更小或更大的组距。随着组距的变化，衡量对分布的变化程度是很有趣的。控制台中代码下面输出的文本提示我们，需要退出交互式图形才可以再次使用 R，按 Esc 键即可。

其他类型的交互式功能包括 input_select（用于下拉菜单）、input_radiobuttons（用于单选按钮选项）以及 input_checkbox（用于复选框）。甚至，我们可以用 input_numeric 创建交互式文本或数字输入框。更多详细信息，可参阅相关帮助文件或者 ggvis 网站。

另一个例子是基于数据框 surv 创建散点图。运行下面代码创建一个简单静态图：

```
R> surv %>% ggvis(x=~Wr.Hnd,y=~Height,size:=200,opacity:=0.3) %>%
    layer_points()
```

这里不展示输出结果，但是我们可以从 ggvis 的代码中看出，要绘制的是身高对手跨度的散点图，并且点变大，透明度是 30%。最后添加 layer_points 生成图形。与静态直方图一样，因为这里不涉及交互作用，所以不需要"退出"图形——可以立即返回并控制 R。

尝试下面的代码可以得到更有趣的图形：

```
R> filler <- input_radiobuttons(c("Sex"="Sex","Smoking status"="Smoke",
                            "Exercise frequency"="Exer"),map=as.name,
                        label="Color points by...")
R> sizer <- input_slider(10,300,label="Point size:")
R> opacityer <- input_slider(0.1,1,label="Opacity:")
R> surv %>% ggvis(x=~Wr.Hnd,y=~Height,fill=filler,
                size:=sizer,opacity:=opacityer) %>%
    layer_points() %>% add_axis("x",title="Handspan") %>%
    add_legend("fill",title="")
```

Showing dynamic visualisation. Press Escape/Ctrl + C to stop.

创建的 3 个对象是交互元素。一组单选按钮依据 3 个可能的分类变量（Sex、Smoke 或者 Exter）指定点的颜色，两个滑动按钮控制点的大小和透明度。注意，在把数据框中的变量作为交互的要素时，我们需要提供确切的名字作为字符串向量并且设置可选参数 map=as.name；这些要在定义 filler 对象时完成。在随后调用 ggvis 时，我们用 "=" 将 filler 赋值给 fill。用 ":=" 把 sizer 和 opacityer 对象中的两个滑动按钮赋值给了相关参数，因为它们不依赖于数据框中的任何变量。调用 layer_points 就生成了图形，添加 layer_points 和 add_legend 是为了标明 *x* 轴和图例标题。

图 24-8a 是结果的屏幕截图，在其中我们选择运动频率变量改变点的颜色、缩小点的大小，并且选择中等偏高水平的透明度。

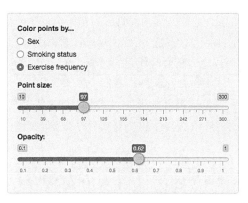
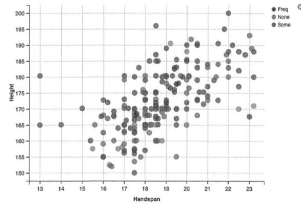

（a）

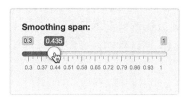
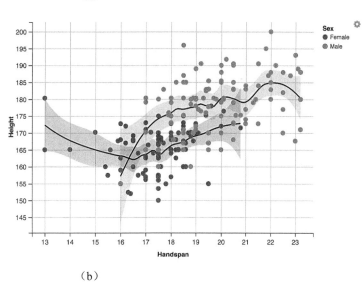

（b）

图 24-8　利用学生调查数据，使用 ggvis 绘制身高对手跨度散点图的两个例子
（a）使用单选按钮依据性别、吸烟状况或者运动频率改变点的颜色（fill），滑动按钮改变点的大小和透明度　（b）利用点的颜色区分性别，并添加分性别的 LOESS 平滑和对应的置信区间，用滑动按钮调整平滑带的透明度

最后，我们生成相同的散点图，但是依据性别对点进行着色。可以对男性和女性分别添加 LOESS 平滑，并且用滑动按钮不断改变平滑的程度。下面的代码是最后一个例子的代码，也就是图 24-8b 的屏幕截图：

```
R> surv %>% ggvis(x=~Wr.Hnd,y=~Height,fill=~Sex) %>% group_by(Sex) %>%
    layer_smooths(span=input_slider(0.3,1,value=0.75,
                                    label="Smoothing span:"),
                  se=TRUE) %>% layer_points() %>%
    add_axis("x",title="Handspan")
Showing dynamic visualisation. Press Escape/Ctrl + C to stop.
```

在 layer_smooths 命令中添加了 LOESS 平滑。其中，目标参数 span 被赋值为 input_slider，取值范围设置为常规范围，可选参数 value（也适用于其他 input_ 函数）设置了图形的初始值。另外，参数 se=TRUE 确保了平滑趋势的 95% 置信区间。注意，先添加 group_by(Sex) 然后添加 layer_smooths，否则平滑将作用于整个 *x* 轴和 *y* 轴的数据（注意，在编写代码的时候，在 group_by 中，不能在变量名前用"～"）。

所以，在为用户提供可视化数据探索的动态体验方面，ggvis 表现出了巨大的潜力。这些工具在演示文稿或网页设计等活动中特别有用，我们可以通过图形语法与读者交互式分享数据。若对这些工具感兴趣，可以随时了解 ggvis 网站的发展动态。

## 练习 24.2

确保加载了 car 和 ggvis 包。重访我们在练习 24.1 使用过的 Salaries 数据框。查看帮助文件？Salaries 以了解其中的变量。

a. 以薪水为纵轴，服务年数为横轴，创建交互式散点图。用单选按钮依据学术等级、研究领域或性别填充点的颜色。使用%>%添加 add_legend 和 add_axis 可以省略或设置图例和坐标名称。

b. layer_densities（之前未使用过）可用来生成核密度估计，结果与图 24-5 相同。

  i. 用 ggvis 创建薪水分布的核密度估计的静态图，以学术等级为分类变量。将薪水变量赋值给 x，将等级变量赋值给 fill，添加 group_by 指示数据依据等级进行分组。最后，添加 layer_densities（在本例中使用默认参数即可）生成图形。结果与练习 24.1 的 gg4 对象类似。

  ii. 与 layer_histograms 的 width 参数用于控制直方图的外观一样，layer_densities 的 adjust 参数用来控制核密度估计的平滑程度。在之前的图形中重现以等级划分的核密度估计，但是这次的图形是交互式的——用取值范围为 0.2～2、名为"Smoothness"的滑动按钮来调节平滑程度。是否输出坐标和图例名称由自己决定。

确保加载了 MASS 包，并获取数据框 UScereal。若还没有，就查看帮助文件？UScereal 并再次创建练习 24.1 的 a 题中的 cereal 对象。然后完成以下内容：

c. 建立选择生产商、货架和维生素变量的单选按钮对象。确保单选按钮的标签都已清除，并且设置合适的标签以说明填充点的颜色。用 filler 为对象命名。

d. 借用 24.2 节创建的 sizer 和 opacityer 对象以及在 c 题中创建的对象来控制 fill，生成卡路里对蛋白质的交互式散点图。设置坐标名称，取消颜色填充的图例名称。在功能上，结果应该与图 24-8a 相同。

e. 创建与 c 题中相同的单选按钮来控制点的形状（也就是点的特征），并相应设定名称为 shaper。

f. 最后，重新创建 d 题中卡路里对蛋白质的交互式散点图，但是这次将 e 题中的 shaper 赋值给 ggvis 的 shape 调节器。为防止两组单选按钮的图例相互重叠，需要在代码中添加以下内容：

```
add_legend("shape",title="",
           properties=legend_props(legend=list(y=100)))
```

以及

```
set_options(duration=0)
```

第一个代码将 shape 调节器的图例垂直向下移动，第二个代码消除了交互式图形切换选项时产生的"动画延迟"。最后，再次调用 add_axis 和 add_legend 来设置或消除坐标和图例标题。

## 本章重要代码

| 函数/操作 | 简要描述 | 首次出现 |
|---|---|---|
| ggplot | 初始化 ggplot2 图形 | 24.1 节 |
| geom_smooth | 几何学趋势线 | 24.2.1 节 |
| loess | 计算 LOESS（基础 R） | 24.2.1 节 |
| rev | 逆矩阵元素 | 24.2.1 节 |
| adjustcolor | 改变颜色透明度（基础 R） | 24.2.1 节 |
| geom_density | 几何核密度 | 24.2.2 节 |
| ggtitle | 添加 ggplot2 标题 | 24.2.2 节 |
| grid.arrange | 多个 ggplot2 图形 | 24.3.1 节 |
| facet_wrap | 单因素分面 | 24.3.2 节 |
| facet_grid | 双因素分面 | 24.3.2 节 |
| ggvis | 初始化 ggvis 图形 | 24.4 节 |
| %>% | 添加 ggvis 图层 | 24.4 节 |
| layer_histograms | ggvis 直方图图层 | 24.4 节 |
| input_slider | 交互式滑块 | 24.4 节 |
| := | ggvis 常量分配 | 24.4 节 |
| layer_points | ggvis 点图层 | 24.4 节 |
| input_radiobuttons | 交互式按钮 | 24.4 节 |
| add_legend | 添加/修改 ggvis 图例 | 24.4 节 |
| layer_smooths | ggvis 趋势线图层 | 24.4 节 |
| add_axis | 添加/修改 ggvis 坐标 | 24.4 节 |

# 25

# 在更高维上定义颜色和图形

 现在我们已经掌握了一些基本的可视化技能，不再局限于标准的 $x$ 轴和 $y$ 轴，例如，可以根据一些附加值、变量的着色点或添加一个 $z$ 轴来构建三维图形。通过这样的高维图，我们可以使用更多的变量来可视地浏览数据或模型。

在本章，我们首先介绍处理 R 中的颜色和调色板时需要注意的细节，然后介绍 3D 散点图、轮廓图、像素图和透视图 4 种新图。

## 25.1 颜色的表示和使用

颜色在很多图形中起着关键作用。正如我们已经看到的，颜色可以纯粹用于增强美学效果，也可以通过区分值和变量来辅助解释数据/模型。在学习更复杂的数据和模型的可视化工具之前，了解 R 如何表示和处理颜色是很重要的。在本节中，我们将介绍创建和表示特定颜色的常用方法，以及如何定义和使用一组内置的颜色；后者被称为调色板。

### 25.1.1 红—绿—蓝十六进制颜色代码

在绘图中指定颜色时，之前 R 指令都以 1～8 的整数值或字符串的形式给出（参见 7.2.3 节中的相关注释）。出于编程目的，我们需要更客观地表示这些颜色。

指定颜色最常见的方法之一是指定 3 个基色——红色、绿色和蓝色（RGB）的不同饱和度或强度，然后将它们混合以形成目标颜色。标准 RGB 系统的每个主要分量被分配给从 0～255（包括）的整数。因此，这样的混合物总共形成 $256^3 = 16777216$ 种可能的颜色。

我们总是以（R，G，B）顺序表示这些值，其结果通常被称为三元组。例如，（0，0，0）表示纯黑色，（255，255，255）表示纯白色，（0，255，0）表示全绿色。

col 参数允许我们在提供从 1～8 的整数时选择 8 种颜色中的一种。通过调用以下代码可以找到这八种颜色：

```
R> palette()
[1] "black"    "red"     "green3"  "blue"    "cyan"    "magenta"
[7] "yellow"  "gray"
```

这只是 650+命名颜色的一小部分，可以通过在 R 提示符后输入 colors() 来列出。所有命名的颜色也可以用标准 RGB 的格式表示。要查找颜色的 RGB 值，应将所需的颜色名称作为字符串向量提供给内置的 col2rgb 函数。例如：

```
R> col2rgb(c("black","green3","pink"))
      [,1] [,2] [,3]
red      0    0  255
green    0  205  192
blue     0    0  203
```

结果是一个 RGB 值的矩阵，每列代表我们指定的一种颜色。在 R 中，RGB 实际上表示使用相应的字符串绘制这些颜色。

这些 RGB 三元组通常表示为十六进制，一个在计算中经常使用的数字编码系统。在 R 中，十六进制或十六进制代码是一个字符串，其后面有一个 # 和 6 个字母数字字符：有效字符是字母 A～F 和数字 0～9。第一对字符表示红色分量，第二和第三对分别表示绿色和蓝色分量。如果我们要创建一个或多个 RGB 三元组，可以将它们转换为十六进制代码，R 可以通过 rgb 函数使用后续的绘制。这个命令采用 RGB 值的矩阵，不过要注意，它期望每个（R，G，B）颜色是该矩阵的行（而不是调用，例如 col2rgb 中提供的列）。

我们还需要告诉 rgb 函数最大的颜色值，根据标准 RGB 格式，应该是 255（因为默认情况下，它缩放和使用 1）。以下代码对上一次调用 col2rgb 的结果执行矩阵转置（见 3.3 节），将 3 种颜色作为 RGB 三元组以所需形式作为行，并相应地指定 maxColorValue：

```
R> rgb(t(col2rgb(c("black","green3","pink"))),maxColorValue=255)
[1] "#000000" "#00CD00" "#FFC0CB"
```

输出结果告诉我们，R 的 RGB 值的十六进制代码名称分别为"black""green3"和"pink"。

在这里我们不介绍标准 RGB 三元组转换为十六进制的具体细节，因为它超出了本书的范围，但重要的是要知道，R 可以表示使用 RGB 三元组作为十六进制代码创建的任何颜色，所以当我们绘图使用颜色和调色板时，至少能够识别十六进制。

为了更加丰富多彩，我们写一个适度的小函数来绘制单个颜色的点，并使用 RGB 三元组和相应的十六进制代码适当地标记它们。在编辑器中输入以下内容：

```
pcol <- function(cols){
        n <- length(cols)
        dev.new(width=7,height=7)
        par(mar=rep(1,4))
        plot(1:5,1:5,type="n",xaxt="n",yaxt="n",ann=FALSE)
        for(i in 1:n){
```

```
                    pt <- locator(1)
                    rgbval <- col2rgb(cols[i])
                    points(pt,cex=4,pch=19,col=cols[i])
                    text(pt$x+1,pt$y,family="mono",
                        label=paste("\"",cols[i],"\"","\nR: ",rgbval[1],
                                    " G: ",rgbval[2]," B: ",rgbval[3],
                                    "\nhex: ",rgb(t(rgbval),maxColorValue=255),
                                    sep=""))
            }
    }
```

函数 pcol 有一个参数 cols，表示由 R 识别的颜色名称的字符向量。当执行 pcol 函数时，它会打开一个新的图形设备，并将图边距均衡设置为每边一行。现在画一个完全剔除了箱线图的图形。我们可以使用 locator（见 23.3 节）在绘制区域中绘制点，在 for 循环中一个接一个地实现。每个点代表一个 cols，在其坐标 locator 返回之后，points 会放下一个大点的颜色，用 paste 的方式在每个点的右边添加 text（见 4.2 节）。该注释包括彼此顶部的 R 颜色名称、RGB 三元组和十六进制代码，后两个使用 col2rgb 和 rgb，正如前面所示。

```
R> mycols <- c("black","blue","royalblue2","pink","magenta","purple",
               "violet","coral","lightgray","seagreen4","red","red2",
               "yellow","lemonchiffon3")
R> pcol(mycols)
```

如上所示，执行 pcol 函数时，点击 14 点，在图形设备上会产生粗糙的列。显示结果如图 25-1 所示。

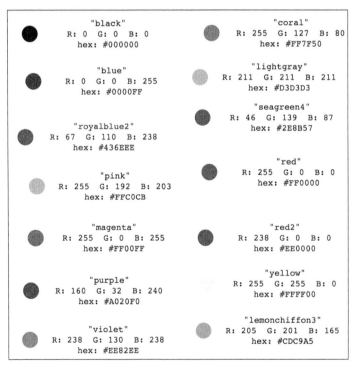

图 25-1    各种命名的 R 颜色及其对应的 RGB 三元组和十六进制代码（参见彩插）

实际上，我们可以通过指定 RGB 值及其十六进制代码来获取所需的任何颜色（换句话说，远远超过 R 中内置的颜色）。这些十六进制可以按原样提供给任何指定颜色的常规 R 图形函数（通常为 col 参数）。我们将会在随后介绍中看到。当然，我们还可以为 R 工作区中的新对象分配十六进制代码或十六进制代码向量（例如，如果我们正在创建自定义颜色），以便在后续的绘制中使用。

## 25.1.2 内置调色板

当我们需要多种颜色时，能够实现自己的 RGB 颜色是重要的。颜色的集合称为调色板。当颜色用来描述连续体上的东西时，通常需要一个调色板，像各种色调的蓝色，用于图 24-6 中的高度测量。

基本 R 安装中有许多调色板。这些由函数 rainbow、heat.colors、terrain.colors、topo.colors、cm.colors、gray.colors 和 gray 定义。除了灰色，我们可以直接指定所需的颜色数量，并且它们将作为十六进制代码的字符向量返回，表示在特定调色板的整个颜色范围上的等间隔序列。

这是最容易实现可视化的方法。以下代码从每个调色板中准确生成 600 种颜色：

```
R> N <- 600
R> rbow <- rainbow(N)
R> heat <- heat.colors(N)
R> terr <- terrain.colors(N)
R> topo <- topo.colors(N)
R> cm <- cm.colors(N)
R> gry1 <- gray.colors(N)
R> gry2 <- gray(level=seq(0,1,length=N))
```

注意，灰色不能用单个整数表示，而是用一个值在 0（全黑）～1（全白）之间的数值向量表示。其对应的函数 gray.colors 与其他内置调色板的运行机理一样，但灰色默认为在黑色和白色的极端值之间略微更窄的视觉范围内。这些可以使用可选的参数 start 和 end 重置，随后我们将看到这些。

下面代码使用第 23 章中的技能来初始化一个新的绘图，并使用向量来重复，在单个调用点中为每个调色板放置 600 个点，根据十六进制代码的向量适当着色。

```
R> dev.new(width=8,height=3)
R> par(mar=c(1,8,1,1))
R> plot(1,1,xlim=c(1,N),ylim=c(0.5,7.5),type="n",xaxt="n",yaxt="n",ann=FALSE)
R> points(rep(1:N,7),rep(7:1,each=N),pch=19,cex=3,
          col=c(rbow,heat,terr,topo,cm,gry1,gry2))
R> axis(2,at=7:1,labels=c("rainbow","heat.colors","terrain.colors",
                      "topo.colors","cm.colors","gray.colors","gray"),
        family="mono",las=1)
```

结果如图 25-2 所示。

更多信息可访问相应灰度调色板的帮助文件？gray.colors 和？gray，其他的可访问？rainbow。

图 25-2　显示内置调色板的颜色范围，使用 gray.colors 中的默认限制（参见彩插）

## 25.1.3　自定义调色板

我们不限于现成的颜色设计。colorRampPalette 函数允许我们创建自己的调色板；可以为同名的参数提供两个或多个所需的颜色，并创建能够在它们之间转换的调色板。调用 colorRampPalette 函数的结果本身就是一个函数，其行为与前面提到的内置调色板函数完全一样。

假设我们希望在紫色和黄色之间的刻度上生成颜色。按照所需顺序指定要插入的关键颜色，作为 R 识别的集合中的名称的字符向量。下一行代码创建了此调色板函数：

```
R> puryel.colors <- colorRampPalette(colors=c("purple","yellow"))
```

创建另一个调色板，这次选择一个显示更清晰的情况，最终以灰度打印颜色图（在这种情况下，粘贴到单色调色板是一个好主意）。

```
R> blues <- colorRampPalette(colors=c("navyblue","lightblue"))
```

这次使用两种以上的颜色：

```
R> fours <- colorRampPalette(colors=c("black","hotpink","seagreen4","tomato"))
R> patriot.colors <- colorRampPalette(colors=c("red","white","blue"))
```

创建一些自定义的调色板函数，与以前一样，在每个范围内生成任意数量的颜色（这里使用之前存储的 N 值 600）。之后，我们可以调整之前的绘图代码以得到图 25-3 中的图像。

```
R> py <- puryel.colors(N)
R> bls <- blues(N)
R> frs <- fours(N)
R> pat <- patriot.colors(N)
R> dev.new(width=8,height=2)
R> par(mar=c(1,8,1,1))
R> plot(1,1,xlim=c(1,N),ylim=c(0.5,4.5),type="n",xaxt="n",yaxt="n",ann=FALSE)
R> points(rep(1:N,4),rep(4:1,each=N),pch=19,cex=3,col=c(py,bls,frs,pat))
R> axis(2,at=4:1,labels=c("peryel.colors","blues","fours","patriot.colors"),
        family="mono",las=1)
```

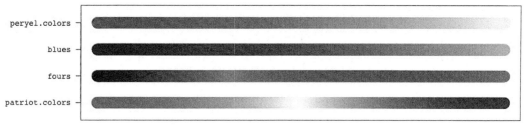

图 25-3 使用 colorRampPalette 函数创建自定义调色板的一些示例（参见彩插）

## 25.1.4 使用调色板索引连续区

现在我们已经知道如何使用颜色来标识基于分类变量的组（与特定级别相对应的数据只是给出了与其他级别不同的颜色），这很容易做到。然而，给连续统一的值适当地分配颜色需要多一点思考。这里有分类和标准化连续值两种方法。我们先看前一种方法。

**分类**

根据连续变量对值进行着色的一种方法是将其变成类别变量的着色点的常见问题。我们可以通过将连续值分成固定数量的 $k$ 个类别，用调色板生成 $k$ 个颜色，并根据每个观察值与适合的颜色匹配来完成此操作。

在 20.1 节中，我们利用 MASS 包绘制了针对测量数据的书写手跨距的高度。这一次，我们使用 color 来附加地通知不可写的 handspan 变量。加载包并执行以下行代码：

```
R> surv <- na.omit(survey[,c("Wr.Hnd","NW.Hnd","Height")])
```

这将创建数据框对象 surv，其只由 3 个必需的列组成。任何具有缺失值的行都通过调用 na.omit 函数来删除（见 6.1.3 节）。

现在，我们首先要做的是确定调色板。

```
R> NW.pal <- colorRampPalette(colors=c("red4","yellow2"))
```

以上代码产生的颜色为从标度的较低端的暗红色到较高端的稍微褪色的黄色（类似于内置的heat.colors 调色板；参见图 25-2 /画板 III）。接下来，我们要决定为连续值构建多少个箱 $k$。这决定了从 NW.pal 生成多少种不同的颜色。对这些数据，设置 $k=5$。

```
R> k <- 5
R> ryc <- NW.pal(k)
R> ryc
[1] "#8B0000" "#A33B00" "#BC7700" "#D5B200" "#EEEE00"
```

我们的 5 个 NW.pal 颜色是可用的，是十六进制代码。接下来，我们对连续值进行实际分组，可以使用 cut。首先，我们使用 seq 函数为 bin 设置 $k+1$ 个断点（见 4.3.3 节中的 refresher）。

```
R> NW.breaks <- seq(min(surv$NW.Hnd),max(surv$NW.Hnd),length=k+1)
R> NW.breaks
[1] 12.5 14.7 16.9 19.1 21.3 23.5
```

6 个相等间隔的值跨越了学生的非书写手跨度的范围，划定了 5 个预期的块。然后，相对那些块，对非书写手跨进行分解。我们可以使用 as.numeric 专门返回索引，以 ryc 中的 5 个有序十六进制代码为每个观察值提取适当的颜色（由于打印的原因，全部输出被抑制）。

```
R> NW.fac <- cut(surv$NW.Hnd,breaks=NW.breaks,include.lowest=TRUE)
R> as.numeric(NW.fac)
  [1] 3 4 3 4 3 3 3 4 3 3 2 4 3 3 4 4 4 5 4 3 4 4 5 4 3 3 4 4 2 3 5
 [32] 3 2 3 4 1 3 5 5 3 3 5 4 3 4 5 3 2 3 4 5 3 4 3 3 4 3 3 3 4 2 3
 [63] 2 3 3 3 3 4 3 5 3 3 3 --snip--
R> NW.cols <- ryc[as.numeric(NW.fac)]
R> NW.cols
  [1] "#BC7700" "#D5B200" "#BC7700" "#D5B200" "#BC7700" "#BC7700"
  [7] "#BC7700" "#D5B200" "#BC7700" "#BC7700" --snip--
```

我们用以下代码进行绘图，结果如图 25-4a 所示。

```
R> plot(surv$Wr.Hnd,surv$Height,col=NW.cols,pch=19)
```

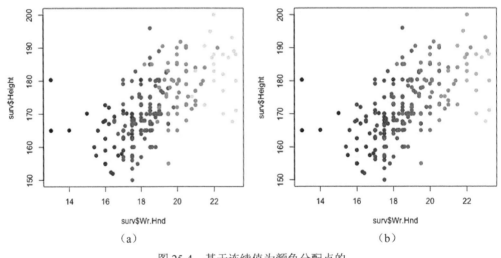

（a）　　　　　　　　　　　　（b）

图 25-4　基于连续值为颜色分配点的
（a）分类　（b）标准化

**标准化**

使用分类用颜色索引连续体有点复杂。例如，有很多方法可以对观察结果进行分类，因此我们的图可能与其他人设计的图不同。在计算意义上，它更准确（更不用说优雅）地偏离了我们的连续数据。

回顾 25.1.2 节中提到的内置灰色调色板。此函数的行为与其他函数稍有不同。不是简单地在指定调色板中请求一些颜色，而是我们需要提供一个数值向量来告诉 R 的调色板从 0~1 的连续比例，即多么"远"。这种类型的行为完全适合当前的任务，因为我们的原始数据也是连续的。要实现它，我们需要知道两点：一点是创建调色板的方法，其行为类似于灰色；另一点是连续值的标准化版本落在 0~1（包括 0 和 1）的可接受标准范围内。

colorRamp 函数允许创建调色板，并且使用与 colorRampPalette 函数相同的方式，但是如上所述，结果是一个调色板函数，得到一个数字向量。要转换 $n$ 的集合原始值 $\{x_1, \cdots, x_n\}$，比如说 $\{z_1, \cdots,$

$z_n$}，其中 $0 \leq z_i \leq 1$; $i = 1, \cdots, n$，我们可以使用以下公式：

$$z_i = \frac{x_i - \min x_i}{\max x_i - \min x_i} \tag{25.1}$$

通过在 R 编辑器中编写以下内容来创建 R 函数：

```
normalize <- function(datavec){
    lo <- min(datavec,na.rm=TRUE)
    up <- max(datavec,na.rm=TRUE)
    datanorm <- (datavec-lo)/(up-lo)
    return(datanorm)
}
```

基于向量 datavec 作为其唯一的参数，normalize 函数使用可选的 na.rm 参数来实现式（25.1），以确保 datavec 中的任何缺失值不会影响最小和最大值的计算（参见 13.2.1 节）。

标准化导入并输入以下内容，其显示了原始的非书写手跨度值（来自先前保存的创建对象）及其相应的标准化值（为简洁起见，省略了输出）：

```
R> surv$NW.Hnd
 [1] 18.0 20.5 18.9 20.0 17.7 17.7 17.3 19.5 18.5 17.2 16.0 20.2
[13] 17.0 18.0 19.2 20.5 20.9 22.0 20.7 --snip--
R> normalize(surv$NW.Hnd)
 [1] 0.50000000 0.72727273 0.58181818 0.68181818 0.47272727
 [6] 0.47272727 0.43636364 0.63636364 --snip--
```

现在，我们使用 colorRamp 函数创建一个新版本的调色板。

```
R> NW.pal2 <- colorRamp(colors=c("red4","yellow2"))
```

基于归一化数据对每个样本生成相对应的颜色。

```
R> ryc2 <- NW.pal2(normalize(surv$NW.Hnd))
```

查看 ryc2 中返回的对象，我们会注意到它是一个 RGB 三元组的矩阵，对应于我们提供给 colorRamp 函数的 NW.pal2（非整数值被强制转换为整数）的每个标准化值。这需要转换为十六进制代码，然后才能在绘图中使用它们。使用 rgb 就像我们在 25.1.1 节中看到的，可以得到我们需要的向量（剪切打印）。

```
R> NW.cols2 <- rgb(ryc2,maxColorValue=255)
R> NW.cols2
 [1] "#BC7700" "#D3AD00" "#C48A00" "#CEA200" "#B97000" "#B97000"
 [7] "#B66700" "#CA9700" "#C18100" "#B56500" --snip--
```

应注意在 NW.cols2 中获取的十六进制代码与 NW.cols 中的十六进制代码之间的差异。这里，每个特定值得到一个十六进制代码，但对于分类的 NW.cols，对每个 bin，我们只有一个十六进制代码（只有 $k=5$ 种颜色）。

此行生成图 25-4b。

```
R> plot(surv$Wr.Hnd,surv$Height,col=NW.cols2,pch=19)
```

根据这个相对简单的例子，两种方法之间的视觉差异是最小的，通过仔细查看，我们可以在规范化版本中挑选出更平滑的颜色过渡。在使用分类技术增加 $k$ 时，视觉结果将更接近于标准化方法的视觉结果。也就是说，通常首选标准化方法，因为它更紧密地符合我们希望可视化的值的连续性，并且这对于具有偏态分布的值或使用复杂调色板的值更有效。

### 25.1.5 颜色图例

现在我们可以使用颜色来突出图中显著的效果，我们需要一个图例来引用颜色标度。虽然可以单独使用基本 R 工具创建图例，但是使用 R 中提供的功能会更简单。

一个有用的功能是 colorlegend 命令。这在 shape 包（Soetaert，2014）中可以找到，所以首先从 CRAN 下载和安装 shape 包。然后加载包，再生成一些更新了轴标题的最近的绘图（基于先前创建并且在图 25-4b 给出的 surv 对象），并绘制颜色条图例：

```
R> library("shape")
R> plot(surv$Wr.Hnd,surv$Height,col=NW.cols2,pch=19,
        xlab="Writing handspan (cm)",ylab="Height (cm)")
R> colorlegend(NW.pal(200),zlim=range(surv$NW.Hnd),zval=seq(13,23,by=2),
        posx=c(0.3,0.33),posy=c(0.5,0.9),main="Nonwriting handspan")
```

该结果在图 25-5a 给出。

colorlegend 函数假设我们已经在活动图形设备中有一个绘图，所以我们需要先创建一个。首先向 colorlegend 提供我们要引用的值的颜色跨度。这是最简单的调色板功能的彩色调色板函数。像? rainbow 帮助文件中列出的那样或使用 colorRampPalette 创建——换句话说，一个函数会采用整数值告诉它会生成多少颜色。大量的颜色提供给我们光滑的颜色条，所以我们使用 NW.pal(200)。接下来，我们要向 colorlegend 提供 zlim 引用的值的范围（在本例中为非写入 handspan（surv $ NW.Hnd）的范围）。zval 参数要接受在图例上标记的值。以 2 为步长标记在 13～23 的序列的值。

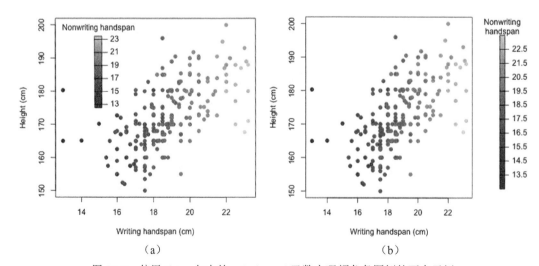

图 25-5 使用 shape 包中的 colorlegend 函数实现颜色条图例的两个示例

颜色图例的位置和大小可使用 posx 和 posy 参数完成。每一个都必须是长度为 2 的向量，不是获取用户坐标，而是在对应的设备坐标中描述颜色条的水平（posx）和垂直（posy）长度。在此示例中，posx = c（0.3,0.33）指示函数将图例的宽度从设备左侧的 30%变为 33%，以便宽度为整个设备的 3%，并位于左侧的中心。设置 posy = c（0.5,0.9）表示我们希望颜色条的长度跨越设备的 40%，从底部的 50%上升到 90%及以上。最后，我们可以通过向 main 提供字符串将标题添加到图例中。

我们可能需要尝试一些试验和错误的方式来获得我们希望的定位和尺寸（以及使用 zval 得到适当的刻度线）。posx 和 posy 的设备特定性质意味着如果调整设备大小，我们可能需要重新估计这些参数的值。

如果我们希望让图例出现在默认绘图区域之外，可以在初始调用中使用 xlim 参数来绘制图，以扩大绘图的水平尺寸，给我们额外的空间来绘制一个全长的图例。或者，可以改变图形或外边距空间（参见 23.2 节），给我们足够的空间将图例放在绘图区域外。下面代码通过加宽右边距，重绘散点图，并在该额外空间中插入颜色图例。

```
R> par(mar=c(5,4,4,6))
R> plot(surv$Wr.Hnd,surv$Height,col=NW.cols2,pch=19,
        xlab="Writing handspan (cm)",ylab="Height (cm)")
R> colorlegend(NW.pal(200),zlim=range(surv$NW.Hnd),zval=13.5:22.5,digit=1,
                posx=c(0.89,0.91),main="Nonwriting\nhandspan")
```

结果如图 25-5b 所示。图例比以前更窄，通过指定 posx = c（0.89,0.91）使右侧占据设备宽度的 2%。没有指定 posy，colorlegend，使用默认值 c（0.05,0.9），给出的颜色条几乎覆盖了设备的整个高度。新图例的刻度线和标签现在以 13.5～22.5 的增量递增。注意，若要显示小数位（也就是有效数字），我们需要将数字参数从默认值 0 开始增加来显示它们。这里，digit = 1 将刻度标记到一个小数位。

我们可以使用这些图例控制更多的属性，包括标签样式和刻度标记定位，详细信息可参阅 ?Colorlegend 的帮助文件。我们还可以使用 plotrix 包（Lemon，2006）中提供的类似命名的函数 color.legend，这与在现有 R 图上绘制的颜色图例略有不同。

## 25.1.6 不透明度

另一个有用的技能是指定颜色和调色板不透明度的能力。为用户提供十六进制代码的所有函数都有可选的参数 alpha，其有效范围取决于函数（相应文档的快速检查会告诉我们）。例如，rgb 函数使用 maxColorValue 来设置不透明度的上限，像 rainbow 这样的调色板函数都使用从 0～1 的标准化范围（与第 24 章中创建的 ggplot2 绘图一样）。

默认情况下，R 在创建颜色时假设为完全不透明。但是，当使用 alpha 显式设置不透明度时，十六进制代码稍有变化。#之后的字符不是 6 个，而是 8 个，最后两个包含附加的不透明度信息。考虑以下代码行，它们分别生成默认的、完全透明、40%的不透明度（0.4×255 = 102）和完全不透明度 4 个不同版本的红色：

```
R> rgb(cbind(255,0,0),maxColorValue=255)
[1] "#FF0000"
R> rgb(cbind(255,0,0),maxColorValue=255,alpha=0)
[1] "#FF000000"
```

```
R> rgb(cbind(255,0,0),maxColorValue=255,alpha=102)
[1] "#FF000066"
R> rgb(cbind(255,0,0),maxColorValue=255,alpha=255)
[1] "#FF0000FF"
```

注意，第一个和最后一个颜色是相同的，只是最后一个十六进制代码明确指定完全不透明度。

我们可以随时使用现成的 adjustcolor 函数的 alpha.f 参数（其取值范围为 0～1）调整已经获得的任何颜色的不透明度。以下行使用上个示例中第一行创建的默认红色十六进制代码，并将其转换为 40%的不透明版本（上一个示例代码中的第三行）：

```
R> adjustcolor(rgb(cbind(255,0,0),maxColorValue=255),alpha.f=0.4)
[1] "#FF000066"
```

在使用基本 R 图形为 LOESS 平滑趋势创建透明灰色置信区间时，我们已在 24.2.1 节中简要介绍了此命令。此方法也适用于通过使用内置或自定义调色板函数获取颜色向量之后生成的十六进制代码。

我们将使用内置的地震数据集来测试不透明度，其中包括斐济附近 1000 个地震事件的数据。在图 13-6 中重新创建绘图，显示"事件大小"的"检测站数"，并使用颜色来识别连续的"深度"数据。由于存在许多重叠观察，所以减少各个点的不透明度将利于可视化。代码如下：

```
R> keycols <- c("blue","red","yellow")
R> depth.pal <- colorRampPalette(keycols)
R> depth.pal2 <- colorRamp(keycols)
```

这是设置自定义的三色调色板的两种方式（换句话说，作为期望整数的一个函数 depth.pal，作为期望值在 0～1 的一个函数 depth.pal2；参考 25.1.3 节和 25.1.4 节）。然后，以下行使用标准化方法，根据数据集的"depth"变量，使用 25.1.4 节中定义的标准化函数来获得要绘制的点的适当颜色：

```
R> depth.cols <- rgb(depth.pal2(normalize(quakes$depth)),maxColorValue=255,
                     alpha=0.6*255)
```

对于 60%不透明度，可以通过调用 rgb 中的 alpha 来完成。我们调用以下代码来创建绘图，该调用分配存储在 depth.cols 中的颜色：

```
R> plot(quakes$mag,quakes$stations,pch=19,cex=2,col=depth.cols,
        xlab="Magnitude",ylab="No. of stations")
```

这个图提供了另一个机会展示来自 shape 包的 colorlegend 函数。假设我们已经在当前 R 会话中加载了 shape 包，下面代码表示在绘图区域内（在默认大小的设备上）绘制相应的颜色图例：

```
R> colorlegend(adjustcolor(depth.pal(20),alpha.f=0.6),
               zlim=range(quakes$depth),zval=seq(100,600,100),
               posx=c(0.3,0.32),posy=c(0.5,0.9),left=TRUE,main="Depth")
```

在这里我们可以看到另一个使用 adjustcolor 的示例，其中通过调用 depth.pal（20）生成的颜色序列然后减少到 60%不透明度以匹配绘制点。同样，posx 和 posy 用于定位图例，将可选的逻辑参数 left 设置为 TRUE，使得刻度线和颜色图例标签出现在条带的左侧。图 25-6 显示了最终结果。

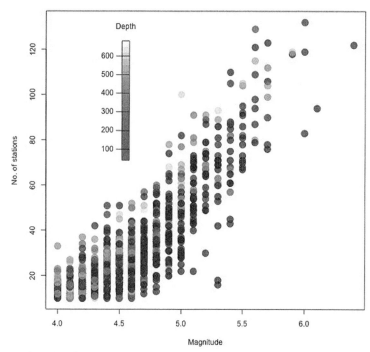

图 25-6　更改自定义调色板中的颜色不透明度，用于将地震数据集的"站数"与"幅度"的
图形中的连续"事件深度"观察结果以及使用来自 shape 包的 colorlegend 的相应颜色图例

## 25.1.7　RGB 的替代和更多功能

RGB 三元组不是 R 中表示颜色的唯一方法，其他方法包括通过内置的 hsv 和 hcl 函数可用的
色相饱和度值（HSV）和色相色度亮度（HCL）。它们的工作方式与 rgb 的工作方式大致相同，我
们可以在其中指定 3 个组件的影响强度，并弹出对应的字符串十六进制代码，这些十六进制代码
可为相关的绘图命令形成有效的 R 颜色。实际上，HSV 参数化是由 25.1.2 节中详细描述的内置调
色板内部使用的，例如 rainbow 函数和 heat.colors 函数。

内置函数提供了更多的灵活性。值得注意的是，颜色空间包（Ihaka 等，2015）在不同的颜
色格式之间进行转换，RColorBrewer（Neuwirth，2014）是直接基于 Cynthia Brewer 设计的良好
的颜色方案。RColorBrewer 比内置函数 colorRampPalette 和 colorRamp 提供了更多用于创建调色
板的选项。也就是说，从介绍的角度来看，我们应该找到 RGB 和基本 R 功能，正如对数据和模
型的大多数视觉探索。

---

### 练习 25.1

确保已经加载了 car 包。重新审视练习 24.1 和练习 24.2 中查看的 salaries 数据框，并查看帮
助文件？salaries 了解其包含的变量。我们的任务是使用颜色、点大小、不透明度和点字符类
型，通过完成以下步骤，在"工资"的散点图中反映"从博士开始的年数""性别""排名"
与"服务年限"：

a．设置一个从"black"到"red"到"yellow2"的自定义调色板。创建这个调色板的两个版

本——一个期望有多种颜色，另一个期望有一个在 0~1 的标准化值的向量。

b. 根据 i 和 ii 中的指南创建两个控制点字符和字符扩展的向量。这些向量中的每一个都可以通过基于数据集中的对应因子向量的数值强制的向量子集/重复在单个命令行中实现。

   i. 使用点字符 19、17 和 15 来按照该顺序引用 3 个不断增加的学术排名。

   ii. 对女性使用 1 的字符扩展，对男性使用 1.5 的字符扩展。

c. 使用 25.1.4 节定义的 normalize 函数对"从博士开始的年数"变量进行标准化，使取值范围在区间[0，1]内。然后使用适当的调色板（a 题）和 rgb 一起将这些转换为所需的十六进制代码。

d. 修改在 c 题中创建的颜色的向量，调整不透明度。将向量中对应于女性的颜色减少到 90% 不透明度；对应于男性的颜色减少到 30% 不透明度。

e. 现在，开始画图；将默认图形底部、左侧、顶部和右侧的边距分别设为 5、4、4 和 6 行。在 $y$ 轴上绘制工资，在 $x$ 轴上显示服务年限。根据我们在 d 题中的向量和点字符设置的相应点颜色，并根据我们在 b 题中的向量从字符扩展。整理 $x$ 轴和 $y$ 轴标题。

f. 根据 i 和 ii 中的指南，合并两个单独的图例。两个图例应该是水平的，我们应该放松剪切，以允许它们放置在图形边距（见 23.2.3 节）。

   i. 将第一个图例放置在由 x = −5 和 y = 265000 给出的用户坐标上。使用"秩"因子向量的级别作为参考文本，并将其与对应分配的 pch 符号配对。要包含图例的适当标题。

   ii. 第二个图例应放在第一个图例旁边，使用 40 的 x 坐标和相同的 y 坐标值。这个图例应该显示两个点，红色和类型 19，但引用两个层次的性别，通过改变字符的扩展和不透明度的参考点来分配。

g. 最后，确保加载了 shape 包，对 a 题中变量"从博士开始的年数"生成的 50 种颜色使用 colorlegend 函数。可以将图例的水平和垂直位置保留为默认值。zlim 范围应该简单地设置为匹配观察数据的范围，并且通过 zval 设置的刻度标记值应该是 10~50 的序列，以 10 为步长增加。为颜色图例设定适当的标题。

最终画出的图如下所示：

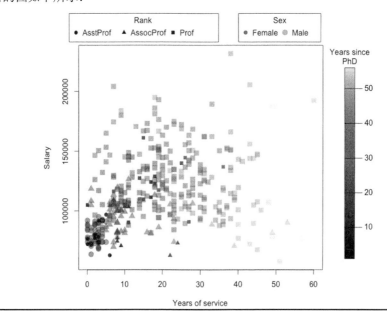

我们的下一个任务有些不同。目标是绘制标准正态概率密度函数，在曲线下面的多边形中使用颜色阴影来表示"距离平均值的距离"。要实现这一点，应完成以下操作：

h. 从内置调色板 terrain.colors 生成一个精确的 25 种颜色的向量，并命名为 tcols。然后，使用通过 tcols [25 : 1] 获得的反向版本，将两个向量附加在一起以形成长度为 50 的新向量，其包含先前的 25 种颜色，以一种方式着色，然后是 25 种相反的阴影。

i. 接下来，在 −3～3 创建并存储一个包含正确 51 个值的均匀间隔序列，命名为 vals。使用 dnorm 来计算和存储标准正态密度曲线的相应 51 个值，将其命名为标准值。

j. 通过将 i 题中的值绘制为线（回忆 type="1"）来绘制正态密度曲线。在同一次绘图中，使用第 23 章中的知识将 $x$ 轴和 $y$ 轴的样式设置为类型"i"；用空字符串抑制两个轴标题；将包围盒改为 L 形；并抑制 $x$ 轴的绘制。给绘图一个合适的主标题。

k. 使用 for 循环，遍历 1～50 的整数，掩盖曲线下面的不同颜色。在每次迭代中，循环应该调用多边形（见 15.2.3 节）。假设索引器是 i，每个多边形应由向量 vals [rep(c(i,i + 1)，each = 2)] 和 c(0，normvals [c(i，i + 1)]，0) 形成。每个多边形应该抑制其边框，并根据在 h 题中创建的长度为 50 的颜色向量中相关的第 $i$ 个条目进行着色。

l. 最后，确保已经加载了 shape 包，并使用长度为 50 的颜色向量生成一个颜色图例与默认放置以引用"距离平均值"。我们可以很容易地设置 zlim 和 zval 参数调用 colorlegend 使用 vals。包含图例的适当标题。作为参考，结果如下：

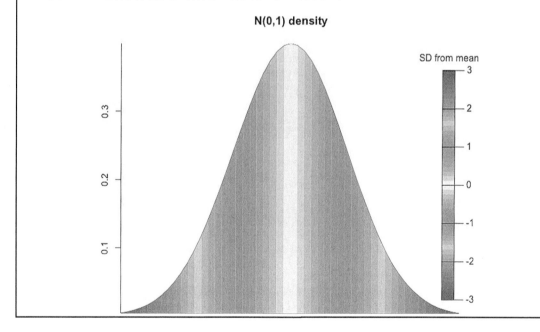

## 25.2　3D 散点图

本节将介绍如何创建 3D 散点图，该图允许我们一次绘制基于 3 个连续变量的原始观测值，而不是常规二维散点图中的两个。然后，我们将学习如何增强 3D 散点图来表示更多的变量，并使其更容易解释。有几种方法可以在 R 中创建三变量散点图，但通常是在提供的包中使用

scatterplot3d 函数（Ligges 和 Mächler，2003）。

### 25.2.1 基本语法

scatterplot3d 函数的语法与默认绘图函数相类似。在后者中，我们要提供一个 x 轴和 y 轴坐标的矢量；在前者中，我们只需提供额外的第三个值向量，以表示 z 轴坐标。使用该附加的维度，我们可以考虑这 3 个轴，x 轴从左到右增加，y 轴从前景到背景增加，z 轴从底部到顶部增加。

安装和加载 scatterplot3d 包，直接看一个例子。回顾我们在 14.4 节中首次遇到的著名的 iris 数据。该数据集包含对 4 个连续变量（花瓣长/宽和萼片长/宽）和一个分类变量（花种）的测量；可以立即从 R 提示中访问鸢尾花数据集，因此无需加载任何内容。输入以下内容，以便我们可以快速访问组成数据的测量值：

```
R> pwid <- iris$Petal.Width
R> plen <- iris$Petal.Length
R> swid <- iris$Sepal.Width
R> slen <- iris$Sepal.Length
```

最基本的 3D 散点图，例如花瓣长度、花瓣宽度和萼片宽度，通过以下方式实现：

```
R> library("scatterplot3d")
R> scatterplot3d(x=pwid,y=plen,z=swid)
```

很简单——这个代码的结果在图 25-7a 给出。在这里，我们可以观察到所有 3 个绘制变量之间大致是正相关的。在前景中还存在具有相对大的萼片宽度小的花瓣测量清楚的孤立观察集群。

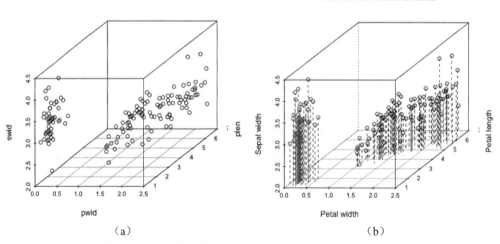

图 25-7 针对 iris 数据绘制两个 3D 散点图，其 x，y 和 z 轴分别表示花瓣宽度、花瓣长度和萼片宽度（a）基本默认外观 （b）整理标题、添加视觉增强功能，通过颜色和垂直线标记强调 3D 深度和易读性

### 25.2.2 增强视觉

在绘制的点云中，即使使用默认绘制的框和 x-y 平面网格线，也可能难以清晰地感知深度。

因此，我们可以对 scatterplot3d 绘图进行一些可选的增强——对点进行着色，以使从前景到背景的转换更清晰，并设置 type ="h"参数以绘制垂直于 *x-y* 平面的线。

图 25-7b 显示了具有这些增强功能的图表，如以下结果：

```
R> scatterplot3d(x=pwid,y=plen,z=swid,highlight.3d=TRUE,type="h",
                 lty.hplot=2,lty.hide=3,xlab="Petal width",
                 ylab="Petal length",zlab="Sepal width",
                 main="Iris Flower Measurements")
```

xlab、ylab、zlab 和 main 控制 3 个轴的相应标题和绘图本身。

添加垂直线更易于读取点的值。默认情况下，type="h"绘图中的那些行是实体，但是我们可以使用 lty.hplot 参数（其行为方式与标准图形参数 lty 相同）来更改。通过 lty.hplot=2 设置虚线。类似地，我们可以更改框的"不可见"边的线类型；设置 lty.hide=3 指示绘图以虚线绘制这些线。

设置 highlight.3d = TRUE，通过基于点的 *y* 轴位置，应用从红色到黑色的颜色转换来强调 3D 深度。这是有用的，但有一个后果，我们不能再使用颜色来表示这种图的第四个变量。

沿着这条思路，应记住，iris 数据具有第四个连续变量，即萼片长度（在 25.2.1 节中作为 slen 存储），没有在图 25-7 中的任一绘图中显示，也没有显示花种的分类变量，所以接下来解决这个问题。首先，为缺失的测量变量设置一个颜色带，使调色板引用 25.1.4 节中的连续变量。

```
R> keycols <- c("purple","yellow2","blue")
R> slen.pal <- colorRampPalette(keycols)
R> slen.pal2 <- colorRamp(keycols)
R> slen.cols <- rgb(slen.pal2(normalize(slen)),maxColorValue=255)
```

注意，运行最后一行，我们需要在当前会话中使用 25.1.4 节中定义的 normalize 函数。以下代码生成 3D 散点图，它还使用 pch 参数来区分 3 个不同的种类：

```
R> scatterplot3d(x=pwid,y=plen,z=swid,color=slen.cols,
                 pch=c(19,17,15)[as.numeric(iris$Species)],type="h",
                 lty.hplot=2,lty.hide=3,xlab="Petal width",
                 ylab="Petal length",zlab="Sepal width",
                 main="Iris Flower Measurements")
```

使用向量 c（19,17,15），将 iris $ Species 向量的数字强制传递到中括号，对 pch 字符编号进行如下配对：19 种为 Iris setosa（第一级的因子），17 种为 Iris versicolor（第二级），15 种为 Iris virginica（第三级）（有关不同类型的点字符，可参见图 7-5）。

然后插入一个图例，引用熟悉的图例说明。

```
R> legend("bottomright",legend=levels(iris$Species),pch=c(19,17,15))
```

通过一些实验，我们也可以包含一个颜色条图例（确保我们已经加载了 shape 包，所以我们可以访问 colorlegend 函数，依据 25.1.4 节）。

```
R> colorlegend(slen.pal(200),zlim=range(slen),zval=5:7,digit=1,
               posx=c(0.1,0.13),posy=c(0.7,0.9),left=TRUE,
```

```
main="Sepal length")
```

最终结果如图 25-8 所示。

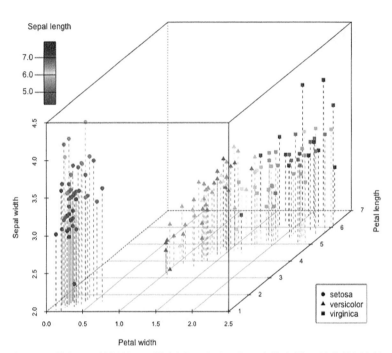

图 25-8 著名 iris 数据的 3D 散点图，显示 5 个现有的变量，另外使用颜色
（萼片长度）和点字符（种类）（参见彩插）

通过创造性地使用颜色和点类型，我们可以在单个 3D 散点图中显示五维数据。这揭示了关于数据的重要信息。例如，我们可以识别 Iris setosa 作为前景中明显分离的点组，并且看到虽然 Iris setosa 往往具有比其他两个物种较小的花瓣宽度和长度以及更大的萼片宽度（特别是 Iris versicolor），在下端着色的紫色表明它们倾向于具有较小的萼片长度。

## 练习 25.2

确保当前 R 会话中已加载了 scatterplot3d 包。

a. 运用 diabetes 数据框（首先查看第 21.5.2 节中的这些数据）。我们的目标是根据以下准则生成重量、臀部和腰围测量值的 scatterplot3d 图：

　— 臀部、腰和重量变量分别对应于 $x$ 轴、$y$ 轴和 $z$ 轴；提供整轴标题。

　— 使用内置功能来确保 3D 深度，通过颜色突出显示。

　— 选择两个不同的点字符来反映性别。

　— 在左上角区域的空白处放置一个引用这两个点字符和性别的简单图例。

b. 根据以下准则，创建我们首次在 24.2.2 节中遇到的内置 airquality 数据的 3D 散点图：

---

— 使用 na.omit 创建数据框架的副本，删除所有包含缺失值的行并使用此副本。

— 在 $x$ 轴和 $y$ 轴上分别绘制风速和太阳辐射，使用 $z$ 轴绘制温度。

— 应用从 $x$-$y$ 平面向上到达每个观察点的垂直虚线。

— 空气质量数据包括从 5～9 月 5 个月内进行的测量。每个绘制点取对应于这 5 个月的顺序的从 1～5 的相应 pch 值。

— 使用内置 topo.colors 调色板生成 50 种颜色的向量，使用分类方法确保每个绘制点都根据其臭氧值着色。

— 根据月份引用五种点类型设置图例。

— 相应地引用臭氧值设置颜色图例（使用 shape 包中的功能）。

— 确保绘图有整齐的轴、主要的图例标题。

---

# 25.3  用于绘图的曲面

在本章的剩余部分，我们将看到 3 种类型的 3D 图形，用于可视化二元曲面。当有两个变量时，需要这样的图形，根据变量定义函数、估计或建立模型，并使用第三个可用轴（换句话说，$z$ 轴）映射生成曲面。我们已经见过 21.5.4 节中的 mtcars 数据的响应曲面（其中我们将平均 MPG 作为车辆重量和马力的函数）以及关于线性回归模型的诊断工具的研究，在 22.3.6 节显示了二元函数的示例（在那里我们看到库克的距离可以用剩余和杠杆的函数表示）。

在生成这些图之前，重要的是要了解它们在 R 中创建的方式。函数/估计/模型可以被认为是根据连续的二维 $x$-$y$ 坐标变化的曲面或表面。绘制完全连续的曲面在技术上是不可能的，因为这将需要在无限多个坐标处估计该函数。因此，曲面的估计通常在沿着 $x$ 轴和 $y$ 轴的均匀间隔的坐标的有限网格上进行。若每个唯一坐标对处的函数结果存储在适当大小矩阵（其大小直接取决于估计网格在 $x$ 轴和 $y$ 轴上的分辨率）中的对应位置处，则称该矩阵为 $z$ 矩阵。

因为所有绘制这些双变量函数的传统 R 图形命令都以相同的方式操作——使用这个 $z$ 矩阵，了解这个矩阵是如何构造的，排列并解释这些命令，以确保我们正确绘制结果，这是至关重要的。在本节，我们将通过在假设情况下熟悉此构造来准备好查看本章剩余部分的特定图的类型。

## 25.3.1  构造估计网格

假设有一个双变量函数，产生一个连续的曲面，定义在 $x$ 轴上的 1～6，$y$ 轴上的 1～4。我们可以使用 seq 在每个坐标范围上定义均匀间隔的序列；为简单起见，我们直接在整数中这样做。

---

```
R> xcoords <- 1:6
R> xcoords
[1] 1 2 3 4 5 6
R> ycoords <- 1:4
R> ycoords
[1] 1 2 3 4
```

---

这意味着基于对由 24 个唯一位置定义的 $x$-$y$ 值的网格的二元函数的估计来绘制曲面。

在传递两个向量时，内置的 expand.grid 函数通过在第二向量中简单地重复第一向量的整个长度上的值来显式生成的所有坐标对。

```
R> xycoords <- expand.grid(x=xcoords,y=ycoords)
```

结果存储为具有 24 行的两列数据集。如果在 R 控制台中查看 xycoords 对象，我们将看到从 1～6 的 x 值，所有配对的重复的 y 值为 1，然后 x 从 1～6，配对的 y 为 2，依此类推。

实际上，我们现在要做的是使用 xycoords 中的估计网格坐标来计算二元函数的结果。对这个假设的例子，我们认为双变量函数产生了从 a～x 的 24 个字母，对应于 xycoords 中唯一估计坐标的顺序。为了使它更清楚，请看以下每个估计坐标的假设函数结果 column-bind（注意，R 中的即用字母对象允许我们快速生成字母表）：

```
R> z <- letters[1:24]
R> cbind(xycoords,z)
   x y z
1  1 1 a
2  2 1 b
3  3 1 c
4  4 1 d

--snip--

21 3 4 u
22 4 4 v
23 5 4 w
24 6 4 x
```

这里需要强调的是，通过 expand.grid 表达的每个 x-y 估计坐标，将具有与其相关联的 z 值。总之，由这些 z 值定义生成曲面。

## 25.3.2 构造 z 矩阵

用于可视化双变量函数的 3D 图需要以构造适当的矩阵的形式与 x-y 估计网格的 z 值相对应。z 矩阵的大小直接由估计网格的分辨率确定；行的数量与唯一的网格值的数量 x 相对应，并且列的数量对应唯一的网格值的数量 y。

因此，我们需要小心地将计算的 z 值转换为矩阵。当 z 轴值的向量对应于以标准 expand.grid 方式排列的估计网格（换句话说，通过增加 x 值和重复 y 值来堆叠坐标）时，应确保生成的 z 矩阵以默认的逐列方式填充（见 3.1.1 节），行和列的数量分别代表每个 x 和 y 值序列中的值的数量（之前显示的 xcoords 和 ycoords）。在当前示例中，我们知道生成的 z 矩阵需要的大小为 6×4，因为有 6 个 x 的位置和 4 个 y 的位置。

以下是假设的"函数结果"向量 z 的矩阵表示：

```
R> nx <- length(xcoords)
R> ny <- length(ycoords)
R> zmat <- matrix(z,nrow=nx,ncol=ny)
```

```
R> zmat
     [,1]  [,2]  [,3]  [,4]
[1,] "a"   "g"   "m"   "s"
[2,] "b"   "h"   "n"   "t"
[3,] "c"   "i"   "o"   "u"
[4,] "d"   "j"   "p"   "v"
[5,] "e"   "k"   "q"   "w"
[6,] "f"   "l"   "r"   "x"
```

### 25.3.3 概念化的 *z* 矩阵

在本节，我们介绍如何将当前排列的 *z* 矩阵转换为基于 *x-y* 坐标的绘图。将 zmat 与较早的输出进行比较，可以看到，向下移动 zmat 的列表示给定 *y* 坐标值的 *x* 坐标值的增加。换句话说，在绘制该字母的假设曲面时，在给定的垂直 *y* 坐标位置的情况下，向下移动矩阵的列在对应的图上从左向右水平移动。

图 25-9 提供了这个说明性曲面的概念图，zmat 依据 xcoords 和 ycoords 定义的 24 个坐标索引。（生成此图的代码包含在本书的 R 脚本文件中）

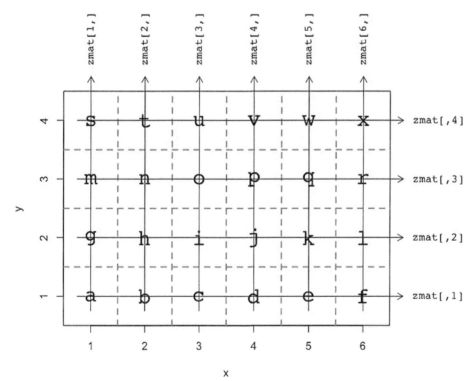

图 25-9 基于 6×4 的坐标网格，绘制双变量函数的 *z* 矩阵的概念图

在绘制实际曲面时，我们应该保持 *z* 矩阵的概念，如图 25-9 所示。在这个假设示例中使用的 6×4 网格是粗糙的。在实践中，通常使用更精细的网格在 *x* 和 *y* 序列的分辨率，以改善表面的视觉外观。

## 25.4 轮廓图

基于对二元坐标网格上函数的估计，用于显示表面的最常见的图之一是等值线图。轮廓图可能最容易解释为一系列线——在 2D 估计网格上绘制轮廓，每个轮廓标记出曲面的特定级别。

### 25.4.1 画轮廓线

基于给定的数字 $z$ 矩阵，R 的 contour 函数是用于产生连接共享相同 $z$ 值的 $x$-$y$ 坐标的轮廓。

**示例 1：地形图**

例如，我们将使用另一个即用型数据集——volcano 对象。该数据集只是一个矩阵，其包含了新西兰奥克兰地区一个矩形区域上的休眠火山海拔高度（m）的测量值；有关详细信息，可参阅帮助文件? volcano。若要查看地形，我们需要 volcano 对象（它是我们的 $z$ 矩阵）和相关的 $x$ 和 $y$ 坐标序列。在这种情况下，只需使用对应于 volcano 矩阵大小的整数（行号和列号可以通过调用 dim 来获得；见 3.1.3 节）。

```
R> dim(volcano)
[1] 87 61
R> contour(x=1:nrow(volcano),y=1:ncol(volcano),z=volcano,asp=1)
```

$x$ 和 $y$ 序列分别提供给 x 和 y，以及 $z$ 矩阵提供给 z。可选参数 asp=1，参考图的纵横比，强制坐标轴的 1 对 1 单位处理（当单位具有物理尺寸的解释时，这是相关的，如图中的地理区域——就像这里的情况）。

图 25-10 显示了此示例的结果。默认设置下，R 自动选择绘制轮廓的 $z$ 的水平以获得美观的结果。轮廓也用它们相应的 $z$ 值选择性地进行标记。看看地形，我们可以看到最高的山峰是左边的一个边缘，在 190m 处有一个长圆形轮廓，一个向右下降的凹陷（约 160m）。

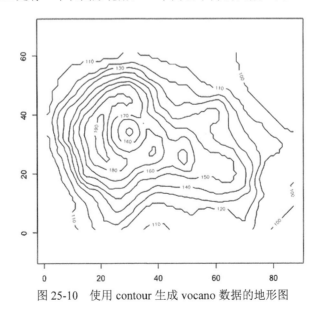

图 25-10 使用 contour 生成 vocano 数据的地形图

轮廓不仅能够显示曲面中的峰和谷，而且能够显示任何这种特征的"陡度"。轮廓线越靠近，双变量函数的总体水平的变化就越快。

**示例 2：参数响应曲面**

另一个例子，思考用于拟合前面提到的 mtcars 数据的多重线性模型，即由马力、重量和两个预测变量之间的相互作用建模的 MPG。如在 21.5.4 节中，我们可以获得具有以下内容的拟合模型对象：

```
R> car.fit <- lm(mpg~hp*wt,data=mtcars)
R> car.fit

Call:
lm(formula = mpg ~ hp * wt, data = mtcars)

Coefficients:
(Intercept)           hp           wt        hp:wt
   49.80842     -0.12010     -8.21662      0.02785
```

目标是绘制响应变量即平均里程，作为马力的函数和重量的函数。为此，我们需要根据以前的模型估计平均 MPG，用于马力和重量值的网格。代码如下。

```
R> len <- 20
R> hp.seq <- seq(min(mtcars$hp),max(mtcars$hp),length=len)
R> wt.seq <- seq(min(mtcars$wt),max(mtcars$wt),length=len)
R> hp.wt <- expand.grid(hp=hp.seq,wt=wt.seq)
R> nrow(hp.wt)
[1] 400
R> hp.wt[1:5,]
          hp    wt
1  52.00000  1.513
2  66.89474  1.513
3  81.78947  1.513
4  96.68421  1.513
5 111.57895  1.513
```

首先，此代码在 hp 和 wt 中设置了均匀间隔的序列（每个长度为 20，跨越观察数据的范围），是 $x$ 和 $y$ 的序列。这意味着我们将估计拟合模型的 20×20 =400 个唯一坐标；这些坐标是使用 expand.grid 获取的，如 25.3 节所述。

再次，我们使用 predict 获得 400 个对应的平均 MPG（$z$）值；因为它已经是所需格式的数据集，hp.wt 可以直接传递给 newdata 参数。

```
R> car.pred <- predict(car.fit,newdata=hp.wt)
```

然后只需将结果向量分配为适当的 20×20 的 $z$ 矩阵。

```
R> car.pred.mat <- matrix(car.pred, nrow=len, ncol=len)
```

最后，将结果绘制为轮廓，如图 25-11 所示。

```
R> contour(x=hp.seq,y=wt.seq,z=car.pred.mat,levels=32:8,lty=2,lwd=1.5,
           xaxs="i",yaxs="i",xlab="Horsepower",ylab="Weight",
```

```
       main="Mean MPG model")
```

在此调用中，我们使用了可选的 levels 参数。不是让 R 自动决定 $z$ 的哪些值来显示轮廓，我们可以为此参数提供一个数字向量，其具有绘制线条的特定级别。这个数字向量必须与所关注的双变量函数具有相同的比例；这里，绘制从 32～8 的所有整数级别的轮廓。使用熟悉的参数 lty 和 lwd 来控制轮廓线本身的外观，这里设置的虚线比平常稍厚。

此外，特别是对于轮廓图，我们通常希望偏离默认轴的限制样式，因为包含在默认绘图区域（见 23.4.1 节）中的少量附加"填充"空间可以相当突出——再看看图 25-11 中的火山等高线图。如前所示，将 xaxs 和 yaxs 设置为"i"将所有绘图限制为对 $x$ 和 $y$ 强制的精确限制。

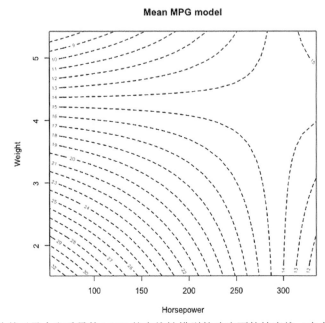

图 25-11　描绘基于马力和重量的 MPG 的多线性模型的响应面的轮廓线（来自 mtcars 数据）

### 示例 3：非参数双变量密度估计（地震数据）

本章中轮廓曲线和其他曲线发挥的另一个作用是可视化双变量密度函数。

在 24.2.2 节中，我们研究了内核密度估计（KDE）作为一种方法的想法，通过该方法构建数据的概率密度函数的平滑估计——本质上是复杂的直方图。KDE 自然可以扩展到更高的维度，以便我们还可以估计 $x$-$y$ 平面中的二元观测的密度。这再次涉及在固定坐标网格上可视化的 $z$ 矩阵。关于多变量 KDE 的理论细节，参见 Wand 和 Jones（1995）。

将注意力转回到内置 quakes 数据集，并调用 1000 个地震事件的空间坐标图（例如，图 13-1 和图 23-1）。要估计这些点的概率密度函数，可以在 MASS 包中使用 kde2d 函数。加载 MASS 并执行以下行以产生观察到的二维数据的内核估计：

```
R> quak.dens <- kde2d(x=quakes$long,y=quakes$lat,n=100)
```

我们将双变量数据作为水平轴和垂直轴的 $x$ 和 $y$ 参数。可选参数 $n$ 用于指定实际返回估计密度表面的估计坐标（沿着两个轴中的每一个）的数量。这定义了通过调用 kde2d 返回的矩阵的大小。在这里，我们要求 KDE 在观察数据的范围上有 100×100 个均匀间隔的网格。

生成的对象是一个包含 3 个成员的列表。通过$ x 和$ y 访问的组件包含在相应轴方向上均匀分布的估计网格坐标中，$ z 为我们提供了相应的 z 矩阵。我们可以通过输入 quak.dens $ x 或 quak.dens $ y 确认，提示它们确实增加了跨越观察数据范围的序列。输入以下内容确认矩阵的大小：

```
R> dim(quak.dens$z)
[1] 100 100
```

这样，我们就拥有了显示 KDE 曲面轮廓的所有成分。下一行生成默认等值线图，如图 25-12a 所示。

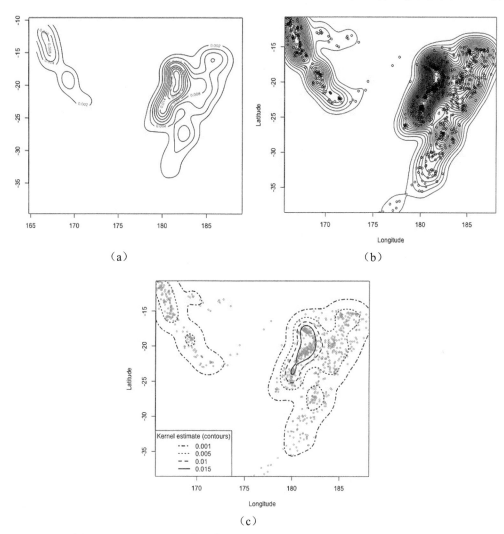

（a）　　　　　　　　　　　　　（b）

（c）

图 25-12　对于 quakes 数据集，给出空间地震位置的概率密度函数的
二元核估计的等值线图的 3 个例子

```
R> contour(quak.dens$x,quak.dens$y,quak.dens$z)
```

有更多的可选参数可用于 contour 来显示连续曲面。它也有助于同时查看其他数据或原始观

察值（如果它们已经以某种方式创建表面，如双变量 KDE 的情况）。以下代码重写了具有未添加轴、不同轮廓级别到默认值的 quakes 核心估计和原始观测值；我们可以看到图 25-12b 的结果：

```
R> contour(quak.dens$x,quak.dens$y,quak.dens$z,nlevels=50,drawlabels=FALSE,
           xaxs="i",yaxs="i",xlab="Longitude",ylab="Latitude")
R> points(quakes$long,quakes$lat,cex=0.7)
```

可以使用 nlevels 参数指定要显示的级别数，而不是使用级别来确定绘制轮廓的确切级别（如示例 2 所示），并且函数将选择特定的值。这个对 contour 的最新调用要求绘制 50 个级别。我们可以通过设置 drawlabels = FALSE 来阻止显示轮廓的自动标记，也可以在此处执行，然后调用 points 以将原始观察值添加到图像。自然，描绘非参数密度估计的平滑轮廓反映了数据的异质空间图案化。

改变绘制的轮廓的外观不需要通用设置，我们还可以更改每个单独的轮廓级别的外观。例如，如果我们希望在没有默认标签（聚焦于曲面本身的形状）的某些特定级别下显示轮廓，但仍然希望能够辨别这些轮廓的值，那么这就可以很方便。我们可能还希望在已描绘其他数据或基于模型结果的现有绘图上叠加轮廓。图 25-12c 给出的地震 KDE 曲面的第三幅图显示了如何实现这两个目标。

开始绘图，将地震数据的空间位置绘制为半角灰色点，使用 xax 和 yax 来设置轴的风格以去除绘图区域的边缘周围的人为填充以及轴标题。

```
R> plot(quakes$long,quakes$lat,cex=0.5,col="gray",xaxs="i",yaxs="i",
        xlab="Longitude",ylab="Latitude")
```

然后，在调用 contour 之前，把绘制轮廓所需的级别存储在一个名为 quak.levs 的向量中（同样，选择合适的轮廓级别完全取决于我们要绘制哪种曲面；我们需要大致知道存储在相关 $z$ 矩阵中的值）。

```
R> quak.levs <- c(0.001,0.005,0.01,0.015)
```

记住，在默认情况下，contour 刷新图形设备并启动一个新的绘图，但是我们希望避免在现有绘图中添加轮廓线。为此，需要明确指定 add = TRUE。然后，将 quak.levs 中的 4 个指定级别提供给级别，并使用 drawlabels = FALSE 阻止标记。要控制各个级别的轮廓线的外观，应提供 4：1 到 lty 的整数序列，其第一个条目 4 定义 $z = 0.001$ 的轮廓线类型。第二个条目 3 指定了 $z = 0.005$ 轮廓的线类型，以此类推。最后，使用单个提供值 lwd = 2 将所有绘制的轮廓设置为双重厚度（如果要为不同轮廓生成不同的线条粗细，也可以在这里提供一个具有 4 个元素的矢量。相同元素方面的轮廓规格扩展到其他相关美学，例如通过上色的颜色）。

```
R> contour(quak.dens$x,quak.dens$y,quak.dens$z,add=TRUE,levels=quak.levs,
           drawlabels=FALSE,lty=4:1,lwd=2)
```

最后，由于轮廓中的自动标注被抑制，在绘图区域的左下角添加图例，引用通过 4 种不同线型的轮廓值。

```
R> legend("bottomleft",legend=quak.levs,lty=4:1,lwd=2,
          title="Kernel estimate (contours)")
```

注意　许多内置和组成的基本 R 绘图函数，默认情况下会初始化，刷新或打开一个新的绘图，包括 add 参
　　　数，如这里所示。这允许我们使用这些函数生成的图形作为现有图形的添加。可在相关帮助文件中
　　　查看是否为给定命令的情况。

### 25.4.2　彩色填充轮廓

对于轮廓图上的直接变化，可以使用颜色填充绘制不同级别之间的间隙。与颜色图例结合，
就消除了对轮廓线进行标注的需要，并且在某些情况下可以使视觉上解释所绘制的 z 矩阵曲面中
的波动更容易。

filled.contour 函数为我们执行此操作。我们需要按照与轮廓相同的方式，在 x 轴和 y 轴方向以及
相应的 z 矩阵中为参数 x、y 和 z 提供增加的网格坐标序列。指定颜色的最简单方法是为 color.palette
参数（默认为内置的 cm.colors 调色板；参见图 25-2 /画板 III）提供一个调色板，R 提供其他的。

使用示例 2 中的 mtcars 响应曲面进行快速演示。如果我们当前工作空间中没有它们，可使用
25.4.1 节中的代码获得相关的拟合多元线性回归模型、估计网格坐标并预测。通过定义如前面的
对象 hp.seq，wt.seq 和 car.pred.mat，以下调用产生图 25-13。

```
R> filled.contour(x=hp.seq,y=wt.seq,z=car.pred.mat,
                  color.palette=colorRampPalette(c("white","red4")),
                  xlab="Horsepower",ylab="Weight",
                  key.title=title(main="Mean MPG",cex.main=0.8))
```

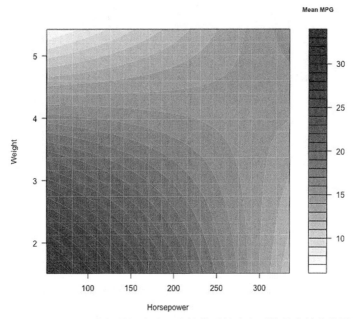

图 25-13　mtcars 数据的拟合多元线性模型的响应面的填充等值线图

注意，在图 25-13 中，默认的调色板尚未使用。相反，我们已经给相关参数提供了自定义调
色板（作为对 colorRampPalette 的适当调用的直接结果产生；见 25.1.3 节），从下端的白色移动到
上端的深红色。另外注意，虽然 x 轴和 y 轴标题通常提供给了 xlab 和 ylab，但是必须以特定的方

式提供颜色图例的标题——在 title 对 title.title 参数的调用中。这是因为 filled.contour 实际上产生了两个图，一个用于图像本身，一个用于颜色图例，并使用 layout 命令将它们放置在彼此旁边。

这种内部直接使用 laoput 不是问题，但是，正如我们在 23.1.4 节中看到的，如果我们希望在事实之后注释填充的轮廓图，会使事情复杂化（例如，向现有图形添加点），因为原始用户坐标系的丢失。

将注意力转回到空间 quakes 数据的二维内核估计（如果我们尚未在工作空间中获得 quak.dens 对象，应使用 25.4.1 节中的代码重新创建它）。以下代码使用内置的 topo.colors 调色板创建密度表面的填充轮廓图，并将绘制级别的数量从默认值 20 修改为 30。在同一调用中，我们可以使用可选的 plot.axes 参数将原始观察值的点叠加到图像上。图 25-14 显示了结果。

```
R> filled.contour(x=quak.dens$x,y=quak.dens$y,z=quak.dens$z,
                  color.palette=topo.colors,nlevels=30,xlab="Longitude",
                  ylab="Latitude",key.title=title(main="KDE",cex.main=0.8),
                  plot.axes={axis(1);axis(2);
                             points(quakes$long,quakes$lat,cex=0.5,
                             col=adjustcolor("black",alpha=0.3))}})
```

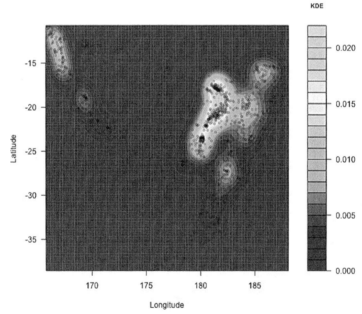

图 25-14 空间 quakes 数据的概率密度函数的核估计的填充等值线图，
其中叠加了原始观测值（参见彩插）

看看使用 plot.axes 的方式；它需要一大块代码来发挥作用。在调用 plot.axes 时，如果要保留标记的标记，必须明确指示它标记 x 轴和 y 轴。这是通过对轴的两次调用完成的（见 23.4.3 节——轴（1）给出 x，轴（2）用于 y）。我们通过调用点来添加数据点；在这个例子中，被指示绘制一半大小，用调整色彩赋予 30% 的不透明度。由于我们一次向 plot.axes 参数提供了多个单独的命令，因此每条命令需要用大括号（{}）之间的分号（;）分隔。

以这种方式填充轮廓图的注释需要更多的考虑，因为我们需要通过调用 axis 手动添加轴，并在调用 filled.contour 中执行所有后续所需的绘制操作。例如，产生一个填充的轮廓图像 quakes KDE

曲面，然后调用点作为单独的代码行，它不会起作用。如果尝试了，就会看到观察到的数据点无法与其原始用户坐标正确对齐，如轴上所示。

记住，我们在第 21 章和第 22 章中检查了核电厂建造成本的各种多元线性回归模型。现在的目标是通过视觉来估计在使用轮廓的两个连续预测变量之间包含/排除互动术语的影响。重新访问 nuclear 数据集，在加载 boot 包后可用，并启动帮助文件以刷新存在的变量存储器。

a. 根据以下准则，拟合和总结两个线性模型，建筑成本作为响应变量：

   i. 第一，考虑两个预测变量对建筑许可证和工厂容量的发布日期的主要影响。

   ii. 第二，除了两个主要影响外，应包括许可证发放日期和能力之间的相互作用。

b. 设置适当的 z 矩阵以绘制每个响应曲面。每一个都应该使用均匀间隔的序列，基于 50×50 的估计网格在容量和日期变量中构建。

c. 在 par 中指定 mfrow，以便可以显示来自 a 题 i 和 ii 的两个响应曲面的默认等值线图。它们看起来类似吗？这是否与 a 题 ii 中相互作用项的统计显著性（或缺乏）相关？

d. 为了直接比较两个曲面，使用选择的内置调色板来产生主效应模型的填充轮廓图，并将交互模型的轮廓线叠加在其上。请注意以下事项：

  — 在调用 fill.contour 中实现这个图。回顾我们使用 plot.axes 在现有填充颜色的轮廓图上绘制附加特征的特殊方式。

  — 交互模型的轮廓线可以通过调用 contour 来添加。回顾可选参数 add 的使用。

  — 叠加轮廓应为双重厚度的虚线。

  — 包含 x 轴和 y 轴，并给出整洁的标题。

  — 参考建筑成本模型的两个版本，以及使用来自 locator 的单个鼠标点击位置（见 23.3 节）的额外调用 text，添加描述填充轮廓与轮廓线的简要文本。注意，此调用将需要完全放松剪切，以使文本在任何边距中可见。

结果如下：

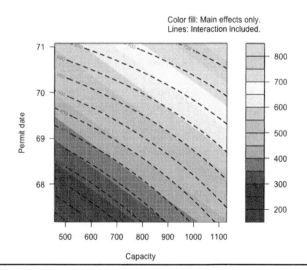

e. R 中另一个内置的数据框架，包含怀俄明州黄石国家公园中古老的忠实间歇泉的等待时间和爆发的持续时间的观察。有关详细信息，参阅文档？faithful。根据数据进行绘图，其中持续时间在 $y$ 轴上，等待时间在 $x$ 轴上。

f. 用 100×100 估计网格通过 KDE 估计这些数据的二元密度并且产生默认等值线图。

g. 使用从 "darkblue" 到 "hotpink" 的自定义调色板创建内核估计的填充轮廓图；将原始数据作为半角灰点。适当地标记轴和标题。

h. 将原始数据重新绘制为灰色，3/4 尺寸，类型 2 点字符；设置轴的样式以精确限制观察数据的范围；并确保整齐的轴标题和主标题。对于该图，添加由 0.002～0.014 且步长为 0.004 的序列获得的特定水平的密度估计的轮廓线。抑制轮廓的标记。轮廓线应该是深红色的，并且随着密度水平的增加而增加线宽度。添加引用每一行的密度级别的图例。

下面是作者为 g 题和 h 题画的图。

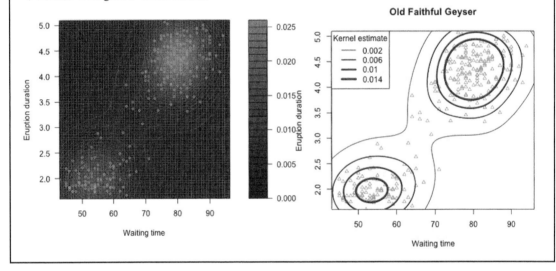

## 25.5 像素图像

像素图像可以说是由有限评价网格近似的连续曲面的最直接的视觉表示。其外观类似于填充的轮廓图，但是图像让我们更直接地控制相关 $z$ 矩阵的每个条目的显示。

### 25.5.1 一个网格点 = 一个像素

将 $z$ 矩阵的每个条目视为一个小矩形，其颜色描绘相应的值。这些矩形或像素正是由构成图 25-9 中的 $z$ 矩阵的概念图的虚线灰色线形成的单元格所描绘的。这强调了重要的事实，即估计网格序列的精度（在 $x$ 坐标和 $y$ 坐标方向上）直接定义每个像素的大小，并因此确定了所得到的图像的平滑度。较小的像素意味着图像的分辨率增加。

内置 imagine 函数绘制像素图像。与轮廓一样，我们提供 $x$ 轴和 $y$ 轴估计网格坐标作为增加序列到 $x$ 和 $y$ 参数，将相应的 $z$ 矩阵提供给 z。回到 25.4.1 节的例 1，首先看到的是 vacano 数据集，下面的行产生了图 25-15。

```
R> image(x=1:nrow(volcano),y=1:ncol(volcano),z=volcano,asp=1)
```

再次注意，我们使用可选参数 asp = 1 来强制水平轴和垂直轴的一对一宽高比。这个图由 87×61 = 5307 的像素组成，每个表示 vocano 矩阵中的特定条目。在视觉上，这个图像在图 25-10 中相同数据的等值线图中的反映是清楚的。

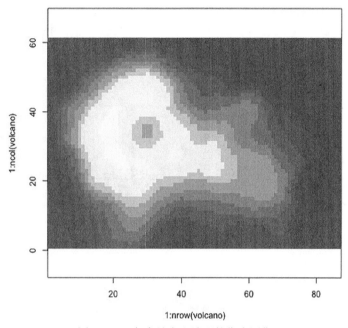

图 25-15　奥克兰火山地形的像素图像

image 命令需要一个颜色向量，通常以调色板的十六进制代码形式提供，以传递给它的 col 参数。如果没有指定，它默认使用内置调色板的 heat.colors（12），如火山的图像。然而，一个直接的问题是缺少颜色图例。来自 shape 包（见 25.1.5 节）的 colorlegend 函数的辅助工具对这些图有用。

现在，返回到来自实例 2 的 mtcars 响应面，其适合 MPG 的马力和重量的多元线性回归模型（以及两个预测物之间的交互效应）。为方便起见，必要对象的代码在此以压缩形式再现（有关操作的更全面解释，见 25.4.1 节）：

```
R> car.fit <- lm(mpg~hp*wt,data=mtcars)
R> len <- 20
R> hp.seq <- seq(min(mtcars$hp),max(mtcars$hp),length=len)
R> wt.seq <- seq(min(mtcars$wt),max(mtcars$wt),length=len)
R> hp.wt <- expand.grid(hp=hp.seq,wt=wt.seq)
R> car.pred.mat <- matrix(predict(car.fit,newdata=hp.wt),nrow=len,ncol=len)
```

与前面一样，我们已经在 car.pred.mat 中设置了一个包含 400 个元素的矩阵，该矩阵基于连续预测变量中长度为 20 的序列。

现在，确保加载了 shape 包，以便我们可以访问 colorlegend 函数。下面的代码首先设置一个蓝色的自定义调色板，设置新的边距限制，加宽最右边的区域，然后绘制预测的 20×20 响应面，包括颜色图例；结果在图 25-16a 给出。

```
R> blues <- colorRampPalette(c("cyan","navyblue"))
R> par(mar=c(5,4,4,5))
R> image(hp.seq,wt.seq,car.pred.mat,col=blues(10),
        xlab="Horsepower",ylab="Weight")
R> colorlegend(col=blues(10),zlim=range(car.pred.mat),zval=seq(10,30,5),
            main="Mean\nMPG")
```

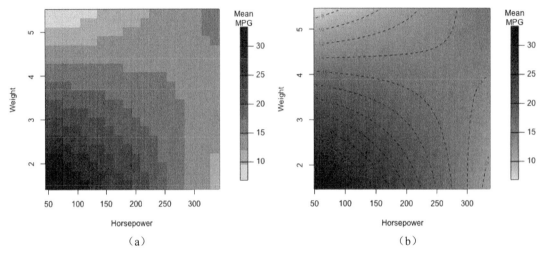

（a）　　　　　　　　　　　　　　　（b）

图 25-16　mtcars 的两个像素图意味着实施例 2 中引入的 MPG 响应面，伴随着颜色图例
在马力和重量变量中的评估网格方面

（a）具有 $20^2$ 的分辨率（b）基于更精细的 $50^2$ 网格。轮廓叠加在图 b 上

利用相对粗略的估计网格，构成曲面的像素是突出的。通过在 hp.seq 和 wt.seq 估计网格中使用更精细的序列，我们可以轻松地提高参数响应曲面的分辨率。下面的代码只是将 len 增加到 50，覆盖以前使用的对象：

```
R> car.fit <- lm(mpg~hp*wt,data=mtcars)
R> len <- 50
R> hp.seq <- seq(min(mtcars$hp),max(mtcars$hp),length=len)
R> wt.seq <- seq(min(mtcars$wt),max(mtcars$wt),length=len)
R> hp.wt <- expand.grid(hp=hp.seq,wt=wt.seq)
R> car.pred.mat <- matrix(predict(car.fit,newdata=hp.wt),nrow=len,ncol=len)
```

然后使用以下代码产生图 25-16b 的图像：

```
R> par(mar=c(5,4,4,5))
R> image(hp.seq,wt.seq,car.pred.mat,col=blues(100),
        xlab="Horsepower",ylab="Weight")
R> contour(hp.seq,wt.seq,car.pred.mat,add=TRUE,lty=2)
R> colorlegend(col=blues(100),zlim=range(car.pred.mat),zval=seq(10,30,5),
            main="Mean\nMPG")
```

新绘制的曲面由 $50^2$=2500 个像素组成，与仅为 $20^2$=400 个像素的先前图像相反。图片的改进是显而易见的。在绘制新图像时，将使用的颜色数量（来自自定义 blues 调色板）增加到 100，以提供更平滑的颜色转换。还要注意，在调用 contour 时使用 add 将轮廓线叠加到图像上，以提供估计网格上的波动曲面的进一步视觉强调。添加图例，并对最终调整的 colorlegend 进行适当的调用。

## 25.5.2　曲面截断和空像素

由于 $z$ 矩阵的一对一文字表示，当我们希望绘制一个不规则地拟合或小于横跨 $x$ 和 $y$ 轴的标准矩形估计网格的表面时，像素图像是特别好的。为了详细演示这种操作，我们使用来自 Baddeley 和 Turner（2005）提供的 spatstat 包的新数据集。通过调用 install.package（"spatstat"）安装 spatstat。注意，spatstat 有多个依赖关系；如果在下载和安装 spatstat 时遇到任何问题，可参阅附录 A.2.3。

**示例 4：非参数双变量密度估计（Chorley-Ribble 数据）**

通过调用 library（"spatstat"）安装并加载当前 R 会话中的 spatstat 后，在提示符下输入 ? chorley 来检查帮助文件。该文件详述了 Chorely-Ribble 癌症数据——20 世纪 70 年代末和 80 年代早期在英格兰的特定区域收集的 1036 例喉癌和肺癌的空间位置（首先由 Diggle 分析的数据，1990）。chorley 对象是特定于 spatstat（"ppp"对象——平面点模式）的特殊类，但它的组件可以提取，与引用我们命名列表的成员一样。

观察的坐标可以作为分量 $ x 和 $ y 检索。要查看观测值的空间离散度，下面给出了图 25-17a 的代码：

```
R> plot(chorley$x,chorley$y,xlab="Eastings (km)",ylab="Northings (km)")
```

我们的目标是显示癌症分布的二维概率密度函数的内核估计，类似于我们在示例 3 中使用地震数据执行的操作。我们将使用 kde2d 函数——执行 library（"MASS"）访问它。然后，正如我们使用它的地震的空间位置，观察到的 Chorley-Ribble 数据的默认 KDE 表面给出如下：

```
R> chor.dens <- kde2d(x=chorley$x,y=chorley$y,n=256)
```

注意规格精细的 $256 \times 256$ 的东北估计网格。

要显示密度估计，应使用内置的 rainbow 调色板，并使用可选的 start 和 end 参数来限制调色板的总范围，从下端的红色开始，到上端的洋红色/粉红色结束（这些参数在 25.1.2 节中提到过；有关使用 start 和 end 的更多细节，可参阅帮助文件 ? rainbow）。用以下代码从这个调色板预储存 200 种颜色：

```
R> rbow <- rainbow(200,start=0,end=5/6)
```

然后，通过调用以下代码生成图像：

```
R> image(x=chor.dens$x,y=chor.dens$y,z=chor.dens$z,col=rbow)
```

chorley 的另一个组件名为 $window，包含不规则多边形的顶点。该多边形定义了进行观察的地理研究区域。$window 组件也恰巧是 spatstat 的另一个特殊对象类，即"观察窗"的"owin"。虽然可以提取多边形的特定顶点并使用内置功能手动绘制，但是 spatstat 的作者已经提供了一个标准的绘图方法用于此目的。运行 image 命令后，调用以下代码将研究区域的边界叠加在像素图像上：

```
R> plot(chorley$window,add=TRUE)
```

最终结果在图 25-17b 中给出。

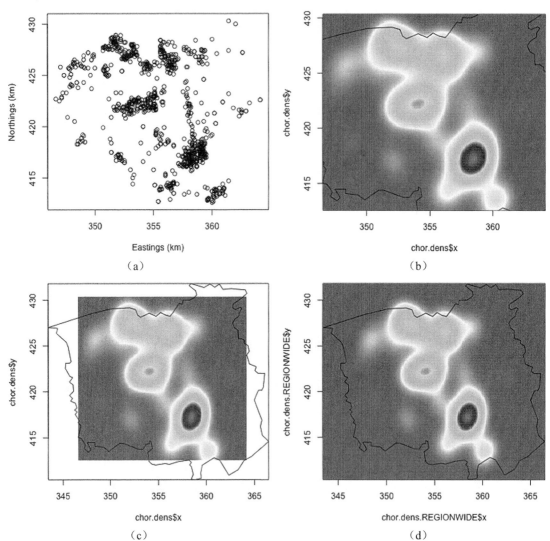

图 25-17　试图绘制作为像素图像的 Chorley-Ribble 癌症数据的概率密度函数的二维核估计

（a）原始数据　　（b）基于具有叠加的研究区域的数据范围的默认 kde2d 结果

（c）当绘制原始密度估计值时，扩展图像调用的 xlim 和 ylim

（d）修正的密度估计，使用研究区域的完整 $x$ 和 $y$ 范围来定义估计网格

我们可以注意到，收集数据的地理区域比观测本身的 $x$ 和 $y$ 范围稍宽，因此当前图不能全部显示该区域。下面的代码用数字表示：

```
R> chor.WIN <- chorley$window
```

```
R> range(chorley$x)
[1] 346.6 364.1
R> WIN.xr <- chor.WIN$xrange
R> WIN.xr
[1] 343.45 366.45
R> range(chorley$y)
[1] 412.6 430.3
R> WIN.yr <- chor.WIN$yrange
R> WIN.yr
[1] 410.41 431.79
```

研究区域的 $x$ 和 $y$ 范围可以作为 $window 组件（其被存储在第一行中作为对象 chor.WIN）的 $xrange 和 $yrange 组件。可以看到，当将其限制与原始数据上的调用范围的结果进行比较时，整体研究区域稍大。

或许，这不是唯一的问题。从图中，我们还可以看到 KDE 表面已经在实际研究区域外的某些区域中进行了估计和绘制，因此也需要进行修正（我们稍后将看到）。

所以，我们能做些什么来确保整个地理区域的显示呢？可以使用区域的范围存储在以前的向量 WIN.xr 和 WIN.yr 中，并且调用图像时提供他们熟悉的可选 xlim 和 ylim 参数。

```
R> image(chor.dens$x,chor.dens$y,chor.dens$z,col=rbow,
         xlim=WIN.xr,ylim=WIN.yr)
R> plot(chor.WIN,add=TRUE)
```

这两行的结果在图 25-17c 中给出。不过，原始密度估计仍然根据原始数据的原始 $x$ 和 $y$ 范围来定义，这给出了空像素的边界。此外，上述密度区域仍然落在观察窗外面。

所有这些强调了重要的事实，即 $z$ 矩阵是特定于预定义的估计网格。对于 Chorley-Ribble 数据，获得我们的密度估计跨越地理学习区域的唯一方法是修改内核估计，以便生成跨越该区域极限估计网格。幸运的是，kde2d 函数允许我们使用 lims 参数设置估计网格的可选 $x$-$y$ 极限。这需要长度为 4 的数字向量，其中 $x$ 轴的下限值和上限值依次为 $y$ 轴的下限值和上限值。以下代码使用研究区域限制重新估计密度，并绘制 it。结果在图 25-17d 中给出。

```
R> chor.dens.WIN <- kde2d(chorley$x,chorley$y,n=256,lims=c(WIN.xr,WIN.yr))
R> image(chor.dens.WIN$x,chor.dens.WIN$y,chor.dens.WIN$z,col=rbow)
R> plot(chor.WIN,add=TRUE)
```

这样，我们就解决了确保曲面跨越所需区域的问题。然而，这会突出第二个问题——实际观察到的数据严格落在定义的多边形内，但我们可以看到在地理区域外绘制像素，是没有意义的。如果不希望绘制它们，我们可以将 $z$ 矩阵中的相关条目设置为 NA 来精确控制在任何给定像素图像中绘制的像素。

我们需要一种机制来决定 $z$ 矩阵中的给定单元格条目（即 chor.dens.WIN $ z）是否对应于多边形内部或外部的位置（对象 chor.WIN）。如果它落在外面，我们就希望强制该条目为 NA。一般来说，这种类型的决策需要我们测试矩阵的每个元素相对于它在估计网格上的坐标值，可能会使用我们自己的 R 函数。幸运的是，在这种情况下，spatstat 的 inside.owin 函数确实如此，但是当我们需要精确地控制哪些像素被绘制而哪些不被绘制时，原理是不变的。

给定一个或多个二维（$x$, $y$）坐标和类"owin"的对象，inside.owin 函数会返回对应于定义区域内的那些坐标具有 TRUE 的对应逻辑向量，并且对于任何其他坐标返回 FALSE。作为快速演示，请观察以下结果：

```
R> inside.owin(x=c(355,345),y=c(420,415),w=chor.WIN)
[1] TRUE  FALSE
```

这确认了我们在图 25-17 中看到的，坐标（355，420）完全位于多边形内，而坐标（345，415）不在多边形内。

现在，我们需要在估计网格中的 $z$ 矩阵 chor.dens.WIN $ z 所在的每个坐标上使用 inside.owin 函数。首先，使用 expand.grid 创建完整的网格坐标集，与 25.3.1 节中所述相同。

```
R> chor.xy <- expand.grid(chor.dens.WIN$x,chor.dens.WIN$y)
R> nrow(chor.xy)
[1] 65536
```

在结果的坐标数据框架上调用 nrow 确认我们在具有 chor.dens.WIN KDE 对象中定义的正好 $256^2$=65536 个网格点。然后，以下调用获取 chor.xy 的两列，并使用逻辑否定（使用!）来产生标记位于定义的地理区域之外的网格坐标的逻辑向量。

```
R> chor.outside <- !inside.owin(x=chor.xy[,1],y=chor.xy[,2],w=chor.WIN)
```

进行最后一步。

```
R> chor.out.mat <- matrix(chor.outside,nrow=256,ncol=256)
R> chor.dens.WIN$z[chor.out.mat] <- NA
```

首先，为了清楚起见，重写长 chor.outside 向量为 256×256 矩阵，以强调其精确地对应于 $z$ 矩阵。然后，该逻辑标志矩阵用于将 $z$ 矩阵中的"外部"条目直接重写为 NA。

现在用新操纵的 $z$ 矩阵绘制图像。确保我们已经加载了 shape 包，并完成了对颜色图例的整理。以下代码创建 KDE 表面像素图像图，其中像素点限制为仅由$window 定义的地理区域：

```
R> dev.new(width=7.5,height=7)
R> par(mar=c(5,4,4,7))
R> image(chor.dens.WIN$x,chor.dens.WIN$y,chor.dens.WIN$z,col=rbow,
        xlab="Eastings",ylab="Northings",bty="l",asp=1)
R> plot(chor.WIN,lwd=2,add=TRUE)
R> colorlegend(col=rbow,zlim=range(chor.dens.WIN$z,na.rm=TRUE),
              zval=seq(0,0.02,0.0025),main="KDE",digit=4,posx=c(0.85,0.87))
```

首先，打开一个新的图形设备并加宽右边距以合并颜色图例。接下来，调用图像绘制，具体使用 L 形框和严格的一对一 $x$-$y$ 宽高比，然后添加具有稍粗线的区域多边形。最后，执行 colorlegend 获得引用颜色值的适当定位的图例（经过一点试验和错误后找到的特定定位和刻度标记）。可以在图 25-18 中看到最终结果。

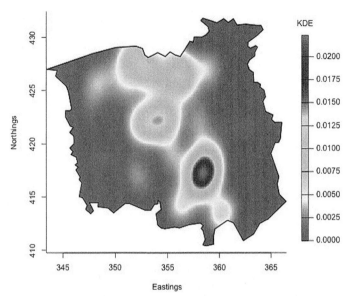

图 25-18　Chorley-Ribble KDE 表面的最终像素图像，限于原始收集数据的
地理研究区域（参见彩插）

**注意**　当截断最初的整个矩形估计网格上定义的二元密度估计的核估计时，技术上，我们不再将有效的概
率密度函数作为结果（因为不规则区域上的积分将不再将估计的总概率视为 1）。数学上更健全的
方法需要对多元 KDE 更深入的了解，超出了本文的范围。然而，能够截断像素图像这在任何情况下，
我们想要定义表面（可能不规则）的一个整体矩形估计网格的子集是有用的。

## 练习 25.4

重新访问内置的 airquality 数据集，并查看帮助文件以刷新我们对现存变量的认识。创建数据
框的副本：选择与每日温度、风速和臭氧水平相关的列，并使用 na.omit 删除所有包含缺失
值的记录。

a. 根据第 24 章对这些数据的探讨，我们可以看出日常温度、风速和臭氧水平之间存在联系。
拟合多元线性回归模型，旨在基于风速和臭氧水平预测平均温度，包括交互效应。汇总
生成的对象。

b. 使用来自 a 题的模型，基于风速和臭氧中的 50×50 估计网格来构造预测平均日温度的 z
矩阵。

c. 创建响应曲面的像素图像，按照以下步骤叠加原始观察值：
— 初始化图形设备，令底部、左侧、顶部和右边界线分别为 5、4、4 和 6。
— 来自内置 topo.colors 调色板的 20 种颜色应用于产生图像；包括整齐的轴标题。
— 重新访问 25.1.4 节中定义的 normalize 函数，并使用内置函数 gray，根据标准化的原
始温度观测值生成灰色向量（见 25.1.2 节）。将基于风速和臭氧的原始观测值叠加到
像素图像上，使用灰色矢量来指示相应的温度观测值。
— 然后应该对 shape 包的 colorlegend 进行单独的调用。第一个应该出现在右边距的空间

中，引用曲面本身。第二个应该使用内置的 gray.colors 函数，设置可选参数 start = 0 和 end = 1，以生成 10 个灰度阴影，用于引用叠加点的原始温度观察值的图例。此图例应位于像素图像本身的顶部，在没有原始观测值的右上象限中。

— 两个图例应该有适当的标题，我们可能需要尝试一下 posx 和 posy 参数，以找到满意的位置。

绘制结果如下。

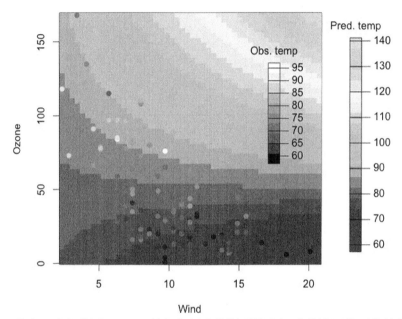

在 25.5.2 节中，我们使用 chorley 数据集创建截断到整个矩形估计网格子集的像素图像。确保在当前 R 会话中加载了 spatstat，并执行以下两行：

```
R> fire <- split(clmfires)$intentional
R> firewin <- clmfires$window
```

这提取了在西班牙特定地区故意照明的火灾的 1 786 个位置记录。空间坐标可以提取为火的 $x 和 $y 成员，而地理区域本身作为多边形存储在 firewin 中（与前面看到的 chorley$window 对象属于同一个类）。更多的详细信息，可参阅使用 ? clmfires 获得的文档。

d. 使用研究区域的总 $x$ 和 $y$ 范围，使用来自 MASS 包的 kde2d 来计算故意点燃的火灾的空间离散的概率密度函数的双变量核估计。 KDE 曲面应该基于 256×256 估计网格。

e. 使用 expand.grid 结合 inside.owin，识别矩形估计网格上落在地理区域之外的所有点。将密度表面的所有相应像素设置为 NA。

f. 构造截断密度的像素图像，如下所示：

— 图形设备在绘图区域的底部、左侧和顶部都有 3 行空格，右侧有 7 行。

— 在生成图像本身时，应使用从内置 heat.colors 调色板生成的 50 种颜色。保持一对一的宽高比，抑制轴标题，并且将框类型设置为 L 形。

— 地理研究区域应该使用双倍宽度线叠加到图像上。

— 使用 shape 包的 colorlegend 函数，引用具有适当标题的密度的颜色图例应放置在图像的右侧。我们需要对展示位置的 posx 参数进行实验。在 5e-6～35e-6 的序列中以 5e-6 的步骤标记图例（见 2.1.3 节关于电子表示的解释）；还要确保这些标签能够显示最多 6 个小数位精度。

作为参考，我的结果在这里给出。

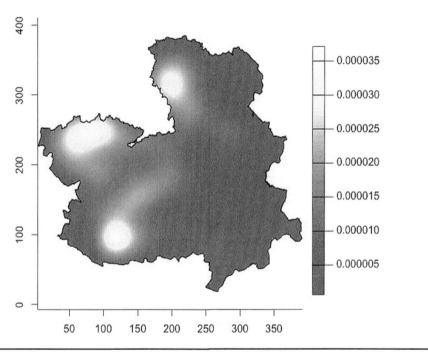

## 25.6 透视图

我们在本章看到的最后一种图将是透视图，透视图有时也被称为线框。与轮廓图和像素图像不同，透视图曲面的波动用线图案和/或颜色强调，使用物理的第三维，对其绘制 $z$ 值。

### 25.6.1 基本图和角度调整

当我们希望强调填充 $z$ 矩阵的值的波动性质时，透视图尤其有用。例如，在一些应用中，我们可能希望获得对绘制曲面中现有峰和/或谷的相对极值的良好印象，这在像素图像或等高线图中很难做到。

回忆在 25.4.1 节和 25.5.1 节中描绘的轮廓和像素图像的 mtcars 响应曲面。我们在马力和重量变量中创建了一个 20×20 估计网格，给出预测的平均 MPG 结果的对应的 400 $z$ 矩阵：

```
R> car.fit <- lm(mpg~hp*wt,data=mtcars)
R> len <- 20
R> hp.seq <- seq(min(mtcars$hp),max(mtcars$hp),length=len)
R> wt.seq <- seq(min(mtcars$wt),max(mtcars$wt),length=len)
R> hp.wt <- expand.grid(hp=hp.seq,wt=wt.seq)
```

```
R> car.pred.mat <- matrix(predict(car.fit,newdata=hp.wt),nrow=len,ncol=len)
```

内置 R 函数 persp 用于创建透视图。它的基本用法与 contour，filled.contour 和 image 相同。我们在 x 轴和 y 轴方向上定义估计网格的递增序列被传递到 x 和 y，使用以下命令为 20×20 的 mtcars 响应曲面创建默认外观：

```
R> persp(x=hp.seq,y=wt.seq,z=car.pred.mat)
```

如图 25-19a 所示。

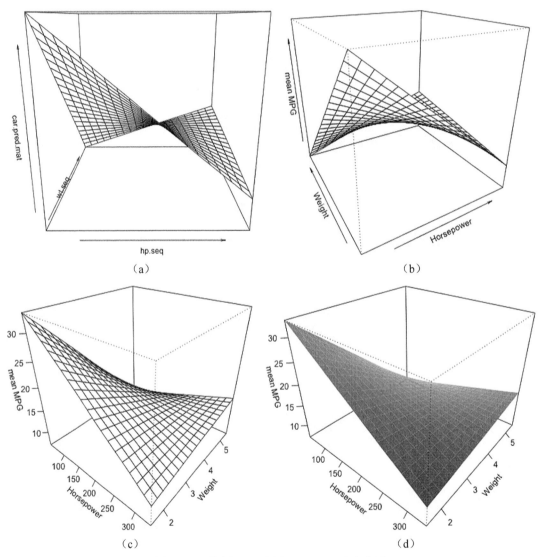

（a）　　　　　　　　　　　　　　　（b）

（c）　　　　　　　　　　　　　　　（d）

图 25-19　使用 persp 创建 20 mtcars 响应曲面
（a）默认外观　　（b）使用 theta 和 phi 调整视角
（c）设置 ticktype ="detailed"以提供详细的轴标签　　（d）使用 shade
添加深度阴影并删除 border= NA 的面边界线

透视图很好解释。默认视角显示前景中的 $x$ 轴，从左到右增加，左侧的 $y$ 轴从前景增加到背景更深。以这种方式，估计网格沿着 3D 图形中的底部平坦，其中绘制表面的 $z$ 轴从底部垂直地增加到顶部。

视角是这种绘图最重要的方面之一。在 persp 中，我们可以使用 theta（它绕水平方向旋转绘图）和 phi（它调整垂直视图位置）两个可选参数来控制它。两者都以度数来指定；theta 默认为 0，$x$ 轴从左到右，phi 默认为 15，以提供一个稍微提升的观察位置，可以看到 $y$ 轴从前景延伸到背景。一般来说，我们可以把 theta 的可能值看作 0～360 的任意值，表示绘图周围的一个完整的旋转，phi 的可能值为 90～-90，其范围使我们直接从顶部往下看到鸟瞰视图，直接从底部向上看到海底视图。

第二个示例演示以下行为：

```r
R> persp(x=hp.seq,y=wt.seq,z=car.pred.mat,theta=-30,phi=23,
          xlab="Horsepower",ylab="Weight",zlab="mean MPG")
```

事实上，这一行代码最初生成了图 21-9（在我们介绍多元线性回归模型中两个连续预测变量之间的交互项的概念时）b 的图像。图形在图 25-19b 再现。轴标题使用 xlab 和 ylab 进行整理，zlab 用于控制第三个垂直轴的标题。在这种情况下，theta 和 phi 的使用使观察点略微高于默认值，并旋转绘图，使得原点（换句话说，指示 $x$-$y$ 平面的下限的下顶点）在前景中突出。值得注意的是，theta 从 0 开始以顺时针 —— 水平方式旋转绘图，但是我们也可以为该参数提供负值，以便沿另一个方向旋转绘图。设置 theta = -30，如这里所示，具有与设置 theta = 330 相同的效果。

默认情况下，图中没有刻度线或标签，只包括方向箭头。我们可以通过将可选的 ticktype 参数设置为 "detailed" 来解决此问题。在图 25-19c 找到以下结果，这也提供了另一个视角：

```r
R> persp(x=hp.seq,y=wt.seq,z=car.pred.mat,theta=40,phi=30,ticktype="detailed",
          xlab="Horsepower",ylab="Weight",zlab="mean MPG")
```

帮助文件？persp 详细描述了控制任何给定透视图的呈现的一系列其他参数。作为一些示例，我们可以用灰度阴影表面来强调图像的 3D 深度，我们可以更改颜色或抑制构成表面本身的网格线的绘制，或者可以更改 $z$ 轴的相对长度。mtcars 响应曲面的最终曲线图说明了这个过程。以下调用的结果在图 25-19d 可见。

```r
R> persp(x=hp.seq,y=wt.seq,z=car.pred.mat,theta=40,phi=30,ticktype="detailed",
          shade=0.6,border=NA,expand=0.8,
          xlab="Horsepower",ylab="Weight",zlab="mean MPG")
```

与前一个绘图具有相同的视角，该绘图使用阴影参数来遮蔽表面，以产生照明风格效果，稍微提高感知深度。阴影的计算依赖于非负数值；令 shade= 0.6 设定了中等强度效应。我们可能希望试验更大或更小的值。如果以这种方式遮蔽表面，通常最好掩盖默认情况下组成曲面的网格线；我们可以设置 border = NA 来实现这一点（border 参数也可以用来通过提供任何有效的 R 颜色来改变表面网格颜色）。最后，expand 参数用于调整 $z$ 轴的大小。指定 expand = 0.8 请求垂直轴，它是估计网格中轴的大小的 80%，生成一个稍微"向下压缩"的棱镜，用以绘制表面。我们还可以使用大于 1 的值进行展开，在这种情况下，效果是沿着垂直方向"拉伸"绘图。

### 25.6.2 为平面着色

与大多数传统的 R 绘图命令一样，我们可以使用可选的 col 参数对透视曲面的小平面进行着色。对透明曲面以恒定的颜色进行着色，我们只需为 col 提供一个值。

然而，如果我们对 col 感兴趣，通常情况下我们根据波动的 $z$ 值来对表面着色，以突出显示二元函数的变化值。为了对构成曲面的小平面成功地做到这一点，重要的是要理解这些面不同于组成相同 $z$ 矩阵的像素图像的像素。其中图像像素直接由条目表示，例如，$m{\times}n$ 尺寸的 $z$ 矩阵，persp 小平面应该被解释为在这些矩阵条目上绘制的边界线之间的空间，有（$m{-}1$）×（$n{-}1$）个小平面。换句话说，在透视图中，每个 $z$ 矩阵条目位于所绘制的线的交叉点——$z$ 矩阵条目不位于每个小平面的中间。

为了说明这一点，再看一下图 25-9。在使用图像时，R 会根据 $x$ 轴和 $y$ 轴估计网格序列自动计算像素大小，并基于由虚线灰线形成的矩形绘制曲面，其直接表示 $z$ 矩阵条目 a、b、c 等。但是，在使用 persp 时，可见的边界线由实线网格（箭头）表示，在每个条目处相交，因此生成的曲面的小平面由这些线之间的空格形成，每个小平面由四个相邻条目定义。图 25-20 显示了图 25-9 中假设网格的一部分，其中我已将一个像素标记为通过 imagine 解释，以及一个平面标记为通过 persp 解释。这样，我们就可以看到为什么在图 25-9 的像素图像中会有 6×4=24 个像素，而在透视图中有 5×3=15 个小平面。

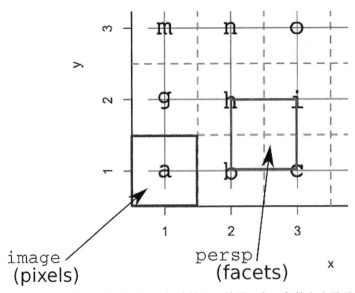

图 25-20　说明像素图像和透视图中对 $z$ 矩阵的处理差异。左下角的突出显示框表示 $z$
矩阵中值 a 的图像像素；右边突出显示的框表示由值 b、h、i 和 c 形成的透视面。关于
着色，突出显示的面的 $z$ 值将用这 4 个条目的平均值计算，即（b + h + i + c）/ 4

col 参数需要指定（$m{-}1$）×（$n{-}1$）面颜色（假设 $m{\times}n$ 的 $z$ 矩阵传递给 $z$）。在 R 中，根据 $z$ 值对小平面进行着色的典型方式是首先计算每个面的 $z$ 值，其将是 4 个相邻 $z$ 矩阵条目的平均值。此后，才能部署 25.1.4 节中的一种颜色分配方法。

重写 Chorley-Ribble 核密度估计的像素图像（示例 4；图 25-18 /画板 VII），完成 $z$ 轴特定着色，作为透视图。首先，确保我们已经加载了包 spatstat 和 MASS。然后重复前面的代码，以获得估计网格上的内核估计，截断到地理研究区域。

```
R> chor.WIN <- chorley$window
R> chor.dens.WIN <- kde2d(chorley$x,chorley$y,n=256,
                          lims=c(chor.WIN$xrange,chor.WIN$yrange))
R> chor.xy <- expand.grid(chor.dens.WIN$x,chor.dens.WIN$y)
R> chor.out.mat <- matrix(!inside.owin(x=chor.xy[,1],y=chor.xy[,2],w=chor.WIN),
                          256,256)
R> chor.dens.WIN$z[chor.out.mat] <- NA
```

接下来，我们需要计算所有小平面的 $z$ 值；可以使用下面的代码完成：

```
R> zm <- chor.dens.WIN$z
R> nr <- nrow(zm)
R> nc <- ncol(zm)
R> zf <- (zm[-1,-1]+zm[-1,-nc]+zm[-nr,-1]+zm[-nr,-nc])/4
R> dim(zf)
[1] 255 255
```

前 3 行简单地将 $z$ 矩阵作为对象 zm 及其总行和列（在这种情况下为 256）分别存储为 nr 和 nc，以实现代码的紧凑性。

第四行是相关的计算，给出了小平面 $z$ 值的矩阵。它通过原始 $z$ 矩阵的 4 个版本的元素方式求和来系统地执行这一操作：zm[-1, -1]（第一行，第一列省略），zm[-1, -nc]（第一行，最后一列省略），zm[-nr, -1]（最后一行，第一列省略）和 zm[-nr, -nc]（最后一行，最后一列省略）。当四个交替以这种方式相加并在结束时除以 4，结果是矩阵 zf，其中每个元素是原始 $z$ 矩阵中 4 个相邻条目的每个"矩形"的四点平均值，正如在图 25-20 的讨论和标题中所指出的。最后调用 zf 上的 dim 将确认结果的大小。由于总共有 256×256 个估计网格线在定义的 $z$ 矩阵中，这些封装总共有 255×255 个透视面。

艰苦的工作已经完成，现在我们需要将调色板中的颜色分配给 zf 中计算的构面 $z$ 值。我们可以使用分类或规范化的方法来完成此操作，如 25.1.4 节所述。为简单起见，我们运用分类方法。运行下面的代码：

```
R> rbow <- rainbow(200,start=0,end=5/6)
R> zf.breaks <- seq(min(zf,na.rm=TRUE),max(zf,na.rm=TRUE),length=201)
R> zf.colors <- cut(zf,breaks=zf.breaks,include.lowest=TRUE)
```

第一行从 25.5.2 节开始重复，在像素图像中使用的内置 rainbow 调色板生成相同的 200 种颜色。第二行设置跨越所计算的 $z$ 值的范围的均匀间隔序列，以形成分类方法所需的类别断点。注意在所需的 min 和 max 调用中使用 na.rm = TRUE，以避免 zf 中存在的所有 NA 条目（记住，曲面已被截断为表示地理学习区域的不规则多边形）。该序列的长度比生成的颜色多一个——再次，有关分类方法的必要特性，可参见 25.1.4 节。最后，相对于 200 个有序 bin，cut 给每个 zf 小平面值条目分配适当的等级。正如我们所学到的，zf.colors 等级随后用于索引在绘制时存储在 rbow 中的 200 个颜色的向量。

现在，我们大功告成！下面的代码用 Chorley-Ribble 观察的双变量核密度估计作为透视图，使用彩色小平面来反映表面沿 z 轴的相对高度。边框线被抑制以清楚地显示颜色，z 轴被略微缩小，并且在右侧插入颜色图例（确保已经为其加载了 shape 包），然后调用默认图形边距后通过 mar 为 par 创建额外的空间。我们可以在图 25-21 中找到结果。

```
R> par(mar=c(0,1,0,7))
R> persp(chor.dens.WIN$x,chor.dens.WIN$y,chor.dens.WIN$z,border=NA,
         col=rbow[zf.colors],theta=-30,phi=30,scale=FALSE,expand=750,
         xlab="Eastings (km)",ylab="Northings (km)",zlab="Kernel estimate")
R> colorlegend(col=rbow,zlim=range(chor.dens.WIN$z,na.rm=TRUE),
              zval=seq(0,0.02,0.0025),main="KDE",digit=4,
              posx=c(0.85,0.87),posy=c(0.2,0.8))
```

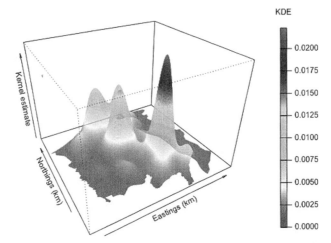

图 25-21　Chorley-Ribble 密度估计的透视图，显示根据曲面的 z
值变化对小平面进行着色（参见彩插）

在执行 persp 时包含了可选参数 scale = FALSE。这保持了在 x 坐标和 y 坐标方向上的一对一纵横比；这很有用，因为我们正在查看地理数据。然而，这也迫使在 z 轴上的密度估计值以相同的方式缩放，这在当前图的上下文中没有意义。为避免小尺度导致表面本身的超平面外观，我们需要使用展开来沿着第三轴人为地放大表面。在这种情况下，乘以约 750 的因子提供视觉上令人满意的结果。注意，如果我们将 scale 参数保留为其默认的 TRUE 值（因为在这种情况下，R 会在内部缩放所有 3 个轴以获得一比一的宽高比），就不需要这样做。

### 25.6.3　循环旋转

如果希望获得绘制曲面的总体印象，我们可以通过透视图来完成。使用一个简单的 for 循环（见 10.2.1 节）增加 theta 或 phi，可以执行一系列对 persp 的重复调用，每个调用都有一个新的角度。这样做的顺序会产生动画，实质上是一个旋转表面的 cartoo，让我们从所有不同的侧面来看它。

在 R 编辑器中考虑以下基本函数：

```
persprot <- function(skip=1,...){
    for(i in seq(90,20,by=-skip)){
        persp(phi=i,theta=0,...)
    }
    for(i in seq(0,360,by=skip)){
        persp(phi=20,theta=i,...)
    }
}
```

使用省略号（见 11.2.4 节），persprot 只需要我们提供给调用 persp 的所有参数，禁止 theta 和 phi。然后用一个 for 循环，立即调用 theta=0 时的 persp 以及省略号的内容。for 循环改变垂直视角，从 phi=90（鸟瞰视图）开始并向下移动到轻微升高的 phi=20。然后第二个 for 循环通过改变 theta 来完成一个完整的 360 度水平旋转。

唯一正式标记的参数是 skip，它确定每次迭代的 phi 和 theta 增量。默认值 skip=1，只是移动整数值的角度。增加 skip 将减少完成旋转所需的时间，尽管它会出现更多的锯齿状动画。

根据我们使用的图形设备类型，可能需要尝试跳过。注意，不是所有的图形设备类型都适合运行这个相当粗糙的函数所寻求的动画效果（例如，我们使用的 RStudio 不适用——见附录 B）。也就是说，当在 OS X 或 Windows 上运行基本 R GUI 应用程序时，在默认图形设置下，persprot 工作正常。

导入函数试试；做一个空间地震位置的内核估计的概率密度函数的透视图，如我们在 25.4.1 节检查的示例 3。使用已经加载的 MASS 包，用以下行产生 50×50 个估计网格的密度估计。

```
R> quak.dens <- kde2d(x=quakes$long,y=quakes$lat,n=50)
```

然后与使用 persp 一样，我们使用 persprot，不需要指定 theta 或 phi。

```
R> persprot(x=quak.dens$x,y=quak.dens$y,z=quak.dens$z,border="red3",shade=0.4,
            ticktype="detailed",xlab="Longitude",ylab="Latitude",
            zlab="Kernel estimate")
```

图 25-22 显示了旋转图的一系列截图。

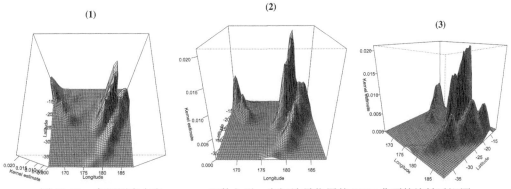

图 25-22　在调用自定义 persprot 函数之后，空间地震位置的 KDE 曲面的旋转透视图

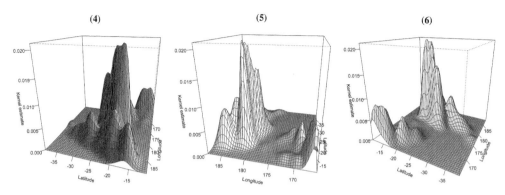

图 25-22    在调用自定义 persprot 函数之后，空间地震位置的 KDE 曲面的旋转透视图（续）

## 练习 25.5

在练习 25.3 的 a 题中，我们从 boot 包重新访问了 nuclear 数据集，并拟合了两个多元线性回归模型，旨在通过许可证发放日期和工厂容量对平均建设成本进行建模——一个仅具有主效应，另一个包括两个连续预测结果之间的相互作用项。

a. 重新编写模型的两个版本，并再次基于 50×50 估计网格产生响应面的透视图，考虑以下因素：
   —— 在调用 par 中使用 mfrow 来显示彼此相邻的两个透视图。在对 par 的相同调用中，覆盖默认图形边距，每边只有一行空格（参见第 23 章中的 par 的角色）。
   —— 使用 zlim 确保两个图形显示在垂直轴的相同刻度上，每个水平旋转 25°，并确保详细的轴标记和整齐的标题。
   —— 是否有任何视觉指示，交互项的存在对响应建模有任何有意义的影响？

b. 开始画一个新图。为了更好地了解两个曲面之间的差异，产生作为 a 题中的两个拟合模型的两个单独 z 矩阵之间的元素差的 z 矩阵的透视图。一般来说，包含交互项的效果是什么？
   将注意力放回到奥克兰火山的地形信息上，作为内置的 R 对象 vocano：87×61 高程值矩阵（以 m 为单位）。我们在 25.4.1 节中第一次看到的是一个等高线图。

c. 生成火山的最基本的默认透视图，为 x 和 y 坐标使用简单的整数序列。

d. 由于多种原因，c 题中的图毫无吸引力。根据以下内容重新绘制图，使得对火山有更现实的描述：
   —— 使用新的图形设备，底部、左侧、顶部和右侧的边距宽度分别重置为 1、1、1 和 4 行。
   —— 帮助文件？volcano 显示火山 z 矩阵对应的 x 坐标和 y 坐标是以 10m 为单位。使用缩放和更改扩展，重新绘制 3 个轴上正确长宽比的表面。
   —— 使用轴抑制所有轴刻度标记和符号。
   —— 根据从内置 terrain.colors 调色板生成的 50 种颜色为小平面着色，且小平面面边界线应被抑制。
   —— 寻找我们认为视觉上吸引人的视角。
   —— 使用 shape 包中的 colorlegend 在图的右侧空格中放置一个以米为单位的引用高程的颜

色图例。尝试使用参数找到合适的位置和标记标签。

这里是我改进的图：

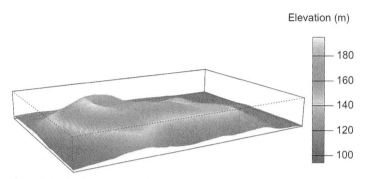

在练习 25.4 中，我们查看了西班牙地区故意点燃的火灾的空间分布。确保加载了 spatstat 包，然后重新运行以下行以获取相关的数据：

```
R> fire <- split(clmfires)$intentional
R> firewin <- clmfires$window
```

e. 借鉴练习 25.4 的 d 题和 e 题中的代码，以基于 256×256 的估计网格，截断到研究区域。然后，根据以下内容将其显示为透视图：

— 与像素图像一样，使用来自内置 heat.colors 调色板的 50 种颜色通过 $z$ 值为小平面着色。请注意，此函数的截断 $z$ 矩阵包含 NA 值。

— 表面上的边框线应该被抑制，我们应该找到我们喜欢的选择视角。

— 使用比例以确保正确的空间纵横比。在这种情况下，我们还需要调整 $z$ 轴扩展沿垂直可见的大约 5000000 的密度表面，在指定的估计网格，给定自然缩放的密度估计。

— 根据需要使用详细的轴标签，并称为 "X" "Y" 和 "Z" 轴。

作者绘制的图如下：

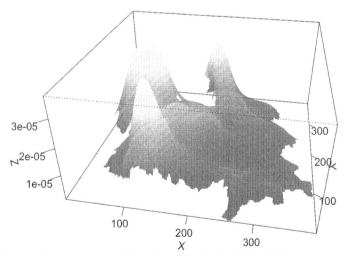

f. 使用 25.6.3 节中定义的 persprot 函数，在 e 题中查看曲面，设置 skip = 10。

**本章重要代码**

| 函数/操作 | 简要描述 | 首次出现 |
|---|---|---|
| plalette | 列出整数颜色 | 25.1.1 节 |
| colzrgb | 将颜色命名为 RGB | 25.1.1 节 |
| rgb | RGB 到十六进制代码 | 25.1.1 节 |
| rainbow,heat,colors,gray,terrain,colors,<br>com.colors,topo.colors,gray.colors | 内置调色板 | 25.1.2 节 |
| colorRampPalette | 自定义调色板（整数） | 25.1.3 节 |
| colorRamp | 自定义调色板（[0,1]区间） | 25.1.4 节 |
| colorlegend | 颜色图例（shape） | 25.1.5 节 |
| scatterplot3d | 3D 散点图（scatterplot3d） | 25.2.1 节 |
| expand.grid | 所有独特的估计协调 | 25.3.1 节 |
| letters | 字母表字符 | 25.3.1 节 |
| contour | 轮廓图 | 25.4.1 节 |
| kde2D | 双变量 KDE（MASS） | 25.4.1 节 |
| filled.contour | 颜色填充轮廓图 | 25.4.2 节 |
| image | 像素图像 | 25.5.1 节 |
| inside.owin | 测试内部区域（spatstat） | 25.5.2 节 |
| persp | 透视图 | 25.6.1 节 |

# 26

# 交互式 3D 图形

关于 3D 图形，能够从不同的角度解释方程或图形呈现的面是很重要的。Adler 等人创建的 rgl 包提供了一些简单而又强大的 R 函数，让我们能够用鼠标旋转和缩放 3D 图形。在本章中，我们将看到一些展示 rgl 包性能的实例。

在后台的 rgl 包使用 OpenGL（Open Graphics，开放图形语言）——一个标准的应用程序接口——用来渲染计算机屏幕上的图形。安装 rgl 包（例如，在提示符后执行 install.packages("rgl")），然后调用 library("rgl") 加载包。

## 26.1 点云

我们从最基本的 3D 图——点云开始。正如我们在创建 3D 静态散点图时所看到的，在统计学中，点云通常用于提供 3 个连续变量的散点图。

### 26.1.1 基本 3D 云

回到内置数据 iris，该数据包括 3 种花的 4 个测量值。为方便访问，在工作空间创建以下 4 个向量，正如我们在 25.2.1 节所做的：

```
R> pwid <- iris$Petal.Width
R> plen <- iris$Petal.Length
R> swid <- iris$Sepal.Width
R> slen <- iris$Sepal.Length
```

我们使用 rgl 包的 plot3d 函数来显示交互式 3D 点云图。调用方式与在散点图中类似——分别为参数 x、y、z 提供 $x$ 轴、$y$ 轴和 $z$ 轴坐标。下面的代码打开了 RGL 设备，并且生成了花瓣宽度、长度和萼片宽度的散点图：

```
R> plot3d(x=pwid,y=plen,z=swid)
```

用鼠标来放大图形以更好地查看数据，只需右键点击图形并按住不放，上下移动鼠标即可。向上移动鼠标可缩小图形，向下移动鼠标可放大图形。左键点击图形并按住不放，朝着不同的方向移动鼠标即可旋转图形。轴刻度标记和标题根据我们的视角自动出现在另一侧。图 26-1 就是此图。

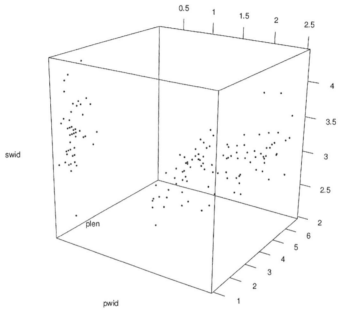

图 26-1　使用 rgl 包的 plot3d 函数绘制的 ris 数据的交互式 3D 散点图。
这是绘制花瓣宽度、长度和萼片宽度的默认外观

## 26.1.2　增强视觉和图例

我们可以用新的方法或者熟悉的方法来改变 plot3d 图形的外观。例如，可选参数 type 的默认值为"p"即"point"，以点的形式绘制图形，例如我们使用的散点图。使用 type="s"可以将图形绘制成可视的 3D 球体。size 参数可控制点或球体的大小，col 参数可控制颜色。legend3d 是 rgl 中类似 legend 的函数，非常实用，并通过改变交互式图形的背景影像来工作。

为了说明 legend3d 函数的不同之处，我们用刚才的数据重新绘制 iris 的观测值。首先，关闭当前打开的 RGL 图形设备。然后执行下列代码：

```
R> plot3d(x=pwid,y=plen,z=swid,size=1.5,type="s",
          col=c(1,2,3)[as.numeric(iris$Species)])
```

这将启动一个新的 RGL 设备，根据花的品种来填充球体的颜色。通常，我们将向量传递给 col 参数，向量的长度与绘制的坐标长度相同，装置会以遍历元素的方式为相应的点着色。同时可以指定 size 参数，与传统 R 图形参数 cex 的比例略有不同，并且会根据 type 的值改变——更多信息可查看帮助文件?plot3d。通过实验寻找适合图形的 size 值并不难。

若要添加图例，首先用鼠标将 RGL 设备大小调整至所需显示的大小，然后执行下列代码：

```
R> legend3d("topright",col=1:3,legend=levels(iris$Species),pch=16,cex=2)
```

这就插入了一个静态图例，根据颜色辨别花的品种。legend3d 函数实际上调用了 R 基础函数 legend，所以我们能以相同的方式使用它们，非常方便。将静态图例放在合适的位置，散点图仍可完全实现交互、旋转或缩放，如图 26-2 所示。

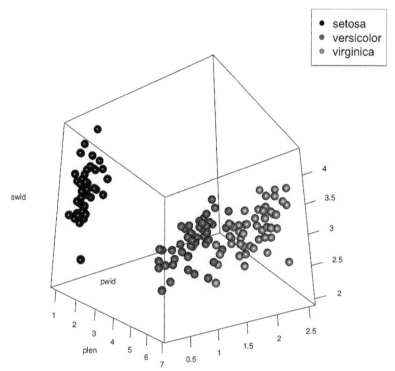

图 26-2　重新用 plot3d 函数绘制 iris 的花瓣宽度、长度和萼片宽度数据。将观测值绘制为球体，将球体放大，根据花的品种来填充颜色，用 legend3d 添加图例

legend3d 函数改变了背景画布，这就是我们在添加图例之前必须打开一个新设备并手动调整其大小的原因。如果不关闭设备或重新设置背景，则会在同一个设备上绘制出新的 rgl 图形，花朵品种的图例会保持不变。如果要绘制多个 rgl 图形，可以通过调用下列代码随时将背景重置为默认的白色画布：

```
R> bg3d(color="white")
```

如果在当前图形中执行上述代码，就会看到花朵品种的图例消失了，但是散点图仍在。或者，我们可以在完成后关闭 RGL 设备，这样新的设备将被用于随后的图形。

## 26.1.3　添加其他 3D 组件

我们也可以在当前的 3D 图形中添加新的观测值和直线。rgl 包括 points3d、lines3d 和 segments3d 函数，这让人联想到 R 基础图形的 points，lines 和 segments 函数。在 25.2.2 节我们使用 scatterplot3d 的可选参数来添加从 x-y 平面到每个点的垂直线。在 plot3d 散点图中，使用 segments3d 可达到相同的效果。另外，使用 grid3d 函数可为 rgl 图形添加网格，而在 scatterplot3d 图形的同一平面中是默认添加网格的。

现在我们实践一下，返回图 25-8（颜色插入中的画板 V）。为了使用 rgl 功能创建相同的图形，参考第四个连续变量花瓣长度填充颜色，首先重建调色板，为每个观测值设置颜色。这里用了 50 种颜色（见 25.2.4 节）。

```
R> slen.pal <- colorRampPalette(c("purple","yellow2","blue"))
R> cols <- slen.pal(50)
R> slen.cols <- cut(slen,breaks=seq(min(slen),max(slen),length=51),
                    include.lowest=TRUE)
```

然后，关闭当前激活的 RGL 设备或者清除当前背景。调用 plot3d 函数绘制图形，并为球体填充正确颜色。

```
R> plot3d(x=pwid,y=plen,z=swid,type="s",size=1.5,col=cols[slen.cols],
         aspect=c(1,1.75,1),xlab="Petal width",ylab="Petal length",
         zlab="Sepal width")
```

我们给 aspect 参数提供了一个长度为 3 的向量，依次指示了 $x$、$y$ 和 $z$ 轴的相对长度。将第二个数值改为 1.75，就可以用乘法因子相对加长 $y$ 轴的长度。可以通过向量索引即 slen.cols 因子向量为球体着色，可设置坐标轴标题为 xlab、ylab 和 zlab。

要添加从 $x$-$y$ 平面到每个观测值的直线，我们需要知道如何使用 segments3d 函数。与 R 基础函数 segments 不同，segments3d 函数不需要将直线的起点和终点坐标分配给不同的参数（回顾在 segments 函数中使用的 x0、y0、x1 和 y1）。相反，它将每个有序观测值的数对提供给参数 x、y 和 z 作为每条线段的起点坐标，并且以相同的顺序作为每条线段的终点坐标。

所以，为了在当前 RGL 设备上画出垂直线，首先需要将包含直线起点和终点坐标的向量放入 3D 空间。执行下列代码：

```
R> xfromto <- rep(pwid,each=2)
R> yfromto <- rep(plen,each=2)
R> zfromto <- rep(min(swid),times=2*nrow(iris))
R> zfromto[seq(2,length(zfromto),2)] <- swid
```

前两行代码通过将每个观测值复制两次，分别为 $x$ 分量和 $y$ 分量设置了 xfromto 和 yfromto 向量。这很容易，因为直线起点和终点的 $x$、$y$ 坐标不会变化。但是直线的 $z$ 轴坐标会变化。首先，我们通过复制最小的花萼宽度值，即 min(swid) 来创建 zfromto 向量，复制次数是数据集大小的两倍，这样就有了与 xfromto 和 yfromto 长度相同的向量。然后，用花萼宽度向量的元素重写 zfromto 的第二个参数。这就给出了所有观测值的起点 $z$ 坐标，即 min（swid），与 swid 本身的终点 $z$ 坐标匹配（与 segments3d 要求的一样，以成对的方式）。有了这些，我们就得到了从图形 $x$-$y$ 平面（值为 min(swid) 的垂直位置）到实际 swid 值的直线（每个球体对应的 $z$ 坐标）。

为了帮助理解如何设置这些坐标，可以在控制台屏幕上输出这些坐标向量，这样我们就看到了它们所包含的内容。然后调用 segments3d 函数在图上添加这些线条。

```
R> segments3d(x=xfromto,y=yfromto,z=zfromto,col=rep(cols[slen.cols],each=2))
```

为了确保每条直线的颜色和对应的球体匹配，需要将颜色集合的向量索引 cols[slen.cols] 复制两次，这意味着每条直线只有一种颜色。

然后，执行下列代码，将参考网格放置在 *x-y* 平面的下方：

```
R> grid3d(side="z-")
```

保持坐标（在本例中即 *z* 坐标）不变且最后将网格放置的位置（在本例中，我们希望将平面放在 *z* 轴的下方，所以指定参数为负号）指定给 side 参数。如果网格放置在 *z* 轴原点的上方，也就是矩形棱柱的上侧面，可以设置 side="z+"。

最后，可以在图中添加自定义、颜色连续变化的萼片长度图例。bgplot3d 函数是 legend3d 函数的更通用的版本，可以指定定义 RGL 设备背景的绘图命令。我们通过使用 shape 包的 colorlegend 函数（在 25.1.5 节初次使用过）来达成这一目的。首先确保已经加载了 shape 包，而且散点图的 RGL 设备大小合适。例如，可执行下列代码：

```
R>bgplot3d({plot.new();colorlegend(slen.pal(50),zlim=range(slen),
                      zval=seq(4.5,7.5,0.5),digit=1,
                      posx=c(0.91,0.93),posy=c(0.1,0.9),
                      main="Sepal length")})
```

bgplot3d 函数可以执行多个绘图命令，但需要将一段代码放在大括号 {} 里，每条命令之间由分号（;）分隔。在本例中，初始调用 plot.new 函数初始化了 RGL 设备背景，所以我们可以添加颜色连续变化的图例。否则，虽然 colorlegend 函数仍执行，但是会发出警告信息。图 26-3 显示了最后的结果，使用鼠标仍可移动和缩放散点图。

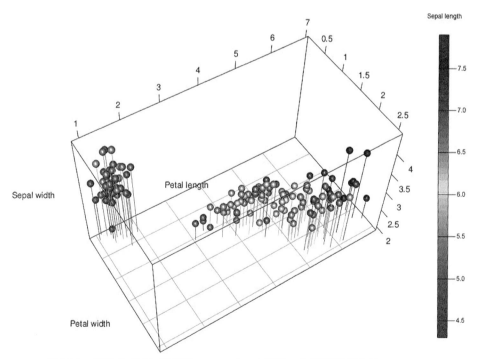

图 26-3　模仿之前 iris 数据的 scatterplot3d 例子，在相同数据集的 plot3d 3D
散点图中添加直线和平面网格（参见彩插）

在探索高维可视化数据时，使用鼠标命令旋转 3D 图形或我们在接下来几章里看到的所有图形都是非常方便的。我们不再局限于一个视角，而且不需要在实际生成图形之前手动确定视角。运用 rgl 包很容易在当前图形中添加额外元素——一些用 scatterplot3d 函数和 persp 图形很难添加的元素。也就是说，我们认为在传统图形中应有的一些特征很难在交互式图形中反映出来。例如，在 rgl 包中，没有 pch 图形参数的等价。为了绘制出不同的符号，我们需要设计、渲染和放置新的 3D 图形。

---

### 练习 26.1

回到 MASS 包的 surbey 数据框，如果需要的话在帮助文档？survey 查看相关变量的描述。创建 survey 的副本，仅包括书写手跨度、非书写手跨度、左撇子或右撇子、性别和高度列。然后使用 na.omit 删除数据子集中有缺失值的行。

a. 以学生身高为 z 轴、书写手跨度为 x 轴、非书写手跨度为 y 轴画出基本的交互式 3D 点云。

b. 根据以下内容在 a 题中散点图的基础上创建更丰富的图形，用点的颜色来区分性别，用点的大小来区分左撇子和右撇子：

— 首先只绘制对应于右撇子样本的点。调用右撇子性别的数值向量，通过向量索引来设置颜色——女性是黑色，男性是红色。

— 设置右撇子样本的点的大小为 4，注明坐标的名称。

— 使用 points3d 在当前图形中添加左撇子样本的点。颜色填充方式与右撇子学生的相同，但是点的大小设置为 10。

— 根据喜好重置 RGL 设备的大小，在图形左上角添加图例，说明点的 male RH、Female RH、Male LH、Female LH 共 4 种类型。在设置图例时，pch 值为 19，右撇子和左撇子的 pt.cex 值分别为 0.8 和 1.5。

下面是参考结果：

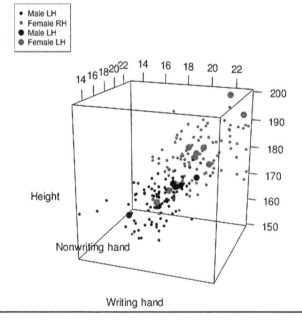

在练习 25.2 中，我们查看了内置数据 airquality 的静态散点图。创建数据框的副本，删除有缺失值的行。

c. 根据以下内容使用 rgl 包创建类似于之前练习中的图形，分别以风速、太阳辐射和温度为 $x$ 轴、$y$ 轴和 $z$ 轴：

— 用内置调色板 topo.colors 设置 50 种颜色。基于分类方法，为臭氧值设置适当的颜色索引向量。

— 将观测值绘制为大小为 1 的球体，颜色与之前相同，调整坐标比例，使得 $y$ 轴长度是 $x$ 轴和 $z$ 轴长度的 1.5 倍。设置坐标轴标题。

— 添加从 $x$-$y$ 平面到球体的垂直线段，颜色与球体颜色相同。此外，在 $x$-$y$ 平面下方放置网格。

— 调整 RGL 设备的背景以包括臭氧的彩色图例；图例的取值范围是 60～95，步长为 5。

下面是参考结果：

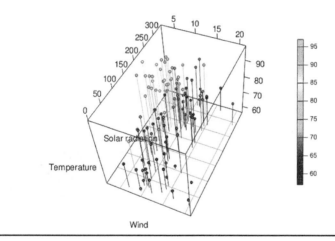

## 26.2 双变量曲面

现在我们用 rgl 绘制双变量曲面——用 $x$-$y$ 评估网格计算出的连续曲面。在第 25 章，我们是用 contour、filled.contour、image 和 persp 函数绘制的 R 基础图形。用这些函数绘出的图形也可以用 rgl 包的 persp3d 函数绘制成交互式透视图。

### 26.2.1 基本透视曲面

我们以一个简单的例子开始，取 mtcars 数据集中的均值 MPG 的响应面作为马力和重量的函数。在 25.6.1 节，我们绘制了该曲面的静态基础 R 透视图。下面的几行代码重新拟合了多元线性模型，并且重新创建了 20×20 评估网格的 $x$ 和 $y$ 序列：

```
R> car.fit <- lm(mpg~hp*wt,data=mtcars)
R> len <- 20
R>hp.seq<- seq(min(mtcars$hp),max(mtcars$hp),length=len)
R>wt.seq<- seq(min(mtcars$wt),max(mtcars$wt),length=len)
```

```
R> hp.wt <- expand.grid(hp=hp.seq,wt=wt.seq)
```

要创建曲面，用 hp.wt 中的评估曲面进行预测，但要包括原始观测值预测区间的计算。

```
R> car.pred <- predict(car.fit,newdata=hp.wt,interval="prediction",level=0.99)
```

（我们将在随后的例子中使用区间。）然后，用下面的代码创建 z 坐标向量并且画出一个绿色 persp3d 曲面：

```
R> car.pred.mat <- matrix(car.pred[,1],nrow=len,ncol=len)
R> persp3d(x=hp.seq,y=wt.seq,z=car.pred.mat,col="green")
```

结果如图 26-4a 所示。与图 25-19 相比，就会发现两者的曲面相同。persp3d 产生的默认亮度和阴影效果有助于深度感知，类似于 persp 的 shade 参数。这个版本的主要优势是基于鼠标的旋转和缩放的交互性。

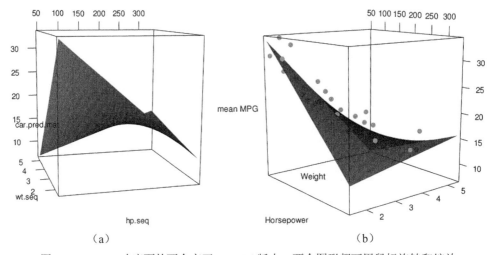

(a)　　　　　　　　　　　　　　(b)

图 26-4　mtcars 响应面的两个交互 persp3d 版本，两个图形都可用鼠标旋转和绽放
（a）默认外观是绿色　　（b）曲面是红色，70%透明度，并在 3D 空间添加了原始数据

## 26.2.2　附加组件

用 persp3d 绘制的曲面的另一个实用属性是能够轻松地添加更多组件——用 R 的基础功能则很难做到。继续以刚刚创建的 mtcars 响应面为例。

**添加点**

由于这个响应面是基于由马力、重量和 MPG 这 3 个变量的数据拟合的模型建立的，所以在拟合的模型上查看原始数据时非常有用。可以使用 points3d 函数，它的工作方式类似于基本 R 图形的 points 函数。执行下列代码：

```
R> persp3d(x=hp.seq,y=wt.seq,z=car.pred.mat,col="red",alpha=0.7,
            xlab="Horsepower",ylab="Weight",zlab="mean MPG")
R> points3d(mtcars$hp,mtcars$wt,mtcars$mpg,col="green3",size=10)
```

根据偏好调整 RGL 设备的大小并保持设备处于激活状态。这两条命令绘制了预测的平均 MPG 的响应面，曲面是红色，通过可选参数 alpha 设置了 70%的透明度，而且添加了绿色的原始数据点，点有所放大。图 26-4b 就是最后的结果，现在我们可以从任何角度查看并比较响应面对原始数据的拟合。

**添加曲面**

除了点以外，还可以添加更多的透视图曲面。使用图 26-4 创建的 car.pred 对象继续给当前图形添加曲面。响应面存储在 car.pred 的第一列；相应的预测下限和预测上限存储在第二列和第三列——回顾 20.4.2 节关于线性回归模型的 predict 函数的讨论。为了在图 26-4b 的响应面上添加这些预测边界，首先需要将每个边界曲面储存为对应于 *x-y* 评估网格的 *z* 矩阵。

```
R> car.pred.lo <- matrix(car.pred[,2],nrow=len,ncol=len)
R> car.pred.up <- matrix(car.pred[,3],nrow=len,ncol=len)
```

然后将 persp3d 函数应用于每个这样的 *z* 矩阵，并且设置可选参数 add=TRUE——命令 persp3d 函数在现有图形上添加，而不是重新绘图。

```
R> persp3d(x=hp.seq,y=wt.seq,z=car.pred.up,col="cyan",add=TRUE,alpha=0.5)
R> persp3d(x=hp.seq,y=wt.seq,z=car.pred.lo,col="cyan",add=TRUE,alpha=0.5)
```

我们设置的每个附加曲面的颜色是青色的，透明度为 50%。结果如图 26-5 所示。

用鼠标旋转图形之后，可以看到所有观测值都落在此模型三维 99%预测区间的边界内。

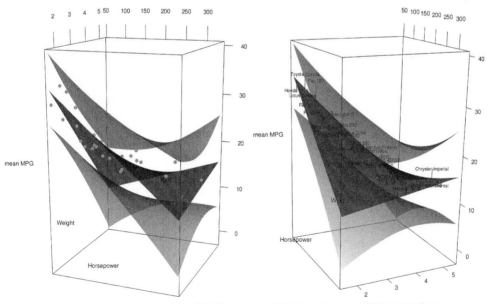

图 26-5　在现有 mtcars 拟合模型的 persp3d 图形上添加 99%预测区间的曲面
（a）绿色点代表观测值　　（b）为原始观测值添加标签，用线段标记相应的残差（参见彩插）

或者我们可以将原始 mtcars 数据框的行名称属性作为添加文本来标记原始观测值，这样可以辨别出图形中的点是哪种汽车。在本例中，使用内置函数 rownames 可获得名字的字符串向量。然后通过 rgl 包的函数 text3d（类似于 R 基础函数 text）把文本添加在当前 3D 图形上。执行以下 4 行代码重绘半透明红色响应面，在汽车的（*x*, *y*, *z*）坐标上添加相应的文本，并再次添加青色的预测区间：

```
R> persp3d(x=hp.seq,y=wt.seq,z=car.pred.mat,col="red",alpha=0.7,
            xlab="Horsepower",ylab="Weight",zlab="mean MPG")
R> text3d(x=mtcars$hp,y=mtcars$wt,z=mtcars$mpg,texts=rownames(mtcars),cex=0.75)
R> persp3d(x=hp.seq,y=wt.seq,z=car.pred.up,col="cyan",add=TRUE,alpha=0.5)
R> persp3d(x=hp.seq,y=wt.seq,z=car.pred.lo,col="cyan",add=TRUE,alpha=0.5)
```

文本比绿色点更难以进行视觉上的定位，所以需要在拟合的曲面上指出其位置——有比使用拟合模型的残差更好的方法吗？正如我们从 iris 数据的 3D 散点图所知道的，函数 segments3d 可用来实现这一点。首先，我们需要建立线段起点和终点的三维坐标向量（有关 segments3d 函数的介绍可参见 26.1 节）。

```
R> xfromto <- rep(mtcars$hp,each=2)
R> yfromto <- rep(mtcars$wt,each=2)
R> zfromto <- rep(car.fit$fitted.values,each=2)
R> zfromto[seq(2,2*nrow(mtcars),2)] <- mtcars$mpg
```

在这里，线段从起点到终点的 x 轴和 y 轴坐标保持不变，所以只需要把原始数据框的每个马力和重量数据复制两次。命令起点的 z 轴坐标为模型的拟合值（也就是响应面的垂直坐标），终点的 z 轴坐标为原始数据的 z 轴坐标。然后，调用 segments3d 画出标准黑色线段，表示每个已用 text3d 文本标记的汽车的残差。

```
R> segments3d(x=xfromto,y=yfromto,z=zfromto)
```

最后的结果同样是交互式图形，如图 26-5b 所示。

## 26.2.3 根据 z 坐标值着色

persp3d 图形的一个优点是我们可以根据 z 坐标值确定曲面的颜色而无需进行任何特殊操作。回顾一下，如果我们根据 z 值使用基础 R 函数 persp 来填充颜色，那么就需要变通一下，因为我们要计算相关的垂直坐标，将其作为四个相邻 z 矩阵元素的平均值，这些元素组成了每个曲面（参见 25.6.2 节）。

但如果使用 persp3d 就不必做这些。继续使用上次用到的 mtcars 响应面，我们可以根据自己的偏好设置调色板并为 z 矩阵元素指定颜色。

```
R> blues <- colorRampPalette(c("cyan","navyblue"))
R> blues200 <- blues(200)
R> zm <- car.pred.mat
R> zm.breaks <- seq(min(zm),max(zm),length=201)
R> zm.colors<-cut(zm,breaks=zm.breaks,include.lowest=TRUE)
```

然后，使用分类方法将颜色分配给连续变量，我们只需在 persp3d 中指明 col 值时将 zm.colors 作为 blues200 的索引。

```
R> persp3d(x=hp.seq,y=wt.seq,z=car.pred.mat,col=blues200[zm.colors],
            alpha=0.6,xlab="Horsepower",ylab="Weight",zlab="mean MPG")
```

图 26-6 显示了结果。

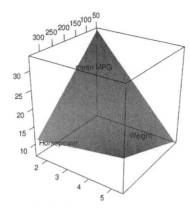

图 26-6 对 mtcars 响应面使用 persp3d 直接给 $z$ 矩阵值分配颜色

## 26.2.4 设置长宽比

现在我们回到 Chorley-Ribble 数据的二元核密度估计，这曾在 25.5.2 节和 25.6.2 节使用过。加载 spatstat 包获取 chorley 数据，加载 MASS 包获取 ked2D 函数。为了方便，执行下列代码，用 ked2D 计算 KDE 曲面并存储为 chor.dens.WIN 对象的$z 元素。

```
R> chor.WIN <- chorley$window
R> chor.dens.WIN <- kde2d(chorley$x,chorley$y,n=256,
                     lims=c(chor.WIN$xrange,chor.WIN$yrange))
R> chor.xy <- expand.grid(chor.dens.WIN$x,chor.dens.WIN$y)
R> chor.out.mat <- matrix(!inside.owin(x=chor.xy[,1],y=chor.xy[,2],
                         w=chor.WIN),
                     256,256)
R> chor.dens.WIN$z[chor.out.mat] <- NA
```

多边形代表地理学习区域，将多边形外的 $z$ 矩阵的所有元素设置为 NA，就相当于把曲面截断落在多边形区域内（我们已经在 25.5.2 节详细学习了该操作）。

然后执行下列代码，从内置 rainbow 调色板中生成 200 种颜色，之前我们已经在 KDE 图形中使用过 rainbow 调色板，调色板能够对截断的 $z$ 矩阵元素进行适当的分类。

```
R> zm <- chor.dens.WIN$z
R> rbow <- rainbow(200,start=0,end=5/6)
R> zm.breaks <- seq(min(zm,na.rm=TRUE),max(zm,na.rm=TRUE),length=201)
R> zm.colors <- cut(zm,breaks=zm.breaks,include.lowest=TRUE)
```

注意，这里有一点不同的是，我们不需要像 25.6.2 节一样计算曲面平均值——而是直接对 zm 应用 cut 函数。

由于我们要处理的是一个地理区域，所以在调用 persp3d 函数之前要考虑 $x$ 轴和 $y$ 轴的长度比。正如我们在 26.1 节看到的，rgl 函数的 aspect 参数与 image 的 asp 参数或 persp 的 scale/expand 参数有些不同。在 rgl 图形里，包括 persp3d 图形，aspect 参数要求长度为 3 的数值向量，这个向量依次定义了 $x$ 轴、$y$ 轴和 $z$ 轴的相对长度。

要确定 Chorley-Ribble 数据的相对比例，需要计算研究区域所定义的 $x$ 轴和 $y$ 轴的宽度以及两者之比。

```
R> xd <- chor.WIN$xrange[2]-chor.WIN$xrange[1]
R> xd
[1] 23
R> yd <- chor.WIN$yrange[2]-chor.WIN$yrange[1]
R> yd
[1] 21.38
R> xd/yd
[1] 1.075772
```

这可以通过 spatstat 的 $xrange 和 $yrange 组件完成，在每种情况下用上限减去下限。最后的比例 xd/yd 说明我们需要近似为 1:1 的比例，尽管严格地说 $x$ 轴比 $y$ 轴更宽，大约是 1.076 倍。

考虑了以上内容之后，我们就可以调用 persp3d 正确绘制 KDE 曲面了。

```
R> persp3d(chor.dens.WIN$x,chor.dens.WIN$y,chor.dens.WIN$z,
        col=rbow[zm.colors],aspect=c(xd/yd,1,0.75),
        xlab="Eastings (km)",ylab="Northings (km)",
        zlab="Kernel estimate")
```

用 aspect 来规定 $x$ 轴根据 $y$ 轴长度的 xd/yd 倍进行缩放，$y$ 轴是参考尺度 1，$z$ 轴长度是 $y$ 轴长度的 0.75 倍。后者是随意设定的，所以图形类似于图 25-21 的原始 persp 图形（参见彩插）。

添加一个彩色图例来结束绘图。确保已经加载了 shape 包，重新调整 RGL 设备以包含刚才生成的结果，并且执行下列命令：

```
bgplot3d({plot.new();
        colorlegend(col=rbow,zlim=range(chor.dens.WIN$z,na.rm=TRUE),
                zval=seq(0,0.02,0.0025),main="KDE",digit=4,
                posx=c(0.87,0.9),posy=c(0.2,0.8))})
```

记住，必须使用 bgplot3d 来改变当前 RGL 设备的背景，参见 26.2 节的结尾。我们也可以试着用 posx 和 posy 把彩色图例放在自己喜欢的位置。图 26-7 是本次操作的结果。

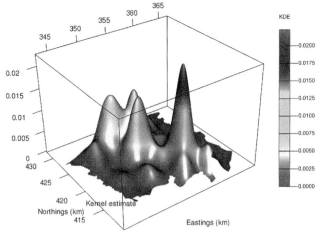

图 26-7　Chorley-Ribble 核密度估计的交互式 persp3d 图形，根据 $z$ 轴坐标填充颜色，附有静态彩色图例

回到内置数据框 airquality 的测量值。创建数据框的副本，该副本包含与温度、风速、臭氧水平和月份相关的变量，并删除了有缺失值的行。现在要对之前建立的平均温度的回归模型进行 rgl 可视化。

a. 重新拟合练习 25.4 的多重线性模型，模型拟合了温度对风速和臭氧的主效应和交互效应。使用 expand.grid 和 predict 创建响应面的 z 矩阵和拟合的均值的 95% 预测区间的估计值。然后使用 rgl 功能生成响应面的交互式 3D 图形，曲面颜色为黄色。

b. 使用内置调色板 topo.colors 重绘响应面，根据 z 坐标值填充颜色，透明度设为 80%。设置坐标轴标题，重新调整 RGL 设备的大小，并保持图形处于打开状态。

c. 在 b 题图形上添加下列内容：

i. 在颜色范围是 red4 到 pink 的自定义调色板中生成五种颜色，并将风速、臭氧水平和温度变量的原始观测值以点的形式添加到响应面上。根据月份（5～9 月），用这 5 种颜色依次给点着色。设置点的大小为 20。

ii. 添加表示拟合模型的残差的垂直线；也就是说，每个观测值都有将其和响应面上对应的拟合值连接起来的直线。用之前的自定义调色板为直线着色，直线颜色与相应的数据点颜色相同。

iii. 添加在 a 题中模型的预测里已经保存的 95% 置信区间的上限和下限。添加的曲面的透明度为 50%，颜色为灰色。

iv. 在交互式图形的右上角添加图例，指明点/线的五种颜色是根据月份填充的。设置 pch 值为 19，cex 值为 2。

最后的结果应该如下所示：

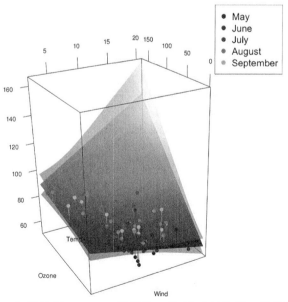

接下来加载 spatstat 包并访问 clmfires 数据集。执行下列代码，只关注故意点火并获得研

究的地理区域：

```
R> fire <- split(clmfires)$intentional
R> firewin <- clmfires$window
```

d. 基于以下内容，绘制练习 25.5 中 e 题的静态透视图的交互式图形，并打开图形。

— 计算 fire 的 \$x-坐标和 \$y-坐标的 KDE 曲面，用 256×256 的评估网格截段 firewin 的研究区域。

— 用内置调色板 heat.colors 根据 z 值填充曲面颜色，设置透明度为 70%。

— 确保 x-y 轴符合正确的比例。然后调整 z 轴长度为 y 轴的 0.6 倍。

— 删除 z 轴标题，将 x 轴和 y 轴标题分别设为"X"和"Y"。

e. 在图形中添加以下内容：

i. 添加原始观察值，使它们位于曲面下方。具体做法是将每个数据点的 z 坐标设置为 z 矩阵的最小值（同时是非缺失值）。

ii. 通过使用 spatstat 的 vertices 函数来获得形成研究区域的多边形的 x 坐标和 y 坐标向量，如下所示：

```
R> firepoly <- vertices(firewin)
R> fwx <- firepoly$x
R> fwy <- firepoly$y
```

通过将这两个向量提供给 lines3d 函数的参数 x 和 y，可以在 x-y 平面上添加研究区域将观测值包围起来。需要指定 z 值为所绘直线的最小 z 矩阵值。设置 lwd=2，直线比默认直线略粗。生成的图形如下所示：

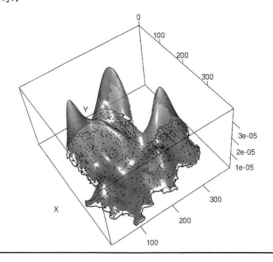

## 26.3 三变量曲面

目前，我们已经学习了形如 $z=f(x,y)$ 的二元方程，其评估网格也是二维的。换句话说，由 x 值和 y 值计算得到函数 f；x 值和 y 值绘在 x 轴和 y 轴上，f 值绘在第三维坐标上。接下来我们学习画三元函数，即

形如 $w=f(x,y,z)$ 的函数。也就是说，评估网格是三维的，函数 $f$ 给我们的第四个值 $w$ 是用来绘制曲面的。

## 26.3.1 三维估计坐标

对于三元数学函数，只有通过 $x$、$y$ 和 $z$ 值才能计算出结果，将会得到一个坐落立方体或其他 3D 棱柱里的评估点阵，而不是一个平面评估网格。

创建一个 RGB 颜色的"彩色立方体"来作为三元函数的第一个完美例子，每个点都是红色、绿色和蓝色 3 个数值的结果，详细信息参见 25.1.1 节。使用 3 个轴来反映评估点阵的红色、绿色和蓝色值，并在 3D 空间的相应位置上画出相应颜色的点。

下列代码建立了三维评估点阵：

```
R> reds <- seq(0,255,25)
R> reds
 [1]   0  25  50  75 100 125 150 175 200 225 250
R> greens <- seq(0,255,25)
R> blues <- seq(0,255,25)
R> full.rgb <- expand.grid(reds,greens,blues)
R> nrow(full.rgb)
[1] 1331
```

前 4 行代码生成了 $0\sim255$ RGB 的整数范围之内的 3 种颜色的等差递增数列。然后我们根据这 3 个数列，用内置函数 expand.grid 创建数据框，数据框包含 3 种不同的颜色，这样就生成了 $11^3=1331$ 个坐标的评估点阵。注意，expand.grid 在高维评估网格的工作方式与在二维网格中相同（见 25.3.1 节）。

最后，调用 plot3d 把球体放置在 3D 评估坐标上（回顾在 25.1.1 节使用的 rgb 命令）：

```
R> plot3d(x=full.rgb[,1],y=full.rgb[,2],z=full.rgb[,3],
          col=rgb(full.rgb,maxColorValue=255),type="s",
          size=1.5,xlab="Red",ylab="Green",zlab="Blue")
```

图 26-8 从两个角度显示了结果，所以我们可以看到一组 RGB 的红色、绿色和蓝色的强度是如何影响每个点的颜色的。

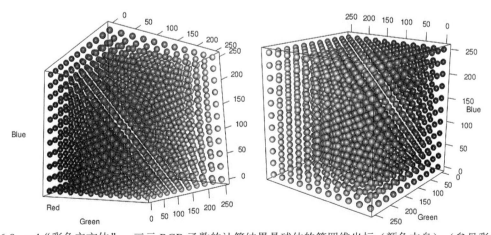

图 26-8　rgl "彩色立方体"，三元 RGB 函数的计算结果是球体的第四维坐标（颜色本身）（参见彩插）

## 26.3.2 等值面

图 26-8 反映了在每个 3D 评估坐标上绘制球体的一个问题——很难看到 3D 棱柱"里面"的球体。这个问题使得三元连续函数的可视化更复杂。

为了解决这一问题，生成一个等值面，可看作是等值线图形的三维版本。

有了等值面，我们可以选择由 $w=f(x,y,z)$ 函数值确定的水平，将 3D 空间中该水平上的 $w$ 的所有条目组合成一个图形或"团块"。这些团块显示了三元函数可以在 3D 空间中的哪个位置处取到既定的值。如果画出不同水平的团块，就可以得到 25.4.1 节创建的等线图的 3D 版本，显示出哪个水平上的观测值密度最高。

**高维概率密度**

回到 16.2.2 节中的单变量正态概率密度函数。首先，我们将通过二元正态分布学习高维密度函数的概念，然后进一步用三元密度函数来说明等值面的绘制过程。

可以使用 mvtnorm 包来处理多元正态分布，需要先调用 install.packages("mvtnorm")命令来安装包。就像一元正态分布的 rnorm 函数，rmvnorm 函数是用来从指定的多元正态分布中产生随机数。在安装了 mvtorm 包之后执行下列代码：

```
R> library("mvtnorm")
R> rand2d.norm <- rmvnorm(n=500,mean=c(0,0))
R> plot(rand2d.norm,xlab="x",ylab="y")
```

这就生成了图 26-9a。rmvnorm 函数用于从标准二元正态分布中产生 500 个独立的随机数。把一个数值向量赋值给 mean 就可以将随机数集中在坐标点（0，0）周围。默认情况下，在 $x$ 轴和 $y$ 轴坐标方向上使用独立标准偏差分量 1。

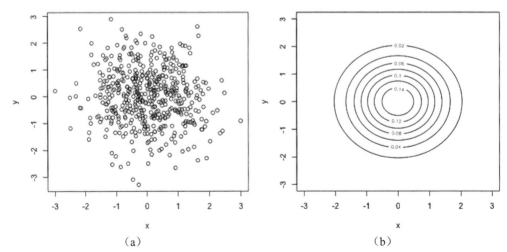

（a） （b）

图 26-9 使用 mvtnorm 生成随机数并产生随机数的标准二元正态分布密度

为了查看二元密度函数，我们需要像往常一样使用 expand.grid 确定 $x$-$y$ 评估网格并建立 $z$ 矩阵。下面的代码建立了均匀间隔的数列以在两个坐标方向上使用，并且使用 dmvnorm 函数（这是 dnorm 函数的多元版本，给出了指定坐标处的密度函数）填充 $z$ 矩阵：

```
R> vals <- seq(-3,3,length=50)
R> xy <- expand.grid(vals,vals)
R> z <- matrix(dmvnorm(xy),50,50)
```

然后我们可以使用 contour（或 persp 或 persp3d）来查看 rand2d.norm 数据的密度分布（截取两坐标轴[-3,3]范围内的图像），并与随机数的分布做比较。下面是生成图 26-9b 的代码：

```
R> contour(vals,vals,z,xlab="x",ylab="y")
```

### 单水平等值面

现在我们增加维度——三元正态分布函数是什么样子呢？

首先，看看由该分布产生的数据。下面的代码产生 500 个随机数：

```
R> rand3d.norm <- rmvnorm(n=500,mean=c(0,0,0))
R> plot3d(rand3d.norm,xlab="x",ylab="y",zlab="z")
```

因为我们将一个长度为 3 的向量作为 mean 的参数提供给了 rmvnorm，所以函数知道我们要处理一个三维数据。我们告诉函数希望在每个坐标轴方向上均值为 0、0、0 的三元正态分布中产生数据。plot3d 可绘制出该数据的 rgl 点云，如图 26-10a 所示。

为了计算和显示该分布的密度函数，需要一个 3D 评估点阵，如 26.3 节开头所述。

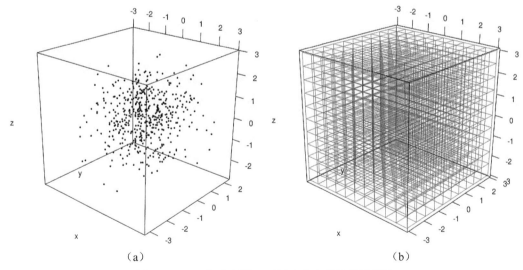

(a)　　　　　　　　　　　　　　(b)

图 26-10　（a）由标准三元正态分布产生的随机数
（b）3D 评估点阵，将在其上绘制三元密度函数

看图 26-10b，是一个 11×11×11 的 3D 评估点阵，x、y、z 轴的范围均是[-3,3]。可从图上看出如何增加一个连续函数的维度。11×11×11 网格的交叉点是图 25-9，即 2D 6×4 评估网格中实线交叉点的 3D 版，而且正如图 25-20 的讨论，该图的 $10^3$ 个迷你 3D 立方体都是 2D 曲面的等价（也可以在找到绘制图 25-9 的 3D 点阵的代码）。

要绘制三元函数的结果，需要评估点阵的唯一坐标。之前使用 vals 生成了范围为[-3,3]的数列，下列代码继续使用 vals 并生成一个由 $50^3=125000$ 个唯一 3D 评估点阵坐标组成的数据框。

```
R> xyz <- expand.grid(vals,vals,vals)
R> nrow(xyz)
[1] 125000
```

然后我们使用 dmvnorm 来获取标准三元正态分布的数值，正如在二元正态分布所做的那样。因为数据参数 xyz 有 3 列，所以函数自动识别出一个三元密度函数。

```
w <- array(dmvnorm(xyz),c(50,50,50))
```

注意，结果被适当地存储在一个 50×50×50 的 2D 数组里——关于数据的详细内容参见 3.4 节。看 3D 数组的概念图（见图 3-3），并比较图 26-10b 的 3D 点阵。在所定义的 3D 空间中，表示 w 对象中的三元正态分布数值的 3D 数字块与评估坐标一一对应。

可以使用 misc3d 包的 contour3d 函数生成等值面（Feng and Tierney, 2008），它与 rgl 紧密相关。在使用之前，我们需要确定在哪个（或哪些）水平上绘制曲面。关于密度函数，我们通常选择 α 水平等高线，更多内容可参考 Scott（1992）关于多元密度理论的权威文章。简而言之，对于密度函数 $f$，给定密度值 $\alpha \times \max(f)$，在多元评估点阵里画出相应密度值的等值面，α 水平描述了 $(1-\alpha) \times 100\%$ 的最密集的观测值。

对于三元标准正态分布，密度的最大值位于均值之上，即坐标为（0,0,0）的点之上。

```
R> max3d.norm <- dmvnorm(c(0,0,0),mean=c(0,0,0))
R> max3d.norm
[1] 0.06349364
```

接下来绘图时会用到上面的结果。现在安装 misc3d 包，并执行 library("misc3d") 来加载包，然后调用 contour3d。

```
R> contour3d(x=vals,y=vals,z=vals,f=w,level=0.05*max3d.norm)
```

这可在 RGL 设备中生成可以旋转和缩放的等值面，结果如图 26-11a 所示。分别把 $x$ 轴、$y$ 轴和 $z$ 轴方向上的等差数列（本例中，数列由 vals 定义）赋值给 contour3d 的参数 x、y 和 z，并且提供给 f 相应的 3D 数组，其定义了三元函数的整个结果形式，最后把希望绘制的等值面的水平赋值给 level。这里，我们选择 5%的概率为分布尾部的 α 水平，即"团块"包含了总质量的 95%。

图形与我们所期望的一致——在之前生成的三元正态分布随机数的图形的基础上，等值面的的形状比较清楚。当然，如果坐标只有高尔夫球那么大。把数据和分布放在一起查看就很有帮助，并且也很容易做到。下面的代码用 plot3d 重新绘制了 rand3d.norm 的数据，并且用 contour3d 再次画出了 0.05 水平的等值面：

```
R> plot3d(rand3d.norm,xlab="x",ylab="y",zlab="z")
R> contour3d(x=vals,y=vals,z=vals,f=w,level=0.05*max3d.norm,add=TRUE,alpha=0.5)
```

与使用传统的 R 函数 contour 一样，如果希望使用 contour3d 在现有的 rgl 图上添加等值面（像本例这样），就需要特别指明 add=TRUE。也可以用可选参数 alpha 调整透明度，本例中的透明度缩小为 50%，是为了看清楚密度等值面的内部。

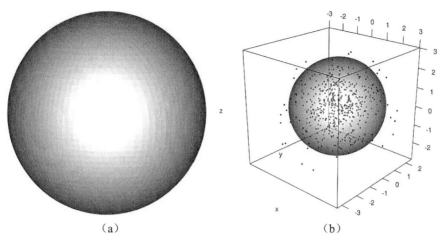

（a） （b）

图 26-11 使用 misc3d 包的 contour3d 函数画出三元标准正态密度函数的一个等值面

（a）0.05 水平的一个等值面 （b）将等值面添加到随机生成的三元正态分布观测值的 rgl 图形上，透明度为 50%

### 使用颜色和透明度控制多个水平

如果希望一次性绘制多个 α 水平的等值面，透明度是非常有用的。此时颜色也很重要，可以作为代表第四个维度的变量而且不需要在图形中额外添加坐标轴。

为了查看多个水平的三元正态密度，执行下列代码：

```
R> plot3d(rand3d.norm,xlab="x",ylab="y",zlab="z")
R> contour3d(x=vals,y=vals,z=vals,f=w,
            level=c(0.05,0.2,0.6,0.95)*max3d.norm,
            color=c("pink","green","blue","red"),
            alpha=c(0.1,0.2,0.4,0.9),add=TRUE)
```

结果如图 26-12 所示。这里，一个代码重绘了 500 个随机三元正态观测值，另一个代码调用 contour3d 画出了 4 个特定 α 水平——0.05、0.2、0.6 和 0.9 的三元密度函数的等值面。用可选参数 color 将其分别涂成粉色、绿色、蓝色和红色，并且用 alpha 参数依次降低其透明度。

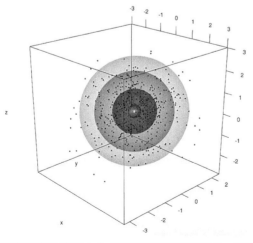

图 26-12 三元正态密度函数的 4 个水平的等值面和随机数。颜色和透明度用以

区分不同水平的等值面（参见彩插）

可以与使用标准 2D 等值线衡量二元分布的观测值一样，用 3D 等值面来衡量 3D 空间中三元分布的点密度的变化。

### 26.3.3 实例：非参数三元密度

举一个运用真实数据的扩展例子，我们再来看一下内置数据框 quakes。该数据框包含了 1000 次地震事件的空间位置、震级和深度。

在 25.4.1 节，我们用 MASS 的 kde2D 函数创建了经度—纬度二维空间坐标的二元核密度估计。如上所述，KDE 要扩展到更高维度。现在的目标是计算和可视化相同空间数据的密度估计，但是这次是在基于经度、纬度和深度的三维坐标的 3D 空间中。

**原始数据**

首先看一下原始观测值。下列代码建立了 quakes 数据的副本，提取了以上 3 个变量并将深度数据 depth 转换为负值。这样做是因为在绘图时，地震深度会相应沿垂直坐标轴向下移动，给人以深度低于海平面的真实感觉。

```
R> quak <- quakes[,c("long","lat","depth")]
R> quak$depth <- -quak$depth
```

用下列代码画出原始数据的点云：

```
R> plot3d(x=quak$long,y=quak$lat,z=quak$depth,
          xlab="Longitude",ylab="Latitude",zlab="Depth")
```

图 26-13 是上述代码的结果。若旋转图形并从顶部往下看，就能看到之前画出的二维空间图案，参见图 13-1、图 23-1 或者图 25-12。

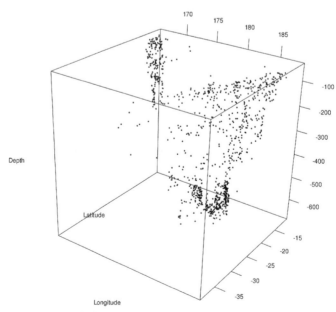

图 26-13　地震的三维空间的离散度——纬度、经度和深度

### 计算 3D 估计值

该核估计的评估网格是由经度—纬度—深度所属的 3D 空间定义的，如在 26.3.2 节所述。

为了准确计算出 quak 数据的 3D KDE 曲面，我们使用 ks 包提供的功能（Duong, 2007）。安装该包并用 library("ks") 加载。包中的 kde 函数能够用内核的平滑来估计一维到六维数据的概率密度。

我们提供给 kde 的第一个参数 x 是我们要使用的数据，须是矩阵或者数据框形式。注意，数据中列的顺序很重要。当用以下述方式调用 quak 时，要考虑到创建 quak 时提取 3 个变量的顺序，最后，3D 内核估计的 x、y 和 z 坐标轴将分别对应于经度、纬度和深度。

```
R> quak.dens3d <- kde(x=quak,gridsize=c(64,64,64),compute.cont=TRUE)
```

这与图 26-13 中数据的排列方式相同。参数 gridsize 指定了每个坐标轴上点阵的分辨率。在本例中，我们设置了 64×64×64 的点阵；kde 默认在每个坐标方向上选择估计范围，使其比观测数据稍宽。最后，为了画出图形，有必要指定参数 compute.cont=TRUE，稍后我们将解释原因。

返回的对象包含多个组件。以大小合适的数组形式将 3D 估计值提供给 $estimate；执行以下代码以确定它与我们想要的点阵分辨率相符：

```
R> dim(quak.dens3d$estimate)
[1] 64 64 64
```

$eval.points 组件是一个包含估计坐标的列表，这些坐标在每个方向上都是等差数列。列表元素的数量就是坐标的维数，元素的顺序与坐标轴对应。可以用下列代码提取出这些元素：

```
R> x.latt <- quak.dens3d$eval.points[[1]]
R> y.latt <- quak.dens3d$eval.points[[2]]
R> z.latt <- quak.dens3d$eval.points[[3]]
```

如果在控制台屏幕上输出这些向量，就可以看到每个向量的长度都是 64，而且与变量对应的 x.latt、y.latt 和 z.latt 与数据框 quak 的列的顺序相匹配。

### 等值面水平的选取

等值面水平的选择依赖于三元函数的值域。在调用 kde 选择 compute.cont=TRUE 时，就自动提供了一组合适的水平。结果会在组件 cont 中产生，是长度为 99 的数值向量，表示 1%~99% 的整数。

在函数内部，首先计算出每个原始数据点对应的三元函数值，然后用 quantile 获得所有整数值的百分位数（99%~1%，见 13.2.3 节），这就计算出了水平值。这些数值按降序返回；也就是说 quak.dens3d$cont[1] 与第 99 百分数对应，quak.dens3d$cont[99] 与第 1 百分数对应。

虽然我们获得 α 水平的方式与绘制三元正态密度函数时不同，但是对可视化结果的解释是相同的——这些 α 值能使我们画出希望水平下的估计观测值“密度”的等值面。例如，可用下述代码提取出下四分位数（又名第 25 百分位数）：

```
R> quak.dens3d$cont[75]
     25%
2.002741e-05
```

这是 KDE 三元函数的值，这个估计值将前 25% 的观测值和剩余观测值区分开（也就是说，该水平下的团块包括了 75% 最密集的数据）。

**注意** 在编写本书时，rgl 和 misc3d 包与 ks 包是依赖关系。这意味着在加载 ks 包时，rgl 和 misc3d 会自动加载，所以在这种情况下，我们不需要专门调用 library("rgl")或者 library("misc3d")，也可以使用 plot3d 和 contour3d。这些包可能随着开发人员更新包而有所改变。

当下列代码被执行时，首先重新绘出了用于密度估计的 quak 数据，然后添加水平为密度的下四分位数的等值面。结果就是我们看到的图 26-14a。

```
R> plot3d(x=quak$long,y=quak$lat,z=quak$depth,
        xlab="Longitude",ylab="Latitude",zlab="Depth")
R> contour3d(x=x.latt,y=y.latt,z=z.latt,f=quak.dens3d$estimate,
        color="blue",level=quak.dens3d$cont[75],add=TRUE)
```

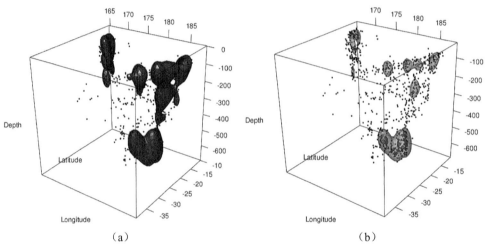

图 26-14 基于 kde 和 contour3d 函数，画出三元核密度估计在特定密度水平下的等值面（3D 等值线图形）
（a）蓝色的下分位数轮廓——25%最分散的点 （b）绿色的中位数轮廓——
50%最集中的点和 50%最分散的点，透明度为 50%

图中表示特定水平的 3D 等值线的蓝色团块是清晰可见的。三元函数更高水平的点，即更加聚集的点都在这些团块的内部。也就是说，蓝色团块囊括了纬度、经度和深度的估计密度最高的 75%的观测值。为了看到等值面的内部，可以用 alpha 调整透明度。

令水平值为估计密度值的第 50 百分位数。

```
R> quak.dens3d$cont[50]
        50%
3.649565e-05
```

然后重新调用 plot3d 绘制原始 quak 数据。之后用 contour3d 生成图 26-14b 的结果，能够透过绿色团块看到里面的形状。

```
R> contour3d(x=x.latt,y=y.latt,z=z.latt,f=quak.dens3d$estimate,
        color="green",level=quak.dens3d$cont[50],add=TRUE,alpha=0.5)
```

最后用多个水平突出显示最集中的 80% 的观测值，执行下列代码：

```
R> qlevels <- quak.dens3d$cont[c(80,60,40,20)]
R> qlevels
          20%          40%          60%          80%
1.771214e-05 2.964305e-05 4.249407e-05 9.543976e-05
```

以上包含了 4 个水平——分别集聚了最密集的 80%、60%、40% 和 20% 的观测值。然后建立一组向量来控制对应等值面的颜色和透明度。

```
R> qcols <- c("yellow","orange","red","red4")
R> qalpha <- c(0.2,0.3,0.4,0.5)
```

颜色和 $\alpha$ 的范围意味着当密度增加时，等值面的颜色会加深，透明度会降低。

最后用 plot3d 画出原始数据 quak。然后将长度为 4 的向量正确地提供给 contour3d 的每个参数。

```
R> contour3d(x=x.latt,y=y.latt,z=z.latt,f=quak.dens3d$estimate,
             color=qcols,level=qlevels,add=TRUE,alpha=qalpha)
```

结果如图 26-15 所示，大多数地震的深度很深，而且处于 3D 棱柱的东部边缘（"三室"密度团块是这些数据的典型特征）。

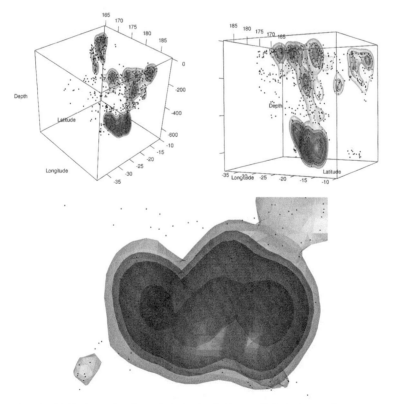

图 26-15　以 3 个不同角度、不同水平对地震观测值的三元核密度估计的截图。颜色从黄色到红色和透明度逐渐降低表示等值面的密度水平的增加（参见彩插）

# 26.4 参数方程

目前为止，本章大多数示例中曲面直接由常规评估网格或评估点阵确定，但是在有些情况下，我们最后希望可视化的坐标并不是某些评估网格的函数。当我们只希望绘制熟悉的几何图形或者是处理数学中更复杂的问题时，这种情况会更普遍。

在本节，我们将以一组参数方程开始绘图，这些方程定义了我们感兴趣的形状或曲面。本节内容是建立在我们已熟悉的三角函数正弦、余弦以及从度到弧度的角度换算基础上，因为默认情况下 R 仅识别弧度制。即便如此，本书也会提供需要的相关计算和 R 代码。

## 26.4.1 简单矢量图

数学术语矢量图是由一组特定参数方程确定的一组点。在 R 中，这些方程定义了结果对象中的数值元素是如何计算得到的，然后我们就可以以熟悉的方式轻松地画图。

**注意** 在讨论矢量图时，提到的任何 2D 或 3D 空间都是欧几里得空间，这是目前为止我们处理 $x$、$y$、$z$ 轴坐标的标准方式。

**平面圆形**

我们从一个简单的例子开始。以这种方式定义的最容易识别的形状之一是圆形。为了找出圆上的点，需要知道圆心和半径，而且需要确定观看的角度（通常是相对水平线位置）。如果圆心是坐标点 $(a,b)$，固定半径 $r>0$，观看的角度是 $\theta$，那么圆上的任何平面点 $(x,y)$ 都可以用下面等式表示出：

$$x = a + r\cos(\theta), \quad y = b + r\sin(\theta) \tag{26.1}$$

如果 $\theta$ 的单位是度，那么 $0 \leqslant \theta < 360°$。若要转化成弧度制，需要给 $\theta$ 乘以 $\pi/180$，此时有 $0 \leqslant \theta < 2\pi$。

根据式（26.1）画出圆形，首先决定半径，然后决定圆心并生成相应的 $x$ 值和 $y$ 值。可以执行下列代码：

```
R> radius <- 3
R> a <- 1
R> b <- -4.4
R> angle <- 0:360*(pi/180)
R> x <- a+radius*cos(angle)
R> y <- b+radius*sin(angle)
R> plot(x,y,ann=FALSE)
R> abline(v=a)
R> abline(h=b)
```

圆形的半径是 3，圆心在点 $(1,-4.4)$ 处。注意 angle 定义为一个数列，图形将在 0～360 度的每个整数角度上放置一个点——为了能画出完整的圆，我们已经把角度的上界定为 360，之后转化为弧度制角（乘以 $\pi/180$）以使用 R 内置函数 cos 和 sin。pi 的几何数值（$\pi=3.1415\cdots$）已经存储在现成的 R 对象 pi 里（参见帮助文件 ?Constants）。最后的 3 行代码是执行绘图，如图 26-16 所示。

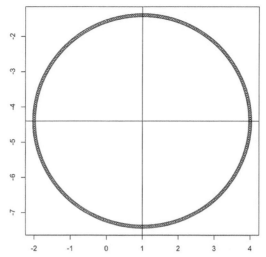

图 26-16　在 R 中画出满足相关参数方程、以（1，−4.4）为圆心、以 3 为半径的平面圆形

在线性模型中，或许之前我们是先得到 $x$ 的等差递增序列，然后在绘图时由 $x$ 值直接计算出 $y$ 值，但是在本例中，$x$ 和 $y$ 不是这样得到的。相反，式（26.1）联合定义了二维空间中矢量图的规则。

**3D 圆柱体**

以相同的方法绘制三维曲面，只是现在的方程为 $x$、$y$ 和 $z$ 轴上所有满足要求的点定义了规则。

例如，下列方程定义了在空心圆柱体上的点：

$$x = r\cos(\theta), \quad y = r\sin(\theta), \quad z = z \tag{26.2}$$

为了画出满足这些方程的点，需要确定半径 $r$，$0 \leqslant \theta < 360$ 以及最大高度值 $h$，以确保满足 $0 \leqslant z \leqslant h$。然后生成 $\theta$ 和 $z$ 所有可能取值的序列，这就可以得到 $x$、$y$ 和 $z$ 的向量。执行下列代码：

```
R> r <- 3
R> h <- 10
R> zseq <- 0:h
R> theta <- 0:360*(pi/180)
```

这些代码设置 $r$ 为 3，$h$ 的最大高度值为 10。$z$ 的序列是从 0～10 的 11 个整数，并存储在 zseq 中——我们可以在矢量图里定义 $z$ 值水平上放置的点。$\theta$ 的序列设为 $0 \leqslant \theta < 360$ 并存储在 theta 中（注意转化为弧度）。然后，我们需要这些参数值组成的所有不同组合，以获得用来绘图的所有坐标（$x$，$y$，$z$）。我们已经在 25.3.1 节学习了如何使用 expand.grid 来做到这一点。

```
R> ztheta <- expand.grid(zseq,theta)
R> nrow(ztheta)
[1] 3971
```

对结果调用 nrow，可以看到现在有 11×361=3971 个不同的高度—角度值。现在可以产生由式（26.2）定义的 $x$、$y$ 和 $z$。可以用 for 循环（见 10.2.1 节），循环遍历 ztheta 的每一行，但是一个更简单的方法是使用 apply 中的隐式循环（见 10.2.3 节）。

```
R> x <- apply(ztheta,1,function(vec) r*cos(vec[2]))
R> y <- apply(ztheta,1,function(vec) r*sin(vec[2]))
```

```
R> z <- apply(ztheta,1,function(vec) vec[1])
```

一次性函数（见 11.3.2 节）用来处理二元向量高度—角度（以此顺序），也就是 ztheta 的行。

可以使用 rgl 的 persp3d 来绘制这种由参数定义的曲面，但是与本章前面的章节略有不同。计算得到的 x、y 和 z 坐标必须全部以大小相同的矩阵形式提供，且排列正确。这是因为在 x 和 y 轴方向上不再有间隔相等的评估网格——与 z 值一样，x 和 y 都通过式（26.2）方程定义的。不过在这种类型的图形中，我们有由参数值（本例中是高度和角度）组合唯一确定的潜在评估网格。

x、y 和 z 坐标的所有矩阵都是 11×361 矩阵，以列优先的方式分别填充 x、y 和 z 值。

```
R> xm <- matrix(x,length(zseq),length(theta))
R> ym <- matrix(y,length(zseq),length(theta))
R> zm <- matrix(z,length(zseq),length(theta))
```

现在有必要介绍一下内置函数 outer。outer 函数从两变量中获取一列数值，产生这些数值不同的组合，计算出每种组合的结果之后以矩阵的形式返回结果——一次性完成了 3 个函数 expand.grid、apply 和 matrix 的工作。有了这种方法，就可以调用下面的简单代码来同时创建 xm、ym 和 zm：

```
R> xm <- outer(zseq,theta,function(z,t) r*cos(t))
R> ym <- outer(zseq,theta,function(z,t) r*sin(t))
R> zm <- outer(zseq,theta,function(z,t) z)
```

唯一的区别是，作为第三个参数的匿名函数，必须清楚两个单独参数的定义，这两个参数表示高度和角度。

无论如何我们获得了 xm、ym 和 zm，现在只需对这些坐标向量调用 persp3d。然后再调用 points3d 来强调这些矩阵中返回的精确估计值。下面两行代码的结果如图 26-17a 所示。

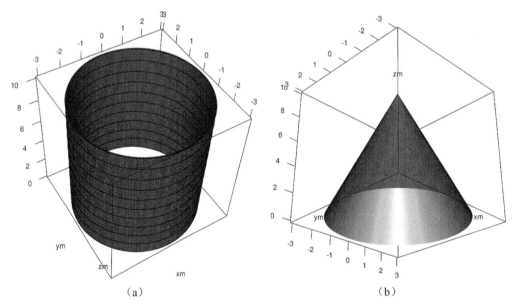

图 26-17    用 persp3d 函数依据 3 个坐标轴方向上的矩阵参数画出一个圆柱体和一个圆锥体。矢量图由相应的参数方程确定。圆柱体上可见的黑色圆环代表存储在矩阵 xm、ym 和 zm 中的点

```
R> persp3d(x=xm,y=ym,z=zm,col="red")
R> points3d(x=xm,y=ym,z=zm)
```

### 3D 圆锥体

接下来的例子将说明,一旦我们理解了设置 $x$、$y$ 和 $z$ 坐标矩阵的过程,几乎就可以轻松地展示任何 3D 图形或曲面。取 $r$、$h$ 和 $\theta$ 分别作为半径、最大高度和角度,圆锥体满足下列方程:

$$x = \frac{h-z}{h} r\cos(\theta), \quad y = \frac{h-z}{h} r\sin(\theta), \quad z=z \tag{26.3}$$

使用与先前相同的对象 r、h、zseq 和 theta,下面的代码根据式(26.3)修改了 outer 的一次性函数。图 26-17b 是代码的结果:

```
R> xm <- outer(zseq,theta,function(z,t) (h-z)/h*r*cos(t))
R> ym <- outer(zseq,theta,function(z,t) (h-z)/h*r*sin(t))
R> zm <- outer(zseq,theta,function(z,t) z)
R> persp3d(x=xm,y=ym,z=zm,col="green")
```

## 26.4.2　数学抽象图形

数学的许多领域,例如应用数学建模和统计学都使用高维模型。作为本章的结束也即本书的结束,我们用 rgl 和 26.4.1 节的技巧来看看几个著名的抽象例子。

### 麦比乌斯带

一个经典的例子就是麦比乌斯带——只有一个侧面和一个边缘的曲面。可以由下面的参数方程得到:

$$x = F(v,\theta)\cos\theta, \quad x = F(v,\theta)\sin\theta, \quad z=\frac{v}{2}\sin\left(\frac{\theta}{2}\right) \tag{26.4}$$

其中

$$F(v,\theta) = 1 + \frac{v}{2}\cos\left(\frac{\theta}{2}\right)$$

$-1 \leqslant v \leqslant 1$ 且 $0 \leqslant \theta \leqslant 2\pi$(假设角度的单位是弧度)。参数 $v$ 控制位于带子的宽度内点的位置,$\theta$ 是旋转角度。

可以用与画圆柱体和圆锥体相同的方式画出这条带子。首先,创建 $v$ 和 $\theta$ 可能值的序列,每个的分辨率都是 200:

```
R> res <- 200
R> vseq <- seq(-1,1,length=res)
R> theta <- seq(0,2*pi,length=res)
```

接下来,依据式(26.4),使用 outer 函数获得 $x$、$y$ 和 $z$ 轴的 200×200 矩阵。

```
R> xm <- outer(vseq,theta,function(v,t)(1+v/2*cos(t/2))*cos(t))
R> ym <- outer(vseq,theta,function(v,t)(1+v/2*cos(t/2))*sin(t))
R> zm <- outer(vseq,theta,function(v,t) v/2*sin(t/2))
```

然后调用 plot3d,就会显示基于 vseq 和 theta 数列确定的麦比乌斯带上 40000 个点的位置。

下面代码的结果如图 26-18a 所示。

```
R> plot3d(x=xm,y=ym,z=zm)
```

用 persp3d 以连续曲面的方式展现带子，以充分了解单面/单边的现象。图 26-18b 显示了以下代码的结果：

```
R> persp3d(x=xm,y=ym,z=zm,col="orange",axes=FALSE,xlab="",ylab="",zlab="")
```

使用 axes 可删除默认添加的框和坐标轴，使用空字符串可删除默认的坐标轴名称 xm、ym 和 zm。

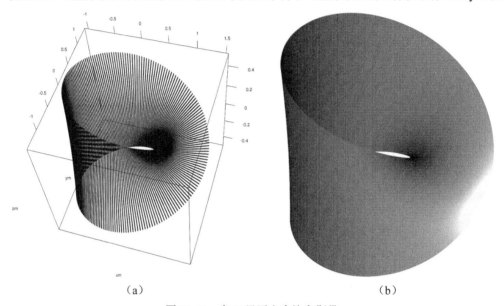

（a） （b）

图 26-18 在 R 里画出麦比乌斯带

（a）具体计算出带子上的点，并用 plot3d 进行可视化 （b）用 persp3d 连接图 a 的点形成曲面

也可以用颜色来突出麦比乌斯带的环绕性质。借鉴在 25.1.3 节定义调色板的方法，现在用下面的代码创建自定义调色板：

```
R> patriot.colors <- colorRampPalette(c("red4","red","white","blue",
                                         "white","red","red4"))
```

这个调色板专门产生深红色到白色再到蓝色，但是也可以从蓝色到白色再到深红色。这决定了给带子分配 patriot.colors 调色板里颜色的方式，这些颜色以填充点的方式布满整个带子。

考虑到预先设置好的 res 的值（控制 vseq 和 theta 的长度），用于绘制曲面的颜色向量必须是长度为 $200^2 = 40000$ 的向量。用下面的代码填充该向量：

```
R> patcols <- patriot.colors(2*res-1)
R> stripcols <- rep(NA,res^2)
R> for(i in 0:(res-1)){
+    stripcols[1:res+res*i] <- patcols[1:res+i]
+ }
```

第一行代码用 patriot.colors 调色板恰好生成 399 种颜色，第二行代码建立了满足长度要求的向量，将分配的颜色存储在 stripcols 中。for 循环确保了在第一次迭代时，把 patcols 从 1～200 的元素赋值给 stripcols 的前 200 个元素；在第二次迭代时，把 patcols 从 2～201 的元素赋值给 stripcols 201～400 的元素，等等。这一过程使得这些颜色布满整个带子。

为了正确理解 for 循环，首先看一下提供给 outer 的参数的顺序。第一个参数是 vseq，第二个参数是 theta，说明生成的矩阵中的每一列对应于从 -1～1 的 $v$，且每一列有 200 个元素。$v$ 指示点从直线的一段移动到另一端，即沿着带子的宽移动。通过使用从 0～199（包括端点）的索引变量 $i$，循环每次移动一个元素（每次迭代通过+$i$ 增加），将 patcos 的 399 个元素中的 200 个元素赋值给 stripcols 的前 200 个元素（每一次迭代通过+res*$i$ 增加）。这样做的结果是在循环开始时，线条的颜色会从红色变成白色再变成蓝色，但是随着循环的进行，继续为带子着色，调色板的跨度逐渐增加直到颜色从蓝色变成白色再变成红色，也就是图形旋转到最后一根线条位置。同时改变 $v$ 和 $\theta$ 时，颜色会平稳变化。我们可以在图 26-19 看到下面代码的结果：

图 26-19　用适当的颜色向量创建的调色板式麦比乌斯带（参见彩插）

```
R> persp3d(x=xm,y=ym,z=zm,col=stripcols,aspect=c(2,2.5,1.5),axes=FALSE,
          xlab="",ylab="",zlab="")
```

该图形仍可像之前图形一样移动和缩放。可以试着用 aspect 仅改变特定坐标轴的比例来改进图形的外观；这里已经相对 $z$ 轴加宽了 $x$ 和 $y$ 轴。

**圆环**

另一个常见的三维立体图形是圆环。这是一个经典的中间有洞的拓扑形状，像一个甜甜圈。圆环的数学性质在许多领域都很有用。

圆环的参数方程如下：

$$x = F(\theta_2; \alpha, \beta)\cos\theta_1, \ \ x = F(\theta_2; \alpha, \beta)\sin\theta_1, \ \ \ z = \alpha\sin\theta_2 \tag{26.5}$$

其中

$$F(\theta_2; \alpha, \beta) = \beta + \alpha\cos\theta_2$$

$0 \leq \theta_1 < 2\pi$ 且 $0 \leq \theta_2 < 2\pi$（假设角度以弧度计）。固定值 $\alpha$ 和 $\beta$ 控制"圆管"的半径（也就是面包圈的相对厚度），且圆环的整体大小取决于洞的中心和圆管中心之间的距离。如果 $\alpha < \beta$，由式（26.5）方程组得到的是经典圆环；如果放松对 $\alpha$ 和 $\beta$ 的条件限制，会得到不同种形状的圆环。

设 $\alpha=1$，$\beta=2$，下面的代码使用先前为麦比乌斯带定义的对象 theta，根据式（26.5）计算 $x$、$y$ 和 $z$ 坐标方向上的矩阵：

```
R> alpha <- 1
R> beta <- 2
R> xm <- outer(theta,theta,function(t1,t2)(beta+alpha*cos(t2))*cos(t1))
R> ym <- outer(theta,theta,function(t1,t2)(beta+alpha*cos(t2))*sin(t1))
```

```
R> zm <- outer(theta,theta,function(t1,t2) alpha*sin(t2))
```

必要的话，可参考 26.4.1 节复习 outer 的用法。

然后，下面的代码画出了为圆环计算的点：

```
R> plot3d(x=xm,y=ym,z=zm)
```

下面的代码给出了连续曲面的最终外观：

```
R> persp3d(x=xm,y=ym,z=zm,col="seagreen4",axes=FALSE,xlab="",ylab="",zlab="")
```

图 26-20 显示了两个结果。

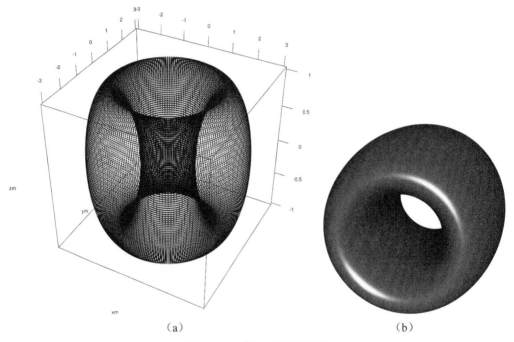

（a）                              （b）

图 26-20　在 R 里画出圆环

（a）用 plot3d 可视化计算出的曲面上的点　　（b）用 persp3d 把图 a 的点连接起来形成的图形

之前我们专门构造了一个颜色向量来给麦比乌斯带着色，事实上我们可以通过辨别已定义矩阵中的特定点来为所有这种曲面着色。作为本书的最后一个例子，我们以轻松快乐的方式说明这种逐点索引。

首先，甜甜圈要看起来真实一些。下面的代码构造了长度为 $200^2 = 40000$ 的向量来存储要使用的颜色。向量的每个颜色都初始化为褐色。

```
R> donutcols <- rep("tan",res^2)
```

接下来添加一些糖霜。从图 26-20a 中点的分布可以看出，圆环表面上半部分的点的 $z$ 轴坐标都大于零。因此可以用下面的代码重写 donutcols 的相关元素：

```
R> donutcols[as.vector(zm)>0] <- "pink"
```

最后，所有甜甜圈都应该有一些糖屑。我们需要一个机制，既能识别出位于圆环上半曲面上的随机点的位置，也能为这些点正确着色。所以可以使用内置函数 sample 从当前矩阵中随机选择出一个元素子集。例如，如果是从 1~10 中随机选择 4 个数，可以执行下面的代码：

```
R> sample(x=1:10,size=4)
[1] 8 9 2 6
```

参数 x 是要产生样本的矩阵，size 是我们希望从向量中取出的元素数量。注意，在执行这行代码时，我们可能会得到一组与上述结果不同的随机数。

在此基础上，我们就可以用 sample 函数来生成糖屑了：

```
R> sprinkles <- c("blue","green","red","violet","yellow")
R> donutcols[sample(x=which(as.vector(zm)>0),size=300)] <- sprinkles
```

代码设置了五种不同的糖屑颜色，然后严格地从有糖霜的表面随机选择 300 个坐标点，最后把这五种颜色分配给这些点。向量循环的性质意味着每种颜色恰好有 60 个点，随机分布在圆环的上半部分。可以通过增加 size 来增加更多的糖屑。不过考虑到颜色的数量，我们应该确保 size 仍能被 5 整除。

下面的代码完成了可视化处理，如图 26-21 所示。

```
R> persp3d(xm,ym,zm,col=donutcols,aspect=c(1,1,0.4),axes=FALSE,
           xlab="",ylab="",zlab="")
```

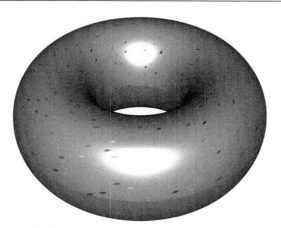

图 26-21　一个美味的数学甜甜圈。通过识别颜色向量中对应的坐标和随后元素
替换来为圆环表面着色（参见彩插）

圆环是用于产生特别定义的高维随机正态变量的一种易于计算的结果。我们可以在 Davies 和 Bryant（2013）的文章里找到更严谨（更有技术性）的圆环的可视化。

## 练习 26.3

确保当前 R 会话中已经加载了 mvtnorm、rgl、misc3d 和 ks 包。通过指定不同的协方差矩阵，我们可以控制一个多元正态变量的不同分量之间的关联，这会影响分布本身的形状。例如，在标准三元正态分布中，3 个元素（$x,y,z$）相互独立，而非标准三元正态分布的 3 个元素却以某种方式彼此相关。执行下面代码将从非标准三元正态分布中产生 100 个观测值。

```
R> covmat <- matrix(c(1,0.8,0.4,0.8,1,0.6,0.4,0.6,1),3,3)
R> rand3d.norm <- rmvnorm(1000,mean=c(0,0,0),sigma=covmat)
```

注意，将协方差矩阵 covmat 传递给可选参数 sigma，这些点集的均值保持在（0,0,0）处。

a. 绘制产生的数据的交互式 3D 点云，坐标轴分别命名为"x""y"和"z"。我们应该了解这些点是如何组成一个椭圆的，与图 26-11 和图 26-12 的标准三元正态分布的球体正好相反。保持图形处于打开状态。

b. 在坐标范围[−3,3]内的 50×50×50 的评估点阵的基础上，用 dmvnorm 计算这个三元正态分布函数并将其存储为合适大小的数组。在任何时候使用 dmvnorm，都需要设置 sigma=covmat。计算密度的最大值并将它添加到水平分别为 0.1、0.5 和 0.9 的 3 个点云等值面上。分别将这 3 个等值面涂为"yellow""seagreen4"和"navyblue"，透明度设为 20%、40%和 60%。

c. 现在，使用 ks 包的功能，基于产生的 1000 个观测值计算密度函数的 3D 核密度估计。返回的结果是包括 99 个等值线的向量。在一个新的 RGL 设备中重新画出 a 题的点云，然后以如下方式分两次执行 contour3d。

i. 第一次是只添加 b 题中水平为 0.5 的理论等值线。颜色和透明度保持不变。

ii. 第二次是画出由 KDE 曲面估计得到的第 50 百分位数下的等值面，并把颜色设为红色，透明度设为 20%。

下面的左图是 b 题的结果，右图是 c 题的结果。注意 KDE 等值面的外观会有些不同，因为随机产生的 1000 个数据点决定了最后的估计结果。

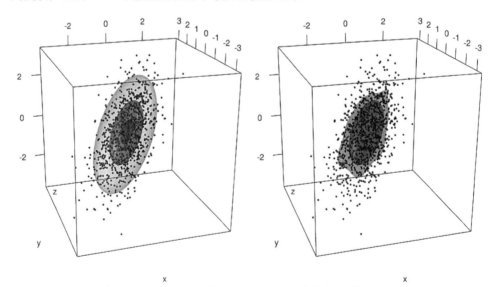

MASS 包有另一个我们没有用过的数据集 Boston，其包含了关于 20 世纪 70 年代马萨诸塞州波士顿郊区房屋价格的一些描述性观测值（Harrison and Rubinfeld, 1978）。加载 MASS

包并查看帮助文件?Boston 以了解数据框里的变量。

d. 注意房间数量的平均值，较低社会经济地位的住房的百分比和均值——按以下内容画出 3D 散点图：

   i. 分别以空间、地位和价值为 $x$ 轴、$y$ 轴和 $z$ 轴，使用 rgl 的功能画出这 3 个变量，并标出坐标名称。数据点是灰色的球体，大小为 0.5。保持图形处于打开状态。

   ii. 使用 ks 的功能来估计这些数据的三元密度函数。基于 64×64×64 评估点阵；确保返回 99 个观测值密度的整数百分位数水平。添加包括了 75%、50%、10%最密集的观测值的等值面，分别是绿色、黄色和蓝色，透明度分别是 10%、40%和 50%。

   iii. 最后，在由 $z$ 轴负半轴、$x$ 轴正半轴和 $y$ 轴正半轴确定的 3 个平面上添加参考网格。

e. 解释 d 题的图形。例如，当前变量的哪些值可以概括出波士顿郊区房屋最常见类型的特点？

下面是图形结果。

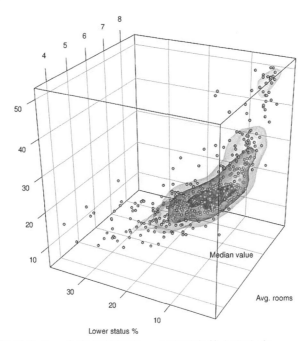

umbilic torus 是数学里另一个有趣的图形，由下列参数方程定义：

$$x = \sin(\theta)F(\theta,\phi)$$
$$y = \cos(\theta)F(\theta,\phi)$$
$$z = \sin(\theta/3 - 2\phi) + 2\sin(\theta/3 + \phi)$$

在这些方程中，$F(\theta,\phi) = 7 + \cos(\theta/3 - 2\phi) + 2\cos(\theta/3 + \phi)$，而且满足 $-\pi \leqslant \theta \leqslant \pi$，$-\pi \leqslant \phi \leqslant \pi$。

f. 对 $\theta$ 和 $\phi$ 使用长度为 1000 的数列，从内置调色板 rainbow 生成 1000 种颜色并赋值给参数 col，基于这些画出 umbilic torus 的交互式 3D 图形。删除方框、坐标轴和坐标轴标题。跟我们之前画的麦比乌斯带一样，该图形只有一条边。

以下是结果图形：

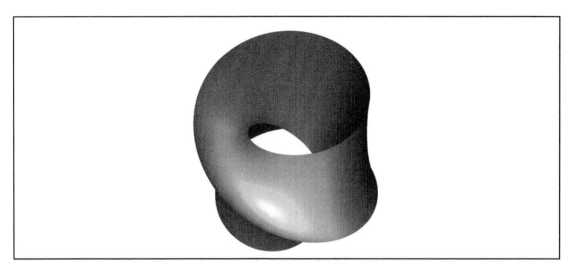

**本章重要代码**

| 函数/操作 | 简要描述 | 首次出现 |
| --- | --- | --- |
| plot3d | 交互式 3D 点云 | 26.1.1 节 |
| legend3d | 添加 RGL 设备图例 | 26.1.2 节 |
| bg3d | 添加 RGL 设备背景 | 26.1.2 节 |
| segments3d | 添加 3D 线段 | 26.1.3 节 |
| grid3d | 添加平面网格 | 26.1.3 节 |
| bgplot3d | 改变/重绘 RGL 设备背景 | 26.1.3 节 |
| persp3d | 交互式 3D 透视曲面 | 26.2.1 节 |
| points3d | 添加 3D 点 | 26.2.2 节 |
| text3d | 添加 3D 文本 | 26.2.2 节 |
| rmvnorm | 随机多元正态变量 | 26.3.2 节 |
| dmvnorm | 多元正态密度 | 26.3.2 节 |
| contour3d | 绘制等值面 | 26.3.2 节 |
| kde | 多元内核估计 | 26.3.3 节 |
| pi | $\pi$ 的几何值 | 26.4.1 节 |
| sin, cos | 正弦和余弦 | 26.4.1 节 |
| outer | 生成 outer 数组 | 26.4.1 节 |
| sample | 从向量获得随机样本 | 26.4.2 节 |

# 附录 A

# 安装 R 和贡献包

本附录提供如何找到 R 以及如何安装扩展包的详细信息。可以通过 CRAN（the Comprehensive R Archive Network）访问 R 网站。这部分只介绍基础知识，但我们可以在 Hornik（2015）的 R FAQ 中找到大量的信息。如果安装 R 及其扩展包需要帮助文档，这应该是第一个呼叫端口。安装 R 及其贡献包的常见问题分别在第 2 节和第 5 节中讨论。

## A.1 下载和安装 R

在 R 网站上，单击欢迎文本中的 CRAN 镜像链接或左侧下载标题为 CRAN 的链接，如图 A-1 所示，在加载页面选择 CRAN 镜像。

选择靠近我们的地理位置的一个镜像，然后点击链接。图 A-2 显示了我在奥克兰大学的本地镜像，你的看起来应该会一样。

然后单击操作系统的链接，如图 A-2 所示。

- 如果您是 Windows 用户，请单击 Windows 链接，并从该页面选择基本版本的安装文件（二进制可执行文件）。双击可执行文件，然后按照安装向导说明进行操作。另外，需要 32 位还是 64 位版本取决于您当前安装的 Windows 系统——打开控制面板→查看系统版本。
- 如果您是 Mac 用户，请点击 macOSX 链接，转到包含二进制文件包的页面。目前为止有两个版本可用：一个为 OS X 10.9（Mavericks）以及更高的版本，另一个为 OS X 10.6 到 10.8（这个版本为雪豹），雪豹的支持版本正在被逐步淘汰。为操作系统下载正确的文件。下载完成后，双击文件将立即启动安装程序；请按照说明进行操作。建议获得 XQuartz 窗口系统，可以从官网免费下载，为图形的其他设备提供支持。

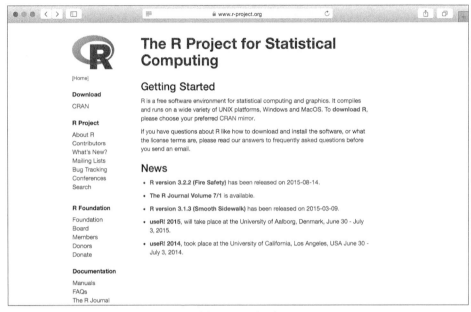

图 A-1 R 主页

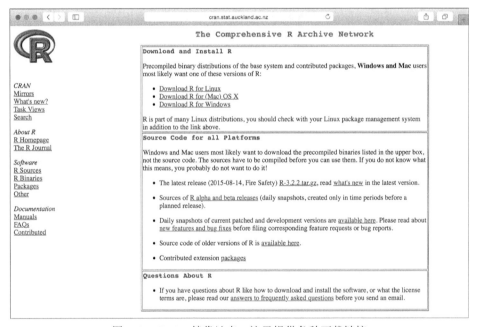

图 A-2 CRAN 镜像站点。这里提供各种下载链接

- Linux 用户将依据以 Debian 或 Ubuntu 等操作系统命名的文件夹子目录。单击相关的链接，将转到提供安装 R 逐步命令行的说明页面。

## A.2 使用包

R 包（或库）是保存在 R 中使用的数据和函数的代码集合。加载这些库对于访问某些函数和命令非常重要。

包有 3 种类型。一种是，在安装后并打开 R 时自动加载的 R 核心函数的基础包。另一种是，在典型 R 安装中包括一些扩展包，但不会自动加载。还有一种是，一个丰富的用户贡献包集合——截至写书时已超过 7000 个——扩展 R 的应用程序。

## A.2.1 基础包

基础包提供了用于编程、计算和绘图以及内置数据集、基本算术和统计函数的基本语法和命令。当启动 R 时，基础包立即可用。在写这本书时，已有 14 个基础包可用。

```
base        compiler    datasets    grDevices   graphics    grid        methods
parallel    splines     stats       stats4      tlctk       tools       utils
```

我们可以在 Kurt Hornik 的 R FAQ 中的 5.1.1 节中找到基本包的简要描述。

## A.2.2 扩展包

在撰写本书时，有 15 个扩展包，如 R FAQ 中的 5.1.2 节所述。在任何标准 R 安装中都包括这些扩展包，并且在拓展基本包的函数里包括略微更专业（但仍然普遍存在的）的统计方法和计算工具。在本书中，我们将只使用 MASS 包并在列表中启动。

```
KernSmooth  MASS        Matrix      boot        class       cluster
codetools   foreign     lattice     mgcv        nlme        nnet
rpart       spatial     survival
```

这些扩展包不会自动加载。如果要访问这些包中的函数或数据集，应通过调用 library 手动加载它们。例如，要访问 MASS 包中的一部分可用数据集，应在提示符处执行以下命令：

```
R> library("MASS")
```

在加载一些程序包时，R 会提供简短的欢迎消息，一旦发生了屏蔽，R 总是会通知我们（见 12.3.1 节）。

当关闭当前的 R 会话时，程序包也将关闭，因此如果打开另一个 R 实例并希望再次使用它，就需要重新加载它。如果我们决定不再需要任何给定会话中的包，并希望卸载它，例如，避免任何潜在的重叠问题可以使用 detach，如下：

```
R> detach("package:MASS",unload=TRUE)
```

我们可以在 9.1 节和 12.3.1 节中找到有关安装和卸载包的主题和技术细节。

## A.2.3 贡献包

除了基础包和扩展包之外，还可以通过 CRAN 提供大量的用户贡献包，用于统计、数学、计算和图形的各种应用。如果导航到本地 CRAN 镜像站点，页面左侧的 Packages 链接（见图 A-2）将转到一个页面，提供 CRAN 所有可用包的最新列表的更多链接。我们还将找到有用的 CRAN

任务视图网页，这是一个概述相关包的特定主题的文章集合，如图 A-3 所示。这是熟悉 R 中专业分析的一个很好方式。

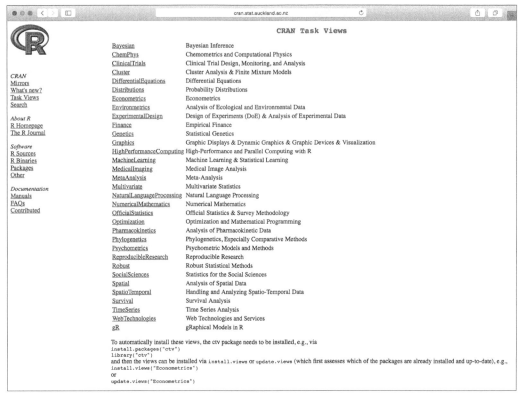

图 A-3 CRAN 任务视图网页。每篇文章都讨论了某领域著名的 CRAN 包

由于可用包的数量众多，R 自然不会在安装时包括它们。作为研究人员，在任何时候只能对相对较小的方法子集感兴趣。

在本书中，我们将使用一些贡献包：一些用于访问某些数据集或对象，另一些用于其函数或统计方法，如下：

```
car            faraway     GGally     ggplot2     ggvis
gridExtra      ks          misc3d     mvtnorm     rgl
scatterplot3d  shape       spatstat   tseries
```

当访问贡献包时，要先连接 Internet 才能下载并安装。包的大小通常小于几兆字节。安装好包后，使用 library 来加载它并访问相关函数。对于上面列出的包，在本书的相关章节中，系统会提示我们执行此操作。

**注意** 贡献 R 包在正确性、速度和质量方面往往具有良好的质量效率和用户友好性。虽然提交的包在 CRAN 上可用之前会进行基本的兼容性检查，但是传递它们并不标志着 R 包的质量和可用性。通过使用 R 包，研究其文档和寻找任何相关的出版物来衡量。

### 在 CRAN 上查找包

CRAN 上每个 R 包都有自己的标准网页，提供可下载文件的直接链接以及有关包的重要信息。

在 CRAN 的某个列表上找到程序包名称，然后单击它，或者快速进行 Google 搜索（在本例中为 ks r cran）。图 A-4 显示 ks 网页的顶部。

```
ks: Kernel Smoothing

Kernel smoothers for univariate and multivariate data.

Version:          1.9.5
Depends:          R (≥ 1.4.0), KernSmooth (≥ 2.22), misc3d (≥ 0.4-0), mvtnorm (≥ 1.0-0), rgl (≥ 0.66)
Imports:          grDevices, graphics, multicool, stats, utils
Suggests:         MASS
Published:        2015-10-07
Author:           Tarn Duong
Maintainer:       Tarn Duong <tarn.duong at gmail.com>
License:          GPL-2 | GPL-3
URL:              http://www.mvstat.net/tduong
NeedsCompilation:  yes
Materials:        ChangeLog
In views:         Multivariate
CRAN checks:      ks results
```

图 A-4 ks 包的 CRAN 网页上的描述性信息

除了版本号、维护者姓名和联系信息等基本信息外，我们还将看到"依赖"字段。这对于安装很重要；如果感兴趣的 R 包依赖于其他贡献包（不是全部），那么需要先安装贡献包，最后安装感兴趣的包。

看图 A-4，可以看到 R 版本需要晚于 1.4，ks 需要 KernSmooth（已经安装——它是 A.2.2 节中提到的推荐包之一），且需要 misc3d、mvtnorm 和 rgl。方便的是，如果直接安装 R 包，那么依赖包也会自动安装。

**在提示符处安装包**

下载和安装 R 包的最快方法是直接从 R 提示符中使用 install.packages 命令。从全新安装的 R 开始，在我的 iMac 可以看到以下：

```
R> install.packages("ks")
--- Please select a CRAN mirror for use in this session ---
also installing the dependencies 'misc3d', 'mvtnorm', 'rgl'

--snip--
```

我们可能会被要求选择 CRAN 镜像。该列表弹出并默认为安全 HTTPS 服务器；选择 HTTP 将切换到不安全的。我选择 HTTP，查找新西兰镜像并单击确定，如图 A-5 所示。完成后，所选的镜像将依旧设置为转到网站，直到我们重置为止；参见 A.4.1 节。

单击确定后，R 列出下载和安装的依赖包，然后为每个包（在剪切的输出中）显示下载通知。

注意以下说明：

- 我们只需要安装一次包，它将保存到硬盘驱动器，像往常一样调用 library 来加载。
- 系统可能会提示我们在计算机上使用或创建本地文件夹以存储已安装包。这是为了确保 R 在从库中请求包时知道从哪里获取包，同时意味着我们有一个用户特定的包库。

图 A-5 用于选择要下载已提交包的 CRAN 镜像站点的弹出窗口

（a）可选择的 HTTP 服务器（而不是 HTTPS）（b）选择我的本地 HTTP 镜像

- 关于 install.packages 的可选参数，可参阅在提示符下调用？install.packages 时给出的帮助文件。例如，如果在控制台中指定 CRAN 镜像，可将相关 URL 作为字符串提供给 repos 参数；如果要防止依赖包的安装，可使用 dependencies 参数。
- 我们还可以从源代码安装 R 包，即从未编译的代码安装 R 包，这些包的最新更新可能超过预编译的二进制版本包。如果我们是 OS X 用户，最新版本的 R 将询问我们是否要从源代码下载包含比预编译的二进制版本更新的版本包。为此，我们需要在系统上安装某些命令行工具；如果下载失败，就通过从源提示下载时回答 n（"否"）来坚持使用二进制版本。

### 使用 GUI 安装包

本书中使用的基本 R 图形用户界面（GUI）让我们可以使用菜单项在控制台下载和安装包。在这里，我们将简要介绍 Windows 版本和 OS X 版本。

在 Windows 上，单击菜单项 Packages→Install package（s），如图 A-6 所示。选择 CRAN 镜像，将打开一个窗口，按字母顺序列出所有可用包。滚动来选择我们感兴趣的包。可以在图 A-6 右侧看到我选择的 ks，单击"OK"下载并安装包和依赖包。

对于 OS X R，单击 OS X 菜单栏的 Packages&Data→Package Installer，如图 A-7 的顶部所示。打开包安装程序时，单击 Get List 按钮以显示可用包的列表。选择所需的包，确保选择安装程序底部附近的 Install Dependencies 框，然后单击 Install Selected。R 将下载并安装所需要的一切，包括任何依赖包，如图 A-7 的底部所示。我们可以选择多个包。注意，安装程序左下角的选项允许我们精确选择已安装包的存储位置；如前所述，如果我们是非管理员用户，则可能需要创建用户特定的库。

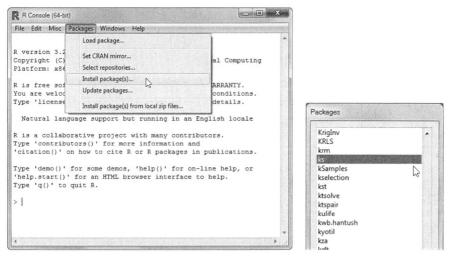

图 A-6　通过 Windows 中 GUI 菜单启动贡献包（以及任何缺少的依赖关系包）下载和安装

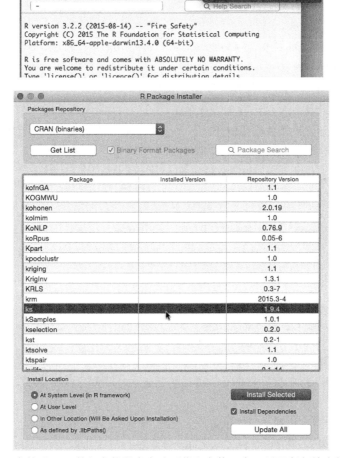

图 A-7　在 OS X 中基于 GUI 的包安装程序启动下载和安装 R 包（以及任何缺少的依赖关系包）

**使用本地文件安装包**

最后，我们可以从 CRAN 通过 Internet 浏览器下载所需包的文件，如下载其他任何内容，将它们存储在本地驱动器上，然后将 R 导入本地文件。

在 ks 的 CRAN 网页上，我们会看到下载部分，如图 A-8 所示。对于 Linux，选择包源文件。对于 Windows 或 OS X，选择相应的标有 r-release 的.zip 或.pkg 文件。只有遇到兼容性问题时，才使用 r-oldrel 和 r-devel 版本。旧源链接保存旧版本的归档源文件。

```
Downloads:

Reference manual:                    ks.pdf
Vignettes:                           kde
Package source:                      ks_1.9.5.tar.gz
Windows binaries:                    r-devel: ks_1.9.5.zip, r-release: ks_1.9.5.zip, r-oldrel: ks_1.9.5.zip
OS X Snow Leopard binaries:  r-release: ks_1.9.4.tgz, r-oldrel: ks_1.9.2.tgz
OS X Mavericks binaries:       r-release: ks_1.9.4.tgz
Old sources:                         ks archive
```

图 A-8　ks 的 CRAN 网页的下载部分

在 Windows 中，选择 Packages→Install Package(s) from local zip files（如图 A-6 左侧所示）。这将打开一个文件浏览器，以便我们可以导航到下载的.zip 文件包；R 将做剩下的部分。

在 OS X 上，一旦下载.pkg 文件，选择 Packages& Data→Package Installer。使用安装程序顶部的下拉菜单选择 Local Binary Package，如图 A-9 所示。打开文件浏览器来查找本地文件，我们需要单击程序底部的 Install 按钮，R 就会从那里获取。

注意，这个方法不会自动安装任何依赖的包。我们还需要安装包依赖的所有包、包的依赖包等，所以一定要检查 CRAN 包网页上的 Depends 字段，如前所述。

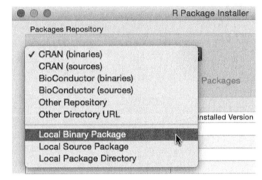

图 A-9　使用 OS X 上包安装程序从本地
文件安装 R 包

直接从 R 提示符或通过 GUI 使用 install.packages 来自动化这个过程要容易得多。当自动化的方法由于某种原因而失败时，我们要安装的包不在 CRAN（或任何其他容易访问的存储库——见 A.4.2 节）中，或者该包不能直接用于我们的操作系统时，就需要安装本地文件。

## A.3　更新 R 和已安装的包

每年大约有四个新版本的 R，用于解决函数、兼容性问题和错误修复。最好保持最新版本。R 项目主页和任何 CRAN 镜像站点都会告诉最新的版本，我们可以在 R 提示符下执行 news（）来获取最新信息。

帮助的 R 包也会定期更新，新的包文件上传到 CRAN。我们安装的包不会自动更新，因此需要更新它们。很难预测这样的更新将多久发布一次，因为它完全取决于维护者，但是每几个月应安装一次包的新版本，或者至少升级 R 版本。

检查包的更新很容易。简单调用 update.packages（），没有参数，将系统地查看已安装包，并标记任何具有更多最新版本的包。

例如，在当前安装中，执行以下代码表明以后版本的 MASS 是可用的（且在这个削减的输出中没有显示其他几个包）。

```
R> update.packages()
MASS :
 Version 7.3-43 installed in /Library/Frameworks/R.framework/Versions/3.2/
                                 Resources/library
 Version 7.3-44 available at http://cran.stat.auckland.ac.nz
Update (y/N/c)? y

--snip--
```

输入 y 表示从 CRAN 更新包。如果有多个更新包可用，无论是否要更新（或 N 或 c），R 都将询问一次且必须输入 y。

我们还可以使用 R GUI 菜单（或使用本地文件手动安装）执行包的更新。在 Windows 中，选择 Packages→Update packages...以打开当前包的可用更新列表。在 OS X 上，包安装程序中填充表中的列提供了有关我们当前安装每个包的版本以及当前在 CRAN 上的版本信息，我们可以选择安装更新的版本。还有更新全部的按钮，这是通常使用的。

## A.4　使用其他镜像和存储库

有时，我们可能希望更改与典型包安装过程相关联的 CRAN 镜像，或者确实将目标存储库本身更改为 CRAN 之外的其他存储库——有多个选项。

### A.4.1　切换 CRAN 镜像

我们很少需要更改 CRAN 镜像，但如果可能需要，例如，由于某种原因无法访问常规镜像网站，或者我们希望从不同的位置使用 R。要查询当前设置的存储库，使用 "repos" 调用 getOption。

```
R> getOption("repos")
                              CRAN
"http://cran.stat.auckland.ac.nz"
```

要将此更改为墨尔本大学镜像，只需在调用选项中将新 URL 分配给 repos 组件，如下所示：

```
R> options(repos="http://cran.ms.unimelb.edu.au/")
```

随后，对 install.packages 或 update.packages 的任何使用都将使用此澳大利亚镜像进行下载。

### A.4.2　其他包库

CRAN 不是 R 包的唯一存储库。其他存储库包括 Bioconductor，Omegahat 和 R-Forge 等。这些存储库倾向于处理不同的主题。例如，Bioconductor 承载处理 DNA 微阵列和其他基因组分析方法的包，Omegahat 托管的包专注于基于 Web 和 Java 的应用程序。

一般统计分析方面，CRAN 是大多数用户的存储库。要了解有关其他存储库的更多信息，可以访问相关的网站。

# A.5 引用和写作包

当软件作为我们研究项目的一部分时，例如数据分析，将 R 和其包中的工作以适当的方式识别是非常重要的。事实上，当我们正在考虑进入编写自己的包的阶段时，需要注意以下几点。

## A.5.1 引用 R 和帮助包

引用 R 和/或其他包，引用命令产生相关的输出。

```
R> citation()

To cite R in publications use:

  R Core Team (2016). R: A language and environment for statistical computing.
  R Foundation for Statistical Computing, Vienna, Austria. URL
  https://www.R-project.org/.

A BibTeX entry for LaTeX users is
  @Manual{,
    title = {R: A Language and Environment for Statistical Computing},
    author = {{R Core Team}},
    organization = {R Foundation for Statistical Computing},
    address = {Vienna, Austria},
    year = {2016},
    url = {https://www.R-project.org/},
  }

We have invested a lot of time and effort in creating R, please cite it when
using it for data analysis. See also 'citation("pkgname")' for citing R
packages.
```

注意，LATEX 用户可以方便地自动生成 BIBTEX 条目。

如果已经在完成特定工作中起到作用，我们还可以引用单个包，如以下例子：

```
R> citation("MASS")

To cite the MASS package in publications use:

  Venables, W. N. & Ripley, B. D. (2002) Modern Applied Statistics with S.
  Fourth Edition. Springer, New York. ISBN 0-387-95457-0

A BibTeX entry for LaTeX users is
```

```
@Book{,
  title = {Modern Applied Statistics with S},
  author = {W. N. Venables and B. D. Ripley},
  publisher = {Springer},
  edition = {Fourth},
  address = {New York},
  year = {2002},
  note = {ISBN 0-387-95457-0},
  url = {http://www.stats.ox.ac.uk/pub/MASS4},
}
```

## A.5.2　编写我们自己的包

一旦我们成为 R 专家，可能就会发现自己有一套函数、数据集和对象，其他人可能会觉得有用，或者我们经常使用足以保证以标准化、易于加载的格式打包。当然，我们没有义务将自己的包提交到 CRAN 或任何其他存储库，但如果我们的目的是这样做时，应注意，这有相当严格的要求，以确保我们的包在其他用户使用时具有稳定性和兼容性。

如果有兴趣构建自己的可安装 R 包，可参阅官方编写 R 扩展手册，通过单击主页左侧的文档手册链接可访问任何 CRAN 镜像站点；我们可以在图 A-2 中看到此链接。如果有兴趣，可以参考 Wickham 的书（2015b），它提供了有关 R 包的编写过程以及相关 dos 和 don'ts 的有用指导。

附录 **B**

# 使用 RStudio

 虽然基本的 R 应用程序和 GUI 都有完整可用的功能套件，但是控制台的外观和代码编辑器可能不讨人喜欢，特别是初学者。专为增强日常使用 R 语言而设计的最佳集成开发环境（IDE）之一是 RStudio。

与 R 一样，RStudio 的桌面版本（RStudio Team，2015）是免费的，可以在 Windows、OS X 和 Linux 系统上使用。在安装 RStudio 之前，必须首先安装 R，如附录 A 所述（OS X 用户也需要 Xquartz；参见附录 A.1 节）。然后，我们可以从官网下载 RStudio。

RStudio 网站还提供了各种有用的支持文章和链接以及各种特殊的增强说明，其中一些在附录 B.2 节中有说明。如果需要 RStudio 的帮助，可参见帮助文档。特别地，我们应该花点时间点击 Documentation 链接，也可以通过 RStudio 选择 Help→RStudio Docs。

在本附录中，我们将了解 RStudio 及常用的工具。

## B.1　基本布局和用法

RStudio IDE 分为 4 个窗格，我们可以根据自己的喜好自定义内容和布局。图 B-1 显示了我的设置。在里面显示的是 24.4 节的 ggvis 代码。

我们在内置编辑器中编写 R 代码并在控制台中执行；快捷键"发送代码到控制台"在 Windows 系统中是 Ctrl-Enter 或 Ctrl-R，在 Mac 中是⌘-RETURN。文本输出照常出现在控制台中。

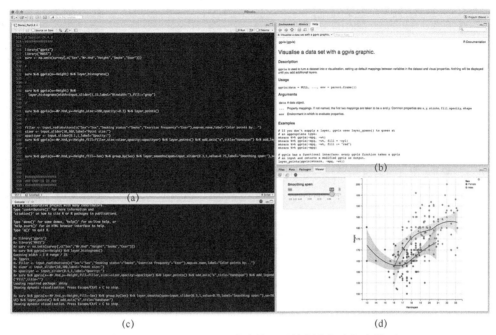

图 B-1　运行 RStudio。4 个窗格可以按照我们喜好来排列

（a）代码编辑器　　（b）帮助页面　　（c）控制台　　（d）图形查看器

## B.1.1　编辑器和外观选项

RStudio 编辑器最有用的功能之一是用以颜色为主题的代码来突出显示和括号匹配。特别是在编写长段代码时，比用基本 R 编辑器更容易。还有，当我们在编辑器或控制台中输入时，弹出自动填充选项。可以在图 B-2 中看到一个示例。

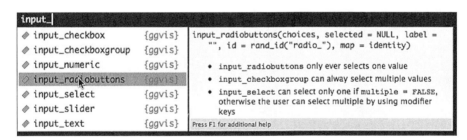

图 B-2　RStudio 的自动完成功能包括关于每个选项的提示

可以使用 RStudio 选项（在 Windows 和 OS X 上选择 Tools→Global Options）来启用、禁用和自定义这些功能；对于 OS X，还可以选择 RStudio→ Preferences）；我们可以看到图 B-3 中的代码和外观选项。

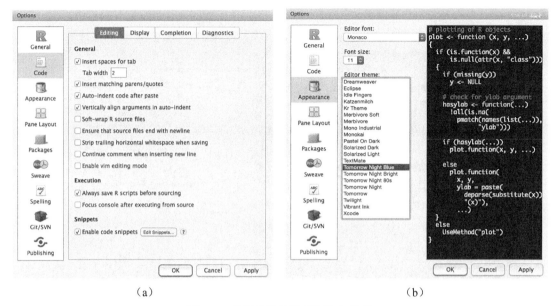

（a）　　　　　　　　　　　　　　　　　（b）

图 B-3　代码编辑的选项窗格和外观

## B.1.2　自定义窗格

接下来，我们可能需要整理 4 个 RStudio 窗格的排列和内容。两个窗格始终是编辑器和控制台，但我们可以设置多个附加选项卡以显示在两个实用程序窗格上。这些包括文件浏览器，我们可以使用它来搜索和打开本地机器上的 R 脚本、图形和文档查看器、标准 R 函数帮助文件和包安装程序。

我们可以使用 RStudio 选项的窗格布局部分中的下拉菜单和复选框配置实用的程序窗格。图 B-4 显示了我的当前设置；对默认安排做出的一个更改是使帮助文件显示在最上面的实用程序窗格中，图形在底部显示，因为我们经常希望参考函数文档，同时绘图。

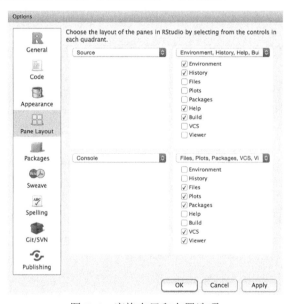

图 B-4　窗格布局和布置选项

# B.2 辅助工具

我将在这里简要强调，RStudio 可以访问有用工具并与 R 一起使用。有关特定功能的详细信息，可参阅支持文档。

## B.2.1 项目

在进行更复杂的工作时，RStudio 项目协助开发和管理文件。在这些情况下，通常使用多个脚本文件，我们可能希望保存单独的 R 工作区，或者将某些 R 选项设置为特定或非默认值。RStudio 擅长此过程，因此我们不必手动设置。

在 RStudio 窗口右上角，我们将看到一个 Project:（None）按钮。单击它，我们会看到一个简短菜单，如图 B-5 所示；若要创建基本项目文件夹，可通过单击 New Project 并选择 New Directory→Empty Project 完成。

基本上，执行以下操作创建新项目：

- 将工作目录设置为项目文件夹。
- 默认情况下保存 R 工作区、历史记录和所有文件夹中的所有.R 源文件。
- 创建.Rproj 文件，可用于以后打开已保存的项目，并存储为该项目专门设置的 RStudio 选项。

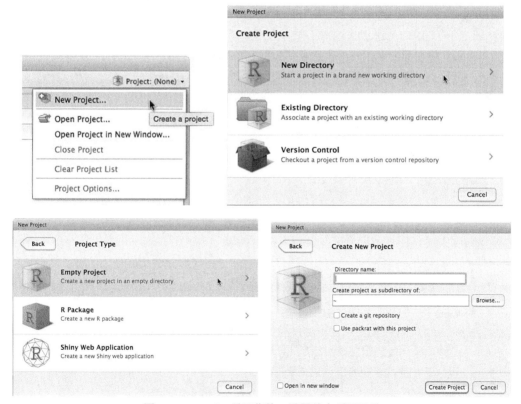

图 B-5　RStudio 项目菜单；设置基本项目目录

在处理特定项目时，其名称将显示（None）在项目：按钮（None）上。

### B.2.2 包安装程序和更新程序

RStudio 提供了一个包安装程序来管理下载和安装的贡献包。我们将在所选实用程序窗格的"程序包"选项卡中找到程序包管理器。它仅列出当前已安装的包及其版本号，我们可以使用每个包名称旁边的复选框来加载它（而不是在 R 控制台提示下使用库）。

在图 B-6 中，我刚刚选择了汽车包的框，自动调用库中的控制台。

| Files | Plots | Packages | Viewer | | |
|---|---|---|---|---|---|
| | Install | Update | Packrat | | |
| | Name | Description | | Version | |
| **System Library** | | | | | |
| ☐ | abind | Combine Multidimensional Arrays | | 1.4-3 | ⊗ |
| ☐ | acepack | ace() and avas() for selecting regression transformations | | 1.3-3.3 | ⊗ |
| ☐ | alphashape3d | Implementation of the 3D alpha-shape for the reconstruction of 3D sets from a point cloud | | 1.1 | ⊗ |
| ☐ | alr4 | Data to accompany Applied Linear Regression 4rd edition | | 1.0.5 | ⊗ |
| ☐ | assertthat | Easy pre and post assertions. | | 0.1 | ⊗ |
| ☐ | BH | Boost C++ Header Files | | 1.58.0-1 | ⊗ |
| ☐ | bitops | Bitwise Operations | | 1.0-6 | ⊗ |
| ☐ | boot | Bootstrap Functions (Originally by Angelo Canty for S) | | 1.3-17 | ⊗ |
| ☐ | brainR | Helper functions to misc3d and rgl packages for brain imaging | | 1.2 | ⊗ |
| ☑ | car | Companion to Applied Regression | | 2.1-0 | ⊗ |
| ☐ | CHsharp | Choi and Hall Clustering in 3d | | 0.3 | |

图 B-6　RStudio 软件包安装程序，通过单击其复选框显示正在加载的汽车包

该图还显示了包的安装和更新按钮。要安装包，单击 Install 按钮，然后在字段中输入所需的软件包。RStudio 将在我们键入时给出选项，如图 B-7a 的 ks 包所示。确保选中"安装依赖包"，以便自动安装其他必需的软件包。

要更新包，单击 Update 按钮以打开图 B-7b 的对话框；在这里我们可以选择更新单个包，或者通过单击 Select All 按钮更新所有软件包。

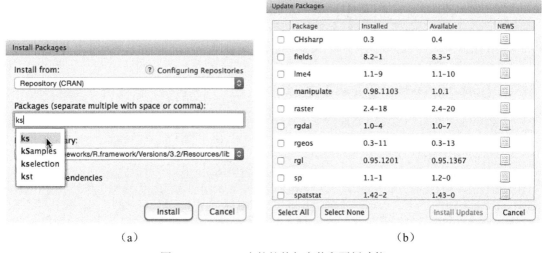

　　　　　　　（a）　　　　　　　　　　　　　　　　（b）

图 B-7　RStudio 中的软件包安装和更新功能

当然，只要愿意，仍可以从 RStudio 中的控制台提示直接使用 install.packages、update.packages 和库命令。

### B.2.3　支持调试

RStudio 的另一个功能是其内置的代码调试工具。调试策略通常涉及能够在特定点"暂停"的代码，以检查在给定"活"状态下的对象和函数值。具体技术最好参考更专业的书，如 *The Art of Debugging*（Matloff 和 Salzman，2008）和 *The Art of R Programming*（Matloff，2011）；另见《高级 R》的第 9 章（Wickham，2015a）。但是我在这里提到它，是因为 RStudio 中提供的工具比单独的 base R 命令更方便、更高级地支持调试。

一旦处于编写由多个互连 R 函数组成的程序阶段，我们可能希望了解更多内容。特别是对于 R 和 RStudio，Jonathan McPherson 在 RStudio 官网上有一篇很好的介绍性的文章。

### B.2.4　标记、文档和图形工具

在编写项目报告或教程进行特定分析时，研究人员通常使用编辑语言。特别是在科学领域，LATEX 是最著名的编辑语言之一；它有助于对技术文件的排版、格式化和布局采取统一的方法。

有专门的包将 R 代码合并到这些文档的编译中。这些被合并到 RStudio 中，允许我们创建使用 R 代码和图形的动态文档，而不在不同的应用程序之间进行切换。我们需要在计算机上安装 TEX 才能使用这些工具。在本节中，将简要讨论常见的增强功能。

**Sweave**

Sweave（Leisch，2002）可以说是第一个使用 R 的流行编辑语言；其功能包括任何 R 标准安装。Sweave 遵循典型的 LATEX 标记规则；在文档中，我们声明了名为块的特殊字段，写入 R 代码并指示要显示的任何相应输出；输出可以包括控制台文本和图形。编译 Sweave 文件（具有.Rnw 扩展名）时，R 代码字段将发送到 R 进行实时评估，结果显示在成品的指定位置。要启动新文档，应选择 File→New File→R Sweave，如图 B-8 所示。有关一些示例和资源，可访问 Sweave 主页。

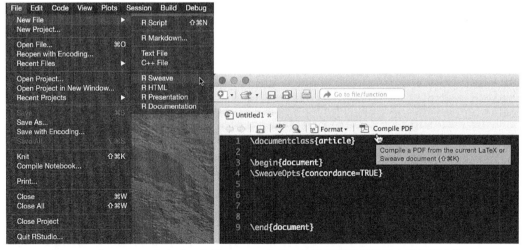

图 B-8　在 RStudio 中启动一个新 Sweave 文档。编辑器用于标记和实时代码字段，并使用"Compile PDF"按钮呈现结果

### Knitr

knitr（Xie，2015）是一个 Sweave 扩展 R 包，有一些额外的函数使文档创建更容易、灵活。可以在 RStudio 选项的 Sweave 选项卡中选择 knitr 作为文档"weaver"，通过选择 Tools→Global Options（见图 B-9）。要了解关于 RStudio 的 Sweave 和 knitr 的更多信息，可参考 Josh Paulson 的文章。

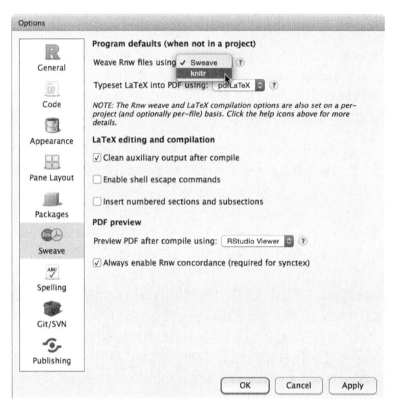

图 B-9　在 RStudio 选项的 Sweave 选项卡中选择 knitr 作为标记 knitr 文档

### R Markdown

R Markdown（Allaire 等，2015）是另一个动态的文档创建工具，可从 CRAN 下载为 rmarkdown 包。与 Sweave 和 knitr 一样，其目标是编辑文档，包括 R 代码和自动输出。与 Sweave 和 knitr 不同，R Markdown 的目标之一是尽可能减少学习复杂编辑语言（如 Latex）的需要，因此其语法相当简单。使用.Rmd 源文件，可以创建各种输出文档类型，例如 PDF、HTML 和 Word。

要启动新的 R Markdown 文档，单击 File→New File 下的 R Markdown，如图 B-8 左侧所示；这将打开如图 B-10a 所示的 New R Markdown 对话框。在这里，我们可以为项目选择适当的文档类型，然后在 RStudio 编辑器中提供一个基本的模板；这显示在了图 B-10 的底部。该模板甚至会指向我们的 R Markdown 主页。如果有兴趣了解更多，应该专业地去学习。Garrett Grolemund 还在 RStudio 官网提供了一个 R Markdown 使用的链接集合。

### Shiny

Shiny 是用于创建 RStudio 团队开发的交互式 Web 应用程序的框架。如果对分享数据、统计模型和分析图形感兴趣，可以制作一个 Shiny 的应用程序。R 包的 Shiny（Chang 等，2015）提供了所需的功能。Shiny 应用程序要求在后台运行 R 会话，这是用户在应用程序交互时在 Web 浏览器中驱动图形。

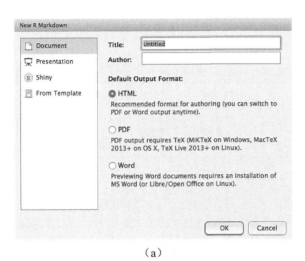

（a）

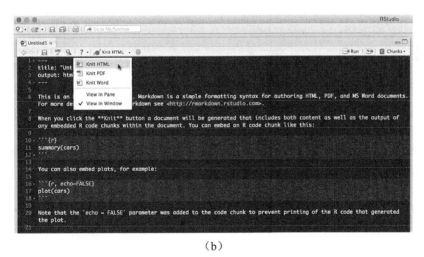

（b）

图 B-10　在 RStudio 中启动一个新的 R Markdown 文件。自动提供相关模板所选的输出文件类型

与其他与 RStudio 相关的工具一样，Shiny 是一个旨在为用户和开发人员显示友好性的高级框架。与 24.4 节中使用 ggvis 生成的图形不同，它的重点是创建交互式的视觉效果，然后我们可以在线部署以供任何人使用的信息。

我们可以登录 Shiny 网站。开发团队已经投入大量工作来创建全面的教程以及大量案例。只要我们对该应用程序满意，就可以通过 R Markdown 使用 Shiny 创建交互式文档——注意图 B-10a 中的 Shiny 文档选项。

# 译　后　记

对当今时代的我们而言，社会不仅意味着人与人之间的关系，更意味着人与机器之间的互动，而掌握编程技术将使我们未来能够掌握与机器交流的"语言"。目前看来，不仅是计算机行业，其他行业的人才也需要一定的编程能力。

学习、使用计算机编程语言与学习一门外语一样，刚开始往往很困难，甚至令人望而生畏。但是，对于统计学、数据科学领域的人士来说，第一门编程语言首选为 R 语言有两大好处：第一，如果擅长其他编程语言，只需花费很短时间就能掌握 R 语言；第二，R 语言相对于其他软件和语言，更适合作为教学的工具，这主要得益于 R 社区开发的数以千计的扩展包为 R 语言提供了丰富而强大的功能。

我们发现，一些最新的统计方法总能在 R 社区找到相对应的 R 语言扩展包，更幸福的是，这些 R 语言扩展包是开源的，也就是说我们能看到源代码。读懂这些源代码，对我们掌握那些晦涩难懂的数学公式大有助益。

为了完成本书的翻译，我在教学过程中组织研究生对该书的一些主要内容进行了专题性的讨论，这些讨论为翻译工作奠定了基础。我要特别感谢这些参加讨论并提供译文初稿的同学，他们是刘亚楠、杜磊、白玲玮、王兴、魏莉、王静云、王昊、曹晓琴、索丽菲、刘婧、韩慧婧、张鸿涛。此外，米子川教授认真审阅了全书，并提出了许多很好的修改建议，在此表示深深的感谢。

本书的翻译得到了国家自然科学基金（31501002）、中国博士后科学基金（2016M600154）、全国统计科学重点研究课题（2015433）、山西省高等学校创新人才支持计划（晋教科〔2016〕3号）、山西省高等学校哲学社会科学研究项目（2017329）、山西省高等学校教学改革创新项目（J2018107）和山西省"1331 工程"重点创新团队（培育）建设计划的资助。

由于我们水平有限，一些内容的翻译未必十分准确，一些术语的译名也未必恰当，恳请各位读者批评指正。

李毅

山西财经大学统计学院

2017 年 12 月 10 日